Linux环境

C程序设计（第2版）

徐诚 等编著

清华大学出版社

北京

内 容 简 介

本书是获得大量读者好评的"Linux 典藏大全"中的《Linux 环境 C 程序设计》的第 2 版。本书提供了大量实例，供读者实战演练。配书光盘中提供了本书的配套教学视频与源程序，以帮助读者更好地学习。

本书共分 6 篇。第 1 篇介绍了 Linux 系统的安装及 Linux C 开发环境的搭建等；第 2 篇简单介绍了 C 语言和程序设计知识、流程图的概念、数据类型、运算符和表达式，程序控制结构、数组与指针、函数、结构体与共用体及 C++语言的面向对象程序设计思想和一些新的特性；第 3 篇介绍了文件操作及文件 I/O 操作、进程控制、进程间通信及线程控制等；第 4 篇介绍了数据库、Linux 系统常用数据库及接口、网络编程基础及网络编程函数库；第 5 篇介绍了界面开发基础、界面构件开发、界面布局、信号与事件处理、Glade 设计程序界面等内容；第 6 篇详细介绍了一个媒体播放器项目案例的实现过程，以提高读者实战水平。

本书涉及面广，从基本操作到高级技术和核心原理，再到项目开发，几乎涉及 Linux C 开发的所有重要知识。本书适合所有想全面学习 Linux C 开发技术的人员阅读，也适合各种使用 Linux C 进行开发的工程技术人员使用。对于经常使用 Linux C 做开发的人员，本书更是一本不可多得的案头必备参考书。

本书封面贴有清华大学出版社防伪标签，无标签者不得销售。

版权所有，侵权必究。举报：010–62782989，beiqinquan@tup.tsinghua.edu.cn。

图书在版编目（CIP）数据

Linux 环境 C 程序设计 / 徐诚等编著. --2 版. --北京：清华大学出版社，2014（2022.8重印）
（Linux 典藏大系）
ISBN 978-7-302-34792-7

Ⅰ. ①L⋯　Ⅱ. ①徐⋯　Ⅲ. ①Linux 操作系统 – 程序设计 ②C 语言 – 程序设计　Ⅳ. ①TP316.89
②TP312

中国版本图书馆 CIP 数据核字（2013）第 301295 号

责任编辑：夏兆彦
封面设计：欧振旭
责任校对：胡伟民
责任印制：曹婉颖

出版发行：清华大学出版社
网　　址：http://www.tup.com.cn, http://www.wqbook.com
地　　址：北京清华大学学研大厦 A 座　　　　邮　　编：100084
社 总 机：010-83470000　　　　　　　　　　邮　　购：010-62786544
投稿与读者服务：010-62776969，c-service@tup.tsinghua.edu.cn
质 量 反 馈：010-62772015，zhiliang@tup.tsinghua.edu.cn

印 装 者：天津鑫丰华印务有限公司
经　　销：全国新华书店
开　　本：185mm×260mm　　　印　张：39.25　　　字　　数：980 千字
　　　　　（附光盘 1 张）
版　　次：2010 年 1 月第 1 版　2014 年 2 月第 2 版　　　印　　次：2022 年 8 月第 8 次印刷
定　　价：89.80 元

产品编号：050113-02

前　言

Linux 系统基于开源软件思想而产生，而且促进了开源软件技术的发展，这种先进的软件设计思想引领着全球软件业的变革，为软件技术的发展带来了强劲的动力。随着 Linux 系统的发展和广泛应用，今天的 Linux 系统已经占据了绝大多数嵌入式系统，并在 PC 服务器市场也占有很大份额，其桌面系统的普及率也逐年上升。越来越多的开发者希望了解 Linux 系统开发技术，特别是基于 Linux 系统上最流行的 C 语言开发技术。

笔者一直从事技术研究，曾经为《程序员》、《电脑报》和 CSDN 社区翻译和编撰了很多相关的技术文章，但觉得独立的文章对普通读者帮助不大，所以特写本书，希望将自己的经验同更多读者分享。

本书是获得了大量读者好评的 "Linux 典藏大系" 中的《Linux 环境 C 程序设计》的第 2 版。本书全面介绍了 Linux 系统上 C 语言开发技术，内容由浅入深，适合各个水平阶段的读者学习。同时，笔者将 Linux 所依存的开源软件思想介绍给读者，并将其与当前流行的软件工程思想结合，通过案例贯穿于全书，力求使读者学习完本书后，不但能掌握开发技术，还能获得与国际一流的软件工程师共同工作的能力。

关于 "Linux 典藏大系"

"Linux 典藏大系" 是清华大学出版社自 2010 年 1 月以来陆续推出的一个图书系列，截止 2012 年底，已经出版了 10 余个品种。该系列图书涵盖了 Linux 技术的方方面面，可以满足各个层次和各个领域的读者学习 Linux 技术的需求。该系列图书自出版以来获得了广大读者的好评，已经成为了 Linux 图书市场上最耀眼的明星品牌之一。其销量在同类图书中也名列前茅，其中一些图书还获得了 "51CTO 读书频道" 颁发的 "最受读者喜爱的原创 IT 技术图书奖"。该系列图书出版过程中也得到了国内 Linux 领域最知名的技术社区 ChinaUnix（简称 CU）的大力支持和帮助，读者在 CU 社区中就图书的内容与活跃在 CU 社区中的 Linux 技术爱好者进行广泛交流，取得了良好的学习效果。

关于本书第 2 版

本书第 1 版出版后深受读者好评，并被 ChinaUNIX 技术社区所推荐。但是随着 Linux 技术的发展，本书第 1 版的内容与 Linux 各个新版本有一定出入，这给读者的学习造成了一些不便。应广大读者的要求，我们结合 Linux 技术的最新发展推出第 2 版图书。相比第 1 版，第 2 版图书在内容上的变化主要体现在以下几个方面：

（1）Linux 系统由 Fedora 更换为 Ubuntu 12.04。

（2）Eclipse 更新为最新的 Juno 版本。

（3）GTK+环境使用最新的 GTK+3 版本。

（4）取消了 libglade 函数库，转而使用 GTK+库相关函数。

（5）Glade 界面设计器更新为最新的 glade 3 版本。

（6）其他用到的函数库均使用新版。

（7）修订了第 1 版中的一些疏漏，并将一些表达不准确的地方表述得更加准确。

本书特色

1．配多媒体教学视频，学习效果好

作者为本书录制了配套多媒体教学视频，以便让读者更加轻松、直观地学习，提高学习效率。这些视频与本书源代码一起收录于配书光盘中。

2．内容全面、系统、深入

本书详细介绍了 Linux 系统的安装、Linux C 开发的基础知识、界面开发、数据库开发、网络编程、系统功能编程和多媒体开发等内容，通过开发 MP3 播放器的各个模块，让读者深入理解一个完整项目的开发流程。

3．讲解由浅入深，循序渐进，适合各个层次的读者阅读

本书从 Linux C 基础开始讲解，逐步深入到的高级开发技术及应用，内容梯度从易到难，讲解由浅入深，循序渐进，适合各个层次的读者阅读，并均有所获。

4．技术全面，剖析思想根源

抛开开源思想来研究 Linux 开发技术是徒劳的，开发者仅仅只能掌握表面的开发技术，而不能获得提高软件开发效率与项目成功率的科学方法。笔者花费 3 个多月的时间进行前期准备，更新统计了大量的技术信息，并与实际项目开发经验结合，将 Linux 系统开发技术、C/C++语言开发技术、软件工程思想融会贯通，将本书撰写成思想和内容都极其丰富的计算机教程。

5．深入剖析难度案例

本书选择了一些比较难的软件项目作为案例分析，并贯穿全书逐步实现。这些案例包含当前流行的开发技术，并实践了先进的软件设计思想。读者通过学习和实践本书，不但能掌握开发技术，还能获得与国际一流的软件工程师共同工作的能力。

6．提供技术支持，答疑解惑

读者阅读本书时若有任何疑问可发 E-mail 到 bookservice2008@163.com 获得帮助。也可以在本书的技术论坛（http://www.wanjuanchina.net）上留言，会有专人负责答疑。

本书内容及体系结构

第1篇　Linux系统概述及开发环境搭建（第1~4章）

本篇主要内容包括 Linux 介绍、Linux 系统的安装及 Linux C 开发环境的搭建等。通过本篇内容的学习，读者可以了解 Linux 的由来及如何搭建 Linux 的开发环境。

第2篇　C/C++语言基础（第5～12章）

本篇主要内容包括 C 语言简介和程序设计知识、流程图的概念、数据类型、运算符和表达式、程序控制结构、数组与指针、函数、结构体与共用体及 C++语言的面向对象程序设计思想和一些新的特性等。通过本篇内容的学习，读者可以掌握 C 语言的所有基础知识，并能对 C++语言面向对象有所理解。

第3篇　Linux系统编程（第13～17章）

本篇主要内容包括文件操作及文件 I/O 操作、进程控制、进程间通信及线程控制等。通过本篇内容的学习，读者可以掌握 Linux C 中有关系统功能编程的核心技术及应用。

第4篇　Linux网络编程与数据库开发（第18～21章）

本篇主要内容包括网络编程基础、网络编程函数库、数据库、Linux 系统常用数据库及接口。通过本篇内容的学习，读者可以掌握 Linux C 中的数据库和网络编程技术及应用。

第5篇　Linux界面开发（第22～26章）

本篇主要内容包括界面开发基础、界面构件开发、界面布局、信号与事件处理、Glacle 设计程序界面。通过本篇内容的学习，读者可以独立完成一些简单界面的设计及与 C 语言的连接使用。

第6篇　Linux C编程项目实战（第27章）

本篇主要介绍了一个媒体播放器的开发过程，以便于读者对 Linux 环境的项目开发有一个全面的认识，从而提高实际的项目开发水平。通过本篇内容的学习，读者可以具备实际的 Linux 软件项目开发能力。

本书读者对象

- ❑ Linux C 初学者；
- ❑ 想全面学习 Linux C 开发的人员；
- ❑ Linux C 专业开发人员；
- ❑ 利用 Linux C 做开发的工程技术人员；
- ❑ Linux C 开发爱好者；
- ❑ 大中专院校的学生；

  ❑ 社会培训班学员；

  ❑ 需要一本案头必备手册的程序员。

本书作者

  本书由徐诚主笔编写，其他参与编写的人员有陈冠军、陈浩、黄振东、蒋庆学、李代叙、李世民、李思清、李云龙、李志刚、刘存勇、刘燕珍、龙哲、吕轶、牟春梅、屈明环、石峰、史艳艳、宋宁宁、王德亮、王俊清、王雅宁、翁盛鑫。在此表示感谢！

  虽然我们对书中所述的内容都尽量予以核实，并多次进行文字校对，但因时间所限，可能还存在疏漏和不足之处，恳请读者批评指正。

编者

目 录

第1篇 Linux 系统概述及开发环境搭建

第 2 篇　C/C++语言基础

第 3 篇 Linux 系统编程

第 4 篇　Linux 网络编程与数据库开发

第 5 篇　Linux 界面开发

第 6 篇　Linux C 编程项目实战

第 1 篇　Linux 系统概述及
开发环境搭建

▶▶ 第 1 章　Linux 系统概述和安装

▶▶ 第 2 章　Linux 基本操作

▶▶ 第 3 章　Linux GCC/G++编译器与调试器

▶▶ 第 4 章　Linux 开发环境

第 1 章 Linux 系统概述和安装

Linux 系统是一种类 UNIX 的完整操作系统。它不仅功能强大、运行稳定，而且用户可免费使用，分析其源代码。Linux 系统支持 x86、ARM 等大多数常见硬件架构和 TCP/IP 等主流网络协议，有良好的跨平台性能，应用面极其广阔。本章将介绍 Linux 系统的基本概念，并演示如何安装一套带有 X Window 图形操作界面的 Linux 系统发布版本。

1.1 引　　言

计算机系统由硬件系统和软件系统所组成，软件系统中最为重要的是操作系统。Linux 作为操作系统管理着计算机内所有的硬件资源和软件资源，仿佛是计算机的灵魂。Linux 系统基于 GPL 协议发布，该协议是 GNU 项目所创立开放源代码的公共许可证。要理解 Linux 系统并以一种全新的方式开发和发布软件，首先则需要了解 GNU 项目和 Linux 系统的渊源。

1.1.1　GNU 项目简介

GNU 项目在 1983 年由理查德·斯托曼（Richard Stallman）创立，最初的目标是通过使用必要的工具从源代码开始创建一个自由的类 UNIX 操作系统。此前的软件均以源代码的形式发布，用户可以根据自己需要修改源代码。但软件厂商为了保护自己的商业利益，开始使用编译所得的二进制文件发布软件，从而使软件的源代码变为"商业秘密"。

为了改变当时不利于软件技术发展的格局，GNU 项目花了 10 余年时间创建了 GCC 编译器和 Emacs 编辑器等多个工具。所有的工具以源代码形式发布，并且无须支付任何费用。只是这些工具的改进版本和衍生品必须遵循同样的发布形式，这就形成了 GPL 协议。但它在 20 世纪 80 年代缺少了一个最关键的组件，即操作系统核心，直到 Linux 系统的诞生。GNU 项目组织结构如图 1.1 所示。

1.1.2　Linux 起源

安德鲁·塔能鲍姆（Andrew Tanenbaum）出于教学目的编写了名为 Minix 的类 UNIX 操作系统。芬兰赫尔辛基大学在读的学生林纳斯·托瓦兹（Linus Torvalds）认为 Minix 有许多地方不合理，于是开始为自己的 AT 386 微机设计新的操作系统核心。1991 年 8 月，林纳斯将自己新设计的操作系统内核通过网络发布，命名为 Linux 系统。不久之后，Linux 系统陆续推出了多个版本，并且吸引了更多开发者加入 Linux 系统开发的行列。许多开发者利用已有的 GNU 工具构建 Linux 系统并为它开发新的特性，使之成为 GNU 项目中重要的组成部分。最新版本的 Linux 操作系统桌面如图 1.2 所示。

图 1.1　GNU 项目组织结构示意图

图 1.2　Linux 操作系统桌面

1.1.3　Linux 发展现状

如今，Linux 系统内核版本已发布到 3.5 版，它代表着当前操作系统技术的最前沿，并依然保持数周内一次的版本更新。更多的开发者进入到 Linux 系统开发的行列中，因此基于 Linux 系统的软件资源也十分丰富，而且这些资源同样能免费使用。绝大多数硬件产品具有针对 Linux 系统的支持，无论是将 Linux 系统作为桌面工作站还是服务器，都非常稳定易用。Linux 系统的安装、操作和升级也越来越简单，有一些企业和开源组织对 Linux 系统进行了深入的扩展，他们将 Linux 系统以及一些重要的应用程序打包，并提供较方便的安装界面。同时，还提供一些有偿的商业服务，如技术支持等。

　　Linux 系统进入我国的时间较早，我国的工程师对 Linux 系统的发展也做出了巨大贡献。所以，Linux 系统在我国拥有一定的用户基础和大量的中文资源。Linux 系统符合我国国情，不仅为信息化建设提供成本低廉的软件，而且其开放性也造就了众多中国人成为顶级软件工程师。

1.1.4　免费软件与开源软件

　　免费软件与开源软件概念并不相同。免费软件通常以二进制文件形式发布，用户虽然可以免费使用，但无权对软件进行任何修改。开源软件是将软件以源代码形式发布，并遵循 GPL 等开源协议，用户不仅能使用，而且还可对软件进行改进。

　　Linux 系统是开源软件，所以基于 Linux 系统开发必须遵循开源规则。这种开发方式最大的优势是，开发者能最大限度地利用现有代码，从而避免重复工作。举例说明，如果需要构建一个新的办公协作软件，在 Linux 系统上开发不用从最基本的联系人数据库开始编写，也不用从头开始编写一个即时通信协议。这些都可以从其他已有软件上继承，开发者只要注重软件新特性部分的实现即可。

1.2　Linux 内核与版本

　　Linux 内核是该操作系统的核心程序文件，通过与其他程序文件组合，Linux 又构成了许多版本。每种 Linux 版本都有其特点，例如嵌入式 Linux 版本专门用于较小的电子设备操作，而计算机中常用的是 Linux 桌面版和 Linux 企业版。

1.2.1　Linux 内核介绍

　　内核是操作系统的心脏，系统其他部分必须依靠内核这部分软件提供的服务，例如管理硬件设备、分配系统资源等。内核由中断服务程序、调度程序、内存管理程序、网络和进程间通信等系统程序共同组成。Linux 内核是提供保护机制的最前端系统，它独立于普通应用程序，一般处于系统态，拥有受保护的内存空间和访问硬件设备的所有权限。这种系统态和被保护起来的内存空间，统称为内核空间。

　　内核负责管理计算机系统的硬件设备，为硬件设备提供驱动。对于操作系统上层的应用程序来说，内核是抽象的硬件，这些应用程序可通过对内核的系统调用访问硬件。这种方式简化了应用程序开发的难度，同时在一定程度上起到了保护硬件的作用。Linux 内核支持几乎所有的计算机系统结构，并将多种系统结构抽象为同样的逻辑结构。Linux 内核结构如图 1.3 所示。

图 1.3　Linux 内核架构示意图

Linux 内核继承了 UNIX 内核的大多数特点，并保留相同的 API（应用程序接口）。Linux 内核的特点如下：

- □ Linux 支持动态加载内核模块；
- □ Linux 支持对称多处理（SMP）机制；
- □ Linux 内核可以抢占（preemptive）；
- □ Linux 内核并不区分线程和其他一般进程；
- □ Linux 提供具有设备类的面向对象的设备模型、热插拔事件，以及用户空间的设备文件系统；
- □ Linux 忽略了一些被认为是设计得很拙劣的 UNIX 特性和过时标准；
- □ Linux 体现了自由这个词的精髓，现有的 Linux 特性集就是 Linux 公开开发模型自由发展的结果。

1.2.2　Linux 所支持的硬件平台

Linux 系统支持当前所有主流硬件平台，能运行在各种架构的服务器上，例如 Intel 的 IA64、Compaq 的 Alpha、Sun 的 Sparc/Sparc64、SGI 的 MIPS、IBM 的 S396；也能运行在几乎全部的工作站上，例如 Intel 的 x86、Apple 的 PowerPC。更吸引人的是，它支持嵌入式系统和移动设备，如 ARM Linux 内核短小精湛且功能全面，可根据特定硬件环境裁剪出具备适当功能的操作系统。另外，无论是 32 位指令集系统还是 64 位指令集系统，都能高效稳定运行。

1.2.3　常用 Linux 版本

Linux 系统拥有多个发行版，它可能是由一个组织、公司或者个人发行。通常一个发行版包括 Linux 内核、将整个软件安装到计算机的安装工具、适用特定用户群的一系列 GNU 软件。下面简单介绍一下常用的 Linux 发行版本。

1. Fedora桌面版

Fedora 项目是 Red Hat 赞助，由开源社区与 Red Hat 工程师合作开发的项目统称。它继承了 Red Hat 许多高端技术，例如 YUM 软件包管理器、虚拟机等。以网络论坛为平台，Fedora 实现了开放的开发过程和透明的管理，并快速不断创新。所以，Fedora 是最好的开源操作系统。Fedora 适用于桌面工作站，并且为各种应用方向提供了丰富的应用程序。

2. Ubuntu桌面版

Ubuntu 是一个相对较新的发行版，但它的出现可能改变了许多潜在用户对 Linux 的看法。也许，从前人们会认为 Linux 难以安装、难以使用，在 Ubuntu 出现后这些都成为了历史。Ubuntu 默认采用的 GNOME 桌面系统也将 Ubuntu 的界面装饰得简易而不失华丽，同时也发行 KDE 桌面的 Kubuntu 版本、Xfce 桌面的 Xubuntu 版本。Ubuntu 适合入门者了解 Linux 系统，它提供了多种安装模式，可在 Windows 分区上直接以虚拟机形式工作。

3. Red Hat服务器版

全世界的 Linux 用户最熟悉的发行版想必就是 Red Hat 了。Red Hat 在 1995 年创建，并为用户提供有偿的技术支持与升级服务。该版本适用于各种企业的服务器应用，支持大型数据库和应用系统，功能强大且系统稳定。

4. OpenSUSE

OpenSUSE 近年来广受 Linux 开发者欢迎，是德国最著名的 Linux 发行版，由 Novell 公司负责其项目的维护。在软件包管理器和桌面环境上，OpenSUSE 独树一帜，研发出 YaST 软件包管理器等众多新产品。OpenSUSE 的每一个主要版本都提供两年的安全和稳定性更新。并且每隔 6 个月，Novell 就会发布一个新版本。该版本适用于各种软件开发工作站，集成了多种常用的软件开发工具。

5. Debian

Debian 最早由伊恩·莫窦克（Ian Murdock）于 1993 年创建。可以算是迄今为止最遵循 GNU 规范的 Linux 系统。Debian 在全球有超过 1000 人的开发团队，为 Debian 开发了超过 20000 个软件包，这 20000 多个软件包覆盖了 11 种不同处理器。世界上有超过 120 份 Linux 发行版以 Debian 为基础，包括现在火热的 Ubuntu。该版本适用于研究 Linux 系统，可快速得到各种系统分析与测试工具。

1.3　系　统　安　装

Linux 系统安装是将安装介质内的系统文件复制到设备的硬盘上。安装前需要对硬盘进行分区，Linux 系统拥有专门的分区结构。安装过程中 Linux 系统还会进行各种程序的配置。本节讲解 Linux 发行版的安装与配置。

1.3.1　安装前的准备

安装 Linux 系统前，首先可根据用途和硬件平台选择一个 Linux 发布版本。若读者具备丰富的 Linux 知识，也可从内核开始编译一个全新的 Linux 版本。获得 Linux 发布版本可在因特网上直接下载，也可通过其他途径获得 Linux 发布版的复制，这是 GPL 协议中的合法行为。安装前需详细了解该版本对系统的需求，以及安装设备的硬件环境。Linux 系统可自动识别大多数硬件设备，并为其找到合适的驱动程序，但难免有些不常见的设备需要额外准备驱动程序。常用 Linux 版本的下载地址罗列如下。

- ❑ Ubuntu 官方社区：http://www.ubuntu.com；
- ❑ Fedora 项目官方社区：http://fedoraproject.org；
- ❑ Redhat 公司网站：http://www.redhat.com；
- ❑ OpenSUSE 官方社区：http://www.opensuse.org；
- ❑ Debain 官方社区：http://www.debian.org。

🔔注意：安装 Linux 系统可使用光盘、磁盘、USB 存储器或网络服务器作为安装源，本章将以光盘为例介绍 Linux 系统的安装过程。

1.3.2　系统需求

各种 Linux 版本有不同的系统需求，具体需求可在官方网站的安装说明内看到。得到系统需求列表后，可与安装设备的硬件列表进行对比，通常设备供应商会提供设备上的具体硬件型号列表。下面是当前流行的 Linux 桌面版本最低系统需求。

- ❑ CPU：Intel Pentium 兼容 CPU，主时钟频率在 400MHz 以上；
- ❑ 内存：256MB 以上；
- ❑ 硬盘：至少 3GB 空余空间；
- ❑ 显卡：VGA 兼容或更高分辨率显卡；
- ❑ 其他：有鼠标、键盘、光驱等设备。

1.3.3　硬盘分区

硬盘是常见的存储设备，大多数计算机都以硬盘作为主要的外储存器。为了便于管理，Linux 系统允许将一块硬盘划分为多个分区，或者将多块硬盘划分为一个分区。分区的类型有 3 种，主分区（primary-partition）和扩展分区（extended-partition）是顶层的分区体系，逻辑分区（logical-partition）是扩展分区下的子结构。同一块硬盘上最多允许存在 4 个主分区和一个扩展分区，扩展分区以下的逻辑分区数量并无限制。

Linux 系统常使用 Ext3（Ext4）、Swap 文件系统作为分区格式。Ext3 是 GNU 中标准的文件系统。它是专门为 Linux 设计的，拥有极快的速度和极小的 CPU 占用率。Ext3 还是一种日志式文件系统（Journal File System），最大的特点是它会将整个硬盘的写入动作完整地记录在磁盘的某个区域上，以便有需要时回溯追踪。Ext4 是 Ext3 的升级版，它提供更大的容量支持和在线磁盘碎片整理工具,有更好的执行性能和可靠性。Ext3 文件系统限制的最大卷为 2TB,Ext4 能够扩展到 16TB。Swap 是用于 Linux 系统中的一种专门用于交换分区的文件系统。

Linux 系统至少需要一个交换分区和一个根分区。交换分区必须使用 Swap 文件系统,通常分配给它的磁盘空间是设备物理内存的 1.5 倍。它的作用相当于是虚拟内存,在物理内存不够的情况下,Linux 系统将不活跃的数据放在交换分区内。根分区用于存放所有的系统文件和用户文件,可使用 Ext3(Ext4)或其他 Linux 系统支持的文件系统。

为 Linux 系统分区前,首先需要对磁盘内的数据进行备份,然后使用分区工具对磁盘进行重新分区。如果需要在磁盘上保留其他操作系统,则需要为 Linux 准备足够的空闲磁盘空间。可先将一个或多个拥有足够大小的分区内的数据迁移到其他分区中,再删除这些分区获取空闲磁盘空间。常用的分区工具有 Fdisk、PQ Magic。另外,在安装 Linux 系统时也可为磁盘进行分区。

🔔注意:如果是初次安装 Linux 系统,并且需要保留当前计算机上的 Windows 操作系统,可使用虚拟机进行安装。虚拟机会在 Windows 分区上创建一个文件作为虚拟磁盘,这样可避免因操作不当而使整个磁盘的分区被破坏。Windows 下可选的虚拟机软件有 VMware、Wubi 等,Ubuntu 桌面版安装光盘中自带有 Wubi 虚拟机。

1.3.4　以图形方式安装 Linux

图形化 Linux 安装程序为用户提供了多种安装语言的选择和更简单易懂的安装信息。本节以 Ubuntu 12 Live CD 为媒介介绍安装 Linux 系统的过程。Live CD 是 Linux 系统最新的发布形式,它不但能直接以 CD 启动计算机进入到 Linux 系统,还提供了图形化安装程序。

下面以 Ubuntu 为例介绍图形方式安装 Linux 系统的过程。

(1)通过 Ubuntu Live CD 引导计算机,屏幕上出现欢迎界面,如图 1.4 所示。

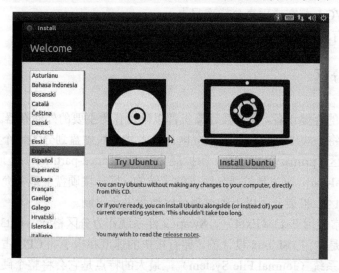

图 1.4　Ubuntu 欢迎界面

（2）欢迎界面可以选择语言。选择"中文（简体）"，确认后可以看到界面有"试用 Ubuntu"和"安装 Ubuntu"两个按钮。可以选择试用来体验一下 Ubuntu 系统。这里选择"安装 Ubuntu"来安装系统，如图 1.5 所示。

图 1.5　欢迎界面

（3）单击"安装 Ubuntu"按钮，进入准备安装界面，如图 1.6 所示。

图 1.6　准备安装界面

（4）单击"继续"按钮，进入硬盘分区向导界面，该界面有多种分区模式可以选择。"替换系统"选项会在硬盘安装有其他操作系统时出现，选择它会替换磁盘上现有的操作系统。"共存安装"会与现有的操作系统在一个磁盘上共存,组成"双系统"。"其他选项"用于自定义安装。这里选择"其他选项",如图 1.7 所示。

图 1.7　安装类型选择界面

(5)单击"继续"按钮后会进入硬盘分区界面。在硬盘分区画面中,建立一个 Ext4 格式的根分区和一个 Swap 格式的交换分区并选择引导器安装位置,如图 1.8 所示。引导程序是一个多系统引导管理器,可以管理多个 Windows 和 Linux 系统启动。

图 1.8　硬盘分区界面

(6)单击"现在安装"按钮,这些分区将被格式化,然后系统就开始安装。在安装的同时会让用户进行一些必要的设置。首先会出现时区设置界面，如图 1.9 所示。

图 1.9　时区设置界面

（7）在选择合适的时区后，单击"继续"按钮进入键盘布局设置界面，如图 1.10 所示。

图 1.10　键盘布局选择界面

（8）在设置好合适的键盘布局后单击"继续"按钮进入账号设置界面，如图 1.11 所示。

（9）根据提示输入账户信息后单击"继续"按钮，即可完成这些必要的设置，然后将会进入 Ubuntu 系统特色介绍界面，如图 1.12 和图 1.13 所示。

图 1.11　设置根账号界面

图 1.12　系统特色介绍界面

（10）在系统安装的同时可以浏览介绍界面来了解一下这个系统。安装完毕后，系统将提示重新启动。这时取出光盘，单击"现在重启"按钮重新启动计算机，如图 1.14 所示。

图 1.13　系统特色介绍界面

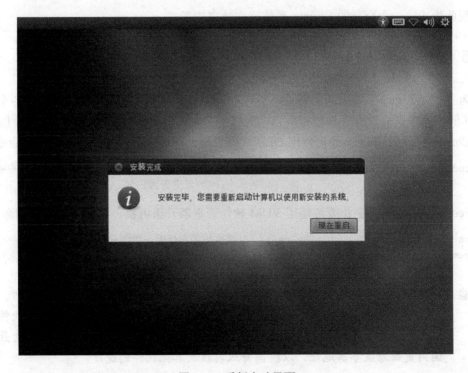

图 1.14　重新启动界面

（11）重新启动后计算机会进入 Ubuntu 系统登录界面，输入先前设置的密码后就可以进入 Ubuntu 系统界面，如图 1.15 所示。

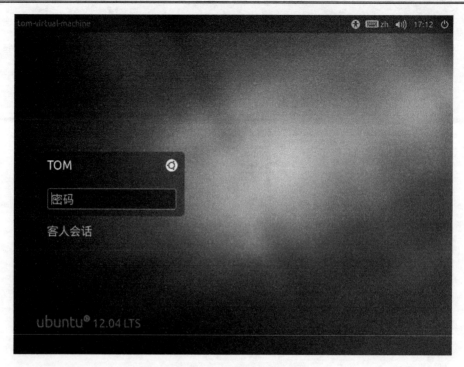

图 1.15　系统登录界面

到此为止，一个全新的 Ubuntu 系统就安装完毕了。

1.3.5　升级最新内核

为了使用 Linux 系统最新的特性，可在安装完成后对 Linux 内核进行升级。各个发行版的 Linux 系统都有软件管理器提供自动升级服务，但也可以根据需要手动升级内核。

Ubuntu 桌面版和 Debain 可使用 DEB 软件管理器升级内核。在终端输入下列命令：

```
sudo apt-get install kernel-image          // 获取根用户权限，将提示输入用户密码，
                                           // 并升级内核
```

Fedora 和 Red Hat 企业版可使用 YUM 软件管理器升级内核。在终端输入下列命令：

```
su                                         // 获取根用户权限，将提示输入根用户密码
yum update kernel                          // 升级内核
```

注意：YUM 和 DEB 软件管理器使用方法相似，可以根据其中一种来推断另一种。所以在后面的章节中只列举 YUM 软件管理器的例子。另外，YUM 和 DEB 软件管理器默认的更新源服务器通常在国外，升级内核前可根据需要在网络上搜索最新的国内更新源服务器地址，以提高升级内核及其他软件的速度。

1.3.6　安装中文支持

大多数的 Linux 发行版都提供了多语言支持，并根据用户选择自动安装中文支持。中

文支持通常包括中文字符编码、中文字库、软件的中文 UI 包和中文输入法。如果 Linux 安装完成后没有安装中文支持，可手动安装。中文支持的安装信息可查阅该发行版的中文社区。

1.4　小　　结

本章介绍了 Linux 系统的基本概念和安装方法。Linux 系统是一个开放的操作系统。理解了 GNU 项目后可快捷地开发各种软件。在学习后面的章节前，读者可根据自身需要安装一套 Linux 操作系统，以便实践各种开发技能。

第 2 章　Linux 基本操作

Linux 系统有两种操作方法。一种是使用鼠标键盘等输入设备直接在图形界面 X Window 上操作；另一种是通过输入文本命令方式在控制台上操作。各种 Linux 发行版的操作遵循同样的原则，所以操作方法非常相似。

2.1　登　　录

安装有图形界面的 Linux 系统启动后会直接进入到 X Window 中，并提示输入用户名和密码登录。第一次登录可能需用创建一个新用户，该用户只是一个普通用户，不能直接进行系统配置。有些时候需要在控制台上登录，则直接输入用户名和密码即可。

2.1.1　shell 程序

shell 是一种具备特殊功能的程序，也是介于用户和 Linux 内核间的一个接口。Linux 系统拥有多种 shell，发行版中常用的是名为 bash 的 shell。这种 shell 不但能执行简单的命令，还能将多个命令、条件和参数编写为程序执行。使用 Linux 系统进行程序开发通常需要掌握一些常用 shell 命令，如表 2.1 所示。

表 2.1　常用 shell 命令及解释

命　　令	说　　明	命　　令	说　　明
man	查看联机帮助	ls	查看目录及文件列表
cp	复制目录或文件	mv	移动目录或文件
cd	改变工作目录	rm	删除目录或文件
mkdir	创建新目录	rmdir	删除空目录
cat	查看文本文件内容	find	查找目录或文件
date	显示或修改日期时间	free	查看内存和交换空间信息
chmod	修改目录或文件权限	chown	更改目录或文件的所有者

2.1.2　控制台

Linux 系统是一个多用户多任务的分时操作系统。任何一个要使用系统资源的用户都必须先向系统管理员申请一个账号，然后以这个账号的身份进入系统，该账号的名称就是登录名。Linux 系统通常有多个控制台，进入控制台后可使用 shell 程序操作计算机。例如，在控制台创建一个新用户的步骤如下：

（1）Linux 系统启动后进入 X Window 登录界面，按 Ctrl+Alt+F2 键，进入控制台，如图 2.1 所示。

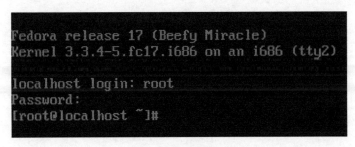

图 2.1　控制台

（2）输入根用户名 root 和密码获取系统管理员权限。密码是系统安装时所设置的。

（3）输入下列命令，创建一个新用户，然后配置该用户的密码。

```
adduser [用户名]        //创建新用户，该用户隶属于普通用户分组
passwd [用户名]         //为该用户修改密码，新建用户的密码为空
```

（4）按 Ctrl+Alt+F1 组合键，返回到 X Window 界面，用新用户的用户名和密码登录。

2.1.3　终端

终端是 X Window 里访问 shell 程序的接口。在 GNOME 桌面上打开终端的方式为选择"应用程序" | "系统工具" | "终端" 命令，如图 2.2 所示。

图 2.2　打开终端

进入终端后，将以登录 X Window 的用户名登录 shell。在安装软件或对系统配置进行

改变操作时，通常需要获得根用户的权限。在终端中获得根用户权限的命令是 su，如图 2.3 所示。

图 2.3　终端

2.2　文件和目录

文件系统是在物理存储设备中存放数据的索引格式。文件和目录是数据的逻辑划分形式。在 Linux 系统中，文件的准确定义是不包含任何其他结构的数据流。Linux 系统的文件类型概括起来可分为 5 种，分别是普通文件、目录文件、链接文件、设备文件和管道文件。

- □ 普通文件就是平时所见的大多数文件，它的特点是不包含文件系统的结构信息。
- □ 目录文件是用于存放文件路径及相关信息的文件，是文件系统的基本节点。目录文件使文件系统呈现出树形结构。在 Linux 系统中，通常所说的目录就是指目录文件。
- □ 链接文件是指向另一个真实文件的链接，是一种特殊的文件结构。
- □ 设备文件是保存计算机设备信息和接口的文件，这是 Linux 操作系统的独特形式，计算机的所有设备都以文件的形式提供给应用程序使用。
- □ 管道文件是用于应用程序之间进行通信的文件。

2.2.1　文件系统

文件系统是磁盘及其逻辑分区的目录结构。一个磁盘设备可包含一个或多个文件系统，但每个文件系统必须占据硬盘中单独的一个分区，如图 2.4 所示。Linux 文件系统可以根据需要随时装载和移除，这种方法保证了文件存储空间的动态扩展和系统安全。当常用的 Linux 桌面版系统启动时，包含根目录的文件系统首先被装载，该文件系统上存放着保证系统正常运行的系统文件，其他文件系统在桌面环境启动时作为子系统会自动地安装到主系统中。

其中，mnt 是为挂载子文件系统而设置的挂载点。经过挂载之后，主文件系统与子文件系统就构成一个有完整目录层次结构的、容量更大的文件系统。已挂载的子文件系统也可从整个文件系统上移除，恢复安装前的独立状态。挂载和移除子文件系统的操作方法如下。

（1）建立文件系统。当硬盘完成分区后，应该在该分区上建立文件系统，该操作又称

为格式化。建立文件系统是通过 mkfs 工具来完成的。例如，如果需要在分区/dev/hdb1 上
建立 ext4 文件系统，可使用下列命令：

图 2.4　mnt 挂载子文件系统

```
mkfs -t ext4 /dev/hdb1
```

按照 Linux 系统对分区的命名规则，ATA 接口的硬盘以字母组合 hd 开始，SCSI 和
SATA 接口的硬盘以字母组合 sd 开始。第 3 个字母是硬盘的序号，a 为第 1 块硬盘，b 为
第 2 块硬盘，依次类推。最后一位数字是分区的序号。

（2）挂载子文件系统。创建文件系统后，需要使用命令 mount 将该文件系统安装到主
文件系统中。例如将第（1）步中的 hdb1 分区挂载到"/mnt/dev"节点上，可使用下列
命令：

```
su                                          //切换到根用户权限
mkdir /mnt/dev                              //创建目录
chmod 777 /mnt/dev                          //修改目录权限
mount -t ext4 /dev/hdb1 /mnt/dev            //挂载子文件系统
```

在进行挂载前，首先要切换为根用户权限，否则无法访问"/mnt"目录。然后，为挂
载点建立一个空目录。为了让所有用户都能访问和修改该目录，还需要使用 chmod 命令修
改目录的权限。最后执行 mount 命令进行挂载，第 1 个参数是文件系统类型，第 2 个参数
是分区的路径，第 3 个参数是挂载点的路径。

（3）卸载子文件系统。对于一些可读写的移动设备来说，移除设备前需要进行卸载子
文件系统操作。因为 Linux 系统使用了缓存机制，如果不卸载就移除设备可能会造成子文
件系统数据丢失。例如，某个已挂载的 USB 存储器挂载点为/mnt/usbdisk，则卸载该文件
系统的命令如下：

```
umount /mnt/usbdisk
```

注意：对于正在进行读写操作的子文件系统不能使用 umount 命令卸载。卸载子文件系
　　　统前，应保证其中没有文件被打开。

2.2.2　文件名

Linux 系统的文件名由字符和数字组成，其中字符可以是大小写英文字母或其他

Unicode 编码的文字和符号，但不能包括"*"、"?"和"[ ]"文件名通配符。Linux 系统的文件名也有类似其他操作系统的扩展名，在文件名最后一个"."后的内容即是扩展名。例如，C 语言源文件的扩展名是 c，头文件的扩展名是 h。

2.2.3　路径名

Linux 文件系统采用带链接的树形目录结构，即只有一个根目录。根目录可含有下级子目录或文件；子目录中又可含有更下级的子目录或者文件。这样一层一层地延伸下去，构成一棵倒置的树，如图 2.5 所示。

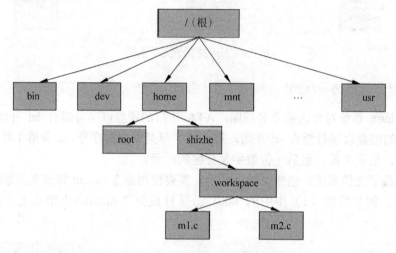

图 2.5　文件的树形结构

路径名可分为绝对路径和相对路径。绝对路径是从根目录到目标目录或文件所经过的所有节点名称，例如图 2.5 中文件 m1.c 的绝对路径是"/home/shizhe/workspace/m1.c"。相对路径是某一个目录到目标目录或文件所经过的所有节点名称，如文件 m1.c 相对于"/home"的相对路径是"shizhe/workspace/m1.c"。

2.2.4　工作目录

控制台或终端在某个时刻总是对应着一个目录，该目录即工作目录。在控制台或终端执行命令或程序，对某个没有指定路径的文件或子目录进行操作时，控制台或终端会自动在文件或子目录前加入当前工作目录的路径。例如，执行 ls 命令会将工作目录下的文件和子目录名称显示出来，除非在 ls 命令后输入某一具体的路径名称。工作目录可用"."表示，工作目录上层父目录用".."表示。cd 命令用于改变工作目录。

2.2.5　起始目录

用户通过控制台或终端登录时，起始目录为用户的主目录。默认情况下，起始目录是用户主目录，通常是"/home"目录中与用户的登录名相同的一个子目录。起始目录可用"~"符号表示。例如，无论当前工作目录为何处，下列命令都能用于显示起始目录下的文件或主目录。

```
ls ~                                    //显示起始目录下所有的文件名与子目录名
```

控制台或终端会将"~"符号替换成用户起始目录的绝对路径，该符号也被认为是环境变量，Linux 系统会自动维护"~"符号的值。

2.3　输入和输出

Linux 系统的输入和输出功能由 Linux 内核提供，内核管理着所有的输入与输出设备。这些设备以设备文件的形式存在，保存在"/dev"目录中。所有运行在 Linux 系统上的应用程序必须通过 Linux 内核进行输入与输出操作。本节简单介绍 Linux 内核的输入和输出概念。

2.3.1　文件描述符

文件描述符是一个小的非负整数，内核用以标识某一特定进程正在存访的文件。当内核打开一个现存文件或创建一个新文件时，它会返回一个文件描述符给该进程，这样该进程就能通过内核访问目标文件。

2.3.2　标准输入、标准输出和标准错误

按惯例，每当运行一个新程序时，所有的 shell 都为其打开 3 个文件描述符：标准输入、标准输出以及标准错误。如果像简单命令 ls 那样没有做什么特殊处理，则这 3 个描述符都连向终端。大多数 shell 均提供同一种描述方法，这样可以使任何一个或所有这 3 个描述符都能重新定向到某一个文件。例如：

```
# ls > file.list
```

执行 ls 命令，其标准输出重新定向到名为 file.list 的文件上。

2.3.3　标准输入输出函数

标准输入输出函数提供一种对不用缓存的输入输出函数的缓存机制。使用标准输入输出函数的优点是无需担心如何选取最佳的缓存长度，另一个优点与处理输入行有关（常常发生在 Linux 的应用中）。例如，fgets()函数读完一整行数据，而另一方面，read()函数读取指定字节数。

2.4　小　　结

本章介绍 Linux 系统的基本操作，其中包括如何登录 Linux 系统、shell 的基本命令和作为 shell 接口实现形式的控制台与终端。另外，本章介绍了 Linux 的文件与目录，只有对 Linux 的文件系统有较深的理解，才能更好地掌握后面章节中所介绍的文件操作。在本章的最后，简单地讲解了 Linux 系统输入与输出的概念，这是计算机程序设计的重要基础知识。读者在学习 Linux 程序开发中还需要从多个侧面了解输入输出技术的知识。

第 3 章 Linux GCC/G++编译器与调试器

编译器是将易于编写、阅读和维护的高级计算机语言翻译为计算机能解读和运行的低级机器语言的程序。调试器是用于查找源代码中的错误，测试源代码和可执行文件的工具。GNU 项目提供了 GCC 编译器、G++编译器和 GDB 调试器，这些程序是在 Linux 系统上使用 C 和 C++语言进行开发的重要工具。本章将介绍这些工具的安装和使用方法。

3.1 GCC/G++编译器

GCC 是 GNU 项目中的一个子项目，最初为用于编译 C 语言的编译器。随着 GNU 项目的发展，GCC 已经成为了能编译 C、C++、Ada、Object C 和 Java 等语言的 GNU 编译器家族，同时还可执行跨硬件平台的交叉编译工作。G++则是专门用来编译 C 和 C++语言的编译器。C 和 C++语言正在不断发展，为了保持兼容程序语言的最新特性，开发者通常选择 GCC 来编译 C 语言编写的源代码，选择 G++来编译 C++源代码。

3.1.1 GCC/G++编译器的安装

安装或更新 GCC 和 G++可在 GNU 项目的官方网站（www.gnu.org）下载相应的安装包，也可以使用 YUM 软件包管理器安装。安装 GCC 和 G++的命令如下：

```
yum install make                                    //安装 make 程序
yum install gcc                                     //安装 GCC 编译器
yum install gcc-c++                                 //安装 G++编译器
```

⚠注意：如果安装过程中提示需要选择编译器版本，可根据当前硬件平台选择最新发布的
       版本。另外，如果提示需要安装其他相关软件包，请一并安装。

3.1.2 GCC/G++编译命令

GCC/G++编译器没有图形界面，只能在终端上以命令行方式运行。编译命令由命令名、选项和源文件名组成，格式如下：

```
gcc [ 选项 1] [ 选项 2]...[ 选项 n] <源文件名>
g++ [-选项 1] [-选项 2]...[-选项 n] <源文件名>
```

命令名、选项和源文件名之间使用空格分隔，一行命令中可以有多个选项，也可以只有一个选项。文件名可以包含文件的绝对路径，也可以使用相对路径。如果文件名中不包

含路径，那么源文件被视为存在于工作目录中。如果命令中不包含输出的可执行文件名称，那么默认情况下将在工作目录中生成后缀为.out 的可执行文件。

3.1.3　GCC/G++编译选项

GCC 拥有一百多个编译选项。对于 C 语言和 C++语言，G++与 GCC 的编译选项基本相同。常用的 GCC 和 G++编译选项见表 3.1。

表 3.1　常用GCC/G++编译选项

编 译 选 项	说　　明
-c	只进行预处理、编译和汇编，生成.o 文件
-S	只进行预处理和编译，生成.s 文件
-E	只进行预处理，产生预处理后的结果到标准输出
-C	预处理时不删除注释信息，常与-E 同时使用
-o	指定目标名称，常与-c、-S 同时使用，默认是.out
-include file	插入一个文件，功能等同源代码中的#include
-Dmacro[=defval]	定义一个宏，功能等同源代码中的#define macro [defval]
-Umacro	取消宏的定义，功能等同源代码中的#undef macro
-Idir	优先在选项后的目录中查找包含的头文件
-lname	链接后缀为.so 的动态链接库来编译程序
-Ldir	指定编译搜索库的路径
-O[0-3]	编译器优化，数值越大优化级别越高，0 没有优化
-g	编译器编译时加入 debug 信息
-pg	编译器加入信息给 gprof
-share	使用动态库
-static	禁止使用动态库

3.1.4　GCC/G++编译器的执行过程

GCC 和 G++编译器执行过程可总结为 4 步：预处理、编译、汇编和连接。在预处理过程中，编译器会对源代码中的头文件和预处理语句进行分析，生成以.i 为后缀的预处理文件。编译过程是将输入的源代码编译为以.o 为后缀的目标文件。汇编过程是针对汇编语言的步骤，编译后生成以.o 为后缀的目标文件。最后执行连接过程，所有的目标文件被安排在可执行程序中恰当的位置。同时，该程序所调用到的库函数也从各自所在的档案库中连到合适的地方，如图 3.1 所示。

图 3.1　编译器执行过程

3.2　程序和进程

程序和进程是操作系统中的重要概念。程序是可运行的一组指令，以二进制代码的形式保存在存储设备中。操作系统运行程序后，该程序在内存中的映像就是进程，进程是活动的程序。

3.2.1　程序

程序是指一组指示计算机或其他具有信息处理能力设备每一步动作的指令。Linux 系统下的应用程序主要由两种特殊类型的文件代表，分别是可执行文件和脚本程序。可执行文件是能够被计算机直接执行的程序，相当于 Windows 系统中的 exe 文件。使用 C 和 C++语言设计的程序编译后即是可执行文件。Linux 系统不要求可执行文件使用特定的扩展名，文件是否能被执行由文件的系统属性来决定。

3.2.2　进程和 PID

进程是一个具有独立功能的程序关于某个数据集合的一次可以并发执行的运行活动，是处于活动状态的程序。进程作为构成系统的基本元件，不仅是系统内部独立运行的实体，而且是独立竞争资源的实体。

在 Linux 系统中，用户创建进程时会先在系统的进程表中为进程创建独一无二的编码，即 PID。PID 是一个正整数，其取值范围是 2～32768。进程创建时会顺序挑选下一个未使用的编号数字作为自己的 PID。如果它们已经经过一圈的循环，新的编码将重新从 2 开始。数字 1 一般是为特殊进程 init 保留的，它负责管理其他的进程。例如，执行下列命令会显示系统内的所有进程。

```
ps -e
```

显示的结果如下：

```
PID        TTY        TIME         CMD
  1        ?          00:00:03     init
  2        ?          00:00:00     kthreadd
  3        ?          00:00:00     migration/0
  4        ?          00:00:02     ksoftirqd/0
  5        ?          00:00:00     watchdog/0
  6        ?          00:00:02     events/0
  7        ?          00:00:00     khelper
 80        ?          00:00:00     kintegrityd/0
  :
```

3.3　ANSI C 标准

C 语言诞生后的很长一段时期内,并没有针对 C 语言制定严格的标准。不同编译器可能使用不同的语法规则或数据结构,此状况给程序的移植带来很多麻烦。于是,美国国家标准协会(ANSI)决定统一 C 语言的标准,并于 1989 年颁布 *ANSX3.159-1989* 标准文档,这一标准被称为 ANSI C 标准。ANSI C 标准在订立时吸取了很多 C++语言的内容,同时促使 C 语言支持多国字符集,其中包括各种中文字符集。ANSI C 标准的推出使 C 语言保持着活力,成为最受开发者欢迎的开发语言。

1999 年,ANSI 推出了 C 语言标准的修订版,该修订版简称 C99。GCC 编译器和 GDB 调试器均以 ANSI C 标准为原则,同时也支持 C99。

3.3.1　函数原型

C 语言设计的程序是由函数所组成的,在函数被详细定义前,可先在头文件定义函数原型,这样函数间可更容易地相互调用。头文件<unistd.h>包含了许多 Linux 系统服务的函数原型,例如 read()、write()和 getpid()函数,它们的原型如下:

```
ssize_t read(int, void *, size_t);          //read()函数的原型
ssize_t write(int, const void *, size_t);   //write()函数的原型
pid_t getpid(void);                         //getpid()函数的原型
```

函数原型由函数的返回类型、函数名和参数 3 部分组成。例如第一行中 ssize_t 表示该函数返回值是 ssize_t 类型的值。括号中是参数列表,多个参数用逗号分隔,代码中最后一行 getpid()函数的参数是 void,表示 getpid()函数没有参数。当源代码编译时,因为编译器已经知道参数的类型,所以会将调用的参数进行强制转换。

3.3.2　类属指针

类属指针是一种能够同时支持所有数据类型的指针。函数原型中常用的"void *"类型即是类属指针。ANSI C 标准常用类属指针代替函数参数中的其他指针,使同一个函数能支持多种数据类型。相关内容将在本书的程序实例中多次见到。

3.3.3　原始系统数据类型

在函数原型中以"_t"结尾的类型被称为原始系统数据类型。原始系统数据类型定义在头文件 sys/types.h 中,以 typedef 操作符加以定义。原始系统数据类型是目标系统数据结构的接口,在不同的操作系统中,其字长会有变化。

3.4　编译 hello world

hello world 程序作为程序员学习的第一个程序已成为有趣的惯例。本节将讲述如何使用 Linux 系统中默认的编辑器编写该程序的源代码,并使用 GCC 编译器将该程序编译为可执行文件。

3.4.1　使用 VI 编写源代码

VI 是 Linux 系统中最常用的文本编辑器,几乎所有 Linux 发行版中都已包含 VI 程序。它工作在控制台或终端中,通过 shell 调用,全部操作均由命令完成,对于初学者来说并不容易掌握。下列命令在用户主目录"/home/用户名"中创建一个名为 helloworld 的目录,并在该目录中使用 VI 新建并打开 helloworld.c 文件。

```
cd ~                        //进入"/home/用户名"目录,使之成为工作目录
mkdir helloworld            //新建 helloworld 目录
cd helloworld    //进入 helloworld 目录,工作目录是"/home/用户名/helloworld"
vi helloworld.c             //使用 vi 新建并打开 helloworld.c 文件
```

".c"结尾的文件表示该文件是 C 语言源代码。执行完以上命令,终端即进入 VI 程序。这时先按 Esc 键进入命令输入状态,再输入命令 a 并按 Enter 键,VI 可从光标所在位置开始录入文本。输入 helloworld.c 文件的内容如下:

```
01    #include <stdio.h>            //这个头文件包含基本的输入输出函数
02    int main()                    //主函数,程序将从这里开始执行
03    {
04      char *c;                    //声明一个字符串变量 c
05      c = "hello world!";         //为字符串变量赋值
06      printf("%s\n", c);          //输出该变量,并输出换行符
07      return 0;                   //程序结束时向操作系统返回 0,表示正常退出
08    }
```

录入结束后,先按 Esc 退出输入状态,再输入命令 Q 进入 Ex 模式,在 Ex 模式下输入 wq 并按 Enter 键,该文件被保存并退出 VI 程序。VI 的命令非常丰富,如果输入有误或需修改文件,可参照表 3.2 对文本进行修改。

表 3.2　常用 VI 命令及解释

命　　令	解　　释	命　　令	解　　释
Esc	进入或退出命令模式	i/I	插入
h/j/k/l 或方向键	移动光标位置	a/A	在光标后输入
/关键字	向下查找关键字	o/O	插入新行
x/X	向前,向后删除一个字符	r/R	在光标后改写
D/d	删除整行	w	保存文件
Y/y	复制整行	q	退出 VI
p/P	在上一行,下一行粘贴	wq	保存文件并退出
U	还原前一动作	set nu	显示行号

3.4.2　程序的编译与连接

程序经过编译器的编译与连接后，即可生成可执行文件。如果源代码有语法错误，则会在终端上显示错误信息。有些时候，编译器会出现警告提示，但程序依然被编译成功。这表明源代码没有严格按照标准编写，可能会在运行时出现意外的结果。继续前面的操作不改变工作目录，编译并连接 helloworld.c 程序，可在终端上输入下列命令：

```
gcc -o helloworld helloworld.c          //编译并连接程序
                                  //-o helloworld 表示使用 helloworld 作为目标文件名
```

3.4.3　使用终端运行程序

要运行 helloworld 程序，继续前面的操作不改变工作目录，只需要在终端上输入下列命令：

```
./helloworld                      //运行当前目录下的 helloworld 程序
```

程序的输出结果为：

```
hello world!
```

要在 Linux 系统上运行程序，必须给出该程序完整的路径。前面的 helloworld.c 文件建立在"/home/用户名/helloworld"目录中，编译和连接后所生成的可执行文件也在该目录中。运行程序则需输入"/home/用户名/helloworld/helloworld"。但当前的工作目录已经是"/home/用户名/helloworld"了，所以可用"./"替代工作目录的路径。

3.5　GDB 调试器

程序编写后难免会出现各种错误。当程序完成编译时，隐藏的错误可能会使程序无法正常运行，或者不能实现预期的功能。简单的程序或浅显的错误可依赖程序员的经验判断出故障点，但现在的软件规模越来越大，调试起来也就越来越困难。调试器是帮助程序员修改错误的得力工具，常用的断点、单步跟踪等功能可帮助程序员快速找到故障点。

3.5.1　GDB 调试器概述

Linux 程序员中最常用的调试工具是 GDB。GDB 调试器是 GNU 项目的子项目。该程序提供了所有常用调试功能，是 Linux 系统中最为简单快捷的调试工具。由于当前图形用户界面（GUI）普及，大量基于 GUI 的调试器被开发和运行在 Linux 上。它们大多是以 GDB 为核心配上 GUI，即用户通过 GUI 发出命令，这些命令依次被传送给 GDB。其中一个是 DDD，意为数据显示调试器。在一些集成开发环境如 Eclipse 中，也提供了调试功能，并且以 GDB 为核心。

3.5.2　GDB 调试器安装

通常在 Linux 桌面版的软件开发包集合中已包含 GDB 调试器。如果需要安装或更新 GDB 调试器，可使用 YUM 软件包管理器完成。操作方法如下：

```
yum install gdb                    //YUM 安装 GDB 调试器
```

3.5.3　GDB 常用调试命令

GDB 调试器调试的对象是可执行文件，使用 GCC 或 G++编译器编译源代码时，必须加上选项-g 才能使目标可执行文件包含可被调试的信息。以 3.4 节中的 helloworld 程序为例，编译连接程序，并使用 GDB 调试器打开目标可执行文件的命令如下：

```
gcc -g -o helloworld helloworld.c  //编译并连接程序，使之包含可被调试信息
gdb helloworld                      //使用 GDB 调试器打开 helloworld 可执行文件
```

完成以上操作后，系统将显示 GDB 调试器的版本、使用的函数库信息，并显示（gdb）命令提示符。这时可输入命令对程序进行调试，常用的命令参见表 3.3。

表 3.3　常用GDB命令及解释

命　　令	解　　释
file <文件名>	在 GDB 中打开执行文件
break	设置断点，支持的形式有 break 行号、break 函数名称、break 行号/函数名称 if 条件
info	查看和可执行程序相关的各种信息
kill	终止正在调试的程序
print	显示变量或表达式的值
set args	设置调试程序的运行参数
delete	删除设置的某个断点或观测点
clear	删除设置在指定行号或函数上的断点
continue	从断点处继续执行程序
list	列出 GDB 中打开的可执行文件代码
watch	在程序中设置观测点
run	运行打开的可执行文件
next	单步执行程序
step	进入所调用的函数内部，查看执行情况
whatis	查看变量或函数类型，调用格式为"whatis 变量名/函数名"
ptype	显示数据结构定义情况
make	编译程序
quit	退出 GDB

3.5.4　在 GDB 下运行程序

打开可执行文件后，可根据需要在程序中加入断点或观察点，并运行程序。以 helloworld 程序为例，可在为变量赋值前加入断点，并运行程序。继续 3.5.3 小节的操作，方法如下：

```
(gdb) break 5                              //在源代码第 5 行，即变量 c 赋值处加入断点
(gdb) run                                  //运行程序
```

3.5.5　检查数据

在程序中加入断点后，程序运行时会在断点处暂时停止，以便检查程序中的数据。通过检查数据可判断出许多种错误的所在。helloworld 程序在第 5 行加入了断点，这时第 5 行的代码并未执行。检查变量 c 的值可输入如下命令：

```
(gdb) print c                              //显示变量 c 的值
```

命令执行后可见输出结果为：

```
$1 = 0x4e54eff4 "|\355TNv~;N"
```

该结果表明变量 c 所指向的地址为 0x4e54eff4。继续执行程序，使用单步执行方式，再检查变量 c 的值，输入下列命令：

```
(gdb) next                                 //单步执行程序
(gdb) print c                              //显示变量 c 的值
```

执行后可见输出结果为：

```
$2 = 0x80484c4 "hello world!"
```

表明变量 c 指向了地址 0x80484c4，该地址的内容转换为 ASCII 码的结果为 hello world!。如果还要继续运行程序，输入 continue 命令将运行到下一个断点或者程序结束。

3.6　小　　结

本章介绍 Linux 系统下编译 C 和 C++语言的编译器 GCC 和 G++的基本概念及操作。它们与文本编辑器 VI 的结合，组成了最简单的程序开发环境。另外，本章讲解了程序和进程的概念。程序是编程工作的结果，进程是程序运行时在系统上的映射。GCC 和 G++编译器是遵循 ANSI C 标准所设计的，所以本章也简单介绍了 ANSI C 的概念。当深入学习 C 语言时，对 ANSI C 标准的了解会避免许多程序错误的产生。本章最后介绍了 GDB 调试器，读者还需要在学习中不断摸索该工具的操作方法。

第 4 章　Linux 开发环境

第 3 章介绍了 Linux 系统的最基本开发工具。通过这些基本开发工具，可构成简单的开发环境。但在纯命令模式下编辑源代码和调试软件并不方便，特别是开发大型复杂软件。本章将介绍一些更为强大的开发工具，这些开发工具结合 GCC、G++编译器和 GDB 调试器，组成了非常友好的开发环境，可以与 Windows 系统下的集成开发环境相媲美。

4.1　文本编辑工具

文本编辑工具是用来编写源代码的应用程序。Linux 上比较流行的文本编辑工具有 VI、Gedit、VIM 和 Emacs，这几个应用程序在编辑源代码时有各自的优点。下面以 VIM 和 Emacs 为例讲解文本编辑工具的用法。

4.1.1　VIM 的使用方法

Linux 系统中大多数文本编辑工具都可以直接在编辑区输入字符，并且能够通过一些命令来完成一些控制功能。例如，使用方向键移动光标，使用 Backspace 键或者 Delete 键删除字符，使用 Page Up 键和 Page Down 键来翻页。VIM 编辑器继承了这些特性。它既能工作在终端中，又能工作在 X Window 中，基本操作与 VI 相似。此外，VIM 还提供了一些更适合源代码开发的特性。这些特性介绍如下。

- ❑ 语法加亮：VIM 可使用不同颜色区分源代码内的不同部分。
- ❑ 多级撤销：可撤销多次的文本编辑操作。
- ❑ 同时编辑多个文件：在 VIM 中能同时打开多个文件，方便编辑有多个源代码文件的程序。
- ❑ 显示行号：编辑源代码时显示行号，能快速找到目标代码位置。

可使用 apt 软件管理器直接下载和安装最新版本的 VIM。命令如下：

```
apt-get install vim
```

如果安装成功，运行 VIM 只需在终端上输入命令 vim 即可，如图 4.1 所示。

💭注意：要使用 C 语言源代码语法加亮功能，需要配置文件/etc/vim/vimrc，加入代码 syntax on。另外，源代码文件的后缀名必须为 ".c"。其他 VIM 的操作方法可输入命令 help 查看。

图 4.1　VIM 主界面

4.1.2　Emacs 的使用方法

为了方便大型系统的开发，GNU 项目又推出了 Emacs 文本编辑器。该编辑器运行在 X Window 环境中，不但具备所有基本的文本操作功能，同时为开发项目提供一些必备的应用环境。例如，Emacs 支持电子邮件收发，这样可进行协同开发。在进行 C 或 C++语言程序设计时，它还能直接进行编写、编译和运行操作。下面举例讲解如何编写一个简单的 C 语言程序。

（1）安装 Emacs。在终端中输入下列命令：

```
apt-get install emacs
```

（2）启动 Emacs。Emacs 可在 X Window 下运行，如图 4.2 所示。在终端中输入下列命令可打开 Emacs 并创建新文件。

```
emacs helloworld.c                        //启动 Emacs，并新建了文件 helloworld.c
```

图 4.2　Emacs 主界面

（3）编辑源代码。可参照第 3 章所列举的例子，编辑 helloworld 程序代码。

（4）编译源代码。按组合键 Alt + X，然后输入命令 compile 后按 Enter 键，这时将出现提示输入编译命令。

（5）输入编译命令。删除原有编译命令，输入 gcc -o helloworld helloworld.c 后按 Enter 键，这时将提示 "Compilation finished at …"，表示编译成功。

（6）运行程序。按组合键 Alt + X，然后输入命令 shell 后按 Enter 键，系统会弹出一个小的终端窗口，在该窗口中即可运行程序。

4.2　集成开发环境

集成开发环境是将一些开发工具集合到同一个操作界面的工具软件。它通常由项目管理器、文件管理器、文本编辑工具、语法纠正器、编译工具、调试工具组成。在 Linux 系统中开发 C、C++语言程序，可选择的集成开发环境有 Eclipse 和 Kdevelop，分别运行在 GNOME 桌面环境和 KDE 桌面环境。Linux 系统下的集成开发环境通常自身不包含编译器和调试器，而是直接利用 GCC、GDB 等工具进行组合。工具组合正代表了 Linux 系统的软件设计思想。

4.2.1　Eclipse 介绍

Eclipse 最初是由 IBM 公司开发，2001 年 11 月正式贡献给开源社区，现在由非营利软件供应商联盟 Eclipse 基金会管理。2003 年，OSGi 服务平台规范成为 Eclipse 运行时架构。最初 Eclipse 用于开发 Java 语言程序，但加入 CDT 插件后就能进行 C 和 C++语言程序开发，并具备如下 4 个特性。

- □ 显示提纲：Outline 窗口模块可显示源代码中的过程、变量、声明以及函数的位置。
- □ 源代码辅助：可结合上下文提示需要输入的源代码，并检查源代码中的语法错误。
- □ 源代码模板：扩展源代码辅助功能中使用的源代码标准，加入自定义的源代码段，可加快代码编辑速度。
- □ 源代码历史记录：在没有使用 CVS 等版本控制工具的情况下，也可记录源代码的修改情况。

4.2.2　Kdevelop 介绍

Kdevelop 是一个支持多种程序设计语言的集成开发环境。它运行在 KDE 桌面环境，可支持 C、C++语言程序发开。Kdevelop 默认使用 Kate_Part 作为文本编辑器组件，这样就完全地继承了 Kate_Part 特性。Kdevelop 很好地支持了 Qt 图形界面工具包，因此是开发 KDE 桌面工具的理想环境。用于开发 C、C++语言程序时，它有 5 个主要特性。

- □ 源代码高亮显示：Kdevelop 内置文本编辑器支持源代码高亮显示和自动缩进的功能。
- □ 项目管理：项目管理器可以管理各种不同的项目类型，如 Automake、基于 Qt 的 qmake 项目和基于 Java 的 Ant 项目。
- □ 类浏览器：该功能可在进行面向对象开发时，快速了解对象的结构。

□　GUI 设计器：可通过所见即所得的方式编辑软件的图形界面。

□　并行版本控制：支持 CVS、Subversion、Perforce 和 ClearCase 等常用版本控制工具。

4.3　使用 Eclipse 开发 C/C++语言程序

综合比较而言，Eclipse 集成开发环境是 Linux 系统中最简便的开发工具，不仅适合初学者使用，也被众多 Linux 程序设计专家所选择。因此，本书推荐使用 Eclipse 作为读者首选的开发环境。

4.3.1　安装与配置 Eclipse

Eclipse 运行需要 JRE 支持，所以首先要确保系统中已安装 JRE。安装 JRE 的命令为：

```
apt-get install jre
```

要获得 Eclipse，可在官方网站上下载对应版本的压缩包，地址是 http://www.eclipse.org。集合了 C/C++语言开发环境 CDT 插件的压缩包名称为 eclipse-cpp-juno-linux-gtk.tar.gz。将压缩包保存到用户拥有执行权限的目录中，例如用户主目录"/home/用户名"。双击压缩包文件，在压缩包管理器中解压该文件到用户主目录，Eclipse 即已安装完毕。Ubuntu 系统用户可直接在 Ubuntu 软件中心搜索并下载 eclipse 和 C/C++ Development Tools for Eclipse，也可以使用下列命令安装 Eclipse 程序。

```
apt-get install eclipse-cdt
```

完成以上操作后，在安装目录双击 Eclipse 程序图标启动 Eclipse。Eclipse 首次运行要求配置工作目录 workspace。这个目录是默认用来存放源代码与相关项目文件的位置，当前用户必须有该目录读写和执行的权限。Eclipse 会弹出 Workspace Launcher 对话框，输入相应的工作目录后，选择 Use this as default and do not ask again 复选框，这样下次启动 Eclipse 就不用再次要求配置工作目录。单击 OK 按钮，Eclipse 欢迎界面将出现在屏幕中，如图 4.3 所示。

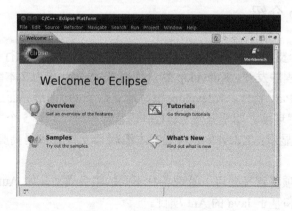

图 4.3　Eclipse 欢迎界面

4.3.2　Eclipse 界面

Eclipse 主界面由数个视图窗格组成，如图 4.4 所示。

❑ 左边为 Project Explorer 视图，用于创建、选择和删除项目。

❑ 正中间的窗格是编辑器区域，用于编辑源代码，可同时打开多个文件。

❑ 编辑器区域右侧的 Outline 视图在编辑器中显示文档的大纲，这个大纲的内容取决于源文件的类型。对于 C 和 C++源代码文件，该大纲将显示所有被包含的函数库、函数、常量、变量和已声明的类、属性和方法等信息。

❑ 右下方有一组选项卡，其中 Tasks 视图收集有关正在操作的项目的信息；Console 视图是 Linux 的简易终端，用于显示编译器和调试器的工作过程，以及在源程序运行时进行输入输出操作；Properties 视图显示编译错误信息。

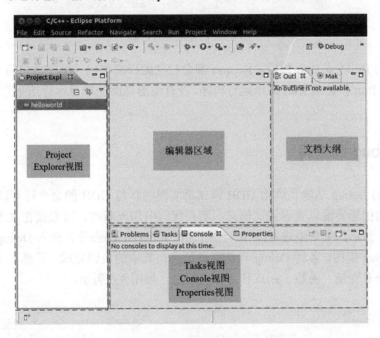

图 4.4　Eclipse 主界面

4.3.3　编译与运行源代码

编译与运行源代码前，首先需要保证 GCC、G++编译器和 GDB 调试器已安装。Eclipse 通过调用 GCC、G++编译器实现源代码编译，因此必须要将源代码的相关信息建立为项目文件，这样才能使 Eclipse 知道该使用哪一个编译指令。选择 File|New|C Project 命令，将出现 C Project 对话框，其中有项目相关的列表项，如图 4.5 所示。

选择 Empty Project 列表项，单击 Finish 按钮，将建立一个空白的 C 语言程序项目。项目建立后，选择 File|New|Source File 命令，可为项目添加新的源代码文件。如果要查看或修改编译参数，可选择 Project|Preferences 命令，选择相应的选项修改其中内容。

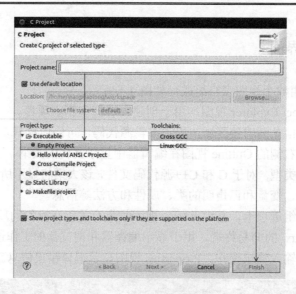

图 4.5　创建项目对话框

　　每次单击 Build 或 Run 按钮，Eclipse 都会自动编译源代码，编译信息将在 Console 视图中显示。用 Run 按钮或 Run 菜单运行程序，没有图形界面的项目运行结果直接在 Console 视图内显示。

4.3.4　Debug 源代码

　　Eclipse 的 Debug 功能是调用 GDB 调试器实现的。与 GDB 的命令行不同，Eclipse 提供了更友好的图形界面以查看调试信息。要在代码中加入断点，可直接在文本编辑区右击左侧区域，在弹出的菜单中进行操作。然后选择 Run|Debug 命令，进入 Debug 界面。屏幕左上侧是 Debug 视图，各种 Debug 功能都通过单击其中的按钮完成。屏幕右上侧是调试信息视图，可查看变量、函数、断点和寄存器信息，如图 4.6 所示。

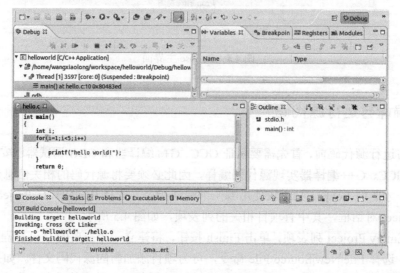

图 4.6　Eclipse 的调试界面

调试有一定的原则指导它实行。调试的基本原则是验证原则，修正有缺陷程序是验证的过程。当发现了一处不正确的代码，可得到线索去定位错误。使用 Eclipse 提供的图形化调试界面，取得变量的值要做的仅仅是移动鼠标指针到代码所显示的变量上。可以在调试界面上设置观测点，告诉哪个观测点在程序运行中造成某一变量取得不可信的值或范围。

在调试过程的开始，应该用容易的、简单的条件运行程序。这可能没有揭露出所有错误，但能发现其中一小部分。如果代码由大的循环组成，可发现最简单的错误出现在第一轮或第二轮循环中。程序设计可使用自上而下或模块化方法来编写代码：主程序不会太长，它由大量的函数调用语句组成，进行实质工作。不仅编写代码使用自上而下方式，调试代码也应该从上到下。

例如，假设程序使用函数 f()，当使用调试工具的步进方式运行代码，并调用 f()时，调试界面将让用户选择下次在哪里暂停执行：是在被调用函数中的第 1 行，还是在函数调用后的下一个语句。多数情况下，后者是最佳选择：完成调用后检查变量的值，基于调用的结果判断函数是否工作正常。如果这样，调试时跳过函数内部可避免在正常的函数内步进，节省调试工作的时间。

当段错误发生时，可使用调试界面运行程序使段错误再次发生。调试界面将告诉用户代码中哪一行造成错误。这时可通过调用调试器后撤功能获得额外的有用信息，它显示函数调用步骤如何导致发生错误函数的崩溃。

如果怀疑程序有个死循环，可以进入调试界面再次运行程序，给它充足的时间执行该循环。这时使用调试器中断命令挂起程序，并进行回撤来观察循环体内达到的点数和为何程序如此。

4.4　小　　结

本章介绍了一些高级的文本编辑器和集成开发环境，这些集成开发环境也是当今大多数程序员所使用的工具。有一些大型软件项目需要多位开发者协调工作，这时集成开发环境中的版本控制工具显得非常重要。它用于保障多位开发者在同时编译一个文件的过程中，不会相互覆盖对方的工作成果。另外，如果前面进行的工作不小心在后面被删除，版本控制工具也能方便地回溯到某个时间点。读者在学习后面的章节时，可使用集成开发环境编辑和运行程序，在实际操作中积累经验。

第 2 篇　C/C++语言基础

第 5 章　C 语言编程基础

从本章开始介绍 C 语言的基础知识。C 语言是 Linux 系统中最常用的程序设计语言。Linux 系统中的大多数软件提供了 C 语言接口和源代码，供用户扩展和改进软件的功能，或基于这些软件构成新软件。正因为如此，在开源软件开发过程中可以很容易学习到他人的开发经验。GNU 项目为 C 语言开发提供了丰富的工具，充分利用现有的代码资源和这些开发工具可将学习到的知识付诸实践，从而更快速地掌握 C 语言开发技术。

5.1　程序设计语言的发展

程序设计语言是用来描写计算机程序的逻辑语法结构。它已成为一门学科，同时也是程序设计者之间的交流方式。过去，程序设计语言是针对特定的计算机设计，程序员针对计算机的不同结构设计特定算法或者数据结构。随着计算机技术的发展，很多程序设计语言已能够运行在多种计算机平台上，并能在不同平台之间移植。正是因为如此，程序员才会试图使程序代码更容易阅读。在过去的几十年间，大量的编程语言被发明，被取代，被修改或组合在一起。

5.1.1　机器语言

电子计算机由复杂的逻辑电路所组成，它能够"认识"的仅仅是 0 和 1 所代表的二进制数字信号。最初的计算机语言，也就是以二进制数字所组成的逻辑序列，称为机器语言。每个二进制字符称为位（b），计算机最小的存储单元是 8 位组成的字节（B）。机器语言难于阅读，并只能针对特定的计算机编写，代码无法移植。

5.1.2　汇编语言

为了减轻程序设计的劳动强度，计算机科学家设计了一些简洁的英文缩写来替代用于控制或表明数据类型的二进制逻辑序列。例如，ADD 表示两个变量相加，IN 表示读取端口数据，于是诞生了汇编语言。

5.1.3　高级语言

汇编程序冗长，在代码上无法直接表现出所设计的逻辑。计算机科学家又考虑引入更复杂的语言逻辑，并设计了与机器类型无关的抽象语言，于是诞生了高级程序设计语言。

自 1954 年第一个高级语言 FORTRAN 问世至今，出现了数百种高级语言。这些高级语言的逻辑近似于人类语言逻辑，具备严密的语法结构，不依赖计算机硬件，例如 ALGOL、COBOL、BASIC、LISP、Pascal、C、Ada、C++、Delphi、Java、C#和 Python 等。

高级语言的发展也经历了从早期语言到结构化程序设计语言，从面向过程到面向对象的转变。相应的，软件的开发也由最初的个体手工作坊式封闭生产，发展为产业化、流水线式工业化生产。随着程序设计语言的进步，程序设计方法随之也愈加丰富。

20 世纪 60 年代中后期，计算机硬件高速发展。而软件的发展速度未能跟上硬件的发展步伐，特别是软件的开发过程停留在以个人为单位的作坊模式中，软件开发缺乏科学规范，很多软件开发项目以失败告终，运行在计算机上的软件可靠性极差，于是出现了"软件危机"。20 世纪 70 年代结构化程序设计语言 Pascal 诞生后，标志着结构化程序设计方法时代的开始。20 世纪 80 年代开始，一场面向对象程序设计方法的革命彻底改变了"软件危机"局面，软件设计成为一门系统的工程学。

面向对象是将现实世界的一切事物抽象化，在计算机中建立事物的模型，模拟客观世界分析、设计和实现的过程。这和人类日常处理事物的方式是一致的，对人而言是希望发生一件事就处理一件事，其方法就是软件的集成化，生产一些通用的、封装紧密的功能模块。它与具体应用无关，但能相互组合，完成具体的应用功能，同时又能重复使用。

高级语言的下一个发展目标是面向应用。也就是说，只需要告诉程序你要干什么，程序就能自动生成算法，自动进行处理，这就是非过程化的程序语言。

5.2 C 语言的特点

C 语言是一种通用的编程语言，广泛用于系统开发与应用软件的开发。它具有高效、灵活、功能丰富、表达力强和较高的移植性等特点，在程序员中备受青睐。C 语言是由 UNIX 的研制者丹尼斯·里奇（Dennis Ritchie）和肯·汤普逊（Ken Thompson）在 1970 年研制出的 B 语言的基础上发展和完善起来的。

5.2.1 C 语言是中级语言

C 语言通常称为中级语言，这是因为它有着与汇编语言类似的具有直接访问计算机底层资源的能力，同时它又具备了高级语言的各种优点。作为中级语言，C 语言允许对位、字节和地址这些计算机功能中的基本成分进行操作。C 语言程序非常容易移植，甚至可以设计出能同时运行在 Linux、UNIX 和 Windows 等操作系统上的软件。

高级语言使用数据类型来限定程序每次在内部存储器中读取的数据范围，每种数据类型对应着一组操作和运算，不同类型间不可直接进行运算。C 语言虽然也支持数据类型，但与其他高级语言相比，C 语言对数据类型的要求较为松散。因为从本质上来说，数据类型是告诉编译器如何为数据分配内存，内存的读取和写入方式却是相同的。

C 语言的另一个重要特点是它仅有 32 个关键字，这些关键字构成 C 语言的命令。与BASIC 相比要简洁许多，后者包含的关键字达 159 个之多。

5.2.2　C 语言是结构化语言

结构化语言源自日常生活中的问题求解方法。它首先将一个复杂的问题划归为许多独立的子问题，然后逐个去解决这些子问题。子问题之间是相互独立的，求解时逐个解决。有些问题会重复发生，虽然每次发生时状况不完全一样，但是可通过总结获得一套由子问题求解而形成的通用问题求解方法。结构化语言正是通过将复杂的程序化简为小而简单的独立模块，从而简化程序设计难度。

结构化语言所使用的设计方法为模块化设计方法，每个子问题求解的步骤被定义为模块。在 C 语言中，函数就是模块化的体现。函数之间是相互独立的，函数内的数据只能通过接口进行传递。在 C 语言程序中，数据与代码是分离的，数据在各个函数之间通过接口传递。因此，设计良好的函数能够在多个程序间反复使用，构成了代码复用的基础。

5.2.3　C 语言是程序员的语言

在程序设计语言中，有许多是针对非程序员所设计的语言，大多数解释性语言都是非程序员的语言，例如 BASIC 和 FoxPro。这一类语言虽然容易学习，但是所生产的程序执行效率低、可靠性差，不能访问计算机的底层资源。与其形成鲜明对比的是 C 语言，由于其程序生成、修改和现场测试自始至终均由真正的程序员进行，因而它实现了程序员的期望：很少限制，语法自由，具备块结构和独立的函数，以及紧凑的关键字集合。用 C 语言编程，程序员可以获得高效机器代码，其效率几乎接近于汇编语言编程。

C 语言可以替代汇编语言使用。一方面原因是 C 语言能够直接操纵底层硬件，另一方面原因是 C 语言中可包含汇编语言代码。因此，Linux 内核和大多数硬件的驱动程序是使用 C 语言设计的。GCC 等很多 C 语言编译器甚至能够将 C 语言直接翻译为汇编语言指令，并且以汇编语言为标准进行执行控制。直接编写汇编语言是相当困难的，不仅难以设计出复杂的程序结构，对数据类型的支持也非常单调，直到 C 语言的出现弥补了这些不足。

所有 Linux 系统均提供了 C 语言编译器。由此可见，C 语言是 Linux 系统中最为常用的编程语言。对于程序员来说，熟练掌握 C 语言后就能快速开发出各种应用软件。C 语言开发的软件的执行效率和可移植性都能得到保证。Linux 系统上的很多大型软件都提供了 C 语言函数库，这些函数库可方便地构建新的应用程序，或者进行二次开发。所以，C 语言对于 Linux 系统有着重要的意义，它可以降低在 Linux 系统上开发程序的难度。

5.3　C 语言的程序结构

任何一种程序设计语言都具有特定的语法规则和规定的表达方法。一个程序只有严格按照语言规定的语法和表达方式编写，才能保证编写的程序在计算机中能正确地执行，同时也便于阅读和理解。

5.3.1　基本程序结构

基本程序结构就是从上至下顺序执行的程序。C 语言程序必须有且只有一个主函数，程序从主函数开始执行，直到主函数结束。下面示例是根据半径求圆形面积的程序源代码。

```
01  #include <stdio.h>          //调用标准输入输出函数库
02  #define PI 3.14             //定义常量 PI
03  int main()                  //主函数开始
04  {
05     float r, s;              //定义单精度浮点型变量 r 和 s，分别代表半径与面积
06     printf("半径 = ");       //输出字符串作为提示
07     scanf("%f", &r);         //接受输入的半径数值，存入变量 r 中
08     s = PI * r * r;          //根据公式得出圆形面积算法，计算结果存入变量 s 中
09     printf("\n 面积 = %f\n", s);   //在终端上输出变量 s 数值
10     return 0;                //程序结束时向操作系统返回 0，表示正常退出
11  }
```

程序编译时，首先放入函数库 stdio.h，然后定义了常量 PI，这些工作称为预处理。预处理命令以"#"开始，通常放在源代码最前面。程序从主函数 main() 开始执行，首先为变量声明，然后 printf() 函数输出提示语。接着调用 scanf() 函数，这时终端会等待用户输入数值，该数值被保存在变量 r 中。输入完数值后，程序运行到"s = PI * r * r;"这一行，该行是圆形面积算法的表达式，计算出的面积保存在变量 s 中。后面再用 printf() 函数输出提示字符串及变量 s 的值，最后 return 命令返回一个值给操作系统表示操作成功，主函数 main() 结束，同时程序也执行完成并退出。假设输入的半径值为 2.0，那么表达式"s = PI * r * r;"所计算的内容为：s ＝ 3.14 × 2.0 × 2.0，结果为：12.56。

为了更清晰地说明结构化语言的特性，下面将计算圆形面积的公式设计成一个函数，该函数可在其他程序中反复利用，体现了代码重用思想。修改后的源代码如下：

```
01  #include <stdio.h>          //调用标准输入输出函数库
02  #define PI 3.14             //定义常量 PI
03  float area(float r)         //定义求圆形面积函数
04  {
05     float s;                 //定义单精度浮点型变量 s，代表面积
06     s = PI * r * r;          //根据公式得出圆形面积算法，计算面积数值存入变量 s 中
07     return s;                //变量 s 作为函数的返回值
08  }
09
10  int main()                  //主函数开始
11  {
12     float r, s;              //定义单精度浮点型变量 r 和 s，分别代表半径与面积
13     printf("半径 = ");       //输出字符串作为提示
14     scanf("%f", &r);         //接受输入的半径数值，存入变量 r 中
15     s = area(r);             //调用求圆形面积函数，并将函数返回值存入变量 s 中
16     printf("\n 面积 = %f\n", s);   //在终端上输出变量 s 数值
17     return 0;                //程序结束时向操作系统返回 0，表示正常退出
18  }
```

与前一例子不同的是，程序执行到"s = area(r);"语句时，将进入子函数 area() 运行，直到子函数用 return 命令返回值，这时又会回到主函数继续执行。

从这些例子中，可以看出 C 语言程序的基本结构。C 语言程序为函数模块结构，所有的 C 语言程序都是由一个或多个函数构成。C 语言程序的函数可分为编译器提供的标准函数和由用户自己定义的函数。如 printf()、scanf()是标准函数，area()是自定义函数。C 语言提供了大量的标准函数，标准函数被放在后缀为.h 的头文件中，例如可以引入 math.h，用其中计算平方值的函数修改求圆形面积函数的表达式。修改后的源代码如下：

```
...
#include <math.h>            //调用数学函数库
float area(float r)         //定义求圆形面积函数
{
  float s;                  //定义单精度浮点型变量 s，代表面积
  s = PI * pow(r, 2);       //圆形面积算法，pow()函数返回变量平方值
  return s;                 //变量 s 作为函数的返回值
}
...
```

代码中，pow()函数用来计算一个变量的 n 次方。表达式 s = PI * pow(r, 2) 更容易理解，等同于前一个例子中的表达式 s = PI * r * r。

虽然从技术上讲，主函数不是 C 语言的一个成分，但它仍被看作是其中的一部分，因此，main 不能用作变量名。函数的基本形式如下：

```
数据类型  函数名(形式参数列表)
{
    数据声明部分;
    语句部分;
    return 返回值;
}
```

其中函数定义的首行包括数据类型说明、函数名和圆括号中的形式参数列表。如果函数调用时无参数传递，则圆括号中形式参数列表为空。数据类型说明定义函数返回值的类型，如果没有返回值可定义成 void 型。形式参数列表指定函数调用传递参数的数据类型和个数。函数体包括函数内使用的数据类型说明和执行函数功能的语句，花括号"{"和"}"表示函数体的开始和结束。

5.3.2　函数库和链接

程序员通常不需要从头开始设计每一个函数，完全用 C 语言命令所实现的函数非常罕见。因为所有的 C 语言编译器都提供能完成各种常见任务的函数，如 printf()函数等。C 语言编译器的实现者已经编写了大部分常见的通用函数，这些函数根据其意义分类，分别放在头文件中。如 stdio.h 头文件存放的是输入输出相关的函数，math.h 头文件存放的是数学计算函数。

函数的集合称之为函数库，遵守 ANSI C 标准的编译器所提供函数组成的函数库称之为 ANSI C 标准函数库。编写程序时用到的函数许多都可以在标准函数库中找到，它们是可以简单地组合起来的程序构件。编写了一个经常要用的函数之后，也可将其放入自定义的库中备用。

编译器编译源代码时以函数为单位进行编译，并记忆函数的名字。随后，编译器以源

文件中的顺序去查找函数间的关系，并且在可执行文件内部实现函数间的可访问性，该过程称之为"链接"。因此，如果某一个函数要调用另一个函数，被调用的函数必须在前面定义。最简单的解决办法就是使用函数原型，在创建函数前，首先将函数原型定义在头文件中。

5.3.3　开发一个 C 语言程序

程序开发是一个科学的过程，开发一个 C 语言程序通常可概括为 4 个步骤。

1．程序设计

每个程序都有它特定的目标，开发程序前首先要将需解决的问题分析透彻，找到解决方案与算法。设计程序涉及软件工程中的许多过程，例如需求分析和可行性分析。另外，一些建模方法，如通用建模语言（UML），也可帮助将现实中的问题抽象出来。一些简单的问题也可以使用伪代码描述。伪代码是用自然语言代替程序设计语言编写的程序，虽然它不能被编译器编译，但易于阅读和改进。

2．编写源代码

在程序设计后，根据设计的结果编写出源代码。如果在编写源代码时发现程序设计存在问题，那么应该回到上一步骤修改设计。编写源代码可选用任何一个文本编辑器或直接在集成开发环境上将源代码输入计算机，并以文本文件的形式保存在计算机上，文件的后缀为.c。C 语言程序中的变量在习惯上使用小写英文字母，常量和其他用途的符号可用大写字母。C 语言对大、小写字母是敏感的，关键字必须小写。

3．程序测试

源代码编写完后，使用编译器进行编译与链接，这时可进行程序测试，检验该程序是否满足设计上的要求。经常出现的问题有逻辑错误、目标错误、语法错误和编写错误，这些错误可用调试器发现并修正。如果错误比较严重，那么又需要回到第一个步骤对程序重新设计。

4．程序运行

程序测试通过后，即可让程序在操作系统上运行。到此为止，可以说是经历了整个 C 语言程序的开发过程。但实际上该过程并没有结束。现代软件工程思想里提出了许多问题，如程序能否预知需求的改变和环境的改变，以及在运行中发现程序隐藏着错误或执行效率并非最优等。遇到这些问题又会使开发过程反复回到前面的步骤，直到这个程序不再被使用。

5.3.4　C 语言的关键字

关键字是已被 C 语言标准作为命令、数据类型或者固定函数名的字母组合。关键字不能被用做变量名或函数名。表 5.1 列举了 C 语言的 32 个关键字，它们遵循 C 语言的语法使用，形成了 C 程序设计语言。

表 5.1　C语言关键字表

auto	break	case	char	const	continue	default	do
double	else	enum	extern	float	for	goto	if
int	long	register	short	signed	sizeof	static	return
struct	switch	typedef	union	unsigned	void	volatile	while

5.4 算　　法

关于计算机程序的定义，有一种经典的表述是程序等于数据结构加算法。这句话可以解释为，数据结构是将事物抽象成为可运算的数据形式输入到计算机中，而算法是对这些数据计算的方法。例如，求某个学生的平均分，那么数据结构由课程名称和分值组成，求平均分的算法是将分值的总和除以课程总数。对于一些特殊的问题，例如排序、解方程和编码等，出现了许多适合计算机运算的算法，这些算法甚至专门针对于某个程序设计语言。由此可见，程序设计的关键之一，是解题的方法与步骤，即算法。

5.4.1　流程图与算法的结构化描述

流程图可用来描述事务的处理过程，因此是最早引入计算机算法设计领域的图示方法。经过长期的发展，现在已形成一套约定俗成的规则。计算机程序中的每次处理都可用一个几何图形表示，如矩形表示一般的赋值或计算，菱形表示判断。流程之间用线连接，并且使用箭头标明程序的处理方向。基本流程图的形状如图 5.1 所示。

图 5.1　基本流程图的形状

汇编语言等非结构化程序使用 goto 命令，该命令能够使程序以行为单位跳转到任何位置。跳转语句赋予了程序执行的可选择性，不再是简单的按照指令顺序执行。但是，使用跳转语句的缺陷也十分明显。代码中大量的 goto 命令使流程过于混乱，源代码的维护难度极高。早期的结构化语言虽然也提供了 goto 命令，但是程序员使用时应非常谨慎。ANSI C 标准已将其排除在外。

以 C 语言为代表的结构化语言提供了 3 种基本的程序结构，分别为顺序结构、选择结构和循环结构。任何计算机算法都可化简为这 3 种基本结构的组合，基本结构间可以并行，也可以相互包含，但是不允许交叉。结构化语言要求所有算法遵循 3 种基本结构和组合方法，一个结构不能进入到另一个结构的内部，保证了结构的独立性。

流程图可以很清晰地描绘出这 3 种基本结构，只要掌握了 3 种基本结构的画法，也就能掌握流程图的画法。下面分别介绍 3 种基本结构的画法。

1．顺序结构

顺序结构是简单的线性结构，各流程按顺序执行。其流程图的基本形态如图 5.2 所示，语句的执行顺序为 A→B→C。

2．选择结构

选择结构是用判断语句实现的，判断语句使程序的执行变为两个路径。当判断的条件为真时，选择一个路径执行；当判断的条件为假时，选择另一个路径执行，如图 5.3 所示。

图 5.2　顺序结构图　　　　　　　　图 5.3　选择结构图

3．循环结构

循环结构是指反复对某一段代码的执行，其基础为判断结构。执行的代码称之为循环体，判断结构用于根据某一条件，判断是否继续循环。C 语言的循环结构有两种类型，分别是 while 型循环和 do-while 型循环。while 型循环首先判断条件，再决定是否执行循环体；do-while 型循环首先执行循环体一次，再判断是否继续执行循环体，如图 5.4 和图 5.5 所示。

图 5.4　while 循环　　　　　　　　图 5.5　do-while 循环

5.4.2　用 N-S 图描述算法

除了传统的流程图以外，还有很多种图形可以用来描述程序的结构。N-S 图就是其中的一种，它由矩形组成，一个程序模块是最外围的矩形外框，程序中的每个步骤都是一个内嵌的小矩形，如图 5.6 所示。该图没有使用箭头表示程序执行的方向，但也能准确定义程序的三种基本结构。N-S 图适合于设计系统程序，特别是分支间相互独立的程序。

5.4.3　用 PAD 图描述算法

PAD 图（Problem Analysis Diagram）是国际上专业的程序员广泛使用的一种程序流程表示法。与其他图形相比，PAD 图更容易描述扁平化的程序结构。特别是一些应用管理类软件，其中都会有很多扁平化的分支语句，这些语句用 PAD 描述更为清晰。例如，程序中有两个数值，要比较它们的大小，并根据比较结果执行 2 个不同的语句。在 PAD 图里，可以用一个内嵌的三角形代表判断语句的两个分支，如图 5.7 所示。

图 5.6　N-S 图示意

图 5.7　PAD 图示意

5.5　软件工程概览

软件工程是计算机科学的一个重要分支，所涉及的范围非常广泛，包括软件开发技术、软件工程环境、工程经济学和工程管理等许多知识领域。本节主要介绍软件工程的基本任务和常用的软件项目的开发模型，以及如何通过软件工程指导 C 语言编程。其中，朴素软件工程思想是一套在教学中总结出来的软件开发规律，它的主要目的是指导编程语言的课程设计，也可用于少数开发者参与的软件项目。

5.5.1　认识软件工程

软件是程序与文档的总和。软件工程定义了软件开发过程中程序与文档的具体形式和提交方式。成功开发一个软件离不开软件工程。软件工程存在于各种应用中，存在于软件开发的各个方面。而程序设计只包含了程序设计和编码的反复迭代过程，它是软件开发的一个阶段。软件工程力图对软件项目的各方面做出指导，从软件的可行性分析直到软件完成以后的维护工作。

软件工程认为，各种市场活动与软件开发间存在紧密的联系，例如软件的销售、用户培训，以及软件和硬件安装等。软件工程的方法学认为一个独立的程序员不应当脱离团队而进行开发，同时程序的编写不能够脱离软件的需求、设计及客户的利益。软件工程的发展是计算机程序设计工业化的体现。

在长期的项目实现中，软件工程可被总结为 7 条基本原理。这 7 条原理被认为是确保软件产品质量和开发效率的根本性因素，介绍如下。

1. 用分阶段的生命周期计划严格管理

软件生命周期可划分为多个阶段。针对各阶段制定出切实可行的计划，然后严格按照计划对软件进行开发与维护，是保障软件质量和开发效率的最基本要求。

2. 坚持进行阶段评审

在软件生命周期的各阶段，编码阶段之前的错误约占 63%，而编码错误仅占 37%。错误发现得越早，所付出的代价就越低。坚持在每个阶段结束前进行严格地评审，可最大限度地避免错误。

3. 实行严格的产品控制

由于外部环境的变化，在软件开发过程中需求变更是难免的，需要依靠科学的产品控制技术来顺应用户提出的变更要求。为了保持软件各个配置成分的一致性，必须实行严格的产品控制。其中主要是实行变更管理，经过评审后才能将这些变更实施在项目中。

4. 采用现代程序设计技术

程序设计技术处于不断进步中，采用先进的程序设计技术有助于提高软件开发与维护的效率。

5. 结果应能清楚地审查

软件本身是一个虚拟化产品，因此软件开发工作的进展情况难以判断。为了更好地进行评价和管理，应根据软件开发的总目标和完成期限编写文档，提出相应阶段的测试方法，从而能清楚地审查所得到的结果。

6. 开发人员应少而精

软件开发人员的数量和素质是影响软件质量和开发效率的重要因素。实践表明，开发人员数量不宜过多，否则将使开发人员间的沟通成为难题。开发人员的配置应与项目需求密切相关，这样可充分利用人力资源。

7．实践中不断改进软件工程

软件工程是一门实践性很强的学科，并非能够从教科书中照搬照用。只有在实践中不断总结项目经验，根据实际情况优化项目模型，才能真正找到适用的软件开发方法。

同任何事物一样，软件也有孕育、诞生、成长、成熟和衰亡的生命周期。软件的生命周期是指一个软件从功能的确定、设计、成长和成熟，到开发实现并投入使用，以及使用中不断地修改和完善，直到软件停止使用的全过程。包括制定计划、需求分析、软件设计和程序编码、软件测试和运行维护等6个阶段。

类似于其他工程项目中安排各道工序那样，为反映软件生命周期内的各种活动应如何组织，软件生命周期6个阶段应如何衔接，需要用软件开发模型做出直观的图示表达。软件开发模型是从软件项目需求定义直到经使用后废弃为止，跨越整个生命期的系统开发、运行和维护所实施的全部过程、活动和任务的结构框架。

5.5.2　瀑布模型及其改进

瀑布模型是由温斯顿·罗伊斯（Winston Royce）在1970年提出的软件开发模型。瀑布模型将软件开发过程定义为6个步骤，分别是问题定义、需求分析、设计原型、实现与单元测试、集成与系统维护和发布、运行与维护。这些步骤在开发过程中坚定顺畅地进行，如图5.8所示。

图5.8　瀑布模型

罗伊斯在最初的文章中指出，瀑布模型应在软件的生命周期中重复使用。实际上，其愿望为设计迭代开发模型。但是，大多数开发者都误解了瀑布模型的本意，而将瀑布模型理解为自上而下的单调过程。于是，很多开发者因误解瀑布模型而造成项目失败，并怀疑瀑布模型是否适用于软件开发。

在历史上，瀑布模型是最早明确定义软件生命周期各个阶段的工程学方法。按照该模型的要求，只有在一个阶段结束后，才能开展下一阶段的工作。每个阶段开始前要进行规划、分析和设计，每个阶段结束后则要进行测试、文件编撰和版本控制。如果阶段测试无法通过，则要回到上一阶段甚至前一阶段，对不满足项目需求的设计进行修改。

5.5.3　迭代发布模型

迭代发布模型是一种与传统软件工程开发相反的软件开发过程，它弥补了传统开发方式中的一些缺点，具有更高的成功率和生产率。

迭代发布模型继承了瀑布模型的方法，将软件生命周期划分为多个阶段。每次按顺序经历完所有的阶段，称之为一轮迭代。每轮迭代结束后，开始新一轮迭代，直到软件项目被终止，整个生命周期才会结束，如图 5.9 所示。迭代发布模型的核心思想是，每次只完成软件中最迫切需要的一部分功能，并且随时关注用户的反馈信息。

图 5.9　迭代模型

5.5.4　朴素软件工程思想

在学习程序设计时，使用一种软件工程思想指导项目实践有两大优点：其一是使学习过程中能够设计出优秀的程序作品；其二是加深对软件项目协作、软件项目管理的认识。

以学习和实践编程技术为目标的软件开发过程并不需要过多关注软件的市场效应和后期维护情况，而是将更多注意力集中在程序的编码实现过程中。软件开发过程采用迭代开发模型，每一轮迭代中实现一部分功能。这种方法称之为朴素软件工程思想，是一种适用于实践编程技术或小型项目开发的软件工程方法。

开放源代码是 Linux 系统上软件项目的共同特点。如果使用开源方式进行软件开发，不但能获得丰富的用户反馈，提高程序的实用性与健壮性，而且还会吸引其他开发者加入，在与其他开发者交流中学习到更多实践经验。在因特网上有许多 Linux 开源社区，开发者可在这些社区内托管源代码、发布开源软件、交流技术。

朴素软件工程思想将迭代发布模型简化为 4 个步骤，然后反复循环这 4 个步骤直到软件生命周期结束。下面介绍这 4 个步骤。

1．确定项目视图与范围

在开发前，首先要确定项目所面对的问题，根据问题提出解决方案（视图），然后划定范围，避免项目在开发过程中无限制扩大。将这些工作的结果制作成一份项目视图与范围文档，该文档大纲见表 5.2。

表 5.2　项目视图与范围

文　档　名	主　要　内　容
项目需求	（1）项目背景，用于说明问题产生的原因 （2）用户需求，列出用户所需求的软件产品面貌 （3）提供给用户的价值，说明解决所面对问题的价值
项目视图的解决方案	（1）项目视图陈述，描述如何通过软件解决用户的问题 （2）主要特性，列出软件的主要功能和技术 （3）假设和依赖环境，列出解决问题的假设条件，以及所依赖的各种环境
范围和局限性	（1）首次发行的范围，即本次迭代过程所要解决的问题 （2）随后发行的范围，留在将来解决的问题 （3）局限性和专用性，确定解决方案局限的硬件、软件环境，以及适用于哪一部分用户

2．软件设计

软件设计是编码前的重要工作。在朴素软件工程思想中，软件设计只有简单的两个步骤。第一步是根据项目视图将所面临的问题进行量化，设计出程序中所需的数据结构。将这些数据结构汇集起来编撰为一份文档，称之为数据字典。第二步是根据项目范围中所列出问题的解决方案得到程序的结构和算法。程序的结构可以使用基本框图表示，算法可使用流程图表示。

3．编码

如果项目并非十分庞大，编码过程将是整个软件生命周期中最耗时的一部分。处于学习阶段的开发者会不断碰到各种技术问题。解决这些技术问题时可能需要进一步完善数据字典，或者修改程序的流程图。但需要注意的是，应避免轻易改变项目视图与范围，也不可因噎废食，在碰到技术难题时使用投机取巧的办法解决，甚至半途而废终止项目开发过程。解决技术问题是磨炼开发者意志与耐心的过程，同时也是开发者必备的能力。

在每个程序模块编码结束时，需要对模块进行单元测试，不仅能及早发现编码中的错误，也可使模块的复用性增强。整个程序编码结束后，还要进行集成测试，集成测试不但要注意编码中的错误，而且还需要验证程序的功能是否满足需求。

4．发布

项目发布是每个周期的最后一个任务。可选择一个开源社区作为发布平台。因朴素软件工程思想中并没有完善的测试过程，编码过程只能进行简单的测试，所以用户实际使用时会发现很多错误。如果能做到及时解决运行中的错误，并悉心听取用户的改进意见，那么该软件也许会获得商业价值，并成为开发者职业生涯中宝贵的资源。

5.6　小　结

本章介绍了 C 语言的基础知识和程序设计知识。本章将多变的程序结构总结成 3 种基本结构，同时引入流程图的概念。流程图能将任何复杂的程序抽象为程序员间通用的符号语言。另外，本章介绍了算法的概念和软件工程的相关知识，将程序设计和软件开发作为一门工程学对待。这些内容与实际的软件开发工作完全一致，需要读者深入的理解与掌握。

第 6 章　数据类型、运算符和表达式

数据类型、运算符和表达式是 C 语言的 3 个基本组成部分。数据类型决定了如何将数据存储到计算机的内存中，运算符是数据之间执行何种运算的代号，而表达式则是 C 语言最基本的语法。本章将通过学习 C 语言的 3 个基本组成部分来掌握基本的 C 语言程序设计。

6.1　C 语言的数据类型

C 语言有 5 种基本的数据类型，分别是字符型、整型、单精度浮点型、双精度浮点型和空类型。在不同的操作系统或硬件平台中，这些数据类型的值域范围和所占用的内存的数量有关。这种差异影响了 C 语言的可移植性能。但如果能深入地理解数据类型的构成，则可以最大程度地避免该问题。

6.1.1　基本类型的字长与范围

字长是指数据所占用内存的数量，字长决定了数据类型的值域，即范围。以字符型为例，ANSI C 标准中的字符型的长度是 1 字节（8 位二进制编码），可计算其值域为 $\pm 2^7$，取值范围为 $-128 \sim 127$。计算机所使用的 ASCII 字符编码共有 128 个元素，所以用字符型可将全部元素表示出来。依次类推，ANSI C 标准中其他基本类型的字长与范围见表 6.1。

表 6.1　ANSI C 标准基本类型的字长与范围

基 本 类 型	字　　　长	范　　　围
char（字符型）	1 字节	$-128 \sim 127$
int（整型）	2 字节	$-32\,768 \sim 32\,767$
float（单精度浮点型）	4 字节	约精确到 6 位数
double（双精度浮点型）	8 字节	约精确到 12 位数
void（空值型）	0 字节	无值

由于硬件平台和操作系统的不同，数据类型的字长可能与上表不同。例如，运行在 AMD64 架构的 Linux 系统中，整型的长度为 4 字节。要获得当前系统环境中数据类型的字长，可运行下列程序。

```
01  #include <stdio.h>                          //包含标准输入输出函数库
02  int main()                                  //主函数
03  {
04    printf("字符型字长为%d\n", sizeof(char));   //输出字符型字长
05    printf("整型字长为%d\n", sizeof(int));      //输出整型字长
```

```
06    printf("长整型字长为%d\n", sizeof(long));        //输出长整型字长
07    printf("单精度浮点型字长为%d\n", sizeof(float));
                                                      //输出单精度浮点型字长
08    printf("双精度浮点型字长为%d\n", sizeof(double));
                                                      //输出双精度浮点型字长
09    return 0;
10 }
```

该程序使用 sizeof()函数返回数据类型的字长，sizeof()函数的返回值为整型数据，返回的结果由 printf()函数输出到终端中。

6.1.2　聚合类型与修饰符

C 语言支持聚合类型，包括数组、指针、结构体、共用体（联合）、位域和枚举。聚合类型构成了复杂的数据结构，用以描述事物的各种属性。除 void 类型外，基本类型的前面可以有各种修饰符。修饰符用来改变基本类型的意义，以便更准确地适应各种情况的需求。修饰符如下：

- ❑ signed（有符号）；
- ❑ unsigned（无符号）；
- ❑ long（长型）；
- ❑ short（短型）。

signed、short、long 和 unsigned 修饰符适用于字符和整数两种基本类型，而 long 还可用于 double。unsigned 和 signed 修饰符分别表示无正负值符号和有正负值符号的数据类型中，计算机中原始数据类型使用的是二进制数，如果要表示正负值符号则需要用 1 位存储空间。以字符型为例，无符号字符型取值值域是 2^8，那么其取值范围为 0～255，有符号字符型将 1 位用于存储符号，取值值域是 2^7，那么范围为–128～127。表 6.2 给出了所有根据 ANSI C 标准而组合的类型、字长和范围。

表 6.2　ANSI C 标准组合的类型、字长和范围

类　　型	字　　长	范　　围
char（字符型）	1 字节	–128～127
unsigned char（无符号字符型）	1 字节	0～255
signed char（有符号字符型）	1 字节	–128～127
int（整型）	2 字节	–32 768～32 767
unsigned int（无符号整型）	2 字节	0～65 535
signed int（有符号整型）	2 字节	–32 768～32 767
short int（短整型）	1 字节	–128～127
unsigned short int（无符号短整型）	1 字节	0～255
signed short int（有符号短整型）	1 字节	–128～127
long int（长整型）	4 字节	–2 147 483 648～2 147 483 647
unsigned long int（无符号长整型）	4 字节	0～4 294 967 296
signed long int（有符号长整型）	4 字节	–2 147 483 648～2 147 483 647
float（单精度浮点型）	4 字节	约精确到 6 位数
double（双精度浮点型）	8 字节	约精确到 12 位数
void（空值型）	0 字节	无值

因为数据类型的默认定义是有符号数，所以 singed 修饰符通常可省略。某些编译器允许将 unsigned 用于浮点型，如 unsigned double。但这一用法降低了程序的可移植性，故建议一般不要采用。

为了使用方便，GCC 编译程序允许使用整型的简写形式：short int 表示为 short，即 int 可省略。

🔊注意：表示正数时，最大能表示的值总是比值域少 1，这是因为将 0 作为正数看待，0 占用了一个取值空间。

6.2　常量与变量

顾名思义，常量是运算中不能改变数值的数据类型，变量是可改变数值的数据类型。根据需要，可将一些在程序运行中不必改变数值的类型定义为常量，这样也可避免因修改数值造成程序错误。任何改变常量数值的操作都会引起编译错误。

6.2.1　标识符命名

C 语言程序中，每个数据都有其标识符，如常量名、变量名、函数名或宏名。标识符是数据或程序模块的名字。一般情况下，只能通过标识符操作对应的数据或模块。ANSI C 规定了标识符的命名规则，第一个字符必须为下划线或英文字母，其后的字符必须为下划线、数字或英文字母。例如，year、month01、_day 都是正确的命名，而 2year、mon!th01、day..one 是错误的命名。另外，标识符命名时要避免与 C 语言关键字相同。

标识符的长度不受限制，但 ANSI C 标准考虑到程序的移植性，要求不同源代码间相互引用的外部名称必须能够由前 8 个字符进行区分。这是因为对某些仅能识别前 8 个字符的编译程序而言，外部名 calcount1、calcount2 将被当作同一个标识符处理。同一个源代码文件中的标识符称为内部名称，ANSI C 标准要求内部名称至少能通过前 31 个字符区别。虽然常量名、变量名、函数名或宏名代表程序的不同部分，但不能使用同一名称。

C 语言严格区别英文字母的大小写，例如变量名 number、Number 和 NUMBER 是不同的标识符。

6.2.2　常量

C 语言中的常量有 4 种基本类型：#define 定义的符号常量；字符、字符串常量和数值常量；常量变量；枚举常量。

符号常量通常出现在文件的开始，它更像是编辑器的字符串替换操作。下面例子是 #define 的用法。

```
#define PI 3.14                   //定义常量数值
#define NAME "Micro Computer"     //定义一个常量字符串
```

　　字符、字符串常量和数值常量是直接在源代码中出现的字符、字符串和字符，因为程序运行时它们会在内存中占据固定内存，所以认为它们是常量。以下示例是使用字符、字符串常量和数值常量的用法。

```
putchar('D');                    //单引号中的是字符常量
printf( "Mick Scott");           //双引号中的是字符串常量
a = 500.234;                     //赋值符号右边的是数值常量
```

　　常量变量是一种特殊的常量，它实际是用 const 修饰符限制了变量改变其值。下例是常量变量的定义方法。

```
const int dog_count = 65;        //dog_count 是定义的整型常量，其值为 65
```

　　枚举常量是一种聚合类型，它有多个成员，默认情况下第一个成员所代表的数值是 0，后面的成员所代表的数值在前面成员的数值上加 1。也可以在定义枚举常量时为成员赋值。示例代码如下：

```
enum weekday {MON = 1, TUE, WED, THU, FRI, SAT, SUN};
                                 //定义枚举常量和成员，将 MON 的值设置为 1
printf("%d", SUN);               //输出成员 SUN 的值
```

　　该例的输出结果为 7，第 1 个成员 MON 置为 1 后，第 7 个成员的值要在第 1 个成员的基础上加 6，所以 SUN 的值为 7。

6.2.3　变量

　　运算中可以改变数值的数据类型称为变量。每个变量拥有唯一的名字，在内存中占据一定的存储单元，在该存储单元中存放变量的值。所有的 C 变量必须在使用之前声明，声明变量的一般形式如下。

```
数据类型 变量名;
```

　　下例定义了一个整型变量并为其赋值：

```
int count;                       //定义一个整型变量，变量名为 count
count = 25;                      //为变量 count 赋值
```

　　声明变量和为变量赋值也可从两个语句合并为一个语句，如"int count = 25;"。也可以同时声明多个变量并为其赋值，变量或表达式间以逗号分隔，如"int count = 25, length;"。
　　变量在被使用前必须先赋值，未赋值前，其值可能会是对应数据类型中的任意一个数字。如果变量被声明，但在整个程序中都未对其赋值或使用，则 GCC 编译器会给出一个警告信息。

6.3　整　型　数　据

　　没有小数位或指数的数据类型被称为整型数据，根据使用方法的分类，整型数据可分为整型常量和整型变量。根据定义或显示的数制分类，可分为十进制、八进制和十六进制。

6.3.1　整型常量

整型常量是在运算中不可改变的整型数据类型，可使用十进制、八进制和十六进制描述一个整型常量。十进制整型常量的表述形式如下：

> [正负符号]十进制整数值

其中十进制整数值可以是从 0～9 的一个或多个十进制数位，第 1 位可以是正负符号，但不能是 0。八进制整型常量的表述形式：

> [正负符号]0 八进制整数值

八进制整数值可以是从 0～7 的一个或多个八进制数位，正负符号后的第 1 位必须是 0。十六进制整型常量的表述形式是：

> [正负符号]0x 十六进制整数值　　　　　　　　　　　　//使用小写 x
> [正负符号]0X 十六进制整数值　　　　　　　　　　　　//使用大写 X

正负符号后第 1 位必须是 0，第 2 位必须是小写 x 或大写 X。十六进制的 10～15 分别用字母 A～F 表示。例如十进制数 162，用八进制表示为 0242，用十六进制表示为 0xA2。

正值整型常量可省略正负符号，负值整型常量必须在数值前加上负号"−"来说明。整型常量的数据类型取决于数值本身，如果常量表达式没有使用负号，编译器会认为该常量为无符号数。编译器会根据整型常量的长度自动分配存储空间，甚至可以认为常量的数据长度是没有上限的。但这并不代表任意大的数都能被 C 语言处理。

八进制和十六进制整型常量在存储方式上与十进制数并无区别，只是定义时使用了不同的表述方法。八进制和十六进制整型常量的存储空间长度也由数值来决定，并且可以存在负值。

6.3.2　整型变量

为变量命名的过程称为"声明"。C 语言规定，变量使用前必须声明。整型变量用 int 修饰符声明，参见下列源代码。

```
01   int main()
02   {
03     int a, c;                  //声明整型变量
04     unsigned int b;            //声明无符号整型变量
05     a = 15;                    //为变量 a 赋值
06     b = a;                     //为变量 b 赋值，b 的值来自 a
07     c = a + b;                 //为变量 c 赋值，c 的值来自 a 与 b 的和
08     printf("c = %d\n", c);     //输出提示字符串和 c 的值
09     return 0;
10   }
```

程序中声明了整型变量 a 和 c，以及无符号整型变量 b。变量 a 用整型常量 15 赋值，变量 b 用变量 a 赋值，变量 c 用变量 a 和 b 相加的表达式赋值。最后，程序输出 c 的值，输出结果为 30。通过上例可以看到，不同类型的整型数据也能进行算术运算。

6.4　浮点型数据

浮点型数据又称实型数据，是一个以十进制表示的符号实数。符号实数的值包括整数部分、尾数部分和指数部分。

6.4.1　浮点型常量

一些较大的数值，或者有小数位、指数位的数值都需要用浮点型常量表示。浮点型常量的形式如下：

```
[正负符号] [数值] . [数值] [E | e [正负符号] 数值]
```

其中，"数值"是一位或多位十进制数字，E 或 e 是指数符号。小数点之前是整数部分，小数点之后是尾数部分，如果小数点后没有数值，小数点可以省略。指数符号后的正负符号修饰指数，如果是正数，可省略正符号。如果没有指数，指数符号及其后的内容都可省略。例如，浮点型常量 2.734E3 与数学表达式 2.734×10^3 意义相同。在浮点型常量中不得出现任何空白符号。在不加说明的情况下，实型常量为正值。如果表示负值，需要在常量前使用负号。

注意：字母 E 或 e 之前必须有数字，且 E 或 e 后面指数必须为整数，如 e6、1.414e6.1、.e7、e 等都是不合法的指数形式。

6.4.2　浮点型变量

浮点型变量分为单精度（float 型）和双精度（double 型）。对每一个浮点型变量都应在使用前加以定义。示例如下：

```
float a;            //声明单精度浮点型变量
double b;           //声明双精度浮点型变量
```

如果浮点型常量是双精度浮点型，当把该常量赋给一个单精度浮点型变量时，系统会截取相应的有效位数。示例如下：

```
float a;            //声明单精度浮点型变量
a = 1.23456789;     //为单精度浮点型变量赋值
```

由于 float 型变量只能接收 7 位有效数字，因此最后两位小数不起作用。如果将 a 改为 double 型，则能全部接收上述 9 位数字并存储在变量 a 中。

6.5　字符型数据

字符型数据用于在计算机上保存字符编码和一些文本控制命令。多个字符型数据和字符串结束符组成的序列称为字符串。Linux 系统与其他大多数操作系统一样，支持 ASCII 编码对字符进行编码，每个字符占用 1 字节的存储空间。

6.5.1　字符常量

字符常量是指用一对单引号包围起来的一个字符，例如'c'、'3'和'%'。字符常量中的单引号只起定界作用并不表示字符本身。单引号中的字符不能是单引号和反斜杠"\"，它们必须用转义字符表示。

每个字符在 ASCII 编码里有唯一的整数值，例如，0 的值为 0x30，A 的值为 0x41。因此，两个字符常量间的运算，或字符常量与整型变量间的运算是允许的，代码如下：

```
short a, b;             //声明短整型变量
a = 'c' + '1';          //将两个字符常量相加，并将结果保存到短整型变量c中
b = '9' - 9;            //计算字符常量9与整型常量9之间的差，为变量b赋值
```

上例中，变量 a 的值为 0x94，变量 b 的值为 0x30。

6.5.2　字符串常量

字符串常量是指用一对双引号包围起来的一串字符。例如"China"和"88600000"等都是字符串常量。双引号只起定界作用，其中不能包含双引号，字符串也不能是唯一一个反斜杠。例如"和\是非法的。

C 语言中，字符串常量存储在内存中时，系统自动在字符串的末尾加一个字符串结束符，即 ASCII 中编码为 0 的字符 NULL，常用\0 表示。因此在程序中，长度为 n 个字符的字符串常量，在内存中占有 n+1 个字节的存储空间。

例如，字符串"China"有 5 个字符，作为字符串常量"China"存储于内存中时，共占 6 个字节，系统自动在后面加上 NULL 字符，其存储形式见表 6.3。

表 6.3　字符串储存形式

ASCII 码	0x43	0x68	0x69	0x6E	0x61	0x00
字符	C	h	i	n	a	\0

要特别注意字符串与字符串常量的区别，除了表示形式不同外，其存储性质也不相同，字符 A 只占 1 个字节，而字符串常量 A 却占 2 个字节。

6.5.3　转义字符

转义字符用于表示 C 语言中有特殊意义的符号，或者 ASCII 码字符集中无法显示的控制符号。例如，单引号和双引号，以及换行符、字符串结束符。转义字符用反斜杠加上一个字符组成，也可用该字符的 ASCII 码来代替字符的意义。例如\0 用于表示字符串结束符，\n 表示换行符。表 6.4 给出了 C 语言中常用的转义字符。

表 6.4　C 语言中常用的转义字符

转　义　字　符	说　　　明	ASCII 码
\a	响铃	0x07
\b	退格	0x08
\f	换页	0x0C
\n	换行	0x0A
\r	回车	0x0D
\t	水平制表	0x09
\\	反斜杠	0x5C
\?	问号字符	0x3F
\'	单引号	0x27
\"	双引号	0x22
\0	NULL	0x00

在 C 语言中使用转义字符\ddd 或者\xhh 可以方便灵活地表示任意字符。\ddd 为斜杠后面跟 3 位八进制数，这 3 位八进制数的值即为对应的八进制 ASCII 码值。\xhh 后面跟 2 位十六进制数，这 2 位十六进制数即为对应的十六进制 ASCII 码值。

6.5.4　符号常量

使用预处理命令#define 定义的常量称为符号常量。为了在程序中易于区别，符号常量通常使用大写英文字母作为标识符，定义的形式如下：

```
#define <符号常量名> <常量>
```

其中，符号常量名遵循 C 语言标识符的定义方法，常量值可以是任何基本数据类型。示例如下：

```
#define EV 2.768          //定义表示数值的符号常量
#define BJ "北京市"        //定义表示字符串的符号常量
```

符号常量的作用是提高程序的易读性，便于程序的设计和调试。如果某一数值或字符串在程序中使用次数较多，或者代表特定的意义，那么可将其定义为符号常量。如果该数值或字符串需要修改，只需要对预处理命令中定义的常量值进行修改即可。

6.5.5　字符变量

字符变量用来存放 ASCII 码符号，一次只能存放一个符号，因为单个字符变量的存储空间只有 1 字节。字符变量的定义形式如下：

```
char c;                   //声明字符变量
c = 'm';                  //用字符常量给字符变量赋值
```

另外，给字符变量赋值也可直接使用 ASCII 码值。例如：

```
c = 0x6D;                 //直接使用 ASCII 码值给字符变量赋值
```

与字符常量一样，字符变量也可以进行数学运算。通过查阅 ASCII 码表，可以发现大写字母码值与相同小写字母之间的差为 0x20，即 A 加上 0x20 的结果为 a。当字符变量进行数值运算时，给字符变量赋的值大于字符变量的值域，会产生周期性变化。例如：

```
char c1, c2, c3;                    //声明字符变量
c1 = 357;                           //使用值域范围外的数值为字符变量赋值
c2 = -251;                          //使用值域范围外的数值为字符变量赋值
c3 = 'm' + 256;                     //表达式的计算结果在字符串变量值域以外
printf("%d, %d, %d\n", c1, c2, c3); //将字符变量中储存的数值以十进制数输出
```

在 C 语言里，这个程序是正确的，3 个变量中储存的十进制数值分别是 101、5 和 109。变量 c1 的值等于 357 减去 256，c2 的值是-251 加上 256，c3 的值加上了 256 后并未变化，变量越界时呈现出周期性变化。产生周期性的原因在于计算机底层的数值表示方法，所有数值都被保存为二进制，而数值超过值域后产生的高位数值被省略。例如，变量 c3 的二进制值为 01101101，当它加上 256 后，计算机需要 2 个字节来保存计算结果 00000001 01101101。而字符变量的存储空间只有 1 字节，所以前面的高位数值被省略，计算结果与原值相同。这一特性也是所有整型变量都具备的。

6.6　运　算　符

运算符是程序中用于数值运算的操作符。C 语言的运算符可分为算术运算符、关系与逻辑运算符和位操作运算符这 3 类。本节将讲解 C 语言运算符的意义和使用方法，并介绍运算符组合时的优先级。

6.6.1　算术运算符

算术运算符用来完成基本的数值运算，如加、减、乘和除，它们可用于所有的数据类型。表 6.5 列出了 C 语言所有的算术运算符。

表 6.5　算术运算符

运　算　符	说　明	运　算　符	说　明
+	加	%	取模
−	减，取反	++	自增
*	乘	−−	自减
/	除法	=	赋值运算符

其中，"−"运算符既能表示两个操作数的减法运算，又能对一个操作数进行取反运算，将正数变为负数，或将负数变为正数。取模运算是取得两数相除的余数。

6.6.2　自增和自减

自增和自减体现了 C 语言语法的简洁，自增就是在原值的基础上加一，自减则是减一。它的使用格式是"变量 ++"或"++ 变量"，等同于"变量 = 变量 + 1"表达式。这两

个运算符又称为一目运算符，即参与运算的操作数只有一个。自增和自减操作符与变量间的位置不同也会有不同的运算效果，如下例所示。

```
int a = 5;                          //声明整型变量并赋值
printf("a = %d\n", a++);            //输出变量的值后，再使变量自增
printf("a = %d\n", ++a);            //变量自增后，再输出变量的值
```

代码中的第 2 行输出的值为 5，因为先输出了变量的值，然后才使变量的值加 1。而运行到第 3 行时，输出的值为 7，变量在被输出前，已执行了自增运算。

运算符执行的顺序不同，代表着运算符有着不同的优先级。通常一目算术运算符的优先级最高；其次是基本的算术运算符，加、减、乘、除、取模，它们之间的优先级与算术运算相同，先乘、除、取模后加、减；优先级最低的是赋值运算。自增和自减运算与变量的位置决定着其优先级是最高还是最低，如下例所示。

```
int a = 5, b = 7, c = 20;           //声明整型变量并赋值
c = c + - a * b - c % b++;          //使用表达式为变量
```

这个例子的运算结果是-21，代码第 2 行的表达式中最先运算的是-a，为变量 a 取反，然后是从左向右结合的乘法运算和取模运算，再然后是从左向右结合的加、减法运算，接着是赋值运算，最后才是自增运算。

如果在表达式之中使用小括号，则会改变优先级，最里层括号内的表达式会被优先计算，但不包括一目运算符。代码如下：

```
int a = 5, b = 7, c =20;            //声明整型变量并赋值
c = c + - a * ( ( b - c ) % b++ );  //使用表达式为变量
```

这个例子的运算结果是 50，因为取反运算符和最里层括号内的表达式 b-c 最先被计算，然后再计算外层括号中的表达式，最后进行加法运算和赋值操作。

6.6.3　关系和逻辑运算符

关系运算符用于比较两个数据间的差异，大于、小于和等于是基本的关系运算符。逻辑运算符用于数值间的逻辑演算，与、或、非是基本的逻辑运算符。关系运算符和逻辑运算符关系密切，因此常划为一个类别。C 语言中可用的关系和逻辑运算符见表 6.6。

表 6.6　关系和逻辑运算符

运　算　符	说　　明	运　算　符	说　　明
>	大于	!=	不等于
<	小于	&&	与
<=	大于或等于	||	或
>=	小于或等于	!	非
==	等于		

注意：或运算符||是通过两次按键盘上的竖线输入的，即 Shift + \。另外，等于操作符==和赋值操作符=的意义完全不同。

关系和逻辑运算符用"真"和"假"表示运算结果。C 语言中，非 0 的值在关系运算

中都可以表示为"真"，0 表示为"假"。它们有一套专门的计算方法，这套计算方法称之为逻辑运算，逻辑运算的结果用整型数据 1 表示"真"，整型数据 0 表示"假"。为了计算简便，当代著名哲学家维特根斯坦推演出逻辑真值表，如表 6.7 所示。

表 6.7　逻辑真值表

p	q	p && q	p ‖ q	!p
0	0	0	0	1
0	非 0	0	1	1
非 0	非 0	1	1	0
非 0	0	0	1	0

该表是根据 p 和 q 的取值来计算逻辑表达式的值。关系和逻辑运算符中，优先级最高的仍然是一目运算符"!"，其次是关系运算符">="和"<="，再次是"=="和"!="，其后是"&&"，最低是"‖"。同算术表达式一样，在关系或逻辑表达式中也可用括号来修改原计算顺序。

6.6.4　位操作符

位操作是计算机底层的运算方式，与组成计算机的逻辑电路运行模式一致，C 语言支持全部的位操作符。因为 C 语言的设计目的是取代汇编语言，所以它必须支持汇编语言所具有的运算能力。位操作是对字节或字中的位进行测试、置位或移位处理，这里字节或字是针对 C 标准中的字符型和整型数据类型而言的。位操作不能用于浮点型、空值或其他复杂类型。表 6.8 给出了位操作的操作符。

表 6.8　位操作符

运　算　符	说　明	运　算　符	说　明
&	按位与	~	1 的补码
‖	按位或	>>	右移
^	按位异或	<<	左移

位操作中的与、或和 1 的补码的真值表与逻辑运算等同。唯一不同的是位操作是逐位进行运算的，即比较操作数的每一个二进制位。如果两个操作数长度不一，则将较短的操作数高位全部补 0。位操作增加了异或运算。表 6.9 是异或运算的逻辑真值表。

表 6.9　异或运算逻辑真值表

p	q	p ^ q	p	q	p ^ q
0	0	0	1	1	0
0	1	1	1	0	1

6.6.5　问号操作符

问号操作符是最简单的条件语句，格式如下：

`条件表达式 ? 表达式 1 ：表达式 2；`

问号操作符是 C 语言内唯一的三目运算符。其作用是在条件表达式为真的情况下，执行表达式 1，否则执行表达式 2，如下例所示。

```
int a = 5, b = 7;                    //声明整型变量并赋值
a > b ? b ++ : b --;                 //当a大于b时，b自增，否则b自减
```

显而易见，此例执行了后一个表达式 b --。需要说明的是，问号操作符比一般的运算符优先级要低，仅次于后置的自增和自减。

6.6.6　逗号操作符

逗号操作符用于将多个表达式连接在一起。逗号操作符的左侧总是作为空值，如果要取得整个表达式的值，只有逗号表达式右侧的值是有效的，如下例所示。

```
int a = 5, b = 7;                    //声明整型变量并赋值
b = ( a + b , a - b );               //用表达式的结果为变量b赋值
```

代码第二行，b 的值变为–2。因为第一个表达式 a + b 的计算结果作为空值被忽略，第二个表达式 a – b 的计算结果被赋值给了 b。因为逗号操作符的优先级比赋值操作符优先级低，所以必须使用括号。

6.6.7　优先级

表6.10列出了C语言所有操作符的优先级，其中包括将在本书后面讨论的一些操作符。除一元操作符和问号操作符之外，所有操作符都是左结合的。一元操作符及问号操作符则为右结合。

表 6.10　C语言操作符的优先级

优先级最高	( )　[ ]　->
	!　~　++　--　-(type)　*　&　sizeof
	*　/　%
	+　-
	<<　>>
	<=　>=
	==　!=
	&
	^
	|
	&&
	||
	?
	=　+=　-=　*=　/=
优先级最低	,

6.7　表　达　式

表达式由运算符、常量及变量构成。C 语言的表达式基本遵循一般代数规则。有几种

运算法则是 C 语言表达式特有的，下面将分别加以讨论。

6.7.1　表达式中的类型转换

同一表达式中的不同类型常量及变量在运算时需要变换为同一数据类型。C 语言的编译程序将所有操作数变换为与最大类型操作数相同的类型，如下列源代码所示。

```
char c = 85;                              //声明字符型变量并赋值
int i = 3;                                //声明整型变量并赋值
float f = 6.382;                          //声明单精度浮点型变量并赋值
double d = 2.71745, result;               //声明双精度浮点型变量并赋值
result = c / i + f * d - (f + i);         //用表达式的结果为 double 型变量赋值
```

该例中，表达式内最大的数据类型 double 成为该表达式返回值的数据类型。但并非一开始就将表达式转换成同一类型再计算，而是根据需要一步步转换，这种特性能影响计算结果，如图 6.1 所示。

图 6.1　表达式中的类型转换

6.7.2　构成符 cast

可以通过称为 cast 的构成符强迫表达式变为特定类型。其一般形式如下：

```
(数据类型) 表达式
```

"（数据类型）"是标准 C 语言中的一个数据类型。这种方式常用在较大的类型转为较小的类型，如下例所示。

```
int d = 5, result;                        //声明整型变量并赋值
float f = 6.382;                          //声明单精度浮点型变量并赋值
result = d * (int) f;                     //将变量强制转换为整型再计算
```

此例的计算结果为 30，在运算之初已将变量 f 强制转换为整型。假若没有使用构成符，表达式 result = d * f 的结果为 31，因为变量首先被转换成单精度浮点型运算，然后赋值时再被转为整型。

6.7.3　空格与括号

为了增加可读性，可以随意在表达式中插入 Tab 和空格符。例如，下面两个表达式是相同的。

```
result = c / i + f * d - ( f + i );
result = c / i + f * d -(f+ i );
```

括号可改变表达式的执行顺序，可用的括号有小括号"( )"和中括号"[ ]"，中括号的优先级稍低。使用方法如下列源代码所示。

```
result = c / [ ( i + f ) * d - ( f + i ) ];
```

小括号内的表达式首先被计算，然后是中括号里的表达式。冗余的括号并不导致错误或减慢表达式的执行速度，因为编译后的机器代码里已根据括号编排好了计算顺序，多余的括号被忽略。笔者鼓励使用括号，它可使执行顺序更清楚一些。

6.7.4　C 语言中的简写形式

C 语言为常用赋值语句提供了简写形式。例如语句"x = x + 5;"可以简化为"x += 5;"。这种简化的形式适用于 C 语言中的二目运算符，包括加、减、乘、除和取模，如下例所示。

```
c = c / ( a * b - c % b++ );          //原表达式
c /= a * b - c % b++;                 //简化后的表达式
```

是否对表达式简化取决于哪种方式更能直接体现出算法的实际意义，以及更容易被读懂。

6.8　C 语言的预处理命令

预处理命令是在程序编译阶段进行执行的命令，用于编译与特定环境相关的可执行文件。预处理命令扩展了 C 语言。本节将选择其中一些常用的预处理命令进行讲解。

6.8.1　宏替换命令

宏替换命令的作用类似于对源代码文件进行文本替换操作，但是其形式更为灵活丰富。编译器每次遇到宏替换命令所定义的标识符时，都会用其后的字符串替换该标识符。该命令的一般形式如下：

```
#define 标识符 字符串
```

该语句结束时没有分号，所有预处理程序也如此。在标识符和字符串之间可以有任意个空格，字符串一旦开始，仅由一新行结束。如希望 TRUE 取值 1，FALSE 取值 0，可说明两个宏，代码如下：

```
#define TRUE 1                        //使用 TRUE 表示 1
#define FALSE 0                       //使用 FALSE 表示 0
```

这样在程序中就能直接使用标识符来代表被宏替换的串，C 语言通过这种方法定义符号常量。另一种用法是作为宏代换。宏名可以取参量数，每次遇到宏名时，与之相连的形式参数均由程序中的实际参数代替。例如：

```
#define MAX(a, b) (a >= b) ? a : b    //定义宏替换 MAX()，当 a 大于或等于 b 时
                                      //返回 a 值，否则返回 b
int main()                            //主函数
{
    int x = 190, y = 106;             //定义整型变量 x、y 并赋值
    printf("MAX: %d", MAX(x, y));     //输出 x 和 y 中较大的一个，使用宏代换
```

```
                                                    //MAX()完成
  return 0;
}
```

当编译该程序时，MAX()定义的表达式被替换，程序第 5 行被转换为如下形式。

```
printf("MAX: %d", (x >= y) ? x : y);
```

用宏代换代替简单的函数能加快程序执行速度，因为不存在函数调用的开销，同时也提高了代码的可读性。

命令#undef 用作取消已定义的宏名替换。一般形式如下：

```
#undef 标识符
```

其主要目的是将宏替换限定在一个代码块内。如下列源代码：

```
#define SUCCESS 1                    //定义宏 SUCCESS 表示1
  printf("%d", SUCCESS);             //输出宏 SUCCESS 所代表的数值
#undef SUCCESS                       //取消宏 SUCCESS 的定义
```

在使用#undef 命令取消宏 SUCCESS 之前，宏 SUCCESS 是有效的，所以代码第 2 行能正确地输出宏 SUCCESS 所代表的数值。

6.8.2　终止编译命令

在调试程序时，为了提高调试速度，通常在源代码的适当位置加入终止编译命令#error。它的一般形式是：

```
#error 错误信息字符串
```

错误信息字符串不用双引号包围，当程序编译到#error 指令时，错误信息被显示，如下列源代码所示。

```
#error MANUAL_STOP            //停止编译，并使编译器提示编译错误信息 MANUAL_STOP
```

当编译器编译到这条代码时，就停止工作，并将字符串 MANUAL_STOP 作为错误提示。此命令常与条件编译命令配合使用，使之在特殊的条件下生效。

6.8.3　文件包含命令

文件包含命令常用于在编译时插入另一个源程序中的内容。被包含文件的名字必须用一组双引号（""）或一对尖括号（<>）包围。例如：

```
#include "filename.h"
#include <stdio.h>
```

这两行代码都使编译器读入并编译头文件或源代码文件。双引号用于包含指定相对路径的文件，若未指明相对路径，则会在当前源文件所在的目录内检索。如果文件没找到，则检索标准目录，不检索当前工作目录。尖括号用于包含标准函数库文件和用户在编译指令里所指明的函数库文件，系统会在这些函数库中搜索指定文件。

　　被包含的文件中也有#include 命令是允许的，这种方式称为嵌套的嵌入文件，嵌套层次依赖于具体实现。

6.8.4　条件编译命令

　　条件编译命令是编译阶段的逻辑控制结构，通常利用条件编译命令将同一源代码编译为多个不同需求的程序版本。

1．#if、#else、#elif及#endif

　　#if 命令的意义为：如果#if 后面的常量表达式为真，则编译它与#endif 之间的代码，否则跳过这些代码，如下列源代码所示。

```
#define X 190              //定义整型常量 X 并赋值
#define Y 106              //定义整型常量 Y 并赋值
#if X > Y                  //条件编译命令，如果条件成立，则编译后面的语句
  printf("MAX: %d", X);    //输出提示符和 X 的值
#endif                     //条件编译块结束
```

　　上例中，因为 X 的值大于 Y，所以条件编译块中的语句被编译。如果将#else 加入到#if 块中，那么当#if 后面的常量表达式为真时，则执行#if 到#else 间的语句，否则执行#else 到#endif 间的语句。示例如下：

```
#define X 190              //定义整型常量 X 并赋值
#define Y 106              //定义整型常量 Y 并赋值
#if X <= Y                 //条件编译命令，如果条件成立，则编译后面的语句
  printf("MIN: %d", X);    //输出提示符和 X 的值
#else                      //当前面的#if 条件判断为假时，从这里开始编译
  printf("MIN: %d", Y);    //输出提示符和 Y 的值，此语句被编译
#endif                     //条件编译块结束
```

　　此代码中，因为#if 后的表达式"X <= Y"为结果假，所以编译器不会编译输出 X 值的语句，而编译输出 Y 值的语句。#elif 可实现分支条件，在条件编译语句中加入#elif 和条件表达式后，当#if 条件为真时，编译#if 到#elif 间的语句。当#if 条件为假时，判断#elif 的条件，如果#elif 条件为真，执行其后的代码。条件编译语句中可以有多个#elif 语句，它们可以依次判断，但只要有一个为真，则编译完相关代码后会跳出条件编译语句。但如果#if 和#elif 的条件都为假，那么看代码中是否有#else 相关的语句编译，否则不编译任何语句，例如下列源代码。

```
#define X 106              //定义整型常量 X 并赋值
#define Y 106              //定义整型常量 Y 并赋值
#if X < Y                  //条件编译命令，如果条件成立，则编译后面的语句
  printf("MIN: %d", X);    //输出提示符和 X 的值
#elif X = Y                //分支条件判断
  printf("X equal Y");     //输出 X 与 Y 值相等的提示
#else                      //当前面的#if 条件判断为假时，从这里开始编译
  printf("MIN: %d", Y);    //输出提示符和 Y 的值，此语句被编译
#endif                     //条件编译块结束
```

上例中，因为 X 与 Y 的值相等，所以#elif 分支内的代码被编译。另外，条件编译命令可以在其条件编译块中嵌套另一组条件编译命令，能够嵌套多少层并没有限制。

2. #ifdef与# ifndef

#ifdef 命令用于判断某个宏名是否已定义，如果已定义则执行#ifdef 与#endif 间的代码块。#ifndef 命令用于判断某个宏名是否未定义，与前者相反。在头文件中可大量见到这组命令，它们解决了头文件循环嵌套时反复加载同一段定义的风险。#ifdef 和#ifndef 的命令格式如下：

```
#ifdef 标识符
    代码块
#endif
#ifndef 标识符
    代码块
#endif
```

其中，标识符是指使用#define 所定义的宏名。#ifdef 的作用是，当其后的标识符存在时，执行相关代码。而#ifndef 的作用相反，当其后标识符不存在时，则执行相关代码。示例如下：

```
#ifndef BASIC_ELEMENT//判断标识符BASIC_ELEMENT是否被定义，未定义则编译下列语句
#define BASIC_ELEMENT               //定义标识符BASIC_ELEMENT，该标识符没有值
    #define H 1                      //条件编译块内代码
    #define C 12
    #define O 16
#endif                              //条件编译块结束
#ifdef BASIC_ELEMENT                //如果标识符BASIC_ELEMENT被定义，则编译下列语句
    printf("基本化学元素已定义");    //条件编译块内代码
#endif                              //条件编译块结束
```

这段代码首先判断是否存在 BASIC_ELEMENT 标识符。如果不存在，则将定义该标识符的语句和其他需要编译的语句一并编译。该标识符并没有任何值，它的作用纯粹是用来指示条件编译的动作，这种方式在定义头文件时很常见。代码的第 7 行使用#ifdef 判断标识符是否存在，因前面已定义过，所以其后的相关代码会被编译。另外，#ifdef 与#ifndef 命令也能嵌套使用。

6.8.5　修改行号命令

修改行号命令#line 可修改编译器中所标识的源文件行号和文件名信息。编译器在编译时会为源代码的行数编号，以便编译时统计行数和指明警告或错误的行号，同时将源代码文件在文件系统中的文件名作为被编译文件的文件名信息。每行的行号由编译器预定义的宏_LINE_表示，文件名信息由预定义宏_FILE_表示，使用#line 命令可修改这些信息。#line 命令的格式如下：

```
#line 行号["文件名字符串"]
```

其中行号可以是整型常量，文件名为任意有效文件标识符。示例代码如下：

```
#line 200[COUNT]                              //将文件起始行号改为 200，文件名改为 COUNT
main()                                        //此行成为 201 行
{                                             //此行成为 202 行
   printf("%s : %d", _FILE_, _LINE_);         //输出文件名和行号
}
```

此程序输出的结果为"COUNT : 203"。使用修改行号可分割一个较大的源代码文件，或者在编译时使多个文件可以拥有连贯的信息。

6.8.6　编译指示命令

在使用 C 语言开发 Linux 程序时，编译指示命令#pragma 非常有用。#pragma 命令是预处理命令中最复杂的一个，其作用是设定编译器的状态，或指示编译器完成一些特定的动作。#pragma 指令对每个编译器给出了一个方法，在保持与 ANSI C 标准完全兼容的情况下，给出主机或操作系统专有的特征。依据定义，编译指示是机器或操作系统专有的，且对于每个编译器都是不同的。其格式一般如下：

```
#pragma 参数
```

常见的参数如表 6.11 所示。

表 6.11　编译指示命令参数列表

命　　令	说　　明
message	该参数指定编译器输出相应的信息，常用于源代码信息控制。编译信息输出窗使用方法为#pragma message("消息文本")。当编译器遇到这条指令时，就在编译输出窗口中将消息文本打印出来
code_seg	该参数可设置程序中函数代码存放的代码段，在开发驱动程序的时候常被用到。其格式为#pragma code_seg(["段名"[, "段类"]])
once	将此参数放在头文件的第一行可保证头文件被编译一次
hdrstop	该参数表示预编译头文件到此为止，后面的头文件不进行预编译
resource	将指定的文件加入到项目中，格式为#pragma resource "文件名"
warning	该参数用于管理编译器的警告信息，如#pragma warning(disable: 4507)可屏蔽编号为 4507 的警告信息，#pragma warning(once: 4385)使编号为 4385 的警告在编译时只显示一次，#pragma warning(error: 164)将编号为 164 的警告作为错误处理
comment	该指令将一个注释记录放入一个对象文件或可执行文件中，格式为#pragma comment "注释信息"

6.8.7　预定义的宏名

ANSI C 标准有 5 个预定义的宏名，分别是_LINE_、_FILE_、_DATA_、_TIME_和_STDC_。_LINE_宏名代表所处的行在源代码文件中的行号；_FILE_宏名代表其所处的源代码义件的名称；_DATA_代表源代码被编译成可执行文件的日期；_TIME_代表源代码被编译成可执行文件的时间；_STDC_用于指示编译器是否执行 ANSI C 标准，如果是，其值为 1。

6.8.8　注释

注释的作用是在源代码加便于理解其意义的信息，或者是将暂时不需要使用的代码屏蔽起来。C 语言有两种注释方法，单行注释和多行注释。单行注释用双斜杠"//"表示注释开始，同一行中处于"//"后的文本被当作注释。多行注释用"/*"表示注释的开始，"*/"表示注释的结束，其间的文本被当作注释。被注释的代码会被编译器忽略，不会编译到可执行文件中。

```
//单行注释，双斜杠后的文本均被当作注释
/* 多行注释,
    这一行也被作为注释信息,
    在本行结束注释 */
```

6.9　小　　结

本章介绍了 C 语言的基本组成部分。数据类型、运算符和表达式构成了 C 语言的语法。熟悉和掌握这些信息是学习 C 语言的必经之路。通过阅读全章内容可发现，C 语言具备严谨的语法结构，任何细微的差错可导致程序无法通过编译，正是这种严谨避免了模棱两可的解读出现。在学习数据类型和运算符的同时也能发现 C 语言保留了许多汇编语言的特性，对计算机底层控制能力不逊于汇编语言，所以 C 语言的数据类型相对灵活。

第 7 章　程序控制结构

程序设计是一个问题求解的过程，其解决问题的步骤即可看作是程序的控制结构。简单地说，程序的运行过程就是数据输入、数据处理和数据输出 3 个步骤。其中，数据处理过程是否快捷和准确，主要依赖于程序控制结构的设计是否高效与清晰。本章将介绍 C 语言程序的控制结构，以及如何设计高效与清晰的程序控制结构。

7.1　程序的 3 种基本结构

任何复杂的程序都离不开 3 种基本结构，分别是顺序结构、选择结构和循环结构。顺序结构是最基本的结构，程序语句依次顺序执行，所有的程序都包含有顺序结构；选择结构是一种根据条件来判断如何执行的逻辑结构，程序根据指定的条件来判断是否执行下面的语句；循环结构是反复执行一系列指令的逻辑结构，通常与选择结构配合使用，用以控制循环的次数。这 3 种结构相互组合，构成了丰富多彩的程序逻辑。

C 语言中，有一组相关的控制语句用以实现选择结构与循环结构。

❏　选择控制语句：if、switch 和 case。
❏　循环控制语句：for、while 和 do while。
❏　转移控制语句：break、continue 和 goto。

7.2　数据的输入与输出

在程序的运行过程中，通常需要用户输入一些数据，而程序运算所得到的计算结果等又需要输出给用户，由此实现人与计算机之间的交互。所以在程序设计中，输入输出语句是一类必不可少的重要语句。在 C 语言中，没有专门的输入输出语句，所有的输入输出操作都是通过对标准输入输出库函数（包含在 stdio.h 头文件中）的调用实现。最常用的输入输出函数有 scanf()、printf()、getchar() 和 putchar()，以下分别介绍。

7.2.1　scanf() 函数

格式化输入函数 scanf() 的功能是取得从键盘上输入的数据，所获得的数据按指定输入格式被赋给相应的输入项。该函数一般形式为：

```
scanf("控制字符串",输入项列表)
```

其中，控制字符串规定数据的输入格式，必须用双引号括起，其内容是由格式说明和普通字符两部分组成。输入项列表则由一个或多个变量地址组成，当变量地址有多个时，各变量地址之间用逗号","分隔。

scanf()函数输入项列表中各变量要加取地址操作符，就是变量名前加"&"，只有这样函数才能改变其值。输入类型与变量类型应尽量一致，以避免类型不匹配而造成的错误。

控制字符串有两个组成部分——格式说明和普通字符。格式说明规定了输入项中的变量以何种类型的数据格式被输入，形式是：

%<修饰符>格式字符

修饰符是可选的，用以表示输入字段宽度、约定整数是短整型还是长整型、是否屏蔽输入的数据。格式字符用以约定输入数据的数据类型，如表 7.1 所示。

表 7.1　输入格式字符

格 式 字 符	说　明	格 式 字 符	说　明
d	输入一个十进制整数	e	输入一个指数形式的浮点数
o	输入一个八进制整数	c	输入一个字符
x	输入一个十六进制整数	s	输入一个字符串
f	输入一个小数点形式的浮点数		

如果需要输入一个十进制长整型数据，且规定字段宽度为 9 位有效数字，可用下面的代码完成。

```
long a;                    //声明一个长整型变量
scanf("%9ld", &a);         //输入一个字段宽度为 9 位有效数字的十进制长整型数据，
                           //保存在变量 a 中
```

程序运行时，会要求在终端上输入数据，输入后按 Enter 键，程序继续运行。假如输入的数据是 1234567890，那么前 9 位数字将作为有效的输入，变量 a 保存的数值为 123456789。在需要屏蔽输入的某个数据时，可使用修饰符"*"，如下列源代码所示。

```
char c1, c2, c3;               //声明 3 个字符型变量
scanf("%c%*c%c", &c1, &c2, &c3);  //输入 3 个字符型数据，分别保存在变量 c1、
                               //c2、c3 中，但 c2 对应的输入数据被屏蔽
```

当输入的数据为 abc 时，变量 c1 中保存的字符型数据为 a，变量 c3 保存的数据为 c，变量 c2 没有保存任何数据，仍然是未赋值状态。

控制字符串的普通字符主要是用作多个数据间的分隔，或者表示某种特定的输入格式。例如，通常用空格或者逗号来表示多个数据之间的分隔，如下列源代码所示。

```
int a, b, c;                   //声明 3 个整型变量
scanf("%d,%d,%d", &a, &b, &c); //输入 3 个整型数据，分别保存在变量 a、b、c 中
```

控制字符串中，3 个输入格式说明被用逗号隔开，所以如果要为变量正确赋值，输入时必须遵循这种格式，如输入 12,15,18。假若输入的数据是 12 15 18，数据间用空格分隔，那么就与规定的格式不符，上例中只有第一个变量能被正确赋值。另外，像换行符、制表符这样的转义字符也可以被用作输入数据间的分隔。

7.2.2 printf()函数

与格式化输入函数相对应的是格式化输出函数 printf()，其作用是按控制字符串规定的格式向终端输出数据。其基本格式为：

```
printf("控制字符串", 输出项列表)
```

控制字符串由格式说明和普通字符两部分组成，必须用双引号包围。格式说明一般形式为：

```
%<修饰符>格式字符
```

格式字符规定了对应输出项的输出格式，常用格式字符见表 7.2。

表 7.2 输出格式字符

格 式 字 符	说　　明	格 式 字 符	说　　明
d	输出一个十进制整数	e	输出一个指数形式的浮点数
u	输出一个无符号十进制整数	g	自动选择f和e格式中较短的形式输出
o	输出一个八进制整数	c	输出一个字符
x	输出一个十六进制整数	s	输出一个字符串
f	输出一个小数点形式的浮点数		

修饰符是可选的，用于确定数据输出的宽度、精度、小数位数、对齐方式等，从而产生更规范整齐的输出。当没有修饰符时，以上各项按系统默认设定显示，如下列源代码所示。

```
int a = 123;              //定义一个整型变量并赋值
float b = 45.6789;        //定义一个浮点型变量并赋值
printf("%5d-%5.2f", a, b); //格式化输出变量a和b，变量a字段宽度为5，
                          //变量b在小数点前字段宽度为5，小数点后为2
```

代码中，printf()函数输出的结果为：

```
123-   45.68
```

控制字符串中输出的整数的字段宽度为 5 位，变量 a 的宽度为 3 位，不足的 2 位由空格补齐；输出的浮点型数的小数点前是 5 位，而变量 b 小数点前为 2 位，不足的 3 位由空格补齐，小数点后是 2 位，而变量 b 小数点后为 4 位，输出函数会自动进行四舍五入运算。如果整型数据或浮点数整数部分对应的输出位数比实际要短，那么会被自动加长补齐。

用负号做修饰符，则可规定字段宽度在大于变量实际长度时，输出数据的对齐方式，如下列源代码所示。

```
int a = 123;              //定义一个整型变量并赋值
printf("%-5d\n", a);      //格式化输出变量a，输出的数值向左对齐
printf("%5d\n", a);       //格式化输出变量a，输出的数值向右对齐，这是默认值
```

这段代码分两行输出变量 a 的值，第 1 行因为使用了向左对齐的符号，所以变量 a 的值以左对齐方式输出。第 2 行则是以默认方式右对齐输出。

修饰符中 l 和 h 可以规定是以长型还是短型输出数据，例如%hd 表示短整型，%lf 表示双精度浮点型，%ld 表示长整型，%hu 表示无符号短整型。

格式化输出函数还可以直接将字符串常量放在格式说明语句中输出，但通常是将字符串常量与输出格式字符组合使用，以实现各种输出效果，如下列源代码所示。

```
float sec1, sec2;                        //定义两个浮点型变量，表示某学生第
                                         //一和第二学期的成绩
sec1 = 88.0;                             //为变量赋值
sec2 = 79.5;
printf("第一学期成绩是：%2.1f\n", sec1);   //输出第一学期成绩
printf("第二学期成绩是：%2.1f\n", sec2);   //输出第二学期成绩
printf("总分是：%3.1f, 平均分是：%2.1f\n",
    sec1 + sec2, (sec1 + sec2) / 2);      //输出两学期的总分和平均分
```

该代码将把格式说明语句中的字符串常量和输出项列表里的变量值一同输出。可见，输出格式字符的作用仿佛是运行时被输出项的值替换。输出项也可以是表达式，如代码第7行所示。另外，代码最后一行被分做两行书写，这是为了阅读方便，C 语言里是允许的。

7.2.3　getchar()函数与 putchar()函数

getchar()函数的作用是从终端获得一个字符。putchar()函数的作用是向终端输出一个字符。与前面介绍的两个输入输出函数不同的是，getchar()与 putchar()函数每次只能操作一个 ASCII 代码。因此，在设计基于文本界面的简单应用程序时，常利用这一特性实现菜单选择的输入和用户确认的输入。

getchar()没有任何参数，使用方法是直接返回一个字符。putchar()是用一个字符型数据作为参数，执行时直接将该字符型数据输出到终端上。下面例子将实现一个运行在终端上的文本菜单。

```
char ch;                                 //声明一个字符型变量，用作接受输入
printf("如果您要输出字母A, 请输入数字1\n"); //输出菜单文本
printf("如果您要输出字母B, 请输入数字2\n"); //输出菜单文本
ch = getchar();                          //获取键盘上输入的字符
if (ch == '1' ) {                        //判断所输入的字符是否为1
  putchar('A');                          //输出字母A
}
else if (ch == '2') {                    //判断所输入的字符是否为2
  putchar('B');                          //输出字母B
}
else {                                   //将1和2以外的字符作为非法输入处理
  printf("您输入的字符不在选择范围\n");    //输出错误提示
}
printf("\n 按任意键退出程序");            //操作等待提示
getchar();                               //输入任意字符后继续运行
return 0;                                //程序结束
```

第 4 行使用 getchar()函数将输入的字符保存在字符型变量 ch 中。第 5～13 行根据 ch 的值判断所需执行的语句。第 15 行只使用了 getchar()函数而没有变量与之相连接，程序运行到这条语句时被该函数中断执行等待输入。而输入的任何数值都不会被保存，这就是在

文本界面程序中常见的用户确认功能实现方法。

⚠注意：getchar()与 putchar()函数包含在头文件 stdio.h 中，使用前必须用#include <stdio.h>命令将该头文件包含在代码中，否则编译器会出现警告提示。

7.3　条件控制语句

在程序的 3 种基本结构中，第 2 种是选择结构，选择结构是根据程序运行时获得的条件，决定程序的执行情况。条件控制语句可用来实现这种结构，C 语言提供了 if 语句和 switch 语句两种条件控制语句，if 语句用于二选一的情况，而 switch 语句用于多选一的情况。

7.3.1　if 语句

if 语句通过表达式的值判断是否执行与其关联的代码，当表达式结果为 0 时，不执行关联的代码，当表达式结果为非 0 时，则执行关联的代码。使用 if 语句的格式为：

```
if(表达式) {语句}
```

例如下例：

```
int a, b;                           //声明两个整型变量
printf("请输入数值，格式为：a,b\n"); //提示数据输入的格式
scanf("%d,%d",&a,&b);               //输入两个数值，存入变量a和b中
if (a > b) {                        //判断变量a是否大于b
   printf("数值a大于数值b");         //当变量a大于变量b时，执行此输出语句
}
if (a <= b) {                       //判断变量a是否不大于b
   printf("数值a不大于数值b");       //当变量a不大于变量b时，执行此输出语句
}
```

该代码的作用是比较输入的两个变量的大小，其中使用了两组 if 语句实现，将问题分解为两种不同的条件。在这种情况下，可加入 else 语句简化该代码，else 的作用是在前面的 if 条件表达式为 0 的情况下，执行其后另一组关联的代码。例如下例：

```
if (a > b) {                        //判断变量a是否大于b
   printf("数值a大于数值b");         //当变量a大于变量b时，执行此输出语句
}
else {                              //当表达式a大于变量b的值为非0时，执行关联代码
   printf("数值a不大于数值b");       //当变量a不大于变量b时，执行此输出语句
}
```

if 语句也可以实现多选一的条件判断。在比较两个数值的大小时，如果需要考虑两个数值相等的情况，则可以使用 else if 语句实现。例如下例：

```
if (a > b) {                        //判断变量a是否大于b
   printf("数值a大于数值b");         //当变量a大于变量b时，执行此输出语句
}
else if (a = b) {                   //判断变量a是否等于b
```

```
        printf("数值 a 等于数值 b");              //当变量 a 等于变量 b 时，执行此输出语句
    }
    else{                                      //当前面的 if 和 else if 表达式值均为非 0 时，执行关联代码
        printf("数值 a 不大于数值 b");            //当变量 a 小于变量 b 时，执行此输出语句
    }
```

if 语句可多层嵌套，即在关联代码中，包含另外的 if 语句。需要注意的是，每组 if 语句要与同一层次的 else if 语句和 else 语句条件相对应，否则会出现程序的逻辑错误。前面的数值比较问题没有判断输入数值是否合法，可加入一组 if 语句解决此问题，如下列源代码所示。

```
if (scanf("%d,%d",&a,&b) != 2){            //根据 scanf()函数的返回值，检查输入是否为
                                            //2 个数值
    printf("输入的数值格式不合法");            //如果输入不符合要求，则输出错误提示信息
}
else{                                        //如果输入正确，执行下列语句
    if (a > b){                              //判断变量 a 是否大于 b
        printf("数值 a 大于数值 b");           //当变量 a 大于变量 b 时，执行此输出语句
    }
    else if (a = b){                         //判断变量 a 是否等于 b
        printf("数值 a 等于数值 b");           //当变量 a 等于变量 b 时，执行此输出语句
    else{                   //当前面的 if 和 else if 表达式值均为非 0 时，执行关联代码
        printf("数值 a 不大于数值 b");          //当变量 a 小于变量 b 时，执行此输出语句
    }
}
```

上例利用了 scanf()函数的返回值判断输入的数据是否合法，scanf()函数会返回取得有效数值的个数。在第一组的 if 语句内，嵌套了比较两个变量大小的 if 语句。

注意：被嵌套的代码可增加每行前的空格缩进，这种书写习惯能提高代码的可读性，避免混淆了不同层次的条件语句。

7.3.2　switch 语句

当需要使用多选一的选择结构时，可使用 switch 语句实现。switch 语句相当于 if 语句与多个 else if 语句的组合，并且能实现将多个满足条件的分支执行。switch 语句的基本结构如下：

```
switch (表达式) {
    case 常量表达式 1 ：关联代码 1;
                    <break 终止命令>;
    case 常量表达式 2 ：关联代码 2;
                    <break 终止命令>;
    ⋮
    case 常量表达式 n ：关联代码 n;
                    <break 终止命令>;
    default ：关联代码 n+1;
}
```

switch 语句的表达式与 case 子语句的常量表达式进行比较。如果结果相等，则执行 case

子语句内相关联的代码。switch 语句会依次执行每个满足条件的 case 子语句,当一个 case 子语句条件满足后,如果希望终止 switch 语句的执行,可加入 break 命令。break 命令执行后,其后的 case 子语句和 default 子语句都将被跳过。default 子语句是默认执行条件,如果没有 case 子语句满足条件,或者执行的 case 子语句没有使用 break 命令终止 switch 语句执行,则 default 相关联的代码被执行。

　　例如,大学选修课成绩可用五分制或直接标以优秀、良好、及格和不及格,转换规则为:5 分为优秀,4 分为良好,3 分为及格,低于 3 分则不及格。下列源代码将用 switch 语句实现该转换。

```
int c;                              //定义整型变量
printf("请输入五分制成绩: ");        //输出提示信息
scanf("%d", &c);                    //获取五分制成绩,保存到整型变量 c 中
switch (c) {                        //以变量 c 为条件表达式,判断需要执行的 case 子语句
  case 5 : printf("\n 成绩为 优秀"); //当五分制成绩为 5 时,输出结果为优秀
        break;                      //终止 switch 语句执行
  case 4 : printf("\n 成绩为 良好"); //当五分制成绩为 4 时,输出结果为良好
        break;                      //终止 switch 语句执行
  case 3 : printf("\n 成绩为 及格"); //当五分制成绩为 3 时,输出结果为及格
        break;                      //终止 switch 语句执行
  default: printf("\n 成绩为 不及格");//当输入成绩不满足 5、4 和 3 时,输出结果为
                                    //不及格
        break;                      //终止 switch 语句执行
}
```

　　switch 语句可嵌套使用,与 if 语句一样需要注意每组语句的对应关系。另外,case 子语句必须用常量表达式作为条件,否则会造成语法错误。

7.4　循环控制语句

　　循环结构又称重复结构,是程序的 3 种基本结构之一。它反复执行循环体内的代码,可以解决需要大量重复处理的问题。循环结构由循环控制语句实现,其中内建有条件控制语句,用来判断是否继续执行循环操作。C 语言提供了 while 语句、do-while 语句和 for 语句 3 种基本的循环控制语句,并且可以相互嵌套使用。

7.4.1　while 语句

　　while 语句是“当”型循环控制语句,即在条件满足时执行循环体,否则跳过或跳出循环体。while 语句的一般形式为:

```
while (条件表达式) {循环体;}
```

　　如下例,求阶乘 n!的结果。

```
int n = 1, p;              //声明整型变量 n 和 p,n 用于控制步进,p 用于保存操作数
double s = 1;              //声明双精度变量 s,s 用于保存计算结果
printf("请输入操作数（1 - 170）: ");    //输出操作提示信息
```

```
scanf("%d",&p);                      //获取操作数, 保存在变量 p 中
while (n <= p) {                      //当步进值不大于操作数时, 执行循环体
    s *= n++;                        //将上一次的计算结果 s 与步进值 n 相乘, 并保存新的计算
                                     //结果到 s, 计算完成后步进值 n 自增
}
printf("\n 阶乘 n = %d 的结果为 : %f \n",p, s);      //输出操作结果
```

上例使用循环控制语句进行阶层操作, while 语句中的表达式用于判断当前阶乘的步进值是否大于输入的操作数。如果不大于则继续进行运算, 否则结束循环。

💭 提示: 阶乘 (factorial) 是基斯顿・卡曼 (Christian Kramp, 1760—1826) 于 1808 年发明的运算符号。阶乘指从 1 乘以 2 乘以 3 乘以 4 一直乘到所要求的数。例如, 操作数是 4, 则阶乘式是 $1 \times 2 \times 3 \times 4$, 得到的结果是 24, 24 就是 4 的阶乘。阶乘的计算会产生相当巨大的结果, 在 C 语言的基本数据类型中字长最大的 double 型也只能保存 170!的运算结果。当然, 有很多方法可以保存更大的阶乘结果, 有兴趣的读者可开动脑筋去探索这一问题。

7.4.2　do-while 语句

在 C 语言中, "直到"型循环是 do-while 语句, 一般形式为:

```
do {循环体} while (条件表达式)
```

与 while 语句的区别是, while 是先判断条件表达式再执行循环体, 而 do-while 语句是先执行循环体再判断条件表达式。也就是说, do-while 语句会首先将循环体执行一次, 再判断是否应该结束循环。例如计算 sin(x) 的值的算法是 "x – x3/3! + x5/5! – x7/7! (……)", 直到最后一项小于 1e-7 时为止, 可用下列源代码描述。

```
01  #include <stdio.h>
02  #include <math.h>              //加入数学函数库, 以提供幂运算函数 fabs()
03  int main()
04  {
05      double s, t, x;            //定义双精度型变量 s、t、x, 其中 s 保存计算结果
                                   //t 表示下一项的结果, x 表示操作数
06      int n;                     //定义整型变量 n, n 表示公式中的幂
07      printf("请输入 x 的值: ");  //输出提示信息
08      scanf("%lf", &x);          //获取操作数
09      t = x;                     //使 t 的值等于 x, 得到公式中第一项的值
10      n = 1;                     //初始化幂数 n 为 1
11      s = x;                     //将第一项的结果保存到结果 s 中
12      do                         //开始执行循环体
13      {
14          n += 2;                //幂数自增 2
15          t *= (-x * x) / ((float)(n) - 1) / (float) (n);
16                                 //计算公式中当前项的值
17          s += t;                //将当前项的值加入到结果中
18      } while (fabs(t) >= 1e-7); //判断当前项的值小于预期, 如果小于则继续
                                   //执行循环体后续代码
19      printf("\n sin(%f) = %lf\n", x, s); //输出计算结果
```

```
20      return 0;
21  }
```

上例使用循环控制语句依次将公式中的每一项加入结果中，从上一项推算当前项的结果只用将上一项乘以因子(x2) / ((n–1) * n)，即代码第 16 行所示。函数 fabs()由头文件 math.h 提供，作用是取绝对值。当输入 x 的值为 1.5753 时，运算结果为 0.999 990。

7.4.3　for 语句

for 语句适用于可预知执行次数的循环控制结构，它是 C 语言中最常用的循环控制语句。for 语句的一般形式为：

```
for(<表达式 1>; <表达式 2>; <表达式 3>) {循环体}
```

表达式 1 用于为控制变量赋初始值，表达式 2 用于放置循环控制条件的逻辑表达式，表达式 3 用于改变控制变量的值。这种结构能明确地展现循环控制结构中的 3 个重要组成部分，即控制变量的初始值、循环条件和控制变量的改变。如计算自然数数列 1 至 n 的平方和，可用下列源代码描述。

```
int i, p;                        //声明整型变量 i 与 p，i 为循环控制变量，p 为操作数
double s;                        //声明双精度浮点型变量 s，用于保存计算结果
printf("请输入操作数:");         //输出操作提示信息
scanf("%d", &p);                 //获取操作数，保存在变量 p 中
                                 //为循环控制变量 i 赋的初始值
for (i = 1; i <= p; i++)         //循环条件是 i 不大于操作数 p，每次循环 i 自增一
  s += (double) i * (double) i;  //计算当前循环控制变量的平方值，并增加到计算
                                         结果 s 中
printf("\n 自然数 1 至%d 平方和为:%lf\n", p, s);     //输出计算结果
```

for 语句的 3 个表达式都可以省略，或者放置在 for 语句的参数集合外，但不能省略表达式之间的分号，否则会造成语法错误。

注意：在编写循环结构的程序时，如果循环控制条件不能有效地结束循环，就会出现死循环。这是程序员经常会碰到的问题。含有死循环的代码能被编译器编译，但运行该程序会造成循环体无休止地被执行，消耗系统资源，严重的会造成系统死机。Linux 系统针对死循环有良好的控制机制，不会让一个进程无休止地占据所有CPU 资源，从而避免了死机的现象。当然，死循环在某些情况下存在是合理的，例如硬件驱动程序、通信程序和设备控制程序中，都需要用死循环反复无休止地处理某些问题。while(1)和 for(; ;)常被用来生成死循环。

7.4.4　break 与 continue 语句

如果需要在循环体的执行过程中结束某一轮循环，或者直接跳出循环，可使用 break 或 continue 语句。

break 语句的作用是立即结束当前循环并跳出循环体。下例用一个有趣的计算题说明该

语句的使用方法。一只蜗牛顺着葡萄架向上爬，葡萄架高 11 米，蜗牛每天白天可以向上爬 3 米，但晚上会滑下来 1 米，问该蜗牛几天能够爬到葡萄架的顶端。程序代码如下：

```
int i = 1, s = 0;              //定义变量i和s，i表示天数，s表示已爬上的高度
const int h = 11;              //定义常量h，h表示总高度
const int up_move = 3;         //定义常量up_move，up_move表示每天爬上的高度
const int down_move = 1;       //定义常量down_move，down_move表示每天滑下的高度
while(s <= h) {                //当s不大于h时，执行循环体
  s += up_move;                //将已爬上的高度加上当天爬上的高度
  if (s >= h) {                //判断以爬上的高度是否不小于总高度
    break;                     //结束当前循环，并跳出循环体
  }
  s -= down_move;              //将已爬上的高度减去当天滑下的高度
  i++;                         //天数自增
}
printf("蜗牛需要%d天爬到葡萄架顶\n",i);     //输出结果
```

上例的计算结果是 5，每天蜗牛实际上是向上爬了 2 米。但是到了第 5 天，距离葡萄架顶只有 3 米，所以蜗牛可以一次爬上去。当前循环在 break 语句后的循环体代码都不会被执行。

continue 语句的作用是结束本轮循环，当前循环的循环体在 continue 后的代码不被执行，但并不跳出循环结构，而是立即开始新一轮的循环，如下例所示。

```
int n1 = 1, nm = 100;          //定义查找的范围
int i, j, flag;                //定义循环控制变量
if(n1 == 1 || n1 == 2)         //处理素数2
{
  printf("%4d", 2);            //输出素数2
  n1 = 3;                      //将查找范围移动到2以后
}
for(i = n1; i <= nm; i++)      //第一层循环，遍历定义域内的每个数
 {
  if(!(i % 2)) continue;//如果当前的数能被2整除，则结束该轮循环，该数不是素数
  for(flag = 1, j = 3; flag && j < i / 2; j += 2)
                               //从3开始遍历至 i ×1/2，每次步进2
    if(!(i % j)) flag = 0;     //若能整除则不是素数
  if(flag) printf("%4d", i);   //如果是素数，则输出该数
}
```

上例使用了双层循环结构来解决该问题，第 1 层循环用于遍历定义域内的每个数，第 2 层循环判断该数是否是素数。continue 和 break 一样，只能影响所处的那层循环。

7.5　媒体播放器——建立程序结构

从本节开始将通过实例讲解 Linux 系统上 C 语言开发的细节，同时简单介绍一些有用的软件工程知识。我们的任务是建立一个媒体播放器，并在后面的章节内由浅入深，逐步加强其功能。开发中尽量使用已有的库来构建自己的程序，例如利用 GStreamer 多媒体框架实现媒体文件解码功能。这样，读者能更深切地体会到 Linux 开发的便捷之处，而省去

了在各种技术细节上所浪费的时间。

7.5.1　编写伪代码

伪代码是一种与程序设计语言的结构相似，但又不能被编译器执行的代码。伪代码常用来描述程序算法，它使用自然语言编写，因此易于被阅读。编写伪代码没有任何强制要求，唯一的原则是要求编写的伪代码清晰易懂。下面是一些编写伪代码的经验。

- 保留目标语言与结构相关的命令和符号（本书中的目标语言是 C 语言）。
- 书写上用"缩进"表示程序中的分支程序结构。
- 使用目标语言的注释符号标识注释，尽量写出详细的注释文本。
- 在伪代码中，变量名和保留字不区分大小写。
- 可以用一行文本表示需要用多行代码实现的任务。

例如，解一元二次方程 $ax^2 + bx + c = 0$ 的算法，使用伪代码描述如下：

```
float a, b, c;              //声明单精度型变量a、b和c，用于保存方程中的系数
float s;                    //声明单精度型变量s，用于保存方程中求根因子
float x1, x2;               //声明单精度型变量x1和x2，用于保存方程的两个实数根
获取(a, b, c);              //从键盘输入获取方程中的系数
if(a为0) {                  //判断系数a是否为0，如果为0方程化简为bx + c = 0
  if(b不为0)                //判断系数b是否为0
     x1 = x2 = -c ÷ b;      //根的值是-c ÷ b的结果
  else if(c为0)             //判断系数c是否为0，且a和b也为0
     方程无定根;            //方程0x = 0无定根
  else                      //系数a和b为0，c不为0
     方程无解;
}
else {                      //系数a不为0，则使用求根公式计算x1与x2
  s = b2 - 4ac;             //计算求根因子
  if(s大于0) {              //如果求根因子大于0，方程有2个不相等的实数根
     x1 = -0.5 × (b + s的平方根) ÷ a;
     x2 = -0.5 × (b + s的平方根) ÷ a;
  }
  else if(s等于0) {         //如果求根因子等于0，方程有2个相等的实数根
     x1 = x2 = -0.5 × b ÷ a;
  }
  else {                    //如果求根因子小于0，方程有2个共轭复根
     x1 = -0.5 × b ÷ a;    //实部
     x2 = 绝对值(0.5 × -s的平方根 ÷ a); //虚部的绝对值
  }
}
```

有兴趣的读者可根据上例的伪代码，编写出 C 语言代码。

7.5.2　建立媒体播放器的程序结构

媒体播放器是一种常用的多媒体软件，如 GNOME 桌面环境 Linux 系统中的 Totem 电影播放机。我们的目标是设计一个与 Totem 电影播放机类似的应用程序，该程序能播放多媒体音频文件，如 MP3。同时能管理播放列表，按照播放列表的顺序依次播放媒体文件，

以及调整播放媒体的大小和系统音量的大小。

媒体播放器的核心是多媒体框架。多媒体框架提供了各种多媒体文件格式的解码器，以实现多媒体文件播放功能。本例使用 GStreamer 多媒体框架，该框架运行于 GNOME 桌面环境，支持多种多媒体文件格式和播放列表文件格式。基于 GStreamer 多媒体框架的媒体播放器的结构如图 7.1 所示。

媒体播放器程序位于结构的顶层，它使用 GTK+3.0 图形用户界面框架实现在屏幕上的显示，Gstreamer 多媒体框架实现媒体文件解码和播放控制。但是在实际中，屏幕显示或者计算机发出声音是由 Linux 内核驱动底层硬件实现的，所以 Linux 内核处于结构的最底层。

媒体播放器程序又可划分为 5 个主要模块，分别是用户界面模块、核心控制模块、媒体库模块、播放控制模块和媒体文件解码模块，如图 7.2 所示。

图 7.1　基于 GStreamer 多媒体框架的媒体播放器的结构　　　图 7.2　媒体播放器的 5 个主要模块

用户界面是程序最顶层的模块，用于和用户进行交互。用户使用键盘或鼠标操作程序时，用户界面将识别出的操作指令传递给核心控制模块，再由核心控制模块做出反应，将程序的运行结果传送到用户界面。例如，在用户按下停止按钮后，核心控制模块将停止播放媒体文件，同时在界面上显示一个停止标志。

核心控制模块是整个程序的中枢，用于协调各个模块的运作，保存当前状态。在程序启动时，该模块最先启动，然后再调用其他模块。程序结束时，该模块负责清理程序其他模块使用过的内存，并且在最后退出。

播放控制模块专门用于媒体文件播放时针对媒体的操作，如开始、停止、快进、快退、暂停和调整音量等。

媒体文件解码模块是程序最底层模块，它实际是通过调用多媒体框架中的功能来实现的。媒体文件经过解码模块解码后，变成了一连串的声音或视频信号，Linux 内核则将这些信号通过硬件输出。

相对与其他几个模块，媒体库模块最简单，但媒体库中的基本功能必须从头开始建立。媒体库的作用是管理媒体文件的路径与信息，将媒体文件进行分类和排序，并提供播放列表供播放器按顺序播放。进一步分解媒体库模块，可以划为管理媒体文件列表、显示媒体文件信息列表和播放列表等子模块，如图 7.3 所示。

图 7.3　媒体库模块的子模块

　　管理媒体文件列表子模块的功能为添加媒体文件、搜索媒体文件、查找媒体文件、删除媒体文件和将选择的媒体文件移动到播放列表中。显示媒体文件信息列表的功能是将媒体文件的信息在用户界面中显示出来，如果媒体库改动，则立即刷新列表。管理媒体文件列表模块的流程如图 7.4 所示。

图 7.4　管理媒体库模块文件列表子模块

　　图 7.4 还需要进一步细化。管理媒体库模块文件列表子模块中的每个功能都可以列出一个更详细的流程图，这些工作留在具体实现时完成。下面是根据上图编写的伪代码：

```
int 管理媒体库()                    //管理媒体库模块文件列表子模块入口
{
  int op_cmd;                      //该变量用于保存操作指令
  op_cmd = 输入命令();             //获得用户输入的命令
  switch(op_cmd) {
    case 1: 添加媒体文件;          //操作指令值为 1 时执行
            break;
    case 2: 搜索媒体文件;          //操作指令值为 1 时执行
            break;
    case 3: 查找媒体文件;          //操作指令值为 1 时执行
            break;
    case 4: 删除媒体文件;          //操作指令值为 1 时执行
            break;
    case 5: 移动到播放列表;        //操作指令值为 1 时执行
            break;
```

```
    default：显示错误；          //处理无效的用户输入
   }
}
```

　　该伪代码是调用管理媒体库模块文件列表子模块时执行的序列，首先获取用户输入的命令，然后根据输入选择不同的功能执行。在用户输入了错误的信息时，也必须对其做出响应。

7.6　小　　结

　　本章介绍了 C 语言的基本输入和输出函数、条件控制语句和循环控制语句。通过举例说明这些基本语句的用法，描述出程序的 3 种基本结构。在实际的程序设计时，常面临着更为复杂的程序结构，大量学习经典的计算机问题求解算法，如杨辉三角和汉诺塔等，可增强对程序结构的分析能力。从本章开始介绍如何设计一个媒体播放器程序，这一课题让初学者望而生畏，但对于 Linux 程序开发并非难事。后面章节会根据所学的内容逐步实现该程序，读者也可以先下载 Totem 电影播放机源代码进行初步分析，以提高源代码阅读能力。

第 8 章　数组与指针

数组与指针涉及数据在内存中的存储位置问题。数组由连续的存储单元组成，最低地址对应于数组的第一个单元，最高地址对应于数组的最后一个单元。指针是一种特殊的变量，该变量所存放的是内存的地址，通过指针变量可访问所指向内存空间中的内容。本章将通过数组与指针的介绍，初步探讨 C 语言的数据结构。

8.1　一　维　数　组

数组是一组相关的内存位置，它们都具有相同的名称和类型。引用数组中的特定位置或元素，需要指定数组的名称和数组中特定的元素的位置编号，该编号即是数组下标。一维数组是只使用一组下标表示的数组。

8.1.1　一维数组的一般形式

一维数组的一般声明形式为：

```
数据类型 数组名[长度];
```

其中，长度必须是常量表达式，数组名与其他变量名称一样，只能包含字母、数字和下划线，且不能以数字字符开始。如下列源代码，声明 10 个元素的字符型数组。

```
char c[10];                    //声明数组 c，类型为字符型，长度为 10
```

该数组的第一个元素的为 c[0]，第 n 个元素下为 c[n–1]。为数组初始化有 3 种方式，第 1 种是根据数组下标逐个初始化，如下列源代码所示。

```
int i;                         //声明循环控制变量
for(i = 0; i < 10; i++)
  c[i] = 0;                    //依次将数组 c 的 10 个元素初始化为 0
```

数组初始化的第 2 种方式是通过在声明时加入等号以及用逗号分开的初始值列表，如下列源代码所示。

```
char c[10] = { 63, 64 ,65, 66, 67, 68 ,69, 70, 71, 72 };
//声明数组并初始化
```

如果初始值少于数组中的元素，则剩余元素将初始化为 0。如下列源代码所示，将数组的所有元素都初始化为 0。

```
char c[10] = { 0 };            //声明数组并初始化为 0
```

数组初始化的第 3 种方式是声明时不指定数组长度,根据初始值的个数来决定数组长度,如下列源代码所示。

```
char c[] = { 63, 64 ,65, 66, 67, 68 ,69, 70, 71, 72 };
//声明数组并初始化,数组长度为 10
```

声明后,数组元素顺序存放于内存中,假设起始地址为 3001,则每个数组元素依次加 1,如图 8.1 所示。

图 8.1　数组在内存中存放的位置示意图

使用数组时,可通过数组下标引用每个数组元素。如下例,使用选择排序法对数据的元素进行从小到大排序。

```
01  #include <stdio.h>              //调用基本输入输出函数
02  #include <stdlib.h>             //调用常用函数库,提供生成随机数函数
03  int main()
04  {
05      int a[10];                  //声明数组 a,类型为整型,长度为 10
06      int i, j;                   //声明循环控制变量
07      int t;                      //声明整型变量 t,用于排序中交换数组元素的值
08      printf("排序前的数组: \n");  //输出提示信息
09      for(i = 0; i < 10; i++) {   //i 从 0 循环到 9
10          a[i] = rand() % 100 + 1; //使用随机函数,生成 1 到 100 间随机数
11          printf("%4d ", a[i]);   //输出未排序的数组
12      }
13      printf("\n 排序后的数组: \n"); //输出提示信息
14      for(i = 0; i < 9; i++) {    //i 从 0 循环到 8
15          for(j = i + 1; j < 10; j++) { //j 从 i + 1 循环到 9
16              if (a[i] > a[j]) {
17              //比较的两个元素值的大小,如果前一个大于后一个,交换两个元素的值
18                  t = a[i];       //将前一个元素的值保存到变量 t 中
19                  a[i] = a[j];    //将后一个元素的值复制到前一个元素中
20                  a[j] = t;       //将变量 t 所保存的值,复制到后一个元素中
```

```
21           }
22        }
23     }
24     for(i = 0; i < 10; i++) {        //i 从 0 循环到 9
25        printf("%4d ", a[i]);         //输出排序后的数组
26     }
27     return 0;                        //退出程序
28 }
```

代码中，rand()函数用于生成整型伪随机数序列，将所生成的随机数用 n 取模再加上 1，则可将随机数的范围限定在 1 至 n 以内，这是一种常用的算法。选择排序法使用了双层循环，外围第 1 轮循环时，将数组元素 a[0]与其他元素依次比较。如果有小于 a[0]的元素，则将两个元素交换位置，这样就能保证 a[0]所保存的是数列里最小的值。进入第 2 轮循环后，就不考虑 a[0]，将 a[1]与其后的元素比较，a[1]则保存了数组中第 2 小的值。这样，每次内存循环的次数都减少了，数组内的元素被从小到大排序。

注意：数组的第一个元素下标为 0，最后一个元素下标为数组长度减 1。如 int a[10]，数组的最后一个元素为 a[9]。

8.1.2　字符串使用的一维数组

字符型数组可以存放字符串数据，字符串数组与一般的字符数组的区别是字符串数组包含字符串结束符"\0"，该符号的 ASCII 码值为 0。因此，字符串一维数组的长度要比实际字符串的长度多 1 元素，如下例所示。

```
char c1[] = {'C', 'h', 'i', 'n', 'a'};
//声明字符数组 c1，分配的长度为 5
char c2[] = "China";
//声明字符串数组 c2，分配的长度为 6
```

图 8.2　字符数组与字符串数组在内存中所占用的空间

数组 c1 是字符数组，c2 是字符串数组，它们在内存中所占用的空间如图 8.2 所示。

C 语言并没有将字符串作为独立的数据类型，但允许使用字符串常量和字符串数组，并在标准函数库里提供了一些常用的字符串操作函数。最常用的字符串操作函数见表 8.1。

表 8.1　最常用的字符串操作函数

函　数　名	说　　　明
strcpy(s1, s2)	将 s2 复制到 s1
strcat(s1, s2)	将 s2 连接到 s1 的末尾
strlen(s1)	返回 s1 的长度
strcmp(s1, s2)	比较两个字符串：若 s1 与 s2 相等，返回值为 0；若 s1 < s2，返回值小于 0；若 s1 > s2，返回值大于 0

注意：只有包含字符串结束符的数组才被认为是字符串数组，字符数组则不能被函数当作字符串操作。

8.2　二　维　数　组

C 语言允许使用多维数组，即使用多组下标的数组。二维数组是最常用的多维数组。多维数组在内存中存放数据的顺序与一维数组相同，使用连续的存储单元。

8.2.1　二维数组的一般形式

二维数组的一般声明形式为：

数据类型　数组名[长度 1][长度 2];

数组的总长度等于长度 1 与长度 2 的乘积。如下列源代码所示：

```
char c[2][5] = { 63, 64 ,65, 66, 67, 68 ,69, 70, 71, 72 }
//声明二维数组并初始化，数组总长度为 10
```

该语句声明了一个拥有 10 个存储单元的字符型数组，在内存中的位置如图 8.3 所示。在实际应用中，可将二维数组理解为一个表格，第一组下标为表格的行数，第二组下标为表格的列数。每组下标以 0 开始，最后一个元素的下标数值为长度减 1。

数组元素	值	内存地址	
c[0][0]	63	3001	高位
c[0][1]	64	3002	
c[0][2]	65	3003	
c[0][3]	66	3004	
c[0][4]	67	3005	
c[1][0]	68	3006	
c[1][1]	69	3007	
c[1][2]	70	3008	
c[1][3]	71	3009	
c[1][4]	72	300A	低位

图 8.3　二维数组在内存中存放的位置示意图

💡注意：引用数组边界之外的元素将造成程序运行错误。数组初始值列表中提供的初始值多于数组元素数量、使用变量作为数组长度声明数组都将引起编译错误。

8.2.2　二维字符串数组

二维字符串数组可以看作是多个一维字符串数组，第 1 组下标长度即存放的字符串个数，第 2 组下标长度是可存放的最长的字符串长度加 1。当使用标准函数库中的字符串函数处理二维字符串数组时，必须给出第一组下标，每次只能处理其中一个字符串，如下列源代码所示。

```
char buddy[3][200];                 //声明二维字符型数组 buddy
int i;                              //声明循环控制变量
printf("请输入联系人姓名：");        //输出提示信息
scanf("%50s", buddy[0]);            //从键盘输入获得长度为 50 的字符串，保存在数组第
                                    //1 行
printf("\n 请输入联系人电话：");     //输出提示信息
scanf("%30s", buddy[1]);            //从键盘输入获得长度为 30 的字符串，保存在数组第
                                    //2 行
printf("\n 请输入联系人地址：");     //输出提示信息
scanf("%199s", buddy[2]);           //从键盘输入获得长度为 199 的字符串，保存在数组第
                                    //3 行
printf("\n 您输入的信息是：:\n");    //输出提示信息
for(i = 0; i < 3; i++)              //i 从 0 到 2 循环
  printf("%s\n", buddy[i]);          //依次输出数组的每一行
```

示例中声明了一个长度为 600 的二维字符串数组，该数组最后一组下标的长度为 200，所以能存放的字符串长度最长为 199。使用 scanf() 和 printf() 函数处理字符串数组时，要省略最后一组下标，这样能得到所要处理的字符串的首地址，字符串处理函数会在遇到字符串结束符时停止处理，忽略字符串结束符后的存储单元。scanf() 函数会为输入的字符串加上字符串结束符。当输入的字符串长度超过格式控制符所指定的长度时，scanf() 函数将自动根据指定长度裁剪。但如果格式控制符没有指定长度，则会窜入下一行，造成逻辑错误。

8.3　多　维　数　组

多维数组是指拥有多组下标的数组，维数的限制由具体编译器决定。多维数组的一般声明形式为：

数据类型　数组名[长度 1]　[长度 2]……[长度 n];

数组的总长度等于每组下标长度的乘积。多维数组使用连续的存储空间，编译器在为多维数组分配内存单元时，首先从"数组[0][0]……[0]"开始，沿着最后一组下标顺序分配。当分配到长度 n 后，将倒数第二组下标加上 1，继续沿着最后一组下标顺序分配。这种分配方法如同时钟的运转，秒针从 0 运行到 60 后，分针向前进 1，秒针回到 0 的位置。当分针运行到 60 后，时针则向前进 1。分配内存时多维数组的第 i 组下标的变化，要在第 $(i-1) \times (i-2)$……n 次后。

由于大量占用内存的关系，三维数组以上的多维数组较少使用。计算机要花大量的时间计算数组的下标，这意味着存取多维数组的元素要比存取一维数组的元素花更多时间。由于这些原因，多维数组通常借助指针当作一维数组使用。

8.4　指针与指针变量

在程序中声明变量后，编译器就会为该变量分配相应的内存单元。也就是说，每个变量在内存中会有固定的位置，有具体的地址。由于变量的数据类型不同，它所占的内存单元数也不相同。如下例声明了一些变量和数组。

```
int i = 18;                           //声明整型变量 i 并赋值
char c[5] = {89, 90, 91, 92, 93};     //声明字符型数组 c 并初始化
float f = 12.89;                      //声明单精度浮点型变量 f 并赋值
double d = 1.414213;                  //声明双精度浮点型变量 d 并赋值
```

在程序编译时，编译器将指定这些变量和数组所需要的存储空间长度。程序运行中，则由操作系统为这些变量和数组分配内存单元。整型变量所占用的内存为 2 字节，长度为 5 的字符型数组所占用的内存为 5 字节，单精度浮点型变量所占用的内存为 4 字节，双精度浮点型所占用的内存为 8 字节。由于计算机内存是最小的寻址单位是字节，设变量的存放从内存 3000 单元开始，则操作系统为这些变量和数组分配内存单元，如图 8.4 所示。

图 8.4　二维数组在内存中存放的位置示意图

变量在内存中按照数据类型的不同所占内存的大小也不同，每个变量都有具体的内存单元地址。如变量 i 在内存的地址是 3000，占据 2 个字节后，数组 c 的内存首地址就为 3002，变量 f 的内存地址为 3008 等。对内存中变量的访问，过去用 "scanf("%d", &a)" 表达式将

数据输入变量的地址所指示的内存单元。那么访问变量首先应找到其在内存的地址，或者说，一个地址唯一指向一个内存变量，称这个地址为变量的指针。如果将变量的地址保存在内存的特定区域，用变量来存放这些地址，这样的变量就是指针变量，通过指针对所指向变量的访问，也就是一种对变量的间接访问。

　　假设一组指针变量 pi、pc、pf 和 pd 分别指向上述的变量或数组 i、c[]、f 和 d，指针变量也同样被存放在内存，二者的关系如图 8.5 所示。指针变量的存储空间中存放的数据为对应变量或数组的内存地址，通过该地址就可以访问对应的变量或数组。

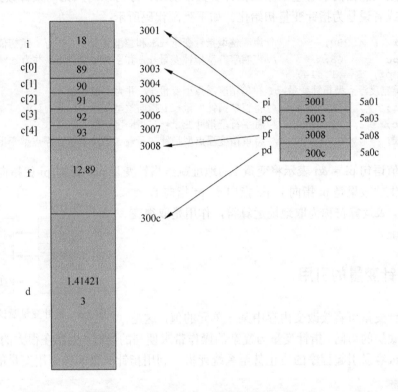

图 8.5　指针变量与所指向变量的映射关系

8.5　指针变量的定义与引用

　　指针变量是包含内存地址的变量。一般的变量直接包含一个特定的值，而指针变量包含的是某一特定数据类型的内存地址。普通变量直接引用其中的值，指针变量则间接引用所指向内存地址中的值。指针变量在使用前需要声明与初始化。

8.5.1　指针变量的定义

　　指针变量定义时，需要指定所指向的数据类型。声明指针变量的一般形式为：

数据类型　*变量名；

"*"运算符通常称为间接运算符或间接引用运算符，在声明中以这种方式使用间接运算符时，它用以表明被声明的变量是指针变量。如下列源代码所示：

```
int *pi;                //声明一个整型指针变量
char *pc;               //声明一个字符型指针变量
float *pf;              //声明一个单精度浮点型指针变量
```

声明为整型的指针变量*pi 只能指向整型变量或者整型变量数组元素。声明为字符型的指针变量则只能指向字符型数据。指针变量声明后，才可以写入指向某种数据类型的变量的地址，或者说是为指针变量初始化。如下列源代码所示：

```
int *pi, i = 290;       //声明整型指针变量*pi 和整型变量 i，并为 i 赋初值
char *pc, c = 65;       //声明字符型指针变量*pc 和字符型变量 c，并为 c 赋初值
float *pf, f = 1.414;
//声明单精度浮点型指针变量*pf 和单精度浮点型变量 f，并为 f 赋初值
pi = &i;                //将整型指针变量*pi 指向整型变量 i
pc = &c;                //将字符型指针变量*pc 指向字符型变量 c
pf = &f;                //将单精度浮点型指针变量*pf 指向单精度浮点型变量 f
```

上述赋值语句 pi = &i 表示将变量 i 的地址赋给指针变量 pi，此时 pi 就指向了 i。3 条赋值语句产生的效果是 pi 指向 i，pc 指向 c，pf 指向 f，如图 8.6 所示。&运算符称为取地址运算符，作用是取得变量的内存地址。

图 8.6　指针变量赋值后的效果

8.5.2　指针变量的引用

利用指针变量可直接改变内存中某一单元的值，这是一种对系统底层的访问。指针变量为复杂的操作带来便利的同时，也存在很大的安全隐患，使用不当时极容易引起程序的终止甚至系统死机。利用指针变量间接引用变量的形式为：

```
*指针变量
```

间接运算符在这里的作用是访问指针变量所指向的内存单元的值。例如下例：

```
int *pi, i = 100;       //声明整型指针变量 pi 和整型变量 i，并为 i 赋初值
pi = &i;                //将整型指针变量 pi 指向整型变量 i
*pi++;                  //间接访问变量 i，使变量 i 的值自增
printf("%d", i);        //输出 i 的值
```

该程序的输出为 101，因为指针变量*pi 间接引用变量 i，修改*pi 的值等同于修改变量 i 的值。如果将代码第 4 行改写为：

```
printf("%d", *pi);      //输出*pi 的值
```

该程序的输出仍然为 101，*pi 与 i 的作用是等同的。很多函数都需要取得变量的地址用以修改变量的值，如 scanf()函数。在上例中，如果使用指针变量修改 i 的值，则可以用以下代码实现。

```
scanf("%d", pi);        //从键盘输入获取数据，保存在变量 i 中
```

这条语句的作用等同于 scanf("%d", &i)，因为指针 pi 的值为变量 i 的地址，所以不能使用间接运算符。

C 语言有两个指针运算符，分别是取地址运算符与间接引用运算符，这两个运算符都是一元运算符，它们的优先级仅次于一元算术运算符。

8.6　指针与数组

数组在内存中以顺序的形式存放。数组的第一个存储单元的地址即数组的首地址。对于一维数组来说，直接引用数组名就能获得该数组的首地址。指针变量可以存放与其内容相同的数组首地址，也可以指向某一具体的数组元素。通过这种方式，多维数组也能被看作一维数组来操作，简化了数组的操作方法。

8.6.1　指针与一维数组

定义一维数组后，可定义一个与其类型相同的指针变量指向该数组。代码如下：

```
int i[10] = {1, 2, 3, 4, 5, 6, 7, 8, 9, 10}, *pi;
                       //定义整型数组 i 和整型指针变量*pi
pi = i;                //将指针变量*pi 指向数组 i 的首地址
```

这样*pi 就指向了数组 i 的第一个单元，该赋值操作等同于"pi = &i[0]"，pi 与数组 i 的关系如图 8.7 所示。如果对指针内的地址进行运算，执行"pi += 4"，则 pi 的指向关系随之发生改变，如图 8.8 所示。

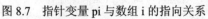

图 8.7　指针变量 pi 与数组 i 的指向关系　　　　图 8.8　pi 运算后与数组 i 的指向关系

因此，可以将 C 语言指针指向一维数组的表示方法总结为以下 3 条。

- "pi＋n"或"i＋n"表示数组元素 i[n]的地址，即"＆i[n]"。数组 i 有 10 个元素，n 的取值为 0 至 9，则数组的地址可表示为"pi＋0"至"pi＋9"，或"i＋1"至"i＋9"，与&i[0]至&i[9]的作用一样。
- 知道了数组元素的地址表示方法，"*(pi＋n)"和"*(i＋n)"就表示为数组的各元素即等效于 i[n]。

- 指向数组的指针变量也可用数组的下标形式表示为 pi[n]，其效果相当于"*(pi + n)"。

8.6.2　指针与二维数组

二维数组和其他多维数组都能看作一维数组进行指针操作。如下列源代码所定义的二维数组。

```
int i[2][5] = {1, 2, 3, 4, 5, 6, 7, 8, 9, 10}, *pi;
                                //定义整型二维数组 i 和整型指针变量 pi
pi = i[0];                      //将指针变量 pi 指向数组 i 的首地址
```

该数组可以视作一个表格，数组 i 与 pi 的关系如图 8.9 所示。如果要访问其中的元素 i[1][2]，则可用公式 $1 \times n + 2$ 得到该元素的位置，引用时可写作"*(pi + 1 * n + 2)"。

图 8.9　二维数组 i 与指针变量 pi 的关系

二维数组每一行都有一个首地址，如 i[0]代表&i[0][0]的地址，i[1]代表 i[1][0]的地址。因此，二维数组也可以被看作 m 个长度为 n 的一维数组，引用二维数组需要将每行的首地址赋给指针变量。例如下列源代码，用指针修改二维数组内的元素。

```
01  #include <stdio.h>              //调用基本输入输出函数
02  #define M 2                     //定义常量 M，用作二维数组的行数
03  #define N 4                     //定义常量 N，用作二维数组的列数
04  int main()
05  {
06      int a[M][N], *pa;           //定义整型二维数组 N 和整型指针变量*pa
07      int i, j;                   //定义循环控制变量 i 和 j
08      pa = a[0];                  //将指针变量*pa 指向数组第 1 行的首地址
09      printf("请输入数组的数值: "); //输出提示信息
10      for(i = 0; i < M; i++){      //i 从 1 到 M 循环
11          for(j = 0; j < N; j++){  //j 从 1 到 N 循环
12              scanf("%d", pa + i * N + j);//从键盘输入获取数据，保存到数组中
13              putchar('\0');       //换行
14          }
15      }
16      printf("数组内的数值是: ");   //输出提示信息
17      for(i = 0; i < M * N; i++){  //i 从 1 到 M × N 循环
18          printf("%d\n", *(pa + i)); //输出数组的值
19      }
20      return 0;
21  }
```

该代码首先将数组 a 的第 1 行首地址赋给整型指针变量。第 1 组循环使用数组行和列的关系计算数组单元内存中的位置，给数组 a 的每个元素赋值。第 2 组循环通过指针变量 pa 间接引用数组 a 内的元素，将所有数组元素的数值输出。

8.6.3 指针与字符串数组

字符型指针变量指向字符串数组首地址后，该指针即可当作字符串使用。字符串处理函数通常根据字符串结束符判断该字符串的长度，所以这些函数都会沿字符串首地址向后遍历，直到找到字符串结束符。下例用于简单的字符串输入与输出。

```
char c[20], *pc;          //定义字符型数组 c 与字符型指针变量 pc
pc = c;                   //字符型数组 c 的首将地址赋给指针变量 pc
scanf("%19s", pc);        //通过 pc 间接引用数组 c，为数组 c 初始化
puts(pc);                 //输出 pc 所指向的字符串
```

puts()函数的作用是将字符串无格式输出，当*pc 作为其参数时，会内存中将*pc 所指向的地址开始，到字符串结束符之间的字符输出到终端。假如输入的字符串为"I love China!"，将代码最后一行改为：

```
puts(pc + 2);             //输出内存中从 pc + 2 开始，到字符串结束符为止的字符串
```

那么，该程序的输出为"love China!"，因为 puts()函数会跳过字符串数组的前 2 个字符开始处理。如果字符数组中没有字符串结束符，则调用 printf()或 puts()输出函数后程序会出错（一直向后处理，输出很多意想不到的字符，直到遇到值为 0 的内存块）。如果字符型指针变量没有初始化，可能会造成严重影响，如下列源代码所示。

```
char *pc;                 //字符型数组 c 的首将地址赋给指针变量 pc
scanf("%s", pc);          //通过 pc 间接引用数组 c，为数组 c 初始化
```

这是一种非常危险的用法，因为 pc 的值不可知，pc 可能指向内存中的任意位置。将字符串保存到 pc 所指向的内存单元中，可能造成非常严重的系统错误。这种用法称之为无源指针，在程序中应避免出现。

8.7 指针的地址分配

指针变量可指向任何类型的变量。在处理过程中，指针变量指向的变量通过传递变量的地址来实现。指针变量的取值是内存的地址，这个地址应当是安全的，不可以是随意的。否则，写入内存单元的值将会使得已存放的数据或程序丢失。应使用编译系统提供的标准函数来实现地址分配。

GCC 编译器支持动态分配内存的函数 malloc()和 free()，它们包含在头文件 stdlib.h 中。动态内存分配的含义是在程序执行的过程中，动态地划分内存空间供程序使用。当程序不需要使用这些内存空间，则可以将其释放。malloc()函数的作用是向操作系统申请内存，free()函数的作用是释放所申请的内存。如下列源代码所示：

```
char *pc;              //声明字符型指针变量 pc
pc = malloc(50);       //在内存中为程序申请 50 字节的空间，并将首地址赋给指针变量 pc
if (pc != NULL) {      //如果分配内存成功，则执行下列源代码
    scanf("%49d", pc);
                       //从键盘输入获得字符串，并保存在 malloc()所划分的内存空间内
    puts(pc);          //输出该字符串
    free(pc);          //释放 malloc()函数所申请的内存空间
    pc = NULL;         //使指针指向空地址，避免再次引用被释放的内存空间
}
```

　　malloc()函数的参数是长整型数值，该数值表示所申请的字节数。如果分配内存失败返回 NULL，如果成功返回所申请内存空间首地址。free()函数必须与 malloc()配对使用，在不需要所申请的内存空间后将其释放，否则会造成内存泄漏，影响操作系统和其他程序运行。另外需要注意的是，free()函数释放指向 NULL 的指针，或释放指向并非 malloc()函数所申请内存空间的指针都会造成严重的程序错误。

8.8　指针数组

　　指针数组是一种特殊的数组，这类数组存放的全部是同一数据类型的内存地址。指针数组的定义形式为：

```
数据类型 *数组名[长度];
```

　　如下列源代码所示：

```
const char *c[4] = { "China",   //定义长度为 4 的常量字符型指针数组
                     "USA",     //将该数组元素分别指向 4 个字符串常量
                     "Rassia",
                     "Japan" };
int i;                          //声明循环控制变量
for(i = 0; i < 4; i++)          //i 从 1 到 3 循环
  puts( *(c + i) );             //输出指针数组元素所指向的字符串
```

　　指向常量的指针，必须用 const 定义为常量指针，以避免修改该指针所指向的数据造成程序错误。由于[ ]符号比间接运算符*的优先级要高，所以首先是数组形式 c[4]，然后才是与*结合。这样，指针数组内包含 4 个指针 c[0]、c[1]、c[2]和 c[3]，分别指向 4 个字符串的首地址。

8.9　指向指针的指针

　　指针变量可以指向另一个指针变量，这种操作并不是指将一个指针变量所指向的内存地址传递给另一个指针变量，而是定义一种指向指针类型变量的指针变量，可将其称之为双重指针。双重指针的定义形式为：

```
数据类型 **变量名;
```

其中使用了两个间接运算符，如下例所示。

```
int i, *pi, **dpi;        //声明整型变量i、整型指针变量pi和整型双重指针变量dpi
pi = &i;                  //将变量i的地址赋给整型指针变量pi
dpi = &pi;                //将整型指针变量pi的地址赋给整型双重指针变量dpi
**dpi = 100;              //间接引用变量i，给变量i赋值
printf("%d", i);          //输出变量i的值
```

代码中定义了双重指针变量 dpi，将双重指针变量指向指针变量时，必须使用取地址运算符得到指针变量自身的内存地址。通过双重指针变量间接引用所指向的变量时，因首先要获得其所指向指针变量的地址，然后再要获得所指向指针变量中保存的内存地址，所以需要用两个取地址运算符完成这两重运算。

8.10 媒体播放器——建立播放列表

本章的实例将初步探讨媒体播放器的媒体库模块中播放列表子的数据结构，将播放列表以数组的形式实现。为了演示对播放列表数据的操作，还将列出播放列表的程序实践部分。

8.10.1 建立一个播放列表

播放列表用于存放系统中的多媒体文件信息，以便于播放器按用户编排的顺序播放多媒体文件。一个简单的播放列表由播放序号和文件名两部分组成。为了使它们之间的建立联系，可用指针将其连接，这样在排序时就不用进行大规模的字符串赋值操作。该数据结构如图 8.10 所示。

图 8.10 播放列表的数据结构

*p_list 数组的类型是字符型指针数组，f_list 数组的类型为二维字符型数组，实际的播放顺序则是*p_list 数组的下标。在程序中，整型变量 i 作为游标，记录当前操作的播放列表序号，用整型变量 l 记录播放列表的长度。建立该数据结构的代码如下：

```
#define MAX_LENGTH 40          //用于定义数组长度，表示列表最大长度
#define MAX_FILE_LENGTH 255    //用于定义数组长度，表示文件名最大长度
:
  unsigned int i, l;           //i表示操作时指向数组的游标，l表示已列表总长度
```

```
char *p_list[MAX_LENGTH];        //定义指针列表
char f_list[MAX_LENGTH][MAX_FILE_LENGTH + 1];    //定义文件名列表
                                 //文件名最大长度加 1 是用于存放字符串结束符
for (i = 0; i < MAX_LENGTH; i++) {    //用循环对指针列表和文件名列表初始化
  p_list[i] = NULL;                   //将指针列表指向 NULL
  f_list[i][0] = 0;                   //将字符串列表首位置 0
}
```

　　代码中使用宏替换命令将字符串的长度定义为常量，这样在修改程序时，只需要修改一条语句。游标和列表总长度均为正整数，所以定义为无符号整型。指针列表用于指向文件名列表的行首，在使用前必须先将这两个列表初始化。初始化文件名列表时，只用将每行行首的元素，即 f_list[i][0] 的数值置 0，因为字符串结束符的 ASCII 码值为 0，这样处理时就能将行首为 0 的字符串数组当作空字符串。

　　按照朴素软件工程思想的要求，首先需要为程序中的数据编制一个数据字典。将常量、变量、数组等数据结构列在数据字典中，并标明其含义，参见表 8.2。

表 8.2　数据字典

名　　称	数据类型	说　　明
MAX_LENGTH	符号常量	用于定义数组长度，表示列表最大长度
MAX_FILE_LENGTH	符号常量	用于定义数组长度，表示文件名最大长度
GET_NAME	符号常量	用于 scanf() 函数输入文件名，说明输入字符串的长度，值为 %< MAX_FILE_LENGTH >s
*p_list	整型指针数组	用于指定播放列表的顺序
f_list	二维字符数组	用于保存播放列表中文件路径与名称，MAX_LENGTH 作为第一维长度，MAX_FILE_LENGTH 作为第二维长度
i	整型变量	用于遍历播放列表，值域为 0 至 MAX_LENGTH-1
l	整型变量	用于保存播放列表当前长度，该长度小于 MAX_LENGTH
select_value	整型变量	用于接收键盘输入的菜单选择
exit_switch	字符变量	用于控制程序主操作循环的退出

　　定义数据字典后，还需要为播放列表增加简单的控制功能。这些功能包括添加新文件、删除列表中的文件名、打印播放列表和退出程序（为演示程序而增加），如图 8.11 所示。

图 8.11　播放列表的控制功能

1．添加新文件

为了确保列表的长度没有超过限制，必须判断变量 1 的值是否大于常量 MAX_
LENGTH。如果列表长度处于允许的范围内，将在 f_list 数组中查找空位，并将位置的值
传递给*p_list 数组指定位置，如图 8.12 所示。

2．删除列表中的文件

删除文件时只需给出文件在列表中的编号，然后将编号后的列表项依次向前移动一
位，最后将代表列表长度的变量减 1，如图 8.13 所示。

图 8.12　添加新文件　　　　　　　　　　图 8.13　删除列表中的文件

3．打印播放列表

*p_list 数组中是按照列表顺序存放的指针，每个数组成员指向 f_list 数组中第二维的
首地址。顺序输出*p_list 数组成员指向内存地址的内容即可打印播放列表，如图 8.14 所示。

图 8.14　打印播放列表

以上 3 个功能放在程序的主循环中，每轮循环的开始输出操作提示信息，然后等待用户输入操作指令，如下列源代码所示。

```
#define GET_NAME "%255s"      //用于scanf()函数输入文件名，说明输入字符串的长度
:
  int select_value;           //用于接收键盘输入的菜单选择
  char exit_switch = 1;       //用于控制程序主操作循环的退出
  l = 0;                      //初始化列表长度
  do {                        //开始主操作循环
    puts("请选择操作命令: ");
    puts("(1)添加新文件");
    puts("(2)删除列表中的文件");
    puts("(3)打印播放列表");
    puts("(4)退出程序");
    scanf("%1d", &select_value);        //输入的菜单选择
    getchar();                          //吸收多余的输入字符
    switch (select_value) {
      case 1: {                         //添加新文件
        if (l < MAX_LENGTH){            //判断列表是否已满
          puts("请输入文件名: ");
          for(i = 0; i < MAX_LENGTH; i++){
                                        //在列表中循环，查找文件名列表中的空位
            if(!f_list[i][0]){          //二维字符数组行首为0则表示是空位
              while (!scanf(GET_NAME, f_list[i])){
                                        //输入文件名，并判断文件名是否有效
                puts("请输入正确的文件名! ");
              }
              p_list[l++] = f_list[i];
              //将指针列表所对应的单元，指向文件名存放的内存地址
              break;
            }
          }
        }
        else {
          puts("文件列表已满! ");
        }
        break;
```

```
        }
        case 2: {                      //删除列表中的文件
          puts("请输入文件编号：");
          scanf("%u", &i);
          if(i > 0 && i <= l) {
          //判断编号是否有效，有效的编码应在 1 至总长度之间
              *p_list[--i] = NULL;     //通过指针间接引用文件列表，将目标文件名删除
              while(i < l - 1) {      //循环，从列表中删除的位置到列表结束
                p_list[i] = p_list[i + 1];
                //将游标所指向的指针列表后的元素向前挪进 1 位
                i++;
              }
              l--;                     //列表长度减 1
          }
          else
            puts("您所输入的文件编号不存在！");
          break;
        }
        case 3: {                      //打印播放列表
          for(i = 0; i < l; i++)    //循环遍历列表
            printf("%d : %s\n", i + 1, p_list[i]);
            //通过指针列表间接引用文件名列表，输出文件名
          break;
        }
        case 4: {                      //退出程序
          exit_switch = 0;             //将程序主操作循环退出标记置 0
        }
      }
    } while(exit_switch);              //如果主操作循环退出标记不为 0，继续执行循环
    return EXIT_SUCCESS;
}
```

该代码设置了一个主控制循环，由主控制循环反复输入控制提示信息，并等待用户的输入。用户可输入指定的数字来执行对应的操作。

❑ 输入数字 1，程序提示输入文件名。文件名并不是按列表的顺序存放在字符数组 f_list 中，而是在遍历数组 f_list 寻找行首为 0 的空位。储存成功后，将字符串在内存中的首地址传送给指针列表 p_list，p_list 则是按列表顺序保存每个文件名字符串的地址。

❑ 输入数字 2，程序提示输入文件编号，该编号是从 1 开始的，所以在进行删除处理前，要将保存编号的游标 i 自减 1。删除文件名字符串，只需要将该字符串行首的元素置 0。然后依次将指针列表中游标所指向位置以后的数值复制到前 1 位，再将列表总长度减去 1。这样，可以删除列表中任何位置的字符串。

❑ 输入数字 3，程序将顺序打印播放列表，首先用游标从列表头开始遍历，再用指针列表参照游标的数值间接引用文件名列表。

❑ 输入数字 4，程序主操作循环退出标记 exit_switch 被置为 0，操作结束后程序跳出主循环，这样就能退出程序。

🗩注意：在 do 循环中，scanf()函数接收一个数字字符作为用户操作菜单的指令。如果用户输入了非法字符，这些字符将进入下一轮循环，并被 scanf()函数接收作为输入。这是由于标准输入的缓冲区缓冲所造成的，形成真正的死循环。如果在 scanf()函数后用 getchar()函数接收这些非法字符，即可避免该问题。

8.10.2 对播放列表排序

用户在使用媒体播放器时，经常会根据自己的喜好对播放列表进行排序。排序的方法有按名称排序、按播放时长排序和按媒体信息排序。各种排序的原理大同小异，所以这里只选择了按名称排序来演示播放列表排序的程序设计方法。

排序只有在列表长度大于 1 时才有意义。所以首先要判断列表长度是否大于 1，然后用双层循环遍历*p_list 数组。比较两个数组元素所指向内存中的内容，如果前面的内容大于后者，则交换*p_list 数组元素的地址，如图 8.15 所示。

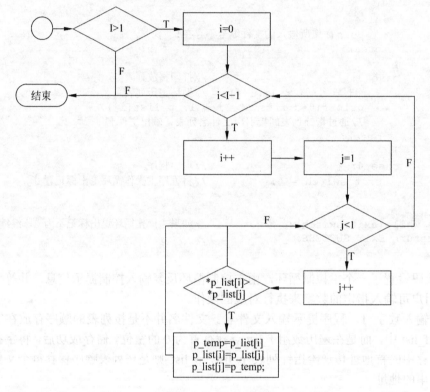

图 8.15 播放列表排序

8.10.1 节的实例中，使用了 switch 选择结构将程序的不同功能放在各个分支中，因此很容易扩充程序的功能。实现按名称排序只需增加下列源代码：

```
   ⋮
   unsigned int j;                //用于排序的循环控制变量
   char *p_temp;                  //用于排序时交换指针列表中的数据
   ⋮
   puts("(5)按文件名排序");
   ⋮
      case 5: {                   //按文件名排序
         if (l > 1) {             //在文件列表长度大于 1 时，才有排序的意义
            for(i = 0; i < l - 1; i++) {    //从列表首单元到列表长减 1 单元循环
               for(j = i + 1; j < l; j++) {//从列表首单元加 1 到列表总长度循环
```

```
                    if (*p_list[i] > *p_list[j]) {
                        //比较两个文件名字符串首个字符大小
                        p_temp = p_list[i];
                        //如果前一个大于后一个，交换指向两个字符串的指针
                        p_list[i] = p_list[j];
                        p_list[j] = p_temp;
                    }
                }
            }
        }
        break;
    }
```

该代码使用了选择法进行排序，通过指针列表 p_list 间接引用文件列表 f_list 行首的元素，排序时只交换 p_list 里存放的指针值，而不改变 f_list 文件名字符串的存放顺序，这样节省了程序运行时的开销。

但是，该排序算法只比较了字符串首字母，而没有考虑首字母相同但其他字母不同的情况，有兴趣的读者可自行增加代码完善此程序。另外，还可以考虑使用其他计算机排序算法提高程序运行速度，如快速排序法、冒泡排序法等。

8.11　小　　结

本章讲解了 C 语言中数组和指针的用法。数组和指针都是 C 语言学习的难点，同时也是最能体现 C 语言功能强大的地方。指针的应用十分灵活，需要时刻注意对指针正确性进行验证，否则会给程序造成巨大的隐患。数组与指针有着密切的联系，相互结合应用的地方非常多，如指针数组、指针指向数组等。本章并不能完全涵盖这些内容，在后面的实例程序中遇到这些问题时还将深入探讨。

第 9 章 函 数

C 语言是结构化语言，它的主要结构成分是函数。函数作为一种构件，用以完成程序中的某个具体功能。函数允许一个程序的各个任务被分别定义和编码，使程序模块化。因此，设计良好的函数不仅能正确工作，而且不会对程序的其他部分产生副作用。本章将介绍 C 语言的函数设计，如何用函数分解程序的各个功能，如何用函数构成模块化程序，以及代码复用的基本思想等。

9.1 函数说明与返回值

函数由类型说明符、函数名、参数表、参数说明段和函数体 5 个部分组成。类型说明符定义了函数的返回值，即 return 语句所返回给调用者的数据类型。函数名是每个函数的唯一名称，函数命名规则与变量相同。参数表和参数说明段是函数的外部接口，函数调用时通过参数将值传递给函数体内，参数表是具体接口的个数，参数说明段是参数的数据类型定义。函数体是实现函数功能的代码块，需要用一对大括号将其包围，return 语句放置在函数体内。main()函数具备同样的结构。函数的一般形式如下：

```
类型说明符 函数名(参数表)
参数说明段
{
    函数体
}
```

9.1.1 函数的类型说明

函数的类型说明符可以是任何数据类型，包括空值型 void，即不使用 return 语句返回任何数据。默认情况下，函数被自动说明为整型。函数必须在第一次调用前定义，这样编译器才能找到该函数。或者将函数的类型说明放在首次调用之前，前置函数类型说明被称为函数原型。源代码如下：

```
01  #include <stdio.h>
02  #define PI 3.141593
03  float cylinder_area(float r, float h); //函数的类型说明，函数原型
04  int main()
05  {
06    float r, h, s;    //变量 r 保存圆柱体半径，变量 h 保存高，变量 s 保存表面积
07    puts("请输入圆柱体的半径和高：");
08    if (scanf("%f,%f", &r, &h) == 2)
09      s = cylinder_area(r, h);  //调用函数 cylinder_area()，返回值到变量 s
```

```
10      else
11        puts("您输入的数据格式不合法！");
12      printf("\n 该圆柱体的表面积为： %f\n", s);
13      return 0;
14   }
15   float cylinder_area(float r, float h)    //函数的类型说明和参数说明
16   {
17      float cd_area;                                      //声明了函数内的变量 s
18      cd_area = 2 * (PI * r * r) + (2 * PI * r * h);      //计算圆柱体表面积
19      return cd_area;                                     //返回数值给调用者
20   }
```

该程序将圆柱体表面积计算公式放置在函数 cylinder_area()中，cylinder_area()函数的类型说明为单精度浮点型，函数体内 return 后的变量 cd_area 被定义为相同的类型。cylinder_area()函数有两个参数，均被说明为单精度浮点型，调用时将单精度浮点型变量 r 和 h 传入 cylinder_area()函数体，cylinder_area()函数即可使用变量 r 和 h 的数值。cylinder_area()函数将所计算的圆柱体表面积通过 return 语句返回给主程序，主程序中变量 s 获得 cylinder_area()函数值，即圆柱体表面积计算结果。

设计函数时需注意数据类型的匹配关系。函数的类型说明符必须与 return 语句返回的数据类型相同，函数的参数说明必须与参数的数据类型相同，否则会造成编译错误。

9.1.2 返回语句

函数的返回语句 return 有两个作用：其一，结束当前函数，调用者获得程序控制权；其二，将计算结果传递给调用者。函数的结束有两种情况，一是函数体内所有的代码执行完毕，二是 return 语句被执行，如下列源代码所示。

```
01   #include <stdio.h>
02   void common_multiple(a, b, c)              //函数说明为空类型
03   int a, b, c;                               //参数说明为整型
04   {
05     if (a > 0 && b > 0 && c > 0) {    //判断是否有数为 0，若为 0 则无公倍数
06       if (a % (b * c) == 0) {
       //如果一个数能被另两个数乘积整除，则该数即最小公倍数
07         printf("最小公倍数是%d", a);        //输出计算结果
08         return;                             //函数调用结束，不返回任何值
09       }
10       if (b % (a * c) == 0) {
       //如果一个数能被另两个数乘积整除，则该数即最小公倍数
11         printf("最小公倍数是%d", b);        //输出计算结果
12         return;
13       }
14       if (c % (a * b) == 0) {
       //如果一个数能被另两个数乘积整除，则该数即最小公倍数
15         printf("最小公倍数是%d", c);        //输出计算结果
16         return;
17       }
18       int i;
19       for (i = a * b; i < a * b * c; i += a * b) {
       //i 从两数的乘积循环到三数的乘积
20         if (i % c == 0) {                //如果 i 被第三个数整除，则 i 为最小公倍数
```

```
21              printf("最小公倍数是%d", i);        //输出计算结果
22              return;                            //函数调用结束，不返回任何值
23            }
24        }
25    }
26    else
27        puts("无公倍数");                         //无公倍数输出
28 }
29
30 int main()
31 {
32    int a, b, c;                                 //声明整型变量a、b和c
33    puts("请输入三个正整数: ");
34    scanf("%u,%u,%u", &a, &b, &c);               //等待用户输入，为变量a、b和c赋值
35    common_multiple(a, b, c);                    //函数调用
36    return 0;
37 }
```

本例是在 3 个自然数中求最小公倍数的算法，主函数将 3 个整型变量作为参数传递给 common_multiple()函数，common_multiple()函数被说明为空类型，所以不返回任何值。在子函数中，一旦 return 语句被运行，则该函数立即结束，程序回到主函数的调用处继续向下执行。

9.2　函数的作用域规则

作用域规则是指代码或数据的有效使用范围。C 语言将函数作为独立的代码块，函数之间不能相互访问其内部的代码或数据。函数间数据的传递只能通过接口实现。但是，变量的定义方法可改变函数的作用域规则，可将变量分为局部变量和全局变量两种。本节将介绍这两种变量的使用方法。

9.2.1　局部变量

在函数体内部定义的变量称为局部变量，局部变量的作用域仅限于该函数体内。声明局部变量的关键字为 auto，它的一般形式是：

```
auto 数据类型 变量名;
```

auto 关键字作为声明语句的默认值，所以通常可省略。在函数中定义的局部变量，作用域在该函数体内。如下列源代码所示：

```
void func()                                //定义 func()函数
{
    int x = 1000;                          //声明 func()函数体内的局部变量 x 并赋值
    printf("func()函数内的变量 x 值为: %d\n", x); //输出 func()函数体内变量 x 的值
}

int main()                                 //定义 main()函数
{
    int x = 2000;                          //声明 main()函数体内的局部变量 x 并赋值
```

```
    func();                                    //调用 func()函数
    printf("main()函数内的变量 x 值为: %d\n", x);
    //输出 main()函数体内变量 x 的值
    return 0;
}
```

func()函数和 main()函数各自定义了一个变量 x，在 func()函数中访问变量 x，则访问的是 func()函数体内所定义的变量 x。同理，main()函数只能访问其函数体内的变量 x。这样，不同函数间的数据被独立起来，保证了数据的安全性。上例的输出为：

```
func()函数内的变量 x 值为: 1000
main()函数内的变量 x 值为: 2000
```

在独立的代码块内定义局部变量，其作用域在该代码块内。如下列源代码所示：

```
int main()
{
    int x = 100;                        //在 main()函数中定义变量 x
    if (x < 150) {                      //这里引用的是 main()函数中的变量 x
        int x = 200;                    //在代码块中定义变量 x
        printf("%d", x);                //这里引用的是代码块中定义变量 x
    }
    return 0;
}
```

该程序输出的结果为 200，因为引用的是代码块中的变量 x。如果去掉代码块中定义变量 x 的语句，那么输出的将是 main()函数的变量 x，输出结果为 100。假设在变量的一个作用域内，有同名的另一个变量的作用域，只有一个变量是有效的。如图 9.1 所示，作用域 2 被包含在作用域 1 内，两个作用域都定义了变量 x。简单地说，定义位置与引用位置相近的变量是有效的，即作用域 2 内定义的变量 x 被引用。

图 9.1　作用域内的作用域

9.2.2　全局变量

全局变量的作用域为整个源程序文件，文件中的所有函数或程序块都可以引用。当定义全局变量时，需将变量的声明语句放置在所有函数外，如下列源代码所示。

```
01  #include <stdio.h>
02  int x = 1000;                              //定义全局变量 x
03  void func();
```

```
04    int main()
05    {
06       printf("%d\n", x);     //引用全局变量 x
07       x = 2000;              //改变全局变量 x 的值
08       func();                //调用函数 func()
09       return 0;
10    }
11
12    void func()
13    {
14       printf("%d\n", x);  //引用全局变量 x, 此时全局变量 x 的值已被 main()函数改变过
15     return;
16    }
```

程序中定义了全局变量 x, 在程序的所有地方都可以引用该变量。main()函数引用全局变量 x 后, 修改 x 的值为 2000, 再调用子程序输出 x。该程序的运行结果为:

```
1000
2000
```

全局变量虽然能方便地在程序的各个函数间传递数据, 但同时也破坏了模块的独立性和完整性, 所以应尽量避免使用全局变量。

9.2.3　动态存储变量

从变量的生存周期来分类, 可将变量分为动态存储变量和静态存储变量。动态存储变量在函数调用时放入内存, 函数调用后从内存中删除。声明动态存储变量的关键字为 auto, 与声明局部变量相同, 它的一般形式是:

```
auto 数据类型 变量名;
```

auto 关键字作为声明语句的默认值, 所以通常可省略。由于函数中的动态变量会在函数退出时删除, 所以两次调用函数时, 函数不会保存动态变量的数据。如下例:

```
void func()
{
  int x = 100;                //声明动态变量 x 并赋初值
  printf("%d\n", x);          //输出 x 的值, 此时变量 x 的值为 100
  x += 100;                   //改变 x 的值, 此时变量 x 的值为 200
}

int main()
{
  func();                     //第一次调用函数 func()
  func();                     //第二次调用函数 func()
  return 0;
}
```

此程序两次输出的值都是 100。因为即使 func()函数第 1 次调用时改变了变量 x 的值, 函数退出后变量 x 被从内存中删除, 第 2 次调用函数时又需要重新初始化 x, 所以两次输出的值相同。

还有一种动态存储变量称之为寄存器变量。寄存器是位于 CPU 内部的存储单元, CPU 读取寄存器内的数据极其快捷。因此, 将程序中需要大量反复使用的变量设为寄存器变量

可提高程序的运行速度。声明寄存器变量的一般形式为：

```
register 数据类型 变量名;
```

寄存器资源非常有限。不同的操作系统和 C 语言编译器对寄存器变量的使用有不同的限制。如 GCC 编译器通常限制寄存器变量的数量为 2 个，将超过的寄存器变量当作普通动态变量处理。

9.2.4　静态存储变量

在编译时分配存储空间的变量称为静态存储变量。在函数退出时，静态存储变量依然被保留在内存中，再次执行同一函数会得到与上次退出时相同的数值。声明静态存储变量的关键字为 static。声明的一般形式为：

```
static 数据类型 变量名;
```

如下列源代码所示：

```
void func()
{
    static int x = 100;        //声明静态存储变量 x 并赋初值
    printf("%d\n", x);         //输出 x 的值，此时变量 x 的值为 100
    x += 100;                  //改变 x 的值，此时变量 x 的值为 200
}

int main()
{
    func();                    //第一次调用函数 func()
    func();                    //第二次调用函数 func()
    return 0;
}
```

第一次调用 func()函数时，声明了静态存储变量 x，并为变量 x 赋初值 100，然后输出变量 x 的值，将变量 x 的值加上 100。func()函数退出后变量 x 仍然存在于内存中，所以第二次调用 func()函数时，声明变量 x 并赋初值的语句不会被再次执行，因而第二次输出变量的值为 200。

9.3　函数的调用与参数

函数通过调用获得程序的控制权，函数的参数是调用者与函数的数据接口。函数可以定义一个或多个参数，也可以省略参数，调用时将与参数的数据类型相匹配的数据置于参数列表中，即可在函数体内使用。参数的调用有多种形式，对函数的影响也有不同的结果。

9.3.1　形式参数与实际参数

形式参数是接口数据的目的地。实际参数是接口数据的来源地。函数定义时出现在参数列表中的参数是形式参数，函数体可通过引用形式参数获得接口数据。函数调用时填入的参数是实际参数，实际参数由调用者提供。形式参数与实际参数的数据类型必须一致，同时还需要注意实际参数的个数和位置要与形式参数相同。

9.3.2 赋值调用与引用调用

赋值调用与引用调用是传递数据给函数的两种形式，前者是将实际参数的数值传递给形式参数，后者是将实际参数的内存地址传递给形式参数。赋值调用不会改变实际参数原有的数值，而引用调用则可能改变实际参数的数值。使用引用调用时，参数的类型需设置为指针，如下列源代码所示：

```
void func(int a, int *b)        //定义函数的形式参数，a 为整型，b 为整型指针
{
  a = 199;                      //给形式参数 a 赋值
  *b = 299;                     //给形式参数*b 所指向的内存单元赋值
}
int main()
{
  int a = 0, b = 0;             //声明整型变量 a 和 b，并赋值
  printf("a = %d, b = %d\n", a, b);     //第一次输出变量 a 和 b 的值
  func(a, &b);                  //将变量 a 的值和变量 b 的地址作为实际参数传递给函数
  printf("a = %d, b = %d\n", a, b);     //第二次输出变量 a 和 b 的值
  return 0;
}
```

func()函数定义了两个参数，参数 a 为整型，参数 b 为整型指针。main()函数将变量 a 的数值和变量 b 的地址作为实际参数传递给 func()函数。在 func()函数体内，形式参数 a 的数值和 b 所指向内存单元的数值被改变。func()函数调用结束后，将控制权还给 main()函数。因为 main()函数内的变量 a 是以赋值调用的形式传递给 func()函数的，所以 func()函数修改形式参数 a 的值并不会对实际参数 a 的值做任何改变。而 main()函数将变量 b 的地址作为实际参数传递给 func()函数，形式参数 b 获得了变量 b 的内存地址，通过间接引用修改了变量 b 的值。该程序的输出结果为：

```
a = 0, b = 0
a = 0, b = 299
```

9.4　递　　归

递归函数是能够直接或通过另一个函数间接调用自身的函数。调用自身的方法称为递归调用。递归调用的本质是使用同一算法将复杂的问题不断化简，直到该问题解决。

例如，求斐波那契数列的中的某一项算法适用于递归函数实现。斐波那契数列指的是如下这样一个数列：

```
0, 1, 1, 2, 3, 5, 8, 13, 21 …
```

这个数列从第 3 项开始，每一项都等于前两项之和。斐波那契数列可以按照如下公式

递归定义：

```
fibonacci(0) = 0                                          //处理 0
fibonacci(1) = 1                                          //处理自然数 1
fibonacci(n) = fibonacci(n - 1) + fibonacci(n - 2)        //处理 1 以外的自然数
```

完整的程序如下：

```
long fibonacci(long n)                    //函数说明为长整型
{
    if (n == 0 || n == 1)                 //判断 n 的值是否为 0 或 1
        return n;                         //返回当前参数的值
    else
        return fibonacci(n - 1) + fibonacci(n - 2);
        //递归调用自身，将当前问题分解为 2 个分支
}

int main()
{
    long n;                               //声明长整型变量，用于保存要斐波那契数列项数
    puts("请输入一个正整数: ");           //输出提示信息
    scanf("%ld", &n);                     //输入变量 n 的值
    printf("斐波那契数列第%ld 项为: %ld", n, fibonacci(n)); //调用 fibonacci()
函数
}
```

main()函数调用 fibonacci()函数后，fibonacci()函数对自身递归调用。每次调用时，它会判断 n 是否为 0 或者 1。如果条件为真，则返回 n，结束当前函数。如果 n 大于 1，那么函数会生成两个递归调用，每个递归调用相比原始的 fibonacci()函数调用都会更简单，如图 9.2 所示。

图 9.2　斐波那契数列递归函数算法示意

9.5　实 现 问 题

在设计函数时需要遵循一些基本原则，因为这影响到函数的执行效率和可用性。函数是代码复用的基础，一个健壮的函数和由多个函数组成的函数集可以在多个程序中使用。

C 语言标准库里所存放的就是这样的函数。这些函数被放置在头文件中，使用时将它包含在程序内即可。

9.5.1　参数和通用函数

通用函数是指能够复用的函数。这一类函数的显著特点是，只使用参数作为接口传递数据。如果一个函数中依赖全局变量访问调用者的数据，在另一个程序中环境改变了，这个函数就无法运行。因此，不应该把函数建立在全局变量上，函数所需要的所有数据都应从参数获得。使用参数传递数据除了有助于函数的复用以外，还能提高代码的可读性。

程序测试是程序设计中的一个重要步骤。在 C 语言程序设计中，模块测试是针对函数的测试方法。将函数独立于程序外，模拟调用者的所需要传递的各种数据和程序运行时的不同状态，借助 GDB 等调试工具检验函数体内的代码是否正常运行，以及函数所返回的结构是否符合预期，是一种常用的模块测试方法。函数只有在通过严格的模块测试后，才能成为通用函数。

9.5.2　效率

函数是 C 语言的基本构件，所有的程序都是由函数组成。C 语言程序执行的入口是 main()函数，当 main()函数调用子函数时，操作系统为子函数在内存中建立一种称为栈的数据结构，将主函数的返回地址和子函数的局部变量保存在栈中。如果子函数再调用另一个子函数，那么依旧是遵循上述原则。建立栈数据结构的系统开销比较大，所以会影响程序执行效率，特别是在一个函数反复嵌套调用时，如递归调用，如图 9.3 所示。

因此，函数的调用结构应趋向于扁平的结构。例如，主函数调用子函数 A 结束后，再调用子函数 B，如图 9.4 所示。

图 9.3　嵌套的调用结构　　　　　　图 9.4　扁平的调用结构

9.6　函数库和文件

函数库是为代码复用建立的，将同一类型，需要在不同的程序里使用的函数放置在一起，就组成了一个函数库。如 C 语言的标准库，它集合了开发者常用的函数。开发者自行编写的函数也可以组成函数库，通常称之为自定义函数库。C 语言的函数库以源代码的形式放在头文件里，较大的函数库可能会用到多个文件，因此涉及编译的问题。本节将讨论用文件组成函数库的问题。

9.6.1　程序文件的大小

C 语言编译器允许分别编译，为每个文件生成以 ".o" 为后缀的目标文件，最后执行链接过程生成可执行文件。将一个程序放在一个大文件中，或者分拆成多个较小的文件，所得到的结果其实是相同的。编译器编译一个大文件比编译由这个大文件拆分而成的一系列小文件所花费的时间要长。对程序员来说，小文件更容易阅读和理解，所以应该把大文件拆分为一系列小文件编写。而且如果修改程序时只修改了其中一个文件，那么编译时也只需要重新编译被修改过的文件，再执行链接过程生成可执行文件，这样能缩短程序编译的总时间。

9.6.2　分类组织文件

在开发大型程序时，很容易迷失某个具体功能点在源代码中的位置。如果在程序设计的早期预先估计程序的规模，将同一类型的函数放在同一个文件中，以有意义的名字为函数和文件命名，编写详细的注释，则可以最大程度避免该问题，如下例所示的多个文件。

（1）主程序文件 exercise.c：

```
#include <stdio.h>
#include "rate_compute.h"          //包含用户自定义的函数库 rate_compute.h
int main()
{
  ⋮
  simple_interest();               //调用函数库 rate_compute.h 中的函数
  compound_interest();             //调用函数库 rate_compute.h 中的函数
  ⋮
}
```

（2）包含所有利率计算函数原型的头文件 rate_compute.h：

```
#ifndef RATE_COMPUTE_H_          //判断是否未定义标识符 RATE_COMPUTE_H_
#define RATE_COMPUTE_H_          //定义标识符 RATE_COMPUTE_H_
  ⋮
  float simple_interest(float rate, int day);      //定义函数原型
  float compound_interest(float rate, int day);
  ⋮
#endif                          //结束定义
```

（3）包含所有利率计算函数定义的头文件 rate_compute.c：

```
#include "rate_compute.h"          //包含用户自定义的函数库 rate_compute.h
  ⋮
float simple_interest(float rate, int day)          //定义函数
{
```

```
     :                                    //定义函数体
}

float compound_interest(float rate, int day)
{
     :
}
     :
```

这种结构是 C 语言实际开发中经常使用的。主程序文件控制程序主要的流程，而具体功能实现放在其他文件中。与利率计算有关的函数说明放在头文件 rate_compute.h 内，该文件利用编译预处理命令判断自己是否已经被包含，如果没有则进行函数说明。这样可避免因多个文件相互包含时，函数被重复说明而出错。函数定义部分放在与头文件配对的 rate_compute.c 文件内，两个文件名前部分相同。rate_compute.c 文件需要使用#include 语句包含头文件 rate_compute.h，这样，当主程序文件也包含头文件 rate_compute.h，就可以使用这些函数。编译器会处理文件之间的链接问题。

9.6.3　函数库

函数库由一系列函数说明文件和函数定义文件所组成，使用时将该文件包含在自己的程序文件内。例如，需要使用输入输出函数时，可使用标准库内的 stdio.h 文件，需要使用数学函数时，可使用标准库内的 math.h 文件。

Linux 系统上有大量的函数库资源。根据 GPL 协议，这些函数库都能免费使用，并且可按照自己的需求修改。很多 Linux 系统上的程序发布时，同时也提供了相应的函数库，以便开发者扩展该程序，或者借助该程序实现新程序中某一功能。例如 Pidgin 是 Linux 系统上常用的多协议即时通信软件，用户可使用 Pidgin 提供的 libpurple 开发新的即时通信软件，或者让自己的程序具备即时通信功能。Linux 系统常用的 C 语言函数库参见表 9.1。

表 9.1　Linux系统常用的C语言函数库

函数库名称	说　　明
libdbus	D-Bus 进程间通信机制函数库，用于两个应用程序相互联系和交互消息
libpthread	POSIX 线程库，用于多线程通信
libthread	Solaris 线程库，用于多线程通信
libnet	网络开发库，用于实现和封装了数据包的构造和发送过程
libcurl	客户端 url 传输库，用于数据下载和上传
libpq	PostgreSQL 数据库接口，用于操作 PostgreSQL 数据库
GLib	GTK+和 GNOME 的基础，提供了具备可移植性的数据结构
GTK+	图形化用户界面构件库，用于开发图形界面
GStreamer	GStreamer 多媒体框架函数库，用于开发多媒体播放程序
libgrade	Grade 开发库，用于所见即所得方式的图形界面开发

Linux 系统一般将函数库放置在"/usr/include"路径中，GCC 编译器在编译时会自动搜索这个路径。在位于默认搜索路径之外的函数库，可在环境变量 LD_LIBRARY_PATH 中指明库的搜索路径，或者在"/etc/ld.so.conf"文件中添加库的搜索路径。另外，还可以直接将库文件全部复制到程序开发目录中，或者在编译时指定函数库路径。

pkg-config 程序为配置函数库的路径提供了方便,它用于在编译时指定函数库的路径。首先需要安装该软件,安装命令如下:

```
apt-get install pkg-config
```

pkg-config 可查看已安装的函数库和函数库的版本信息,命令为:

```
pkg-config --list-all
```

例如,在开发使用 GLib 库的程序时,在编译命令加入参数'pkg-config --cflags --libs glib-2.0':

```
gcc -g `pkg-config --cflags --libs glib-2.0` glib_test.c -o glib_test.o
```

在 Eclipse 中,先用鼠标单击 Project Explorer 中对应的项目名称,选择 Project|Properties 命令打开该项目的属性对话框。然后在对话框左侧的列表框中选择 C/C++ Build|Settings 命令打开设置选项卡,在设置选项卡内 Tool Settings 列表框中选择 Cross GCC Compiler|Miscellaneous 列表项,将编译参数 "`pkg-config --cflags --libs glib-2.0`" 加入在 Other flags 文本框原有的内容后。再在同一个列表框中,选择 Cross GCC Linker|Miscellaneous 列表项,将上面的编译参数输入到 Linker flags 文本框原有的内容后。单击 OK 按钮保存。

注意:pkg-config 指令是由一对特殊的符号 "`" 包围,该符号对应的键盘按键通常位于 Esc 键下方。

9.7   main()函数的参数

main()函数有两个参数,它的形式是:

```
main(int argc, char *argv[])
```

argc 的数据类型为整型,argv 的数据类型为字符型指针数组。有些程序在终端运行时,输入完程序文件名后可加上一些额外的运行参数,main()函数的参数即是用来向程序传递这些运行参数的入口。argc 参数用于记录运行参数的个数,argv 参数用于保存运行参数。所输入的程序名也是运行参数,所以不输入其他运行参数的情况下,也会被捕获到一个运行参数。如下列源代码:

```
int main(int argc, char *argv[])              //定义主函数参数
{
  int i;                                      //声明循环控制变量
  printf("您输入的运行参数共有: %d 条\n", argc);  //输出参数的条数
  for (i = 0; i < argc; i++)                  //以参数的条数为条件循环
    puts(argv[i]);                            //输出每条参数
  return 0;
}
```

该程序编译后,假设所生成的可执行文件名为 ex810,在终端中将工作目录设为可执行文件所在的目录,输入下列命令:

```
./ex810 exam 2012 -t ac
```

程序的输出为：

```
您输入的运行参数共有：5 条
./ex810
exam
2012
-t
ac
```

9.8　媒体播放器——建立核心控制模块

本章的实例分为两个部分，第 1 部分通过编写一个简单的程序练习函数的设计，主要
难点是将复杂的数据结构作为函数的参数传递。第 2 部分继续媒体播放器的设计，使用函
数和伪代码将媒体播放器的功能点列举出来，并使用函数设计媒体播放器的控制指令。

9.8.1　通过函数传递参数

本例的任务是从键盘输入学生的成绩，计算该学生的平均分和该课程的平均分，找到
所有分数中最高值，求分数分布的方差。程序的各个功能放在不同的函数中，使用参数传
递所需要的数据，用以说明通过参数传递复杂数据结构的方法。下面介绍该例的实现步骤。

1. 编写预处理语句和函数原型

首先包含程序中要使用的头文件和定义常量，然后定义函数的原型，使函数间能够互
相访问。源代码如下：

```
01   # include <stdio.h>
02   # define COURSE 5                        //定义课程总数
03   # define STUDENT 5                       //定义学生总数
04   void input_stu(float (*score)[COURSE]);//该函数的形式参数是指针数组
05   void avr_stu(float (*score)[COURSE], float *a_stu);
06                                //该函数的形式参数是指针数组和指针
07   void avr_cor(float (*score)[COURSE], float *a_cor);     //同上
08   float highest(int *r, int *c, float (*score)[COURSE]);
09                                //该函数的形式参数是指针和指针数组
10   float s_diff(float *a_stu);              //该函数的形式参数是指针
```

该程序自定义的函数共有 5 个：input_stu()函数用于输入学生成绩；avr_stu()函数计
算学生的平均分；avr_cor()函数用于计算课程的平均分，highest()函数用于寻找最高分；
s_diff()函数用于求方差。

2. 编写主函数

主函数中将为保存学生成绩创建数组，然后调用 input_stu()函数输入学生成绩。再使
用 avr_cor()和 avr_cor()函数计算学生的平均分和课程平均分。最后输出学生的成绩，同时

使用 highest()函数找到最高分，以及使用 s_diff()函数求方差。源代码如下：

```
11  int main()
12  {
13    float score[STUDENT][COURSE];             //用于保存学生成绩
14    float a_stu[STUDENT], a_cor[COURSE];      //用于保存学生平均分和课程平均分
15    int i, j, r, c;                           //声明循环控制变量
16    float h;                                  //用于保存最高分
17    r = 0;                                    //初始化最高分的学生编号
18    c = 1;                                    //初始化最高分的课程编号
19    input_stu(score);                         //实际参数是二维数组首地址
20    avr_stu(score, a_stu);                    //实际参数是二维数组首地址和一维数组首地址
21    avr_cor(score, a_cor);                    //实际参数是二维数组首地址和一维数组首地址
22    printf("\n 序号    课程1    课程2    课程3    课程4    课程5    平均分");
23    for(i = 0; i < STUDENT; i++)              //输出学生成绩
24    {
25      printf("\n  NO%2d", i+1);               //输出每一行的换行符
26      for(j = 0; j < COURSE; j++)             //以课程总数为上限循环
27        printf("%8.2f", score[i][j]);         //输出课程成绩
28      printf("%8.2f", a_stu[i]);              //输出学生的平均分
29    }
30    printf("\n课平均");
31    for(j = 0; j < COURSE; j++)               //以课程总数为上限循环
32      printf("%8.2f", a_cor[j]);              //输出课程的平均分
33    h = highest(&r, &c, score);  //实际参数是变量的地址和二维数组首地址
34    printf("\n\n 最高分%8.2f 是 %d 号学生的第%d 门课\n", h, r, c);
35    printf("  方差 %8.2f\n", s_diff(a_stu)); //实际参数是一维数组首地址
36    return 0;
37  }
```

3．编写input_stu()函数

input_stu()函数首先将二维数组的地址作为参数，使输入的成绩能保存到实际参数中。然后，用双重循环获得数组的下标，第 1 组循环控制变量代表学生的编号，第 2 组循环控制变量代表课程的编号。源代码如下：

```
38  void input_stu(float (*score)[COURSE]) //输入学生的成绩
39  {
40    int i, j;                           //用于循环控制
41    for(i = 0; i < STUDENT; i++)        //以学生数量作为循环的上限
42    {
43      printf("请输入学生%2d 的 5 个成绩:\n", i + 1); //输出提示信息
39      for(j = 0; j < COURSE; j++)         //以课程数量作为循环的上限
40        scanf("%f", score[i] + j);        //间接引用参数传递的二维数组的地址
41    }
42  }
```

4．编写avr_stu()函数

avr_stu ()函数首先需要用到 2 个参数，第 1 个参数是二维数组的地址，第 2 个参数是一维数组的地址。然后用双重循环获得数组的下标，第 1 组循环控制变量代表学生的编号，第 2 组循环控制变量代表课程的编号。在循环中计算单个学生的总成绩，最后用总成绩除以课程数得到平均分。源代码如下：

```
43  void avr_stu(float (*score)[COURSE], float *a_stu) //计算学生的平均分
44  {
45     int i, j;                              //用于循环控制
46     float s;                               //用于保存每个学生的总成绩
47     for(i = 0; i < STUDENT; i++)           //以学生数量作为循环的上限
48     {
49        s = 0;                              //初始化学生总成绩
50        for(j = 0; j < COURSE; j++)         //以课程数量作为循环的上限
51           s += *(score[i] + j);            //间接引用参数传递的二维数组的值
52        a_stu[i] = s / COURSE;              //间接引用，为一维数组赋值
53     }
54  }
```

5. 编写avr_cor()函数

avr_cor ()函数的参数列表与 avr_stu ()函数相同。两者区别在于，avr_cor ()函数第 1 组循环控制变量用于数组第 2 维的下标，即课程编号。第 2 组循环控制变量用于数组第 1 维的下标。这样在第 2 重循环所求得的总数是单门课程的总成绩，最后除以学生数得到课程的平均分。源代码如下：

```
55  void avr_cor(float (*score)[COURSE], float *a_cor) //计算课程的平均分
56  {
57     int i, j;                              //用于循环控制
58     float s;                               //用于保存每门课程的总成绩
59     for(j = 0; j < COURSE; j++)
60     {
61        s = 0;                              //初始化课程总成绩
62        for(i = 0; i < STUDENT; i++)        //以学生数量作为循环的上限
63           s += *(score[i] + j);            //间接引用参数传递的二维数组的值
64        a_cor[j] = s / (float) STUDENT;     //间接引用，为一维数组赋值
65     }
66  }
```

6. 编写highest ()函数

highest()函数用于计算最高分，两个整型参数分别用于保存学生编号和课程编号，最后一个参数是二维数组的地址。函数中用双重循环遍历二维数组中的每个元素，然后每次都与保存的最大数进行比较，以此算法寻找最高分。源代码如下：

```
67  float highest(int *r, int *c, float (*score)[COURSE])   //找最高分
68  {
69     float high;
70     int i, j;
71     high = *score[0];                      //引用的是二维数组第 0 行首地址的值
72     for(i = 0; i < STUDENT; i++)           //以学生总数作为循环上限
73        for(j = 0; j < COURSE; j++)         //以课程总数作为循环上限
74           if(*(score[i] + j) > high)       //间接引用参数传递的二维数组的值
75           {
76              high = *(score[i] + j);       //间接引用参数传递的二维数组的值
77              *r = i + 1;                    //引用参数传递的内存指针
78              *c = j + 1;                    //引用参数传递的内存指针
79           }
```

```
80      return high;
81   }
```

7. 编写s_diff()函数

s_diff()函数用于计算学生平均分的方差。方差的计算公式为每个学生成绩平方和除以学生总数，再减去所有学生平均分的和除以学生总数的差的平方和。源代码如下。

```
82   float s_diff(float *a_stu)               //求方差
83   {
84      int i;                               //声明循环控制变量
85      float sumx;                          //用于保存所有学生平均分的平方和
86      float sumxn;                         //用于保存所有学生平均分的和
87      sumx = 0.0;                          //初始化所有学生平均分的平方和
88      sumxn = 0.0;                         //初始化所有学生平均分的和
89      for(i = 0; i < STUDENT; i++)         //以学生总数为上限循环
90      {
91         sumx = sumx + a_stu[i] * a_stu[i];//间接引用参数传递的一维数组的值
92         sumxn = sumxn + a_stu[i];         //间接引用参数传递的一维数组的值
93      }
94      return (sumx / STUDENT - (sumxn / STUDENT) * ( sumxn / STUDENT));
95                                           //返回方差的值
96   }
```

该程序使用了 5 个函数分别实现程序的 5 个功能，一共有 5 门课程。课程的成绩保存在单精度浮点型二维数组 score[][]中，每个学生的成绩和每门课程的平均分分别保存在单精度浮点型一维数组 a_stu[]和 a_sor[]中。该程序的难点在于，如何将数组作为参数传递给函数。

input_stu()函数用于调用 scanf()函数输入成绩，成绩数据保存在数组 score[][]里。所以，需要把数组 score[][]作为参数以传址的方式传递给 input_stu()函数。实际上，C 语言并未提供这样的传递机制。而二维数组的本质实际上是数组的数组，a[N][P]可看作 N 个 a[P]的组合，或者说 a[N]中的每个元素，都是指向一个长度为 P 的数据单元首地址。根据这种原理，将函数的形式参数定义为 float (*score)[COURSE]。用括号将间接引用符包围起来后，间接引用符在编译时首先生效。这样，函数中声明的参数实际是一个指向 COURSE 个元素的 float 数组的指针，而不是长度为 COURSE 的 float 指针数组。函数的实际参数是数组名 score，score 的意义正是指向 COURSE 个元素的 float 数组的指针，所以得以通过编译。在函数体中引用该数组的元素首先要获得数组每行的首地址，即 score[i]，然后加上列数的值 j。

以二维数组作为指针传递的方法还有很多，这里不再一一列举。有兴趣的读者可自行探索，以提高对 C 语言的驾驭能力。

9.8.2　建立媒体播放器核心控制模块

媒体播放器的操作响应由核心控制模块发出。为了实现模块化，所有用户请求必须调用核心控制模块，并将请求指令作为参数传递给核心控制模块函数。这些请求指令可定义为常量表示，并编制为数据字典，参见表 9.2。

核心控制模块收到请求指令和相关数据后，将返回数据给请求者，并且通过调用其他模块完成相应功能。

表 9.2　请求指令数据字典

名　称	数据类型	说　明
GENERAL_MEDIALIB_INIT	符号常量	初始化媒体库链表
GENERAL_PLAYLIST_INIT	符号常量	初始化播放列表链表
GENERAL_PLAY_MODE	符号常量	设置播放模式，如顺序模式、循环模式、随机模式
GENERAL_VOLUME	符号常量	调节音量
GENERAL_MUTE	符号常量	静音
REQUEST_STATE	符号常量	返回系统当前状态
REQUEST_NOW_PLAY	符号常量	返回当前播放的媒体文件名称
REQUEST_MEDIA_TYPE	符号常量	返回当前播放的媒体文件状态
REQUEST_PLAYLIST_POSITION	符号常量	返回指针指向当前播放列表的位置
REQUEST_WINDOW_SIZE	符号常量	返回窗体的尺寸
REQUEST_VOLUME	符号常量	返回当前音量信息
MEDIALIB_SHOW	符号常量	显示媒体库信息
MEDIALIB_BRUSH	符号常量	刷新媒体库信息
MEDIALIB_ADD_FILE	符号常量	添加文件到媒体库
MEDIALIB_ADD_DIR	符号常量	添加目录到媒体库
MEDIALIB_FIND	符号常量	在媒体库中查找文件
MEDIALIB_SEARCH	符号常量	搜索本地媒体文件，并保存到媒体库
MEDIALIB_DEL	符号常量	从媒体库删除选定文件
MEDIALIB_DEL_ALL	符号常量	从媒体库删除所有文件
MEDIALIB_SELECT_CLASS	符号常量	在媒体库中选择一个分类
MEDIALIB_SELECT_FILE	符号常量	在媒体库中选择文件
MEDIALIB_SEND_TO_PLAYLIST	符号常量	将媒体库中选择的文件添加到播放列表中
PLAYLIST_SHOW	符号常量	显示播放列表
PLAYLIST_BRUSH	符号常量	刷新播放列表
PLAYLIST_ADD_FILE	符号常量	添加文件到播放列表
PLAYLIST_ADD_DIR	符号常量	添加目录中所有文件到播放列表
PLAYLIST_DEL	符号常量	删除播放列表中选定的文件
PLAYLIST_DEL_ALL	符号常量	删除播放列表中所有文件
PLAYLIST_SELECT	符号常量	在播放列表中选择文件
PLAYLIST_COMPOSITOR_BY_NAME	符号常量	按名称排序
PLAYLIST_OPEN	符号常量	打开播放列表文件
PLAYLIST_SAVE	符号常量	保存播放列表文件
PLAYLIST_COMP	符号常量	为播放列表排序
PLAY_START	符号常量	开始播放文件
PLAY_STOP	符号常量	停止播放文件
PLAY_PAUSE	符号常量	暂停播放文件
PLAY_PRE	符号常量	播放前一个文件
PLAY_NEXT	符号常量	播放后一个文件
PLAY_PITCH	符号常量	播放指定文件

该模块的函数原型可定义为下列形式：

```
void *main_core(int cmd, void *data);
```

函数的有两个参数，cmd 是传递给核心控制模块的请求指令值，*data 是任意数据类型的指针。函数的返回值也是任意数据类型的指针，数据的转换在其他模块内进行。

核心控制模块的执行流程为首先判断指令类型，然后根据指令类型进行操作，操作成功后将数据返回给请求者，如图 9.5 所示。

图 9.5 核心控制模块流程

在数据字典中定义的指令可以分为 5 类，如果用一个加权数字代表每个分类，那么程序的处理结构将清晰许多。因此，首先将所有分类，定义在头文件 main_core.h 中。源代码如下：

```
#ifndef MAIN_CORE_H_                        //判断是否已包含该头文件
#define MAIN_CORE_H_                        //定义头文件
#define GENERAL_MEDIALIB_INIT 1000          //程序控制指令
#define GENERAL_PLAYLIST_INIT 1001
:

#define REQUEST_STATE 2000                  //程序请求指令
:

#define MEDIALIB_SHOW 3000                  //媒体库控制指令
:

#define PLAYLIST_SHOW 3100                  //播放列表控制指令
:

#define PLAY_START 4000                     //播放控制指令
:

int general_init(void);                     //定义函数原型
int general_sleep(void);
:

#endif /* MAIN_CORE_H_ */                   //结束头文件定义
```

　　代码中请求指令作为整型变量传递给核心控制模块，指令类型再用千位数中定义，这样 1000 开始的指令为程序控制指令，2000 开始的为程序请求指令，3000 开始的为媒体库控制指令。媒体库控制指令又用百位数定义了两个亚类型，3000～3099 之间为对媒体库的操作，3100～3199 之间为对播放列表的操作。4000 开始为播放控制指令。

　　核心控制模块在 main_core.c 文件中实现，因为有些功能暂时不能实现，所以下列源代码只列出 main_core() 函数的内容。具体实现如下：

```
#include "main_core.h"
void *main_core(int cmd, void *data)
{
  static int state = 0;                    //用于保存当前程序状态
  static char *now_play;                   //正在播放的媒体文件路径
  static char *media_type;                 //正在播放的媒体文件类型
  static int playlist_position;            //播放列表当前位置
  static int window_size[2];               //主窗体的尺寸
  ⋮
  int ctype;                               //用户保存指令的分类
  ctype = cmd / 1000;                      //获得指令类型
  switch(ctype) {                          //第 1 层选择语句处理分类
    case 1:                                //处理程序控制指令
      switch(cmd) {                        //第 2 层选择语句处理具体指令
        case GENERAL_MEDIALIB_INIT:        //初始化媒体库链表
          mlink = (link_t *)data;
          break;
        case GENERAL_PLAYLIST_INIT:        //初始化播放列表链表
          plink = (link_t *)data;
          break;
        case GENERAL_PLAY_MODE:            //设置播放状态
          state = *((int*)data);
          break;
        case GENERAL_VOLUME:               //设置播放音量
          general_volume(*((int*)data));
        case GENERAL_MUTE:                 //设置静音
          general_mute(*((int*)data));
        default:
          return NULL;
      }        break;
    case 2:                                //处理程序请求指令
      switch(cmd) {
        case REQUEST_STATE:                //请求返回播放状态
          return &state;                   //返回播放状态
          break;
        ⋮
      }
      break;
    case 3:                                //处理媒体库操作指令
      medialib(cmd, data);
      break;
    case 4:                                //处理播放控制操作指令
      play(cmd, data);
      break;
    default:
      //处理错误命令
```

```
        return NULL;
    }
}
```

代码中实现了在核心控制模块收到信号后的处理情况。由此可见，核心控制模块犹如一个信使，在各个模块间传递指令和信号。代码中大量使用了 void*指针类型作为参数和返回值，这种类型可以处理任何数据。但是使用 void*指针的数据前，必须将其转换成正确的类型。例如，general_play_mode()函数的形式参数是整型，调用该函数需要将 void* data 变量作为实际参数，因此需对其进行类型转换。代码中*((int*)data)的意义就是先将 data 转为整型指针，再用取值运算符获得所指向内存地址中存放的整型值。

9.9 小   结

本章介绍了 C 语言函数的设计方法和工作原理。函数的形式十分丰富，应用范围也非常广泛。读者在阅读代码时会发现，开发者不仅在函数使用形式上有差异，利用函数解决问题的思路也千差万别。如何设计运行性能良好、健壮性强、易于理解的函数，需要在大量的程序设计实践中不断总结经验。

为了让读者能够理解实际应用中函数的设计方法，能够读懂开源软件中比较复杂的程序结构，本章介绍了如何将大的程序分解为多个小文件，这种方法也可以反推为将多个小的功能点集合成为大型程序。熟练地掌握这种方法后，读者将具备编写开发大型软件的能力。

本章的最后部分简单介绍了函数库的概念，列举了 Linux 系统下 C 语言开发常用的函数库和使用方法，以及软件工程中的代码复用在 C 语言中的现实应用和意义。

第 10 章 字符及字符串处理

本章将介绍 Linux 系统中的字符编码，以及如何利用 C 语言标准函数库中的函数处理字符、字符串和内存中的数据。字符处理库 ctype.h、实用函数库 stdlib.h 和字符串处理库 string.h 中的函数是本章的重点，这些函数是开发文本编辑器和通信软件等程序的基础。另外，本章还将介绍如何使用简单的字符串处理算法设计文本加密程序，以加深读者对字符串处理函数工作原理的认识。

10.1 字 符 编 码

最早的字符编码是布莱叶发明的盲文体系。他用凸凹不平的点所组成的阵列来表示字符，使盲人能够阅读和书写。计算机受限于逻辑电路，并不能直接识别和表示字符，早期的计算机科学家受布莱叶盲文的启示，使用有规则的二进制序列代表字符，于是形成了计算机字符编码体系。

10.1.1 ASCII 编码

ASCII 编码的全称是美国信息交换标准编码。它是当前最流行的计算机字符编码系统之一。ASCII 编码体系是 7 位，用十六进制数表示是 0x00～0xFF，共有 128 个元素。其中，前 32 个元素和最后一个元素是用于字符处理时的控制指令，例如 0x0A 表示换行。第 33 个元素至第 126 个元素表示的是符号、数字和英文字母，例如 0x61 表示字母 a。

ASCII 编码中大写字母和小写字母的差值是 20h，所以将大写字母转换为小写字母，或将小写字母转换为大写字母非常方便，如下列源代码：

```
char c1 = 'A', c2='b';
c1 += 0x20;        //将大写字母 A 转为小写字母 a
c2 -= 0x20;        //将小写字母 b 转为大写字母 B
```

尽管 ASCII 编码是计算机领域最重要的标准，但它并不是完美的。ASCII 编码最大的缺陷是它只考虑了美国的需求，即使同为英语国家的英国所使用的英镑符号£也没有对应的 ASCII 编码表示。还有许多西欧国家语言中用到的重音字母无法表示。而中文、日文等亚洲语言的文字总数远多于 ASCII 编码，根本无法使用 7 位乃至于 8 位二进制数表示。

ANSI C 标准中字符型数据值域为–128～127，ASCII 编码使用的范围是 0～127，这样就为扩展 ASCII 编码提供了可能。首先是其他西欧国家用–128～–1 表示本国语言中的重音字母和特殊符号，然后是希腊和俄罗斯等国家利用该范围将非拉丁字符体系编码。但是这并不能解决亚洲国家的需求，于是亚洲国家使用双字节体系将文字编码。例如，中国大陆地区使用的 GB2312 编码，该编码收录了 7445 个文字和符号，使用的编码范围为 2121h～

777Eh。这套编码体系与 ASCII 编码相重叠，实际上如果该编码的第一个字节的值在–128～0 之间，计算机就认为它是一个双字节编码，否则仍然将它作为 ASCII 码表示。例如，编码"0xD6 0xD0 0xB9 0xFA 0x43 0x48 0x4E"使用 GB2312 编码翻译为"中国 CHN"。

10.1.2　Unicode 编码

Unicode 编码是 ASCII 码的升级体系，这种编码使用 2 个、4 个或更多字节的存储空间，已建立了 10 万字符的全球通用字符集。Linux 系统中以 UTF-8 标准的 Unicode 编码作为系统的内码，每个字符的存储空间为 2 字节，但同时也能兼容 ASCII 码的单字节体系。

在 Linux 系统上开发程序时，应考虑双字节编码的问题，尽量不使用字符型变量接受系统传入的字符型数据，以及使字符型数组的长度保持为偶数。

10.2　字符处理库

字符处理库 ctype.h 包含一系列对 ASCII 编码字符数据进行测试和处理的函数。每个函数接受一个整型数据作为参数，或者用文件结束符 EOF 作为参数。ASCII 编码字符通常是 1 字节的整数，因此字符通常作为整数来处理。文件结束符的值是–1，一些硬件体系结构并不允许在 char 变量中存储负值。因此，字符处理函数将字符作为整数来处理。表 10.1列举了字符处理库中常用的函数。

表 10.1　字符处理库ctype.h中常用函数

函 数 名	说　明	函 数 名	说　明
int isalnum (int c)	测试 c 是否为字母或数字	int isupper (int c)	测试 c 是否为大写字母
int isalpha (int c)	测试 c 是否为字母	int ispunct (int c)	测试 c 是否为标点符号
int _iscsym (int c)	测试 c 是否为字母、下划线或数字	int isspace (int c)	测试 c 是否为空白
int _iscsymf (int c)	测试 c 是否为字母、下划线	int _toascii (int c)	将字符 c 转换成 ASCII 码
int isdigit (int c)	测试 c 是否为十进制数字	int tolower (int c)	将字符 c 转换为小写字母
int islower (int c)	测试 c 是否为小写字母	int toupper (int c)	将字符 c 转换为大写字母

下例说明 isalpha()函数、islower()函数和 toupper()函数的使用方法。

```
01  #include <stdio.h>
02  #include <ctype.h>                    //包含字符处理函数库
03  #define LENGTH 11                     //数组长度
04  int main()
05  {
06    char c[LENGTH] = {"CHinA No.1"};    //将字符串赋值给数组
07    int i;
08    puts(c);                            //输出该字符串
09    for (i = 0; i < LENGTH - 1; i++) {  //循环处理字符串中止符前面的每个元素
10      if (isalpha(c[i])) {              //判断该元素内的字符是否是字母
11        if (islower(c[i]))              //判断该元素内的字符是否是小写字母
12          c[i] = toupper(c[i]);         //将小写字母转换为大写字母
13      }
14    }
```

```
15        puts(c);                              //输出转换后的字符串
16        return 0;
17    }
```

代码中定义了一个字符型数组，并将一个字符串赋值给该数组，该数组的每个元素都是字符型数据。为了将字符串的所有小写字符转换为大写，需要使用循环遍历其中的每个数组元素，首先使用 isalpha()函数判断该元素内的数据是否是字母。如果判断结果为真，再用 islower()函数判断该字母是否是小写字母。如果该元素内的数据是小写字母，则用toupper()函数将小写字母转换为大写字母。

10.3　字符串转换函数

在设计程序时，有时需要将字符串所代表的数字转换为其他类型的数值，或者将其他类型的数值转换为用字符串表示的数据。实用函数库 stdlib.h 提供了这一类函数，见表 10.2。

表 10.2　常用字符串转换函数

函　数　名	说　　明
double atof(const char *nptr)	将字符串转换成双精度浮点型数
int atoi(const char *nptr)	将字符串转换成整型数
long atol(const char *nptr)	将字符串转换成长整型数
double strtod(const char *nptr, char **endptr)	将字符串转换成双精度浮点型数
long int strtol(const char *nptr, char **endptr, int base)	将字符串转换成长整型数
unsigned long int strtoul(const char *nptr, char **endptr, int base)	将字符串转换成无符号长整型数
char *gcvt(double number, size_t ndigits, char *buf)	将浮点型数转换为字符串,取四舍五入

atof()函数、atoi()函数和 atol()函数的形式参数为字符型常量指针，返回值为指针所指向的字符串所代表的数值，函数的处理过程中不能修改实际参数的数值。如果该字符串第一位不是数字，那么返回值不确定。字符串任意一个数字以外的符号，包括小数点都能结束函数的转换过程。因此，如果字符串表示的是一个浮点型数据，小数点或者指数符号及其后面的数据将被忽略。

strtod()函数的形式参数为字符型常量指针和指向字符串的指针。字符型常量指针指向包含着要转换为双精度浮点型数据的字符串，在转换为字符串后，把第 1 个字符的位置赋给指针，如下例所示：

```
01    #include<stdio.h>
02    #include <stdlib.h>                    //包含实用函数库
03    int main()
04    {
05        const char *s = {"87.99%已完成"};     //声明字符串并赋值
06        char *p;                            //声明字符型指针
07        double d;                           //接收转换后的数值
08        d = strtod(s, &p);
09        //字符串 s 的首地址和字符型指针变量 p 的地址作为参数调用 strtod()函数
10        printf("数值是: %.2f\n", d);
11        printf("%.2f 后的字符串是: %s\n", d, p);
12        return 0;
13    }
```

strtod()函数调用时，将从字符串 s 转换来的值赋给变量 d，并将字符串 s 在数值后的第
1 个字符的地址赋给指针变量 p。该程序的输出结果如下：

```
数值是：87.99
87.99 后的字符串是：%已完成
```

strtol()函数将表示整数的字符序列转换为长整型数据，该函数接受 3 个参数，分别是
字符型常量指针、指向字符串的指针和整型数据。字符型常量指针指向包含着要转换为长
整型数据的字符串，在转换为字符串后，把第 1 个字符的位置赋给指针。第 3 个参数用于
规定字符串内数值的进制形式。代码如下：

```
const char *s = {"13289870 个苹果"};    //声明字符串并赋值
char *p;                                //声明字符型指针
long l;                                 //接收转换后的数值
int i = 10;                             //规定字符串内数值的进制形式
l = strtol(s, &p, i);
//将字符串 s 的首地址、字符型指针变量 p 的地址和变量 i 作为函数实际参数
  printf("数值是：%ld\n", l);
  printf("%ld 后的字符串是：%s\n", l, p);
```

strtol()函数将从字符串 s 转换来的数值赋给变量 l，并将字符串 s 在数值后的第 1 个字
符的地址赋给指针变量 p，实参 i 表示的是字符串所表示的数值的进制形式，这里用的是
10 进制。该程序输出结果如下：

```
数值是：13289870
13289870 后的字符串是：个苹果
```

strtoul()函数的作用是将字符串转换为无符号长整型数据，参数的形式与 strtol()函数相
同，接受转换的结果需要使用无符号长整型变量。

gcvt()函数将双精度浮点型数据取四舍五入转换为字符串。该函数有 3 个参数，第 1
个参数是要转换的双精度浮点型数据。第 2 个参数为有效数字的位数，数据类型为 size_t，
是常用函数库为无符号整型定义的别名。第 3 个参数是字符型指针变量，转换后字符串将
存入该地址所指向的内存单元，该函数的返回值是转换后字符串存放位置的首地址。其他
数据类型没有对应的转换字符串的函数，但可用 sprintf()函数将任何类型的数值转换为字
符串。

该函数有两个以上的参数，第 1 个参数是字符型指针，该指针的地址指向格式化后字
符串保存的位置。第 2 个参数是字符型常量指针，用于指向控制字符串，控制字符串的格
式与 printf()函数相同。第 3 个参数开始是输出项列表，是格式化字符串的数据来源，如下
例所示。

```
#define LENGTH 6              //转换的有效数字长度
:
  double d = 1234.5678;       //待转换的数值
  char p[LENGTH+2];           //转换后字符串保存的位置，必须比转换的长度多 2 个字符
  gcvt(d, LENGTH, p);         //转换双精度浮点型数据到字符串
  puts(p);
  char q[100];                //该数组保存 sprintf()函数写入的数据
  sprintf(q,"%4.2f%s", d, "已转换");
  //使用 sprintf()函数写入格式化数据到字符型数组
```

```
    puts(q);
    ┆
```

将数值转换为字符串必须先分配足够的内存空间存放该字符串。上例中，gcvt()函数转换的有效数字长度为 6，因为小数点和字符串结束符各要占用一个字符的位置，所以接受转换结果的数组 p[]长度被声明为 8。sprintf()函数将格式化后的数据作为字符串保存在数组 q 中，同样需要预先估计字符串的长度，否则会造成段错误。

10.4　字符串处理函数

字符串处理库 string.h 为处理字符串数据、比较字符串、在字符串中查找字符和其他字符串、标记字符串（将字符串划分成逻辑段）和确定字符串长度提供了常用的函数，见表 10.3。

表 10.3　常用字符串处理函数

函　数　名	说　　明
char *strcpy(char *s1, const char *s2)	将字符串 s2 复制到字符数组 s1 中
char *strncpy (char *s1, const char *s2, size_t n)	将字符串 s2 开始的 n 个字节复制到字符数组 s1 中
char *strcat(char *s1, const char *s2)	将字符串 s2 追加到字符数组 s1 中的字符串后
char *strncat(char *s1, const char *s2, size_t n)	将字符串 s2 开始的 n 个字节追加到字符数组 s1 中的字符串后

除 strncpy()函数以外，这几个函数都会将数组 s1 后未用到的数组元素置为 0。s1 必须有足够的空间储存字符串 s2 或追加字符串 s2。下例将演示这几个函数的用法。

```
01   #include <stdio.h>
02   #include <string.h>          //包含字符串处理库
03   #define LENGTH 20
04   int main()
05   {
06       char a[LENGTH];          //声明长度为 LENGTH 的字符型数组
07       const char *s = "ABCDEFG";   //定义字符串常量 s
08       strcpy(a, s);            //将字符串 s 复制给字符数组 a
09       puts(a);
10       strncpy(a, s, 4);        //将字符串 s 前 4 个字符复制给字符数组 a
11       puts(a);
12       strcat(a, s);            //将字符串 s 追加到字符数组 a 中字符串的结尾
13       puts(a);
14       strncat(a, s, 4);    //将字符串 s 前 4 个字符追加到字符数组 a 中字符串的结尾
15       puts(a);
16       return 0;
17   }
```

该程序的运行结果如下：

```
ABCDEFG
ABCDEFG
ABCDEFGABCDEFG
ABCDEFGABCDEFGABCD
```

strcpy()函数将字符串 s 的值复制到字符数组 a 以后，strncpy()函数将字符串 s 的前 4 位字符复制给字符数组 a。因为 strncpy()函数没有将字符数组 a 其他的元素置 0，所以第 2

次的输出与第 1 次输出相同。

10.5　字符串比较函数

字符存储形式为正整数，所以可比较两个字符之间的大小。字符串比较是将两个字符串位置相对应的字符逐个比对，比较两个字符串之间的大小。字符串比较函数对判断两个字符串中内容是否相同和对字符串排序非常有用。常用的字符串比较函数见表 10.4。

表 10.4　常用字符串比较函数

函　数　名	说　　　明
int strcmp(const char *s1, const char *s2)	比较字符串 s1 与字符串 s2
int strncmp (const char *s1, const char *s2, size_t n)	比较字符串 s1 与字符串 s2 前 n 个字符

两个函数的返回值都为整型，比较的结果相等时返回 0。如果 s1 小于 s2，返回负数值，如果 s1 小于 s2，返回整数值。下列源代码将演示这两个函数的使用方法。

```
const char *s1 = "Happy New Year!";
const char *s2 = "Happy New Year!";
const char *s3 = "Happy Holidays!";
printf("%d,%d,%d,", strcmp(s1, s2),        //比较字符串 s1 与 s2 的大小
                strcmp(s1, s3),            //比较字符串 s1 与 s3 的大小
                strcmp(s3, s2));           //比较字符串 s3 与 s2 的大小
printf("%d,%d,%d", strncmp(s1, s2, 6),     //比较字符串 s1 与 s2 前 6 个字符的大小
                strncmp(s1, s3, 7),        //比较字符串 s1 与 s3 前 7 个字符的大小
                strncmp(s3, s2, 7));       //比较字符串 s3 与 s2 前 7 个字符的大小
```

该程序的输出结果如下：

```
0, 1, -1, 0, 1, -1
```

字符串 s1 等于 s2，s1 与 s2 前 6 个字符比较也相等，因为两个字符串中每个字符都是相同的。字符串之间大于或小于的意义实际上是比较两个字符串中第一个不相同的字符，s1 大于 s3，strcmp(s1, s3)返回的结果为 1。这两个字符串的第 7 个字符分别是 N 和 H，N 的 ASCII 码值大于 H，所以字符串 s1 大于 s3。因此，字符串比较函数在排序时非常有用，因为 ASCII 编码内字母的顺序与英文字母表的顺序相同。

10.6　字符串查找函数

字符串处理库提供了在字符串中找到相同的字符或子字符串的函数，以及将字符串分组的函数。常用的字符串查找函数见表 10.5。

表 10.5　常用字符查找函数

函　数　名	说　　　明
char *strchr(const char *s, int c)	查找 c 所代表的字符在字符串 s 中首次出现的位置,成功将返回该位置的指针，否则返回 NULL

续表

函 数 名	说 明
char *strrchr(const char *s, int c)	返回 c 所代表的字符在 s 中最后一次出现的位置指针,否则返回 NULL
size_t strcspn(const char *s1, const char *s2)	计算并返回字符串 s1 中不包含字符串 s2 中任何字符的起始段的长度。即在字符串 s1 中查找是否有字符串 s2 的字符,若碰到有该字符则返回从开始到该字符之前的字符串长度
size_t strspn(const char *s1, const char *s2)	计算并返回字符串 s1 中只包含字符串 s2 中字符的起始段长度。即当在 s1 中没遇到在 s2 中的字符时,返回从开始到该字符之前的字符串的长度
char *strpbrk(const char *s1, const char *s2)	查找字符串 s2 中任意字符在字符串 s1 中首次出现的位置。如果找到了来自字符串 s2 的字符,则返回指向字符串 s1 中那个字符的指针,否则返回 NULL
char *strstr(const char *s1, const char *s2)	返回字符串 s2 在字符串 s1 中首次出现(整个字符串匹配)的位置指针,否则返回 NULL
char *strtok(char *s1, const char *s2)	对 strtok()函数的反复调用将使字符串 s1 分解为若干"记号"(类似文本行中单词的逻辑部分),这些记号用字符串 s2 中所包含的字符分开。第 1 次调用包含 s1 作为第一个参数,而继续划分相同字符串的后续调用将包含 NULL 作为第 1 个参数。每次调用将返回指向当前记号的指针。如果当调用函数时没有更多的记号,则返回 NULL

该表中前 6 个函数是用于在字符串中查找包含另一个字符或另一个字符串的位置。它们的用法如下:

```
const char *s1 = "Happy New Year! ";
const char *s2 = "Year";
const char *s3 = "pye HwNa";
char *p;
p = strchr(s1, 'a');
printf("在字符串 s1 中首次出现字母'a'的位置是:");
p != NULL ? puts(p) : puts("无");                //避免输出指向空的指针
p = strrchr(s1, 'a');
printf("在字符串 s1 中最后一次出现字母'a'的位置是:");
p != NULL ? puts(p) : puts("无");
printf("字符串 s1 从首字符开始不包括字符串 s2 所含字符的分段长度是:%d\n",
       strcspn(s1, s2));
printf("字符串 s1 从首字符开始只包括字符串 s3 所含字符的分段长度是:%d\n",
       strspn(s1, s3));
p = strpbrk(s1, s2);
printf("字符串 s2 中任意字符出现在 s1 中的位置是:");
p != NULL ? puts(p) : puts("无");
p = strstr(s1, s2);                        //条件为字符串 s1 完全包含字符串 s2
printf("字符串 s2 出现在字符串 s1 中的位置是:");
p != NULL ? puts(p) : puts("无");
```

代码中使用三目的条件运算符判断 p 是否指向 NULL,输出函数如果将指向 NULL 的指针作为实参输出,运行时会导致程序崩溃。

strtok()函数用于将字符串分解为一系列记号。记号是用分界符(通常使用空格或标点符号)分开的序列。例如,在英语文本中,每个单词可以作为一个记号,而单词间的空格就是分解符。为将字符串分解为记号,需要多次调用 strtok()函数,只有在第一次调用时将字符串作为实际参数传递给 strtok()函数，其后的调用只传入分隔符。如下例所示：

```
char s[] = "Linux has come a long way" //被分解的字符串
char *p;                       //用于保存 strtok()函数返回的指针
p = strtok(s, " ");            //第一次调用 strtok()函数，传递字符串和分界符
  while (p != NULL) {          //判断分解是否已经结束
    puts(p);                   //输出当前分解的段
    p = strtok(NULL, " ");     //再次调用 strtok()函数，只传递分界符
  }
```

该程序会将字符串 s 中的每个单词单独输出。第一次调用 strtok()函数时，函数找到作为分解符的空格，将其替换为字符串结束符"\0"，并将该段的首个字符的地址作为返回值传递给指针 p。再次调用 strtok()函数时，将 NULL 作为参数传递给 strtok()函数，这样 strtok()函数就能从上次结束的地方继续寻找分界符并替换为字符串结束符，并将找到的新段的首个字符的地址返回给指针 p。strtok()函数能够保存上一次工作状态的原理是，它使用 static 修饰符说明的静态变量保存所需要的值。这样 strtok()函数每次退出，该值仍然在内存中。

10.7　字符串内存函数

字符串处理库提供了内存函数，这些函数将内存块作为字符数组处理，能复制、比较和查找内存块。表 10.6 列出了字符串处理库中的内存函数。

表 10.6　常用字符串内存函数

函 数 名	说 明
void *memcpy(void *s1, const void *s2, size_t n)	将 s2 指向的内存块内 n 个字符复制到 s1 指向的内存块内，返回结果对象的指针
void *memmove(void *s1, const void *s2, size_t n)	将 s2 指向的内存块内 n 个字符复制内存中的临时空间，在从临时空间复制到 s1 指向的内存块内，返回结果对象的指针
int memcmp(const void *s1, const void *s2, size_t n)	用于比较 s1 和 s2 所指向的内存块中前 n 个字符的大小，返回比较结果
void *memchr(const void *s, int c, size_t n)	查找 s 所指向的内存块的前 n 个字符内第 1 次出现 c（函数中将转换为 unsigned char）的地方。如果找到了 c，则返回 s1 中 c 的指针。否则返回 NULL
void *memset(void *s, int c, size_t n)	将 c（函数中将转换为 unsigned char）复制到 s 所指向的内存块的前 n 个字符中，返回产生的指针

字符串内存函数都使用修饰符 void*声明为空值型指针，任何数据类型的指针都可以直接复制给空值型指针，空值型指针也可以直接向任意数据类型赋值。memcpy()函数与 memmove()函数都是将 s2 指向的内存块内 n 个字符复制到 s1 指向的内存块内，但 memmove()首先会将 s2 的数据复制到内存中一处临时空间中，然后再复制到 s1。因此，如果 s1 和 s2 指向的是相同的内存地址，memcpy()函数会出现错误，而 memmove()函数能正常运行。下例将演示这几个函数的用法。

```
char s1[20];                        //定义数组,可视为连续内存块
const char *s2 = "Linux Kernel";    //定义数组,可视为连续内存块
memcpy(s1, s2, 13);                 //将 s2 指向的内存块前 13 个字符复制到 s1
puts(s1);
memmove(s1, s1 + 6, 7);  //将 s1 指向的内存块从第 6 个字符开始的 7 个字符复制给自己
puts(s1);
printf("比较 s1 和 s2 第 6 个字符开始的 7 个字节的结果是: %d\n"
    memcmp(s1, s2 + 6, 7));  //比较 s1 和 s2 第 6 个字符开始的 7 个字节
puts(memchr(s2, 'e', 13));  //在 s2 指向内存块的前 13 个字符中查找字符 e 的位置
puts(memset(s1, 'A', 6));   //将 s1 所指向的内存块前 6 个字符设置为 A
```

上例中利用字符数组定义了两个连续的存储空间 s1 和 s2。首先利用 memcpy()将 s2 的值复制给 s1。因为 s2 保存的是字符串,所以计算复制字符个数时应考虑字符串结束符,否则会造成输出函数出错。然后用 memmove()函数将 s1 的空间内第 6 个字符开始的 7 个连续的字符复制给自己,参数"s1 + 6"代表的是 s1 的首地址后的第 6 个内存单元。

在操作中,s1 的第 7 个字符与"s1 + 6"的位置是重叠的,这可以证明 memmove()函数的工作原理是借用了内存上其他空间。memcmp()函数中的参数"s2 + 6"使用的方法与前面相同,都是直接通过内存地址的运算找到相应位置。memchr()函数将找到字符 e 的位置作为指针传送给 puts()参数,puts()参数获得的是 s2 内存块中间的一个地址。memset()函数的返回值是 s1 的首地址,该操作使从 s1 首地址开始的 6 个连续的内存单元内的值被置为 A。该程序的运行结果如下:

```
Linux Kernel
Kernel
比较 s1 和 s2 第 6 个字符开始的 7 个字节的结果是: 0
ernel
AAAAAA
```

10.8　字符串的其他函数

字符串处理库其余的两个函数是 strerror()和 strlen()。sterror()函数能从编译器获得错误代码的文本描述,使程序的错误能够获得直观的解答。strlen()函数的作用是返回一个字符串的长度,该长度是从字符串首地址到字符串结束符之间的字符距离,见表 10.7。

表 10.7　常用字符串处理函数

函　数　名	说　　明
char *strerror(int errornum)	用和系统相关的方式将 errornum 映射到纯文本字符串中,返回指向该字符串的指针
size_t strlen(const char *s)	确定字符串 s 的长度,返回字符串结束符前的字符个数

下例将演示这两个函数的用法。

```
puts(strerror(2));                          //查询错误编码为 2 所代表的字符串
printf("错误信息长度为: %d\n", strlen(strerror(2)));//求出错误信息字符串的长度
```

strerror()函数的参数为错误代码编号,该编号在 Linux 内核中定义。strlen()函数的参数为字符串指针。该程序的输出结果如下:

No such file or directory
错误信息长度为：25

10.9　媒体播放器——实现播放列表的检索功能

第 8 章的实例部分对播放列表实现了简单的排序功能，但只能以第一个字符作为排序的依据。本章实例将对其进行扩展，第一个任务是对播放列表进行排序，要求能比较整个字符串。第二个任务是在播放列表中进行查找，找到与查找条件匹配的项目。

10.9.1　对播放列表中的整个字符串进行排序

本章学习了字符串比较函数，该函数能够依次比较两个字符串间所有的字母，真正做到按名称排序的要求。使用该函数只需对第 8 章实例部分做很小的修改，如下列源代码所示。

```
    ┊
    unsigned int j;                  //用于排序的循环控制变量
    char *p_temp;                    //用于排序时交换指针列表中的数据
    ┊

      puts("(5)按文件名排序");
    ┊

        case 5: {                    //按文件名排序
          if (l > 1) {               //在文件列表长度大于 1 时，才有排序的意义
            for(i = 0; i < l - 1; i++) {   //从列表首单元到列表长减 1 单元循环
              for(j = i + 1; j < l; j++) {//从列表首单元加 1 到列表总长度循环
                if (strcmp(p_list[i], p_list[j]) > 0) {
                //比较两个文件名字符串大小
                  p_temp = p_list[i];
                  //如果前一个大于后一个，交换指向两个字符串的指针
                  p_list[i] = p_list[j];
                  p_list[j] = p_temp;
                }
              }
            }
          }
          break;
        }
```

代码中使用了 strcmp()函数比较两个字符串的大小，如果前面一个字符串大于后面的字符串，那么就交换两个指针中的地址。

10.9.2　在播放列表中查找字符串

在播放列表中查找字符串有两种模式：一种是完全匹配，另一种是模糊查找。前者可使用现有的字符串处理库中的函数来实现，而后者必须定义新的函数来完成。假设播放列表中显示的字符串是媒体文件的文件名，因为文件名中不能出现"="、"?"和"*"符

号，那么可以将这些符号作为查找模式的指令。例如"="后的字符串表示要完全匹配，"?"用于模糊替代一个字符，"*"用于模糊替代任意个字符。

1．在播放列表中查找字符串的方法

该功能实现的流程为，首先判断是否以完全匹配模式查找字符串。如果是，遍历列表中的字符串，输出找到的结果；如果否，则进行模糊查找，然后输出找到的结果，如图 10.1 所示。

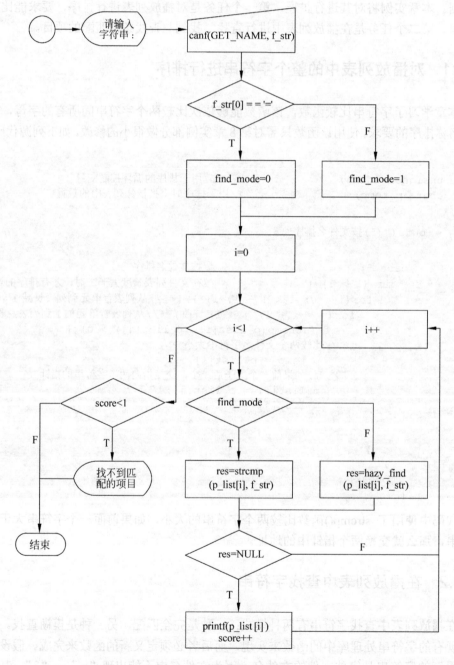

图 10.1　查找字符串流程

用于查找的字符串放在字符数组 **f_str** 中。判断是否以完全匹配模式查找字符串的方法为检查 f_str[]数组的第 1 个字符是否为 "="。如果是，则将变量 find_mode 置 0，否则置 1。然后遍历列表，完全匹配模式使用 strstr()函数进行字符串查找，模糊查找方式使用 hazy_find()函数进行查找。这两个函数的返回值保存在变量 res 中，根据 res 中的值是否为 NULL 可判断是否找到匹配的项目。遇到匹配的项目后将其输出，并用 score 变量保存匹配项目的数量。

在第 8 章的实例中已实现了播放列表的一些基本功能，加入查找功能只需要增加一个 switch 语句中的选项，如下列源代码所示。

```c
#include <string.h>
  ⋮
int main(){
  ⋮
  char f_str[MAX_LENGTH] = {0};      //用于定义查找字符串
  int find_mode = 0;                 //用于保存查找模式，默认为 0，即完全匹配模式
  int res;                           //用于保存查找结果
  ⋮
    case 6: {
      int score = 0;                 //用于保存匹配项目的个数
      puts("请输入要查找的字符串：");
      puts(""="开始表示完全匹配，"?"用于替代一个字符，"*"用于替代多个
      字符");
      scanf(GET_NAME, f_str);        //用户输入查找字符串
      if (f_str[0] != '=')           //判断是否是模糊查找模式
        find_mode = 1;
      else                           //如果是完全匹配模式，执行下列语句
        memmove(f_str, f_str + 1, strlen(f_str));
        //去掉字符串中第一位的 "=" 符号
      for(i = 0; i < l; i++) {
        if (find_mode == 0)          //以完全匹配模式查找字符串
        if (strlen(p_list[i]) == strlen(f_str))
        //用以比较两个字符串长度是否相等
          else
            res = 0;
        else
          res = hazy_find(p_list[i], f_str);
          //以模糊查找模式查找字符串
        if (res != NULL) {
          printf("%d : %s\n", i + 1, p_list[i]); //输出找到的字符串
          score++;
        }
      }
      if (score < 1)
        puts("找不到匹配的项目");
    }
```

```
    ⋮
}
```

上述代码中以 find_mode 判断要进行的操作，如果是完全匹配模式，则将查找字符串的首个字符"="去掉。这里使用了 memmove()函数，因为该函数能对同一个内存地址进行操作。第 1 个实际参数 f_str 指针使函数获得了 f_str[]数组首地址，第 2 个实际参数 f_str+1 使复制过去的字符串失去了首个字符，然后用 strlen(f_str)表达式作为第 3 个实际参数。strlen()函数返回值是字符串的长度，不包括字符串结束符在内，所以上述表达式恰好能得到少一位字符时要复制的内存数据长度。

进行完全匹配模式查找时，首先用 strlen()函数取得对比的两个字符串长度，比较长度是否相等。如果长度不等，可立即断定两者无法匹配。如果长度相等，再用 strcmp()函数比较两者内容是否相同。

2.　模糊查找的实现方法

模糊查找模式是使用 hazy_find()实现的，该函数是自定义的一个函数。模糊查找算法是使用逆向推定原则实现的，即如果不能确定查找字符串与相比较的目标无差别，则认为两者匹配。

模糊查找算法的流程为：首先判断查找字符串的长度是否小于 1，小于 1 则无意义，返回代表失败的数值。然后遍历查找字符串的字符，判断字符是否是通配符。如果是通配符"?"，则将指向项目的字符串位置的指针偏移量增加 1 位。如果是通配符"*"，那么就判断距离下一个通配符号的长度。两种情况下长度为 0：一种是当前已遍历到查找字符串末尾，这时可断定已经匹配成功（逆向推定原则，没有遇到不匹配的情况）；另一种是因为有两个相连的符号，这时直接跳过该符号，重新判断距离再下一个通配符号的长度。

将两个通配符之间的字符串放入一个字符数组中，搜索项目中是否包含这个片段。若没有，则判定查找失败。若有，则跳过这个片段继续进行遍历。

如果遍历到的字符并非通配符号，取得与下一个通配符之间的距离，并将与通配符之间的字符串放入一个字符数组中，搜索项目中是否包含这个片段。若没有，则判定查找失败。若有，则跳过这个片段继续进行遍历。

当遍历到查找字符串的末尾，并没有产生不匹配的情况时，则认定查找字符串与当前项目是匹配的，输入该项目，如图 10.2 所示。

通过该流程图可以写出 hazy_find()函数的代码如下：

```
01   int hazy_find(const char *str1, const char *str2)
02   {
03       const char *ct = "*?";                //保存通配符
04       int i, j = 0;                          //用于保存 str1、str2 的操作位置
05       int l;                                 //用于保存 str2 的长度
06       int k;                                 //用户保存查找时每次查找的长度
07       char sec[MAX_FILE_LENGTH];             //用户保存每次查找的字符串分段
08       int res;                               //用于保存查找结果
```

```
09    const char *res2;                      //用于保存查找结果
10    l = strlen(str2);                      //取得 str2 字符串长度
11    if (l < 1)
12      return 0;                //如果 str2 长度小于 1，则认为没有匹配的字符串
13    for (i = 0; i < l; i++) {               //遍历字符串 str2
14      if (str2[i] == '?') {                 //遍历到通配符"?"
15        j++;
16      }
17      else if (str2[i] == '*') {            //遍历到通配符"*"
18        while(!(k = strcspn(str2 + i + 1, ct))) {
                //取得距离下一个通配符的长度，如果为 0 则执行循环体
19          if (* (str2 + i + 1))//判断下一个符号是不是字符串结束符（ASCII 码
                                             为 0）
20            i++;                 //如果下一个符号也是通配符，则跳过
21          else
22            return 1;    //如果下一个符号是字符串结束符，认为已有匹配字符串
23        }
24        strncpy(sec, str2 + i +1, k);
                          //将通配符之间的字符串复制到 sec 数组
25        sec[k] = '\0';                       //为数组加入字符串结束符
26        res2 = strstr(str1 + j, sec);      //在项目中查找字符串片段
27        if (!res2)
28          return 0;                         //找不到该片段，认为不匹配
29        i += k;                            //将 str1 的操作位置后移
30        j += strlen(str1 + j) - strlen(res2) + k;
                                              //将 str2 的操作位置后移
31      }
32      else {                                //遍历到其他字符
33        k = strcspn(str2 + i, ct);         //取得到下个通配符号间的长度
34        res = strncmp(str1 +j, str2 + i, k);//比较两个字符串指定长度的内容
35        if (res)
36          return 0;                         //不相同时，认为不匹配
37        else
38          i += k - 1;                       //将 str1 的操作位置后移
39          j += k;                           //将 str2 的操作位置后移
40      }
41    }
42    return 1;                               //没有产生不匹配的情况
43  }
```

　　代码中的通配符被保存到*ct 指针指向的内存内。strcspn()函数用于查找距离下一个通配符之间的长度。为了跳过已匹配过的字符，该函数的第 1 个参数使用字符串的偏移地址。在*通配符后的字符串匹配后，指向 str1 的位置由 str1 剩余待匹配的长度减去距离下一个通配符后字符串的长度，再加上字符片段的长度之和确定，如代码 strlen(str1+j) – strlen(res2) +k 所示。

图 10.2　模糊查找模式流程

10.10　小　　结

　　本章介绍了字符串处理的各种函数和内存处理函数。读者通过本章的学习对计算机的编码知识应该具有较深刻的理解，同时也掌握了处理字符串数据的能力。借助于指针和内存处理函数，C 语言可直接处理内存中的数据。因此 C 语言常被用来设计各种操作系统软件和底层的网络通信软件。在利用这些函数设计程序时，读者可借助 GDB 等编译器查看内存中数据的变化，这样既能避免程序出现严重的错误，又能更清晰地了解各种字符串处理函数和内存处理函数的工作原理。

第 11 章　结构体与共用体

前面已学习了变量和数组这些简单的数据结构，它们的特点是必须使用规定的数据类型。例如，数组被定义为整型后，它的所有存储单元都是由整型构成。现实生活中某一类事物的共同属性可能是由不同数据类型组成的集合，或者某一属性在不同的情况下表现为不同的数据类型。本章将讲解结构体与共用体，用来设计复合数据结构。

11.1　结构体类型变量的定义和引用

结构体是一种复合数据类型，它由不同数据类型的存储单元组合。例如，学生的成绩表上有姓名、专业、学号和每门功课的成绩，姓名和专业可以看作是字符串型数据，学号是无符号长整型数据，每门功课的成绩是单精度浮点型数据，由这些数据类型复合组成的学生成绩单数据类型，就是一种结构体类型。

11.1.1　结构体类型变量的定义

在定义结构体类型变量之前，首先需要设计结构体，定义结构体的名称和成员的数据类型，然后使用结构体说明变量，这时结构体就成为了一种新的数据结构。定义结构体使用修饰符 struct，它一般形式如下：

```
struct 结构体名
{
    成员项列表
};
```

结构体名是该结构体独一无二的名称，命名规则与变量命名相同。成员项列表是结构体中数据成员的数据类型和名称，数据成员可以是变量、数组或者其他结构体等复合数据结构。成员项列表的一般形式如下：

```
数据类型 成员名1;
数据类型 成员名2;
数据类型 成员名3;
 :
```

学生成绩单的数据结构如图 11.1 所示。该结构有 4 个成员，name[]和 dept[]是字符型数组，用于保存学生姓名与专业；no 是长整型变量，用于保存学生的学号；score[]是单精度浮点型数组，用于保存学生的成绩。下例将定义学生成绩单的结构体。

结构体名	成员	成员	成员	成员
student	char name　[]	char dept　[]	long no	float score　[]

图 11.1　结构体的内存分配

```
struct student                          //结构体名
{
  char name[50];                        //姓名
  char dept[50];                        //专业
  long no;                              //学号
  float score[4];                       //成绩
};                                      //结构体定义结束一定要加上分号
```

　　结构体定义后，并没有在内存中为该结构体划分存储空间，它只是作为一种数据结构存在。只有在使用结构体类型声明变量后，系统才用该结构体分配内存空间给变量。使用结构体声明变量的一般形式如下：

```
struct 结构体名 结构体变量名
```

　　该语句只能在结构体定义后出现，如下例所示。

```
struct student stu1, stu2;              //声明结构体变量 stu1 和 stu2
```

　　结构体变量的声明还有其他形式，例如直接在定义结构体的同时声明变量，或者省略结构体名直接定义结构体类型的变量。如下例：

```
struct student                          //结构体名
{
  ⋮                                      //成员项列表
} stu1, stu2;                           //定义结构体的同时声明变量

struct
{
  ⋮                                      //成员项列表
} strc1, strc2;                         //省略结构体名直接定义结构体类型的变量
```

　　这两种用法使结构体丧失了通用性，特别是省略结构体名的做法，这样结构体就不能在源代码中的其他部分声明更多的结构体变量。在编写大型程序的源代码时，结构体定义部分通常放在头文件中，使用时包含该头文件即可，这样一个结构体不需要在程序的不同文件中反复定义。

11.1.2　结构体类型变量的引用

　　引用结构体变量的数据需要同时给出结构体变量名和数据成员名。引用结构体变量的一般形式如下：

```
结构体变量名.数据成员名
```

　　它们之间用“.”操作符分隔，如下列源代码所示。

```
stu1.no = 20090001;                     //使用“.”操作符引用结构体成员
```

这两种符号的优先级高于算术运算符和赋值符号，所以结构体变量的成员与普通的变量或数组使用方法完全相同。

11.1.3　结构体类型变量的初始化

结构体汇集了不同的数据类型，为结构体类型变量初始化就略显复杂，需要考虑初始化数据与结构体成员项数据类型的匹配。如下例所示：

```
struct student stu1 = {"Tom", "Math", 20090001, 87.5, 70.5, 93, 91};
//声明结构体变量并初始化
```

该语句为结构体变量 stu1 的成员赋值，各成员的值分别如下：

```
stu1.name = "Tom"              //引用 name 成员并赋值
stu1.dept = "Math"             //引用 dept 成员并赋值
stu1.no = 20090001             //引用 no 成员并赋值
stu1.score[0] = 87.5           //引用 score 成员，并为该数组的第 1 个元素赋值
stu1.score[1] = 70.5
stu1.score[2] = 93
stu1.score[3] = 91
```

这种初始化方法的原理是，结构体的成员在内存的连续空间中顺序存储，从结构体的首地址开始依次将相匹配的数据类型保存在对应的内存单元中。如果结构体中以另一个结构体作为成员项，如下例：

```
struct strc1                   //定义结构体 strc1
{
  int a;                       //定义整型数据成员
  long b;                      //定义长整型数据成员
};
struct strc2                   //定义结构体 strc2
{
  float a;                     //定义单精度浮点型数据成员
  struct strc1 b;              //将结构体 strc1 作为 strc2 的成员项
};
struct strc2 x;                //定义结构体变量 x
```

那么结构体变量 x 中各成员的分配仍然是在连续空间中，结构体变量 x 的成员项 b 在内存空间中的总长度为结构体 strc1 定义的长度，分布形式如 strc1 定义的顺序，如图 11.2 所示。

图 11.2　结构体变量中包含另一个结构体成员的内存分配

11.2　结构体数组的定义和引用

当需要使用大量相同的结构体变量时，可使用结构体定义数组，该数组包含与结构体相同的数据结构所组成的连续存储空间。如下例：

```
struct student stu_a[50];                    //声明长度为 50 的结构体数组 stu_a
```

引用结构体数组中元素的一般形式为：

```
结构体数组名[n].成员名
```

[ ]符号的优先级与.符号相同，适用于自左向右结合性，所以运算时首先获得的是结构体数组的元素，然后再获得该元素的成员。如果该成员是数组，引用该成员数组元素的一般形式为：结构体数组名[n].成员名[n]。同理，如果该成员是结构体变量，引用形式为：结构体数组名[n].成员.子成员。依次类推，任何复杂的成员都可以被访问。如下例：

```
struct student stu_a[2] =                     //初始化结构体数组
  {"Tom", "Math", 20090001, 87.5, 70.5, 93, 91,
   "Jerry", "Math", 20090002, 90, 78.5, 83.5, 66};
int i;
for(i = 0; i < 2; i++) {
  printf("%8s %8s %ld %5.2f %5.2f %5.2f %5.2f\n",
         stu_a[i].name,                        //引用结构体数组元素的成员
         stu_a[i].dept,
         stu_a[i].no,
         stu_a[i].score[0],                     //成员是数组，引用其中元素
         stu_a[i].score[1],
         stu_a[i].score[2],
         stu_a[i].score[3]);
  }
```

程序中声明了结构体数组 stu_a[]，并在声明时用数据为其初始化。然后用 printf()函数将结构体数组中的数据输出。

11.3　结构体指针的定义和引用

C 语言中指针的操作非常灵活，它能指向结构体变量对结构体变量进行操作。在学习结构体指针之前，需要再次加深对指针的认识。声明指针变量时所使用的数据类型修饰符实际上的作用是定义指针访问内存的范围。如果指针定义为整型，那么该指针访问内存的范围就是整型变量在内存中所占用的空间大小。虽然每次尝试将指针变量所储存的内存地址输出会发现，任何类型的内存地址长度都是一样，但不同类型间不能相互复制，只有空值型除外。因此在使用指针操作结构体时，一定要确定指针所定义的数据类型与结构体的数据类型相同。

11.3.1 指向结构体类型变量的使用

定义结构体变量的一般形式是：

结构体名 *结构体变量名

结构体名作为指针变量的类型修饰符。引用结构体指针所指向的结构体变量成员需要使用"->"操作符，该操作符由减号"-"和小于号">"组合而成。如下列源代码：

```
typedef struct student stu_t;          //将结构体 student 定义为数据类型
:
  stu_t stu1 = {"Tom", "Math", 20090001, 87.5, 70.5, 93, 91};
  //定义结构体变量并初始化
  stu_t *p;                            //定义结构体指针
  p = &stu1;                           //将结构体变量地址赋给指针
  p -> no = 20090005;                  //引用指针所指向结构体变量的成员
```

代码中使用了 typedef 命令，该命令用于定义新的数据类型修饰符。执行 typedef 命令后，stu_t 成为了 student 结构体类型修饰符，在代码中 stu_t 的作用等同于 struct student。指针*p 被指向结构体变量 stu1，但指针*p 并不是结构体变量，所以不能使用"."符号引用结构体成员，只能使用"->"操作符。

在设计一些需要大量交换数据的程序时，需要动态为数据划分内存。当不再需要该数据时，可以从内存中释放，以节省程序运行时占用的内存空间。下例将演示为结构体指针动态分配内存的操作方法。

```
#include <stdlib.h>                    //包含内存动态分配相关函数
typedef struct student stu_t;          //将结构体 student 定义为数据类型
:
  stu_t *p = (stu_t *)malloc(sizeof(stu_t));  //为结构体指针划分内存空间
  p -> no = 2009;                      //引用该内存空间
  :
  free(stu_t);                         //使用完毕后释放该内存空间
```

在为结构体动态分配内存空间时，使用 sizeof()函数计算结构体 stu_t 在内存中所需要的空间，然后使用 malloc()函数将 sizeof()函数返回的数量在内存中划分出来。malloc()函数的返回值是该内存空间的首地址，所以用强制转换表达式"(stu_t *)"将 malloc()返回的地址转换为 stu_t 类型的指针。

11.3.2 指向结构体类型数组的指针的使用

结构体类型数组本质上是作为数组存在，数组的元素是结构体变量。结构体数组的名称即是指向该数组第一个数组元素的指针。结构体数组元素之间不能直接相互复制数据。下面将介绍通过指针直接访问内存空间复制结构体数组元素的方法。

```
#include <stdlib.h>                    //包含内存动态分配相关函数
#include <string.h>                    //包含内存复制相关函数
```

```
⋮
typedef struct student stu_t;              //将结构体 student 定义为数据类型
⋮
   stu_t stu_a[2] = {"Tom", "Math", 20090001, 87.5, 70.5, 93, 91};
   //初始化结构体数组第 1 个元素
   stu_t *p = stu_a;                       //为结构体指针划分内存空间
   memcpy(p + 1, p, sizeof(stu_t));        //将数组第 1 个元素复制给数组第 2 个元素
   puts((p + 1) -> name);                  //用指针引用数组第 2 个元素的数组成员
⋮
```

程序中定义了结构体数组 stu_a，在初始化时为其第 1 个元素赋值。定义指针*p 时，用数组名 stu_a 为指针*p 赋值，指针*p 指向了数组 stu_a 第 1 个元素。memcpy()函数的作用是将内存中从指针*p 指向的地址开始长度为 sizeof(stu_t)的数据，复制到内存中指针*p + 1 指向的地址开始长度为 sizeof(stu_t)的空间里。由此可见，对指针*p + 1 进行的操作，并非简单的将内存地址作为整型数据进行加 1 运算，1 代表的是 sizeof(stu_t)的长度的内存区间所跨越地址的差值。

11.4　共　用　体

共用体又称为联合体，是由不同数据类型组成的一个整体。与结构体不同的是，共用体每次只能使用其中一个成员。结构体的总长度是结构体所有成员长度之和，共用体的总长度是其中最长一个数据类型的长度，共用体的所有成员共享这一存储空间。在一些场合中，只需要使用某一类型的变量而其他类型的变量暂时不需要使用。当使用另一类型变量时，原先的变量也转为与程序无关，这种情况下可使用共用体节省同时存在多种数据类型变量所需要的额外空间。

11.4.1　共用体的定义

定义共用体使用修饰符 union，一般形式是：

```
union 共用体名 {
   成员项列表
};
```

共用体名是该共用体独一无二的名称，命名规则与变量命名相同。成员项列表是共用体中数据成员的数据类型和名称，数据成员可以是变量、数组或者其他结构体等复合数据结构，各成员通常不使用相同的数据类型。成员项列表的一般形式为：

```
数据类型 成员名 1;
数据类型 成员名 2;
数据类型 成员名 3;
⋮
```

使用共用体声明变量的一般形式是：

```
union 共用体名 共用体变量名;
```

该语句只能在共用体定义后出现。如下例：

```
union unidate {                          //共用体名
   char a;                               //共用体成员
   int b;
   long c;
   double d;
},
union unidate x;                         //共用体变量
```

共用体成员中，长度最长的是双精度浮点型 d，共用体变量 x 的长度为双精度浮点型数据类型的长度，内存分配形式如图 11.3 所示。

图 11.3　共用体的内存分配

11.4.2　共用体变量的引用

共用体变量的引用方式与结构体变量相同，一般形式为：

```
共用体名.成员名
```

但共用体一次只能使用一个成员。如下例：

```
union unidate x;                         //声明共用体变量
x.a = 65;                                //为成员 a 赋值
printf("x.a = %c\n", x.a);
x.b = 100;                               //为成员 b 赋值
printf("x.b = %d\n", x.b);
x.c = 10005000;                          //为成员 c 赋值
printf("x.c = %ld\n", x.c);
x.d = 0.69314718056;                     //为成员 d 赋值
printf("x.d = %f\n", x.d);
printf("x.a = %c\n", x.a);               //再次输出成员 a，这时成员 a 已没被使用
```

该程序的输出结果为：

```
x.a = A
x.b = 100
x.c = 10005000
x.d = 0.693147
x.a =
```

最后一次输出的结果为不可预知的，因为共用体 x 的存储空间中已经被成员 x.d 使用过，而输出成员 x.a 前，没有重新为成员 x.a 赋值，这时如果引用成员 x.a 的数据，获得的是成员 x.d 的一部分数据，所以输出结果可能因系统环境的不同而有差异。

11.5　媒体播放器——建立媒体库

媒体播放器程序中有许多复杂的数据结构，这些数据结构可以用来管理复杂的信息。以媒体库为例，每个媒体项目包含标题、艺术家、专辑名称、流派、时间长度和文件路径等几项基本信息。播放列表的实际应用中，也必须有序号、标题、文件路径、时间长度等信息。本节实例将继续介绍媒体库的设计。首先介绍媒体库中数据结构的设计，然后介绍媒体库的一些基本操作实现方法。

11.5.1　设计媒体库中的数据结构

媒体库中主要的数据结构用来保存媒体文件中所包含的信息，这些信息可以使用 libid3tag 库读取。libid3tag 库被 mad 插件使用，该插件用于在 GStreamer 框架中对 MP3 文件提供支持，是一个用途非常广泛的函数库。安装该库可以从官方站点 http://www.underbit.com/products/mad 中下载源代码进行编译，也可在终端上执行下列指令：

```
apt-get install libid3tag0 libid3tag0-dev
```

在程序中使用该库只须包含头文件 id3tag，编译时在 Cross GCC Linker|Libraries 列表项 Libraries(-l)中加入编译指令 id3tag，或者使用 pkg-config 程序加入指令'pkg-config --cflags --libs id3tag'。

1. libid3tag库简介

该函数库本身就包含有 4 个主要的数据结构。id3_file 用于保存文件信息，id3_file_open() 函数用于打开指令路径的媒体文件，并创建 id3_file 结构体。id3_tag 用于保存文件中的媒体信息，可使用 id3_file_tag()函数通过一个 id3_file 结构体创建。id3_frame 是使用的重点，用于保存一个信息项目的信息，由 id3_tag_findframe()函数访问 id3_tag 结构创建。其中包含有 id3_field 共用体，保存项目的具体数值。访问完媒体文件后，需要使用 id3_file_close() 函数释放这些数据类型所使用的内存资源。它们的一般形式为：

```
struct id3_file *id3_file_open(char const *, enum id3_file_mode);
struct id3_tag *id3_file_tag(struct id3_file const *);
struct id3_frame *id3_tag_findframe(struct id3_tag const *,
                          char const *, unsigned int);
int id3_file_close(struct id3_file *);
```

id3_file_open()函数的第 1 个参数是包含完整路径的文件名，第 2 个参数是文件打开方式。例如使用 ID3_FILE_MODE_READONLY 参数表示以只读方式打开，ID3_FILE_MODE_READWRITE 参数表示以读写方式打开。

id3_tag_findframe()函数的第 2 个参数用于指定要访问的项目名称，这些名称在一个关于媒体信息的 ID3 标准文档中定义，见 www.id3.org。常用信息见表 11.1。

表 11.1 ID3 项目名称

常 量 名 称	缩 写	描 述
ID3_FRAME_TITLE	TIT2	媒体的标题
ID3_FRAME_ARTIST	TPE1	艺术家名称
ID3_FRAME_ALBUM	TALB	专辑名称
ID3_FRAME_YEAR	TDRC	发行年份
ID3_FRAME_TRACK	TRCK	在 CD 光盘中的轨道位置
ID3_FRAME_GENRE	TCON	流派
ID3_FRAME_COMMENT	COMM	注释
（无）	TDRC	记录长度（并不一定能反映真实长度）

第 3 个参数用于指定索引号，有些项目信息被分为多个段，第一段的编号为 0。创建了 id3_frame 结构体后，就可以访问其中的媒体信息，该结构体内包含多个成员，定义形式如下：

```
struct id3_frame {
    char id[];                        //项目的编号（媒体标题为“TIT2”）
    char const *description;          //结构体的英文描述字符串（媒体标题为“Title”）
    unsigned int nfields;             //所包含项目分段数
    union id3_field *fields;          //所包含项目的数据阵列
    ⋮
};
```

id3_field 共用体作为其成员，保存着实际的项目信息。不同项目的数据类型可能有区别，媒体的标题通是字符串，发行年份是数字，使用共用体的作用是为读取这些数据提供正确的接口，如下列源代码所示。

```
union id3_field {
    enum id3_field_type type;         //项目类型
    struct {
        enum id3_field_type type;
        signed long value;
    } number;                         //数字
    struct {
        enum id3_field_type type;
        id3_latin1_t *ptr;
    } latin1;                         //拉丁文
    struct {
        enum id3_field_type type;
        unsigned int nstrings;
        id3_latin1_t **strings;
    } latin1list;                     //拉丁文列表
    struct {
        enum id3_field_type type;
        id3_ucs4_t *ptr;
    } string;                         //字符串
    struct {
        enum id3_field_type type;
        unsigned int nstrings;
        id3_ucs4_t **strings;
    } stringlist;                     //字符串列表
    struct {
```

```
    enum id3_field_type type;
    char value[9];
  } immediate;                              //直接数据
  struct {
    enum id3_field_type type;
    id3_byte_t *data;
    id3_length_t length;
  } binary;                                 //二进制数据
};
```

在共用体中又定义枚举类型成员和一系列结构体，从内存分配上来说，所有成员都是共享同一个内存区域，所以只有选择对应的类型才能获得相应的信息。

2．设计媒体库的数据结构

单个媒体库项目的数据结构可以用一个结构体表示，播放列表也是同样。实际使用中再由这些结构体组成数组进行操作，这样就很容易控制其长短。这些数据结构被定义在头文件 medialib.h 中，如下列源代码所示。

```
01  #ifndef MEDIALIB_H_
02  #define MEDIALIB_H_
03  #define MAX_TITLE_LENGTH 512            //标题最长长度
04  #define MAX_ATRIST_LENGTH 512           //艺术家名称最长长度
05  #define MAX_ALBUM_LENGTH 256            //专辑名称最长长度
06  #define MAX_GENRE_LENGTH 256            //流派最长长度
07  #define MAX_PATH_LENGTH 4096            //路径最长长度
08  typedef struct _medialib Medialib       //将结构体定义为新数据类型
09  struct _medialib {                      //媒体库项目结构体
10    char title[MAX_TITLE_LENGTH];         //标题
11    char atrist[MAX_ATRIST_LENGTH];       //艺术家
12    char album[MAX_ATRIST_LENGTH];        //专辑名称
13    char genre[MAX_GENRE_LENGTH];         //流派
14    double record_time;                   //记录时间
15    char filepath[MAX_PATH_LENGTH];       //文件路径
16  };
17  #endif /* MEDIALIB_H_ */
```

3．读取媒体文件信息到媒体库项目中

读取媒体文件信息的流程为，首先通过文件创建 id3_file 结构体，然后使用 id3_file 结构体创建 id3_tag 结构体，最后使用 id3_tag 创建出多个项目的 id3_frame 结构体。复制数据到媒体库项目中有两种方式，在复制字符串信息时，可直接访问 id3_field 共用体的内存空间。如果是其他类型，必须用接口函数提取出对应的数值，例如 id3_field_getint()函数用于提取数字信息。下列源代码实现了读取文件信息到媒体库的功能。

```
01  #include <string.h>                      //包含字符串函数库
02  #include <id3tag.h>                       //包含 libid3tag 函数库
03  #include "medialib.h"                     //包含媒体库相关函数的头文件
04  int read_tag_from_file(const char *file,
05              struct _medialib *media)     //读取 MP3 文件中的信息
06  {
07    struct id3_file *id3file;               //用于保存 libid3tag 库文件对象
08    struct id3_tag *tag;                    //用于保存文件信息
```

```
09      struct id3_frame *frame_title;              //用于保存标题信息
10      struct id3_frame *frame_artist;             //用于保存艺术家信息
11      struct id3_frame *frame_album;              //用于保存专辑信息
12      struct id3_frame *frame_genre;              //用于保存流派信息
13      struct id3_frame *frame_time;               //用于保存记录长度信息
14      id3file = id3_file_open(file, ID3_FILE_MODE_READONLY);
15      //打开文件并创建 id3_file 结构体
16      if (id3file == NULL) {                      //判断文件打开是否失败
17        printf("打开文件失败\n");
18        return -1;
19      }
20      tag = id3_file_tag(id3file);                //创建 id3_tag 结构体
21      frame_title = id3_tag_findframe(tag, ID3_FRAME_TITLE, 0);
22      //创建 id3_frame 结构体
23      if (frame_title->fields)                    //防止指向 NULL 的地址操作
24        strcpy(media->title, (char*) frame_title->fields);
25        //将项目信息复制到媒体库结构中
26      frame_artist = id3_tag_findframe(tag, ID3_FRAME_ARTIST, 0);
27      if (frame_artist->fields)
28        strcpy(media->atrist, (char*) frame_artist->fields);
29      frame_album = id3_tag_findframe(tag, ID3_FRAME_ALBUM, 0);
30      if (frame_album->fields)
31        strcpy(media->album, (char*) frame_album->fields);
32      frame_genre = id3_tag_findframe(tag, ID3_FRAME_GENRE, 0);
33      if (frame_genre->fields)
34        strcpy(media->genre, (char*) frame_genre->fields);
35      frame_time = id3_tag_findframe(tag, "TDRC", 0);
36      if (frame_time->fields)
37        media->record_time = id3_field_getint(frame_time->fields);
38        //将项目信息作为数字类型提取
39      strcpy(media->filepath, file);
40      id3_file_close(id3file);
41      return 0;
42  }
```

上述代码中将结构体 struct _medialib 的指针作为形式参数，所以运行时必须使用 "->" 操作符访问其成员。改变该结构体内的数值后，实际参数也将随之改变。读取 id3_frame 的成员 id3_field 共用体时，因为是直接通过指针访问，所以需要将其强制转换为字符型指针，例如(char*) frame_title->fields。这段代码需要保存到文件 medialib.c 中，同时还需要在头文件 medialib.h 中加入函数原型。如下：

```
int read_tag_from_file(const char *file, struct _medialib *media);
```

11.5.2　媒体库的基本操作

媒体库的基本操作在第 9 章实例部分已进行过定义。因为有些内容涉及数据库和程序界面，所以本小节暂时不考虑。本节介绍添加文件到媒体库、在媒体库中查找文件、从媒体库删除选定文件和从媒体库删除所有文件。由于所有操作指令是由核心控制模块所发出的，所以媒体库数据的入口在该模块中创建。

在第 8 章为播放列表建立的数据结构中使用了数组存放项目信息。由于数组的长度在创建时已确定，实际应用中有两个显要缺陷，其一是数组长度太短时无法装入更多的项目，其二是数组长度太长时浪费了大量的内存空间。而数组长度究竟应该是多长很难确定，所以如果用一种长度可变的数据结构来存放媒体信息更为合适。

单向链表就是一种可变长度的数据结构，它的每一项称之为一个节点，每个节点是一个单独的结构体。节点的最后一个成员是与节点的结构体指针，它能够指向另一个节点，由此形成了一个链状结构，如图 11.4 所示。

图 11.4　单向链表

在该链表中有 3 个节点，这些节点并非处在连续的内存空间中。*np 指针是链表的入口，它指向了 node1 节点的首地址。node1 节点末尾的指针指向 node2 节点结构体首地址，node2 节点的指针指向 node3 节点的首地址。node3 节点是链表的末尾，它的指针指向 NULL。

节点使用动态内存分配方式创建，当链表为空时，链表入口指向 NULL 的位置。创建第 1 个节点后，将节点的首地址传送给链表入口，创建第 2 个节点时，将内存地址传送给上一个节点内的指针。节点本身没有名称，访问节点只能使用遍历方法。通常用一个整型变量记录节点的总长度，再用另一个整型变量记录遍历的位置。

如果要删除一个节点，首先遍历到该节点之前的节点，将指针指向被删除节点之后的节点的首地址。如果删除的是链表首端的节点，将链表入口指针指向被删除节点之后的节点的首地址。如果删除的是链表末尾的节点，则将上一个节点的指针置为 NULL。最后释放被删除节点的内存空间。

插入一个节点的原理与删除节点原理相似，首先为插入的节点分配内存空间，将插入位置后的节点的首地址传递到插入节点的指针中，然后将插入节点的首地址传递到插入位置前的一个节点的指针中。

　　了解链表操作的原理后，即可为媒体库创建链表，先要定义节点的数据结构 node_t，然后定义链表的数据结构 link_t。这些定义放在 medialib.h 中，源代码如下：

```
typedef struct _node_t node_t;        //将结构体定义为新类型
struct _node_t {                      //节点的结构体
  Medialib item;                      //存放媒体信息的结构体成员
  node_t *p;                          //指向另一个节点的指针
};
typedef struct _link_t link_t;
struct _link_t {                      //链表的结构体
  node_t *np;                         //指向链表中第一个节点首地址的指针
  int length;                         //用于记录链表的长度
};
```

　　媒体库的控制指令由核心控制模块发出，所以应该将链表初始化的代码放在核心控制模块中。使用时核心控制模块将链表的结构体首地址作为参数传递到调用者。在 main_core.c 中加入媒体库模块的头文件 medialib.h，然后在 main_core() 函数中加入初始化链表的语句，源代码如下所示：

```
#include "medialib.h"
⋮
void *main_core(int cmd, void *data)
{
  link_t mlink = {NULL, 0};            //初始化媒体库链表
  ⋮
}
```

　　在头文件 medialib.h 中已经将媒体库链表结构定义为一个新类型 link_t，所以可以直接用 link_t 类型创建媒体库。媒体库结构创建后，即可实现一些对媒体库的基本操作。下面依次介绍这些操作的实现方法，代码保存到 medialib.c 文件中。

11.5.3　添加文件到媒体库

　　添加文件到媒体库操作的作用是将媒体文件信息作为一个链表项放在链表的末端。实现该操作需要设计两个函数：第一个函数是遍历到媒体库链表末端，第二个函数是调用11.5.2 小节中设计用于读取媒体文件信息的 read_tag_from_file() 函数。然后用这些信息创建一个新节点。

　　遍历到媒体库链表末端的方法是设计一个递归函数，每次递归读取链表节点中的指针，然后将该指针作为下一轮递归的参数，直到遇到 NULL 后结束，如图 11.5 所示。

图 11.5　递归方式遍历到链表末端

实现此函数的代码如下：

```
node_t *link_to_end(node_t *nt)
{
  if (nt->p)                          //判断指针是否指向 NULL
    return link_to_end(nt->p);        //递归调用
  else
    return nt;
}
```

添加文件到媒体库操作前，先调用上述递归函数，然后调用 read_tag_from_file()函数读取文件中的信息，最后分配内存空间，并为媒体库列表增加一个成员。如下列源代码所示：

```
01    int link_add(link_t *mlink, const char *file)
02    {
03      node_t *endnode;
04      node_t *mnode = (node_t *)malloc(sizeof(node_t));    //为节点分配内存
05      if (!mnode) {
06        printf("分配内存失败\n");
07        return 1;
08      }
09      if(read_tag_from_file(file, &mnode->item)) {    //读取媒体文件信息
10        printf("读取文件信息失败\n");
11        free(mnode);                                  //释放节点的内存
12        return 1;
13      }
14      mnode->p = NULL;                                //将节点的指针置为 NULL
15      if (mlink->np) {                                //判断列表是否不为空
16        endnode = link_to_end(mlink->np);             //遍历到节点末端
17        endnode->p = mnode;                           //将末端节点指向当前节点
18      }
19      else
20        mlink->np = mnode;                            //将链表入口指向当前节点
21      mlink->length++;                                //链表个数的计数器自增
22      return 0;
23    }
```

下面设计一个简单的 main()函数，试着对节点进行操作。代码如下：

```
01    int main()
02    {
03      link_t mlink = {NULL, 0};
04      link_add(&mlink, "/home/User/音乐/memery.mp3");
05      link_add(&mlink, "/home/User/音乐/i_bought_a_cat.mp3");
06      link_add(&mlink, "/home/User/音乐/soft_speaker.mp3");
07      putchar(0);
08      return 0;
09    }
```

该程序并没有输出功能，putchar(0);语句只是为了方便调试。要查看添加了 3 个节点后的效果可在 putchar(0);语句处添加断点。以 Eclipse 为例，双击语句前的编辑区外框添加断点，如图 11.6 所示。

选择 Run|Debug 命令或按 F11 键进入调试模式，再按 F8 键运行到断点处，这时可在 Variables 选项卡查看数据结构内部的数据，如图 11.7 所示。

图 11.6　添加断点

图 11.7　数据结构内部的数据

单击项目左侧的展开器,可将数据结构展开。展开 mlink 结构体,可见*np 指针成员和 length 成员。因为添加了 3 个成员,所以 length 的值为 3。展开*np 指针,是第 1 个节点内部的数据 item 成员和*p 指针成员。展开第 1 个节点的*p 指针,可见第 2 个节点的成员。直到第 3 个节点的*p 指针成员的值为 NULL,展开该指针会提示地址访问错误。

11.5.4　在媒体库中查找文件

在媒体库中查找文件依据的条件有媒体标题、艺术家、专辑、流派和文件名,这些条件可在头文件 medialib.h 中定义为枚举常量。源代码如下：

```
01  typedef enum _find_cond find_cond;
02  enum _find_cond {
03      BY_TITLE,                        //按标题查找
04      BY_ARTIST,                       //按艺术家查找
05      BY_ABLUM,                        //按专辑查找
06      BY_GENRE,                        //按流派查找
07      BY_FILEPATH                      //按文件名查找
08  };
```

在媒体库中查找文件需要遍历媒体库链表，然后将查找字符串与媒体库链表节点中的字符串进行匹配。第 10 章的实例部分设计了 hazy_find()函数，在这里将继续使用该函数进行字符串的匹配。查找结果保存在一个动态分配的指针数组中，数组中的每个元素保存的是指向链表节点的指针。这种方法节约了内存空间的使用，查找结果也能实时反映链表节点中内容的变化。代码如下：

```
01  int link_find(link_t *mlink,          //链表指针
02               find_cond t,             //查找条件
03               const char *str2,        //查找字符串
04               node_t **res)            //保存查找结果的动态数组指针
05  {
06      if (*res) {                       //判断结果动态数组的指针是否指向 NULL
07          free(*res);                   //释放该数组的内存空间
08          *res = NULL;                  //将指针指向 NULL
09      }
10      int i, l;
11      int count = 0;                    //用于保存找到匹配项目的数量
12      const char *str1;                 //指向链表节点数据结构中的字符串
13      node_t *tmp, **jump, **jump2;     //遍历时所使用的指针和访问动态数组的指针
14      if (!mlink->length) {             //判断链表是否为空
15          printf("媒体库为空，无法查找\n");
16          return 0;
17      }
18      if (str2)                         //判断查找字符串指针是否为 NULL
19          l = strlen(str2);
20      else {
21          printf("查找字符串地址有误\n");
22          return 0;
23      }
24      if (!l) {                         //判断查找字符串长度是否为 0
25          printf("查找字符串长度为 0\n");
26          return 0;
27      }
28      tmp = mlink->np;                  //指向链表首端节点
29      node_t *tmp_link = (node_t *)malloc(sizeof(node_t *) * mlink->length);
        //创建临时用于保存查找结果的动态数组，数组长度与链表长度相同
30      jump = &tmp_link;                 //用指针指向动态数组首地址
31      while(tmp) {                      //遍历链表
32          switch(t) {                   //选择查询条件
33              case BY_TITLE:
34                  str1 = tmp->item.title;  //读取标题信息
35                  break;
36              case BY_ARTIST:
```

```
37              str1 = tmp->item.atrist;  //读取艺术家信息
38              break;
39          case BY_ABLUM:
40              str1 = tmp->item.album;        //读取专辑信息
41              break;
42          case BY_GENRE:
43              str1 = tmp->item.qenre;        //读取流派信息
44              break;
45          case BY_FILEPATH:
46              str1 = tmp->item.filepath;    //读取文件名信息
47              break;
48          default:
49              printf("查找条件出错");
50              free(tmp_link);
51              return 0;
52          }
53          if (str1 && strlen(str1)) {
54              if (hazy_find(str1, str2)) {
                                              //匹配字符串,如果成功则指向判断体内的代码
55                  *(jump + count) = tmp;    //将匹配的链表节点地址保存在临时数组中
56                  count++;                  //查找结果自增1
57              }
58          }
59          tmp = tmp->p;                     //指向下一个节点
60      }
61      *res = (node_t *)malloc(sizeof(node_t *) * count);
                                              //依据匹配的数量为查询结果动态数组分配内存
62      jump2 = res;                          //用指针指向动态数组首地址
63      for(i = 0; i < count; i++)
64          * (jump2 + 0) = *(jump + 0);      //将临时数组内的数据复制到结果数组
65      free(tmp_link);                       //释放临时数组的内存空间
66      return count;                         //返回结果数
67  }
```

上述代码中动态数组的首地址被保存在 node_t *定义的指针变量中，所以用 malloc()
函数分配的内存空间首地址必须用(node_t *)表达式进行强制转换。计算所需分配内存空间
的数量所使用的表达式为sizeof(node_t *) * count,每个数组元素的长度实际是一个node_t *
指针的长度。因此，访问动态数组需要使用指针的指针，**jump 即是这种指针。动态数组
也可以像普通数组一样用下标访问，但是不能直接用动态数组的名称加上偏移量访问，这
样会直接跳到动态数组的内存空间以外。

11.5.5　从媒体库删除选定文件

从媒体库删除选定文件有 3 种情况，分别是删除首端节点、删除中间节点和删除末端
节点。在设计程序时除了要处理前一个节点的指针成员外，还要在删除后释放被删除节点
所使用的内存空间。代码如下：

```
01  int link_del(link_t *mlink, int p)
02  {
03      node_t *tmp, *tmp2;                   //删除操作使用的临时指针
04      int i;
05      if (p < 1 || p > mlink->lcngth) {    //判断序号是否有效
```

```
06          printf("输入的节点位置错误");
07          return 1;
08      }
09      tmp = mlink->np;                    //指向首端节点
10      if (p == 1) {                       //判断删除的是否为首端节点
11          mlink->np = tmp->p;     //将链表入口地址置为首端节点的指针成员指向的地址
12          free(tmp);                      //释放被删除节点的内存空间
13      }
14      else {
15          i = p - 2;                      //计算遍历的次数
16          while(i) {                      //遍历到被删除节点前的一个节点
17              tmp = tmp->p;
18              i--;
19          }
20          tmp2 = tmp->p;          //保存被删除节点的内存地址
21          tmp->p = tmp2->p;       //将被删除节点前一个节点的指针成员指向后一个节点
22          free(tmp2);             //释放被删除节点的内存空间
23      }
24      mlink->length--;            //将链表的长度减1
25      return 0;
26  }
```

11.5.6　从媒体库删除所有文件

从媒体库删除所有文件操作也是通过遍历链表实现的，流程为首先删除首端的节点，使后一个节点成为首端节点，然后循环执行该操作直到所有节点被删除。在退出程序时，为了避免内存泄漏也应该进行该操作。代码如下：

```
01  int link_del_all(link_t *mlink)
02  {
03      node_t *tmp;                        //临时用于保存链表首端的节点
04      if (mlink->length > 0) {            //判断链表是否为空
05          do {
06              tmp = mlink->np;            //指向链表首端节点
07              mlink->np = tmp->p;         //将链表入口指向下一个节点
08              free(tmp);                  //释放原先链表首端的节点
09          } while(mlink->np);             //判断链表是否为空
10          mlink->length = 0;
11      }
12      return 0;
13  }
```

11.6　小　　结

本章讲解了复合数据类型。理解和掌握它们的用法是开启 C 语言神奇的数据结构之门的钥匙。利用复合数据类型，可设计出队列、链表和堆栈等动态数据结构。C 语言优于汇编语言正是在于不但能够直接访问内存，而且能够设计直接面向现实问题的数据结构。有兴趣的读者可翻阅 C 语言数据结构相关的书籍，以提高实际应用中解决问题的能力。

第 12 章　C++语言编程基础

C++程序设计语言可以看作 C 语言的改进和升级，不仅完全兼容 C 语言的语法和函数库，还引入了面向对象、运算符重载、多态性、数据流和模板等最新的编程思想，极大地保证了源代码的生产率、质量和可重用性。GNU 项目为 Linux 系统上的 C++开发提供了 G++编译器，GDB 调试器也能用来调式 C++程序。本章将简单讲解 C++语言的特性与基本用法。

12.1　类和数据抽象

类和数据抽象是面向对象思想的基本范畴。面向对象思想将任何事物看作对象，对象有自己的属性和行为，收集这些属性就是数据抽象的任务。例如，将篮球看作一个对象，篮球的属性有重量、颜色和内部气体压力等属性。重量和内部气体压力的差异决定篮球的弹性行为的不同；对篮球充气和放气的行为又能改变将篮球的内部气体压力属性，将这些属性作为分析篮球对象行为的数据，就是对篮球的数据抽象。如果把同一类事物的属性和行为作为一个类别来认识，这个类别就是该类事物的类，每一个有相同属性和行为的事物都是该类的对象。

12.1.1　用类实现数据抽象

在 C++语言中，类是封装的程序包。程序包里有自身的数据和函数，这些数据可看作是属性，函数可看作是行为。对象是由类在源代码中生成出来独立的程序体，对象具有类的全部属性和行为。因此可以认为，对象是有"生命"的程序体，它能通过行为改变自己的属性，也能根据属性产生不同的行为。

以联系人信息为例，其属性有联系人名称、电话和地址，其行为是修改联系人信息和输出联系人信息，那么我们可以将联系人信息设计成类。源代码如下：

```
class Buddy {                                     //定义类名称
public:                                           //以下是公共成员
  Buddy();                                        //构造函数
  void setBuddy(const char *, long, const char *);
  //修改联系人信息函数
  void printBuddy();                              //输出联系人信息函数
private:                                          //以下是私有成员
  char name[50];                                  //联系人姓名
  long telnum;                                    //电话号码
  char address[200];                              //地址
};
```

代码定义了一个名为 Buddy 的类，Buddy 类有 6 个成员。public 和 private 称为成员访问说明符。public 说明符下的成员可以在该类以外被访问，而 private 说明符下的成员只能在该类内被访问。public 说明符下有 3 个函数，与类同名的函数称为构造函数，它可以自动对类的成员进行初始化，setBuddy()函数和 printBuddy()函数的作用是修改和输出联系人的信息。private 说明符下有两个数组和一个变量，简单地说，这些数据只能被该类中的函数访问。这种做法很好地保护了数据的独立性，外界只能通过类的行为来改变类的属性。下面给出定义和使用该类的完整程序。

```
01  #include <iostream>                              //使用 C++的流输入输出库
02  #include <string.h>                              //使用 C 的字符串处理库
03  using std::cout;                                 //使用名字空间 std 中的 cout
04  using std::endl;                                 //使用名字空间 std 中的 endl
05  class Buddy {                                     //定义类名称
06  public:                                           //公共成员
07      Buddy ();                                     //构造函数
08      void setBuddy(const char *, long, const char *);//设置联系人信息函数
09      void printBuddy();                            //输出联系人信息函数
10  private:                                          //私有成员
11      char name[50];                                //联系人姓名
12      long telnum;                                  //电话号码
13      char address[200];                            //地址
14  };
15  Buddy::Buddy()                                    //定义构造函数
16  {
17      name[0] = '\0';                               //将buddy类中的private成员初始化
18      telnum = -1;
19      address[0] = '\0';
20  }
21  void Buddy::setBuddy(const char *n, long t, const char *a)
                                                     //定义设置联系人信息函数
22  {
23      strcpy(name, n);                              //使用该函数的参数修改类成员数据
24      telnum = t;
25      strcpy(address, a);
26  }
27  void Buddy::printBuddy()                          //定义输出联系人信息数据
28  {
29      cout << "姓名: " << name << "  电话: " << telnum
30                                                   //使用输出流输出类成员数据
31          << "  地址: " << address << endl;
32  }
33
34  int main()
35  {
36      Buddy b;                                      //使用类 Buddy 生成对象 b
37      b.setBuddy("Tom", 1234567890, "China"); //调用对象自身的函数输入数据
38      b.printBuddy();                               //调用对象自身的函数输出数据
39      return 0;
40  }
```

该例中使用了名字空间，using std::cout 的作用是将 cout 操作符从标准名字空间 std 中提取出来。每一个类都有名字空间，Buddy 类的名字空间就是 Buddy，所以在定义 Buddy 的成员函数时，要使用完整的名字空间 Buddy::setBuddy()。在主函数中，Buddy 类生成出

对象 b，对象 b 就具备了 Buddy 类的全部特性，但又保持了独立的数据空间。直接访问 b 对象内 private 成员是非法的，所以只能使用 public 成员来访问 private 成员。假如 buddy 类生成出另一个 c 对象，那么 c 对象与 b 对象也是相互独立的，具备各自的结构。

12.1.2　类作用域和访问类成员

类的作用域是整个文件，类的成员数据和成员函数的作用域在该类之中。类的所有成员函数在类的内部都可以直接访问其他类成员，并且可以按名称引用。在成员函数中定义的变量，作用域是该函数。如果成员函数定义了与类成员具有相同名称的数据，要访问同名的类成员需要加入作用域解析运算符（::），如下例所示。

```
class Buddy {                            //定义类名称
  ⋮
  long telnum;                           //类中的变量
  ⋮
};
Buddy::setTelnum(long telnum)            //类成员函数
{
  Buddy::telnum = telnum;                //参数名 telnum 与类成员 telnum 重名
}
```

代码中成员函数 setTelnum()的参数与类成员变量名称相同，访问时使用域解析运算符，这样两个变量都能使用。

12.1.3　从实现中分离接口

良好的软件工程习惯要求接口与实现分离。这种方式使程序的修改更为容易，正如使用类的程序所关心，只要类的接口没有变化，对类内部的改变不会影响程序的其他部分。例如联系人信息类的定义，可以放在两个文件中。

（1）类的接口 buddy.h

```
01   #ifndef BUDDY_H
02   #define BUDDY_H
03   class Buddy {                                   //定义类名称
04   public:                                          //公共成员
05     Buddy ();                                      //构造函数
06     void setBuddy(const char *, long, const char *);//设置联系人信息函数
07     void printBuddy();                             //输出联系人信息函数
08   private:                                          //私有成员
09     char name[50];                                 //联系人姓名
10     long telnum;                                   //电话号码
11     char address[200];                             //地址
12   };
13   #endif
```

（2）类的实现 buddy.cpp

```
01   #include <iostream>                              //使用 C++的流输入输出库
02   #include <string.h>                              //使用 C 的字符串处理库
```

```
03  #include 'buddy.h'                   //包含类的接口文件
04  using std::cout;                     //使用名字空间 std 中的 cout
05  using std::endl;                     //使用名字空间 std 中的 endl
06  Buddy::Buddy()                       //定义构造函数
07  {
08      name[0] = '\0';                  //将 buddy 类中的 private 成员初始化
09      telnum = -1;
10      address[0] = '\0';
11  }
12  void Buddy::setBuddy(const char *n, long t, const char *a)
13                                       //定义设置联系人信息函数
14  {
15      strcpy(name, n);                 //使用该函数的参数修改类成员数据
16      telnum = t;
17      strcpy(address, a);
18  }
19  void Buddy::printBuddy()             //定义输出联系人信息数据
20  {
21      cout << "姓名: " << name << "  电话: " << telnum
22                                       //使用输出流输出类成员数据
23          << "  地址: " << address << endl;
24  }
```

　　类的接口应在设计时尽量考虑周全，避免过于频繁的改动。当程序需要使用该类时，只用在程序文件中包含类的接口文件。

12.1.4　控制访问成员

　　成员访问说明符共有 3 个，分别是 public、private 和 protected。public 说明符表示该成员可以在该类以外被访问，这种成员通常是作为类的接口函数或数据。private 说明符表示该成员只能被该类的其他成员访问，这样类的数据可以得到保护。protected 说明符表示该成员可以被该类和该类的子类所访问，在类的继承时需要用到该概念。

　　类成员的默认访问模式是 private，因此类定义的开始到第一个成员访问说明符之间的所有成员都是 private 成员。在每个成员访问说明符之后，由该成员说明符所调用的模式将在下一个成员访问说明符或者类定义结束之前保持有效。成员访问说明符可以重复，但通常将同一类成员放在一起说明，这样可避免混淆。

12.1.5　构造函数和析构函数

　　所有的类都可定义一个或多个构造函数和析构函数。构造函数是与类同名的函数，它的作用是在对象生成时初始化成员数据。C++语言规定，每个类必须有构造函数，如果没有为该类定义构造函数，那么编译器会自动加上一个没有参数的默认构造函数，默认构造函数不会对类成员数据进行初始化。构造函数的另一作用是在生成对象的同时初始化类成员数据，如下例所示。

```
class Buddy
{
:
public:
```

```
    Buddy(const char *n, long t, const char *a)          //有参数的构造函数
    ┆
};
void Buddy::Buddy(const char *n, long t, const char *a)   //定义构造函数
{
    strcpy(name, n);                              //使用该函数的参数初始化类成员数据
    telnum = t;
    strcpy(address, a);
}

int main()
{
    Buddy b("Tom", 1234567890, "China");          //生成该对象的同时初始化成员数据
    b.printBuddy();                               //调用对象自身的函数输出数据
}
```

析构函数的作用是在对象结束时清理对象的成员数据。析构函数的名称是在类的名称前加上一个"~"符号。如果在类中使用了动态内存分配，那么就可以使用析构函数在对象结束时释放该内存空间。

12.1.6　const 对象和 const 成员函数

const 修饰符的作用是声明常量型的变量，修改 const 类型的数据将引起编译错误。对象也可以被定义为 const 类型，这样该对象内的数据就不能再修改。如下例所示：

```
const Buddy b("Tom", 1234567890, "China");          //生成常量对象
b.setBuddy("Jerry", 4567890123, "USA");             //该语句是非法的
```

当对象 b 被定义为 const 类型后，任何途径对成员数据的修改都是非法的。C++语言还规定，只有被定义为 const 类型的成员函数才能访问 const 类型对象的数据。即使成员函数 Buddy::printBuddy()不会修改该对象的数据，也被拒绝访问。所以当对象被当作 const 类型使用时，需要用到的成员函数必须定义为 const 类型，如下例所示。

```
void Buddy::printBuddy() const;                     //定义 const 类型成员函数
```

12.1.7　friend 对象和 friend 类

friend 被称作友元。类的 friend 函数并不是该类的成员函数，但被定义为该类的友元后，friend 函数可以访问类的 private 成员。定义 friend 函数需要在类的定义说明，如下例所示。

```
using std::cin;                          //使用名字空间 std 中的 cin
class Buddy {                            //定义类名称
    friend void inputBuddy(Buddy &);    //将 inputBuddy()定义为 Buddy 类的友元
    ┆
};
┆
void inputBuddy(Buddy &b)
{
    cout << "姓名: " << endl;
```

```
    cin.getline(b.name, 50);                    //将输入的值保存在 Buddy 类的成员中
    cout << "地址: " << endl;
    cin.getline(b.address, 200);
    cout << "电话: " << endl;
    cin >> b.telnum;
}
::
int main()
{
    Buddy b;                                    //生成对象 b
    inputBuddy(b);                              //使用友元为对象 b 的成员赋值
    b.printBuddy();                             //输出对象 b 的成员数据
}
```

friend 函数引用的参数是类的地址，通过类的地址就可以访问该类的成员。这一用法与指针的原理是相似的。

类也可以作为另一个类的友元，例如 Class2 类作为 Class1 类的友元，那么需要在 Class1 类的定义中将 Class2 类定义为友元，如下例所示。

```
01    #include <iostream>
02    using std::cout;
03    using std::endl;
04    class Class1;
05    class Class2;                            //预定义，这样才能使 Class2 在 Class1 定义中可见
06    class Class1;
07    {
08    friend class Class2;                     //定义 Class2 为 Class1 友元
09    public:
10        void Class1();
11    private:
12        int a;                               //定义 Class1 的成员
13    };
14    void Class1::Class1()                    //定义 Class1 的构造函数
15    {
16        a = 1234;
17    }
18    class Class2;
19    {
20    public:
21        void CopyC1toC2(Class1 &c1);
22        //在 Class2 的成员函数中，以 Class1 的地址作为参数
23        int a;
24    };
25    void Class2::CopyC1toC2(Class1 &c1)
26    {
27        a = c1.a;                            //引用 Class1 的 private 成员
28    }
29
30    void main()
31    {
32        Class1 c1;                           //使用 Class1 生成对象 c1
33        Class1 c2;                           //使用 Class2 生成对象 c2
34        c2.CopyC1toC2(c1);                   //使用 c2 对象访问 c1 对象
35        cout << c2.a << endl;
36    }
```

友元关系是授予的而不是获取的，也就是说 Class1 必须授予 Class2 为友元。而且，友

元关系是不对称的，也不能传递。如果 Class2 是 Class1 的友元，Class3 又是 Class2 的友元，不能推出 Class3 是 Class1 友元的结论。

12.1.8　this 指针

this 指针是类定义中指向自身的指针。每个对象都可以通过 this 指针来访问它自己的地址。对象的 this 指针并不是对象本身的组成部分，它不占用对象的内存空间。在每次非 static 成员函数调用对象的时候，this 指针作为隐藏的第一个参数由编译器传递给对象。

this 指针隐含地引用对象的成员数据和成员函数，也就是说，在成员函数的定义中，引用的每个成员前都有一个 this 指针。this 指针也可以显式地使用，如下例所示。

```
void Buddy::cpObjaddress(const char *cp)
{
    cp = this.name;                     //使用 this 指针引用成员数据
}
```

12.1.9　动态内存分配

在 C 语言中，动态分配内存可使用 malloc() 和 free() 函数，这种分配方式必须指定分配内存空间的长度。C++语言提供了 new 和 delete 运算符执行动态内存分配，这种分配方式优于 C 语言的分配方式。申请内存一般形式是：

```
指针名 = new 数据类型;
```

释放内存的形式为：

```
delete 指针名;
```

例如下例：

```
Buddy *p = new Buddy;             //动态分配内存空间
if (p != NULL)                    //判断动态内存分配操作是否成功
    delete p;                     //释放内存空间
```

该代码使用动态内存分配方式创建了 Buddy 类的对象，指针*p 指向该内存空间。当该对象不再使用时，使用 delete 语句释放内存空间。这种方式使对象的使用更为灵活，new 操作符会为对象自动申请适合其大小的空间。如果动态内存分配操作成功，new 表达式的返回值是该内存空间的首地址，否则将返回 NULL 指针。

12.1.10　static 类成员

在 C 语言中，static 修饰符用来定义静态数据类型。如果将类成员数据定义为 static 类型，那么该类生成的所有对象将使用同一个内存空间保存该成员数据。

```
class Buddy {                    //定义类名称
public:                          //公共成员
    Buddy ();                    //构造函数
```

```
    void printCount();               //输出联系人信息函数
    ⋮
private:                             //私有成员
    static int count;                //静态成员数据
};
Buddy::Buddy()                       //定义构造函数
{
    ⋮
    count++;                         //改变静态成员数据
}
void Buddy::printCount();            //定义输出联系人总数函数
{
    cout << "联系人总数为: " << count << endl;
}

int main()
{
    Buddy a, b, c;                   //使用类 Buddy 生成了 3 个对象
    a.printCount();                  //输出联系人的总数
    b.printCount();                  //输出联系人的总数
    c.printCount();                  //输出联系人的总数
    return 0;
}
```

该程序中 3 条输出结果是相同的，因为这 3 个对象中的数据成员 count 共享一个内存空间。程序运行时，每个对象在内存中都会获得类的所有成员数据的一个副本，static 成员数据则是在编译时就划分了。

12.2　C++的特性

12.1 节简单地介绍了 C++语言的类和数据抽象。这只是 C++语言作为面向对象语言的基本特性。除此以外，运算符重载、继承、虚拟函数和多态性、流输入与输出、模板和异常处理等都是 C++语言的重要特性。本节将讲解对这些特性的概要。

12.2.1　运算符重载

在 C++语言的定义中，很多运算符只能对简单的数据结构进行操作。例如，加法运算符只能用于两个数值类型的操作，要使两个字符串相加，可使用下列源代码重载加法运算符。

```
01  #include <string.h>              //使用 C 语言的字符串处理库
02  #include <stdio.h>               //使用 C 语言的输入输出库
03
04  class String{                    //创建字符串类 String
05  public:
06      String(const char* str = NULL);  //构造函数
07      char *m_data;                //放置字符串数据的成员
08      char *addstr;                //字符串相加时使用的临时空间
```

```
09      String& operator + (const String& rhs);   //重载加法运算符
10    };
11    String::String(const char* str)             //定义构造函数
12    {
13      if(str == NULL) {                    //如果输入为空字符串，则添加"\0"表示空串
14        m_data = new char[1];              //动态为字符串分配内存空间
15        m_data[0] = '\0';                  //初始化字符串
16      }
17      else                                 //如果输入非空串，复制该字符串
18      {
19        m_data = new char[strlen(str) + 1];
20        strcpy(m_data, str);
21      }
22    }
23    String& String::operator+(const String& rhs)   //重载加法运算符
24    {
25      addstr = new char[strlen(m_data) + strlen(rhs.m_data) + 1];
26        //为临时空间划分内存，长度为两个字符串之和
27      strcpy(addstr, m_data);              //将第一个字符串复制到临时空间中
28      strcat(addstr, rhs.m_data);          //将第二个字符串追加到临时空间中
29      delete [] m_data;                    //释放为 m_data 成员所划分的内存空间
30      m_data = new char[strlen(addstr) + 1];
31        //以临时空间的长度为 m_data 成员划分内存空间
32      strcpy(m_data, addstr);              //将临时空间内的数据复制给 m_data 成员
33      delete [] addstr;                    //释放临时空间
34      return *this;                        //返回 this 指针
35    }
36
37    int main()
38    {
39      String s1("I love ");                //生成字符串对象并初始化
40      String s2("C++!");
41      s1 + s2;                             //将字符串 s1 与字符串 s2 相加
42      puts(s1.m_data);                     //输出相加后 s1 字符串
43      return 0;
44    }
```

该例使用的是 C 语言中的字符串处理函数，以便于读者理解操作符重载的工作过程。程序的开始为字符串设计了类，重载的运算符被定义为该类的一个成员函数，字符串相加在重载运算符函数中实现。主函数中执行的操作"s1 + s2"实际上等同于 s1.operator+(s2)，重载运算符的作用是简化了此函数的表达方式。

12.2.2　继承

面向对象编程的一个重要特性是继承。继承是指利用一个类生成另一个类的对象，前者称为父类，后者称为子类。子类不但获得了父类的所有成员，还可以加上它自己的一些成员。例如，矩形和三角形都有属性底和高，那么可以利用它们之间的共同特点定义出父类 Cstd，再让矩形类 Crect 和三角形类 Cdelt 继承父类 Cstd。

```
01    #include <iostream>
02    using namespace std;                   //使用 std 名字空间下的所有操作符
03    Class Cstd                             //定义父类 Cstd
04    {
```

```
05   public:
06      void set_values (int a, int b) { width=a; height=b;}
07   protected:
08      int width;                          //图形的底
09      int height;                         //图形的高
10   };
11   class Crect: public Cstd              //定义子类 Crect
12   {
13   public:
14      int area (void){ return (width * height); }
15      //定义子类成员函数,用于计算矩形面积
16   };
17   class Cdelt: public Cstd              //定义子类 Cdelt
18   {
19   public:
20      int area (void){ return (width * height / 2); }
21      //定义子类成员函数,用于计算三角形面积
22   };
23
24   int main () {
25      Crect rect;                        //生成对象
26      Cdelt delt;
27      rect.set_values (4,5);             //使用对象的成员函数赋值（父类中定义）
28      delt.set_values (4,5);
29      cout << rect.area() << endl;       //使用对象的成员函数输出（子类中定义）
30      cout <<delt.area() << endl;
31      return 0;
32   }
```

在程序中，类 Crect 和类 Cdelt 的每一个对象都包含类 Cstd 的成员 width、height 和 set_values()。标识符 protected 与 private 类似，它们的唯一区别是父类的 protected 成员可以被子类的其他成员所使用，然而 private 成员就不可以。

12.2.3　虚拟函数和多态性

虚拟函数是一种特殊的成员，该成员在父类中定义但不实现该函数的细节，而将细节留在子类中进行实现。虚拟函数必须加上关键字 virtual，以便可以使用指针对指向相应的对象进行操作。多态性是通过虚拟函数实现的，即通过同一父类的虚拟函数，子类实现不同的细节。代码如下：

```
class Cstd
{
public:
   virtual int area (void) { return (0); }      //定义虚拟函数
   void set_values (int a, int b) { width=a; height=b;}
protected:
   int width;                                    //图形的底
   int height;                                   //图形的高
};
class Crect: public Cstd {                        //定义子类 Crect
public:
   int area (void) { return (width * height); }//实现父类虚拟函数的细节
};
```

类 Cstd 的成员函数 area()被说明为虚拟函数，该函数没有任何参数。子类 Crect 继承自父类 Cstd，定义时实现了虚拟函数的细节。如果还有其他子类，这些子类也可以重新定义虚拟函数的细节，彼此独立。

12.2.4　流输入与输出

C++输入与输出操作是通过控制数据流实现的，流是数据的字节序列。在输入操作中，数据从输入设备流向内存；输出操作中，数据从内存流向输出设备。C++提供了流输入输出函数库，函数库的名称是 iostream。该函数库将流输入输出定义为操作符>>和<<，前者的作用是输入，后者的作用是输出。另外，它在标准名字空间 std 中定义了 cin、cout 和 endl 函数，由此可见操作符>>和<<是通过在这 3 个函数中的重载而实现的。cin 函数的作用是输入数据流，cout 函数的作用是输出数据流，endl 函数的作用是立即将缓存中的数据全部输出，如下例所示。

```
01  #include <iostream>              //包含流输入输出函数库
02  using namespace std;             //使用 std 名字空间
03  int main()
04  {
05      int a;                       //声明整型变量 a
06      cin >> a;                    //输入数据到变量 a
07      cout << a << endl;           //将变量 a 的数据输出
08      return 0;
09  }
```

源代码中首先包含了函数库文件，与 C 语言不同的是，C++语言的函数库没有".h"后缀名。主函数内声明了整型变量 a，其后使用 cin 函数和">>"操作符从终端读取用户的输入到变量 a。然后用 cout 函数和"<<"操作符将变量 a 的值输出到终端。

12.2.5　模板

模板是 C++中更高级的特性。利用模板不仅可以指定全部相关的函数重载，即模板函数，还可以指定全部相关的类，即模板类。模板可以生成通用的函数，这些函数不仅能够接受任意数据类型的实际参数，而且可返回任意类型的值。使用模板后，不需要对所有可能的数据类型进行函数重载，简化了成员函数设计的难度，如下例所示。

```
01  #include <iostream>
02  using namespace std;
03  template <typename T> T Add2Value(T a, T b)
04  //定义模板 T，计算任何数据类型两个数之和
05  {
06      T result;                    //定义返回类型
07      result = a + b;              //计算两个数之和
08      return (result);             //返回两个数之和的计算结果
09  }
10  int main ()
11  {
12      int i = 11, j = 645, k;      //定义整型变量
13      float l = 2.718, m = 34.23, n;  //定义单精度浮点型变量
```

```
14      k = Add2Value(i, j);                        //利用模板计算整型变量之和
15      n = Add2Value(l, m);                        //利用模板计算单精度浮点型变量之和
16      cout << k << endl;
17      cout << n << endl;
18      return 0;
}
```

template 是一个声明模板的关键字，typename 是用来表示之后的参数是一个类型的参数。早期的 C++版本中所使用的是 class，后来为了不与类产生混淆，所以增加关键字 typename。

12.2.6　异常处理

在程序运行中，很多时候无法确定一段代码是否能够正常工作。程序出错的原因可能是因为程序访问了并不存在的资源，或者由于一些变量超出了预期的范围等。这些情况统称为异常，C++新引入的 3 种操作符 try、throw 和 catch 能够帮助处理这些出错情况，如下例所示。

```
01  int main () {
02     float a, b;
03     cin >> a >> b;                    //输入变量 a 和 b
04     try                               //执行代码段 try
05     {
06        if (b == 0)
07           throw b;       //如果 b 为 0，throw 语句将 b 的值抛出，终止 try 代码段执行
08        cout << a / b << endl;
09     }
10     catch (float n)    //如果 throw 语句执行，接受 throw 语句抛出的值
11     {
12        cout << "出错是因为 b = " << n << endl;
13     }
14     return 0;
15  }
```

在该例中，如果变量 b 的值为 0，则抛出一个异常，因为除以 0 是会造成非常严重的错误。当 throw 被执行的时候，try 语句块立即被停止执行，在 try 语句块中生成的所有对象会被销毁。此后，控制权被传递给相应的 catch 语句块。最后程序紧跟着 catch 语句块继续向下执行。

12.3　小　结

本章介绍了 C++语言的面向对象程序设计思想和一些新的特性。C++语言并不是本书的重点，因篇幅所限，所以不能涵盖这些内容的全部知识点。在 Linux 系统程序设计中，特别 GTK+图形化程序设计，使用了大量与面向对象编程有关的思想，学习 C++语言对理解这些新的编程思想有极大的帮助。C 语言编程在面向对象语言盛行的时代，仍然能保持其生命活力，其主要原因就是 C 语言的简洁性更适合一些系统编程，例如嵌入式 Linux 系统上的程序设计。在 Linux 系统中，提供给 C 语言的开源代码资源也很多。

第3篇 Linux 系统编程

第 13 章　文　件　操　作

在 Linux 系统中开发 C 语言程序所涉及的文件操作与其他平台有很大差别。Linux 系统对目录和文件有极其严格的保护，只有获得相关权限的用户才能进行指定的操作。在本书的前面章节中提到过，进程是处于活动状态的程序，某个用户通过操作系统运行程序所产生的进程代表着该用户的行为。如果用户不具备访问某个目录和文件的权限，那么该用户的进程也不能被访问。本章将讲述文件的属性与权限问题和 C 语言文件操作的基本方法。

13.1　文件的属性与权限

文件的属性与权限是 Linux 系统中目录和文件的两个基本特性，所有的目录和文件都具备这两种特性，它们决定了文件的使用方法与安全性问题。在 Linux 系统中，目录也是一种特殊的文件，并能够将其作为文件使用，这与直观获得对目录的体验并不一样。另外，Linux 系统还有多种文件类型，例如设备文件、管道文件和链接文件，它们是文件概念的泛化。本节将介绍文件的属性与权限相关的知识。

13.1.1　文件的属性

Linux 系统中的文件安全机制是通过给系统中的文件赋予两个属性来实现的，这两个属性分别是所有者属性和访问权限属性。Linux 系统下的每一个文件必须严格地属于一个用户和一个组，针对不同的用户和组又具有不同的访问权限。对于多用户操作系统来说，这种机制是保障每一个用户数据安全的必要手段。在 Linux 系统的文件管理器中，右击一个文件或目录的图标，在弹出菜单中选择"属性"命令，将打开"属性"对话框。在"属性"对话框中单击"权限"标签，可查看文件的访问权限信息，如图 13.1 所示。

在终端中查看文件或目录的属性，可使用下列命令：

图 13.1　文件的权限

```
ls -l
```

例如，在根目录上执行此命令，得到的结果是：

```
drwxr-xr-x     2   root      root        4096        02-01 12:09 bin
drwxr-xr-x     4   root      root        4096        01-29 13:05 boot
drwxr-xr-x    13   root      root        4220        02-15 16:29 dev
drwxr-xr-x   111   root      root       12288        02-15 18:21 etc
-rw-rw-r--     1   Shizhe    Shizhe 1336            02-14 08:08 book_c21.cpp
...
```

13.1.2　文件的权限

上例的输出中，每行文件信息的第 1 组字符串就是文件的权限信息。字符串的首个字符是用来表示该文件的类型。d 表示目录；-表示普通文件；b 表示块输入输出设备文件，通常是磁盘驱动器；c 表示连续输入输出设备，通常是声卡、调制解调器等；l 表示是链接文件，p 表示管道文件。

第 2～4 个字符用来确定文件的所有者权限，第 5～7 个字符用来确定文件的群组权限，第 8～10 个字符用来确定文件的其他用户（既不是文件所有者，也不是组成员的用户）的权限。在这 3 个分组中，每个分组首字符是用来控制文件的读权限的，该位字符为 r 表示允许读取数据，-则表示不允许。第 2 个字符控制文件的写权限，该位若为 w 表示允许写，若为-表示不允许。最后一个字符用来控制文件的执行权限，该位若为 x 表示允许执行，若为-表示不允许。

文件信息的第 2 个字符串是一个数字，表示该文件拥有的链接数。第 3 和第 4 个字符串分别是文件所有者名称和群组名称。第 5 个字符串是文件长度，第 6 个字符串是文件修改的时间，最后一个字符串是文件名。

例如，bin 文件的权限是 drwxr-xr-x，可以解释为这是一个目录文件。所有者的权限为可读、写和执行，群组的权限为读和执行，其他用户的权限是读和执行。

13.1.3　管理文件的权限

修改文件权限的命令是 chmod，该命令的一般形式为：

```
chmod [ugoa…] [[+/-/=][rwx…]…][文件名,…]
```

第 1 组参数是权限修改所涉及的用户，u 表示所有者，g 表示群组，o 表示其他用户，a 表示以上 3 者都有。第 2 组参数表示对权限的操作，+表示增加权限，-表示取消权限，=表示唯一设定权限。权限字符 r、w、x 分别表示读、写和执行权限。例如下例：

```
chmod ug+w,o-w test1.c test1.h
```

该命令修改了文件 test1.c 和 test1.h 的权限，所有者和群组获得了写权限，其他用户取消了写权限。

注意：如果执行文件权限修改命令的用户本身对文件没有写权限，那么系统会提示无权进行该项操作。只有根用户例外，可修改任意文件的权限。

chmod 命令还有一种使用加权数字的简便形式，描述方式为：

```
chmod lmn [文件名，…]
```

其中 l、m 和 n 为加权数，l 表示所有者权限，m 表示群组权限，n 表示其他用户权限。权限的加权数是将读、写、执行分别用数值 4、2、1 代表，用户获得的权限是数值之和。这样 rwx 就可以转换为 7，rx 转换为 5，r 转换为 4。例如下例：

```
chmod 771 test1.c
```

文件 test1.c 的所有者的权限为读、写和执行；群组获得的权限为读、写和执行；其他用户的权限为执行。

13.2　文件管理

C 语言的文件管理功能有 3 种常用的实现途径。第 1 种途径是直接进行文件系统的底层操作，这种方法需要程序员熟悉文件系统的结构，并编写大量的代码完成。第 2 种途径是通过调用 shell 程序实现，C 语言提供了访问 shell 程序的接口，但 shell 的返回信息不便于在程序中进行分析。第 3 种途径是借助系统调用实现，这种方式使 C 语言能够通过很少的代码完成相应的功能，并且可获得足够的反馈信息。本节将讲解使用系统调用函数实现文件管理功能的方法。

13.2.1　系统调用的原理

文件操作必须通过物理存储设备的驱动程序访问驱动器，如硬盘、光盘驱动器的驱动程序，这些驱动程序都存放在 Linux 的内核中。Linux 系统的核心部分即 Linux 内核，是一系列设备的驱动程序。系统调用是 Linux 内核提供的功能十分强大的一系列的函数。这些函数是在内核中实现的，它们是应用程序和内核交互的接口，如图 13.2 所示。系统调用在 Linux 系统中发挥着巨大的作用，如果没有系统调用，那么应用程序就失去了内核的支持。

图 13.2　系统调用示意图

💬注意：系统调用并非 ANSI C 标准，所以不同的操作系统或不同 Linux 内核版本的系统调用函数可能不同。在预定义语句中包含系统调用函数库需要在头文件前加上相对路径 sys/。

13.2.2　打开文件、新建文件和关闭文件操作

打开文件操作使用系统调用函数 open()，该函数的作用是建立一个文件描述符，其他

的函数可以通过文件描述符对指定文件进行读取与写入的操作。打开文件的一般形式是：

open(文件路径，标志);

函数的返回值是文件描述符，如果打开文件成功返回一个正整数，否则返回–1。标志是用于指定打开文件操作模式的枚举常量，主标志见表 13.1。

表 13.1　打开文件操作的主标志

参　　数	说　明	参　　数	说　明
O_RDONLY	以只读方式打开文件	O_RDWR	以可读写方式打开文件
O_WRONLY	以只写方式打开文件		

主标志是互斥的，使用其中一种则不能再使用另外一种。除了主标志以外，还有副标志可与它们配合使用，副标志可同时使用多个，使用时在主标志和副标志之间加入按位与（|）运算符，见表 13.2。

表 13.2　打开文件操作的副标志

参　　数	说　明
O_APPEND	读写文件从文件尾部开始移动，所写入的数据追加到文件尾
O_TRUNC	若文件存在并且以可写的方式打开时，此标志会将文件长度清为 0，而原来存于该文件的资料也会消失
O_CREAT	若路径中的文件不存在则自动建立该文件
O_EXCL	如果与 O_CREAT 同时设置，此指令会去检查文件是否存在，文件若不存在则建立该文件，否则将导致打开文件错误。此外，若 O_CREAT 与 O_EXCL 同时设置，并且将要打开的文件为符号连接，否则将导致打开文件失败

新建文件操作是在打开文件操作的函数上加入 O_CREAT 副标志实现的。当路径中的文件不存在时，则创建一个新文件。创建新文件的同时可设置文件的权限，这时函数需要增加一组实际参数，形式为：

open(文件路径，标志，权限标志);

文件权限标志见表 13.3。

表 13.3　文件权限标志

参　　数	说　明	参　　数	说　明
S_IRUSR	所有者拥有读权限	S_IXGRP	群组拥有执行权限
S_IWUSR	所有者拥有写权限	S_IROTH	其他用户拥有读权限
S_IXUSR	所有者拥有执行权限	S_IWOTH	其他用户拥有写权限
S_IRGRP	群组拥有读权限	S_IXOTH	其他用户拥有执行权限
S_IWGRP	群组拥有写权限		

文件权限标志也可以使用加权数字表示，这组数字被称为 umask 变量，它的类型是 mode_t，是一个九符号八进制数。umask 变量的定义方法如表 13.4 所示。umask 变量由 3 位数字组成，数字的每一位代表一类权限。用户所获得的权限是加权数值的总和。例如 764 表示所有者拥有读、写和执行权限，群组拥有读和写权限，其他用户拥有读权限。

表 13.4　umask变量表示方法

加 权 数 值	第1位	第2位	第3位
4	所有者拥有读权限	群组拥有读权限	其他用户拥有读权限
2	所有者拥有写权限	群组拥有写权限	其他用户拥有写权限
1	所有者拥有执行权限	群组拥有执行权限	其他用户拥有执行权限

新建文件的另一个函数是 creat()，该函数的一般形式是：

```
creat(路径, umask);
```

当文件被成功创建函数的返回值为 0，否则为–1。当文件不需要使用了，则可以使用 close()函数关闭文件。关闭文件的一般形式为 close(文件描述符)，如果关闭文件成功，close() 函数返回 0，否则返回–1。

下例将演示打开文件、新建文件和关闭文件这 3 种操作。程序的逻辑为：指定一个路径，如果该文件存在，输出提示信息，关闭该文件；如果该文件不存在，则新建文件并设置文件属性，输出提示信息，然后关闭该文件。完整的代码如下：

```
01    #include <fcntl.h>                              //提供 open()函数
02    #include <sys/types.h>                          //提供 mode_t 类型
03    #include <sys/stat.h>                           //提供 open()函数的符号
04    #include <unistd.h>                             //提供 close()函数
05    #include <stdio.h>
06    using namespace std;
07    int main()
08    {
09        int f;                                      //声明变量 f，用于保存文件标识符
10        const char *f_path = "test";               //定义路径字符串
11        mode_t f_attrib;                            //声明 mode_t 型变量，保存文件属性
12        f_attrib = S_IRUSR | S_IWUSR | S_IRGRP | S_IWGRP | S_IROTH;
13                                                    //为 umask 变量赋值
14        f = open(f_path, O_RDONLY);                 //以只读方式打开文件
15        if (f == -1) {                              //判断文件是否打开成功
16          f =open(f_path, O_RDWR | O_CREAT, f_attrib); //创建新文件
17          if (f != -1)                              //判断文件创建是否成功
18            puts("创建一个新文件");
19          else {
20            puts("无法创建新文件，程序退出");
21            return 1;
22          }
23        }
24        else
25          puts("文件打开成功");
26        close(f);                                   //关闭文件
27        return 0;
28    }
```

该程序首先判断是否存在文件 test，判断的方法是用 open()函数打开 test 文件，如果返回值是–1，则表示该文件不存在（有时候并非如此）。当文件不存在时，使用 open()函数创建该文件，并在程序最后关闭。为 mode_t 型变量 f_attrib 赋值的方法使用了按位计算操作，将表示文件权限的常量进行按位或计算，计算的结果与八进制数 0664 相同，如图 13.3 所示。

图 13.3 按位或操作的意义

13.2.3 文件状态和属性操作

获取文件状态和属性操作可使用 fstat()、lstat()和 stat()这 3 个函数来操作。fstat()函数用来返回一个已打开文件的状态和属性信息，lstat()和 stat()函数可对未打开文件进行操作。lstat()和 stat()函数的区别是当文件是一个符号链接时，lstat 返回的是该符号链接本身的信息；而 stat 返回的是该链接指向的文件的信息。它们的一般形式为：

```
fstat(文件标识符, struct stat *buf);
lstat(路径, struct stat *buf);
stat(路径, struct stat *buf);
```

其中结构体 struct stat 类型是 stat.h 函数库提供的一种用于保存文件类型的结构体。该结构体成员的意义见表 13.5。

表 13.5 stat结构体成员的意义

成 员 名 称	说 明
st_mode	文件权限和文件类型信息
st_ino	与该文件关联的 inode
st_dev	文件保存在其上的设备
st_uid	文件所有者的用户身份标识
st_gid	文件群组的分组身份标识
st_atime	上次被访问时间
st_ctime	文件权限、所有者、群组或内容方面上次被修改时间
st_mtime	文件内容方面上次被修改时间
st_nlink	该文件上硬链接的个数

其中，st_mode 与其他成员相比要复杂许多，必须使用标志与之进行按位与运算才能获得相应信息。与前面按位或运算比较可得知，按位与运算其实只是按位或运算的逆操作。st_mode 的标志见表 13.6。

表 13.6　st_mode的标志

标 志 名 称	说　明
S_IFBLK	文件是一个特殊的块设备
S_IFDIR	文件是一个目录
S_IFCHR	文件是一个特殊的字符设备
S_IFIFO	文件是一个 FIFO 设备
S_IFREG	文件是一个普通文件
S_IFLNK	文件是一个符号链接
S_ISUID	文件设置了 SUID 位
S_ISGID	文件设置了 SGID 位
S_ISVTX	文件设置了 sticky 位
S_IFMT	文件类型
S_IRWXU	所有者的读/写/执行权限，可以分为 S_IXUSR、S_IRUSR 和 S_IWUSR
S_IRWXG	用户组的读/写/执行权限，可以分为 S_IXGRP、S_IRGRP 和 S_IWGR
S_IRWXO	其他用户的读/写/执行权限，可以分为 S_IXOTH、S_IROTH 和 S_IWOTH

修改文件权限的系统调用函数是 chmod()，它与 shell 中的命令 chmod 作用相似。chmod 的一般形式是：chmod（路径，umask）。如果修改成功返回值为 0，否则返回−1。下面通过一个例子简单演示这几个函数的用法。

```
01   #include <fcntl.h>                              //提供 open() 函数
02   #include <sys/types.h>                          //提供 mode_t 类型
03   #include <sys/stat.h>                           //提供 open() 函数的符号
04   #include <unistd.h>                             //提供 close() 函数
05   #include <stdio.h>
06   #include <stdlib.h>
07   int main()
08   {
09     int f;                                        //声明变量 f，用于保存文件标识符
10     const char *f_path = "test";                  //定义路径字符串
11     mode_t f_attrib;                              //声明 mode_t 型变量，保存文件属性
12     struct stat *buf = malloc(sizeof(stat));      //动态分配结构体*buf 的内存
13     f_attrib = S_IRUSR | S_IWUSR | S_IRGRP | S_IWGRP | S_IROTH;
14                                                   //为 umask 变量赋值
15     f = creat(f_path, f_attrib);                  //创建一个新文件，并设置访问权限
16     if (f == -1) {                                //判断文件创建是否成功
17       puts("文件创建失败");                        //输出错误信息
18       return 1;
19     }
20     else
21       puts("文件创建成功");                        //输出成功信息
22     fstat(f, buf);                                //通过文件标识符获取访问权限
23     if (buf->st_mode & S_IRUSR)                   //引用 buf 内的信息读取权限
24       puts("所有者拥有读权限");
25     if (buf->st_mode & S_IRGRP)
26       puts("群组拥有读权限");
27     close(f);                                     //关闭文件
28     chmod(f_path, 0771);                          //修改该文件的权限
29     stat(f_path, buf);                            //通过路径获取访问权限
30     if (buf->st_mode & S_IWUSR)                   //引用 buf 内的信息读取权限
```

```
31       puts("所有者拥有写权限");
32    if (buf->st_mode & S_IWGRP)
33       puts("群组拥有写权限");
34    free(buf);                                //释放 buf 指针所指向的内存空间
35    return 0;
36  }
```

程序中首先声明了一个字符串常量指针*f_path，并为其赋值 test，该字符串将作为目标文件的文件名。然后声明了 mode_t 类型的 f_attrib 变量，用来保存目标文件的属性。在为 f_attrib 变量赋值后，f_attirb 变量代表文件所有者拥有读和写的权限，群组拥有读和写的权限，其他用户拥有读的权限。

creat()函数使用*f_path 指针所指向的字符串作为文件名创建了一个新文件，f_attrib 变量作为 umask 为新文件定义属性。如果文件创建成功，则输出相应消息，并将文件标识符保存到变量 f 中。

随后，fstat()函数通过 f 变量获得文件标识符，并将文件的权限信息传递到 stat 类型的结构体指针 buf 中。通过 buf 指针的 st_mode 成员与 st_mode 标志的按位与运算，可以获得该文件的权限信息。

用 close()函数关闭文件标识符后，程序中又使用 chmod()函数重新定义了*f_path 字符串所指向文件的权限信息。权限值使用的是八进制常量 0771，代表所有者和群组拥有读、写和执行权限，其他用户拥有读权限。

最后，程序中使用 stat()函数直接以文件名作为参数读取了 f_path 字符串所指向文件的权限信息。并且将文件的权限信息传递到 buf 指针中，通过 st_mode 标志判断文件是否具备相应权限，并输出相关信息。

13.2.4　目录操作

新建目录操作可使用函数 mkdir()实现，该函数的一般形式是：

```
mkdir(路径, umask)
```

当目录被成功创建函数的返回值为 0，否则为–1。

获得当前工作目录的操作可使用函数 getcwd()，该函数的一般形式是：

```
getcwd(char *buf, size_t size);
```

其中，*buf 是存放当前目录的缓冲区，size 是缓冲区的大小。如果函数返回当前目录的字符串长度超过 size 规定的大小，它将返回 NULL。

执行程序的工作目录就是当前子目录，如果要改变执行程序的工作目录，可以使用函数 chdir()。这个函数的作用如同 shell 里的 cd 命令一样，它的一般形式是：

```
chdir(路径);
```

另一个常用目录操作是扫描子目录，与此相关的函数被封装在头文件 dirent.h 里。它们使用一个名为 DIR 的结构作为子目录处理的基础，这个结构的指针所指向的内存空间被称之为子目录流。与子目录流操作相关的函数见表 13.7。

表 13.7　子目录流操作相关函数

函　数　名	说　　明
DIR *opendir(const char *name);	打开路径并建立子目录流，返回子目录流指针
struct dirent *readdir(DIR *dirp);	函数返回一个指针，指针指向的结构里保存着子目录流 dirp 中下一个目录数据项的有关资料。后续的 readdir 调用将返回后续的目录数据。如果错误或到达子目录尾，将返回 NULL 值
long int telldir(DIR *dirp);	函数返回值里记录着子目录流里的当前位置
void seekdir(DIR *dirp, long int loc);	对 dirp 指定的子目录流中的目录数据项的指针进行设置。loc 的值用来设置指针位置，它应该通过前一个 telldir 调用获得
int closedir(DIR *dirp);	关闭子目录流，返回关闭操作结果

下例将设计一个可遍历子目录中所有文件的函数，用于演示目录操作及目录流操作相关函数的使用方法。代码如下：

```
01  #include <fcntl.h>                          //提供 open() 函数
02  #include <unistd.h>
03  #include <stdio.h>
04  #include <dirent.h>                         //提供目录流操作函数
05  #include <string.h>
06  #include <sys/stat.h>                       //提供属性操作函数
07  #include <sys/types.h>                      //提供 mode_t 类型
08  #include <stdlib.h>
09  void scan_dir(char *dir, int depth)//定义目录扫描函数
10  {
11    DIR *dp;                                  //定义子目录流指针
12    struct dirent *entry;                     //定义 dirent 结构指针保存后续目录
13    struct stat statbuf;                      //定义 statbuf 结构保存文件属性
14    if((dp = opendir(dir)) == NULL) {//打开目录，获得子目录流指针，判断操作
                                              //是否成功
15    puts("无法打开该目录");
16    return;
17    }
18    chdir(dir);                               //切换到当前目录中去获取下一级
19    while((entry = readdir(dp)) != NULL) {   //目录信息，如果未结束则循环
20    lstat(entry->d_name, &statbuf);          //获取下一级成员属性
21    if(S_IFDIR & statbuf.st_mode) {          //判断下一级成员是否是目录
22        if(strcmp(".", entry->d_name) == 0 || strcmp("..", entry->d_name)
23  == 0)
24  continue;                                  //如果获得的成员是符号 "." 和 ".."，
                                              //跳过本次循环
25        printf("%*s%s/\n",depth,"",entry->d_name); //输出目录名称
26        scan_dir(entry->d_name,depth+4);//递归调用自身，扫描下一级目录的内容
27    }
28    else
29        printf("%*s%s\n", depth, "", entry->d_name); //输出属性不是目录
                                              //的成员
30    }
31    chdir("..");                             //回到上一级目录
32    closedir(dp);                            //关闭子目录流
33  }
```

该函数的作用是遍历目录，将其所有的子目录和文件输出到终端上。遍历子目录实现

的方法是递归调用，首先判断子目录流指针所指向的文件是否为目录文件。如果是，该函数将调用自身去遍历子目录；如果不是，则输出文件名称，继续遍历当前目录，直到子目录流指向 NULL。函数的 depth 参数作用是在子目录前增加空格的数量，每一轮递归都将增加 4 个空格，这样能更容易的显示出目录的层次。下面设计一个小程序进行遍历目录。

```
01  int main()
02  {
03      puts("扫描/boot 目录:");
04      scan_dir("/boot",0);                      //调用目录扫描函数
05      puts("扫描结束");                          //扫描结束时输出提示信息
06      return 0;
07  }
```

程序中通过调用 scan_dir()函数遍历/boot 目录，程序的输出结果如下（有删节）：

```
扫描/boot 目录:
System.map-2.6.27.15-170.2.24.fc10.i686
config-2.6.27.12-170.2.5.fc10.i686
grub/
    ufs2_stage1_5
    stage1
…
System.map-2.6.27.12-170.2.5.fc10.i686
config-2.6.27.9-159.fc10.i686
…
efi/
    EFI/
        redhat/
            grub.efi
initrd-2.6.27.15-170.2.24.fc10.i686.img
vmlinuz-2.6.27.15-170.2.24.fc10.i686
…
扫描结束
```

13.2.5　删除目录或文件操作

删除目录操作可使用函数 rmdir()完成。该函数的一般形式是：rmdir(路径)。该函数必须是在该目录下没有子目录或文件的情况下才能运行。删除文件操作可使用函数 unlink()，该函数的一般形式是：

```
unlink(路径);
```

例如下例：

```
if(mkdir("testdir", 0774) != -1)             //创建一个新目录
    puts("创建目录成功");
else
    return 1;
if (creat("test1", 0664) != -1)              //创建一个新文件
    puts("创建文件成功");
else
    return 1;
if (unlink("test1") != -1)                   //删除刚才创建的文件
    puts("删除文件成功");
```

```
    else
        return 1;
    if (rmdir("testdir") != -1)                    //删除刚才创建的目录
        puts("删除目录成功");
    else
        return 1;
```

如上例所示，很多软件中实现的临时文件就是通过这种方式创建的。在程序运行时创建文件，在程序结束前删除文件。但这并不是最好的选择，因为如果程序意外终止会留下无法清理的文件。在 Linux 系统中创建临时文件可使用 mkstemp()函数，该函数的一般形式是：

```
mkstemp(文件名 XXXXXX);
```

mkstemp()函数会以可读写模式和 0600 权限来打开该文件，如果该文件不存在则会建立该文件。打开该文件后其文件描述符会返回，如果文件打开或创建失败则返回 NULL。需要注意的是，文件名必须是用字符串"XXXXXX"结尾。

13.2.6　错误处理

在进行文件操作的过程中可能会因各种原因而失败，错误信息将以代码的形式保存在系统变量 errno 中。很多函数通过改变 errno 变量的值输出标准错误信息编码，这些错误信息被保存在头文件 errno.h 内。

进行错误处理的函数有两个：一个是本书 10.8 节所介绍过的 sterror()函数，该函数的作用是根据标准错误信息编码在映射表中查询相关字符串，并将该字符串的指针返回给调用者。另一个是 perror()函数，该函数内部已经调用了 sterror()函数，它的作用是将标准错误信息字符串输出到终端上，并为其增加一个说明。例如下例：

```
perror("文件操作");                          //如果收到错误信息，则输出
```

将该语句放在文件操作函数失败时执行的代码块中，那么它就能输出错误信息。例如无法打开一个文件，它的输出结果是：

```
文件操作: No such file or directory
```

注意：因为很多函数都是用 errno 变量，当另一个函数操作完成后可能会改变该变量的值。所以要获得正确的错误信息，应该将取得 errno 变量值的语句或 sterror()函数放在例子出错语句最近的位置。

13.3　媒体播放器——增强媒体库功能

在第 11 章中的实例部分已实现了为媒体库添加一个文件的功能，本章实例将介绍添加目录到媒体库的实现方法，以及搜索本地磁盘中所有媒体文件并添加到媒体库的方法。

13.3.1　添加目录到媒体库

添加目录到媒体库需要利用遍历目录中所有文件的方法，并且需要判断该文件是否为媒体文件。实现该功能以前，首先要设计一个函数检查某个表示文件路径的字符串是否为媒体文件。以 MP3 文件为例，所有 MP3 文件的后缀名都是 mp3 或者 MP3，这可以作为判断该文件是否为 MP3 文件的依据，如下列源代码所示。

```
01  int is_mp3(const char *name)
02  {
03    int l;
04    if (!name) {                               //判断指针是否执行 NULL
05      printf("文件名指针错误\n");
06      return 0;
07    }
08    l = strlen(name);                          //获得文件名的长度
09    if (l < 5) {                               //判断文件名字符串是否有意义
10      printf("输入的文件名有误\n ");
11      return 0;
12    }
13    l -= 4;                                    //计算距离后缀名的偏移量
14    if (strcmp(name + l, ".mp3") && strcmp(name + l, ".MP3")) {
15                                               //判断后缀名是否为媒体文件名
16      return 0;
17    }
18    return 1;
19  }
```

将上述函数添加到 medialib.c 文件中，然后为该文件添加下列头文件，以便于处理文件和目录操作。

```
01  #include <fcntl.h>                           //提供 open()函数
02  #include <unistd.h>                          //提供 close()函数
03  #include <dirent.h>                          //提供目录流操作函数
04  #include <sys/stat.h>                        //提供属性操作函数
05  #include <sys/types.h>                       //提供 mode_t 类型
```

实现添加目录到媒体库的函数名称为 link_add_dir()，该函数也可用来操作播放列表，有关添加目录到播放列表的实现将在后面介绍。link_add_dir()函数的源代码如下：

```
01  int link_add_dir(link_t *mlink, const char *dir)
02  {
03    DIR *dp;                                   //定义子目录流指针
04    struct dirent *entry;                      //定义 dirent 结构指针保存后续目录
05    struct stat statbuf;                       //定义 statbuf 结构保存文件属性
06    if((dp = opendir(dir)) == NULL) {          //打开目录，获得子目录流指针，判断
                                                 //操作是否成功
07      printf("无法打开该目录");
08      return 0;
09    }
10    chdir(dir);                                //切换到当前目录中去
11    while((entry = readdir(dp)) != NULL) {     //获取下一级目录信息，如果未结
                                                 //束则循环
```

```
12          lstat(entry->d_name, &statbuf);              //获取下一级成员属性
13          if(S_IFDIR & statbuf.st_mode) {              //判断下一级成员是否是目录
14           if(strcmp(".",entry->d_name) == 0 || strcmp("..",entry->d_name)
             ==0)
15               continue;              //如果获得的成员是符号"."和"..",跳过本次循环
16            link_add_dir(mlink, entry->d_name);//递归调用自身,扫描下一级目录
                                                 //的内容
17          }
18          else {
19            if(is_mp3(entry->d_name))          //判断当前文件是否为媒体文件
20               link_add(mlink, entry->d_name); //添加该文件到媒体库链表
21          }
22        }
23        chdir("..");                           //回到上一级目录
24        closedir(dp);                          //关闭子目录流
25        return 1;
26   }
```

代码中调用了 is_mp3()函数判断遍历到的文件是否为媒体文件,如果是媒体文件,则用 link_add()函数将该文件添加到媒体库链表。

13.3.2　搜索本地磁盘中的所有媒体文件

搜索本地磁盘中所有媒体文件可以利用第 13.3.1 小节设计的 link_add_dir()函数,将该函数搜索的路径设置为"/"。源代码如下:

```
int link_search(link_t *mlink)
{
  return link_add_dir(mlink, "/");
}
```

link_search()函数只有一个参数,即媒体库链表指针。函数中将调用 link_add_dir()函数,其实际参数为媒体库链表指针和根路径"/"。此方法实现起来较为简单,但最大程度上牺牲了系统的性能,增加了算法的时间复杂度。因为整个磁盘中的文件通常有数十万之多,递归操作会占用大量系统资源。

13.4　小　　结

本章讲解了通过系统调用方式实现的各种文件操作。正确地认识文件概念是掌握 Linux 系统文件操作编程的基础。Linux 系统安全机制十分健全,所以在 Linux 系统上设计文件操作程序必须考虑因权限问题而产生的各种错误。在学习完本章后,建议读者建立自己的函数库处理各种文件操作错误,这样的自定义函数库对于将来的实际开发都会起到不可忽视的作用。另外,本章介绍了系统调用的原理,有关系统调用操作在后面章节还会遇到,希望读者注意总结这些函数的用法。随着 Linux 系统的发展,这些系统调用函数可能还会不断改变,也请读者通过多种途径留意这些变化。

第 14 章　文件 I/O 操作

文件在 Linux 系统中是一个广泛的概念。在前面的章节中提到过，Linux 将所有的硬件设备都当作文件来处理。因此，文件的输入与输出（I/O）操作也是对设备进行操作的基础。本章将文件 I/O 操作分为两部分来讲解，第 1 部分是非缓冲文件操作，这种操作适合于比较小规模文件的读写和对实时性要求很高的设备的数据通信，这类操作是系统调用提供的；第 2 部分是缓冲文件操作，所面向的则是大规模非实时性数据的处理，这类操作是标准输入输出库提供的。

14.1　非缓冲文件操作

非缓冲文件操作针对于小规模文件的读写，或者是实时设备，例如调制解调器、连接于串口的工业设备。执行非缓冲文件操作后，应用程序将立即获取或传送数据。非缓冲文件操作的函数只有两个，分别是 read()函数和 write()函数，这些函数通过文件标识符找到文件。在介绍这些函数前，首先介绍 3 个操作系统预先分配的文件标识符。

- ❑　0：标准输入，即通过终端输入。
- ❑　1：标准输出，即通过终端输出。
- ❑　2：标准错误，系统中存放错误信息的堆栈。

14.1.1　使用 read()读取文件

read()函数用于从文件中将信息读取到指定的内存区域中。该函数的一般形式是：

```
read(文件标识符, 内存块指针, 内存块长度);
```

文件标识符可使用 open()函数获得，或者使用系统预先分配的文件标识符。内存块指针用于指定 read()函数读取数据的保存位置，内存块长度在 read()函数的第 3 个参数里定义。read()函数的返回值是它实际读取的长度，如果返回值为 0，表示它没有读取任何数据，运行错误时则返回 1。例如下例：

```
01   #include <fcntl.h>
02   #include <sys/types.h>
03   #include <sys/stat.h>
04   #include <unistd.h>
05   #include <stdio.h>
06   #define LENGTH 2000                        //内存块最大长度
07   int main()
08   {
```

```
09      char c[LENGTH];                             //定义内存块
10      int f, i, j = 0;
11      f = open("/usr/include/gnu-versions.h",     //打开指定路径文件
12              O_RDONLY,                           //打开方式为只读
13              LENGTH);                            //每次读入到缓冲区的字节为 2000
14      if (f != -1) {                              //判断文件是否打开成功
15          i = read(f, c, LENGTH);                 //从文件读取指定长度的数据,将实际
16                                                  //长度赋值给 i
17          if (i > 0) {                            //判断是否正确读取
18              for( ; i > 0; i--)                  //以实际长度作为循环次数
19                  putchar(c[j++]);                //输出指定位置的字符
20          }
21          else
22              perror("读取");                      //输出错误信息
23      }
24      else
25          perror("打开文件");
26      return 0;
27  }
```

上述程序中首先使用 open()函数以只读方式打开了路径为"/usr/include/gnu-versions.h"的文件,并规定每次读入缓冲区的字节数为 2000。如果文件打开成功,将指定长度的数据读入到缓冲区 c,然后再把缓冲区内的数据输出到屏幕。

14.1.2 使用 write()写入文件

write()函数用于将指定长度的数据写入文件中,该函数的一般形式是:

```
write(文件标识符, 内存块指针, 内存块长度);
```

函数的返回值是它实际写入的长度,如果返回值为 0,表示它没有写入任何数据,运行错误时则返回 1。例如下例:

```
char c[LENGTH];                             //定义内存块
int f, i;
puts("输入要保存的文件信息: ");
if ((i = read(0, c, LENGTH)) < 1) {         //从标准输入中读取数据,实际输入的长度
                                            //赋值给 i
    perror("读取失败");
    return 1;
}
f = open("outfile", O_RDWR | O_CREAT, 0664);    //打开或新建一个文件
if (f != -1) {
    if(write(f, c, i) != i)                 //将内存块中长度为 i 的数据写入文件
        perror("写入失败");
    puts("保存文件成功! ");
    close(f);
}
else
    perror("打开文件");
```

该程序从文件标识符为 0 的设备读取数据,0 是系统预定义的文件标识符,该标识符代表标准输入,即终端,所实现的操作与 gets()或 scanf()函数相当。然后,write()函数将终

端中输入的字符输出到指定文件中。

14.1.3　随机读写文件

open()函数内部有一个隐藏的文件位置指针，该指针指向文件正在读写的位置。在未指定的情况下，该位置处于文件的开始。细心的读者会发现，如果多次运行 14.1.2 小节的程序，后一次输入的数据会覆盖上一次输入。如果在 open()函数参数中加入副标志 O_APPEND，那么打开的文件时指针将指向文件末端，后一次输入的数据将保存在文件末尾。源代码如下：

```
f = open("outfile", O_RDWR | O_CREAT | O_APPEND, 0664);
                                //打开或新建一个文件，从文件末端操作
```

如果要在程序运行中指定指针的具体位置，可使用 lseek()函数实现。该函数的一般形式是：

```
lseek(文件标识符，偏移长度，起始位置);
```

偏移长度用于设置指针的位置，起始位置是定义指针位置的参考坐标，该坐标可用 3 个枚举常量表示，见表 14.1。

表 14.1　指针位置的参考坐标标志

标 志 名 称	说　　明
SEEK_SET	以文件开始位置作为参考坐标，将指针设到偏移长度上
SEEK_CUR	以指针当前位置作为参考坐标，将指针设到偏移长度上
SEEK_END	以文件末端位置作为参考坐标，将指针设到偏移长度上

当起始位置为当前位置或文件末端时，偏移长度允许为负值，表示指针向前移动。但偏移长度不能超过文件的首和尾限定的范围，否则将造成严重错误。lseek()函数返回值是指针位置，操作失败则返回-1。例如下例：

```
int f, i;
f = open("outfile", O_RDWR | O_CREAT, 0664);
if (f != -1) {
  if(write(f, "12345", i) != i)
    perror("写入失败");
  lseek(f, 2, SEEK_SET);              //将指针移动到文件的第 2 个字符上
  if(write(f, "6789a", i) != i)
        perror("写入失败");
  lseek(f, -4, SEEK_END);             //将指针移动到文件末尾前的第 4 个字符上
  if(write(f, "bcdef", i) != i)
        perror("写入失败");
  lseek(f, -1, SEEK_CUR);             //将指针移动到指针当前位置前的第 1 个字符上
  if(write(f, "hijkl", i) != i)
        perror("写入失败");
  puts("保存文件成功! ");
  close(f);
}
else
  perror("打开文件");
```

上述程序中首先是要 open()函数打开或创建文件 outfile。如果打开成功，则向文件内写入字符串数据。第 1 次写入的字符串为 12345，然后用 lseek()函数从开始位置将文件指针向右移动 2 位。第 2 次写入的字符串为 6789a，这时文件中保存的字符串数据如下：

```
126789a
```

再然后用 lseek()函数从文件末尾向左移动 4 位。第 3 次写入的信息为 bcdef，这时文件中保存的字符串数据如下：

```
126bcdef
```

最后一次从指针当前位置向左移动 1 位。第 4 次写入的信息为 hijkl，这时文件中保存的字符串数据如下：

```
126bcdehijkl
```

14.2　缓冲文件操作

缓冲区是为程序分配的内存块，在进行数据量比较大且不要求实时性的 I/O 操作时，一部分数据被置于缓冲区中，只有当数据的长度快要超过缓冲区范围或时间周期达到时，这些数据才被送入指定的位置。基于缓冲区的文件 I/O 操作减少了对设备的物理数据接口访问次数，从而使大量数据的 I/O 操作的系统开支减少，并将实际读写速度提升。标准输入输出库定义了文件流结构指针 FILE*作为文件的标识，同时提供了一系列缓冲文件操作函数。有 3 个文件流是系统预定义的，下面分别介绍

- ❑ stdin：标准输入。
- ❑ stdout：标准输出。
- ❑ dtderr：标准错误。

14.2.1　打开与关闭文件流

打开文件流操作的函数是 fopen()，该函数与系统调用函数 open()的作用相似，它主要用于文件和终端的输入输出方面，所以并不能对文件权限进行操作。该函数的一般形式是：

```
fopen(路径，打开方式);
```

打开方式是一组字符串，定义方法见表 14.2。

表 14.2　打开方式字符串

参　　　数	说　　　明
r 或 rb	以只读方式打开
w 或 wb	以写方式打开，将文件长度置为 0
a 或 ab	以写方式打开，数据追加在文件末端
r+或 rb+或 r+b	以修改方式打开（读与写）
w+或 wb+或 w+b	以修改方式打开，将文件长度置为 0
a+或 ab+或 a+b	以修改方式打开，数据追加在文件末端

　　字母 b 表示操作的是二进制文件，但在 Linux 系统中并不区分文本文件和二进制文件，所以两种操作实际是一样的。如果函数执行成功，返回值是文件流指针，否则返回 NULL。

　　当文件不需要使用时，可用 fclose()函数将文件关闭。该函数的一般形式是：fclose（文件流指针）。当 fclose()函数执行时，所有放在缓冲区等待写入的数据都将被写入到文件中。如果数据未能被成功保存，fclose()函数返回–1，否则返回 0。这两个函数的用法如下例所示。

```
01  #include <stdio.h>
02  int main()
03  {
04      FILE *fp;                           //定义文件流指针
05      fp = fopen("/usr/include/gnu-versions.h","r");
                            //以只读方式打开文件，函数返回的文件流指针赋给*fp
06      if (fp != NULL)                     //判断文件是否打开成功
07        puts("打开文件成功");
08      else {
09        perror("打开文件");
10        return 1;
11      }
12      if (fclose(fp) != -1)               //关闭文件并判断文件关闭是否成功
13        puts("关闭文件成功");
14      else {
15        perror("关闭文件");
16        return 1;
17      }
18      return 0;
19  }
```

　　上述程序中创建了一个文件流指针*fp，然后使用 fopen()函数以只读方式打开"/usr/include/ gnu-versions.h"文件。如果打开成功，则输出相关信息，最后使用 fclose()函数关闭文件流指针。

14.2.2　读取与写入文件流

　　读取文件流可使用函数 fread()，该函数的一般形式是：

```
fread(缓冲区指针，长度，数量，文件流指针);
```

　　缓冲区在程序中定义，定义后将指针作为参数传递给 fread()函数。参数中的长度是指每次读取到缓冲区内数据的长度，参数中的数量是读取操作的最多次数。该函数的返回值是读取到缓冲区的次数，这个数字可能会小于参数中定义的最多次数。如果文件的长度大于 fread()函数实际读取数据的长度，那么实际读取数据的总和为参数中长度与数量的乘积。

　　写入文件流可使用函数 fwrite()，该函数的形式与 fread()相同。这两个函数不适用于操作结构化数据的场合，例如操作数据库中的表，原因是 fwrite()函数写的文件可能无法在不同硬件平台之间移植。

　　如果待写入的数据存储在缓冲区中，而又要立即将缓冲区的数据写入文件，可使用 fflush()函数实现。该函数的一般形式是 fflush（缓冲区指针）。这 3 个函数的用法如下例所示。

```
01  #include <stdio.h>
02  #define SIZE 65536                          //用于定义缓冲区大小，64KB
03  #define LENGTH 1024                         //用于定义每次读取的长度，1KB
04  int main()
05  {
06     char buf[SIZE] = {0};                    //定义缓冲区
07     FILE *fp;                                //定义文件流指针
08     fp = fopen("/usr/include/gnu-versions.h","r");  //打开文件
09     if (fp != NULL) {
10        if(fread(buf, LENGTH, SIZE / LENGTH, fp) >= 0)//读取数据到缓冲区
11           puts("读取文件成功");
12        else {
13           perror("读取文件失败");
14           return 1;
15        }
16     }
17     else
18        perror("打开文件");
19     fclose(fp);                              //关闭被读取的文件
20     fp = fopen("copy","rw+");                //以读写模式打开文件（该文件必须是
21                                              //已存在的）
22     if (fp != NULL) {
23  if(fwrite(buf, LENGTH, SIZE / LENGTH, fp) >= 0) {  //将缓冲区内的
                                                 //数据写入文件
23           fflush(fp);                        //立即将缓冲区待写入的数据写入文件
24           puts("写入文件成功");
25        }
26        else {
27           perror("写入文件失败");
28           return 1;
29        }
30     }
31     else
32        perror("打开文件");
33     if (fclose(fp) != -1)                    //关闭文件
34        puts("关闭文件成功");
35     else
36        perror("关闭文件");
37     return 0;
38  }
```

上例代码的作用实际是复制一个文件的全部内容，但 fopen()函数没有新建文件的功能，所以必须先建立一个空白文件作为数据写入的目标。该程序所设缓冲区的大小为64KB，因此只能复制长度在 64KB 以内的文件。在 fread()和 fwrite()函数所设置数量可设置为缓冲区大小除以每次读取长度的商，这样就能保证将数据读满缓冲区。

注意：缓冲区的大小和每次操作数据的长度究竟该如何定义，这是一个值得深入研究的问题。很多进行大规模数据存储的软件可能会因为这两个数值的设定而影响性能。缓冲区并非限定了所操作文件的最大规模，一个大文件可分次进行读取和写入操作，所以缓冲区的大小最好由设备的实际内存来决定。假设设备的物理内存为 1GB，那么使用 1MB～100MB 的缓冲区都是合适的。每次操作数据的长度要

看访问数据的来源和去向，最好也依据实际硬件的性能来定，例如很多 SATA 硬盘一次读取的数据量为 512KB，那么在程序中也可以将每次操作数据的长度设为该值。

14.2.3　文件流的格式化输入与输出

标准输入输出库里提供了文件流的格式化输入输出函数 fscanf()和 fprintf()，这两个函数的用法与 scanf()和 printf()函数极为相似。这两个函数的一般形式是：

```
fscanf(文件流指针, "控制字符串", 输入项列表);
fprintf(文件流指针, "控制字符串", 输出项列表);
```

对于文本操作来说，fscanf()并不是最灵活的实现方法，因为需要预先估计文件的形式并定义控制字符串，它会将所遇到数值为 0 的地方当作字符串结束符处理。fscanf()对于结构化数据是最合适的选择，它可以将文件中不同类型的数据分别以该类型保存起来。如果处理成功，fscanf()函数返回值是正确输入项的个数，通过输入项的个数可进一步判断是否取得了所需要的数据。当 fscanf()函数遇到错误或者已经到了文件的结尾，返回值为常量 EOF。

fprintf()函数用于将缓冲区内的数据按控制字符串里规定的形式输出到文件中，函数返回值是实际输出数据的长度。下例将演示这两个函数的使用方法。

```
struct buddy                            //定义结构体，用于保存数据的格式
{
   char name[50];
   unsigned int tel;
   char address[200];
};
struct buddy bd1;                       //声明结构体变量
if(creat("buddy", 0664) == -1) {        //使用系统调用函数创建新文件
   perror("创建文件失败");
   return 1;
}
FILE *fp;                               //创建文件流指针
fp = fopen("buddy","rw+");              //打开文件
fprintf(fp, "<name>%s <tel>%d <address>%s ",//将格式化后的数据输出到文件中
    "Tom",1234567890,"China");
fclose(fp);                             //关闭文件
fp = fopen("buddy","rw+");              //再次打开文件
fscanf(fp, "<name>%s <tel>%d <address>%s ",
                                        //读取结构化数据，并保存在结构体变量bd1 中
    bd1.name, &bd1.tel, bd1.address);
fclose(fp);
printf("<name>%s <tel>%d <address>%s ",
bd1.name, bd1.tel, bd1.address);
```

该程序演示了保存和读取结构化数据的方法。使用 fprintf()函数保存数据时，每组数据前加上尖括号包围的数据域名，每组数据间用空格分隔。数据保存完后，将文件流关闭，因为文件流也有隐藏的指针指向文件中的位置，执行完 fprintf()函数后指针指向的位置是

fprintf()函数输出的字符串末尾处。再次打开文件，指针的位置又回到了文件首，这时用fscanf()函数读取文件中的数据。fscanf()函数的控制字符串将数据域名、所要求读取的数据类型和数据分组间的空格都列在其内，只有严格遵守此格式的数据才能被输入到结构体变量 bd1 中。

文件流的格式化输入和输出并没有要求指定缓冲区位置，但这并不代表它们不使用缓冲区。fscanf()和 fprintf()函数缓冲区的位置和每次读取数据的长度由编译器指定。

14.2.4　文件流的定位操作

文件流结构中有一个指针指向正在读写文件数据的位置。在操作文件流时，可通过调整该指针对文件的指定位置进行操作。在标准输入输出库里函数 fseek()与系统调用函数 seek()的定义方法和使用方法几乎一致，只是 fseek()函数的第一个参数是文件流指针。除此以外，标准输入输出库还为定位操作提供了几个函数，见表 14.3。

表 14.3　文件流的定位操作函数

函 数 名	说 明
fgetpos（文件流指针，fpos_t *位置）	获得文件当前读写位置，操作成功返回为 0，否则返回–1
fsetpos（文件流指针，const fpos_t *位置）	设置文件读写位置，操作成功返回为 0，否则返回–1
Ftell（文件流指针）	获得文件当前读写位置偏移量，返回值为长整型
rewind（文件流指针）	将文件指针重新指向一个流的开头

fpos_t 类型是标准函数库中定义的一种结构体，它也是文件流 FILE 结构体中的一个成员。表 14.3 中的函数正是用来对 FILE 结构体中 fpos_t 类型成员进行操作的。这些函数的用法如下例所示。

```
01   #define CTIME 3                            //定义操作次数
02   struct inputvalue                          //该结构体保存每次输出操作信息
03   {
04     unsigned int length;                     //每次输出的字符串长度
05     fpos_t pos;                              //每次输出在文件中的位置
06   };
07   int main()
08   {
09     if(creat("text", 0664) == -1) {          //创建文件
10       perror("创建文件失败");
11       return 1;
12     }
13     struct inputvalue iv[CTIME];             //创建记录操作行为的结构体数组
14     int i;
15     FILE *fp;
16     fp = fopen("text","rw+");                //打开文件
17     for (i = 0; i < CTIME; i++) {
18       fgetpos(fp, &(iv[i].pos));            //保存指针当前位置
19   iv[i].length = fprintf(fp, "第%d 次输出的数据", i);//输出数据到文件并
                                                //记录输出信息的长度
20     }
21     fflush(fp);                              //立即将缓冲区内的数据输出到文件
22     printf("文件的总长度为%ld\n", ftell(fp)); //当前指针的位置一定在文件尾，
23                                              //指针
```

```
24                                          //的偏移量即文件长度
25      rewind(fp);                         //将指针重新指向文件开头
26      for (i = 0; i < CTIME; i++) {
27          fsetpos(fp, &(iv[i].pos));      //用数组中的数据定位指针
28   char *buf = malloc(iv[i].length+1);//以数组中的输出长度加 1 的值动态分
                                            //配缓冲区大小
29          * (buf + iv[1].length+1) = '\0'; //缓冲区最后   位置为字符串终结符
30          fread(buf, iv[i].length, 1, fp); //读取输出长度的数据到缓冲区
31          puts(buf);                      //输出缓冲区内的数据
32          free(buf);                      //释放缓冲区
33      }
34      fclose(fp);
35      return 0;
36  }
```

该代码实现的功能类似于文本编辑器里撤销所做的工作。首先定义一个包含 fpos_t 结构的结构体，在结构体中定义一个整型数据保存每次操作数据的长度。每次向文件输出数据前，首先用记录指针的位置，然后记录操作数据的长度。从文件读取数据前，这些数据被用来定位指针和作为读取数据函数的参数。

💭注意：文件流的格式化输出函数 fprintf()并不会将字符串终结符输出到文件中去，所以在使用格式化输入函数 fscanf()读取数据时，必需以其他的字符作为判断字符串结束的标志。如果直接用 fread()函数读取字符串数据，则要在程序中手动增加字符串终结符。

14.2.5　文件流操作的其他函数

除了前面所讲解的这些函数以外，标准输入输出库还为文件流操作提供了其他一些不太常用的函数，这些函数如表 14.4 所示。

表 14.4　文件流操作的其他函数

函 数 名	说　明
fgetc（文件流指针）	从文件读取一个字符，并将该字符以整型数据返回给调用者
fputc（字符型数据，文件流指针）	向文件输出一个字符，返回操作结果
fgets（字符串指针，最大长度，文件流指针）	从文件读取一个字符串保存到字符串指针指向的位置，操作成功返回字符串指针
fputs（字符串指针，文件流指针）	向文件输出一个字符串，操作成功时返回字符串的长度
freopen（路径，打开方式，文件流指针）	重新打开一个文件
setvbuf（文件流指针，缓冲区指针，类型，缓冲区大小）	设置文件流的缓冲区。类型可选的值有： _IOFBF，文件全部缓冲，即缓冲区装满后才能对文件读写； _IOLBF，文件行缓冲，即缓冲区接收到一个换行符时才能对文件读写； _IONBF，文件不缓冲，直接读写文件，不再通过文件缓冲区缓冲
remove（路径）	删除文件或目录

14.2.6　文件流操作的错误处理

在 C 语言中，很多函数都使用标准输入输出库中定义的全局变量 errno 保存错误代码。当文件流操作进行到文件末尾时，也会通过 errno 变量保存一个信息，这个信息是标准输入输出库中定义的常量 EOF。除此以外，其他文件流操作的错误也会保存在这个变量中。与该变量相关的函数有 3 个，它们的一般形式如下：

```
ferror(文件流指针);
feof(文件流指针);
clearee(文件流指针);
```

ferror()函数的作用是判断文件流操作是否失败，失败时返回非 0 值，否则返回 0。feof()函数的作用是当文件流内指向文件中位置的指针到达文件尾，函数返回非 0 值，否则返回 0。clearee()函数的作用是清除 errno 变量内的错误信息。这 3 个函数的用法如下例所示。

```
FILE *fp = fopen("/usr/include/gnu-versions.h", "r"); //打开文件
if (fp != NULL) {                                    //判断打开文件操作是否有错
   while (!feof(fp))                                 //判断是否到达文件末端
      putchar(fgetc(fp));                            //输出一个字符
}
else {
   printf("错误代码：%d", ferror(fp));                //输出文件流操作错误代码
   perror("打开文件错误");
}
```

上述源代码中首先创建了文件流指针*fp，并以只读方式打开文件"/usr/include/gnu-versions.h"。如果打开文件成功，使用 putchar()函数依次输出文件中的每个字符。

14.3　媒体播放器——完善播放列表

在第 8 章的实例中曾设计过简单的播放列表，但该播放列表不能直接用在媒体播放器中，必须对其进行改写。播放列表可直接利用媒体库链表的数据结构，这样也便于代码复用，而且更容易实现将媒体库中选择的文件添加到播放列表功能。程序中的播放列表数据结构播放列表通常被保存为文件。本节将介绍读取播放列表文件的方法，以及将播放列表保存为文件的方法。

14.3.1　读取播放列表文件

播放列表文件并没有统一的格式，目前使用最为广泛的是 M3U（MP3 URL），大多数媒体播放器均支持该文件格式。M3U 文件的后缀名为.m3u，它的文件格式并不复杂，是直接以字符形式保存的，可通过文本编辑器打开。代码如下：

```
#EXTM3U
#EXTINF:215,No Matter What
```

```
/home/Shizhe/音乐/no matter what.mp3

#EXTINF:310,Hey Jude.mp3
/home/Shizhe/音乐/Beatles-Hey Jude.mp3
```

该文件中记录着两首 MP3 音乐的信息，文件的顺序即为播放时的顺序。M3U 文件开头，必须用标识符#EXTM3U 表示该文件格式为 M3U 文件，然后用换行符结束。每条记录的开始为#EXTINF:信息行，其中有两个数据域，用逗号隔开。第 1 个数据域必须为正整数，代表 MP3 文件的长度，以秒为单位，第 2 个数据域为该文件的标题。该行结束后，紧接着的是 MP3 文件的路径，然后再空一行放置下一条记录。

📖注意：M3U 文件的路径可以是相对路径，或者是一个网络地址，本例暂时不予考虑。
　　　　另外，某些播放器生成并不规则的 M3U 文件，例如没有#EXTM3U 标识符或者
　　　　#EXTINF:信息行，记录之间也没有空行，本例只以标准 M3U 文件格式为准。
　　　　#EXTINF:信息行提供的数据域可能与媒体文件实际信息不相符，所以读取 M3U
　　　　文件可忽略这些信息。

读取 M3U 文件要使用 fgets()函数，每次从文件中读取一整行字符，然后将其作为字符串操作。下列源代码将读取 M3U 文件，并将其中的记录加入播放列表中。

```
01  int load_m3u(link_t *mlink, const char *file)
02  {
03    char str[MAX_PATH_LENGTH];                //用于保存读取的字符串
04    link_del_all(mlink);                      //清空链表
05    if (!file) {                              //判断文件指针是否为 NULL
06      printf("文件链接错误\n");
07      return 0;
08    }
09    FILE *fp = fopen(file, "r");              //以只读方式打开文件
10    if(fp != NULL) {
11      fgets(str, MAX_PATH_LENGTH, fp);        //读取文件的第 1 行
12  if(strncmp(str, "#EXTM3U", 7)) {        //判断文件的第 1 行是否包含 M3U 标识符
13        printf("该文件不是播放列表文件\n");
14        return 0;
15      }
16    }
17    else {
18      printf("错误代码：%d", ferror(fp));
19      perror("打开文件错误\n");
20    }
21    while(!feof(fp)) {                         //在没有遇到文件终结符时执行循环体
22      fgets(str, MAX_PATH_LENGTH, fp);        //读取一行字符串
23      str[strlen(str) - 1] = '\0';            //将读入的换行符替换为字符串结束符
24      if (is_mp3(str))                         //判断读入的字符串是否为 MP3 文件
25        link_add(mlink, str);                 //加入到播放列表
26    }
27    fclose(fp);                               //关闭文件流
28    return 1;
29  }
```

函数中创建了一个文件流指针，并以只读方式打开文件。首先判断该文件流指针是否有效，如果有效则读入文件的第一行，通过与 M3U 标识符相对比可判断该文件是否为播

放列表文件。再使用 fputs()函数读取一行字符串时，同时会读入换行符\n，所以必须先将换行符去掉。str[strlen(str) −1] = '\0';语句的作用就是将末尾换行符替换为字符串结束符，strlen(str) −1 表达式得到的是字符串中最后一个符号的数组下标。

创建播放列表的方法与创建媒体库链表方法相同，并且使用同一种数据结构。假设存在一个 M3U 文件，文件的路径为/home/Shizhe/音乐/myplaylist.m3u。下列源代码将使用 load_m3u()函数打开该文件，并将该文件中的文件记录加入到播放列表中。

```
...
    link_t mlink = {NULL, 0};                              //创建媒体库链表
    link_t playlist = {NULL, 0};                           //创建播放列表
    load_m3u(&playlist, "/home/Shizhe/音乐/hi.m3u");       //读取播放列表文件
    printf("播放列表中的文件数为：%d\n", playlist.length);  //输出列表长度
...
    link_del_all(&mlink);                                  //清除媒体库链表
    link_del_all(&playlist);                              //清除播放列表
...
```

14.3.2　将播放列表保存为文件

将播放列表保存为文件必须遵循 M3U 文件格式的规范，所以应该选用格式化输出函数进行操作。代码如下：

```
01    int save_m3u(link_t *mlink, const char *file)
02    {
03       FILE *fp;                              //创建文件流指针
04       node_t *tmp;                           //用于遍历链表的指针
05       if (!file) {                           //判断文件路径指针是否为 NULL
06          printf("文件链接错误\n");
07          return 0;
08       }
09       if(creat(file, 0664) == -1) {          //创建文件，无论该文件是否存在
10          perror("创建文件失败");
11          return 0;
12       }
13       fp = fopen(file,"rw+");                //打开创建的文件
14       tmp = mlink->np;
15       if (fp != NULL) {
16          fprintf(fp, "#EXTM3U\n");           //输出 M3U 标识符到文件
17          while(tmp) {                        //遍历链表
18             fprintf(fp, "#EXTINF:%d,%s\n%s\n\n",
19                       (int) tmp->item.record_time,
20                       tmp->item.title,
21                       tmp->item.filepath);  //格式化输出列表中文件信息
22             tmp = tmp->p;
23          }
24          fflush(fp);                         //立即将缓冲区待写入的数据写入文件
       }
25       else {
26          perror("打开文件失败");
27          return 0;
28       }
29       if (fclose(fp) != -1)                  //关闭文件流指针
```

```
30        printf("保存文件成功\n");
31    else {
32        perror("关闭文件");
33        return 0;
34    }
35    return 1;
36 }
```

代码中使用系统调用 creat()创建了一个文件，假设该文件已经存在，原有的内容将被清空。然后用文件流指针以读写方式打开文件，这时就可以向文件按 M3U 的格式输出信息。文件流指针可用时，从首端开始遍历链表的节点，读取节点所指向内存空间中存放的播放列表项。遍历结束后，首先使用 fflush()函数将缓冲区待写入的数据写入文件，然后关闭文件。

注意：fputs()函数输出字符串后并不包括换行符，甚至也不包括字符串结束符，这一点与 puts()函数有很大的区别。如果使用 fputs()函数代替上例中的 printf()函数，那么字符串中必须含有换行符。

14.4　小　　结

本章以普通文件为例讲解了文件 I/O 操作的各种函数。虽然没有介绍其他类型的文件，但它们的操作方法与普通文件类似。在文件流的格式化输入与输出部分，我们以一个简单的例子说明了如何操作结构化数据，这一用法是文件 I/O 操作的重点。很多应用程序以特定的方式保存数据，例如 HTML 和 XML 文件直接以文本符号保存数据域名与数据，分析这些数据需要对其编码规则有所了解。有的软件以二进制形式保存数据，如压缩软件和多媒体软件，它们的数据是不直观的，只有针对这些数据格式开发相应的解码器才能得到有用的数据。Linux 系统中提供了很多解码器函数库，在本书的网络编程部分会接触简单的HTML 解码器。

第 15 章　进 程 控 制

Linux 系统是多任务操作系统，可同时进行多个程序完成多项工作。进程是处于活动状态的程序，在操作系统的管理下，所有进程共享计算机中的硬件资源。进程作为系统运行时的基本逻辑成员，不仅作为独立个体运行在系统上，而且还将相互竞争系统资源。了解进程的本质对于理解、描述和设计系统软件有着极为重要的意义，了解进程的活动状态也有利于设计复杂的程序。本章将介绍 Linux 系统中进程的概念和与进程有关的系统调用函数。

15.1　进程的基本概念

在讨论进程的基本概念之前，首先介绍两种查看 Linux 系统中进程信息的方法。本书第 3.2 节介绍了在终端内输入命令 ps -e 可列出所有进程，ps 命令的参数还有-f，显示进程的全部信息；-h 不显示进程标题列出所有进程；-l 以长格式显示进程；-w 以宽格式显示进程；-a 显示终端上的所有进程，包括其他用户的进程；-r 只显示正在运行的进程；-x 显示没有控制终端的进程。在 Dash 主页中搜索"系统监视器"程序，打开程序后可查看"进程"选项卡内的进程信息，如图 15.1 所示。

图 15.1　进程选项卡

15.1.1　进程的状态和状态转换

进程在生存周期中呈现出各种状态及状态的转换，这些信息反映了进程获取系统资源的情况。Linux 系统的进程状态模型见表 15.1。

表 15.1　Linux系统的进程状态模型

状 态 名 称	说　　明
创建状态	进程正在被 Linux 内核创建
就绪	进程还没有开始执行，但相关数据已被创建，只要内核调度它就立即可以执行
内核状态	进程在内核状态下运行，被调度上 CPU 执行
用户状态	进程在用户状态下运行，等待被调度上 CPU 执行
睡眠	进程正在睡眠，等待系统资源或相关信号唤醒
唤醒	正在睡眠的进程收到 Linux 内核唤醒的信号
被抢先	具有更高优先级的进程强制获得进程的 CPU 时钟周期
僵死状态	进程通过系统调用结束，进程不再存在，但在进程表项中仍有记录，该记录可由父进程收集

1．子进程被Linux内核调入CPU执行的过程

进程的生命周期包括从创建到退出的全部状态转化，它的生命周期里并不一定要经历所有的状态。父进程创建子进程，子进程被 Linux 内核调入 CPU 执行的过程可用跨职能流程图来反映，如图 15.2 所示。

最初，父进程通过 fork 系统调用创建子进程，子进程被创建后，处于创建状态。Linux 内核为子进程配置数据结构。如果内存空间足够，子进程在内核中就绪，否则在 Swap 分区就绪。这时子进程处于就绪状态，等待 Linux 内核调度。

Linux 内核会为子进程分配 CPU 时钟周期，在合适的时间将子进程调度上 CPU 运行，这时子进程处于内核状态，子进程开始运行。被分配的 CPU 时钟周期结束时，Linux 内核再次调度子进程，将子进程调出 CPU，子进程进入用户状态。

待子进程被分配到下一个 CPU 时钟周期到来时，Linux 内核又将子进程调度到 CPU 运行，使子进程进入内核状态。如果有其他的进程获得更高优先级，子进程的时钟周期可能会被抢占，这时又会回到用户状态。

2．子进程进入睡眠状态

子进程在运行时，如果请求的资源得不到满足将进入睡眠状态，睡眠状态的子进程被从内存调换到 Swap 分区。被请求的资源可能是一个文件，也可能是打印机等硬件设备。如果该资源被释放，子进程将被调入内存，继续以系统状态执行，如图 15.3 所示。

3．子进程结束

子进程可以通过 exit 系统调用结束，这时子进程将进入到僵死状态，生命周期结束，如图 15.4 所示。

图 15.2　创建和调度子进程流程

图 15.3　子进程进入睡眠状态

图 15.4　子进程结束

子进程在内核中的数据结构又被称为上下文。上下文包括 3 个部分：用户级上下文是子进程用户空间的内容；寄存器上下文是子进程运行时装入 CPU 寄存器的内容；系统级上下文是子进程在 Linux 内核中的数据结构。

子进程切换时，CPU 收到一个软中断，这时上下文将被保存起来，称之为保存现场。子进程再次运行时，上下文被还原到相关位置，称之为还原现场。整个过程称为上下文切换，保存上下文的数据空间称为 u 区，是 Linux 内核为进程分配的存储空间。内核在以下情况会进行上下文切换操作：

- ❑ 子进程进入睡眠状态时。
- ❑ 子进程时钟周期结束，被转为用户状态时。
- ❑ 子进程再次被调度上 CPU 运行，转为系统状态时。
- ❑ 子进程僵死时。

15.1.2　进程控制

在 Linux 系统中，用户创建子进程的唯一方法就是使用 fork 系统调用。fork 系统调用的流程如图 15.5 所示。

首先，Linux 内核在进程表中为子进程分配一个表项，然后分配 PID。子进程表项的内容来自于父进程，fork 系统调用会将父进程的进程表项复制为副本，并分配给子进程。然后，Linux 内核使父进程的文件表和索引表的节点自增 1，创建用户级上下文。最后，将父进程上下文复制到子进程的上下文空间中。fork 系统调用结束后，子进程的 PID 被返回给父进程，而子进程获得的值为 0。

最简单的进程控制为结束进程，通过 exit 系统调用实现。进程执行 exit 系统调用后，Linux 内核将删除进程的上下文，但保留进程表项，进程处于僵死状态。待合适的时候，再删除进程表项中的内容，释放进程 PID。

父进程与子进程的同步是通过 wait 系统调用实现的。父进程调用 wait()函数后，父进程的执行被阻断，直

图 15.5　fork 系统调用流程

到子进程进入僵死状态。这时，子进程的退出参数可通过 wait()函数返回给父进程。wait 系统调用常被用来判断子进程是否已结束。

除此以外，进程可使用 exec 系统调用运行一个可执行文件。该 exec 和 fork 系统调用的区别是，exec 系统调用会结束原有进程，使用更新上下文的内容，并从头开始执行一个新的进程。两个进程之间并无父子关系。

15.1.3　进程调度

Linux 系统是分时操作系统。Linux 内核可同时执行多个进程，并为每个进程分配 CPU 时钟周期。当一个进程的时钟周期结束后，Linux 内核会调度另一个进程上 CPU 执行，如此往复。这种调度方法属于多级反馈循环，Linux 内核会为每个进程设定优先级。如果有进程处于较高的优先级，那么它能够抢占较低优先级进程的 CPU 时钟周期。

Linux 系统进程调度包括两个概念，分别是调度时机和调度算法。调度时机指进程何时被调度上 CPU 执行。例如，转变为睡眠状态的进程将获得较高的优先级，一旦所需要的资源被释放，该进程可以立即被调度上 CPU 执行。被抢占的进程也将获得一个较高的优先级，抢占其 CPU 时钟周期的进程一旦转为用户状态，被抢占的进程立即转为内核状态。调度算法所关心的内容就是如何为进程分配优先级。

为 Linux 设计程序时，通常不需要人为地设置进程的优先级，Linux 系统进程调度机制可保证所有进程都能获得足够的运行时间。

15.2　进程的基本操作

本节将通过介绍进程操作的系统调用函数来讲解进程的基本操作方法，包括 fork 调用、exec 调用、exit 调用、wait 调用和 sleep 调用，相关函数被定义在系统调用库 unistd.h 中。通过本节我们将了解如何产生子进程，进程如何改变它的执行映像，父子进程的同步等操作。由此也了解到一些并行程序的基本概念与如何设计简单的并行程序。

15.2.1　fork 系统调用

fork 系统调用有两个函数，分别是 fork()函数和 vfork()函数。fork 系统调用可创建一个子进程，该调用的一般形式是：

```
pid_t fork(void);
pid_t vfork(void);
```

其中，pid_t 是用来保存进程 PID 信息的结构体。当调用执行成功时，该调用对父进程返回子进程的 PID，对子进程返回 0。调用失败时返回–1，子进程没有创建。vfork()函数与 fork()函数形式相同，它们之间的区别是 vfork()函数创建子进程时，不复制父进程的上下文。例如下例：

```
01  #include <sys/types.h>          //该头文件提供系统调用的标志
02  #include <sys/stat.h>           //该头文件提供系统状态信息和相关函数
03  #include <sys/uio.h>            //该头文件提供进程 I/O 操作的相关函数
```

```
04   #include <unistd.h>                              //标准函数库
05   #include <fcntl.h>                               //文件操作相关函数库
06   #include <string.h>                              //字符串操作函数库
07   #include <sys/wait.h>                            //wait 调用相关函数库
08   #include <stdio.h>                               //标准输入与输出函数库
09   #include <stdlib.h>                              //常用工具函数库
10   int main()
11   {
12     char buf[100] = {0};                          //定义缓冲区
13     pid_t cld_pid;                                //定义该结构保存子进程的 PID
14     int fd;
15     int status;                                   //用于 wait 调用时的参数
16     if ((fd = open("temp", O_CREAT | O_RDWR | O_TRUNC, 0664)) == -1) {
                                                      //打开或新建文件
17       perror("创建文件");
18       exit(1);
19     }
20     strcpy(buf, "父进程数据");
21     if ((cld_pid = fork()) == 0) {    //创建子进程，并判断自己是否是子进程
22       strcpy(buf, "子进程数据");
23       puts("子进程正在工作: ");
24       printf("子进程 PID 是%d\n", getpid());        //输出子进程的 PID
25       printf("父进程 PID 是%d\n", getppid());       //输出父进程的 PID
26       write(fd, buf, strlen(buf));
27       close(fd);
28       exit(0);
29     }
30     else {
31       puts("父进程正在工作: ");
32       printf("父进程 PID 是%d\n", getpid());        //输出父进程的 PID
33       printf("子进程 PID 是%d\n", cld_pid);         //输出子进程的 PID
34       write(fd, buf, strlen(buf));
35       close(fd);
36     }
37     wait(&status);                                //等待子进程结束
38     return 0;
39   }
```

该程序的运行结果为：

```
子进程正在工作:
子进程 PID 是 11718
父进程 PID 是 11713
父进程正在工作:
父进程 PID 是 11713
子进程 PID 是 11718
```

　　由结果可知，父进程调用子进程后，父进程由内核状态转为用户状态，子进程开始执行并输出信息。然后子进程调用 exit() 函数进入僵死状态。父进程由用户状态重新回到内核状态，并输出信息。最后父进程等待子进程结束，父进程结束。

🔔注意：子进程是从 fork() 调用处开始执行的，因此 fork() 调用不会被执行两次。代码中的 fork() 调用返回给父进程和子进程的值不同，因此可于用于区分哪个是父进程，哪个是子进程。

15.2.2　exec 系统调用

系统调用 exec 以新进程替代原有进程，但是 PID 保持不变。因此可以认为，exec 系统调用实际上没有创建新进程，只是替换了原有进程上下文的内容。它共有 6 个函数，代码如下：

```
int execl( const char *path, const char *arg, ...);
int execlp( const char *file, const char *arg, ...);
int execle( const char *path, const char *arg , ..., char* const envp[]);
int execv( const char *path, char *const argv[]);
int execve( const char *path, char *const argv [], char *const envp[]);
int execvp( const char *file, char *const argv[]);
```

在使用这些函数前，必须在程序中定义全局变量，如下

```
extern char **environ;
```

该变量是预定义用来指向 Linux 系统全局变量的指针，这样就能在当前工作目录执行系统程序，正如在 shell 中可不输入路径直接运行 VI 和 GCC 等程序。

exec 系统调用的函数中，execve()函数是另外 5 个函数的基础。这些函数的区别可以总结成以下 3 条：

（1）待执行程序文件是由文件名还是由路径名指定。第一个参数为*file 的是文件名，为*path 的即路径名。

（2）新程序的参数是一一列出还是由一个指针数组来引用。execl()函数和 execlp()函数是将参数一一列出；execle()函数将参数一一列出，但可以用指针数组引用环境变量；execv()函数和 execvp()函数的参数由一个指针数组来引用；execve()函数的参数用一个指针数组来引用，还用另一个指针数组引用环境变量。

（3）把调用进程的环境传递给新程序还是给新程序指定新的环境。execle()函数和execve()函数为新程序指定新的环境。

所有这 6 个函数的执行效果是一样的，在执行成功时，函数的返回值为 0，否则返回–1。下例将展示 execve()函数的用法。

```
01  //这是第一个文件，被调用者，文件名为 beexec.c
02  #include <stdio.h>
03  #include <unistd.h>
04  extern char **environ;            //声明全局变量，用于保存环境变量信息
05  int main(int argc,char* argv[])
06  {
07    int i;
08    puts("输出执行参数：");
09    for (i = 0; i <= argc; i++)  //以程序运行时输入的参数总数作为循环上限
10      printf("参数%d 是: %s\n", i, argv[i]);  //将所有的执行参数输出
11    puts("输出环境变量：");
12    for (i = 0; environ[i] != NULL; i++)  //以环境变量总数作为循环上限
13      printf("%s\n", environ[i]);          //将所有环境变量输出
14  }
15
16  //这是第二个文件，调用者，文件名为 doexec.c
17  #include <unistd.h>
18  #include <stdio.h>
```

```
19   extern char **environ;
20   int main(int argc, char* argv[])
21   {
22       puts("此信息可能无法输出");
23       execve("beexec",argv,environ);          //用 beexec 程序替换进程执行映像
24       puts("正常情况此信息无法输出");
25   }
```

该例是由两个程序所组成，必须分开编译。第 1 个程序名为 beexec，用于将第 2 个程序传递给它的参数和环境变量输出。执行第 2 个程序，puts()函数向缓冲区输入了一条信息后使用 execve()系统调用使 beexec 替换原进程的执行映像。例如，输入的命令为：

```
./doexec test1
```

结果为（可能因系统环境不同而有差异）：

```
输出执行参数:
参数 0 是:   /home/Shizhe/workspace/book_f22/Debug/doexec
参数 1 是:   test1
参数 2 是:   (null)
输出环境变量:
HOSTNAME=localhost.localdomain
SHELL=/bin/bash
…
```

通过结果会发现，doexec.c 程序在调用 execve()函数前的一条输出语句没能输出到终端，原因是 doexec.c 程序的输出语句可能还存在于缓冲区中。当调用 beexec.c 程序时，缓冲区被后者清空。如果不希望这样的情况发生，可使用"fflush(stdout);"语句将标准输出的缓冲区内数据强制输出。

15.2.3　exit 系统调用

系统调用 exit 的功能是终止发出调用的进程，它包含两个函数，分别是_exit()函数和exit()函数。它们的一般形式如下：

```
void _exit(int status);
void exit(int status);
```

系统调用_exit()立即终止发出调用的进程。所有属于该进程的文件描述符都关闭。如果该进程拥有子进程，那么父子进程关系被转到 init 进程上。被结束的进程将收到来自子进程的僵死信号 SIGCHLD。如果被结束的进程在控制台或终端上运行，shell 程序将收到 SIGHUP 信号。

函数中的参数 status 是返回给父进程的状态值，父进程可通过 wait 系统调用获得。status只有最低 1 个字节能被父进程读取，由此可知，实际值域范围为 0～255。

系统调用_exit()没有返回值，被终止进程不会知道该调用是否成功。另外，该调用不会刷新输入输出缓冲区，因此进程结束前必须自己刷新缓冲区，或者改用 exit()系统调用。exit()系统调用将进行一些上下文清理工作，例如释放所有占用的资源、清空缓冲区等。

⚟注意：在由 fork()函数创建的子进程分支里，正常情况下使用 exit()函数是不正确的，这是因为使用它会导致标准输入输出的缓冲区被清空两次，而且临时文件可能被意外删除。

15.2.4　wait 系统调用

系统调用 wait 用于父进程与子进程同步。父进程调用后，将进入睡眠状态，直到子进程结束或者父进程再被其他进程终止。使用 wait 系统调用需要包含头文件 sys/types.h 和 sys/wait.h。该调用有两个函数，分别是 wait() 和 waitpid()，它们的一般形式如下：

```
pid_t wait(int *status);
pid_t waitpid(pid_t pid, int *status, int options);
```

发出 wait 系统调用的进程进入睡眠状态，直到它收到一个子进程的僵死信号，或者是收到其他重要的信号。如果父进程在 wait 系统调用的同时子进程进入僵死状态，wait 系统调用会立即结束。参数 *status 用来获得子进程 exit 系统调用的参数值，只有最低 1 个字节能被读取。

调用 waitpid() 函数与调用 wait() 函数的区别是，wait() 函数等待所有子进程的僵死状态，而 waitpid() 函数等待 PID 与参数 pid 相关的子进程僵死状态。其中，参数 pid 的含义与取值方法如下：

（1）当参数 pid 小于–1 时，且退出的子进程的进程组 ID 等于绝对值的 pid 时结束等待。

（2）当参数 pid 等于 0 时，且该子进程的进程组 ID 等于发出调用进程的组 ID 时子进程退出。

（3）当参数 pid 大于 0 时，等待进程 ID 等于参数 pid 时子进程退出。

（4）当参数 pid 等于–1 时，等待任何子进程退出，相当于调用 wait()。

waitpid() 函数中的参数 options 的取值范围及意义如下：

（1）WNOHANG，该选项要求如果没有子进程退出就立即返回。

（2）WUNTRACED，如果发现已经僵死，但未报告状态的子进程，父进程不进入睡眠状态，立即返回子进程的终止信息。

如果 status 参数不为 NULL，可通过该参数获得子进程的信息。下列宏能用来检查子进程的返回状态，见表 15.2。

表 15.2　检查子进程的返回状态

宏　　名	说　　明
WIFEXITED(status)	如果进程通过系统调用_exit() 或 exit() 正常退出，该宏的值为非 0
WIFSIGNALED(status)	如果子进程是因为得到的信号没有被捕捉而导致退出时，该宏的值为非 0
WIFSTOPPED(status)	如果子进程没有终止，但停止了，并可以重新执行时，该宏返回值为非 0。这种情况仅出现在 waitpid() 调用中使用了 WUNTRACED 选项
WEXITSTATUS(status)	如果 WIFEXITED（status）返回值为非 0，该宏返回由子进程调用_exit（status）或 exit（status）时设置的调用参数 status 值
WTERMSIG(status)	如果 WIFSIGNALED（status）返回为非 0，该宏返回导致子进程退出的信号的值
WSTOPSIG(status)	如果 WIFSTOPPED（status）返回为非 0，该宏返回导致子进程停止的信号

15.2.5　sleep 函数调用

系统调用 sleep 用来使进程主动进入睡眠状态。该函数的一般形式是：

```
sleep(秒数);
```

执行该系统调用后，进程将进入睡眠状态，直到指定的秒数已到。正常情况下，该调用的返回值为 0，若是因为被信号所唤醒，则返回值为原始秒数减去已睡眠秒数的差。

15.3 进程的特殊操作

第 15.2 节介绍了有关进程的一些基本操作，如进程的产生、进程的终止、进程执行映像的改变和等待子进程终止等。本节将要介绍一些有关进程的特殊操作。有了这些操作，就使得进程的编程更加完善，能编制更为实用的程序。主要的内容包括得到关于进程的各种 ID、对进程设置用户 ID、改变进程的工作目录、根交换和改变进程的优先级等操作。

15.3.1 获得进程 ID

进程 ID 除了 PID 外，还有 UID、EUID、GID、EGID 和 PGID 这 5 个数值。其中，UID 等于创建进程的用户信息。EUID 是创建进程的用户对进程所属可执行文件的操作权限信息，另外还包括是否有使用 kill 系统调用发送软中断信号到 Linux 内核结束进程的权限。GID 是创建进程的用户所属群组的信息。EGID 用于标识进程目前所属用户组，它与 GID 并不一定相同，因为进程执行时所属用户组可能改变。PGID 用于标识进程组信息。

获得运行进程的 GID 可使用 getgid()函数，获得运行进程的 EGID 可使用 getegid()函数。标识 GID 与 EGID 的不同是由于执行文件设置 set-gid 位引起的。这两个调用的一般形式如下：

```
gid_t getgid(void);
gid_t getegid(void);
```

如果要获得进程的 PID 可使用 getpid()函数，要获得父进程的 PID 可使用 getppid()调用。这两个调用的一般形式如下：

```
pid_t getpid(void);
pid_t getppid(void);
```

如果要获得进程的 PGID 可使用 getpgrp()函数，若要获得指定进程的 PGID 可使用 getpgid()函数。这两个调用的一般形式如下：

```
pid_t getpgrp(void);
pid_t getpgid(pid_t pid);
```

🔔注意：GID 和 PGID 的区别是，一般执行该进程的用户的组 ID 就是该进程的 GID，如果该执行文件设置了 set_gid 位，则文件所群组 ID 就是该进程的 GID。一个进程在 shell 中执行，shell 程序就将该进程的 PID 作为该进程组 PGID。从该进程派生的子进程都拥有父进程所属进程组 PGID，除非父进程将子进程的 PGID 设置成与该子进程的 PID 一样。

15.3.2　setuid 和 setgid 系统调用

设置进程的 UID 可使用 setuid()函数，设置进程的 GID 可使用 setgid()函数。这两个调用的一般形式如下：

```
int setuid(uid_t uid);
int setgid(gid_t gid);
```

setuid()函数可修改发出调用进程的 UID，参数 uid 为创建进程的用户信息。如果以普通用户的 UID 作为参数执行该调用，Linux 内核将直接设置进程 UID 为参数 uid 信息。如果以根用户的 UID 作为参数，为了保障系统的安全性，Linux 内核将以进程表和 u 区中用户真实的标识号来设置进程 UID。setuid()函数执行成功时，返回值为 0，否则返回-1。

setgid()函数可修改发出调用进程的 GID，与前者不同，该调用不会检验用户的真实身份。参数 gid 为进程的新 GID 信息。执行成功时，返回值为 0，否则返回-1。

📖注意：setuid()函数使用时要十分小心。当进程的 EUID 为根用户时，通过 setuid()函数设置 UID 为普通用户，则进程 UID 不能再被设置为根用户。如果某个进程创建初期需要根用户权限，完成相应任务后不再需要根用户权限，可为进程原始的可执行文件设置 set_uid 信息，并将所有者设置为根用户。这样，进程创建时的 UID 为根用户，不需要根用户时，可用 setuid(getuid)表达式恢复进程的 UID 和 EUID 信息。

15.3.3　setpgrp 和 setpgid 系统调用

系统调用 setpgrp()和 setpgid()都是用来设置进程 PGID。它们的一般形式为：

```
int setpgrp(void);
int setpgid(pid_t pid, pid_t pgid);
```

其中，setpgrp()函数直接将进程的 PGID 设为与 PID 相同的数值，setpgid()以其中参数修改 PGID。参数 pid 为指定进程的 PID，值为 0 时修改发出调用进程的 PGID。参数 pgid 为指定的 PGID 信息，值为 0 时，修改所有 PID 与参数 pid 相等的进程，将这些进程的 PGID 值设为参数 pgid 的值。若以普通用户权限发出此调用，而 PGID 原本为根用户组所有，那么只有在指定进程与调用进程的 EUID 相同时，或者指定进程为调用进程的子进程时才有效。

15.3.4　chdir 系统调用

在文件操作部分曾介绍过 chdir()系统调用，该调用对于进程控制有不同意义。chdir()函数将进程的当前工作目录改为由参数指定的目录。该调用的一般形式如下：

```
int chdir(const char *path);
```

参数 path 为指定目录的路径，发出该调用的进程必须具备该目录的执行权限。调用成功时返回值为 0，否则返回–1，并设置相应的错误代码。

15.3.5　chroot 系统调用

系统调用 chroot 又被称为根交换操作，作用通常是在一个 Linux 系统上虚拟另一个 Linux 系统，根交换后，所有的命令操作都被重新定向。该调用的一般形式如下：

```
int chroot(const char *path);
```

参数 path 为新的根目录路径，执行后，进程将以该目录作为根目录，并且使进程不能访问该目录以外的内容。该操作不改变当前工作目录，如果当前工作目录在指定目录以外，则无法访问其中的内容。根交换操作只能由根用户发出，调用成功时返回值为 0，错误时返回–1，并设置相应的错误代码。

15.3.6　nice 系统调用

系统调用 nice()用来改变进程的优先级。该调用的一般形式如下：

```
int nice(int inc);
```

参数 inc 为调用 nice()函数的进程优先级数值的增量。优先级数值越低的值，被调度上 CPU 运行的机会越大；优先级数值越高，被调度上 CPU 运行的机会越低。但是，只有根用户能为 inc 参数设置负值，使进程优先级提高，普通用户设置的正值会降低优先级。当调用成功时，返回值为 0，否则返回–1。

15.4　小　　结

本章介绍了进程的基本概念和基本操作方法，还讲解了与进程操作有关的 Linux 系统调用函数。进程操作涉及许多操作系统和 Linux 内核方面的知识，读者不能理解时，请查阅操作系统相关的理论书籍。进程控制对于发布大型软件非常有用，将程序实现不同功能的代码分开编译为可执行文件，实现分而治之的思想。用一个主控制程序调用其他的程序，每个可执行文件的大小都有限，不用一次将所有程序调入内存。通过网络对软件升级时，每次也只用从网络传输被改动的可执行文件，保证了升级过程的平稳过渡。

第 16 章　进程间通信

一个大型的应用软件往往需要众多进程协作，所以进程间通信（IPC）的重要性显而易见。Linux 系统下的进程通信机制基本上是从 UNIX 平台上的进程通信机制移植而来的。主要的进程间通信机制有以下几种。

- ❑ 无名管道（Pipe）及命名管道（Named pipe）：无名管道可用于具有父子关系进程间的通信；命名管道用于无父子关系的进程之间通信。无父子关系的进程可将信息发送到某个命名管道中，并通过管道名读取信息。
- ❑ 信号（Signal）：进程间高级的通信方式，用于通知其他进程有何种事件发生。此外，进程可以向自身发送信号，还可以获得 Linux 内核发出的信号。Linux 支持 UNIX 系统早期信号函数 sigal()，并从 BSD 引入了信号函数 sigaction()。sigaction() 函数不仅提供了更为有效的通信机制，并保持了接口的统一，已替代 sigal() 函数。
- ❑ 报文（Message）队列：又称为消息队列，是以 Posix 和 System V 为标准的通信机制。报文队列克服了信号的数据结构过于简单的问题，同时也解决了管道数据流无格式和缓冲区长度受限等问题。报文队列规定了每个进程的权限，避免了仿冒信息的出现。
- ❑ 共享内存：让多个进程访问同一个内存空间，适合于数据量极大和数据结构极为复杂的进程间通信。但这种方式牺牲了系统的安全性，所以通常与其他进程间通信形式混合使用，并避免以根用户权限执行。
- ❑ 信号量（Semaphore）：用于解决进程的同步和相关资源抢占而设计的。
- ❑ 套接字（Socket）：一种数据访问机制，不仅可用于进程间通信，还可用于网络通信。使用套接字最大的好处在于，Linux 下的程序能快速移植到其他类 UNIX 平台上。很多高级的进程间通信机制以套接字为基础实现。
- ❑ D-Bus：一种高级的进程间通信机制，以前述机制为基础实现。它提供了丰富的接口和功能，简化了程序设计难度。

16.1　进程间使用管道通信

本节将以管道方式为例讲解进程间通信的使用方法。管道本身是一种数据结构，遵循先进先出的原则。先进入管道的数据，也能先从管道中读出。数据一旦读取后，就会在管道中自动删除。管道通信以管道数据结构作为内部数据存储方式，以文件系统作为数据存储媒体。Linux 系统中有两种管道，分别是无名管道和命名管道。pipe 系统调用可创建无名管道，open 系统调用可创建命名管道。下面介绍这两种管道的实现方式。

16.1.1　pipe 系统调用

系统调用 pipe 用来建立管道。与之相关的函数只有一个，即 pipe()函数，该函数被定义在头文件 unistd.h 中，它的一般形式是：

```
int pipe(int filedes[2]);
```

pipe 系统调用需要打开两个文件，文件标识符通过参数传递给 pipe()函数。文件描述符 filedes[0]用来读数据，filedes[1]用来写数据。调用成功时，返回值为 0，错误时返回–1。管道的工作方式可以总结为以下 3 个步骤。

1．将数据写入管道

将数据写入管道使用的是 write()函数，与写入普通文件的操作方法一样。与文件不同的是，管道的长度受到限制，管道满时写入操作会被阻塞。执行写操作的进程进入睡眠状态，直到管道中的数据被读取。fcntl()函数可将管道设置为非阻塞模式，管道满时，write()函数的返回值为 0。如果写入数据长度小于管道长度，则要求一次写入完成。如果写入数据长度大于管道长度，在写完管道长度的数据时，write()函数将被阻塞。

2．从管道读取数据

读取数据使用 read()函数实现，读取的顺序与写入顺序相同。当数据被读取后，这些数据将自动被管道清除。因此，使用管道通信的方式只能是一对一，不能由一个进程同时向多个进程传递同一数据。如果读取的管道为空，并且管道写入端口是打开的，read()函数将被阻塞。读取操作的进程进入睡眠状态，直到有数据写入管道为止。fcntl()函数也可将管道读取模式设置为非阻塞。

3．关闭管道

管道虽然有两个端口，但只有一个端口能被打开，这样避免了同时对管道进行读和写的操作。关闭端口使用的是 close()函数，关闭读端口时，在管道上进行写操作的进程将收到 SIGPIPE 信号。关闭写端口时，进行读操作的 read()函数将返回 0。例如下例：

```
01  #include <unistd.h>              //标准函数库
02  #include <sys/types.h>           //该头文件提供系统调用的标志
03  #include <sys/wait.h>            //wait 系统调用相关函数库
04  #include <stdio.h>               //基本输入输出函数库
05  #include <string.h>              //字符串处理函数库
06  #include <stdlib.h>              //该头文件提供 exit()
07  int main()
08  {
09     int fd[2], cld_pid, len;      //创建文件标识符数组
10     char buf[200];                //创建缓冲区
11     if (pipe(fd) == -1) {         //创建管道
12        perror("创建管道出错");
13        exit(1);
14     }
15     if ((cld_pid=fork()) == 0) {  //创建子进程，判断进程自身是否是子进程
```

```
16        close(fd[1]);                        //关闭写端口
17        len = read(fd[0], buf, sizeof(buf));  //从读端口中读取管道内数据
18        buf[len]=0;                          //为缓冲区内的数据加入字符串
19                                             //结束符
20        printf("子进程从管道中读取的数据是：%s ",buf);//输出管道中的数据
21        exit(0);                             //结束子进程
22    }
23    else {
24        close(fd[0]);                        //关闭读端口
25        sprintf(buf, "父进程为子进程（PID=%d）创建该数据", cld_pid);
26                                             //在缓冲区创建字符串信息
27        write(fd[1], buf, strlen(buf));      //通过写端口向管道写入数据
28        exit(0);                             //结束父进程
29    }
30    return 0;
31 }
```

上述程序中首先创建了一个管道，并且将管道的文件标识符传递给 fp[]数组。该数组有两个元素，fd[0]是读取管道的端口，fd[1]是写入管道的端口。然后，通过 fork()系统调用创建了一个子进程。父进程的操作是向管道写入数据，子进程的操作是读取管道内的数据，最后子进程将所读取的数据显示到终端上。

16.1.2　dup 系统调用

系统调用 dup 用来复制一个文件描述符，该操作是通过对 u 区中文件描述符复制实现的。因此，系统调用 dup 能让多个文件描述符指向同一文件，便于管道操作。与该调用相关的函数有两个，分别是 dup()函数和 dup2()函数，一般形式如下：

```
int dup(int oldfd);
int dup2(int oldfd, int newfd);
```

其中，oldfd 是原有的文件描述符，newfd 为指定的新文件描述符。这两个函数的区别为，dup()函数自动分配新文件描述符，并保证该文件描述符没有被使用。dup2()函数使用 newfd 参数指定新文件描述符，如果该文件描述符已存在，则覆盖对应的文件描述符。新旧文件描述符可交换使用，并共享文件锁、文件指针和文件状态。调用成功时，函数返回值为新文件描述符，否则返回–1。例如下例：

```
01 #include <unistd.h>                          //标准函数库
02 #include <stdio.h>                           //基本输入输出函数库
03 #include <sys/types.h>                       //该头文件提供系统调用的标志
04 #include <sys/stat.h>                        //进程状态及相关操作函数库
05 #include <fcntl.h>                           //该头文件包含文件 I/O 操作相关
06                                              //标志
07 int main()
08 {
09    int fd;
10    if ((fd = open("output", O_CREAT|O_RDWR,0644)) == -1) {
11                                              //打开或创建文件
12        perror("打开或创建文件出错");
13        return 1;
14    }
```

```
15      close(1);                        //关闭标准输出
16      dup(fd);                         //复制 fd 到文件描述符 1 上
17      close(fd);                       //关闭文件描述符 fd
18      puts("该行数据将输出到文件中");
19      return 0;
20  }
```

上述代码中，标准输出（文件描述符为 1）关闭，并将一个普通文件 output 的文件描述符复制到标准输出上。因为刚关闭了文件描述符 1，文件描述符表的第一个空表项是 1，dup()函数调用将 fd 的文件描述符复制到该位置上。所以，程序以后的向标准输出写的内容都写到了文件 output 中。

16.2　进程间使用 D-Bus 通信

D-Bus 是一种高级的进程间通信机制，它由 freedesktop.org 项目提供，使用 GPL 许可证发行。D-Bus 最主要的用途是在 Linux 桌面环境中为进程提供通信，同时能将 Linux 桌面环境和 Linux 内核事件作为消息传递到进程。D-Bus 的主要概念为总线，注册后的进程可通过总线接收或传递消息，进程也可注册后等待内核事件响应，例如等待网络状态的转变或者计算机发出关机指令。目前，D-Bus 已被大多数 Linux 发行版所采用，开发者可使用 D-Bus 实现各种复杂的进程间通信任务。

16.2.1　D-Bus 的基本概念

D-Bus 是一个消息总线系统，其功能已涵盖进程间通信的所有需求，并具备一些特殊的用途。D-Bus 是三层架构的进程间通信系统。

❑ 接口层：由函数库 libdbus 提供，进程可通过该库使用 D-Bus 的能力。
❑ 总线层：实际上是由 D-Bus 总线守护进程提供的。它在 Linux 系统启动时运行，负责进程间的消息路由和传递，其中包括 Linux 内核和 Linux 桌面环境的消息传递。
❑ 包装层：由一系列基于特定应用程序框架的 Wrapper 库组成。

D-Bus 具备自身的协议，协议基于二进制数据设计，与数据结构和编码方式无关。该协议无须对数据进行序列化，保证了信息传递的高效性。无论是 libdbus，还是 D-Bus 总线守护进程，均不需要太大的系统开销。

总线是 D-Bus 的进程间通信机制。一个系统中通常存在多条总线，这些总线由 D-Bus 总线守护进程管理。最重要的总线为系统总线（System Bus），Linux 内核引导时，该总线就已被装入内存。只有 Linux 内核、Linux 桌面环境和权限较高的程序才能向该总线写入消息，以此保障系统的安全性，防止有恶意进程假冒 Linux 发送消息。

会话总线（Session Buses）由普通进程创建，可同时存在多条。会话总线属于某个进程私有，它用于进程间传递消息。

进程必须注册后才能收到总线中的消息，并且可同时连接到多条总线中。D-Bus 提供了匹配器（Matchers），使进程可以有选择地接收消息，另外运行进程注册回调函数，在收到指定消息时进行处理。匹配器的功能等同于路由，用于避免处理无关消息造成进程的性能下降。除此以外，D-Bus 机制的重要概念有以下几个。

- 对象：封装后的匹配器与回调函数，它以对等（peer-to-peer）协议使每个消息都有一个源地址和一个目的地址。这些地址又称为对象路径，或者称之为总线名称。对象的接口是回调函数，它以类似于 C++ 的虚拟函数实现。当一个进程注册到某个总线时，都要创建相应的消息对象。

- 消息：D-Bus 的消息分为信号（signals）、方法调用（method calls）、方法返回（method returns）和错误（errors）。信号是最基本的消息，注册的进程可简单地发送信号到总线上，其他进程通过总线读取消息。方法调用是通过总线传递参数，执行另一个进程接口函数的机制，用于某个进程控制另一个进程。方法返回是注册的进程在收到相关信息后，自动做出反应的机制，由回调函数实现。错误是信号的一种，是注册进程错误处理机制之一。

- 服务（Services）：进程注册的抽象。进程注册某个地址后，即可获得对应总线的服务。D-Bus 提供了服务查询接口，进程可通过该接口查询某个服务是否存在。或者在服务结束时自动收到来自系统的消息。

安装 D-Bus 可在其官方网站下载源码编译，地址为 http://dbus.freedesktop.org。或者在终端上输入下列指令：

```
apt-get install dbus dbus-1-dbg dbus-1-doc
```

安装后，头文件位于/usr/include/dbus-<版本号>/dbus 目录中，编译使用 D-Bus 的程序时需加入编译指令`pkg-config --cflags --libs dbus-1`。

16.2.2　D-Bus 的用例

在使用 GNOME 桌面环境的 Linux 系统中，通常用 GLib 库提供的函数来管理总线。在测试下列用例前，首先需要安装 GTK+开发包（见第 22.3 节）并配置编译环境。该用例一共包含两个程序文件，每个程序文件需单独编译成为可执行文件。

1. 消息发送程序

dbus-ding-send.c 程序每秒通过会话总线发送一个参数为字符串 Ding!的信号。该程序的源代码如下：

```
01  #include <glib.h>                          //包含 glib 库
02  #include <dbus/dbus-glib.h>                 //包含 glib 库中 D-Bus 管理库
03  #include <stdio.h>
04  static gboolean send_ding(DBusConnection *bus);//定义发送消息函数的原型
05  int main ()
06  {
07    GMainLoop *loop;                          //定义一个事件循环对象的指针
08    DBusConnection *bus;                      //定义总线连接对象的指针
09    DBusError error;                          //定义 D-Bus 错误消息对象
10    loop = g_main_loop_new(NULL, FALSE);      //创建新事件循环对象
11    dbus_error_init (&error);                 //将错误消息对象连接到 D-Bus
12                                              //错误消息对象
13    bus = dbus_bus_get(DBUS_BUS_SESSION, &error);//连接到总线
```

```
14      if (!bus) {                                //判断是否连接错误
15        g_warning("连接到 D-Bus 失败: %s", error.message);
16                                                 //使用 GLib 输出错误警告信息
17        dbus_error_free(&error);                 //清除错误消息
18        return 1;
19      }
20      dbus_connection_setup_with_g_main(bus, NULL);
21                                                 //将总线设为接收 GLib 事件循环
22      g_timeout_add(1000, (GSourceFunc)send_ding, bus);
23                                        //每隔1000ms 调用一次 send_ding()函数
24                                              //将总线指针作为参数
25      g_main_loop_run(loop);                     //启动事件循环
26      return 0;
27  }
28  static gboolean send_ding(DBusConnection *bus) //定义发送消息函数的细节
29  {
30      DBusMessage *message;                      //创建消息对象指针
31      message = dbus_message_new_signal("/com/burtonini/dbus/ding",
32                                "com.burtonini.dbus.Signal",
33                                "ding");          //创建消息对象并标识路径
34      dbus_message_append_args(message,
35                      DBUS_TYPE_STRING, "ding!",
36                      DBUS_TYPE_INVALID);         //将字符串 Ding!定义为消息
37      dbus_connection_send(bus, message, NULL);  //发送该消息
38      dbus_message_unref(message);               //释放消息对象
39      g_print("ding!\n");                        //该函数等同与标准输入输出
                                                   //库的 printf()
40      return TRUE;
41  }
```

　　main()函数创建一个 GLib 事件循环,获得会话总线的一个连接,并将 D-Bus 事件处理集成到 GLib 事件循环之中。然后它创建了一个名为 send_ding()函数作为间隔为一秒的计时器,并启动事件循环。send_ding()函数构造一个来自于对象路径/com/burtonini/dbus/ding和接口 com.burtonini.dbus.Signal 的新的 Ding 信号。然后,字符串 Ding!作为参数添加到信号中并通过总线发送。在标准输出中会打印一条消息以让用户知道发送了一个信号。

2. 消息接收程序

　　dbus-ding-listen.c 程序通过会话总线接收 dbus-ding-send.c 程序发送的消息。该程序的源代码如下:

```
01  #include <glib.h>                              //包含 glib 库
02  #include <dbus/dbus-glib.h>                    //包含 glib 库中 D-Bus 管理库
03  static DBusHandlerResult signal_filter         //定义接收消息函数的原型
      (DBusConnection *connection, DBusMessage *message, void *user_data);
04  int main()
05  {
06      GMainLoop *loop;                           //定义一个事件循环对象的指针
07      DBusConnection *bus;                       //定义总线连接对象的指针
08      DBusError error;                           //定义 D-Bus 错误消息对象
09      loop = g_main_loop_new(NULL, FALSE);       //创建新事件循环对象
10      dbus_error_init(&error);                   //将错误消息对象连接到 D-Bus
11                                                 //错误消息对象
12      bus = dbus_bus_get(DBUS_BUS_SESSION, &error);    //连接到总线
```

```
13      if (!bus) {                                    //判断是否连接错误
14          g_warning("连接到 D-Bus 失败: %s", error.message);
15                                                     //使用 GLib 输出错误警告信息
16      dbus_error_free(&error);                       //清除错误消息
17      return 1;
18    }
19    dbus_connection_setup_with_g_main(bus, NULL);
20                                                     //将总线设为接收 GLib 事件循环
21 dbus_bus_add_match(bus,"type='signal',interface='com.burtonini.
   dbus.Signal'");                                    //定义匹配器
22    dbus_connection_add_filter(bus, signal_filter, loop, NULL);
23                                                     //调用函数接收消息
24    g_main_loop_run(loop);                           //启动事件循环
25    return 0;
26 }
27 static DBusHandlerResult                            //定义接收消息函数的细节
28 signal_filter (DBusConnection *connection, DBusMessage *message, void
   *user_data)
29 {
30    GMainLoop *loop = user_data;                     //定义事件循环对象的指针，并与主函
31                                                     //数中的同步
32    if (dbus_message_is_signal                       //接收连接成功消息，判断是否连接
33                                                     //失败
34     (message,DBUS_INTERFACE_ORG_FREEDESKTOP_LOCAL,"Disconnected")) {
35      g_main_loop_quit (loop);                       //退出主循环
36      return DBUS_HANDLER_RESULT_HANDLED;
37    }
38    if (dbus_message_is_signal(message, "com.burtonini.dbus.Signal",
      "Ping")) {                                       //指定消息对象路径，判断是否成功
39      DBusError error;                               //定义错误对象
40      char *s;
41 dbus_error_init(&error);                            //将错误消息对象连接到 D-Bus 错误
42                                                     //消息对象
43      if (dbus_message_get_args                      //接收消息，并判断是否有错误
44        (message, &error, DBUS_TYPE_STRING, &s, DBUS_TYPE_INVALID)) {
45        g_print("接收到的消息是: %s\n", s);           //输出接收到的消息
46        dbus_free (s);                               //清除该消息
47      }
48      else {                                         //有错误时执行下列语句
49        g_print("消息已收到，但有错误提示: %s\n", error.message);
50        dbus_error_free (&error);
51      }
52      return DBUS_HANDLER_RESULT_HANDLED;
53    }
54    return DBUS_HANDLER_RESULT_NOT_YET_HANDLED;
55 }
```

该程序侦听 dbus-ping-send.c 程序正在发出的信号。main()函数和前面一样启动，创建一个到总线的连接。然后它声明愿意在使用 com.burtonini.dbus.Signal 接口的信号被发送时得到通知，将 signal_filter()函数设置为通知函数，然后进入事件循环。当满足匹配的消息被发送时，signal_func()函数会被调用。

如果需要确定在接收消息时如何处理，可通过检测消息头实现。若收到的消息为总线断开信号，则主事件循环将被终止，因为监听的总线已经不存在了。若收到其他的消息，首先将收到的消息与期待的消息进行比较，两者相同则输出其中参数，并退出程序。两者

不相同则告知总线并没有处理该消息，这样消息会继续保留在总线中供别的程序处理。

16.3　媒体播放器——完善退出和音量控制功能

　　一些小型的应用程序很少使用进程间通信机制。但在 Linux 系统中，可利用 D-Bus 获取操作系统的变化。例如在桌面环境退出时，D-Bus 将发出相关信号告知接入系统总线的程序，使这些程序能够在强制退出前保存数据。除此以外，音量调节、网络连接和新的文件系统被挂载（CDROM 和 USB 驱动器）都可由 D-Bus 报告。这是因为 Linux 的多种桌面环境均使用 D-Bus，应用程序的可移植性也得到了保证。本节将介绍媒体播放器使用 D-Bus 的实例。

16.3.1　媒体播放器在桌面环境退出时响应

　　媒体播放器需要使用图形界面，而图形界面必须依赖于一种 Linux 桌面环境。Linux 的内核与桌面环境是分离的，在系统退出前首先会结束桌面会话，因此可通过 D-Bus 获得桌面环境退出的消息。媒体播放器退出前需要进行一系列工作，例如保存当前程序界面的数据和保存播放列表等，这些工作在核心控制模块收到 GENERAL_EXIT 指令后进行。使用 D-Bus 需启动 GLib 主循环，相关代码可放在主函数或某个独立的函数内。代码如下：

```
01  #include <glib.h>                              //包含 glib 库
02  #include <dbus/dbus-glib.h>                     //包含 glib 库中 D-Bus 管理库
03  int link_dbus()
04  {
05    GMainLoop *loop;                              //定一个事件循环对象的指针
06    DBusConnection *bus;                          //定义总线连接对象的指针
07    DBusError error;                              //定义 D-Bus 错误消息对象
08    loop = g_main_loop_new(NULL, FALSE);          //创建新事件循环对象
09    dbus_error_init(&error);        //将错误消息对象连接到 D-Bus 错误消息对象
10    bus = dbus_bus_get(DBUS_BUS_SYSTEM, &error);   //连接到系统总线
11    if (!bus) {                                   //判断是否连接错误
12  g_warning("连接到 D-Bus 失败：%s", error.message);
13                                                  //使用 GLib 输出错误警告信息
14      dbus_error_free(&error);                    //清除错误消息
15      return 1;
16    }
17    dbus_connection_setup_with_g_main(bus, NULL);//将总线设为接收 GLib 事
18                                                  //件循环
19    dbus_bus_add_match(bus, 20"type='signal',interface='com.system.dbus.
    Signal'");                                      //定义匹配器
21    dbus_connection_add_filter(bus, general_exit, loop, NULL);
22                                                  //调用函数接收消息
23    g_main_loop_run(loop);                        //启动事件循环
24    rcturn 0;
25  }
```

　　该函数连接到 D-Bus 的系统总线中，并接收 com.system.dbus.Signal 管道内的信息，系统关闭信息即通过该管道传送。当接收到任何消息后，将调用 general_exit()函数进行处理。

代码如下：

```
01  static DBusHandlerResult                    //定义接收消息函数的细节
02  general_exit (DBusConnection *connection, DBusMessage *message, void
    *user_data)
03  {
04    GMainLoop *loop = user_data;              //定义事件循环对象的指针，并与主函
05                                              //数中的同步
06    if (dbus_message_is_signal              //接收连接成功消息，判断是否连接失败
      (message, DBUS_INTERFACE_ORG_FREEDESKTOP_LOCAL, "Disconnected")) {
07      g_main_loop_quit (loop);               //退出主循环
08      return DBUS_HANDLER_RESULT_HANDLED;
09    }
10    if (dbus_message_is_signal(message, "com.burtonini.dbus.Signal", 11
    "Ping")) {
12                                              //指定消息对象路径，判断是否成功
13      DBusError error;                        //定义错误对象
14      char *s;
15  dbus_error_init(&error);                    //将错误消息对象连接到 D-Bus 错误消息
16                                              //对象
17      if (dbus_message_get_args              //接收消息，并判断是否有错误
      (message, &error, DBUS_TYPE_STRING, &s, DBUS_TYPE_INVALID)) {
18      if (!strcmp(s, "SHUTDOWN")) {          //判断收到的消息是否为系统关闭信息
19          main_core(GENERAL_EXIT, NULL);     //调用核心控制模块
20          dbus_free (s);                     //清除该消息
21        }
22      }
23      else {                                  //有错误时执行下列语句
24        g_print("消息已收到，但有错误提示：%s\n", error.message);
25        dbus_error_free (&error);
26      }
27      return DBUS_HANDLER_RESULT_HANDLED;
28    }
29    return DBUS_HANDLER_RESULT_NOT_YET_HANDLED;
30  }
```

该函数将在收到系统信息时运行，首先判断收到的信息是否为系统关闭信息。如果是，则调用核心控制模块进行处理。

16.3.2　调整系统音量

Linux 系统使用通用的音频接口 OSS（Open Sound System）管理声卡，该接口建立在声卡驱动程序之上，可操作任何类型的声卡。选择"系统设置"|"声音"命令，可打开相关配置窗口，如图 16.1 所示。

调整系统音量可通过调用 OSS 实现，在 C 语言程序中使用该接口首先需要安装相关函数库。下载源代码可访问其官方网站，地址为 http://www.opensound.com，或者在终端中输入下列命令：

```
yum install oss-devel
```

安装后，头文件的路径位于/usr/include/oss 目录中，编译使用 OSS 的程序需要加入编译指令`pkg-config --cflags --libs oss`。

图 16.1　查看声卡

1．调节音量

媒体播放器调节音量的操作是向核心控制模块发送 GENERAL_VOLUME 指令，核心控制模块调用 general_volume()函数进行操作。首先在 main_core.c 文件中加入下列头文件：

```
01   #include <ioctl.h>                       //提供 I/O 操作相关控制函数
02   #include <unistd.h>                      //标准函数库
03   #include <fcntl.h>                       //提供文件操作相关控制函数
04   #include <sys/soundcard.h>               //提供声卡配置相关系统调用
05   #include <oss.h>                         //OSS 函数库
```

然后实现 general_volume()函数细节。代码如下：

```
06   int general_volume(* ((int*) data))      //设置音量
07   {
08     int mixer_fd;                          //用于调音器标识符
09     mixer_fd = oss_get_mixer();            //获得调音器的标识符
10     if (*data < 0 || *data > 100) {        //判断输入的数值是否有误
11       printf("输入的音量调节值有误\n");
12       return 0;
13     }
14     if (ioctl(mixer_fd, SOUND_MIXER_WRITE(SOUND_MIXER_WAV), data) == -1)
15   {
16                                            //打开声卡设备文件，设置音量
17       printf("无法打开指定声卡\n");
18       return 0;
19     }
20     return 1;
21   }
```

代码中首先使用 oss_get_mixer()函数获得调音器的标识符，该标识符与文件标识符类

似，是一个整型数字。然后使用宏定义 SOUND_MIXER_WRITE()将常量 SOUND_MIXER_WAV 所代表波形音量置入调整的范围内，然后用参数 data 的值作为波形音量的值。调节后，可选择"系统"|"首选项"|"硬件"|"音量控制"命令打开音量控制窗口查看相关数值的变化，如图 16.2 所示。

2．查询音量

媒体播放器查询音量是通过向核心 02 控制模块发送 REQUEST_VOLUME03 指令实现的，核心控制模块调用 request_volume()函数通过 OSS 查询音量的值。程序代码如下：

```
01   int request_volume(void)                              //查询音量函数
02   {
03      int mixer_fd;                                       //用于设备文件的标识符
04      int data;                                           //用于保存音量的数值
05      mixer_fd = oss_get_mixer();                         //打开设备文件
06      if (ioctl(mixer_fd, SOUND_MIXER_READ(SOUND_MIXER_WAV), &data) == -1)
07      {
08                                                          //读取混音器中音量数值
09          printf("无法打开指定声卡\n");
10          return -1;
11      }
12      return data;                                        //返回音量的数值
13   }
```

该代码与调节音量非常类似，宏 SOUND_MIXER_READ()的作用是从系统中查询音量，并且将当前值保存到 data 变量中。音量是一个 0～100 间的整数值，如果无法获取音量，返回–1 表示操作错误。

16.4　小　　结

本章讲解了进程间通信的机制和以管道方式进行进程间通信的相关系统调用函数，还介绍了基于 D-Bus 消息总线系统实现更为简单方便的进程间通信方式。D-Bus 对于开发各种 Linux 系统上的应用程序都有极大的帮助，大型软件间的各个应用程序模块可通过 D-Bus 相互传递消息，应用程序也能获得更丰富的系统信息。例如，文字处理程序在收到即将关闭计算机的信号时，可代替用户将数据保存；网络程序则可以通有关网络的消息判断网络的状态。除此以外，其他进程间的通信机制对于特定领域也是非常重要的，读者在开发中可根据实际情况来选择。

第17章　线程控制

进程是操作系统中资源管理的最小单位，是程序执行的最小单位。在操作系统的设计上，从进程演化出线程的最主要目的就是更好地支持多处理器及减少上下文切换开销。线程和进程十分相似，不同的只是线程比进程小。一个进程至少需要一个线程作为它的指令执行体，进程管理着计算机资源，而将线程分配到某个 CPU 上执行。本章将介绍线程的基本概念和相关系统调用函数，以及在 Linux 系统上设计多线程的方法。

17.1　线程的基本概念

线程是在共享内存空间中并发的多道执行路径，它们共享一个进程的资源，如文件描述符和信号处理。操作系统在两个进程间进行切换时，要对前一个进程进行保护现场操作，对后一个进程进行还原现场操作。反复进行上下文切换会带来极大的系统开销，CPU 必须为此分配一定的时钟周期。线程则无须进行上下文切换，因为多个线程共享同一个进程的上下文。多个线程也共享同一个进程的 CPU 时钟周期，进程的状态并未因线程切换而改变。

Linux 系统中曾经出现过多种线程标准，但是所有的标准都统一为 IEEE 制定的可移植操作系统接口标准 POSIX。目前，最为广泛使用的是 Pthread 线程标准，它更接近于执行体的概念。同一进程的线程可共享同一个 u 区和上下文，但也能拥有自身的堆栈空间和独立的执行序列。Pthread 线程与轻量级进程（LWP）相似，可以使进程同时执行多个任务。

在实际应用中，很多程序都是基于多线程的。例如网页浏览器，为了加快从网络上读取文件的速度，通常会启用多个线程分别读取文件的不同位置，最后将数据合并在一起。即时通信软件也会使用到多线程概念，否则无法同时与多人进行通信。

17.2　线程的实现

早期 Linux 系统中的线程是通过 fork 系统调用实现的，这种线程即为轻量级进程。它的缺陷是最多只允许同时创建 4095 个线程或进程，而高端系统同时需要服务上千用户，这一限制使 Linux 系统无法进入企业级市场。在 Linux 系统的发展中，线程或进程数量的限制被取消，并逐渐形成了新的线程模型 NPTL（Native POSIX Threading Library）。

NPTL 与 POSIX 标准保持了兼容性，其创建、启动和链接丌销都非常低，并且提供了良好的软硬件扩展能力。对于运行负荷繁重的线程应用，以及多路处理器、多核处理器而言，NPTL 线程性能提高显著。除此以外，NPTL 引入了线程组、线程独立的本地存储区等概念，在多线程和内存管理机制上也进行了大量改进。

17.2.1　用户态线程

用户态线程是由进程负责调度管理、高度抽象化的、与硬件平台无关的线程机制。其最为显著的标志是，进程在创建多个线程时不需要 Linux 内核支持，也不直接对 CPU 标志寄存器进行操作。用户态的优势在于下面两个方面。

❑ 减少多线程的系统开销：进程下的线程进行调度切换时，不需要进行系统调用。同一个进程可创建的线程数没有限制。

❑ 用户态实现方式灵活：可根据实际需要设计相应的用户态线程机制，对于实时性要求高的程序格外重要。

但是，如果某进程的其中一个线程被阻塞，则进程会进入睡眠状态，其他线程同时也被阻塞。造成该现象的原因是 Linux 内核使用异步输入输出机制。用户态的缺陷是，无法发挥多路处理器和多核处理器的优势。

17.2.2　内核态线程

内核态线程是由 Linux 操作系统根据 CPU 硬件的特点，以硬件底层模式实现的线程机制。内核态将所有线程按照同一调度算法调度，更有利于发挥多路处理器和多核处理器所支持的并发处理特性。内核态线程可自由访问内存空间，并且在某一线程阻塞时，其他线程还能正常运行。但是，相对于用户态线程，内核态线程的系统开销稍大，并且必须通过系统调用实现，对硬件和 Linux 内核版本的依赖性较高，不利于程序移植。

17.3　POSIX 线程库

本节将以 Pthread 线程为标准讲解 POSIX 线程库的使用方法。Pthread 线程对应的函数库为 libpthread，是目前 Linux 系统上最常用的线程库。它支持 NPTL 线程模型，以用户态线程实现。该函数库的接口被定义在 pthread.h 头文件中。

17.3.1　创建线程

创建线程可通过函数 pthread_create()实现。线程没有独立的 PID 等信息，无法直观地证明已创建成功。pthread_create()函数的一般形式是：

```
int pthread_create(pthread_t *thread, pthread_attr_t *attr, void * (*start_routine)(void *), void * arg);
```

其中，第 1 个参数*thread 是一个 pthread_t 结构的指针，该结构用于保存线程的信息，函数创建线程成功时，将线程的标识符等信息写入*thread 指针所指向的内存空间。

第 2 个参数*attr 是一个 pthread_attr_t 结构指针，结构中的元素分别对应着新线程的运行属性，属性的定义见表 17.1。在没有特殊的属性要求时，可将 NULL 作为参数传递。

表 17.1　Linux系统的进程状态模型

成 员 名 称	说　　明
__detachstate	表示新线程是否与进程中其他线程脱离同步，如果置位则新线程不能用 pthread_join() 来同步，且在退出时自行释放所占用的资源。默认为 PTHREAD_CREATE_JOINABLE 状态。这个属性也可以在线程创建并运行以后用 pthread_detach() 来设置，而一旦设置为 PTHREAD_CREATE_DETACH 状态（不论是创建时设置还是运行时设置）则不能再恢复到 PTHREAD_CREATE_JOINABLE 状态
__schedpolicy	表示新线程的调度策略，主要包括 SCHED_OTHER（正常、非实时）、SCHED_RR（实时、轮转法）和 SCHED_FIFO（实时、先入先出）3 种，默认为 SCHED_OTHER，后两种调度策略仅对根用户有效。运行时可以通过 pthread_setschedparam() 来改变
__schedparam	一个 struct sched_param 结构，目前仅有一个 sched_priority 整型变量表示线程的运行优先级。这个参数仅当调度策略为实时（即 SCHED_RR 或 SCHED_FIFO）时才有效，并可以在运行时通过 pthread_setschedparam() 函数来改变，默认为 0
__inheritsched	有两种值可供选择：PTHREAD_EXPLICIT_SCHED 和 PTHREAD_INHERIT_SCHED，前者表示新线程使用显式指定调度策略和调度参数（即 attr 中的值），而后者表示继承调用者线程的值。默认为 PTHREAD_EXPLICIT_SCHED
__scope	表示线程间竞争 CPU 的范围，也就是说线程优先级的有效范围。POSIX 的标准中定义了两个值：PTHREAD_SCOPE_SYSTEM 和 PTHREAD_SCOPE_PROCESS，前者表示与系统中所有线程一起竞争 CPU 时间，后者表示仅与同进程中的线程竞争 CPU。目前 LinuxThreads 仅实现了 PTHREAD_SCOPE_SYSTEM 一值

第 3 个参数表示需要传递的是 start_routine() 函数的地址，该函数以一个指向 void 的指针为参数，返回的也是指向 void 的指针，这种方式使任何类型的数据都能作为参数，也能返回给任何类型的数据结构。start_routine() 函数的作用是启动线程。第 4 个参数是 start_routine() 函数的参数。

pthread_create() 在创建线程成功时返回 0，在失败时返回一个错误代码。需要注意的是，与 Pthread 相关的函数在错误时都不会返回 -1。

17.3.2　结束线程

线程结束时可调用函数 pthread_exit()，该函数的原理与结束进程的 exit 系统调用相似。它的作用是结束调用了这个函数的线程，返回一个指向某个变量的指针。这个指针绝对不能是局部变量的指针，因为局部变量会在线程出现严重问题时消失。pthread_exit() 函数的一般形式是：

```
void pthread_exit(void *retval);
```

如果进程需要在线程结束后与其归并到一起，可使用函数 pthread_join() 实现，该函数的原理与进程同步的 wait 系统调用相同。pthread_join() 函数的一般形式是：

```
int pthread_join(pthread_t th, void **thread_return);
```

第 1 个参数用于指定要等待的线程，该参数即是 pthread_create() 函数定义的标识符。第 2 个参数是一个指针，它指向另一个指针，后者指向线程的返回值。当等待的线程成功结束时，函数返回 0，否则返回一个错误代码。

下例将演示从创建线程和结束线程的操作方法，新线程与原有线程共享变量。程序的完整源代码如下：

```
01  #include <stdio.h>
02  #include <unistd.h>
03  #include <stdlib.h>
04  #include <pthread.h>                              //包含线程库
05  #include <string.h>
06  void *thread_function(void *arg);                 //定义线程函数原型
07  char message[] = "THREAD_TEST";                   //定义公用的内存空间
08  int main()
09  {
10    int res;                                        //用于保存创建线程的返回值
11    pthread_t a_thread;                             //用于保存线程标识符等信息
12    void *thread_result;                            //用于接收线程结束时的返回值
13    res = pthread_create(&a_thread, NULL, thread_function, (void *) message);
                                                      //创建线程
14    if (res != 0) {                                 //判断创建是否有错误
15      perror("线程创建失败");
16      exit(EXIT_FAILURE);
17    }
18    printf("等待线程结束...\n");
19    res = pthread_join(a_thread, &thread_result);    //等待线程结束
20    if (res != 0) {                                 //判断结束线程是否有错误
21      perror("等待线程结束失败");
22      exit(EXIT_FAILURE);
23    }
24    printf("线程已结束, 返回值: %s\n", (char *)thread_result);
25                                                    //输出线程返回的消息
26    printf("Message 的值为: %s\n", message);        //输出公用的内存空间的值
27    exit(EXIT_SUCCESS);
28  }
29  void *thread_function(void *arg) {                //定义线程函数细节
30    printf("线程在运行, 参数为: %s\n", (char *)arg);//输出线程的参数
31    sleep(3);                                        //使线程休眠 3 秒
32    strcpy(message, "线程修改");                     //修改公用的内存空间的值
33    pthread_exit("线程执行完毕");                    //结束线程
34  }
```

上述程序中，pthread_create()函数传递了一个 pthread_t 类型结构的地址，该地址用于对新线程的引用。pthread_create()函数的第 2 个实际参数为 NULL，表示不改变线程的默认属性。第 3 个参数是为线程定义的函数名，第 4 个参数是线程函数的参数，即在程序开始部分定义的公用内存空间。

如果线程创建成功，那么就会有两个线程在同时执行。原有线程将继续执行 pthread_create()后的代码，新线程执行线程函数体内的代码。在验证新线程启动成功后，原有线程调用 pthread_join()函数等待新线程结束。pthread_join()函数的两个参数分别是新线程的标识符信息和用于指向新线程返回值的指针。

新线程在函数体内先输出一条信息，再在休眠 3 秒后改变公共内存空间内的数值，最后执行 pthread_exit()函数结束自身并返回一条信息。原有线程这时正在等待 pthread_join()函数接收新线程结束的信息，当收到结束信息后，pthread_join()函数将控制权还给主函数，主函数输出结束信息并退出。该程序的输出结果为：

```
线程在运行, 参数为: THREAD_TEST
等待线程结束...
```

线程已结束，返回值：线程执行完毕
Message 的值为：线程修改

在编译该程序时，需要加入预先定义的_REENTRANT 宏和_POSIX_C_SOURCE 宏。
例如下例：

```
qcc -D_REENTRANT -I/usr/include/nptl book h32.c -o book h32 -L/usr/lib/nptl
-lpthread
```

在 Eclipse 中，先单击 Project Explorer 中对应的项目名称，选择 Project|Properties 命令，
打开该项目的属性对话框。然后在对话框左侧的列表框中选择 C/C++ Build|Settings 命令打
开设置选项卡，在设置选项卡内 Tool Settings 列表框中选择 GCC Compiler|Miscellaneous
列表项，将编译参数-D_REENTRANT -I/usr/include/nptl -L/usr/lib/nptl-lpthread 加入在 Other
flags 文本框原有的内容后，如图 17.1 所示。

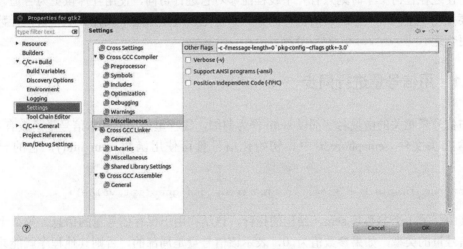

图 17.1　编译参数设置

在同一个列表框中，选择 GCC Linker|Miscellaneous 列表项，将上面的编译参数输入到
Linker flags 文本框原有的内容后，如图 17.2 所示。单击 OK 按钮保存。这样的编译和链接
参数设置方法在配置其他环境时也经常使用，请读者留意。

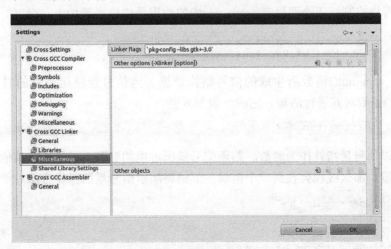

图 17.2　链接参数设置

注意：该程序在多路处理器或多核处理器可同时执行，即在不同的处理器或内核同时执行。而在单路处理器中，需要处理器能在两个线程间快速切换才能达到同时执行的效果。

17.4　同　　步

线程同时运行时，有一组函数可以帮助我们更好地控制线程的执行情况和更好地访问代码的关键部分。其中包括两种基本方法：第 1 种是"信号量"，第 2 种是"互斥量"。这两种方法非常相似并能互相实现，选择哪种方法取决于程序的实际需要。例如控制共享内存，使之在任何一个时刻只有一个线程能够对它进行访问，使用互斥量更为合适。但如果需要控制一组同等对象的访问权，例如从 5 条电话线里给某个线程分配一条，计数信号量就更合适。

17.4.1　用信号量进行同步

与信号量相关的函数名字都以 sem_ 作为前缀，线程里使用的基本信号量函数有 4 个，被包含在头文件 semaphore.h 中。初始化信号量可使用函数 sem_init()，它的一般形式是：

```
int sem_init(sem_t *sem, int pshared, unsigned int value);
```

其中，第 1 个参数是 sem_t 结构的指针，该结构用于保存信号量的信息。第 2 个参数控制信号量的类型，如果参数值为 0，表示该信号量是局部的，否则其他程序就能共享这个信号量。第 3 个参数是信号量的初始值。

修改信号量可使用函数 sem_wait()和 sem_post()实现，这两个函数进行的都是原子操作，即同时对同一个信号量操作的两个线程不会冲突。sem_wait()函数的作用是使信号量减 1，如果信号量的值为零值，那么 sem_wait()函数会保留控制权，等待信号量变为非零值后进行操作，再将控制权还给调用者。sem_post()的作用是使信号量加 1。它们的一般形式是：

```
int sem_wait(sem_t * sem);
int sem_post(sem_t * sem);
```

参数为 sem_init()函数所生成的信号结构数据。当信号量使用结束的时候，可使用 sem_destroy()函数对其进行清理。它的一般形式是：

```
int sem_destroy(sem_t * sem);
```

该函数以信号量指针作为参数，归还信号量所占用的资源。如果还有其他线程使用已清理的信号量，那么线程会收到一个错误。下例将演示信号量的操作方法。

```
01  #include <stdio.h>
02  #include <unistd.h>
03  #include <stdlib.h>
04  #include <string.h>
05  #include <pthread.h>                              //包含线程库
```

```
06    #include <semaphore.h>                              //包含信号量库
07    void *thread_function(void *arg);                   //定义线程函数原型
08    sem_t bin_sem;                                       //定义信号量类型
09    #define WORK_SIZE 1024
10    char work_area[WORK_SIZE];                           //定义公用的内存空间
11    int main()
12    {
13      int res;
14      pthread_t a_thread;                                //用于保存创建线程的返回值
15      void *thread_result;                               //用于接收线程结束时的返回值
16      res = sem_init(&bin_sem, 0, 0);                    //创建并初始化信号量
17      if (res != 0) {                                    //判断信号量创建是否成功
18        perror("初始化信号量失败");
19        exit(EXIT_FAILURE);
20      }
21      res = pthread_create(&a_thread, NULL, thread_function, NULL);
22                                                         //创建线程
23      if (res != 0) {                                    //判断创建线程是否有错误
24        perror("线程创建失败");
25        exit(EXIT_FAILURE);
26      }
27      printf("请输入要传送的信息，输入'end'退出\n");
28      while (strncmp("end", work_area, 3) != 0) {        //判断输入的是否是 end
29        fgets(work_area, WORK_SIZE, stdin);              //接收输入信息
30        sem_post(&bin_sem);                              //将信号量加 1
31      }
32      printf("\n 等待线程结束...\n");
33      res = pthread_join(a_thread, &thread_result);      //等待线程结束
34      if (res != 0) {                                    //判断结束线程是否有错误
35        perror("线程结束失败");
36        exit(EXIT_FAILURE);
37      }
38      printf("线程结束\n");
39      sem_destroy(&bin_sem);                             //清除信号量
40      exit(EXIT_SUCCESS);
41    }
42    void *thread_function(void *arg)                     //定义线程函数细节
43    {
44      sem_wait(&bin_sem);                                //等待信号量变化，将信号量减 1
45      while (strncmp("end", work_area, 3) != 0) {        //判断收到的信息是否是 end
46        printf("收到%d 个字符\n", strlen(work_area) - 1);
47                                                         //输出收到信息的字符数量
48        sem_wait(&bin_sem);                              //等待信号量变化，将信号量减 1
49      }
50      pthread_exit(NULL);                                //结束线程
51    }
```

上述程序中定义了一个全局范围的信号量，在创建进程前对信号量进行初始化，信号量初始值为 0。启动新线程后，将标准输入获得的数据存入公共的内存空间 work_area 中去，然后用 sem_post() 函数对信号量加 1。新线程里，等待信号量的变化，一旦信号量产生变化就检查公共空间里的数据，并将数据的字符个数输出。如果键盘输入的信息为 end，那么原有线程等待新线程结束，新线程在公共空间收到 end 信息后结束线程。

17.4.2　用互斥量进行同步

互斥量同步是另一种在多线程程序中的同步访问手段。互斥量的作用犹如给某个对象加上一把锁，每次只允许一个线程去访问它。如果想对代码关键部分的访问进行控制，可以在进入这段代码之前锁定一个互斥量，完成操作之后再解开它。使用互斥量要用到的基本函数与信号量需要使用的函数很相识，同样是 4 个，它们的一般形式如下：

```
int pthread_mutex_init(pthread_mutex_t *mutex, const pthread_mutexattr_t
*mutexattr);
int pthread_mutex_lock(pthread_mutex_t *mutex));
int pthread_mutex_unlock(pthread_mutex_t *mutex);
int pthread_mutex_destroy(pthread_mutex_t *mutex);
```

pthread_mutex_init()函数用于创建 1 个互斥量，第 1 个参数是指向互斥量的数据结构 pthread_mutex_t 的指针，第 2 个参数是定义互斥量属性的 pthread_mutexattr_t 结构的指针，它的默认类型是 fast。类似于信号量的使用方法，pthread_mutex_lock()是对互斥量进行锁定操作，pthread_mutex_unlock()是对互斥量进行解锁操作。函数 pthread_mutex_destroy()的作用是清除互斥量。

如果对一个已经加了锁的互斥量调用 pthread_mutex_lock()函数，那么程序本身就会被阻塞。而因为拥有互斥量的那个线程现在也是被阻塞的线程之一，所以互斥量就永远也打不开了，程序将进入死锁状态。要避免死锁有两种做法：一是让它检测有可能发生死锁的这种现象并返回一个错误；二是让它递归地操作，允许同一个线程加上好几把锁，但前提是以后必须有同等数量的解锁钥匙。下例将演示互斥量的操作方法。

```
01  #include <stdio.h>
02  #include <unistd.h>
03  #include <stdlib.h>
04  #include <string.h>
05  #include <pthread.h>                          //包含线程库
06  #include <semaphore.h>                        //包含信号量库
07  void *thread_function(void *arg);             //定义线程函数原型
08  pthread_mutex_t work_mutex;                   //定义互斥量
09  #define WORK_SIZE 1024
10  char work_area[WORK_SIZE];                    //定义公用的内存空间
11  int time_to_exit = 1;                         //用于控制循环
12  int main()
13  {
14    int res;
15    pthread_t a_thread;                         //用于保存创建线程的返回值
16    void *thread_result;                        //用于接收线程结束时的返回值
17    res = pthread_mutex_init(&work_mutex, NULL);//创建并初始化互斥量
18    if (res != 0) {                             //判断互斥量创建是否成功
19      perror("初始化互斥量失败");
20      exit(EXIT_FAILURE);
21    }
22    res = pthread_create(&a_thread, NULL, thread_function, NULL);
23                                                //创建线程
24    if (res != 0) {                             //判断创建线程是否有错误
25      perror("线程创建失败");
```

```
26          exit(EXIT_FAILURE);
27      }
28      pthread_mutex_lock(&work_mutex);              //锁定互斥量
29      printf("请输入要传送的信息，输入'end'退出\n");
30      while (time_to_exit) {                        //判断循环标志状态
31          fgets(work_area, WORK_SIZE, stdin);       //接收输入信息
32          pthread_mutex_unlock(&work_mutex);        //解锁互斥量
33          while (1) {
34              pthread_mutex_lock(&work_mutex);      //锁定互斥量
35              if (work_area[0] != '\0') {           //判断公共内存空间是否为空
36                  pthread_mutex_unlock(&work_mutex);//解锁互斥量
37                  sleep(1);                         //原有线程睡眠 1 秒
38              }
39              else {
40                  break;                            //结束循环
41              }
42          }
43      }
44      pthread_mutex_unlock(&work_mutex);            //解锁互斥量
45      printf("\n 等待线程结束...\n");
46      res = pthread_join(a_thread, &thread_result); //等待线程结束
47      if (res != 0) {                               //判断结束线程是否有错误
48          perror("线程结束失败");
49          exit(EXIT_FAILURE);
50      }
51      printf("线程结束\n");
52      pthread_mutex_destroy(&work_mutex);           //清除互斥量
53      exit(EXIT_SUCCESS);
54  }
55  void *thread_function(void *arg)                  //定义线程函数细节
56  {
57      sleep(1);                                     //子线程睡眠 1 秒
58      pthread_mutex_lock(&work_mutex);              //锁定信号量
59      while (strncmp("end", work_area, 3) != 0) {   //判断收到的信息是否是 end
60          printf("收到%d 个字符\n", strlen(work_area) - 1);
61          work_area[0] = '\0';                      //将公共空间清除
62          pthread_mutex_unlock(&work_mutex);        //解锁互斥量
63          sleep(1);                                 //子线程睡眠 1 秒
64          pthread_mutex_lock(&work_mutex);          //判断公共空间是否为空
65          while (work_area[0] == '\0') {
66              pthread_mutex_unlock(&work_mutex);    //解锁互斥量
67              sleep(1);                             //子线程睡眠 1 秒
68              pthread_mutex_lock(&work_mutex);      //锁定互斥量
69          }
70      }
71      time_to_exit = 0;                             //将循环结束标志置为 0
72      work_area[0] = '\0';                          //清楚公共空间
73      pthread_mutex_unlock(&work_mutex);            //解锁互斥量
74      pthread_exit(0);                              //结束线程
75  }
```

在程序的开始，首先建立互斥量和公共内存空间，对循环控制表示 time_to_exit 进行定义。互斥量初始化后，启动新线程，新线程首先试图对互斥量进行加锁。如果当时互斥量已经被锁定，调用会被阻塞，直到互斥量被解除锁定。新线程活动访问权时，先会检查

是否有退出程序的请求，如果有就将循环控制符 time_to_exit 设置为 0，然后清除公共空间内的数据并退出线程。如果没有收到退出请求，则统计公共空间内的字符个数，接下来对互斥量进行解锁并等待原有线程的运行。实际上，原有线程的运行和新线程的运行是交叉进行的。

17.5　取　消　线　程

在有些时候需要让一个线程能够请求另外一个线程结束，可使用 pthread_cancel()函数发送一个要求取消线程的信号。该函数的一般形式是：

```
int pthread_cancel(pthread_t thread);
```

参数中指定的线程在收到取消请求后，会对自己稍做一些处理，然后结束。在线程函数中可使用 pthread_setcancelstate()设置自己的取消状态。该函数的一般形式是：

```
int pthread_setcancelstate(int state, int *oldstate);
```

第 1 个参数是状态的设定值，它可以是一个枚举常量，定义有：PTHREAD_CANCEL_ENABLE，这个值允许线程接收取消请求；PTHREAD_CANCEL_DISABLE，这个值屏蔽取消请求。第 2 个参数是线程的取消状态，该状态的定义与创建线程的函数相同，如果没有特殊要求可传送 NULL。

如果取消请求被接受了，线程会进入第 2 个控制层次，用 pthread_setcanceltype()函数设置取消类型。该函数的一般形式是：

```
int pthread_setcanceltype(int type, int *oldtype);
```

type 参数可以有两种取值：一个是 PTHREAD_CANCEL_ASYNCHRONOUS，表示线程接受取消请求后立即采取行动；另一个是 PTHREAD_CANCEL_DEFERRED，表示在接收到取消请求之后、采取实际行动之前，先执行 pthread_join()、pthread_cond_wait()、pthread_cond_tomewait()、pthread_testcancel()、sem_wait()或 sigwait()函数。下面用一个例子讲解线程取消操作的方法。

```
01  #include <stdio.h>
02  #include <unistd.h>
03  #include <stdlib.h>
04  #include <pthread.h>                          //包含线程库
05  void *thread_function(void *arg);             //定义线程函数原型
06  int main()
07  {
08     int res;                                   //用于保存操作结果
09     pthread_t a_thread;                        //用户保存线程信息
10     void *thread_result;                       //用于保存线程返回值
11     res = pthread_create(&a_thread, NULL, thread_function, NULL);
12                                                //创建线程
13     if (res != 0) {                            //判断线程创建是否有错误
14       perror("线程创建失败");
15       exit(EXIT_FAILURE);
16     }
17     sleep(3);                                  //睡眠 3 秒
```

```
18      printf("取消线程...\n");
19      res = pthread_cancel(a_thread);              //发送取消线程请求
20      if (res != 0) {                              //判断线程取消是否有错误
21        perror("取消线程失败");
22        exit(EXIT_FAILURE);
23      }
24      printf("等待线程结束...\n");
25      res = pthread_join(a_thread, &thread_result);    //等待线程结束
26      if (res != 0) {                              //判断线程结束是否有错误
27        perror("线程结束失败");
28        exit(EXIT_FAILURE);
29      }
30      exit(EXIT_SUCCESS);
31  }
32  void *thread_function(void *arg)                 //定义线程函数细节
33  {
34      int i, res;
35      res = pthread_setcancelstate(PTHREAD_CANCEL_ENABLE, NULL);
36                                                   //定义线程状态，允许接受取消请求
37      if (res != 0) {                              //判断定义线程状态是否有错误
38        perror("定义线程状态失败");
39        exit(EXIT_FAILURE);
40      }
41      res = pthread_setcanceltype(PTHREAD_CANCEL_DEFERRED, NULL);
42                                                   //定义线程结束的方式为采取一些动
43                                                   //作后再结束
44      if (res != 0) {                              //判断定义线程结束方式是否有错误
45        perror("定义线程结束失败");
46        exit(EXIT_FAILURE);
47      }
48      printf("线程函数正在运行\n");
49
50      for (i = 0; i < 10; i++) {
51        printf("线程函数正在运行(%d)...\n", i);
52        sleep(1);                                  //睡眠 1 秒钟
53      }
54      pthread_exit(0);
55  }
```

上述程序中，原有线程在睡眠 3 秒后，发出一个结束新线程的请求。新线程的取消状态被设置为允许取消，取消的类型为延迟取消。当新线程收到取消请求后，至少执行了 pthread_join()函数。这样原有线程里就能收到新线程已经取消的消息了。

17.6　多线程的实现

程序运行时创建的线程可以被当作主线程。主线程可以创建出多个线程，而新创建的线程里也能再创建线程。本节将举一个例子讲解新多线程的实现方法。完整的代码如下：

```
01  #include <stdio.h>
02  #include <unistd.h>
03  #include <stdlib.h>
04  #include <pthread.h>
05  #define NUM_THREADS 6                            //定义线程总数
```

```
06  void *thread_function(void *arg);
07  int main()
08  {
09    int res;
10    pthread_t a_thread[NUM_THREADS];                            //定义线程数组
11    void *thread_result;
12    int lots_of_threads;
13    for (lots_of_threads = 0; lots_of_threads < NUM_THREADS; lots_of_
      threads++) {
14      res = pthread_create(&(a_thread[lots_of_threads]), NULL,
15        thread_function, (void *) &lots_of_threads); //创建一个线程
16      if (res != 0) {
17        perror("线程创建失败");
18        exit(EXIT_FAILURE);
19      }
20      sleep(1);                                             //主线程睡眠 1 秒
21    }
22    printf("等待线程结束...\n");
23    for (lots_of_threads = NUM_THREADS - 1; lots_of_threads >= 0; lots_of_
      threads--) {
24  res = pthread_join(a_thread[lots_of_threads], &thread_result);
25                                                        //等待线程结束
26      if (res == 0) {
27        printf("结束一个线程\n");
28      } else {
29        perror("线程结束失败");
30      }
31    }
32
33    printf("线程全部结束\n");
34    exit(EXIT_SUCCESS);
35  }
36  void *thread_function(void *arg)                     //定义线程函数
37  {
38    int my_number = * (int *) arg;                     //接收主线程传递的参数,该参数
39                                                       //可以是任意类型
40    int rand_num;
41    printf("线程函数已运行,参数为: %d\n", my_number);
42    rand_num = 1 + (int) (9.0 * rand() / (RAND_MAX + 1.0));
43                                                       //获得一个随机数
44    sleep(rand_num);                                   //线程以随机数定义的时间睡眠
45    printf("第%d 个线程结束\n", my_number);
46    pthread_exit(NULL);                                //结束线程
47  }
```

程序中定义了一个线程数组,然后创建多个线程,并将线程的标识符保存在线程数组里。主线程依次等待每个线程的结束。线程函数中,每个线程获得随机的睡眠时间,然后结束。主线程收到所有线程结束的消息后结束。该程序的运行结果为:

```
线程函数已运行,参数为: 0
线程函数已运行,参数为: 1
线程函数已运行,参数为: 2
线程函数已运行,参数为: 3
线程函数已运行,参数为: 4
第 1 个线程结束
线程函数已运行,参数为: 5
```

```
等待线程结束...
第 5 个线程结束
结束一个线程
第 0 个线程结束
第 2 个线程结束
第 3 个线程结束
第 4 个线程结束
结束一个线程
结束一个线程
结束一个线程
结束一个线程
结束一个线程
线程全部结束
```

这个结果是随机的，因为每个线程获得睡眠时间不同。1+(int)(9.0*rand()/(RAND_MAX+1.0))表达式的值域为 1～9 之间的正整数，该表达式也是一个非常有用的随机数产生表达式。

17.7　小　　结

本章介绍了线程的概念和 POSIX 线程库。除此之外，Linux 还有很多线程的实现形式，每种形式都有其优点和缺点，有的甚至并不完全与 POSIX 标准相兼容。线程主要用于需要同时进行多个服务的程序中，例如在即时通信软件里可以同时和多个人聊天，那么每个聊天的信道都需要一个线程来实现。在第 4 篇介绍网络编程的章节中还会多次提到线程的概念，希望读者能进一步理解线程编程的实际作用。

第4篇 Linux网络编程与数据库开发

第 18 章　网络编程基础

计算机网络是通过通信线路互相连接的计算机的集合，它是由计算机及外围设备、数据通信和中断设备等构成的一个群体。TCP/IP 协议是 Internet 上使用的协议，而 Internet 是世界上最大的计算机网络。国际标准化组织 ISO 对网络标准提出了 OSI 参考模型，该模型进一步规范了计算机网络的设计并解决了 TCP/IP 协议没有涉及的底层实现问题。Linux 系统的一个主要特点是它的网络功能非常强大。随着网络的日益普及，基于网络的应用也将越来越多。本章将讲解计算机网络的基本概念及基础的网络编程方法。

18.1　计算机网络的组成

在学习网络编程前，首先需要了解计算机网络的组成，只有这样才能知道如何设计程序在其间进行通信，以及网络编程所面对的问题。物理层面上，计算机网络由计算机设备、网络连接设备和传输介质这 3 个部分组成；逻辑层面上，计算机网络由网络协议、网络应用软件和数据这 3 个部分组成。计算机网络根据其组成的形式又可分为多种结构，有的结构适用于某种特定环境，但更多情况是将多种网络结构复合使用组成实际的网络。为了规范不同的计算机和计算机网络进行通信，通常用网络模型来描述需要解决问题的层次，并以网络模型为基础编制出了多种网络传输协议。

18.1.1　网络结构

大多数的计算机网络是局域网，整个网络位于一幢建筑物或一个房间内。局域网用于多台计算机之间共享资源。例如，连接两台计算机和一台打印机的局域网允许任何一台计算机访问打印机，如图 18.1 所示。

计算机 A　　　　　计算机 B　　　　　打印机

图 18.1　简单的局域网

根据局域网的组成形式，可以将局域网分为星型网络、环状网络和总线网络 3 种基本网络结构。计算机都连在一个中心站点上，那么该网络即是星型网络。星型网络像车轮的轮辐，所以星型网络的中心通常被称为集线器或交换机。典型的集线器或交换机包括了这样一种电子装置，它从发送计算机接收数据并把数据传输到合适的目的地，如图 18.2 所示。

图 18.2 星型网络

环状网络将计算机连接成一个封闭的圆环，一根电缆连接第 1 台计算机与第 2 台计算机，另一根电缆连接第 2 台计算机与第 3 台，依次类推，直到一根电缆连接最后一台计算机与第一台计算机，如图 18.3 所示。

图 18.3 环状网络

总线网络通常有一根连接计算机的长电缆，任何连接在总线上的计算机都能通过总线发送信号，并且所有计算机也都能接收信号。由于所有连接在电缆上的计算机都能检测到电子信号，因此任何计算机都能向其他计算机发送数据，如图 18.4 所示。

图 18.4 总线网络

每种网络结构都有优点与缺点。环状网络使计算机容易协调使用以及容易检测网络是否正确运行。然而，如果其中两根电缆断掉，整个环状网络都要失效。星型网络能保护网络不受某一根电缆损坏的影响，因为每根电缆只连接一台机器。总线网络所需的布线比星型网络少，但是有和环状网络一样的缺点。所以，对于某一个小的区间来说，网络的实现可能是以上任何一种，但对于大型网络来说，通常是由这 3 种网络组成的复合结构。

18.1.2　OSI 参考模型

国际标准化组织开发了开放式系统互联参考模型，以促进计算机系统的开放互联。开放式互联特点是支持不同系统环境互联。该模型为计算机间开放式通信所需要定义的功能层次建立了全球标准。该模型的层次下面依次介绍。

- 物理层：该层并非是指网络硬件或传输媒介，它只存在于抽象结构中，是负责数据流传输的最底层功能模块。物理层从第二层数据链路层（DDL）接收数据帧，然后以串行方式发送数据帧，每次只发送一个字节。另外，它也负责接收数据流，然后组合成数据帧传送给数据链路层。
- 数据链路层：该层的作用是将数据流打包成数据帧，然后将数据帧交给物理层进行传递。也从物理层接收数据帧，并通过循环校验来检测数据传输的可靠性。
- 网络层：该层用于设备间建立路由，处理数据帧中的地址信息。但是，网络层不检验数据的完整性，而是交由数据链路层完成。
- 传输层：该层是以数据包和网段为对象的数据处理层，它是高度抽象化的数据链路层服务。传输层对数据的完整性负责，如果某一数据包丢失，它将要求对方重新发送该数据包。
- 会话层：该层用于建立两个网络终端间的联系，与传输层关系极为密切，用于决定通信的模式是单工还是双工，以及基本的握手协议。
- 表示层：该层用于处理不同计算机的数据编码方式，负责对数据编码进行转换。不同计算机的数据编码系统可能有差别，例如 IBM 和 APPLE 系统之间的差别。
- 应用层：该层不包括任何应用，只是为 OSI 参考模型提供接口。通常，网络协议被应用程序调用的是应用层。

为了更清晰地展现 OSI 参考模型的每一层功能，以及两个网络终端以 OSI 参考模型进行通信的原理，可以用垂直方向图表示该模型，如图 18.5 所示。OSI 参考模型在两个网络终端中层层对应，因此每一层都具备输入和输出的功能。

18.1.3　TCP/IP 参考模型

OSI 参考模型并非实际应用中的标准，而只是一种抽象化表示方法。目前真正被广泛使用的是 TCP/IP 参考模型，它是以 OSI 参考模型作为基础设计的。Internet 的高速发展使 TCP/IP 参考模型被所有计算机所使用。

TCP/IP 协议是一个协议集，其核心为 TCP 协议与 IP 协议。TCP/IP 参考模型也是一个开放模型，能适用互联网等各种网络的需要，它具有如下 4 个特点。

图 18.5　OSI 模型垂直方向的结构层次

❑ TCP/IP 是一种标准化的高级协议，同时提供了多种网络服务协议。

❑ 完善的网络地址分配方法，网络中每个点都具备独立的地址。

❑ 非专利技术，与操作系统及硬件结构无关。

❑ 与网络硬件无关，适合于各种网络结构。

TCP/IP 参考模型有 4 个层次。其中应用层与 OSI 中的应用层对应，传输层与 OSI 中的传输层对应，网络层与 OSI 中的网络层对应，物理链路层与 OSI 中的物理层和数据链路层对应。TCP/IP 中没有 OSI 中的表示层和会话层，如图 18.6 所示。

TCP/IP 模型		OSI 模型	
4	应用层	7	应用层
		6	表示层
		5	会话层
3	传输层	4	传输层
2	网络层	3	网络层
1	物理链路层	2	数据链路层
		1	物理层

图 18.6　TCP/IP 模型与 OSI 模型比较

1．应用层

应用层是 TCP/IP 参考模型的最高层，它向用户提供一些常用应用程序，如电子邮件等。应用层包括了所有的高层协议，并且总是不断有新的协议加入。应用层协议主要有：网络终端协议 TELNET，用于实现互联网中的远程登录功能；文件传输协议 FTP 用于实现互联网中交互式文件传输功能；简单电子邮件协议 SMTP 实现互联网中电子邮件发送功能；域名服务 DNS 用于实现网络设备名字到 IP 地址映射的网络服务；网络文件系统 NFS，用于网络中不同主机间的文件系统共享。

2．传输层

传输层也称为 TCP 层，主要功能是负责应用进程之间的"端－端"通信。传输层定义了两种协议：传输控制协议 TCP 与用户数据包协议 UDP。TCP 协议是一种可靠的面向连接的协议，主要功能是保证信息无差错地传输到目的主机。UDP 协议是一种不可靠的无连接协议，它与 TCP 协议不同的是它不进行分组顺序的检查和差错控制，而是把这些工作交给上一级应用层完成。

3．网络层

网络层又称为 IP 层，负责处理互联网中计算机之间的通信，向传输层提供统一的数据包。它的主要功能有以下 3 个方面：处理来自传输层的分组发送请求；处理接收的数据包；处理互联的路径。

4．物理链路层

物理链路层主要功能是接收 IP 层的 IP 数据包，通过网络向外发送，或接收处理从网络上传送来的物理帧，抽出 IP 数据包，向 IP 层发送。该层是主机与网络的实际连接层。

18.2　TCP/IP 协议

TCP/IP 协议（Transmission Control Protocol/Internet Protocol）是随着 Internet 而发展的网络协议，目前应用最为广泛。Internet 最初是因为美国国防需要而建立的，用于保证美国政府的计算机网络间能够互通，并保证遭受核打击时不至于瘫痪。TCP/IP 很好地解决了不同网络互访问性和网路的健全性，它领导着 Internet 发展。几乎所有的操作系统都支持 TCP/IP 协议，Linux 系统更是将 TCP/IP 协议作为重要标准，成为了世界上最流行的网络服务器操作系统。

18.2.1　IP 协议与 Internet

计算机网络技术在近 50 年的发展历程中，产生过多种不同的网络结构和通信协议，很多至今还在使用。让不同网络可相互访问的结局方案有两种：第 1 种是选择一种组网络结构为标准，使所有网络都按照同一方法来组建。这种方案显然没有可行性，因为不但网络重建的费用太高，而且没有一种网络结构能满足所有应用。因此，第 2 种方法被提出，该方法要求设计一种协议，能够让所有网络结构都能支持。TCP/IP 协议由此诞生，解决网络互通问题的是 IP 协议。

IP 协议又称为网际协议，对应于 TCP/IP 参考模型的网络层，是 Internet 中最重要的协议。IP 协议规定数据包由数据包正文与报头两部分组成。数据包正文是要传递的数据，没有格式要求。报头包括发送主机的网络地址、接收主机的网络地址、数据包的报头校验和数据包的长度等信息。

IP 协议的主要功能有数据包传输、数据包路由选择和拥塞控制。数据包采用"无连接"方式传递，即两台主机在通信之前不需要建立连接。网络主机间使用统一的 IP 数据包，这样能保持不同物理网络间能够传递和识别数据。如果目的地为同一网段的计算机，那么数据包将被直接传输过去。如果两台主机处于 Internet 上的不同子网中，IP 协议将通过路由器获得主机间的传输路径，通过交换机或服务器接力的方式，将数据包传递过去。

路由器是网络中选择路径的专用计算机，它以图算法为核心，负责找到两点之间最短的距离。同时也会考虑网络的拥堵状况，找到实际最快捷的传输路径。一些比较大的数据被拆分为数据包后，很可能是以不同的路径传递到目的地。

18.2.2　IP 互联网协议地址

所有 Internet 上的计算机都必须有一个 Internet 上唯一的编号作为其在 Internet 的标识，这个编号称为 IP 地址。每个数据包中包含有发送方的 IP 地址和接收方的 IP 地址。IP 地址是一个 32 位二进制数，即 4 个字节，为方便起见，通常将其表示为 w.x.y.z 的形式。其中，w、x、y 和 z 分别为一个 0~255 的十进制整数，对应二进制表示法中的一个字节。这样的表示叫做点分十进制表示。

IP 地址的取得方式，简单地说是大的组织先向 Internet 的 NIC（Network Information Center）申请若干 IP 地址，然后将其向下级组织分配，下级组织再向更下一级的组织分配 IP 地址。各子网的网络管理员将取得的 IP 地址指定给子网中的各台计算机。IP 地址分为 3 类。

1．A类地址

A 类 IP 地址的最高位为 0，其前 8 位为网络地址，是在申请地址时由管理机构设定的，后 24 位为主机地址，可以由网络管理员分配给本机构子网的各主机。A 类地址的第一个十进制整数的值在 1~126 之间。一个 A 类地址最多可容纳 2^{24}（约 1600 万）台主机，最多可有 127 个 A 类地址。当然这是纯从数学上讲的，事实上不可能达到，因为一个网络中有些地址另有特殊用途，不能分配给具体的主机和网络。下面在 B 类、C 类地址中的数字也是同样的。

2．B类地址

B 类 IP 地址的前 16 位为网络地址，后 16 位为主机地址，且第一位为 1，第二位为 0。B 类地址的第一个十进制整数的值在 128~191 之间。一个 B 类网络最多可容纳 2^{16} 即 65536 台主机，最多可有 214 个 B 类地址。

3．C类地址

C 类 IP 地址的前 24 位为网络地址，最后 8 位为主机地址，且第 1 位、第 2 位为 1，第 3 位为 0。C 类地址的第一个整数值在 192~223 之间。一个 C 类网络最多可容纳 2^8 即 256 台主机，共有 221 个 C 类地址。

有几个特殊的 IP 地址，第 1 个是回送地址，该地址用于网络测试或本机进程间通信，十进制形式为 127.0.0.1。第 2 个是广播地址，用于呼叫整个网络内的计算机，子网中最后一个地址即被用作广播地址，例如 16.255.255.255 用于 A 类网络 16.0.0.0 中所有计算机的呼叫。第 3 个是子网地址，用于识别子网，子网中第一个地址即是子网地址，例如 192.168.0.0。

18.2.3　TCP 协议

原始的互联网使用的传输介质为电话线。计算机通过调制解调器将数值信号转为模拟信号，然后使用电流载波。因为电话线的噪声极大，很容易造成误码，因此 TCP 协议具有完善的循环校验机制。TCP 是重要的传输层协议，必须保证数据传递的完整性。另外，数据包报文中有计算机端口号信息，可以用来区别同一计算机上不同应用程序的数据。

数据包是很小的数据单位，而通过网络传递的连续数据往往是数据包长度的很多倍。因此，数据包报文中还有一个顺序编号，使接收的计算机能够根据编号重新按顺序还原数据。TCP 协议的另一个重要功能就是把大的数据切成较小的数据包，或者将接收到的数据包按顺序还原为原始数据。如果发现某一个数据包丢失了，TCP 协议会向源计算机发送请求，要求重新传递丢失的数据包。这种处理能力，被称之为全双工。

TCP 协议最小的处理单位为字节，因此 TCP 是面向字节的顺序协议。数据包内的每个字节都会被分配一个顺序编号，以及为了验证数据真实性的奇偶校验位。虽然这种做法传递了过多的冗余数据，但根本原因是由早期网络极为不可靠造成的。

为可靠地完成数据传输任务，TCP 将报文或数据分成可管理的长度并加上 TCP 头，并定义一些主要的字段，如图 18.7 所示。

图 18.7　TCP 报文结构

下面介绍 TCP 报文中的字段定义。

- ❑ 源端口：源计算机指定的端口编号。
- ❑ 目的地端口：接收计算机的端口编号。
- ❑ 顺序号：分配给 TCP 包的编号。
- ❑ 应答号：接收计算机向源计算机发送的编号。
- ❑ 偏移位：指出 TCP 头的长度（即 TCP 头中的 32 位字的数）。它表明数据开始和 TCP 头结束。对于正常的 20 字节的头，这个字段设置成 0101。
- ❑ 保留位：为将来使用而保留。必须设置为 0。
- ❑ 控制位：用作个别控制位，见表 18.1。

- ❏ 窗口号：窗口字段也称接收窗口大小，表示在 TCP 连接上准备由主机接收的 8 位字节的数目。
- ❏ 校验位：一个差错检验数，用于确定被接收的数据报文在传输期间是否被讹误。包括 TCP 头和所有数据。
- ❏ 紧急指针：它指出了紧接紧急数据的字节的顺序编号。
- ❏ 可选项：长度变量，它考虑到 TCP 使用的各种选项，即选项表的结束、无操作、最大分段长度。

表 18.1 TCP报头控制位指令

指 令	说 明
URG	紧急指示字段
ACK	如果设置，该包包含确认
PSH	启用推入功能
RST	恢复连接。用于一个功能不接收连接请求时
SYN	用于建立同步序号
FIN	数据不再从连接的发送点进入，结束总报文

TCP 提供的主要服务有：

- ❏ 建立、维持和终结两个进程之间的连接。
- ❏ 可靠的包传递（经过确认过程）。
- ❏ 编序包（可靠的数据传送）。
- ❏ 控制差错的机制。
- ❏ 通过使用端口，允许在个别的源和目的地主机内部实现和不同进程多重连接的能力。
- ❏ 使用全双工操作的数据交换。

18.2.4 UDP 协议

UDP 又称用户数据报文协议，也是 TCP/IP 的传输层协议，它是无连接的、不可靠的传输服务。当接收数据时它不向发送方提供确认信息，它不提供输入包的顺序。如果出现丢失包或重复包的情况，也不会向发送方发出差错报文，与 IP 协议非常类似。UDP 的主要作用是分配和管理端口编号，以正确无误地识别运行在网络站点上的个别应用程序。由于它执行功能时具有低的开销，因而执行速度比 TCP 快。它多半用于不需要可靠传输的应用程序，例如网络管理域、域名服务器等。UDP 协议的报文结构如图 18.8 所示。

任何与 UDP 相配合作为传输层服务的应用程序必须提供确认和顺序系统，以确保数据包是以发送时的顺序到达。也就是说，使用 UDP 的应用程序必须提供这类服务。传输层具有独特的、与所有其他层不相关的帧头。UDP 报头及其数据被封装在 IP 报头内，由 IP 协议将这个数据报文发送到数据链路层，依次类推，数据链路层又使用它的帧头包装这个报文，最后将数据送到物理层实际传输。

当数据包被接收时，数据链路层将把地址解释为它自己的，剥去它的帧头，将包传递给 IP 层。IP 层将根据 IP 报头上的正确 IP 地址接受包。剥去它的报头，最后将数据包交给

UDP 软件，UDP 软件接受包必须按 UDP 报头上的端口编号进行译码。

源端口（16位）	目的地端口（16位）	4字节
报文长度(16位)	校验位(16位)	
数据		
数据		
数据		

| 目的地地址 | 源地址 | 类型字段 | IP头 | IP数据 | CRC |

图 18.8　UDP 报文结构

18.3　Socket 套接字

Socket 套接字由远景研究规划局（Advanced Research Projects Agency，ARPA）资助加利福尼亚大学伯克利分校的一个研究组研发。其目的是将 TCP/IP 协议相关软件移植到 UNIX 类系统中。设计者开发了一个接口，以便应用程序能简单地调用该接口通信。这个接口不断完善，最终形成了 Socket 套接字。Linux 系统采用了 Socket 套接字，因此 Socket 接口就被广泛地使用，到现在已经成为事实上的标准。与套接字相关的函数被包含在头文件 sys/socket.h 中。

18.3.1　Socket 套接字简介

Socket 的英文原意是"插座"，作为类 UNIX 系统的进程通信机制，它如同插座一样方便的帮助计算机接入互联网通信。

任何用户在通信之前，首先要先申请一个 Socket 号。Socket 号相当于自己的电话号码。同时要知道对方的电话号码，相当于对方有一个 Socket。然后向对方拨号呼叫，相当于发出连接请求（假如对方不在同一区内，还要拨对方区号，相当于给出网络地址）。对方假如在场并空闲（相当于通信的另一主机开机且可以接受连接请求），拿起电话话筒，双方就可以正式通话，相当于连接成功。双方通话的过程，是向电话机发出信号和从电话机接受信号的过程，相当于 Socket 发送数据和从 Socket 接受数据。通话结束后，一方挂起电话机，相当于关闭 Socket，撤销连接。

由此可见，Socket 的通信机制与电话交换机制非常相似。Socket 实质上提供了进程通信的端点。进程通信之前，双方首先必须各自创建一个端点，否则是没有办法建立联系并相互通信的。每一个 Socket 都用一个半相关描述。如下：

{协议，本地地址，本地端口}。

一个完整的 Socket 则用一个相关描述：

{协议，本地地址，本地端口，远程地址，远程端口}。

每一个 Socket 有一个本地唯一的 Socket 号，由操作系统分配。套接字有 3 种类型：流式套接字（SOCK_STREAM）、数据包套接字（SOCK_DGRAM）和原始套接字。流式套接字可以提供可靠的、面向连接的通信流。如果通过流式套接字发送了顺序的数据为 1 和 2。那么数据到达远程时候的顺序也是 1 和 2。流式套接字可用于 Telnet 远程连接、WWW 服务等需要使数据顺序传递的应用，它使用 TCP 协议保证数据传输的可靠性。流式套接字的工作原理如图 18.9 所示，我们将网络中的两台主机分别作为服务器和客户机看待。

数据包套接字定义了一种无连接的服务，数据通过相互独立的报文进行传输，是无序的，并且不保证可靠性。数据包套接字使用数据包协议 UDP，数据只是简单地传送到对方。数据包套接字的工作原理如图 18.10 所示。

图 18.9　流式套接字的工作原理　　　　图 18.10　数据套接字的工作原理

原始套接字允许对底层协议如 IP 或 ICMP 直接访问，主要用于新的网络协议实现的测试等。原始套接字主要用于一些协议的开发，可以进行比较底层的操作。它功能强大，但是没有上面介绍的两种套接字使用方便，一般的程序也涉及不到原始套接字。

18.3.2　创建套接字

套接字是通过标准的 UNIX 文件描述符和其他的程序通信的一个方法。套接字在使用前必须先被建立。建立套接字的系统调用为 socket()，它的一般形式是：

```
int socket(int domain, int type, int protocol);
```

创建出来的套接字是一条通信线路的一个端点，domain 参数负责指定地址族，type 参数负责指定与这个套接字一起使用的通信类型，而 protocol 参数负责制定所使用的协议。domain 参数的取值范围见表 18.2。

表 18.2　domain参数的取值范围

参　　　数	说　　　明
AF_UNIX	UNIX 内部（文件系统套接字）
AF_INET	ARPA 因特网协议（UNIX 网络套接字）
AF_ISO	ISO 标准协议
AF_NS	施乐网络系统协议
AF_IPX	NOVELL IPX 协议
AF_APPLETALK	Appletalk DDS

最常用的套接字域是 AF_UNIX 和 AF_INET，前者用于通过 UNIX 文件系统实现的本地套接字，后者用于 UNIX 网络套接字。AF_INET 套接字可以用在穿过包括 Internet 在内的各种 TCP/IP 网络而进行通信的应用程序中。

套接字参数 type 指定了与新套接字对应的通信特性。它的取值范围为枚举常量 SOCK_STREAM 和 SOCK_DGRAM。SOCK_STREAM 是一个有序的、可靠的、基于连接的双向字节流。对于一个 AF_INET 域的套接字来说，如果在两个流式套接字的两端之间建立的是一个 TCP 连接，连接时默认值即为该特性。SOCK_DGRAM 是一个数据图服务，可以用来发送最大长度是一个固定值的消息，但消息是否会被送达或者消息的先后次序是否会在网络传输中被重新安排并没有保证。对于 AF_INET 域的套接字来说，这种类型的通信是由 UDP 提供的。

通信所用的协议通常是由套接字的类型和套接字的域来决定，如果还有其他的协议可以选择，那么就在 protocol 参数里设置。protocol 参数默认值为 0，表示使用默认的协议。

Socket 系统调用返回的是一个描述符，它与文件描述符非常相似。当这个套接字和通信线路另一端的套接字连接好以后，就可以进行数据的传输和接收操作了。

18.3.3　套接字地址

每个套接字域都有独特的地址格式。对于一个 AF_UNIX 套接字来说，它的地址是由一个包含在 sys/un.h 头文件里的 sockaddr_un 结构描述的。该结构的定义为：

```
struct sockaddr_un {
  sa_family_t sun_family;      //AF_UNIX
  char sun_path[];             //路径
};
```

因为不同类型的地址都需要传递到对套接字进程处理的系统调用里去，所以定义各种地址格式时使用的结构也都很相似，每个结构的开始都是一个定义地址类型（即套接字域）的数据项。sun_family_t 是由 X/Open 技术规范定义的，在 Linux 系统上，它被声明为一个 short 类型。sun_path 给出的路径长度是有限制的，Linux 规定其最长不能超过 108 个字符。因为地址结构在长度方面是不固定的，所以许多套接字调用都要用到或输出一个用来复制特定地址结构的长度值。

AF_INET 域里的套接字地址是由一个定义在 netinet/in.h 头文件里的 sockaddr_in 结构确定的。该结构的定义为：

```
struct sockaddr_in {
  short int sin_family;          //AF_INET
  unsigned short int sin_port;   //端口号
  struct in_addr sin_addr;       //Internet 地址
};
```

其中，Internet 地址是 netinet/in.h 头文件中定义的另一个结构体。该结构体的定义为：

```
struct in_addr {
  unsigned long int s_addr;
};
```

一个 AF_INET 套接字完全可以由它的域、IP 地址和端口号确定下来。从应用程序的角度看，各种套接字的行为就像是文件描述符，用一个独一无二的整数就可以把它们表示出来。

18.3.4　套接字的名字

要使 socket()调用创建的套接字能够被其他进程使用，程序就必须给该套接字起个名字。AF_UNIX 套接字会关联到一个文件系统的路径名上去，AF_INET 套接字将关联到一个 IP 端口号上去。为套接字命名可使用 bind()系统调用，它的一般形式如下：

```
int bind(int socket, const struct sockaddr *address, size_t address_len);
```

bind()系统调用的作用是把参数 address 中给出的地址赋值给与文件描述符 socket 相关联的未命名套接字。地址结构的长度是通过 address_len 参数传递的。地址的长度和类型取决于地址族。bind()调用需要用一个与之对应的地址结构指针指向真正的地址类型。该调用成功时将返回 0，否则返回–1，并将 errno 变量设置为表 18.3 中的值。

表 18.3　bind()系统调用返回的错误代码

代　码	说　明
EBADF	文件描述符无效
ENOTSOCK	该文件描述符代表的不是一个套接字
EINVAL	该文件描述符是一个已命名套接字
EADDRNOTAVAIL	地址不可用
EADDRINUSE	该地址已经绑定一个套接字

AF_UNIX 套接字对应的错误代码比上表要多出两个：一个是 EACCESS，表示权限不足，不能创建文件系统中使用的名字；另一个是 ENOTDIR/ENAMETOOLONG，表示路径错误或路径名太长。

18.3.5　创建套接字队列

为了能够在套接字上接受接入的连接，服务器程序必须创建一个队列来保存到达的请求。创建队列可使用系统调用 listen()完成。它的一般形式为：

```
int listen(int socket, int backlog);
```

Linux 系统可能会对队列里能够容纳的排队连接的最大个数有限制。在这个最大值的范围内，listen()将把队列长度设置为 backlog 个连接。在套接字上排队的接入连接个数最多不能超过这个数字，再往后的连接将被拒绝，用户的连接请求将会失败。这是 listen()提供的一个机制，在服务器程序紧张地处理着上一个客户的时候，后来的连接将被放到队列里排队等号。backlog 常用的值是 5。

listen()函数成功时会返回 0，否则返回–1，它的错误代码包括 EBADF、EINVAL 和 ENOTSOCK，含义同 bind()系统调用的错误代码相同。

18.3.6　接受连接

服务器上的应用程序创建好命名套接字之后，就可以通过 accept()系统调用来等待客户端程序建立对该套接字的连接。accept()的一般形式是：

```
int accept(int socket, struct sockaddr *address, size_t *address_len);
```

accept()系统调用会等到有客户程序试图连接到由 socket 参数指定的套接字时才返回。该客户就是套接字队列里排在第一位的连接。accept()函数将创建出一个新的套接字来与该客户进行通信，返回的是与之对应的文件描述符。新套接字的类型与服务器监听套接字的类型相同。

套接字必须是被 bind()调用命名过的，并且还要有一个由 listen()调用分配的连接队列。客户的地址将被放在 address 指向的 sockaddr 结构里。如果不关心客户的地址，可以在这里使用一个空指针。

参数 address_len 给出了客户结构的长度。如果客户地址的长度超过了这个值，就会被截短。在调用 accept()之前，必须把 address_len 设置为预期的地址长度。当这个调用返回时，address_len 将被设置为客户的地址结构的实际长度。

如果套接字队列里没有排队等候的连接，accept 将阻塞程序，直到有客户建立连接为止。这个行为可以用 O_NONBLOCK 标志改变，方法是对这个套接字文件描述符调用 fcntl()函数。代码如下：

```
int flags = fcntl(socket, F_GETFL, 0);
fcntl(socket, F_SETFL, O_NONBLOCK|flags);
```

如果有排队等候的客户连接，accept()函数将返回一个新的套接字文件描述符，否则它将返回–1。其错误原因除类似于 bind()调用和 listen()调用中的情况之外，还有一个 EWOULDBLOCK，如果前面指定了 O_NONBLOCK 标志，但队列里没有排队的连接，就会出现这个错误。如果进程阻塞在 accept()调用的时候执行被中断了，就会出现 EINTR 错误。

18.3.7　请求连接

当客户想要连接到服务器的时候，它会尝试在一个未命名套接字和服务器的监听套接字之间建立一个连接。它们用 connect()系统调用来完成这一工作。它的一般形式是：

```
int connect(int socket, const struct sockaddr *address, size_t address_len);
```

参数 socket 指定的套接字将连接到参数 address 指定的服务器套接字上去，服务器套接字的长度由参数 address_len 指定。套接字必须是通过 socket 调用获得的一个有效的文件描述符。如果操作成功，函数返回 0，否则返回-1。该函数产生的错误代码见表 18.4。

表 18.4 connect()系统调用返回的错误代码

代 码	说 明
EBADF	文件描述符无效
EALREADY	套接字上已经有了一个正在使用的连接
ETIMEDOUT	连接超时
ECONNREFUSED	连接请求被服务器拒绝

如果连接不能立刻建立起来，connect()会阻塞一段不确定的倒计时时间，这段倒计时时间结束后这次连接就会失败。如果 connect()调用是被一个信号中断的，而这个信号又得到了处理，connect 还是会失败，但这次连接尝试是成功的，它会以异步方式继续尝试。

类似于 accept()调用，connect()的阻塞特性可以用设置该文件描述符的 O_NONBLOCK 标志的办法来改变。在这种情况下，如果连接不能立刻建立起来，connect()会失败并把 errno 变量设置为 EINPROGRESS，而连接将以异步方式继续尝试。

异步连接的处理是比较困难的，而我们可以在套接字文件描述符上用一个 select()调用来表明该套接字已经处于写就绪状态。

18.3.8 关闭连接

系统调用 close()函数可以结束服务器和客户端上的套接字连接，就像对底层文件描述符进行操作一样。要想关闭套接字，就必须把服务器和客户两头都关掉才行。对服务器来说，应该在 read()返回 0 时进行该操作，但如果套接字是一个面向连接的类型并且设置了 SOCK_LINGER 选项，close()调用会在该套接字尚有未传输数据时阻塞。

18.3.9 套接字通信

本节将设计两个例子演示套接字通信的过程。其中，一个为服务器程序，另一个为客户程序。

1. 服务器程序

服务器程序的代码如下：

```
01  #include <sys/types.h>
02  #include <sys/socket.h>          //包含套接字函数库
03  #include <stdio.h>
04  #include <netinet/in.h>          //包含 AF_INET 相关结构
05  #include <arpa/inet.h>           //包含 AF_INET 相关操作的函数
06  #include <unistd.h>
```

```
07  int main()
08  {
09      int server_sockfd, client_sockfd;      //用于保存服务器和客户套接字标识符
10      int server_len, client_len;            //用于保存服务器和客户消息长度
11      struct sockaddr_in server_address;     //定义服务器套接字地址
12      struct sockaddr_in client_address;     //定义客户套接字地址
13      server_sockfd = socket(AF_INET, SOCK_STREAM, 0);     //定义套接字类型
14      server_address.sin_family = AF_INET;//定义套接字地址中的域
15      server_address.sin_addr.s_addr = inet_addr("127.0.0.1");
16                                      //定义套接字地址
17      server_address.sin_port = 9734;        //定义套接字端口
18      server_len = sizeof(server_address);
19      bind(server_sockfd, (struct sockaddr *) &server_address, server_
        len);20                                 //定义套接字名字
20      listen(server_sockfd, 5);              //创建套接字队列
21      while (1) {
22          char ch;
23          printf("服务器等待消息\n");
24          client_len = sizeof(client_address);
25          client_sockfd = accept(server_sockfd,          //接收连接
26              (struct sockaddr *) &client_address,
27              (socklen_t *__restrict) &client_len);
28          read(client_sockfd, &ch, 1);                   //读取客户消息
29          ch++;
30          write(client_sockfd, &ch, 1);                  //向客户传送消息
31          close(client_sockfd);                          //关闭连接
32      }
33  }
```

该程序监听本地的 9734 端口，程序运行后等待客户通过该端口连接，从客户传送的消息里读取一个字符，然后对该字符进行加 1 操作后，再传送给客户，并关闭该连接。

2. 客户程序

客户程序的源代码如下：

```
01  #include <sys/types.h>
02  #include <sys/socket.h>                //包含套接字函数库
03  #include <stdio.h>
04  #include <netinet/in.h>                //包含 AF_INET 相关结构
05  #include <arpa/inet.h>                 //包含 AF_INET 相关操作的函数
06  #include <unistd.h>
07  int main() {
08      int sockfd;                        //用于保存客户套接字标识符
09      int len;                           //用于保存客户消息长度
10      struct sockaddr_in address;        //定义客户套接字地址
11      int result;
12      char ch = 'A';                     //定义要传送的消息
13      sockfd = socket(AF_INET,SOCK_STREAM, 0);//定义套接字类型
14      address.sin_family = AF_INET;      //定义套接字地址中的域
15      address.sin_addr.s_addr = inet_addr("127.0.0.1");//定义套接字地址
16      address.sin_port = 9734;           //定义套接字端口
17      len = sizeof(address);
18      result = connect(sockfd, (struct sockaddr *) &address, len);
19                                         //请求连接
20      if (result == -1) {
```

```
21      perror("连接失败");
22      return 1;
23    }
24    write(sockfd, &ch, 1);                          //向服务器传送消息
25    read(sockfd, &ch, 1);                           //从服务器接收消息
26    printf("来自服务器的消息是%c\n", ch);
27    close(sockfd);                                  //关闭连接
28    return 0;
29  }
```

客户端程序向本地的 9734 端口请求连接，如果连接成功即发送一个字符 A 作为消息，然后从服务器传送的消息中读取一个字符，并将该字符输出，退出程序。

将这两个程序分别编译，然后打开两个终端，第 1 个终端运行服务器程序，这时会出现提示符"服务器等待消息"。第 2 个终端运行客户程序，客户程序会将字符 A 作为消息传送给服务器程序，然后服务器程序对该字符进行加 1 处理，传送回客户程序。客户程序的输出是"来自服务器的消息是 B"。这样两个程序就完成了连接和通信。结束客户端程序可使用组合键 Ctrl + C。

18.4　网　络　通　信

在第 18.3 节的例子中，实现了在同一台计算机中通过套接字通信的方法。如果是在网络中，需要使客户端连接的地址为一个有效的 IP 地址，这样就能在两台计算机之间通信。除了 IP 地址以外，计算机名也可以用来代表一台网络中的计算机，例如在浏览器中使用的域名就是 Internet 中由 DNS 服务所提供的网络地址机制。

18.4.1　查询主机名称

查询主机名称是通过访问主机数据库实现的，服务器数据库接口函数在头文件 netdb.h 中定义。与此相关的函数有 sethostbyaddr() 和 gethostbyname() 两个。它们的一般形式如下：

```
struct hostent *gethostbyaddr(const void *addr, size_t len, int type);
struct hostent *gethostbyname(const char *name);
```

函数的返回值是指向 hostent 结构的指针，该结构用于保存主机名称等信息。hostent 结构的定义如下：

```
struct hostent {
  char *h_name;                //主机名
  char **h_aliases;            //别名列表
  int h_addrtype;              //地址类型
  int h_length;                //地址的字节长度
  char **h_addr_list;          //地址列表
};
```

gethostbyaddr() 是通过 IP 地址查询主机信息，gethostbyname() 是通过主机名查询主机信息。如果在主机数据库中没有查到相关主机或地址的项，这些函数会返回一个空指针。

与服务及其关联的端口号有关的信息可以通过 getservbyname()函数和 getservbyport() 函数查询。它们的一般形式如下：

```
struct servent *getservbyname(const char *name, const char *proto);
struct servent *getservbyport(int port, const char *proto);
```

其中，proto 参数指定了用来连接到该项服务的协议，SOCK_STREAM 类型的 TCP 连接对应的是 tcp，UDP 连接对应的是 udp。函数的返回值是 servent 结构指针。该结构的定义如下：

```
struct servent {
  char *s_name;            //服务名
  char **s_aliases;        //服务别名列表
  int s_port;              //端口号
  char *s_proto;           //协议类型
};
```

如果需要将地址信息转换为四分十进制法表示，可使用 inet_ntoa()函数来完成。该函数被包含在头文件 arpa/inet.h 中。它的一般形式是：

```
char *inet_ntoa(struct in_addr in);
```

如果执行成功，它将返回一个指向四分十进制法表示地址的字符串的指针，否则返回–1。查询当前主机的主机名的函数是 gethostname()。该函数的一般形式是：

```
int gethostname(char *name, int namelength);
```

如果执行成功，*name 参数所指向的内存空间将被写入主机名，namelength 参数限定了*name 参数所指向内存空间的长度。如果主机名太长，会被截短到 namelength 限定的长度。函数执行成功时返回 0，否则返回–1。下面用一个示例说明查询主机名称操作的方法。

```
01   #include <sys/socket.h>          //包含套接字相关函数
02   #include <netinet/in.h>          //包含 AF_INET 相关结构
03   #include <netdb.h>               //包含读取主机信息的相关函数
04   #include <stdio.h>
05   #include <unistd.h>
06   int main(int argc, char *argv[])
07   {
08     char *host;                    //用于保存主机名
09     int sockfd;                    //用于保存套接字标识符
10     int len, result;
11     struct sockaddr_in address;    //定义套接字地址
12     struct hostent *hostinfo;      //定义主机信息结构
13     struct servent *servinfo;      //定义服务信息结构
14     char buffer[128];
15     if (argc == 1)
16       host = "localhost";          //如果没有指定主机名，则置为本机
17     else
18       host = argv[1];
19     hostinfo = gethostbyname(host); //获得主机信息
20     if (!hostinfo) {
21       fprintf(stderr, "找不到主机: %s\n", host);
22       return 1;
23     }
```

```
24      servinfo = getservbyname("daytime", "tcp"); //获得服务信息
25      if (!servinfo) {
26          fprintf(stderr, "无daytime 服务\n");
27          return 1;
28      }
29      printf("daytime 服务端口是: %d\n", ntohs(servinfo -> s_port));
30                                                  //输出端口信息
31      sockfd = socket(AF_INET, SOCK_STREAM, 0);     //建立套接字
32      address.sin_family = AF_INET;                 //定义套接字地址中的域
33      address.sin_port = servinfo -> s_port;        //定义套接字端口
34      address.sin_addr = *(struct in_addr *) *hostinfo -> h_addr_list;
35                                                  //定义套接字地址
36      len = sizeof(address);
37      result = connect(sockfd, (struct sockaddr *) &address, len);
38                                                  //请求连接
39      if (result == -1) {
40          perror("获得数据出错");
41          return 1;
42      }
43      result = read(sockfd, buffer, sizeof(buffer)); //接收数据
44      buffer[result] = '\0';
45      printf("读取%d 字节: %s", result, buffer);        //输出数据
46      close(sockfd);                                //关闭连接
47      return 0;
48  }
```

运行程序时，将一个 UNIX 服务器地址作为该程序的运行参数。daytime 服务的端口号是通过网络数据库函数 getserverbyname()确定的，这个函数返回的是关于网络服务方面的资料，它们和主机资料差不多。程序会先尝试连接指定主机信息数据库里的地址，如果成功就读取 daytime 服务返回的信息，该信息是一个表示 UNIX 时间和日期的字符串。如果测试平台是 Linux 桌面操作系统，修改/etc/xinetd.d/daytime 文件，将此文件中两个 disable 的值由 yes 改为 no，再重启计算机即可运行 daytime 服务。

18.4.2　Internet 守护进程

提供多项网络服务的 Linux 系统通常是以超级服务器的方式来运行的，由 Internet 守护进程 inetd 同时监听着许多端口地址上的连接。当有客户连接到某项服务时，inetd 程序就会运行相应的服务器程序。这使服务器程序不必一直运行着；它们可以在必要时由 inetd 启动执行。下面是 inetd 配置文件/etc/inetd.conf 中的一个片段，这个文件的作用是决定需要运行哪些个服务器。

```
#
# <service_name> <sock_type> <proto> <flags> <user> <server_path> <args>
#
# Echo, discard, daytime, and chargen are used primarily for testing.
#
daytime stream tcp nowait root internal
daytime dgram udp wait root internal
#
# These are standard services.
#
ftp stream tcp nowait root /usr/sbin/tcpd /usr/sbin/wu.ftpd
```

```
telnet stream tcp nowait root /usr/sbin/tcpd /usr/sbin/in.telnetd
#
# End of inetd.conf.
```

连接 daytime 服务的操作实际是由 inetd 本身负责处理的，SOCK_STREAM（tcp）套接字和 SOCK_DGRAM（udp）套接字都能使用这项服务。文件传输服务 FTP 只能通过 SOCK_STREAM 套接字提供，并且是由一个外部程序提供的。通过编辑该文件并将服务与某一程序相联系，就可以改变通过 inetd 提供的服务。

18.5　小　　结

本章介绍了计算机网络的相关概念以及使用套接字进行网络间通信的方法。套接字通信的方法适用于设计较底层的通信协议设计，其他的各种网络协议如 FTP 和 HTTP 等都是在套接字的基础上建立的。如果需要进行网络间多点的连接，可使用多进程或多线程的编程方法，在每个进程或线程中建立一个套接字连接，这样就能保证多个客户同时连接到服务器。

第 19 章　网络编程函数库

网络应用中有许多建立在应用层的协议，这些协议提供了常用的 HTTP、FTP、TELNET、EMAIL 和即时通信服务。在 Linux 系统上设计这些网络应用可通过查阅 RFC（Request For Comments）文档获取相关协议的细节，再用 Socket 编程实现这些细节以组成一个网络应用程序。但如果对这些应用没有特殊的性能或功能要求，也可使用现有的函数库来构建所需要的网络应用，所有常见网络应用在 Linux 系统上都有对应的函数库。本章将介绍其中最常用的几个函数库。

19.1　HTTP 与 FTP 函数库

超文本传输协议（HyperText Transfer Protocol，HTTP）是 Internet 上应用最为广泛的一种网络协议。所有的 Web 网站都必须遵守这个标准。设计 HTTP 最初的目的是为了提供一种发布和接收 HTML 页面的方法。

HTTP 协议以 TCP 为基础，是 Web 客户端与 WWW 服务器之间的应答标准。客户端是终端用户，例如 Linux 系统上的 FireFox 浏览器。服务器端是网站，Apache 是 Linux 系统上典型的 WWW 服务器。通过使用 Web 浏览器、网络爬虫或者其他工具，客户端发起一个到服务器上指定端口（默认端口为 80）的 HTTP 请求，通常称之为用户代理（User agent）。应答的服务器上存储着一些资源，例如 HTML 文件和图像。通常称这个应答服务器为源服务器（Origin server）。在用户代理和源服务器中间可能存在多个中间层，例如代理、网关和隧道（Tunnels）。

文件传输协议（File Transfer Protocol，FTP）是进行文件传输的一套标准协议，属于 TCP/IP 协议中的一部分。FTP 服务一般运行在 20 和 21 两个端口。其中，端口 20 用于传输数据流，端口 21 用于传输控制流。FTP 有两种使用模式：主动传输模式和被动传输模式。主动传输模式安全性更高，要求客户端和服务器端同时打开并且监听一个端口以建立连接。但客户端的防火墙会阻碍主动传输模式，所以创立了被动传输模式。被动传输模式比较简单，只要求服务器监听相应端口的进程，这样就可以绕过客户端防火墙的问题。

统一资源定位符（Uniform/Universal Resource Locator，URL）也被称为网页地址，是 Internet 上标准的资源的地址（Address）。

在 Linux 系统中实现这两种服务的函数库很多，本节将介绍其中最流行的 libcurl 库，并演示使用 libcurl 库中常用函数建立简单客户端程序的方法。

19.1.1　libcurl 函数库简介

libcurl 是一个为网络客户端提供数据传输功能的函数库，它支持 HTTP、HTTPS、FTP、FTPS、SCP、SFTP、TFTP、DICT、TELNET、LDAP 和 FILE 等协议，支持各种 SSL 安全认证。使用 libcurl 函数库设计客户端程序的优点是功能强大，不需要了解各种协议的细节，程序简单易行。

libcurl 是开源项目，可在其官方网站 http://curl.haxx.se/libcurl/获得源代码并安装。

在基于 libcurl 的程序里，主要采用回调函数（callback function）的形式完成传输任务，用户在启动传输前设置好各类参数和回调函数。当满足条件时，libcurl 将调用用户的回调函数实现特定功能。libcurl 的工作模式有两种，一种称为简单接口，这种模式下可进行同步、直接、快速的文件传输，适用于大多数情况；另一种称为多线程接口，多线程接口可生成多个连接线程以异步方式进行文件传输。使用简单接口模式的 libcurl 程序的工作流程如图 19.1 所示。

图 19.1　简单接口 libcurl 工作流程

19.1.2　libcurl 中的主要函数

与 libcurl 相关的函数被包含在头文件 curl/curl.h 中。使用 libcurl 前首先要对 libcurl 进行初始化，可通过 curl_global_init()函数实现。它的一般形式是：

```
CURLcode curl_global_init(long flags);
```

该函数只能使用一次，如果在调用 curl_easy_init()函数前没有调用 curl_global_init()函数，那么 curl_easy_init()函数会自动调用 curl_global_init()函数。参数 flags 用于指定初始化状态，它的可选范围是一组枚举变量，见表 19.1。

表 19.1　flags参数的取值范围

枚举成员名称	说　明
CURL_GLOBAL_ALL	初始化所有可能的调用
CURL_GLOBAL_SSL	初始化支持安全套接字层的调用
CURL_GLOBAL_WIN32	初始化 WIN32 套接字库
CURL_GLOBAL_NOTHING	没有额外的初始化要求

在结束 libcurl 使用的时候，可使用 curl_global_cleanup()函数清理内存，该函数的作用类似于 close()系统调用。

对 libcurl 初始化后，可使用 curl_easy_init()函数获得一个 CURL 操作符，这个操作符的作用与文件操作符非常相似，程序中可通过 CURL 操作符访问相应的网络资源。该函数的一般形式是：

```
CURL *curl_easy_init();
```

在 CURL 操作符使用完毕后，同样需要对其内存进行清理，可使用函数 curl_easy_cleanup()完成。它的一般形式是：

```
void curl_easy_cleanup(CURL *handle);
```

进行数据传输前必须告诉 libcurl 如何工作。使用 curl_easy_setopt()函数可指定 libcurl 的工作方式，或者在程序运行中改变 libcurl 工作方式。它的一般形式是：

```
CURLcode curl_easy_setopt(CURL *handle, CURLoption option, parameter);
```

该函数的第 1 个参数是 CURL 标识符，第 2 个参数是 CURLoption 类型的选项，第 3 个参数 parameter 既可以是函数的指针，又可以是某个对象的指针，也可以是 long 型的变量，它的类型取决于第 2 个参数的定义。CURLoption 类型中关于 HTTP 和 FTP 的选项参见表 19.2。

表 19.2　CURLoption类型中关于HTTP和FTP的选项

选　项	说　明
CURLOPT_URL	设置要访问的 URL
CURLOPT_WRITEFUNCTION, CURLOPT_WRITEDATA	回调函数原型为： size_t function(void *ptr, size_t size, size_t nmemb, void *stream); 函数将在 libcurl 接收到数据后被调用，因此函数多做数据保存的功能，如处理下载文件。CURLOPT_WRITEDATA 用于表明 CURLOPT_WRITEFUNCTION 函数中的 stream 指针的来源
CURLOPT_HEADERFUNCTION, CURLOPT_HEADERDATA	回调函数原型为： size_t function(void *ptr, size_t size,size_t nmemb, void *stream); libcurl 一旦接收到 http 头部数据后将调用该函数。CURLOPT_WRITEDATA 传递指针给 libcurl，该指针表明 CURLOPT_HEADERFUNCTION 函数的 stream 指针的来源

续表

选 项	说 明
CURLOPT_READFUNCTION, CURLOPT_READDATA	libcurl 需要读取数据传递给远程主机时将调用 CURLOPT_READFUNCTION 指定的函数,函数原型是: size_t function(void *ptr, size_t size, size_t nmemb,void *stream); CURLOPT_READDATA 表明 CURLOPT_READFUNCTION 函数 原型中的 stream 指针来源
CURLOPT_NOPROGRESS, CURLOPT_PROGRESSFUNCTI ON, CURLOPT_PROGRESSDATA	跟数据传输进度相关的参数。CURLOPT_PROGRESSFUNCTION 指定的函数正常情况下每秒被 libcurl 调用一次,为了使 CURL OPT_PROGRESSFUNCTION 被调用,CURLOPT_NOPROGRESS 必须被设置为 false,CURLOPT_PROGRESSDATA 指定的参数将 作为 CURLOPT_PROGRESSFUNCTION 指定函数的第一个参数
CURLOPT_TIMEOUT, CURLOPT_CONNECTIONTIME OUT	CURLOPT_TIMEOUT 用于设置传输时间,CURLOPT_CONNE CTIONTIMEOUT 设置连接等待时间
CURLOPT_FOLLOWLOCATION	设置重定位 URL

设置好工作方式后,可使用 curl_easy_perform()函数执行相关操作。该函数的一般形式是:

```
CURLcode curl_easy_perform(CURL *handle);
```

函数执行后,就会根据 curl_easy_setopt()函数指定的工作方式开始工作。如果执行成功,返回值为 0,否则返回一个错误代码。常见的错误代码是由 curl_easy_setopt()函数所指定的,参见表 19.3。

表 19.3　curl_easy_setopt()函数常见错误代码

代 码	说 明
CURLE_OK	任务已完成
CURLE_UNSUPPORTED_PROTOCOL	不支持由 URL 的头部指定的协议
CURLE_COULDNT_CONNECT	不能连接到远程主机或者代理
CURLE_REMOTE_ACCESS_DENIED	访问被拒绝
CURLE_HTTP_RETURNED_ERROR	Http 返回错误
CURLE_READ_ERROR	读取本地文件错误

19.1.3　使用 libcurl 实现简单的 HTTP 访问

本例将使用简单接口模式设计一个 HTTP 访问的应用程序,通过网络获得 HTML 文件(超文本文件格式文件,HTTP 服务所使用的标准文件格式),并将该文件保存到本地。程序完整的源代码如下:

```
01  #include <stdio.h>
02  #include <stdlib.h>
03  #include <curl/curl.h>                          //包含 libcurl 库
04  FILE *fp;                                       //定义一个文件标识符
05  size_t write_data(void *ptr,
06               size_t size,
```

```
07                    size_t nmemb,
08                    void *stream) { //定义回调函数，用于将 HTML 文件写入本地
09    int written = fwrite(ptr, size, nmemb, (FILE *) fp);
10    return written;
11  }
12  int main(int argc, char *argv[]) {        //运行参数第一个为 URL，第二个
                                              //为本地文件路径
13      CURL *curl;                           //定义 CURL 标识符指针
14      curl_global_init(CURL_GLOBAL_ALL);    //初始化 libcurl
15      curl = curl_easy_init();              //创建 CURL 标识符
16      curl_easy_setopt(curl, CURLOPT_URL, argv[1]);//将第一个运行参数设置为
                                              //要访问的 URL
17      if ((fp = fopen(argv[2], "w")) == NULL) { //将第二个参数设置作为路
                                              //径创建文件
18        puts("请以正确的形式输入要保存的文件名");
19        curl_easy_cleanup(curl);            //错误时清除 CURL 标识符
20        return 1;
21      }
22      curl_easy_setopt(curl, CURLOPT_WRITEFUNCTION, write_data);
                                              //设置回调函数名称
23      curl_easy_perform(curl);              //开始执行数据传输，结束后执行回调
24      curl_easy_cleanup(curl);              //清除 CURL 标识符
25      return 0;
26  }
```

编译包含 libcurl 库的程序时需要加入编译指令-lcurl，参见本书第 9.6.3 节。在程序的开始部分定义了一个回调函数，回调函数的参数是 libcurl 所规定的。该程序的执行参数有两个，第 1 个是 URL，第 2 个是本地文件路径。将 libcurl 的工作方式设置为 CURLOPT_URL 后，第 1 个参数被传递给 libcurl 作为要访问的地址。然后设置 CURLOPT_WRITEFUNCTION，将回调函数的名称传递给 libcurl。这样，在执行 curl_easy_perform()后，回调函数将从网络上获得的数据写入本地文件。

19.2　SMTP、POP 与 IMAP 函数库

IMAP、POP 与 SMTP 是常用的 3 种电子邮件协议。SMTP 称为简单 Mail 传输协议（Simple Mail Transfer Protocal），目标是向用户提供高效、可靠的邮件传输。SMTP 的一个重要特点是，它能够在传送中接力传送邮件，即邮件可以通过不同网络上的主机接力式传送。SMTP 工作在两种情况下：一是电子邮件从客户机传输到服务器；二是从某一个服务器传输到另一个服务器。SMTP 监听 25 号端口，用于接收用户的 Mail 请求，并与远端 Mail 服务器建立 SMTP 连接。

POP 是邮局协议（Post Office Protocol），用于电子邮件的接收，它使用 TCP 的 110 端口，现在常用的是第 3 版，所以简称为 POP3。POP3 仍采用客户端与服务器工作模式。当客户机需要服务时，客户端的软件（Outlook Express 或 FoxMail）将与 POP3 服务器建立 TCP 连接，此后要经过 POP3 协议的 3 种工作状态，首先是认证过程，确认客户机提供的用户名和密码。在认证通过后便转入处理状态，在此状态下用户可收取自己的邮件或做邮件的删除。在完成响应的操作后客户机便发出 quit 命令，此后进入更新状态，将做删除标

记的邮件从服务器端删除掉。到此为止整个 POP 过程完成。

　　IMAP（Internet Message Access Protocol）是通过 Internet 获取邮件信息的一种协议。IMAP 像 POP 那样提供了方便的邮件下载服务，让用户能进行离线阅读，但 IMAP 能完成的却远远不止这些。IMAP 提供的摘要浏览功能可以让你在阅读完所有的邮件到达时间、主题、发件人和大小等信息后才做出是否下载的决定。本节将介绍 Linux 系统中用于实现电子邮件客户端的函数库。

19.2.1　使用 libESMTP 函数库实现电子邮件的发送

　　libESMTP 函数库是 Linux 系统上最常用的 SMTP 协议库，很多电子邮件客户端的邮件传送功能都是建立在该库的基础上，有的甚至直接借用其实现 SMTP 协议细节的代码。要使用该函数库可在其官方站点 http://www.stafford.uklinux.net/libesmtp/ 上获得源文件进行编译，或者在 Linux 终端内输入下列命令：

```
apt-get install libesmtp6 libesmtp-dev
```

下例为无验证方式通过 SMTP 服务器发送邮件的程序代码：

```
01  #define _XOPEN_SOURCE                    //定义系统环境，使符合 X/Open 标准
02  #include <stdio.h>
03  #include <stdlib.h>
04  #include <ctype.h>
05  #include <unistd.h>
06  #include <getopt.h>
07  #include <string.h>
08  #include <fcntl.h>
09  #include <signal.h>
10  #include <errno.h>
11  #include <stdarg.h>
12  #include <libesmtp.h>                     //包含 libesmtp 函数库
13  int main()
14  {
15     smtp_session_t session;               //定义 SMTP 会话
16     smtp_message_t message;               //定义 SMTP 消息结构
17     struct sigaction sa;                  //该结构包含收到信号后程序的行为
18     const smtp_status_t *status;          //用于保存 SMTP 状态
19     char buf[128];                        //用于文件的缓冲区
20     FILE *fp;                             //文件标识符
21     if((session = smtp_create_session ()) == NULL){ //创建 SMTP 会话
22        fprintf (stderr, "创建会话失败: %s\n",
23                smtp_strerror (smtp_errno (), buf, sizeof buf));
24        return 1;
25     }
26     if((message = smtp_add_message (session)) == NULL) {
                                             //从 SMTP 会话中接受消息，判断是否成功
27        fprintf (stderr, "服务器无应答: %s\n",
28                smtp_strerror (smtp_errno (), buf, sizeof buf));
29        return 1;
30     }
31     sa.sa_handler = SIG_IGN;              //避免进程僵死
32     sigemptyset(&sa.sa_mask);             //初始化信号集
33     sa.sa_flags = 0;                      //使信息不被阻塞
```

```
34        sigaction (SIGPIPE, &sa, NULL);  //设置信号行为
35        smtp_set_server (session, "127.0.0.1:25");//设置 SMTP 服务器地址与端口
36        smtp_set_reverse_path (message, "test@test.com");//设置发送者邮箱地址
37
38        smtp_set_header (message, "To", NULL, NULL);//使邮件头包含目的地邮箱
39                                                    //地址
40        smtp_set_header (message, "Subject", "test mail");//使邮件头包含主题
41        smtp_set_header_option (message, "Subject", Hdr_OVERRIDE, 1);//使用
42                                                        默认的邮件头设置
42        fprintf(stderr, "%s\n", "SMTP 服务器设置成功");
43        if ((fp = fopen ("mail.eml", "r")) == NULL) {
44          perror("打开文件失败");
45          return 1;
46        }
47        smtp_set_message_fp (message, fp);   //将文件中的内容作为邮件消息内容
48        smtp_add_recipient (message,"test@localhost");//为消息添加一个容器
49        if (!smtp_start_session (session)){  //连接 SMTP 服务器传送邮件
50          fprintf (stderr, "SMTP server problem %s\n",
51          smtp_strerror (smtp_errno (), buf, sizeof buf));
52        }
53        else
54        {
55          status = smtp_message_transfer_status (message); //获取发送状态
56          printf ("%d %s", status->code,
57                (status->text != NULL) ? status->text : "\n");
58        }
59        smtp_destroy_session (session);                    //结束 SMTP 会话
60        if(fp != NULL)
61          fclose(fp);                                      //关闭文件
62        return 0;
63    }
```

邮件的内容被定义在文件 mail.eml 文件中，可以用下例的形式编辑一个邮件：

```
[quote]
Return-Path: <[email]test@localhost[/email]>          //回复地址
Subject: LibESMTP 测试邮件
MIME-Version: 1.0                                      //定义邮件的版本
Message-Id: <[email]test@localhost[/email]>           //目的地址
Content-Type: text/plain;                             //定义邮件类型
  charset=iso-8859-1                                   //定义字符编码类型
Content-Transfer-Encoding: 7bit                       //定义传送指令长度
邮件邮件内容开始，
...
邮件内容结束---
```

本例使用 Linux 系统中自带的 SMTP 服务器传送邮件，测试前需要确定 SMTP 服务器已开启，并建立一个 test@localhost 邮箱。另外需要将 SMTP 发送验证设为关闭，也不要开启 SSL 连接模式。程序的编译参数为`pkg-config --cflags –libs esmtp`。

19.2.2　使用 libspopc 函数库实现 POP 访问

libspopc 函数库是一个开源项目，该项目提供了简单的 POP 协议接口。可在 libspopc 的官方网站 http://brouits.free.fr/libspopc/releases/?M=D 上获得函数库源文件进行编译。

Linux 系统中安装 libspopc 的命令为：

```
yum install libspopc libspopc-devel        //YUM 提供的可能不是该软件最新版本
```

该函数库提供了两类访问 POP 服务器的函数，一类是高层函数，另一类是低层函数。下例将演示如何以高层函数访问 POP 服务器。

```
01   #include <libspopc.h>
02   #include <stdio.h>
03   #include <stdlib.h>
04   #include <string.h>
05   typedef struct _emaillist emaillist;
06   struct _emaillist {            //定义结构体，用于保存邮件信息
07      int size;
08      int sig;
09      char head[500];
10      char msg[65536];
11   };
12
13   int mail()
14   {
15      popsession* mysession;                      //定义 libspopc 会话
16      int error;
17      char servername[200];                       //用于保存 pop3 服务器地址
18      char user[20];                              //用于保存用户名
19      char pass[20];                              //用于保存密码
20      int last, total, i, j;
21      puts("请输入 pop3 服务器地址：");
22      scanf("%s", servername);
23      puts("请输入用户名：");
24      scanf("%s", user);
25      puts("请输入密码：");
26      scanf("%s", pass);
27      libspopc_init();                            //初始化 libspopc
28      error = popbegin(servername,
29                  user,
30                  pass,
31                  &mysession);                    //打开 pop 连接
32      if (error != 0) {
33         puts("无法打开邮箱");
34         return 1;
35      }
36      last = mysession -> last;                    //获取最后一个邮件的编码
37      total = mysession -> num;                    //获取邮件总数
38      emaillist *els = malloc(sizeof(emaillist) * total);//动态分配内存
39                                                  //存放邮件内容
40      for(i = 1; i <= last; i++){
41         (els + i - 1) -> size = popmsgsize(mysession,i) ;//获取邮件大小
42         (els + i - 1) -> sig = popmsguid(mysession,i);   //获取邮件编号
43         strncpy((els + i - 1) -> head, popgethead(mysession,i), 499);
44                                                  //获取邮件标题
45         strncpy((els + i - 1) -> msg, popgetmsg(mysession,i), 65535);
46                                                  //获取邮件内容
47         *((els + i - 1) -> head) +500) = '\0';
48         *((els + i - 1) -> msg) + 65536) = '\0';
49         popdelmsg(mysession,i);                  //在邮箱中删除邮件
50      }
```

```
49        popend(mysession);                              //结束会话
50        libspopc_clean();                               //终止 libspopc
51        for (i = 0; i <= last - 1; i++) {
52          printf("%d: %30s %dB", (els + i) -> sig,
53                                 (els + i) -> head,
54                                 (int) (els + i) -> size / 1024 );
55                                                         //显示邮件概要信息
56        while(1) {
57          puts("请输入要查看邮件的编码，输入-1退出");
58          scanf("%d", &j);
59          if (j == -1)
60            break;
61          else {
62            for(i = 0; i <= last - 1; i++) {
63              if ((els + i) -> sig == j);
64                puts((els + i) -> msg);                  //输出邮件内容
65            }
66          }
67        }
68        free(els);
69        return 0;
70 }
```

本例中定义了 emaillist 结构体用于保存邮件列表的信息，该结构体所占用的内存是根据邮件数量动态分配的。接收邮件的过程极为简单，首先定义 popsession 结构指针，用户输入了服务器地址、用户名和密码后通过 popbegin()函数创建一个 POP 会话，popsession 结构指针里保存相应会话的标识符。然后用 popmsgsize()函数获得每个邮件的长度，用 popmsguid()函数获得邮件的编码，用 popgethead()函数获得邮件的标题，用 popgetmsg()函数获得邮件内容。在连接完成后，使用 popend()函数终止会话。最后，使用 libspopc_clean()进行清理。

程序编译时需要加入编译参数`pkg-config --cflags --libs libspopc`，如果 libspopc 库是通过源文件编译而来的，则需要在/usr/lib/pkgconfig 路径中参照其他库配置 libspopc.pc 文件。

19.2.3 使用 mailutils 函数库实现 IMAP 访问

IMAP 的实现比 POP 要复杂许多。与 IMAP 服务器建立连接后，可直接通过会话管理邮箱中的文件。常用的 IMAP 函数库为华盛顿大学提供的 UW-IMAP 和 GNU 项目中的 mailutils 函数库，两者都能支持几乎所有的电子邮件协议，包括 SMTP 和 POP。UW-IMAP 倾向于电子邮件服务器程序的设计，mailutils 函数库更倾向于邮件客户端开发。mailutils 没有对应 Linux 系统的安装包，必须在 GNU 官方网站上下载源代码编译安装，下载地址为 http://www.gnu.org/software/mailutils，源代码中含有详细的 IMAP 访问实现范例。访问 IMAP 服务器的工作流程与 POP 非常相似，只需要用对应函数替代上例中函数即可。IMAP 函数在头文件 mailutils/mailutils.h 中，参见表 19.4。

表 19.4 IMAP常用函数

函 数 名	说　　明
int imap4_create (imap4_t *);	创建 IMAP 会话
int imap4_open (imap4_t, const char *hostname, unsigned int port, int flags);	建立 IMAP 连接

续表

函　数　名	说　　明
int imap4d_set_timeout (imap4_t, unsigned int seconds);	设置连接超时时间
int imap4_append (imap4_t);	设置 IMAP 路径
int imap4_capability (imap4_t);	设置 IMAP 容量
int imap4_create_mailbox (imap4_t, const char *mbox);	创建 IMAP 文件夹
int imap4_check (imap4_t);	检查邮件
int imap4_close (imap4_t);	关闭 IMAP 连接

19.3　即时通信函数库

即时通信软件（IM）是一种用于网络间文本消息传递的程序，又称为聊天软件。自其诞生以来，逐渐成为网络上最重要的通信工具，并向着多元化方向发展。目前，主流的即时通信软件不但能提供语音和视频通信，而且集成了电子邮件、游戏、电子商务和办公协作等功能，成为了综合化信息平台。因为提供即时通信服务的服务商没有统一的标准，所以即时通信软件的协议各不相同，甚至大多数协议都不对外开放。下面列出常见的协议。

- ❑ ICQ：世界上出现最早、使用最广泛的即时通信工具。
- ❑ IRC：一种开放的文本交流平台。
- ❑ MSN：微软公司开发的即时通信工具。
- ❑ QQ：中国腾讯公司开发的即时通信工具。
- ❑ Yahoo! IM：雅虎公司开发的即时通信工具。

但是在 Linux 系统中，即时通信软件各自为政的时代已经结束，大多数软件都能支持多个即时通信协议。其中最著名的为 Pidgin，它支持几乎所有流行的即时通信协议，各种协议以插件的形式存在，因而可以方便地增加新协议的支持。Pidgin 提供了 libpurple 函数库，Pidgin 自身即建立在该函数库之上。现在 Pidgin 和 libpurple 已作为 GNOME 桌面环境的一部分发行。

19.3.1　libpurple 函数库简介

libpurple 函数库提供了一种进行即时通信的公共机制，所有的即时通信协议都可以作为其一部分来运行。它支持多个操作系统，包括 Linux 系统、Windows 系统和其他类 UNIX 系统，例如 SCO-UNIX、BSD 和 AmigaOS。函数库本身支持 NSS，为客户端和服务器之间加密通信的协定提供基础。除此之外，使用者可以安装插件来得到更多功能，每一种通信协议都作为插件装入 libpurple 函数库。

libpurple 函数库包含了一般即时通信软件的功能，例如网络聊天、联系人信息管理、文件传输和聊天记录查询功能。

另外，该函数库支持 GTK+，可直接生成具有图形界面的即时通信软件。与当前 Linux 系统上另一个流行的多协议即时通信函数库 Telepathy 相比，libpurple 所支持的协议更为丰富，运行效率更高。但 libpurple 在语音和视频通信方面的进展要比 Telepathy 慢，后者已开发出成熟的语音和视频通信函数库。

运行 GNOME 桌面的 Linux 系统通常已包含该函数库。如果需要下载源代码，可登录其官方站点 http://pidgin.im 获得。源代码包中提供了该函数库的详细文档，以及多个示例程序。

19.3.2　即时通信软件的工作机制

即时通信软件的工作机制如图 19.2 所示。

```
        用户                                       服务器

       初始化 ────────── 请求连接 ──────────→  等待连接

      检查版本 ←───── 发送支持的协议版本 ──────  接受请求

      指定协议 ────── 发送所支持的最新版本 ──→  指定协议

      获取信息 ←──── 请求用户 ID 与密码 ──────  请求验证

      加密信息 ────── 发送用户 ID 与密码 ───→  解密信息

      终止连接 ←──── 传送联系人状态列表 ──────  核实身份
```

图 19.2　即时通信软件工作机制

即时通信服务商在网络上架设一台服务器，这台服务器上存放有所有用户的信息。用户与服务器连接的过程称之为用户登录。用户登录的步骤如下：

（1）用户通过网络地址向服务器发出连接请求。

（2）服务器接收请求，与用户建立连接，通常是 TCP 连接。

（3）服务器将自己支持的协议版本发送给用户。

（4）用户收到协议版本后，如果具有相同的协议版本，就传送一个协议匹配指令和匹配协议中最新的版本号，否则传送协议不匹配指令。

（5）服务器收到用户答复，如果是协议不匹配，通常会传送一个要求升级的消息，然后断开连接。如果协议匹配，那么将按照指定的协议与用户进行通信。

（6）服务器向用户发送要求用户 ID 与密码的指令。

（7）用户将用户 ID 与密码通过加密方式传送给服务器（通常是 MD5 算法）。

（8）服务器将用户 ID 与密码信息进行解密，并与自身所保存的信息进行比较。如果信息不匹配，服务器发出身份不符消息，然后断开与用户的连接。如果信息匹配，服务器记录用户的网络地址，并将其他相关用户的状态传送回去。

（9）用户收到服务器返回的身份正确消息和其他用户状态后，断开与服务器的 TCP 连接，以减轻服务器负担。然后每隔一定周期的时间，将自身状态通过 UDP 报告给服务器。如果用户要结束连接，那么也会在程序退出之前向服务器发送离线消息。如果服务器超过一定时间没有收到用户信息，那么将认为用户已非正常退出。

用户之间进行消息传递一般情况下并不需要通过服务器中转，服务器会在一定周期内更新一次用户的联系人列表中的联系人信息。这其中包括有联系人的网络地址，用户可以直接通过该地址向联系人发出连接请求，这样双方即能进行通信。有的即时通信服务提供了离线消息功能，这种功能是通过服务器中转的方式实现的。

19.3.3　使用 libpurple 函数库接入服务器

下面是一个由 libpurple 函数库中的标准示例改编而来的程序，该程序假设用户已经通过 Pidgin 或其他方法设置了即时通信账户信息。

1．预处理

在该示例的预处理部分，定义了程序中使用的头文件、常量、宏和数据结构。源代码如下：

```
01  #define CUSTOM_USER_DIRECTORY  "/dev/null" //定义用户目录
02  #define CUSTOM_PLUGIN_PATH ""              //定义插件目录
03  #define PLUGIN_SAVE_PREF "/purple/nullclient/plugins/saved"
04                                             //定义插件头目录
05  #define UI_ID "nullclient"                 //定义用户接口 ID
06  #include <purple.h>                        //包含 libpurple 库
07  #include <glib.h>                          //包含 GLib 库
08  #include <signal.h>
09  #include <string.h>
10  #include <unistd.h>
11  #define PURPLE_GLIB_READ_COND  (G_IO_IN | G_IO_HUP | G_IO_ERR)
12                                             //定义 GLib 读成员
13  #define PURPLE_GLIB_WRITE_COND (G_IO_OUT | G_IO_HUP | G_IO_ERR |
    G_IO_NVAL)
14                                             //定义 GLib 写成员
15  typedef struct _PurpleGLibIOClosure {      //该结构用于作为回调函数参数
16    PurpleInputFunction function;            //函数名
17    guint result;                            //返回结果
18    gpointer data;                           //数据参数
19  } PurpleGLibIOClosure;
```

预处理部分首先定义了常量 CUSTOM_USER_DIRECTORY、CUSTOM_PLUGIN_PATH 和 PLUGIN_SAVE_PREF，程序的其他部分通过这些常量获得相应目录的路径。常量 UI_ID 是用户接口 ID，通常为应用程序的名字。

libpurple 的文件读写操作通过 GLib 库实现，为了使整个程序能获得统一的属性，预处理部分定义了宏 PURPLE_GLIB_READ_COND 和 PURPLE_GLIB_WRITE_COND。这两个宏分别是读取和写入的属性标志，其后是用按位或运算得到的相关属性值。

结构体 **_PurpleGLibIOClosure** 是根据 GLib 库对回调函数的要求定义的参数数据类型，其中的 3 个成员分别为函数名、返回结果和数据参数。

2．清除函数

清除函数的设计思想与面向对象语言中的析构函数相似，负责在程序退出时清除动态分配的内存。源代码如下：

```
static void purple_glib_io_destroy(gpointer data)  //该函数用于清除数据
{
  g_free(data);                                   //释放 data 所指向的内存空间
}
```

函数的参数为 gpointer 类型，可以用于处理任何类型的数据。当某一数据类型不再被使用时，该函数将调用 g_free()函数释放动态分配的内存。g_free()函数与 free()函数类似，只是 g_free()函数增加了对 GLib 库定义的复合数据结构的支持。

3．调用 GLib 输入输出接口

调用 GLib 输入输出接口函数是一个回调函数，其中 3 个形式参数分别是 GLib 输入输出通道指针、GLib 输入输出条件和数据指针。该函数的作用是在需要时打开 GLib 输入输出通道，读取或写入数据。源代码如下：

```
01  static gboolean purple_glib_io_invoke(GIOChannel *source,
02                           GIOCondition condition,
03                           gpointer data)     //调用 GLib 输入输出接口
04  {
05    PurpleGLibIOClosure *closure = data; //创建 libpurple 输入输出终止符
06    PurpleInputCondition purple_cond = 0;   //创建 libpurple 输入条件对象
07    if (condition & PURPLE_GLIB_READ_COND)  //判断条件是否为读取
08      purple_cond |= PURPLE_INPUT_READ; //将 libpurple 输入条件对象设为
                                          //读取
09    if (condition & PURPLE_GLIB_WRITE_COND)  //判断条件是否为写入
10      purple_cond |= PURPLE_INPUT_WRITE;     //将 libpurple 输入条件对象设
                                               为写入
11    closure->function(closure->data, g_io_channel_unix_get_fd(source),
12        purple_cond);                      //调用回调函数执行输入输出操作
13    return TRUE;
14  }
```

函数中创建了一个 libpurple 输入输出终止符，该终止符指针指向了函数的数据指针。然后判断参数中的 GLib 输入输出条件是读取还是写入，根据此条件设置 libpurple 输入条件。然后，使用数据指针中定义的回调函数执行输入输出操作。

4．加入一个 GLib 输入接口

在程序开始执行时，并没有定义 GLib 输入接口。该接口可用于网络、数据库和文件的读写操作。加入一个 GLib 输入接口函数的源代码如下：

```
01  static guint glib_input_add(gint fd,
02                    PurpleInputCondition condition,
```

```
03                          PurpleInputFunction function,
04                          gpointer data)              //加入一个 GLib 输入接口
05  {
06      PurpleGLibIOClosure *closure = g_new0(PurpleGLibIOClosure, 1);
07      // 创建 libpurple 输入输出终止符
08      GIOChannel *channel;                            //声明 GLib 通道对象
09      GIOCondition cond = 0;                          //声明 GLib 输入输出条件
10      closure->function = function;                   //定义回调函数
11      closure->data = data;                           //定义数据指针
12      if (condition & PURPLE_INPUT_READ)              //判断条件是否为读取
13         cond |= PURPLE_GLIB_READ_COND;               //将 libpurple 输入条件
14                                                      //对象设为读取
15      if (condition & PURPLE_INPUT_WRITE)             //判断条件是否为写入
16         cond |= PURPLE_GLIB_WRITE_COND;              //将 libpurple 输入条件
17                                                      //对象设为写入
18      channel = g_io_channel_unix_new(fd);            //创建 GLib 通道
19      closure->result = g_io_add_watch_full(channel,
20                          G_PRIORITY_DEFAULT,
21                          cond,
22                          purple_glib_io_invoke,
23                          closure,
24                          purple_glib_io_destroy);
25                                                      //设置通道中的回调函数
26      g_io_channel_unref(channel);                    //将通道对象托管
27      return closure->result;
28  }
```

函数中首先创建了 libpurple 输入输出终止符，然后创建了一个 GLib 通道。最后，为了让通道能对新增写入的消息作出反应，使用 g_io_add_watch_full()函数设置通道中的回调函数。GLib 通道与 D-Bus 中的总线非常相似，都能够在得到消息时主动处理。

5. 定义GLib事件循环

GLib 事件循环被定义在 PurpleEventLoopUiOps 类型中，并作为全局变量供程序中其他位置使用。源代码如下：

```
01  static PurpleEventLoopUiOps glib_eventloops = //定义 GLib 事件循环
02  {
03      g_timeout_add,                                  //超时处理
04      g_source_remove,                                //源删除
05      glib_input_add,                                 //添加输入管道
06      g_source_remove,                                //源删除
07      NULL,
08  #if GLIB_CHECK_VERSION(2,14,0)                      //判断 GLib 版本是否
                                                        //为 2.14.0
09      g_timeout_add_seconds,                          //超时秒数
10  #else
11      NULL,
12  #endif
13      NULL
14  };
```

源代码中创建了一个静态 PurpleEventLoopUiOps 类型的全局变量 glib_eventloops。创建时，某些成员必须在 GLib 函数库版本大于 2.14.0 的情况下才有效，因此用宏

GLIB_CHECK_VERSION()检查 GLib 版本。

6. 定义会话时的输出

会话时输出函数有 6 个参数，分别为会话标识符、好友 ID、昵称、消息、消息类型和发送时间。该函数的作用是将这些信息输出到终端。源代码如下：

```
01  static void null_write_conv(PurpleConversation *conv,  //会话标识符
02                      const char *who,                    //好友 ID
03                      const char *alias,                  //昵称
04                      const char *message,                //消息
05                      PurpleMessageFlags flags,           //消息类型
06                      time_t mtime)                       //发送时间
07  {
08      const char *name;                                   //用于保存好友名称
09      if (alias && *alias)                                //判断存在好友昵称
10          name = alias;                                   //将好友名称设为昵称
11      else if (who && *who)                               //判断好友 ID 存在
12          name = who;                                     //将好友名称设为好友 ID
13      else
14          name = NULL;
15      printf("(%s) %s %s: %s\n", purple_conversation_get_name(conv),
16          purple_utf8_strftime("(%H:%M:%S)", localtime(&mtime)),
17          name, message);                                 //输出会话
18  }
```

函数中使用了与运算判断一个字符串是否为空，如表达式 alias && *alias 所示。该表达式的意义是，指针 alias 指向的位置不为 NULL，并且*alias 指向的内存中字符串不为"\0"，表达式的结果才为真。

7. 定义会话UI选项

会话的 UI 选择定义在 PurpleConversationUiOps 类型中，用于决定打开的聊天窗口样式。源代码如下：

```
static PurpleConversationUiOps null_conv_uiops =       //定义会话 UI 选项
{
    NULL,                                               //创建会话
    NULL,                                               //清除会话
    NULL,                                               //输入聊天消息
    NULL,                                               //输入通信信息
    null_write_conv,                                    //写入会话
    NULL,                                               //添加联系人
    NULL,                                               //修改联系人名
    NULL,                                               //删除联系人
    NULL,                                               //更新联系人姓名
    NULL,                                               //当前时间
    NULL,                                               //获得焦点
    NULL,                                               //增加表情
    NULL,                                               //输入表情
    NULL,                                               //关闭表情
    NULL,                                               //发送确认
};
```

代码中创建了静态 PurpleConversationUiOps 类型的全局变量 null_conv_uiops。因为本程序的运行目标为终端，所以将大部分 UI 选项设置为 NULL。

8. 初始化用户接口

初始化用户接口通过函数 null_ui_init()实现。源代码如下：

```
static void null_ui_init(void)                        //初始化用户接口
{
    purple_conversations_set_ui_ops(&null_conv_uiops);  //使用会话 UI 选项初
                                                          始化用户接口
}
```

函数中只调用了 purple_conversations_set_ui_ops()函数初始化用户接口，参数为上一步所定义的全局变量 null_conv_uiops。

9. 定义核心用户接口选项

```
static PurpleCoreUiOps null_core_uiops =              //定义核心用户接口选项
{
    NULL, NULL, null_ui_init, NULL
};
```

10. 初始化libpurple

在使用 libpurple 前，首先要对 libpurple 库进行初始化。初始化的内容包括设置各种目录的路径、读取账户信息和连接到即时通信服务器。源代码如下：

```
01   static void init_libpurple(void)                    //初始化 libpurple
02   {
03      purple_util_set_user_dir(CUSTOM_USER_DIRECTORY);//设置用户目录
04      purple_debug_set_enabled(FALSE);                 //不接受调试信息
05      purple_core_set_ui_ops(&null_core_uiops);        //设置核心用户接口
06                                                         //选项
07      purple_eventloop_set_ui_ops(&glib_eventloops);  //设置 GLib 事件循环
08      purple_plugins_add_search_path(CUSTOM_PLUGIN_PATH);//添加搜索插件路径
09      if (!purple_core_init(UI_ID)) {                  //初始化 libpurple11
10                                                         //环境
11        fprintf(stderr,
12            "libpurple 初始化失败!\n");
13        abort();
14      }
15      purple_set_blist(purple_blist_new());            //读取联系人列表
16      purple_blist_load();
17      purple_prefs_load();                             //读取用户配置
18      purple_plugins_load_saved(PLUGIN_SAVE_PREF);//加载插件
19      purple_pounces_load();                           //完成初始化
20   }
```

代码中首先调用 purple_util_set_user_dir() 函数设置用户目录，然后调用 purple_debug_set_enabled()函数设置调试状态，调用 purple_core_set_ui_ops()函数设置核心用户接口选项。之后，调用 purple_eventloop_set_ui_ops()函数设置 GLib 事件循环，调用 purple_plugins_add_search_path()函数设置搜索插件路径。这些函数的参数都是在程序前面定义的常量和全局变量。

　　UI_ID 常量中保存的是用户接口 ID，purple_core_init()函数以用户接口 ID 为参数对 libpurple 核心进行初始化。如果初始化成功，则 libpurple 库通过网络连接到 IM 服务器。然后可以用 purple_blist_load() 函数和 purple_prefs_load() 函数下载联系人列表，用 purple_plugins_load_saved()函数加载插件。最后，使用 purple_pounces_load()函数完成初始化。

11. 接收libpurple信号

　　接收 libpurple 信号包括两个步骤，首先读取本地的账户信息，然后将本地账户信息输出到终端。源代码如下：

```
static void signed_on(PurpleConnection *gc, gpointer null)
                                                //接收 libpurple 信号
{
  PurpleAccount *account = purple_connection_get_account(gc);
                                                //读取本地账户信息
  printf("Account  connected:  %s  %s\n",  account->username,  account->protocol_id);
}
```

　　PurpleAccount 类用来定义账户信息，函数中创建了 PurpleAccount 类的实例 account，并读取本地账户文件。本程序没有提供创建账户的功能，但是可通过 Pidgin 程序创建账户，供本程序测试时使用。

12. 对信号进行过滤

　　程序中的信号来自于 GLib 管道，对信号进行过滤的机制与 D-Bus 原理相同，目的是只对程序所关心的信号进行处理。源代码如下：

```
static void connect_to_signals_for_demonstration_purposes_only(void)
                                                //对信号进行过滤
{
  static int handle;                            //用于保存句柄
  purple_signal_connect(purple_connections_get_handle(), "signed-on",
  &handle,
        PURPLE_CALLBACK(signed_on), NULL);      //设置过滤器和回调函数
}
```

13. 主函数

　　在主函数中，定义了程序完整的流程。首先创建一个新 libpurple 账户，然后通过该账户连接到 IM 服务器，下载好友列表。最后等待用户选择命令进行操作。源代码如下：

```
01  int main(int argc, char *argv[])
02  {
03      GList *iter;                             //声明 GList 链表节点
04      int i, num;                             //用户循环控制变量
05      GList *names = NULL;                     //声明 GList 链表
06      const char *prpl;
07      char name[128];                         //用于保存用户名
08      char *password;                         //用于保存密码
```

```
09    GMainLoop *loop = g_main_loop_new(NULL, FALSE);  //创建一个主循环
10    PurpleAccount *account;                          //定义 libpurple 账户
11    PurpleSavedStatus *status;                       //定义 libpurple 状态
12    char *res;                                       //用于用户输入交互
13    signal(SIGCHLD, SIG_IGN);                        //设置 libpurple 信号
14    init_libpurple();                                //初始化 libpurple 库
15    printf("libpurple 初始化成功。\n");
16    iter = purple_plugins_get_protocols();   //通过插件获得即时通信协议
17    for (i = 0; iter; iter = iter->next) {           //遍历 GList 链表
18      PurplePlugin *plugin = iter->data;             //取得 libpurple 插件信息
19      PurplePluginInfo *info = plugin->info;
20      if (info && info->name) {
21          printf("\t%d: %s\n", i++, info->name);  //输出 libpurple 插件名
22          names = g_list_append(names, info->id);  //将 libpurple 插件名加
                                                      //入 GList 链表
23      }
24    }
25    printf("请选择一个协议 [0-%d]: ", i-1);        //提示用户选择一个 IM 协议
26
27    res = fgets(name, sizeof(name), stdin);  //从终端读取用户输入
28    if (!res) {
29      fprintf(stderr, "协议选择不正确");
30      abort();
31    }
32    sscanf(name, "%d", &num);                        //输入协议编号
33    prpl = g_list_nth_data(names, num);              //在 GList 链表中读取相关
                                                        //协议信息
34    printf("用户名: ");                              //提示输入用户名
35    res = fgets(name, sizeof(name), stdin);  //从终端读取用户输入
36    if (!res) {
37      fprintf(stderr, "无法读取用户名");
38      abort();
39    }
40    name[strlen(name) - 1] = 0;
41    account = purple_account_new(name, prpl);     //创建账户
42    password = getpass("请输入密码: ");
43    purple_account_set_password(account, password);  //获取用户密码
44    purple_account_set_enabled(account, UI_ID, TRUE);//激活账户
45    status = purple_savedstatus_new(NULL,
46                    PURPLE_STATUS_AVAILABLE);//设置当前状态为可用
47    purple_savedstatus_activate(status);             //设置用户状态为"活动"
48    connect_to_signals_for_demonstration_purposes_only();//接收 IM
                                                            //服务器传来的消息
49    g_main_loop_run(loop);                           //启动 GLib 主循环
50    return 0;
51  }
```

　　主函数中，为保存插件的信息创建了一个 GList 链表。插件是向 libpurple 提供 IM 协议的机制，将插件信息输出到终端后，用户可以选择将要创建的账户使用何种 IM 协议。用户选择协议后，使用该协议的所有账户名被输出到终端上，用户还需要再选择一个用于连接的账户名，并且输入该账户的密码。

　　如果账户信息是正确的，计算机也能顺利接入到互联网上，那么程序将进入主循环。其他用户传送至当前用户的消息将在终端输出。

19.4　小　　结

本章介绍了通过函数库实现各种网络应用的方法。所选择的函数库为当前应用最为广泛的网络工具。但这些函数库并不是开发相应网络应用的唯一选择。同样一个网络协议可能对应着数十种函数库。所以我们并不在意这些函数库的细节，而是希望读者能够通过本章的学习掌握选择函数库和使用函数库的能力。关于这些函数库的细节和更复杂的应用案例，可下载该函数库源代码包，阅读其中的开发文档，或者直接以通过该函数库建立的开源软件作为范本研究。

第 20 章 数 据 库

数据库可以被视为能够进行自动查询和修改的数据集。数据库有很多种类型，从最简单的存储了各种数据的表格，到能够进行海量数据存储的大型数据库系统等，它们在各个方面得到了广泛的应用。在开发需要进行大量数据存储的应用程序时，用 C 语言设计的程序通过数据库的接口对数据进行存储是最好的选择。在 Linux 系统中可以选择的数据库很多，有些数据库是嵌入在程序里的格式化文本，有的数据库是作为独立的程序运行的。本章将以 Berkeley 和 PostgreSQL 为例，讲解数据文件和数据库接口的使用方法。

20.1 数据的存储与访问

数据是有一定意义的格式化文本，数据的存储通常是指按照一定的规则将其写入到数据文件或数据库中。对数据的访问总结起来有这样几个最基本的任务。

- ❑ 查询数据：按一定的规则将满足条件的数据记录从数据文件或数据库中输出。
- ❑ 插入数据：将符合数据文件或数据库格式的数据存入目标位置。
- ❑ 修改数据：将数据文件或数据库中的数据记录修改。
- ❑ 删除数据：将数据文件或数据库中的数据记录删除。

本节将分别介绍数据文件和数据库实现数据的存储与访问的原理。

20.1.1 使用数据文件

数据文件是具有一定格式的文件，对操作系统来说它只是一个普通文件。所以对数据文件的访问并没有与其他普通文件不同之处，但必须以约定的格式向数据文件中写入数据，读取数据也必须按格式来处理。

以一个电话系统的计费清单为例，我们需要记录的每一条数据至少应包括记录编号、通话类型、对方号码、通话起始时间、通话时长、费率、总费用几项数据域。那么定义数据文件首先要将每个数据域的类型定义清楚，该定义独立于程序之外，程序设计时按该定义进行数据处理，这种定义也被称为数据字典。通话清单的数据字典参见表 20.1。

表 20.1 通话清单的数据字典

数据域名称	类 型	长 度	说 明
记录编号	长整型	4 字节	作为记录的唯一识别编码
通话类型	整型	2 字节	0 代表呼出通话，1 代表呼入通话（不考虑长途通话）
对方号码	长整型	4 字节	通话方电话号码
通话起始时间	字符型	14 字节	格式为 YYYYMMDDHHMMSS

数据域名称	类　　型	长　度	说　　明
通话时长	长整型	4 字节	以秒作为计时单位
费率	单精度浮点型	4 字节	以 0.01 元为计费单位，以分钟为单位计费次数。费率还需要以通话类型作为参考，例如呼出为 0.10 元，呼入为免费
总费用	单精度浮点型	4 字节	总费用为通话时长×费率

根据数据字典的定义，可以将每条记录定义为一个结构体，如下所示：

```
01  #include <stdio.h>
02  #include <string.h>
03  #include <stdlib.h>
04  #include <fcntl.h>                             //提供 open()函数
05  #include <sys/types.h>                         //提供 mode_t 类型
06  #include <sys/stat.h>                          //提供 open()函数的符号
07  #include <unistd.h>                            //提供 close()函数
08  #define TM_L 14                                //定义表示时间的字符串长度
09  typedef struct _calllist callist;
10  struct _calllist {
11     long id;                                    //记录编号
12     int type;                                   //通话类型
13     long telnum;                                //对方号码
14     char btime[TM_L];                           //通话起始时间
15     long tcount;                                //通话时长
16     float charge_rate;                          //费率
17     float charge_sum;                           //总费用
18  };
```

下面用一种简单的方式查询数据，将文件中的所有内容读入到计算机内存中，然后再根据数据字典将内存中的数据过滤到 callist 结构的数组中。例如下例：

```
01  int selectdb(callist **cl, int f)             //定义查询记录函数
02  {
03     int i = sizeof(callist);                   //获取记录长度
04     long length = lseek(f, 0, SEEK_END);       //获取文件长度
05     if (length < i) {
06        puts("无记录");
07        return -1;                               //表示无记录
08     }
09     if (*cl != NULL)
10        free(*cl);                               //释放原有内存空间
11     *cl = malloc(length);                      //申请内存空间
12     lseek(f, 0, SEEK_SET);                      //将文件指针指向文件开始
13     if(read(f, *cl, length) != length) {       //将所有记录读取到缓冲区
14        perror("读取数据失败");
15        return -2;                               //表示无法读取数据
16     }
17     return 0;
18  }
```

将该数据写入数据文件时，每次写入数据的总长度为 callist 结构体的长度，文件中每个 callist 结构体的长度的数据即为一条记录。例如下例：

```
01  int insertdb(callist *cr, int f, callist *cl)   // 定义插入记录函数
```

```
02  {
03      int i = sizeof(callist);                        //获取记录长度
04      int length = lseek(f, 0, SEEK_END);             //获取文件长度
05      cr -> id = (cl + length / i - 1) -> id + 1;//获取最后一条记录的ID,
                                                        //然后加1作为新记录ID
06      lseek(f, 0, SEEK_END);                          //将文件指针指向文件结尾
07      if(write(f, cr, i) != i) {                      //将所有记录写入到文件末端
08          perror("插入记录失败");
09          return -1;
10      }
11      return 0;
12  }
```

如果要修改其中一条数据，那么先在内存中修改那条数据，然后将内存中所有的数据写入文件使文件同时被更新。例如下例：

```
01  int changedb(callist *cr, int f, callist *cl)       //定义修改记录函数
02  {
03      int i = sizeof(callist);                        //获取记录长度
04      long length = lseek(f, 0, SEEK_END);            //获取文件长度
05      long j;
06      for(j = 0; j <= length / i; j++) {
07          if ((cl + j) -> id == cr -> id)             //找到指定记录
08              break;
09          }
10      memcpy(cl + j, cr, i);                          //用改写记录覆盖记录列表中指定记录
11      lseek(f, 0, SEEK_SET);                          //将文件指针指向文件开始
12      if(write(f, cl, length) != length) {//将内存中记录列表内的数据写入文件
13          perror("写入数据失败");
14          return -1;
15      }
16      return 0;
17  }
```

如果需要删除一条记录，可使该记录后面的记录依次向前移一位，覆盖住要删除的记录。例如下例：

```
01  int deletedb(callist *cr, int *f, callist **cl)//定义删除记录函数
02  {
03      int i = sizeof(callist);                            //获取记录长度
04      long length = lseek(*f, 0, SEEK_END);               //获取文件长度
05      long j;
06      for(j = 0; j <= length / i; j++) {
07          if ((*cl + j) -> id == cr -> id)                //指定要删除的记录
08              break;
09          }
10      memmove(*cl + j, *cl + j + 1, length - i * (j + 1));
11          //将要删除记录后的数据向前移，覆盖要删除记录
12      length -= i;                                        //将列表长度减去一条记录长度
13      close(*f);                                          //关闭原来的文件
14      *f = open("listdb", O_RDWR | O_TRUNC);              //打开文件，并将文件长度清零
15      if(write(*f, *cl, length) != length) {  //将内存列表中有效部分写入文件
16          perror("写入数据失败");
17          return -1;
18      }
19      return 0;
```

```
20  }
```

输出记录时要将记录列表中的数据转为有效格式，否则这些记录将是无法直接用字符表示的二进制串。例如下例：

```
01  void printdb(callist *cl, int f)          //输出记录函数
02  {
03     int i = sizeof(callist);
04     long length = lseek(f, 0, SEEK_END);    //获取文件长度
05     int j;
06     char btime[TM_L + 1] = {0};             //用于读取字符串，为字符
07                                             //串加入结束符
08     for(j = 0 ;j < length / i; j++) {
09        memcpy(btime, (cl + j) -> btime, TM_L);    //将字符串读出
10        printf("%ld,%d, %ld, %14s, %ld, %1.2f, %1.2f\n",//输出数据中的内容
11              (cl + j) -> id,
12              (cl + j) -> type,
13              (cl + j) -> telnum,
14              btime,
15              (cl + j) -> tcount,
16              (cl + j) -> charge_rate,
17              (cl + j) -> charge_sum);
18     }
19  }
```

对应的功能模块和数据结构已建立，下面再用一个主函数调用这些功能模块函数。主函数代码如下：

```
01  int main()
02  {
03     int f;                                   //用于文件标识符
04     int res;
05     callist cr = {1, 0, 12345, "20090301120011", 30, 0.36, 0.36};
06                                              //用于操作的记录模板
07     callist *cl;                             //定义记录列表指针
08     cl = NULL;                               //初始化为 NULL
09     f = open("listdb", O_RDWR | O_CREAT, 0664); //打开或创建一个文件
10     if (f == -1) {
11        perror("打开文件错误");
12        return 1;
13     }
14     puts("原始文件输出：");
15     res = selectdb(&cl, f);                  //查询数据文件
16     if (res == -2)
17        return 1;
18     else if (res == 0)
19        printdb(cl, f);                       //输出所有记录
20     puts("插入操作后文件输出：");
21     insertdb(&cr, f, cl);                    //使用记录模板插入一条记录
22     res = selectdb(&cl, f);                  //查询数据文件
23     if (res == -2)
24        return 1;
25     else if (res == 0)
26        printdb(cl, f);                       //输出所有记录
27     puts("修改记录后文件输出：");
28     cr.telnum = 54321;                       //修改模板内的数据
29     changedb(&cr, f, cl);                    //使用记录模板修改一条记录
```

```
30      res = selectdb(&cl, f);                        //查询数据文件
31      if (res == -2)
32        return 1;
33      else if (res == 0)
34        printdb(cl, f);                              //输出所有记录
35    puts("删除记录后文件输出: ");
36    deletedb(&cr, &f, &cl);                          //使用记录模板删除一条记录
37    res = selectdb(&cl, f);                          //查询数据文件
38    if (res == -2)
39      return 1;
40    else if (res == 0)
41      printdb(cl, f);                                //输出所有记录
42    close(f);
43    return 0;
44  }
```

这些代码合并后是一个完整的程序,实际上已经实现了数据库的基本模型。除了错误验证机制并不健全以外,这个程序还面临着下列缺陷:

❑ 性能低下,每次操作都面临着大规模的内存数据修改和文件修改。
❑ 只能单用户操作,多个用户同时操作一个文件时,数据无法得到保证。
❑ 功能单调,不能对数据进行筛选或同时操作多条记录。

数据库可以很好地解决这些问题,主流的数据库软件甚至提供了网络访问机制和数据恢复、数据自动备份机制,在操作海量数据时也能保持良好的性能。因此,数据库成为一个专门的课题,也是当前应用程序设计中一个重要的概念。

20.1.2　使用数据库

20.1.1 节的问题如果用数据库来解决会轻松许多。当前最为流行的数据库为关系数据库,其核心思想为实体关系模型。

实体关系模型(Entity-Relationship Model)简称 E-R 模型,设计者为陈品山(Peter P.S Chen)。该模型诞生于 1976 年,最初目标为设计一套资料库。其中,他运用现实世界的事物关系概念来解释资料库中资料的关系,并建立为一个架构。因此,实体关系模型是建立在集合代数的基础上,使用数学方法将数据分为不同的集合,使用者可利用集合间的关系查找数据。

实体关系模型利用图形的方式(实体-关系图,Entity-Relationship Diagram)来表示数据库的概念设计,有助于设计过程中的构思及沟通讨论。话费清单的 E-R 模型如图 20.1 所示。

实际上在数据库中需要实现的是 3 个部分,每一个部分是一个数据表。通话类型在通话清单表中是整型数据,如果需要知道它的具体含义,那么可以使用这个代码在通话类型表

图 20.1　话费清单的 E-R 模型

中查找相应内容。同理,费率也作为一个单独的表保存。这样,数据字典就不用在程序源代码中体现出来,如果需要修改,只要对相应的表进行修改即可。

　　设计好了数据表后，可以用 SQL 语言建立数据表和实现查询功能。标准数据查询语言 SQL 是一种基于关系数据库的语言，这种语言执行对关系数据库中数据的检索和操作。目前，SQL 语言已形成了 ANSI SQL89 标准，主要的关系数据库管理系统均遵循此标准。

　　SQL 语言是面向数据的非过程化语言，开发者无需考虑数据的存储方法和物理结构。只需要将查询条件编辑为语句，交由数据库执行，数据库会将符合条件的结果返回给开发者。查询结果以记录（records）为单位，每次查询的结果称为结果集。除此以外，SQL 语言还能被扩展为数据库的管理语言，对数据及数据库进行操作。CREATE TABLE 语句用于在数据库中创建数据表。它的一般形式是：

```
CREATE TABLE 表名
(字段 1 数据类型[长度],
 字段 2 数据类型[长度],
 ...)
```

　　下例是使用 CREATE TABLE 语句创建通话清单数据表的方法，id 被设置为主关键字，并且是自增类型。

```
CREATE TABLE call_list (id INTEGER[4] NOT NULL AUTO_INCREMENT PRIMARY KEY,
                type INTEGER[1],
                telnum INTEGER[4],
                bttime CHAR(14),
                tcount INTEGER[4],
                charge_rate FLOAT[4],
                charge_sum FLOAT[4])          //创建通话清单表
CREATE TABLE call_type (id INTEGER[4] NOT NULL AUTO_INCREMENT PRIMARY KEY,
                type CHAR[30])                //创建通话类型表
CREATE TABLE call_rate (id INTEGER[4] NOT NULL AUTO_INCREMENT PRIMARY KEY,
                charge_rate FLOAT[4])         //创建费率表
```

　　在数据库中，数据查询是通过 SELECT 语句来完成的。SELECT 语句可以从数据库中按用户要求检索数据，并将查询结果以表格的形式返回。SELECT 语句的一般形式是：

```
SELECT 字段 <*表示全部字段>
FROM 数据表
WHERE 条件表达式
ORDER BY 排序方式
```

　　下例是使用 SELECT 语句在通话清单数据表中查询数据的方法。

```
SELECT * FROM call_list
```

　　INSERT INTO 语句用于向一个表添加一个或多个记录。INSERT INTO 语句的一般形式是：

```
INSERT INTO 数据表 VALUES (数据 1, 数据 2, ……)
```

　　下例是使用 INSERT INTO 语句在通话清单数据表中添加一条记录的方法，自增类型 id 不用列在数据项中。

```
INSERT INTO call_list (0, 12345, '20080301120011', 30, 0.36, 0.36)
```

　　UPDATE 语句用于修改记录，根据指定的条件更改指定表中的字段值。UPDATE 语句的一般形式是：

```
UPDATE 数据表
SET 字段 1=值，字段 2=值，......
WHERE 条件表达式
```

下例是使用 UPDATE 语句在通话清单数据表中修改一条记录的方法，自增类型 id 不能被修改。

```
UPDATE call_list SET telnum = 54321 WHERE id = 1
```

DELETE 语句用于删除一条或多条记录。DELETE 语句的一般形式是：

```
DELETE FROM 数据表 WHRER 条件表达式
```

下例是使用 DELETE 语句在通话清单数据表中删除一条记录的方法。

```
DELETE FROM call_list WHRER id = 1
```

上一节中的示例程序的全部功能在数据库中只需几条简单的语句即可完成，需要掌握的只是使用 C 语言通过接口访问数据库的方法。

20.2　Berkeley DB 数据包

Berkeley DB 数据包是由美国甲骨文公司开发（从加利福尼亚大学伯克利分校收购）的一套开源嵌入式数据文件访问的函数库，它为应用程序提供可伸缩的、高性能的、有事务保护功能的数据管理服务。Berkeley DB 为数据的存取和管理提供了一组简洁的函数调用 API 接口，它是一套机制健全的数据文件访问工具。

20.2.1　Berkeley DB 数据包简介

Berkeley DB 数据包是一个经典的 C 语言函数库模式的工具集，为程序员提供广泛丰富的函数集，可用于开发工业级强度的数据库服务。其主要特点如下：

❑ 直接嵌入到应用线程中，不需要额外的运行环境支持。数据被保存为数据包文件，无论是用于网络服务器，还是用于同一台计算机中的多个进程交换数据，所有操作均不需要进程间通信支持。

❑ Berkeley DB 为多种编程语言提供了应用程序接口，其中包括 C 和 C++。所有操作都可通过嵌入的动态连接库实现，等同于程序内部操作。多个进程或者多个线程可同时使用同一个数据库，支持原子操作。提供数据库加密、日志、缓冲区管理和虚拟内存管理等底层的服务，程序透明度极高。

❑ 支持所有 Linux 系统及变种，轻便灵活，不受硬件性能制约。常被用在嵌入式移动设备上，如智能手机和电视机机顶盒。因性能良好，又常被用在工业级产品上，如可编程控制器、实时监测设备和各种医疗设备。

❑ 支持数据规模高达 256TB 的数据库，支持一万用户同时操作的高并发度。而函数库本身体积不到 300KB，可伸缩性极强。

但是 Berkeley DB 数据包与关系数据库和面向对象数据库不同，原理和使用方法上都

有极大差别。Berkeley DB 数据包不支持 SQL 语言，没有传统意义上的表概念。但是对于

小型应用程序开发，Berkeley DB 数据包的优势
非常明显。首先是不需要进程间通信，因为数据
库控制部分被嵌入，成为进程的一部分，可在内
部进行数据共享。其次是 Berkeley DB 数据包使
用函数进行数据操作，不需要对 SQL 语言解释，
保证了执行效率。

　　Berkeley DB 由 5 个主要的子系统构成，其
中包括存取管理子系统、内存池管理子系统、事
务子系统、锁子系统以及日志子系统。存取管理
子系统是 Berkeley DB 数据库进程包内部的核心
组件，其他子系统都存在于 Berkeley DB 数据库
进程包的外部，如图 20.2 所示。

图 20.2　Berkeley DB 的内部结构

　　每个子系统支持不同的应用级别。下面分别介绍这些子系统的功能。

1．存取管理子系统

　　存取管理（Access Methods）子系统用于创建、存储和访问数据文件。存储方法共有 4
种，分别是定长记录、变长记录、哈希文件和 B 树。定长记录是为所有记录分配相同长度
的存储空间，数据结构上属于队列，与关系数据库最为相似。变长记录是基于标记符号的
简单存储模式，与普通数据文件最为相似。哈希文件是无格式文件，数据以非连续方式存
储。B 树又称为二叉树，是树数据结构。选择何种存储方法取决于具体的应用需求。

2．内存池管理子系统

　　内存池（Memory pool）管理子系统用于管理访问 Berkeley DB 时所产生的共享缓冲区。
当多个进程或线程同时访问数据库时，内存池管理子系统可在内存中建立一个公共的高速
缓存，避免反复读取数据文件造成的延时。内存池管理子系统独立于 Berkeley DB 系统之
外，能单独为应用程序所使用，并能用于其他目的，适合于替代标准缓冲区使用。

3．事务子系统

　　事务（Transaction）子系统用于管理对数据库的访问操作。Berkeley DB 支持原子操作，
多个进程或者线程同时写入数据到同一文件的同一位置，不会对数据库造成任何错误。该
系统要么会处理所有操作请求，要么不处理任何一个操作请求，以保证数据正确。另一方
面，该系统有效地解决了数据库死锁问题。在默认的情况下，事务子系统将提供严格的
ACID 事务属性，但是应用程序可以选择不使用系统所做的隔离保证。

4．锁子系统

　　锁（Locking）子系统是所有数据库必须提供的功能模块，用于对数据库文件进行锁定。
当某个调用者要求锁定数据库时，其他操作者不能向数据库进行读写操作。事务子系统的
并发控制机制就是建立在锁子系统之上的。

5．日志子系统

日志（Logging）子系统用于记录每次操作的过程。其策略是先将操作写入日志，然后再进行操作。这样可在操作失败时进行数据恢复，最大程度保证数据一致性。

上述子系统共同构成了 Berkeley DB 数据包系统整体，设计应用程序时可选择性地装入相关部分。应用程序可使用全部子系统，也可适当进行裁剪，对于硬件环境非常有限的小型电子设备，这种伸缩性非常重要。例如，某个程序不需要多用户并发操作和日志功能，则可裁剪掉内存池管理子系统、锁子系统和日志子系统。对于系统诉求最为简单的程序，只用保留必须的存取管理子系统即可。

数据包是 Berkeley DB 所管理数据的逻辑组织，每个应用程序可能有若干个独立或具备一定关系的数据包，每个数据包又可装入许多记录。记录的形式为"数据项，值"，可以将其视为关系数据库中的表。那么，一个数据包只能对应一个数据表。关系数据库中的一条记录，可能对应 Berkeley DB 数据包的多条记录。数据项的意义犹如字段名，值是存储数据的最小单元。

数据包文件的内部结构由应用程序创建时选择，可选的 4 种结构分别为定长记录、变长记录、哈希文件和 B 树。读取数据时，应用线程也必须了解数据包的结构，否则就不能通过选择合适的数据类型在内存中保存数据。

一个数据文件可以存放多个相关或不相关的数据包，也可只存放一个单独的数据包。但是使用定长记录的数据包必须保持在单独的文件中，不能与其他存储类型混合使用。文件除受到最大长度和存储空间制约外，所存放的数据长度不受限制。要定位一个数据包至少需要"文件名"和"数据包名"两个参数，这是 Berkeley DB 区别于其他嵌入式数据库的地方。

Berkeley DB 数据库的管理是通过函数库接口实现的，它本身没有图形界面和访问接口。可进行的管理分为以下几类。

- ❑ 创建、删除、重命名、打开和关闭数据包，增加、删除和修改数据的检索。
- ❑ 读取数据文件的信息、读取数据包状态信息、数据包的同步备份、清空数据包的内容、读取所在数据包环境的信息、版本升级和出错提示等附加的功能。
- ❑ 提供用于存取和访问数据的游标机制，以及对多个相关数据包进行关联和等值连接操作。
- ❑ 排序、优化数据文件等操作。

安装 Berkeley DB 数据包函数库可在甲骨文公司网站上下载源代码包进行编译，编译指令为：

```
../dist/configure
make
make install
```

下载地址为 http://www.oracle.com/technology/products/berkeley-db/index.html，或直接输入命令：

```
sudo apt-get install libdb-dev      //Ubuntu 使用的名称
yum install compat-db               //Fedora 和 Red Hat 所使用的名称
```

Berkeley DB 数据包函数库没有设置.pc 文件，所以 pkg-config 无法为其配置编译目录。编译使用 Berkeley DB 库的程序需要先找到其静态库与头文件所在目录，然后编写一个.pc 文件，或者直接加入到编译命令中。

20.2.2 Berkeley DB 数据包的连接和使用

Berkeley DB 数据包的连接和使用可以分为 6 个步骤，分别是初始化数据包标识符、打开数据文件、数据操作、创建数据包连接、错误处理和关闭数据包标识符。除了数据操作外，实现其他步骤的代码复用性较强。下面介绍 Berkeley DB 数据包连接的实现方法。

1. 初始化数据包标识符

打开 Berkeley DB 数据包之前，首先必须使用 db_create()函数初始化一个数据包标识符。当数据包标识符初始化成功后，可使用 open()函数将数据包打开。如果没有创建数据文件，可以在 open()函数中加入 DB_CREATE 标志。例如下例：

```
#include <db.h>
…
DB *dbp;                              //数据包标识符
u_int32_t flags;                      //数据包打开标识
int ret;                              //函数返回结果
ret = db_create(&dbp, NULL, 0);       //初始化数据包标识符
if (ret != 0) {
  puts("无法初始化数据包标识符");
}
flags = DB_CREATE;                    //将数据包打开标识设为创建数据包
ret = dbp->open(dbp,                  //数据包标识符指针
          NULL,                       //事务指针
          "my_db.db",                 //数据文件名称
          NULL,                       //可选数据包逻辑名称
          DB_BTREE,                   //将数据存取子系统设置为 B 树
          flags,                      //数据包打开标识
          0);                         //文件模式，0 表示默认
if (ret != 0) {
  puts("无法打开数据包");
}
```

2. 关闭数据包标识符

使用数据包结束时必须将其关闭，可通过 DB->close()函数实现。关闭数据包后数据包标识符不能再被使用，所有在缓存中没有写入数据文件的数据将会被立即写入。如果需要在关闭数据包之前将缓存数据写入，可使用 DB->sync()函数。关闭数据包的操作方法如下例所示。

```
#include <db.h>
…
DB *dbp;                              //数据包标识符
…
if (dbp != NULL)
  dbp->close(dbp, 0);                 //关闭数据包
```

3．打开数据文件

open()函数有多个标志可以选择，如果需要同时使用多个标志，可以用按位或"|"运算符将其连接。open()函数的标志参见表 20.2。

表 20.2　open()函数的标志

标 志 名 称	说　　明
DB_CREATE	如果数据文件不存在，创建一个新文件。默认情况下数据文件不存在会造成错误
DB_EXCL	如果数据文件存在，则造成打开文件错误。该标志只有在和 DB_CREATE 标志一同使用时才有意义
DB_RDONLY	以只读方式打开数据文件，任何修改都会造成错误
DB_TRUNCATE	打开数据文件并将数据文件中原有内容清除

数据包的管理有 3 个函数。DB->get_open_flags()函数的作用是从数据包标识符中获得数据包打开状态，如果操作的数据包并没有打开则会造成错误，如下例所示。

```
#include <db.h>
…
DB *dbp;
u_int32_t open_flags;
…
dbp->get_open_flags(dbp, &open_flags);              //获得数据包打开状态
```

4．数据操作

DB->remove()函数用于删除指定的数据包，如果在参数中没有指明数据包名称，那么整个数据文件将被删除，如下例所示。

```
#include <db.h>
…
DB *dbp;
…
dbp->remove(dbp,            //数据包标识符指针
        "mydb.db",         //数据文件名称
        NULL,              //数据包名称，这里没有指定，所以删除的是整个文件
        0);                //操作标志
```

DB->rename()函数用于修改数据包名称，如果参数中没有指明数据包名称，整个数据文件将被改名，如下例所示。

```
#include <db.h>
...
DB *dbp;
...
dbp->rename(dbp,           //数据包标识符指针
        "mydb.db",         //数据文件名称
        NULL,              //数据包名称，这里没有指定，所以修改数据文件名
        "newdb.db",        //数据文件的新名称
        0);                //操作标志
```

5．错误处理

Berkeley DB 有一套完整的错误报告机制，可用的错误报告函数有 6 个。set_errcall()

用于设置在错误发生时启动的回调函数，错误代码和消息将作为参数传递给该回调函数。set_errfile()函数使用文件流指针将错误信息写入文件。set_errpfx()函数用于设置错误消息的前缀。err()函数用于捕捉错误消息，当错误发生时调用该函数将启动回调函数；如果错误发生时未使用该函数，那么错误信息将被传送到 set_errfile()函数指定的文件中。errx()函数的作用与err()函数相似，只是不发送错误信息字符串给回调函数。db_strerror()函数可根据错误代码返回错误字符串。下例将演示错误报告机制的使用方法。

```
01  void my_error_handler(const char *error_prefix, char *msg)
                                                   //回调函数，在错误发生时调用
02  {
03      printf("%s: %s\n", error_prefix, msg);    //输出错误信息
04  }
05  DB *dbp;                                        //创建数据包标识符
06  int ret;
07  ret = db_create(&dbp, NULL, 0);                //初始化数据包
08  if (ret != 0) {
09      fprintf(stderr, "%s: %s\n", "数据包初始化失败: ",
10          db_strerror(ret));                     //将错误信息输出到标准输出中
11          return(ret);
12  }
13  dbp->set_errcall(dbp, my_error_handler);       //设置错误发生时的回调函数
14  dbp->set_errpfx(dbp, "数据包");                  //设置错误信息前缀
15  ret = dbp->open(dbp,
16              NULL,
17              "mydb.db",
18              NULL,
19              DB_BTREE,
20              DB_CREATE,
21              0);
22  if (ret != 0) {
23      dbp->err(dbp, ret, "数据文件打开失败: %s", "mydb.db");//捕捉错误信息
24      return(ret);
25  }
```

6. 环境变量

如果需要指定数据文件的目录，可通过设置 Berkeley DB 环境变量实现，设置前必须创建一个环境标识符指针，然后使用 db_env_create()函数初始化环境标识符。需要注意的是，用户必须拥有该目录的操作权限。在程序结束时，必须通过 DB_ENV->close()函数清除该环境变量。例如下例：

```
#include <db.h>
…
DB_ENV *myEnv;                                      //定义环境标识符指针
DB *dbp;
u_int32_t db_flags;
u_int32_t env_flags;                                //定义打开环境标志
int ret;
ret = db_env_create(&myEnv, 0);                     //初始化环境标识符
if (ret != 0) {
    fprintf(stderr, "环境标识符初始化失败: %s\n", db_strerror(ret));
    return -1;
}
env_flags = DB_CREATE |                             //如果目录不存在，则创建该目录
```

```
            DB_INIT_MPOOL;                          //初始化缓存管理功能
ret = myEnv->open(myEnv,                            //环境标识符指针
  "~/testEnv",                                      //设置环境目录
  env_flags,                                        //打开标识
  0);                                               //设置文件模式，0 表示默认
if (ret != 0) {
    fprintf(stderr, "打开环境失败：%s", db_strerror(ret));
    return -1;
}
…
if (myEnv != NULL) {
    myEnv->close(myEnv, 0);                         //清除环境变量
}
```

7．创建公用模板

在进行数据包的读写操作前，可以将一系列数据库连接操作设置为头文件和一系列函数，这样在任何情况下都可以通过这些公用的模板进行数据库连接。下面用一个供求关系数据库说明创建公用模板的方法。

（1）定义头文件 gettingstarted_common.h。源代码如下：

```
01  #include <db.h>
02  typedef struct stock_dbs {
03    DB *inventory_dbp;                            //买主数据包内容的信息
04
05    DB *vendor_dbp;                               //卖主数据包内容的信息
06
07    char *db_home_dir;                            //数据文件目录
08    char *inventory_db_name;                      //买主数据包名称
09    char *vendor_db_name;                         //卖主数据包名称
10  } STOCK_DBS;
11  int databases_setup(STOCK_DBS *, const char *, FILE *);//设置数据文件
12  int databases_close(STOCK_DBS *);              //关闭数据文件标识符
13  void initialize_stockdbs(STOCK_DBS *);          //初始化数据包
14  int open_database(DB **, const char *, const char *, FILE *);
15                                                  //打开数据文件
16  void set_db_filenames(STOCK_DBS *my_stock);     //设置数据文件名
```

头文件中定义了结构体 stock_dbs，用于保存买卖双方的信息和需要读写的数据。另外定义了 5 个函数原型，这些函数的功能包括设置数据文件、关闭数据文件标识符、初始化数据包、打开数据文件和设置数据文件名。

（2）初始化数据包，设置数据包的环境变量。源代码如下：

```
01  #include "gettingstarted_common.h"
02  void initialize_stockdbs(STOCK_DBS *my_stock)   //初始化 stock_dbs 结构
03  {
04    my_stock->db_home_dir = DEFAULT_HOMEDIR;      //数据包主目录
05    my_stock->inventory_dbp = NULL;               //库存
06    my_stock->vendor_dbp = NULL;                  //卖方
07    my_stock->inventory_db_name = NULL;           //库存信息数据表名
08    my_stock->vendor_db_name = NULL;              //卖方信息数据表名
09  }
```

函数中，结构体 **stock_dbs** 内的成员被初始化，其中包括数据包主目录、库存和卖方的信息，所有信息被设置为 NULL。

（3）定义数据包所有相关文件，为保存买主信息和卖主信息的数据包文件命名。函数的源代码如下：

```
01  void set_db_filenames(STOCK_DBS *my_stock)          //定义数据包所有相关文件
02  {
03      size_t size;
04      size = strlen(my_stock->db_home_dir) + strlen(INVENTORYDB) + 1;
05      my_stock->inventory_db_name = malloc(size);
06      snprintf(my_stock->inventory_db_name, size, "%s%s",
07        my_stock->db_home_dir, INVENTORYDB);          //定义买主数据包文件名
08      size = strlen(my_stock->db_home_dir) + strlen(VENDORDB) + 1;
09      my_stock->vendor_db_name = malloc(size);
10      snprintf(my_stock->vendor_db_name, size, "%s%s",
11        my_stock->db_home_dir, VENDORDB);             //定义卖主数据包文件名
12  }
```

（4）打开数据包文件。源代码如下：

```
01  int open_database(DB **dbpp,                    //数据包标识符指针
02                const char *file_name,           //数据文件名
03                const char *program_name,        //程序名称
04                FILE *error_file_pointer)        //存放错误信息的文件流指针
05  {
06      DB *dbp;                                    //定义数据包标识符
07      u_int32_t open_flags;                       //定义打开标志
08      int ret;
09      ret = db_create(&dbp, NULL, 0);             //初始化数据包标识符
10      if (ret != 0) {
11          fprintf(error_file_pointer, "%s: %s\n", program_name,
12                  db_strerror(ret));
13          return(ret);
14      }
15      *dbpp = dbp;                               //指向 db_create()动态分配的内存
16      dbp->set_errfile(dbp, error_file_pointer); //指定错误输出文件
17      dbp->set_errpfx(dbp, program_name);        //指定错误信息前缀
18      open_flags = DB_CREATE;                     //设定打开标志
19      flags = DB_CREATE;                          //将数据包打开标识设为创建数据包
20      ret = dbp->open(dbp,                        //数据包标识符指针
21                  NULL,                           //事务指针
22                  "my_db.db",                     //数据文件名称
23                  NULL,                           //可选数据包逻辑名称
24                  DB_BTREE,                       //将数据存取子系统设置为 B 树
25                  flags,                          //数据包打开标识
26                  0);                             //文件模式，0 表示默认
27      if (ret != 0) {
28          dbp->err(dbp, ret, "数据包'%s'打开失败.", file_name);
29          return(ret);
30      }
31      return (0);
32  }
```

（5）设置数据包文件。源代码如下：

```
01  int databases_setup(STOCK_DBS *my_stock,
```

```
02                        const char *program_name,
03                        FILE *error_file_pointer)        //设置数据包文件
04  {
05    int ret;
06    ret = open_database(&(my_stock->vendor_dbp),
07                   my_stock->vendor_db_name,
08                   program_name,
09                   error_file_pointer);        //打开卖主数据包
10    if (ret != 0)
11      return (ret);
12    ret = open_database(&(my_stock->inventory_dbp),
13                   my_stock->inventory_db_name,
14                   program_name,
15                   error_file_pointer);        //打开买主数据包
16    if (ret != 0)
17      return (ret);
18    printf("数据包打开成功\n");
19    return (0);
20  }
```

（6）关闭数据包标识符。源代码如下：

```
01  int databases_close(STOCK_DBS *my_stock)            //关闭数据包标识符
02  {
03    int ret;
04    if (my_stock->inventory_dbp != NULL) {
05      ret =my_stock->inventory_dbp->close(my_stock->inventory_dbp, 0);
06      if (ret != 0)
07        fprintf(stderr, "买主数据包关闭失败: %s\n",
08              db_strerror(ret));
09    }
10    if (my_stock->vendor_dbp != NULL) {
11      ret = my_stock->vendor_dbp->close(my_stock->vendor_dbp, 0);
12      if (ret != 0)
13        fprintf(stderr, "卖主数据包关闭失败: %s\n",
14              db_strerror(ret));
15    }
16    printf("数据包已关闭.\n");
17    return (0);
18  }
```

上述 6 个函数的实现需要保存到源文件 gettingstarted_common.c 中。这个程序中的数据包有两个数据表，分别保存买主和卖主的信息。目前，程序已实现了连接数据包的基本操作。

20.2.3　Berkeley DB 数据包的访问

Berkeley DB 数据包的记录由两个部分组成：数据项和一些数值。数据项和它相应的数据被装入 DBT 结构中。因此，访问 Berkeley DB 数据包记录需要两个这样的结构。DBT 结构有两个成员，一个是 void*类型的成员，可以指向任何数据；另一个用来定义数据的长度。因此，它们可被用来存储任何简单原始数据类型或各种复杂的数据结构，无论数据有多么长，只需将它们放在一个连续的内存空间中，如下例所示。

```
#include <db.h>
```

```
#include <string.h>
...
DBT key, data;                              //定义数据项与值
float money = 122.45;
char *description = "Grocery bill.";
memset(&key, 0, sizeof(DBT));               //将数据项中的内容置 0
memset(&data, 0, sizeof(DBT));              //将值的内容置 0
key.data = &money;                          //定义数据项所指向的内容
key.size = sizeof(float);                   //定义数据项的长度
data.data = description;                    //定义值所指向的内容
data.size = strlen(description) + 1;        //定义值的长度
```

如果要得到数据项或值中的内容，只需要简单地将 DBT 结构中的 void* 所指向的数据返回到适当的数据结构中。为了避免某些类型在传递时直接将地址赋值给了变量，可以通过设置 DB_DBT_USERMEM 标签来告诉 DBT 结构，如下例所示。

```
#include <db.h>
#include <string.h>
...
float money;
DBT key, data;
char *description;
memset(&key, 0, sizeof(DBT));
memset(&data, 0, sizeof(DBT));
key.data = &money;
key.ulen = sizeof(float);
key.flags = DB_DBT_USERMEM;        //避免将地址传递给变量
description = data.data;
```

在读写数据包记录时，需要知道 Berkeley DB 数据包与数据库的一些细微差别。无论数据包是否支持副本记录，两个或更多数据记录可能共享着相同的数据项。共享相同数据项的行为被称为副本集合。在 Berkeley DB 中，一个特定的数据项只能有一个副本集合。默认情况下数据包不支持副本集合。

Berkeley DB 数据包提供两种基本机制读写"数据项/值"部分，一种是使用 DBT->put() 和 DBT->get() 函数提供的简单非副本机制，另一种是通过游标读写数据记录。

记录使用何种结构被存储到数据包中需要通过存储管理选项设置。在某些情况下，例如 B 树，记录被保存在程序定义的序列中。DB->put() 函数用于将 DBT 结构的数据写入数据文件，可通过设置一些标志控制写的方式。例如，DB_NOOVERWRITE 标志表示不允许覆盖原有的数据记录。如果该数据项已经存在，则返回 DB_KEYEXIST 标志表示写入错误，如下例所示。

```
#include <db.h>
#include <string.h>
...
char *description = "Grocery bill.";            //数据包的描述信息
DBT key, data;                                  //声明数据项和数据
DB *my_database;                                //用于数据包标识符
int ret;                                        //用于保存操作结果
float money;                                    //用于保存金额信息
...
money = 122.45;                                 //输入金额信息
memset(&key, 0, sizeof(DBT));                   //设置数据项
```

```
memset(&data, 0, sizeof(DBT));                        //设置数据
key.data = &money;                                    //写入数据
key.size = sizeof(float);                             //设置数据存储长度
data.data = description;                              //设置描述信息
data.size = strlen(description) +1;                   //设置描述信息长度
ret = my_database->put(my_database, NULL, &key, &data, DB_NOOVERWRITE);
                                                     //将记录写入数据文件
if (ret == DB_KEYEXIST) {                             //判断数据项是否存在
  my_database->err(my_database, ret,
                "写入失败，因为数据项%f 已存在", money);
}
```

DB->get()函数可用来读取数据记录，默认情况下该函数返回与调用时提供的数据项相同的第 1 项。如果数据包开启了副本机制，可以通过设置 DB_GET_BOTH 标志同时得到第 1 条记录中的数据项和值。如果找不到对应的数据项，返回值将是 DB_NOTFOUND 标志，如下例所示。

```
#include <db.h>
#include <string.h>
...
DBT key, data;                                        //声明数据项和数据
DB *my_database;                                      //用于数据包标识符
float money;                                          //用于保存金额信息
char *description;                                    //数据包的描述信息
...
money = 122.45;                                       //输入金额信息
memset(&key, 0, sizeof(DBT));                         //设置数据项
memset(&data, 0, sizeof(DBT));                        //设置数据
key.data = &money;                                    //写入数据
key.ulen = sizeof(float);                             //设置数据存储长度
key.flags = DB_DBT_USERMEM;
my_database->get(my_database, NULL, &key, &data, 0);   //读取数据记录
description = data.data;
```

DB->del()函数用于删除记录。如果开启了副本机制，所有符合条件的记录都将被删除，否则只会删除符合条件的第一条记录，如下例所示。

```
#include <db.h>
#include <string.h>
...
DBT key;                                              //用于保存数据项
DB *my_database;                                      //用于数据包标识符
float money = 122.45;                                 //输入金额信息
...
memset(&key, 0, sizeof(DBT));                         //设置数据项
key.data = &money;                                    //写入数据
key.size = sizeof(float);                             //设置数据
my_database->del(my_database, NULL, &key, 0);          //删除与数据项匹配的记录
```

20.2.4　Berkeley DB 数据包中的游标

Berkeley DB 的游标（Dbc）和关系数据库的游标是类似的，是一种可以迭代数据库中

的记录的装置。对于重复记录，使用游标来访问它们会更加方便。另外，通过游标可以一条条地操作（修改和删除）记录。在使用游标之前，必须先定义一个 Dbc 结构的游标指针，然后使用 Db->cursor 函数打开游标，如下例所示。

```
DBC * cur;                              //定义一个游标指针
dbp->open(dbp, ……);                    //首先打开数据库，再打开游标
dbp->cursor(dbp, NULL, &cur, 0);
...
cur->c_close(cur);                      //关闭游标
dbp->close(dbp, 0);                     //关闭数据库
```

下面将以一个完成的程序演示通过游标访问数据库的方法，该例子需要使用本书20.2.3 节为数据文件连接建立的头文件。实现的步骤如下。

（1）定义函数原型与主函数。源代码如下：

```
01  #include "gettingstarted_common.h"
02  char * show_inventory_item(void *);           //显示库存条目
03  int show_all_records(STOCK_DBS *);            //显示所有记录
04  int show_records(STOCK_DBS *, char *);        //显示指定记录
05  int show_vendor_record(char *, DB *);         //显示卖主记录
06  int main(int argc, char *argv[])              //主函数
07  {
08      STOCK_DBS my_stock;
09      int ret;
10      initialize_stockdbs(&my_stock);           //初始化
11      set_db_filenames(&my_stock);              //设置数据文件名
12      ret = databases_setup(&my_stock, "example_database_read", stderr);
13      if (ret != 0) {
14          fprintf(stderr, "打开数据文件失败\n");
15          databases_close(&my_stock);
16          return (ret);
17      }
18      ret = show_all_records(&my_stock);        //显示所有记录
19      databases_close(&my_stock);               //关闭数据库连接
20      return (ret);
21  }
```

源代码中，首先要包含头文件 gettingstarted_common.h，然后为其他几个函数设置原型。主函数的流程为，首先创建 stock_dbs 结构体对数据包进行初始化，设置数据文件名并打开数据文件。然后调用 show_all_records()函数显示所有记录。最后调用 databases_close()函数关闭数据文件描述符。

（2）显示所有记录。源代码如下：

```
01  int show_all_records(STOCK_DBS *my_stock)
02  {
03      DBC *cursorp;                             //建立游标
04      DBT key, data;                            //用于保存数据项和数据
05      char *the_vendor;                         //用于保存卖主信息
06      int exit_value, ret;                      //用于返回值和操作结果
07      memset(&key, 0, sizeof(DBT));             //设置数据项格式
08      memset(&data, 0, sizeof(DBT));            //设置数据格式
09      my_stock->inventory_dbp->cursor(my_stock->inventory_dbp, NULL,
10          &cursorp, 0);                         //将游标设置到文件开始
```

```
11    exit_value = 0;
12    while ((ret =
13          cursorp->c_get(cursorp, &key, &data, DB_NEXT))
14          == 0)                                    //遍历数据文件中所有记录
15    {
16      the_vendor = show_inventory_item(data.data);
17      ret = show_vendor_record(the_vendor, my_stock->vendor_dbp);
18                                                   //输出记录
19      if (ret) {
20        exit_value = ret;
21        break;
22      }
23    }
24    cursorp->c_close(cursorp);                      //关闭游标
25    return(exit_value);
26  }
```

该函数将一个打开的数据文件标识符内的所有记录读取出来。首先将游标设置到文件开始，然后对数据文件中的所有记录进行遍历，输出记录信息，最后关闭游标。

（3）显示库存条目。源代码如下：

```
01  char *show_inventory_item(void *vBuf)
02  {
03    float price;                                   //用于保存单价
04    int buf_pos, quantity;                         //用于保存质量
05    char *category, *name, *sku, *vendor_name;//用于保存分类、名称和卖主名
06    char *buf = (char *)vBuf;                      //用户数据读取时的缓存
07    price = *((float *)buf);                       //获取价格
08    buf_pos = sizeof(float);
09    quantity = *((int *)(buf + buf_pos));          //获取质量
10    buf_pos += sizeof(int);
11    name = buf + buf_pos;                          //获取名称
12    buf_pos += strlen(name) + 1;
13    sku = buf + buf_pos;                           //获取 SKU 信息
14    buf_pos += strlen(sku) + 1;
15    category = buf + buf_pos;                       //获取分类名称
16    buf_pos += strlen(category) + 1;
17    vendor_name = buf + buf_pos;
18    printf("名称: %s\n", name);                     //输出名称信息
19    printf("\tSKU: %s\n", sku);                     //输出 SKU 信息
20    printf("\t分类: %s\n", category);               //输出分类信息
21    printf("\t价格: %.2f\n", price);                //输出价格信息
22    printf("\t质量: %i\n", quantity);               //输出质量信息
23    printf("\t卖主:\n");                            //输出卖主信息
24    return(vendor_name);
25  }
```

函数通过一个已打开的数据项，读取其中的字段。这些字段包括名称、SKU、分类、价格、质量和卖主等信息。最后，将这些字段输出到终端上。

（4）显示卖主信息。源代码如下：

```
01  int show_vendor_record(char*vendor_name,DB *vendor_dbp)//返回卖主信息
02  {
03    DBT key, data;                                  //用于保存数据项和数据
04    VENDOR my_vendor;                               //用于保存卖主信息的结构体
```

```
05      int ret;                                    //用于保存操作结果
06      memset(&key, 0, sizeof(DBT));               //设置数据项格式
07      memset(&data, 0, sizeof(DBT));              //设置数据格式
08      key.data = vendor_name;                     //读取卖主名称
09      key.size = strlen(vendor_name) + 1;         //设置卖主名称长度
10      data.data = &my_vendor;                     //设置卖主名称
11      data.ulen = sizeof(VENDOR);                 //设置卖主名称长度
12      data.flags = DB_DBT_USERMEM;                //设置标志
13      ret = vendor_dbp->get(vendor_dbp, 0, &key, &data, 0);//打开数据表
14      if (ret != 0) {
15        vendor_dbp->err(vendor_dbp, ret, "查找卖主信息失败: '%s'",
16                      vendor_name);                        //输出错误信息
17         return(ret);
18      } else {
19        printf("\t\t%s\n", my_vendor.name);               //输出卖主名称
20        printf("\t\t%s\n", my_vendor.street);             //输出卖主地址
21        printf("\t\t%s, %s\n", my_vendor.city, my_vendor.state);
22                                                           //输出卖主地理信息
23        printf("\t\t%s\n\n",my_vendor.zipcode);     //输出卖主邮政编码信息
24        printf("\t\t%s\n\n",my_vendor.phone_number);//输出卖主电话号码信息
25        printf("\t\tContact: %s\n", my_vendor.sales_rep);
26                                                           //输出卖主代理人信息
27        printf("\t\t%s\n", my_vendor.sales_rep_phone);
28                                                           //输出卖主代理人电话
29      }
30      return(0);
31  }
```

该函数将打开卖主信息表，然后通过遍历的方法读取所有卖主的相关信息，最后以表格的形式输出卖主名称和卖主地址等信息。

20.3   PostgreSQL 数据库服务器介绍

PostgreSQL 是面向目标的关系数据库系统，它具有传统商业数据库系统的所有功能，同时又含有将在下一代 DBMS 系统使用的增强特性。与 Berkeley DB 相比，PostgreSQL 具备更强的数据管理能力和更出色的性能，它支持 SQL 查询语言，提供给 C 语言的数据库访问接口也更为抽象。本节主要以 PostgreSQL 的 C 语言接口为核心讲解数据库操作的概念和基本方法。

20.3.1   PostgreSQL 的基本概念

要安装 PostgreSQL 数据库，可在 PostgreSQL 官方站点 http://www.postgresql.org/获得其源代码，或者直接在终端上输入下列命令：

```
apt-get install postgresql libpq-dev
```

安装完成后，PostgreSQL 会在系统中创建一个名为 postgres 的普通用户，该用户的密码没有设置，可以在获得 root 权限后对其设置密码。操作命令如下：

```
sudo passwd postgres
```

除此以外，为了让系统能够找到新安装的共享库，还需要设置一些便于管理的环境变量。操作命令如下：

```
LD_LIBRARY_PATH=/usr/local/pgsql/lib
export LD_LIBRARY_PATH
```

这些操作也可以写入到 shell 的启动配置环境里，这样就不用每次重复设置环境变量。shell 的启动配置文件路径为/etc/profile 或~/.bash_profile，前者对所有用户有效，后者只对当前用户有效。用 vi 编辑器打开这个文件，然后加入下列源代码：

```
PATH=/usr/local/pgsql/bin:$PATH
export PATH
```

到目前为止，PostgreSQL 服务器并没有运行。运行前需要将当前用户切换为 postgres 用户，然后对数据库进行初始化，再执行下面的服务器启动指令：

```
su
postgres                        //切换到 postgres 用户的工作环境
initdb                          //初始化数据库
pg_ctl start -l logfile         //启动 PostgreSQL 服务器
```

在数据库术语里，PostgreSQL 使用一种客户端/服务器的模式。一次 PostgreSQL 会话由下列相关的进程（程序）组成。

- ❑ 数据库守护进程：该进程管理数据库文件，接受来自客户端应用的连接请求，并且处理客户端对数据库的操作。数据库守护进程名称为 postmaster。
- ❑ 那些需要执行数据库操作的用户的客户端应用：客户端应用可能本身就是多种多样的，它们可以是用 C 语言开发的应用程序，也可以是一个 GTK 图形界面的应用，或者是一个通过访问数据库来显示网页的 web 服务器，或者是一个特殊的数据库管理工具。一些客户端应用是和 PostgreSQL 发布一起提供的，但绝大部分是用户开发的。

和典型的客户端/服务器应用（C/S 应用）一样，如果客户端和服务器在不同的主机上，将通过 TCP/IP 网络连接通信。PostgreSQL 服务器可同时处理多个客户端的请求，也可以处理同一客户端的多个并发请求。因此，它为每个 fork()请求启动一个新的进程。从这个时候开始，客户端和新服务器进程就不再经过最初的 postmaster 进程的干涉进行通信。

要创建一个新的数据库，示例名称为 mydb，可以使用下面的命令：

```
createdb mydb
```

它应该生成下面这样的响应：

```
CREATE DATABASE
```

一旦创建了数据库，就可以对其进行访问。在介绍 PostgreSQL 的 C 语言接口前，首先介绍一个实用工具 psql，这个工具是 PostgreSQL 自带的命令行方式数据库管理程序，可以在终端中通过它执行 SQL 命令管理数据库。除此以外，为了使数据库操作更为简洁，可安装 PgAccess 等图形化数据库管理程序。下面以 psql 为例打开刚才创建的数据库。命令如下：

```
psql mydb
```

如果打开数据库成功,那么会出现操作提示信息和 psql 命令提示符。相应显示如下:

```
Welcome to psql 8.1, the PostgreSQL interactive terminal.
Type: \copyright for distribution terms
      \h for help with SQL commands
      \? for help with psql commands
      \g or terminate with semicolon to execute query
      \q to quit
mydb=>                                      //psql 命令提示符
```

这时就可以直接输入 SQL 命令进行数据库的管理,例如创建数据表、查询数据等。psql 程序有一些不属于 SQL 命令的内部命令。此类命令以反斜杠(\)开头,通常会在欢迎信息中列出。当需要退出程序时可输入“\q”。

20.3.2 数据库连接函数

libpq 是 PostgreSQL 的 C 应用程序接口。libpq 是一套允许客户程序向 PostgreSQL 服务器服务进程发送查询并且获得查询返回的库函数。

1. 与数据库服务器连接

一个应用程序一次可以与多个服务器建立连接,每个连接都用一个从函数 PQconnectdb()或 PQsetdbLogin()获得的 PGconn 对象表示。注意,这些函数总是返回一个非空的对象指针,除非存储器少得连个 PGconn 对象都分配不出来。在把查询发送给连接对象之前,可以调用 PQstatus 函数来检查一下连接是否成功。PQconnectdb()函数的作用是与数据库服务器建立一个新的连接。它的一般形式是:

```
PGconn *PQconnectdb(const char *conninfo);
```

该函数用从一个字符串 conninfo 来的参数与数据库打开一个新的连接。与下面的 PQsetdbLogin()函数不同的是,可以不必更换函数签名就可以扩展参数集,所以建议在应用程序中使用这个函数(或者是它的类似的非阻塞的变种 PQconnectStart() 和 PQconnectPoll())。

conninfo 参数可以为空,表明使用所有默认设置,或者可以包含一个或更多个用空白间隔的参数设置。每个参数以“关键字=数值”的形式设置。要写一个空值或者一个包含空白的值,可以用一对单引号包围它们,例如, keyword = 'a value'。数值内部的单引号和反斜杠必须用一个反斜杠逃逸,例如\'或\\。目前可识别的参数见表 20.3。

表 20.3 PQconnectdb ()函数的参数

参　　数	说　　明
host	要连接的主机名。如果主机名以斜杠开头,则它声明使用 UNIX 域套接字通信而不是 TCP/IP 通信;该值就是套接字文件所存储的目录。如果没有声明 host,那么默认时是与位于“/tmp”目录(或者制作 PostgreSQL 的时候声明的套接字目录)里面的 UNIX 域套接字连接。在没有 UNIX 域套接字的机器上,默认是与 localhost 连接
hostaddr	与之连接的主机的 IP 地址。这个应该是标准的 IPv4 地址格式,例如 172.28.40.9。如果当前计算机支持 IPv6,那么也可以使用 IPv6 的地址。如果声明了一个非空的字符串,那么使用 TCP/IP 通信机制。使用 hostaddr 取代 host 可以让应用避免一次主机名查找,这一点

续表

参　　数	说　　明
hostaddr	对于那些有时间约束的应用来说可能是非常重要的。不过，Kerberos 认证系统要求主机（host）名。因此，应用下面的规则：如果声明了不带 hostaddr 的 host 那么就强制进行主机名查找。如果声明中没有 host，hostaddr 的值给出远端的地址；如果使用了 Kerberos，将导致一次反向名字查询。如果同时声明了 host 和 hostaddr，除非使用了 Kerberos，否则将使用 hostaddr 的值作为远端地址；host 的值将被忽略，如果使用了 Kerberos，host 的值用于 Kerberos 认证（要注意如果传递给 libpq 的主机名（host）不是地址 hostaddr 处的机器名，那么认证很有可能失败）
port	主机服务器的端口号，或者在 UNIX 域套接字连接时的套接字扩展文件名
dbname	数据库名。默认情况下和用户名相同
user	要连接的 PostgreSQL 用户名。默认情况下是与运行在该应用的用户操作系统名同名的用户
password	服务器要求口令认证时所用的口令
connect_timeout	连接的最大等待时间，以秒计（用十进制整数字串书写）。零或者不声明表示无穷。连接超时的值设置小于 2 秒可能造成连接失败
options	发送给服务器的命令行选项
sslmode	这个选项决定是否需要和服务器协商一个 SSL 连接，以及以什么样的优先级与服务器进行 SSL 连接。有 4 种模式可供选择：disable 将只进行一个没有加密的非 SSL 连接；allow 将和服务器进行协商，首先尝试一个非 SSL 连接，如果失败，尝试一个 SSL 连接；prefer（默认）将进行协商，首先尝试 SSL 连接，如果失败，尝试一个正常的非 SSL 连接；require 将只进行 SSL 连接
krbsrvname	在用 Kerberos 5 认证时使用的 Kerberos 服务名。这个名字必须和服务器给 Kerberos 认证配置的服务名相同，才能认证成功
service	用于额外参数的服务名。它在 pg_service.conf 里面声明一个服务名，这个配置文件保存额外的连接参数。这样就允许应用只声明一个服务名，而连接参数就可以在一个地方维护了。参阅安装目录中的 share/pg_service.conf.sample 获取如何设置这个文件的信息

2．新建数据库服务器连接

PQsetdbLogin()函数用于与数据库服务器建立一个新的连接，它是 PQconnectdb()函数的前身，功能与之相同。唯一的区别在于 PQsetdbLogin()函数的参数是固定的。它的一般形式是：

```
PGconn *PQsetdbLogin(const char *pghost,
                const char *pgport,
                const char *pgoptions,
                const char *pgtty,
                const char *dbName,
                const char *login,
                const char *pwd);
```

PQsetdb()用于与数据库服务器建立一个新的连接，它是一个调用 PQsetdbLogin()的宏，只是 login 和 pwd 参数用 NULL 代替。它的一般形式是：

```
PGconn *PQsetdb(char *pghost,
                char *pgport,
                char *pgoptions,
                char *pgtty,
                char *dbName);
```

3. 非阻塞连接

PQconnectStart()函数和 PQconnectPoll()函数用于与数据库服务器建立一次非阻塞的连接。这两个函数将打开一个与数据库服务器之间的非阻塞的连接，应用的执行线程在执行它的时候不会因远端的 I/O 而阻塞。这个方法的要点是等待 I/O 结束，可以发生在应用的主循环里，而不是在 PQconnectdb 里，这样应用可以把这件事与其他操作并发起来一起执行。它们的一般形式是：

```
PGconn *PQconnectStart(const char *conninfo);
PostgreSQLPollingStatusType PQconnectPoll(PGconn *conn);
```

数据库连接是用从 conninfo 字符串里取得的参数传递给 PQconnectStart()函数进行的。这个字符串的格式与上面 PQconnectdb()函数里描述的一样。要开始一次非阻塞连接请求，调用 conn=PQconnectStart("connection_info_string")。

如果 conn 是空，表明 libpq 无法分配一个新的 PGconn 结构。否则，返回一个有效的 PGconn 指针（尽管还不一定代表一个与数据库的有效连接）。PQconnectStart()函数一返回，调用 status=PQstatus(conn)。如果 status 等于 CONNECTION_BAD 代表 PQconnectStart()执行失败。如果 PQconnectStart()函数执行成功了，下一个阶段是轮询 libpq，这样它就可以继续连接序列动作。使用 PQsocket(conn)获取数据库链接下层的套接字描述符。

如果 PQconnectPoll(conn)的最后一个返回值是 PGRES_POLLING_READING，那么就必须等到套接字准备好，并且能够被读取的时候（就像系统函数 select()、poll()，或者类似的系统调用声明的那样），才能再次调用 PQconnectPoll(conn)。

同样，如果 PQconnectPoll(conn)最后返回 PGRES_POLLING_WRITING，那么等到套接字准备好就可以写了，然后再次调用 PQconnectPoll(conn)。如果还没调用 PQconnectPoll()函数，例如，刚刚调用完 PQconnectStart()，那么按照它刚返回 PGRES_POLLING_WRITING 的原则行动。继续这个循环直到 PQconnectPoll(conn)返回 PGRES_POLLING_FAILED，表明连接失败，或者 PGRES_POLLING_OK，表明连接成功建立。

在连接的任意时刻，都可以通过调用 PQstatus 来检查连接的状态。如果是 CONNECTION_BAD，那么连接过程失败；如果是 CONNECTION_OK，那么连接已经做好。这两种状态同样也可以从上面的 PQconnectPoll()函数的返回值里检测到。其他状态可能（也只能）在一次异步连接过程中发生。这些标识连接过程的当前状态可能对给用户提供反馈有帮助。这些状态参见表 20.4。

表 20.4　PQconnectPoll()函数返回的状态

状 态 名	说 明
CONNECTION_MADE	连接成功；等待发送
CONNECTION_AWAITING_RESPONSE	等待来自服务器的响应
CONNECTION_AUTH_OK	已收到认证；等待连接启动继续进行
CONNECTION_SSL_STARTUP	协商 SSL 加密
CONNECTION_SETENV	协商环境驱动的参数设置

在使用 PQconnectPoll()函数的时候，连接参数 connect_timeout 将被忽略；判断是否超时是应用程序的责任。否则，后面跟着一个 PQconnectPoll()循环的 PQconnectStart()等效于

PQconnectdb()。如果 PQconnectStart()返回一个非空的指针，则必须在使用完它之后调用 PQ finish()，以处理那些结构和所有相关的存储块。甚至调用 PQconnectStart()或者 PQconnect Poll()失败时也要这样处理。

4．查询默认连接选项

PQconndefaults()函数返回默认的连接选项。它的一般形式是：

```
PQconninfoOption *PQconndefaults(void);
```

该返回一个 PQconninfoOption 结构的指针，可以用于获取所有可能的 PQconnectdb() 选项和它们的当前默认值。该结构的定义如下：

```
01    typedef struct PQconninfoOption
02    {
03      char *keyword;              //选项的键字
04      char *envvar;              //退守的环境变量名
05      char *compiled;            //退守的编译时默认值
06      char *val;                 //选项的当前值，或者 NULL
07      char *label;               //连接对话里字段的标识
08      char *dispchar;            //在连接对话里为此字段显示的字符。如果为空表示原
09                                 //样现实输入的数值
10                                 //"*"表示口令字段，隐藏数值
11                                 //"D"表示调试选项，默认的时候不显示
12      int dispsize;
13    }PQconninfoOption;
```

在处理完选项结构指针后，把指针交给 PQconninfoFree()函数释放。如果没有这么做，每次调用 PQconndefaults()都会有一小部分内存泄漏。

5．关闭或重置连接

PQfinish()函数用于关闭与服务器的连接，同时释放被 PGconn 对象使用的存储器。它的一般形式是：

```
void PQfinish(PGconn *conn);
```

💭注意：即使与服务器的连接尝试失败(可由 PQstatus()判断)，应用程序也要调用 PQfinish() 函数释放被 PGconn 对象使用的存储器。不应该在调用 PQfinish()后再使用 PGconn 指针。

PQreset()函数用于重置与服务器的通信端口。此函数将关闭与服务器的连接并且试图与同一个服务器重建新的连接，使用所有前面使用过的参数。这在失去工作连接后进行故障恢复时很有用。它的一般形式是：

```
void PQreset(PGconn *conn);
```

PQresetStart()函数和 PQresetPoll()函数以非阻塞模式重置与服务器的通信端口。此函数将关闭与服务器的连接并且试图与同一个服务器重建新的连接，使用所有前面使用过的参数。这在失去工作连接后进行故障恢复时很有用。它们和上面的 PQreset()的区别是它们工

作在非阻塞模式。这些函数的使用有与上面 PQconnectStart() 和 PQconnectPoll() 一样的限制。它们的一般形式是：

```
int PQresetStart(PGconn *conn);
PostgreSQLPollingStatusType PQresetPoll(PGconn *conn);
```

下面用一个简单的程序演示连接本机中的 PostgreSQL 服务器的方法。

```
01  #include <stdio.h>
02  #include <stdlib.h>
03  #include <libpq-fe.h>                          //包含 libpq 函数库
04  static void exit_nicely(PGconn *conn)          //该函数用于结束数据库连接
05  {
06      PQfinish(conn);
07      exit(1);
08  }
09  int main()
10  {
11      const char *conninfo;
12      PGconn *conn;
13      conninfo = "dbname = postgres";            //定义数据库连接字符串
14      conn = PQconnectdb(conninfo);              //建立数据库连接
15      if (PQstatus(conn) != CONNECTION_OK) {     //检查后端连接成功建立
16          fprintf(stderr, "数据库连接失败: %s",
17          PQerrorMessage(conn));
18          exit_nicely(conn);
19      }
20      else
21          puts("连接数据库成功");
22      PQfinish(conn);                            //断开与数据库连接
23          puts("已断开与数据库的连接");
24      return 0;
25  }
```

编译时需要指定静态链接库和头文件的地址，这些目录的位置可能因安装版本与安装方式的不同而有差异，所以请先在系统中查找 libpq.so 与 libpq-fe.h 文件的位置，如下列源代码所示。

```
gcc pstest.c -o pstest -I/usr/include/postgresql -lpq
```

另外，libpq 库提供了一系列函数检查服务器连接状态，参见表 20.5。

表 20.5　检查服务器连接状态函数库

函　数　名	说　明
char *PQdb(const PGconn *conn);	返回连接的数据库名
char *PQuser(const PGconn *conn);	返回连接的用户名
char *PQpass(const PGconn *conn);	返回连接的口令
char *PQhost(const PGconn *conn);	返回连接的服务器主机名
char *PQport(const PGconn *conn);	返回连接的端口号
char *PQoptions(const PGconn *conn);	返回连接请求中传递的命令行选项
ConnStatusType PQstatus(const PGconn *conn);	返回连接的状态
PGTransactionStatusType PQtransactionStatus(const PGconn *conn);	返回当前服务器的事务内状态
const char *PQparameterStatus(const PGconn *conn, const char *paramName);	查找服务器的一个当前参数设置

续表

函　数　名	说　　明
int PQprotocolVersion(const PGconn *conn);	查询所使用的前/后端协议
int PQserverVersion(const PGconn *conn);	返回连接的数据库服务器的版本
char *PQerrorMessage(const PGconn *conn);	返回连接中操作产生的最近的错误信息
int PQsocket(const PGconn *conn);	获取与服务器连接的套接字的文件描述符编号
int PQbackendPID(const PGconn *conn);	返回处理此连接的服务器服务器的进程号 ID（PID）
SSL *PQgetssl(const PGconn *conn);	返回连接使用的 SSL 结构，或者如果没有使用 SSL 的话返回 NULL

20.3.3　命令执行函数

一旦与数据库服务器的连接成功建立，便可用函数执行 SQL 查询和命令。PQexec()
函数用于给服务器提交一条命令并且等待结果。它的一般形式是：

```
PGresult *PQexec(PGconn *conn, const char *command);
```

函数返回一个 PGresult 结构指针或 NULL 指针。通常情况下，SQL 命令执行后返回一
个非空的指针。如果出现内存不足或出现严重错误，返回值为 NULL。客户端应处理
PGRES_FATAL_ERROR 事件，该事件表示严重错误。可以用 PQerrorMessage()函数获取
有关错误的更多信息。

1. 提交SQL命令

PQexecParams()函数用于向服务器提交一条命令并且等待结果，还有额外的传递与
SQL 命令文本独立的参数的能力。该函数的一般形式是：

```
PGresult *PQexecParams(PGconn *conn,
                const char *command,
                int nParams,
                const Oid *paramTypes,
                const char * const *paramValues,
                const int *paramLengths,
                const int *paramFormats,
                int resultFormat);
```

PQexecParams()函数类似于 PQexec()函数，但是提供了额外的功能，即参数值可以独
立于命令串进行声明，并且可以要求查询结果的格式是文本或者二进制格式。如果使用了
参数，那么它们是以$1,$2,……的形式在命令字串中引用的。nParams 是提供的参数的个数；
它是数组 paramTypes[]、paramValues[]、paramLengths[]和 paramFormats[]的长度（如果
nParams 是零，那么数组指针可以是 NULL）。

paramTypes[]用 OID 的形式声明了赋予参数符号的数据类型。如果 paramTypes 是
NULL，或者数组中任意元素是 0,那么服务器将对应的参数设置为 void*类型。paramValues[]
声明该参数的实际数值。这个数组中的空指针意味着对应的参数是空；否则，这个指针指

向一个空结尾的文本字串（文本格式）或者服务器预设格式的二进制数据（用于二进制格式）。paramLengths[]声明二进制格式参数的实际数据长度。

对于空参数和文本格式的参数会忽略这个参数。如果没有二进制参数，那么这个数组指针可以是空。paramFormats[]声明某个参数是文本（在数组中放一个 0）还是二进制（在数组中放一个 1）。如果这个数组指针是空，那么所有参数都认为是文本的。resultFormat 为 0 则获取以文本方式返回的结果，为 1 则获取以二进制形式返回的结果。

PQexecParams()函数与 PQexec()函数相比最主要的优势是可以和命令串分开声明参数值。PQexecParams()函数可避免参数无意义造成的错误，同时也能消除数据库连接逃逸现象。与 PQexec()函数不同的是，PQexecParams()函数在一个给出的字串里最多允许一个 SQL 命令。

2. 提交请求

PQprepare()函数用给定的参数提交请求，创建一个准备好的语句，然后等待结束。该函数的一般形式是：

```
PGresult *PQprepare(PGconn *conn,
                    const char *stmtName,
                    const char *query,
                    int nParams,
                    const Oid *paramTypes);
```

PQprepare()函数创建一个为后面 PQexecPrepared()函数执行用的准备好的语句。该方法只对多次重复使用的语句分析和规划一次，而不是每次执行都分析规划。因此，使用前必须保证 PQexecPrepared()函数已为会话准备好执行语句。

这个函数从 query 字符串里创建一个叫 stmtName 的准备好的语句，query 必须只包含一个 SQL 命令。stmtName 可以是空字符串，这样就创建一个无名的语句。这种情况下，任何前面存在的无名语句都会自动被代替；否则，如果语句名已经在当前会话里定义，那就是一个错误。如果使用了参数，那么在查询里它们引用成$1,$2,……。

nParams 是参数的个数，参数的类型在数组 paramTypes[]里事先声明好了（如果 nParams 是 0，那么这个数组指针可以是 NULL）。paramTypes[]用 OID 的方式声明与参数符号关联的数据类型。如果 paramTypes 为 NULL，或者数组中某个特定元素是 0，那么服务器将用处理无类型文本同样的方法给这个参数符号赋予数据类型。还有，查询可以使用比 nParams 数值更大的参数符号编号；这些参数的数据类型也是用一样的方法推导的。

和 PQexec()函数类似，结果通常是一个 PGresult 对象，其内容表明服务器端是成功还是失败。空的结果表示内存耗尽或者完全不能发送命令。

3. 发送请求

PQexecPrepared()函数用于发送一个请求，执行一个带有给出参数的准备好的语句，并且等待结果。它的一般形式是：

```
PGresult *PQexecPrepared(PGconn *conn,
                         const char *stmtName,
                         int nParams,
                         const char * const *paramValues,
```

```
                       const int *paramLengths,
                       const int *paramFormats,
                       int resultFormat);
```

PQexecPrepared()函数和 PQexecParams()函数类似，并且强调要执行的命令为已经准备好的语句，而不是给出一个查询字串。该特性允许那些要重复使用的命令只进行一次分析和规划，而不是每次执行重复一次。参数和 PQexecParams()函数一样，只是给出的是一个准备好语句的名字，而不是一个查询字串，并且没有 paramTypes[]参数。

PGresult 结构封装了服务器返回的结果。使用 libpq 库应该小心维护 PGresult 的抽象。使用下面的访问函数获取 PGresult 的内容。避免直接引用 PGresult 里面的字段，因为它们在未来版本里可能会被修改。

PQresultStatus()函数用于返回命令的结果状态。它的一般形式是：

```
ExecStatusType PQresultStatus(const PGresult *res);
```

函数的返回值是表 20.6 中所列举的枚举常量。

表 20.6　PQresultStatus()函数返回值

枚举成员名称	说　　明
PGRES_EMPTY_QUERY	发送给服务器的字串是空的
PGRES_COMMAND_OK	成功完成一个不返回数据的命令
PGRES_TUPLES_OK	成功执行一个返回数据的查询查询（SELECT 或者 SHOW）
PGRES_COPY_OUT	（从服务器）CopyOut（复制出）数据传输开始
PGRES_COPY_IN	CopyIn（复制入）（到服务器）数据传输开始
PGRES_BAD_RESPONSE	服务器的响应无法理解
PGRES_NONFATAL_ERROR	发生了一个非致命错误（通知或者警告）
PGRES_FATAL_ERROR	发生了一个致命错误

PQresStatus()函数的作用是把 PQresultStatus()函数返回的枚举类型转换成一个描述状态码的字符串常量。调用者不应该释放结果。它的一般形式是：

```
char *PQresStatus(ExecStatusType status);
```

4．错误处理

PQresultErrorMessage()与 PQerrorMessage()函数返回与查询关联的错误信息，或在没有错误时返回一个空字符串。它的一般形式是：

```
char *PQresultErrorMessage(const PGresult *res);
char *PQerrorMessage(const PGresult *res);
```

如果有错误，该函数返回一个错误信息字符串。需要注意的是，错误信息字符串不应该由用户释放。在相关的 PGresult 句柄传递给 PQclear 之后，它会自动释放。紧跟在一个 PQexec() 函数或 PQgetResult() 函数调用后面，PQerrorMessage() 函数将返回与 PQresultErrorMessage()函数一样的字符串。不过，PQerrorMessage()函数将错误信息保存在 PGresult 对象中，而 PQresultErrorMessage()函数返回的错误信息字符串将在下一次执行数据库操作时删除。当需要知道与某个 PGresult 相关联的状态时用 PQresultErrorMessage()函数；需要知道与连接的最近一个操作相关联的状态时用 PQerrorMessage()函数。

PQresultErrorField()函数返回一个独立的错误报告字段。它的一般形式是:

```
char *PQresultErrorField(const PGresult *res, int fieldcode);
```

fieldcode 是一个错误字段标识符。如果 PGresult 不是错误或者警告结果,或者不包括指定的字段,那么返回 NULL。字段值通常将不包括结尾的新行。调用者不应该直接释放结果。在相关联的 PGresult 句柄传递给 PQclear 之后,它将被自动释放。

5. 释放查询结果

PQclear()函数用于释放与 PGresult 相关联的存储空间。任何不再需要的查询结果在不需要的时候都应该用 PQclear 释放掉。它的一般形式是:

```
voidPQclear(PGresult*res);
```

只要需要,可以保留 PGresult 对象任意长的时间;当提交新的查询时它并不消失,甚至断开连接后也是这样。要删除它必须调用 PQclear()函数,否则将导致内存泄漏。

PQmakeEmptyPGresult()函数用于构造一个带有给出的状态的,空的 PGresult 对象。它的一般形式是:

```
PGresult*PQmakeEmptyPGresult(PGconn*conn,ExecStatusTypestatus);
```

这是 libpq 的内部函数,用于分配和初始化一个空 PGresult 对象。在无法分配内存的时候,这个函数返回 NULL。它被输出是因为一些应用需要自行生成结果对象(尤其是特定的带有错误状态的对象)。如果 conn 非空并且状态指示一个错误,连接当前的错误信息被复制到 PGresult。注意最终对该对象还是要调用 PQclear(),正如 libpq 本身返回的 PGresult 一样。

6. 示例

下面用一个简单的例子说明执行 SQL 命令的方法,该程序中创建了一个通话清单数据表。程序源代码如下:

```
01   #include <stdio.h>
02   #include <stdlib.h>
03   #include <libpq-fe.h>
04   static void exit_nicely(PGconn *conn)   //该函数用于结束数据库连接
05   {
06      PQfinish(conn);
07      exit(1);
08   }
09   int main()
10   {
11      const char *conninfo;
12      PGconn *conn;
13      PGresult *res;
14      conninfo = "dbname = mydb";              //假设服务器中已有"mydb"数据库
15      conn = PQconnectdb(conninfo);            //建立数据库连接
16      if (PQstatus(conn) != CONNECTION_OK){//检查后端连接成功建立
17         fprintf(stderr, "数据库连接失败: %s",
18         PQerrorMessage(conn));
19         exit_nicely(conn);
20      }
```

```
21     else
22       puts("连接数据库成功");
23     const char *sqlcmd = "CREATE TABLE call_list (\
24                          id INTEGER[4] NOT NULL AUTO_INCREMENT PRIMARY KEY,\
25                          type INTEGER[1], \
26                          telnum INTEGER[4], \
27                          bttime CHAR(14), \
28                          tcount INTEGER[4], \
29                          charge_rate FLOAT[4], \
30                          charge_sum FLOAT[4])"; //创建一个通话清单数据表
31                                                  //"\"符号用于将一行分为多行
32     res = PQexec(conn, sqlcmd);       //执行 SQL 命令
33     if (PQresultStatus(res) != PGRES_COMMAND_OK)
34     {
35         fprintf(stderr, "创建数据表失败: %s", PQerrorMessage(conn));
36         PQclear(res);
37         exit_nicely(conn);
38     }
39     PQclear(res);                        //清除 PGresult 对象
40     PQfinish(conn);
41     return 0;
42 }
```

程序中首先使用 PQconnectdb()函数打开一个数据库连接，如果打开成功则创建保存通话信息的数据表 call_list。最后使用 PQfinish()函数关闭数据库连接。

20.3.4　检索查询结果函数

检索查询结果函数用于从一个代表着成功查询结果（也就是说，状态为 PGRES_TUPLES_OK 的查询）的 PGresult 对象中提取所需要的数据。对于其他状态值的对象，查询结果为一个空集。

1. 返回查询记录数或编号

PQntuples()函数用于返回查询结果里的行（元组）个数。它的一般形式如下：

```
int PQntuples(const PGresult *res);
```

PQnfields()函数返回查询结果里数据行的数据域（字段）的个数。它的一般形式如下：

```
int PQnfields(const PGresult *res);
```

PQfname()函数返回与给出的数据域编号相关联的数据域（字段）的名称。数据域编号从 0 开始。调用者不应该直接释放结果。在相关联的 PGresult 句柄传递给 PQclear 之后，结果会被自动释放。如果字段编号超出范围，那么返回 NULL。它的一般形式如下：

```
char *PQfname(const PGresult *res, int column_number);
```

PQfnumber()函数返回与给出的数据域名称相关联的数据域（字段）的编号。如果给出的名字不匹配任何字段，返回-1。它的一般形式如下：

```
int PQfnumber(const PGresult *res, const char *column_name);
```

参数 column_name 给出的名字是当作 SQL 命令里的一个标识符看待的。也就是说，

如果没有加双引号，那么会转换为小写。

2．返回字段编号

PQftable()函数返回抓取的字段所在的表的 OID，字段编号从 0 开始。如果字段编号超出了范围，或者声明的字段不是一个指向某个表的字段的简单引用，那么就会返回 InvalidOid。它的一般形式如下：

```
Oid PQftable(const PGresult *res, int column_number);
```

在包含 libpq 头文件的时候就会定义类型 Oid 和常量 InvalidOid，它们都是相同的整数类型。

PQftablecol()函数返回组成声明的查询结果字段的字段号（在它的表内部）。查询结果字段编号从 0 开始，但是表字段编号不会是 0。如果字段编号超出范围，或者声明的字段并不是一个表字段的简单引用，那么返回 0。它的一般形式如下：

```
int PQftablecol(const PGresult *res, int column_number);
```

3．返回字段格式

PQfformat()函数返回说明给出字段的格式的格式代码。字段编号从 0 开始。格式码为 0 表示文本数据，而格式码是 1 表示二进制数据。它的一般形式如下：

```
int PQfformat(const PGresult *res, int column_number);
```

PQftype()函数返回与给定数据域编号关联的数据域类型。返回的整数是一个该类型的内部 OID 号。数据域编号从 0 开始。它的一般形式如下：

```
Oid PQftype(const PGresult *res, int column_number);
```

可通过查询系统表 pg_type 以获取各种数据类型的名称和属性。内建的数据类型的 OID 在源码树的 src/include/catalog/pg_type.h 文件里定义。

PQfmod()函数返回与给定字段编号相关联的类型修饰词。字段编号从 0 开始。类型修饰符的值是类型相关的；它们通常包括精度或者尺寸限制。数值–1 用于表示"没有可用信息"。大多数数据类型不用修饰词，这种情况下该值总是–1。它的一般形式如下：

```
int PQfmod(const PGresult *res, int column_number);
```

PQfsize()函数返回与给定字段编号关联的字段以字节计的大小，字段编号从 0 开始。它的一般形式如下：

```
int PQfsize(const PGresult *res, int column_number);
```

函数返回在数据库行里面给该数据字段分配的空间，换句话说就是该数据类型在服务器里的二进制形式的大小。如果该数据域是可变尺寸，返回–1。

4．返回数据项

PQbinaryTuples()函数在 PGresult 包含二进制元组数据时返回 1，包含 ASCII 数据时返回 0。它的一般形式如下：

```
int PQbinaryTuples(const PGresult *res);
```

PQgetvalue()函数返回一个 PGresult 里面一行的单独的一个字段的值，行和字段编号从 0 开始。调用者不应该直接释放结果，在把 PGresult 句柄传递给 PQclear()之后，结果会被自动释放。它的一般形式如下：

```
char *PQgetvalue(const PGresult *res, int row_number, int column_number);
```

对于文本格式的数据，PQgetvalue()函数返回的值是一个表示字段值的空字符串。对于二进制格式，返回的值就是由该数据类型的 typsend 和 typreceive 决定的二进制表现形式。如果字段值是空，则返回一个空字串。PQgetvalue()函数返回的指针指向一个本身是 PGresult 结构的一部分的存储区域。程序中不能更改它，并且如果要在 PGresult 结构的生存期后还要使用它，那么必须明确地把该数值赋值到其他存储器中。

PQgetisnull()函数用于测试一个字段是否为空。行和字段编号从 0 开始。如果该域包含 NULL，函数返回 1，如果包含非空值返回 0。它的一般形式是：

```
int PQgetisnull(const PGresult *res,
       int row_number,
       int column_number);
```

PQgetlength()函数返回以字节计的字段的长度。这是某一特定数据值的实际数据长度，行和字段编号从 0 开始。它的一般形式是：

```
int PQgetlength(const PGresult *res,
       int row_number,
       int column_number);
```

PQprint()函数用于向指定的输出流打印所有的行和字段名称。它的一般形式是：

```
void PQprint(FILE *fout,                //输出流
       const PGresult *res,
       const PQprintOpt *po);
```

下面用一个例子说明数据库的检索查询结果函数的使用方法。程序的代码如下：

```
01  #include <stdio.h>
02  #include <stdlib.h>
03  #include <libpq-fe.h>
04  static void exit_nicely(PGconn *conn)        //该函数用于结束数据库连接
05  {
06     PQfinish(conn);
07     exit(1);
08  }
09  int main()
10  {
11     const char *conninfo;
12     PGconn *conn;
13     PGresult *res;
14     int nFields;
15     int i, j;
```

```
16     conninfo = "dbname = postgres";              //定义数据库连接字符串
17     conn = PQconnectdb(conninfo);                //建立数据库连接
18     if (PQstatus(conn) != CONNECTION_OK){        //检查后端连接成功建立
19         fprintf(stderr, "数据库连接失败：%s",
20         PQerrorMessage(conn));
21         exit_nicely(conn);
22     }
23     else
24         puts("连接数据库成功");
25     res = PQexec(conn, "BEGIN");                  //开始一个事务块，即输入多个 SQL
                                                     //命令一并执行
26     if (PQresultStatus(res) != PGRES_COMMAND_OK) {
27         fprintf(stderr, "BEGIN 命令失败：%s", PQerrorMessage(conn));
28         PQclear(res);
29         exit_nicely(conn);
30     }
31     PQclear(res);                                 //清除不需要的查询结果
32     res = PQexec(conn, "DECLARE myportal CURSOR FOR select * from pg_
33     database");
                                                     //从系统表 pg_database 里抓取数据
34     if (PQresultStatus(res) != PGRES_COMMAND_OK) {
35         fprintf(stderr, "声明游标失败：%s", PQerrorMessage(conn));
36         PQclear(res);
37         exit_nicely(conn);
38     }
39     PQclear(res);
40     res = PQexec(conn, "FETCH ALL in myportal");
41     if (PQresultStatus(res) != PGRES_TUPLES_OK) {
42         fprintf(stderr, "FETCH ALL failed: %s", PQerrorMessage(conn));
43         PQclear(res);
44         exit_nicely(conn);
45     }
46     nFields = PQnfields(res);
47     for (i = 0; i < nFields; i++)
48         printf("%-15s", PQfname(res, i));         //输出属性名称
49     printf("\n\n");
50     for (i = 0; i < PQntuples(res); i++) {
51         for (j = 0; j < nFields; j++)
52             printf("%-15s", PQgetvalue(res, i, j)); //输出每行数据记录
53         printf("\n");
54     }
55     PQclear(res);
56     res = PQexec(conn, "CLOSE myportal");         //关闭游标
57     PQclear(res);
58     res = PQexec(conn, "END");                    //结束事务
59     PQclear(res);
60     PQfinish(conn);
61     return 0;
62 }
```

程序中首先创建了一个数据库连接，并将该数据库连接打开。如果连接成功，则使用多个 SQL 命令创建事务块。然后从系统表 pg_database 里抓取数据，并输出其中属性的名

称，并通过游标遍历该数据表，输出所有数据。最后关闭游标并结束事务处理。

20.4　小　　结

本章介绍了数据库的概念和通过接口访问数据库的方法。通过将数据文件与数据库进行对比，可知在数据量比较小的情况下，选择用数据文件作为数据存储和管理的对象是非常方便的。而在面临着大规模数据，多个用户需要同时对数据进行操作，以及需要通过网络来管理数据的情况下，数据库无疑是最佳的选择。有关数据库的设计和管理并非本书的知识范畴，读者可参考相关书籍更深一步了解数据库的高级应用。在第 21 章中，将探讨更多常用的数据库接口，以及通过网络连接数据库的方法。

第21章 Linux 系统中的常用数据库及接口

在大型的企业应用领域，数据库是作为一个单独的系统存在，各种专业数据库都提供了丰富的管理功能和网络服务功能。对于程序设计来说，所进行的工作更趋向于从数据处理中抽象出业务逻辑，于是产生了数据层、逻辑层、表示层三层模型概念。

数据层通常是由数据库管理，它可以是存放在本地计算机中的一个数据文件，也可以是来自网络中多台计算机组成的数据库服务器集群。逻辑层是有关数据对象处理的应用程序实现，它通过接口访问数据库，再将处理后的数据传送给表示层，或者将表示层中获得的数据进行处理后存储到数据库中。表示层可以是用程序语言开发的界面，也可以是浏览器中的网页或者是一条手机短信息。

三层模型对大型企业应用设计所面临的问题进行了细分。Linux 系统中 C 语言程序设计所面向的问题主要为其中的应用层。本章将通过介绍 Linux 系统常用的数据库及接口来进一步说明其概念。

21.1 SQLite 数据库

SQLite 数据库是一种开源的嵌入式数据库系统。与 Berkeley DB 数据包相比，SQLite 虽然在性能上不及，但使用起来更为简单方便。因此 SQLite 数据库是设计小型应用系统的首选，配合一些开源工具的使用也可使其成为具有网络访问功能的数据库。

21.1.1 SQLite 简介

SQLite 是理查德•希普用 C 语言编写的开源嵌入式数据库引擎。其数据库管理功能完全独立，不具有外部依赖性。与 Berkeley DB 数据包相比，SQLite 支持多数 SQL92 标准，可用 SQL 语句对数据库进行管理。SQLite 与 Linux 系统的结合也非常好，其原始的目标平台即 Linux 系统，并且支持多种硬件架构。此外，SQLite 非常健壮，能支持 TB 级别的数据操作，并且为大多数程序设计语言提供了接口函数库，特别是 C 语言。

SQLite 通过数据库级共享锁实现事务处理，并支持原子操作。当多个进程同时向同一数据库写入文件时，只有一个进程能率先抢占到数据库资源。进程可以用共享锁将数据库锁定，这样其他进程就无法进行读写操作了，保证了数据的完整性。

在内部，SQLitc 由 SQL 编译器、内核、后端及附件几个组件组成，如图 21.1 所示。SQLite 通过利用虚拟机和虚拟数据库引擎（VDBE），使调试、修改和扩展 SQLite 的内核变得更加方便。所有 SQL 语句都被编译成易读的、可以在 SQLite 虚拟机中执行的程序集。

图 21.1　SQLite 的内部结构

SQLite 数据库最大容量为 2TB，每个数据库都保存在一个二进制文件中。SQLite 的数据库文件与操作系统内码无关，因此可以在不同操作系统间共用。SQLite 根据该文件的权限信息获得其数据库权限。SQLite 不支持静态数据类型，而是使用列关系。这意味着它的数据类型不具有表列属性，而具有数据本身的属性。当某个值插入数据库时，SQLite 将检查它的类型。如果该类型与关联的列不匹配，则 SQLite 会尝试将该值转换成列类型。如果不能转换，则该值将作为其本身具有的类型存储。SQLite 支持 NULL、INTEGER、REAL、TEXT 和 BLOB 数据类型。

安装 SQLite 可登录其官方站点获得源代码，地址为 http://www.sqlite.org，或输入下列命令：

```
apt-get install sqlite libsqlite3-dev
```

SQLite 项目中有一个命令行数据库管理器和数据库分析器，可在其官方站点获得。这些工具都是以文本命令模式运行在终端中的，使用起来并不方便。支持 SQLite 数据库的图形化管理工具很多，例如可通过 FireFox 浏览器登录 https://addons.mozilla.org/en-US/firefox/addon/5817，安装一款名为 SQLite Manager 插件，该插件可以在浏览器中管理 SQLite 数据库文件，如图 21.2 所示。

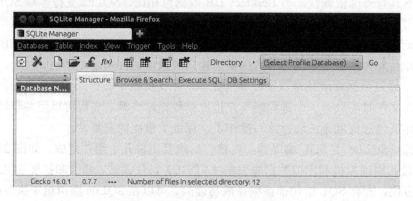

图 21.2　SQLite Manager 插件界面

　　SQLite 也有一些缺陷，它没有用户账户概念，只能借助 Linux 系统中的用户权限机制实施对数据库访问权限的保护。这种模式下，针对每个用户的存储配额管理十分困难。SQLite 支持多数（但不是全部）的 SQL92 标准。不受支持的一些功能包括完全触发器支持和可写视图。SQLite 只提供数据库级的锁定，虽然有一些增加并发的技巧，但是如果应用程序需要针对数据表或表记录的锁定，那么它不能够满足需求。

　　由于资源占用少、性能良好和零管理成本，SQLite 数据库有了用途广泛，它将为那些以前无法提供用作持久数据的后端的数据库的应用程序提供了高效的性能。因此，在 Linux 系统应用程序开发中，不再需要使用文本文件实现持久存储。SQLite 之类的嵌入式数据库的易用性可以加快应用程序的开发，并使得小型应用程序能够完全支持复杂的 SQL。这一点对于移动设备上的应用程序来说尤其重要。

21.1.2　连接 SQLite 数据库

　　SQLite 数据库的接口函数包含在头文件 sqlite3.h 中，连接数据库只需要 sqlite3_open() 一条函数即可。它的一般形式是：

```
int sqlite3_open(
  const char *filename,        //UTF8 编码的数据库文件名
  sqlite3 **ppDb);             //SQLite 数据库标识符指针
```

　　该函数有两条参数，filename 用于指定数据库路径和文件名，它必须是以 UTF8 编码的字符串。如果字符串以 UTF16 编码，那么可以使用 sqlite3_open16() 函数代替。sqlite3_open16()函数的参数与 sqlite3_open()函数相同。**ppDb 参数用于返回一个数据库操作符的指针，打开数据库成功后就可以用该指针进行数据库操作。如果打开数据库成功，函数的返回值为 0，否则返回一个错误代码。

　　sqlite3_open_v2()函数可用于打开和创建数据库文件，它比 sqlite3_open()函数多出两条参数，使用起来也更为灵活。sqlite3_open_v2()函数的一般形式为：

```
int sqlite3_open_v2(
  const char *filename,        //UTF8 编码的数据库文件名
  sqlite3 **ppDb,              //SQLite 数据库标识符指针
  int flags,                   //标志
  const char *zVfs);           //VFS 对象的名称
```

　　filename 参数为数据库文件名，如果文件名为:memory:，该函数会在内存中创建一个私有的临时文件；如果文件名为空，那么将在本地创建一个临时文件，当数据库标识符被关闭时临时文件会自动删除。flag 参数用于设定打开方式，它的取值范围参见表 21.1。

表 21.1　flag参数取值范围

参 数 名	说　　明
SQLITE_OPEN_NOMUTEX	如果该标志被设置，并且在编译或运行时没有将程序设定为单线程模式，数据库连接将以多线程方式工作
SQLITE_OPEN_FULLMUTEX	如果该标志被设置，无论在编译或运行时有没有将程序设定为单线程模式，数据库连接都会以多线程方式工作

续表

参　数　名	说　　明
SQLITE_OPEN_READONLY	以只读方式打开数据库文件，如果数据库文件不存在会造成错误
SQLITE_OPEN_READWRITE	以读写方式打开数据库文件，但如果用户没有文件写权限，那么将以只读方式操作数据库
SQLITE_OPEN_CREATE	如果数据库文件不存在则创建一个新数据库文件，在 sqlite3_open()函数和 sqlite3_open16()函数中为默认行为

SQLITE_OPEN_NOMUTEX 标志与 SQLITE_OPEN_FULLMUTEX 标志不能同时使用。SQLITE_OPEN_CREATE 标志必须与 SQLITE_OPEN_READWRITE 标志同时使用。同时使用多个标志时用按位或"|"运算符连接。

zVfs 参数是 sqlite3_vfs 结构的名称，该结构是为操作系统接口定义的对象，如果以 NULL 作为实际参数，那么系统将使用默认 sqlite3_vfs 对象。sqlite3_vfs 结构的定义如下：

```
typedef struct sqlite3_vfs sqlite3_vfs;
struct sqlite3_vfs {
   int iVersion;                              //结构的版本号
   int szOsFile;                             //sqlite3_file 子集的长度
   int mxPathname;                           //文件路径最大长度
   sqlite3_vfs *pNext;                       //下一个注册的 VFS
   const char *zName;                        //虚拟文件系统的名称
   void *pAppData;                           //指向应用程序特征的数据
   int (*xOpen)(sqlite3_vfs*, const char *zName, sqlite3_file*,
            int flags, int *pOutFlags);
   int (*xDelete)(sqlite3_vfs*, const char *zName, int syncDir);
   int (*xAccess)(sqlite3_vfs*, const char *zName, int flags, int *pResOut);
   int (*xFullPathname)(sqlite3_vfs*, const char *zName, int nOut, char
   *zOut);
   void *(*xDlOpen)(sqlite3_vfs*, const char *zFilename);
   void (*xDlError)(sqlite3_vfs*, int nByte, char *zErrMsg);
   void (*(*xDlSym)(sqlite3_vfs*,void*, const char *zSymbol))(void);
   void (*xDlClose)(sqlite3_vfs*, void*);
   int (*xRandomness)(sqlite3_vfs*, int nByte, char *zOut);
   int (*xSleep)(sqlite3_vfs*, int microseconds);
   int (*xCurrentTime)(sqlite3_vfs*, double*);
   int (*xGetLastError)(sqlite3_vfs*, int, char *);
};
```

sqlite3_vfs 对象的接口定义在 SQLite 核心和操作系统之间。vfs 的意义为虚拟文件系统。iVersion 成员代表对象的版本号，默认值为 1。如果在将来的 SQLite 版本中 iVersion 的值增大，说明 sqlite3_vfs 对象已改进，其中的成员会有变化。szOsFil 成员用于定义 sqlite3_file 子集的结构长度，mxPathname 成员用于限定 VFS 中的路径名最大长度。pNext 指针用于指向另一个 sqlite3_vfs，多个已注册的 sqlite3_vfs 对象可通过 pNext 指针组成链表。因此可以将多个文件作为同一个数据库文件，通过 sqlite3_vfs 对象来管理。

sqlite3_errcode()函数通常用来获取最近调用的数据库接口返回的错误代码。sqlite3_errmsg()函数则用来得到这些错误代码所对应的文字说明，这些错误信息将以 UTF-8 的编码返回，并且在下一次调用任何 SQLite 接口函数的时候被清除。如果要以 UTF-16 编码返回错误文字信息，可使用 sqlite3_errmsg16()函数。它们的一般形式是：

```
int sqlite3_errcode(sqlite3 *db);
const char *sqlite3_errmsg(sqlite3*);
const void *sqlite3_errmsg16(sqlite3*);
```

可用的错误代码参见表 21.2。

表 21.2　SQLite错误代码

代　　码	十 进 制 值	说　　　明
SQLITE_OK	0	操作成功
SQLITE_ERROR	1	SQL 错误或找不到数据库
SQLITE_INTERNAL	2	SQLite 中的内部逻辑错误
SQLITE_PERM	3	拒绝访问错误
SQLITE_ABORT	4	回调程序请求被终止
SQLITE_BUSY	5	数据库被锁定
SQLITE_LOCKED	6	数据表被锁定
SQLITE_NOMEM	7	动态内存分配失败
SQLITE_READONLY	8	对只读数据库进行写入操作失败
SQLITE_INTERRUPT	9	通过调用 sqlite3_interrupt()函数停止了操作
SQLITE_IOERR	10	磁盘 I/O 错误发生
SQLITE_CORRUPT	11	数据库磁盘映像是畸形的
SQLITE_NOTFOUND	12	表或记录未找到
SQLITE_FULL	13	数据库已满，插入数据失败
SQLITE_CANTOPEN	14	不能打开数据库文件
SQLITE_PROTOCOL	15	数据库锁定协议错误
SQLITE_EMPTY	16	数据库是空的
SQLITE_SCHEMA	17	数据库计划被改变
SQLITE_TOOBIG	18	字符串或 BLOB 类型操作了最大可用长度
SQLITE_CONSTRAINT	19	由于强制原因而终止
SQLITE_MISMATCH	20	数据类型不匹配
SQLITE_MISUSE	21	函数库使用不正确
SQLITE_NOLFS	22	使用操作系统细节在本机上不支持
SQLITE_AUTH	23	拒绝授权
SQLITE_FORMAT	24	辅助数据库格式错误
SQLITE_RANGE	25	sqlite3_bind()函数的第 2 个参数超出界限
SQLITE_NOTADB	26	打开的文件不是一个数据库文件
SQLITE_ROW	100	sqlite3_step()函数已进入到另一行
SQLITE_DONE	101	sqlite3_step()函数已经结束执行

当数据库文件不需要再被使用时，可以使用 sqlite3_close()函数将其关闭，如果再次对已关闭的数据库操作符进行操作将造成错误。它的一般形式如下：

```
int sqlite3_close(sqlite3 *);
```

下面将以一个简单的例子演示数据库的连接操作，这个例子也可以被定义为头文件放在程序中，在程序的开始调用。程序源代码如下：

```
01  #include <sqlite3.h>                        //包含 SQLite 接口函数
02  #include <stdio.h>
03  sqlite3 *db = NULL;                          //定义一个全局的数据库标识符
```

```
04   int open_database(const char *dbfile)        //定义数据库打开函数
05   {
06     int result;
07     result = sqlite3_open(dbfile, &db );        //打开一个数据库
08     return result;
09   }
10   int close_database(void)                      //定义数据库关闭函数
11   {
12     int result;
13     result = sqlite3_close(db);
14     return result;
15   }
16   int main()
17   {
18     const char *dbfile = "data.sqlite";         //定义数据库文件名
19     int res;
20     res = open_database(dbfile);                 //打开数据库
21     if (res != 0) {
22        printf("数据库打开失败: %s", sqlite3_errmsg(db));
23        return 1;
24     }
25     else
26        puts("数据库已打开");
27     res = close_database();
28     if (res != 0) {
29        printf("数据库关闭失败: %s", sqlite3_errmsg(db));
30        return 1;
31     }
32     else
33        puts("数据库已关闭");
34     return 0;
35   }
```

　　程序中将数据库标识符定义为全局变量，这样各个函数都可以使用该标识符，简化了函数设计的难度，但对函数的通用性产生了不良影响。程序定义了两个函数，分别用于打开和关闭数据库，并将操作后的错误代码作为返回值调用给函数。实际应用中，数据库连接部分通常被定义为一个头文件，即本例中省略主函数的部分。这样一来程序中的各个部分都可以进行数据库操作，而且可以实现同一个程序中不同数据库接口的操作。

21.1.3　SQLite 命令执行函数

　　SQLite 的 SQL 命令执行函数只有 sqlite3_exec() 一条，但是它也能很好地满足工作需要。它的一般形式为：

```
int sqlite3_exec(
  sqlite3*,                               //有效的数据库标识符
  const char *sql,                        //SQL 命令字符串
  int (*callback)(void*,int,char**,char**),//回调函数
  void *,                                 //第一个回调参数
  char **errmsg                           //将错误信息写到此指针指向的地址
);
```

　　函数的第 3 个参数是回调函数的指针，回调函数是按一定规则定义的事务处理函数，

当 sqlite3_exec()函数执行成功时将调用回调函数，sqlite3_exec()函数的第 4 个参数被作为回调函数的第 1 个参数传送过去。errmsg 参数用于将错误信息写入到指定的内存空间中，该信息是一个字符串。如果只是执行简单的 SQL 命令，那么第 3 个参数与第 4 个参数可以为 NULL。

下例将数据库连接和 SQL 命令执行函数分别放在不同的文件中。程序的源代码如下：

```
01  // database.h 文件的内容
02  #include <sqlite3.h>                          //包含 SQLite 接口函数
03  sqlite3 *db = NULL;                           //定义一个全局的数据库标识符
04  int open_database(const char *dbfile);        //定义数据库打开函数原型
05  int close_database(void);                      //定义数据库关闭函数
06  // database.c 文件的内容
07  #include "database.h"
08  int open_database(const char *dbfile)         //定义数据库打开函数
09  {
10    int result;
11    result = sqlite3_open(dbfile, &db );        //打开一个数据库
12    return result;
13  }
14  int close_database(void)                       //定义数据库关闭函数
15  {
16    int result;
17    result = sqlite3_close(db);
18    return result;
19  }
```

定义好数据库连接头文件后，程序文件里只需调用该函数即可，如下例所示。

```
01  #include <stdio.h>
02  #include "database.h"
03  int main()
04  {
05    const char *dbfile = "data.sqlite"           //定义数据库文件名
06    int res;
07    char *errmsg = NULL;
08    res = open_database(dbfile);                 //打开数据库
09    if (res != 0) {
10      printf("数据库打开失败: %s", sqlite3_errmsg(db));
11      return 1;
12    }
13    else
14      puts("数据库已打开");
15    const char *sqlcmd = "CREATE TABLE call_list (
16                id INTEGER PRIMARY KEY, \
17                type NUMERIC, \
18                telnum NUMERIC, \
19                bttime TEXT, \
20                tcount NUMERIC, \
21                charge_rate NUMERIC, \ // "\"符号用于将一行分为多行
22                charge_sum NUMERIC)";            //创建一个通话清单数据表
23    res = sqlite3_exec(db, sqlcmd, NULL, NULL, &errmsg);//执行 SQL 命令
24    if (res != SQLITE_OK )
25      printf("执行失败, 代码: %d-%s\n", res, errmsg);
26    else
```

```
27        puts("执行成功，创建了一个数据表");
28    res = close_database();
29    if (res != 0) {
30        printf("数据库关闭失败：%s", sqlite3_errmsg(db));
31        return 1;
32    }
33    else
34        puts("数据库已关闭");
35    return 0;
36 }
```

本例中执行了一个创建数据表的 SQL 命令，在 SQLite 中只有几种简单的数据类型，所以创建表格的 SQL 语句与其他数据库并不相同。

21.1.4　SQLite 检索查询结果函数

SQLite 数据库可通过 SQL 语句执行函数执行 SQL 查询语句检索相关数据，并将数据以字符串形式返回给程序。sqlite3_get_table()函数用于检索数据表内的数据。它的一般形式是：

```
int sqlite3_get_table(
    sqlite3 *db,                //可用的数据库标识符
    const char *zSql,           //SQL 查询语句
    char ***pazResult,          //查询结果
    int *pnRow,                 //所查询到结果的行数
    int *pnColumn,              //所查询到结果的列数
    char **pzErrmsg             //错误信息写入的地址
);
```

函数的第 2 个参数是一条 SQL 查询语句，通常该语句是 SELECT 语句。如果执行查询语句成功，那么所有的查询结果将以字符串的形式返回给***pazResult 参数所指向的内存空间，***pazResult 可以视作一个指向二维字符数组的指针。参数 pnRow 和 pnColumn 分别用来保存查询结果中的行数和列数，即使查询到的结果为 0 条数据，返回给***pazResult 的也有一条，这一条是字段名信息。假设数据库中存在 call_list 数据表，该表中有一条数据，那么使用 SELECT * FROM call_list 语句进行查询返回的结果为：

```
id  type    telnum  bttime            tcount  charge_rate  charge_sum
1   0       12345   20090331120011    30      0.36         0.36
// pnRow 的值为 2，pnColumn 的值为 7
```

如果查询操作产生了错误，错误文本信息将被写入**pzErrmsg 参数所指向的内存地址中。当 sqlite3_get_table()函数执行成功时返回 1，否则返回一个错误代码。

执行完检索查询结果函数后，需要使用 sqlite3_free_table()函数将***pazResult 参数所使用的内存空间释放，否则会造成内存溢出。它的一般形式是：

```
void sqlite3_free_table(char **result);
```

下面将以一个例子说明检索查询结果函数的操作方法。代码如下：

```
01 #include <stdio.h>
02 #include <string.h>
```

```
03  #include "database.h"
04  #define TM_L 14                          //定义表示时间的字符串长度
05  typedef struct _calllist callist;
06  struct _calllist {
07      long id;                             //记录编号
08      int type;                            //通话类型
09      long telnum;                         //对方号码
10      char btime[TM_L];                    //通话起始时间
11      long tcount;                         //通话时长
12      float charge_rate;                   //费率
13      float charge_sum;                    //总费用
14  };
15  void printdb(callist *cl, int length)    //输出记录函数
16  {
17      int i = sizeof(callist);
18      int j;
19      char btime[TM_L + 1] = {0};          //用于读取字符串，为字符串加入结束符
20      for(j = 0 ;j < length / i; j++) {
21          memcpy(btime, (cl + j) -> btime, TM_L);        //将字符串读出
22          printf("%ld, %d, %ld, %14s, %ld, %1.2f, %1.2f\n",
23                                                         //输出数据中的内容
24              (cl + j) -> id,
25              (cl + j) -> type,
26              (cl + j) -> telnum,
27              btime,
28              (cl + j) -> tcount,
29              (cl + j) -> charge_rate,
30              (cl + j) -> charge_sum);
31      }
32  }
33
34  int main()
35  {
36      const char *dbfile = "data.sqlite";              //定义数据库文件名
37      int res;
38      char *errmsg = NULL;
39      char **result;                                   //用于保存查询结果
40      int row, col;                                    //用于保存行和列
41      int i;
42      res = open_database(dbfile);                     //打开数据库
43      if (res != 0) {
44          printf("数据库打开失败：%s", sqlite3_errmsg(db));
45          return 1;
46      }
47      else
48          puts("数据库已打开");
49      const char *sqlcmd = "SELECT * FROM call_list";//定义 SQL 查询字符串
50      res = sqlite3_get_table(db, sqlcmd, &result, row, col, &errmsg);51
52                                            //执行 SQL 命令
53      if (res != SQLITE_OK )
54          printf("查询失败，代码：%d-%s\n", res, errmsg);
55      else if (row < 2)                     //判断查询到的实际记录数是否为 0
56          puts("查询结果为 0 条");
57      else {
58          puts("查询成功，查询结果为：");
59          callist *cl = malloc(sizeof(callist) * row - 1);//为保存结果的
```

```
                                                  //结构体动态分配内存
60       callist *p_cl;                        //定义一个callist类型指针
61       p_cl = cl;
62       for(i = 0; i <= row; i++) {           //将结果中的值取出
63         p_cl -> id = atol(result[i * col]);
64         p_cl -> type = atoi(result[i * col + 1]);
65         p_cl -> telnum = atol(result[i * col + 2]);
66         memcpy (p_cl -> btime, result[i * col + 3], TM_L);
67         p_cl -> tcount = atol(result[i * col + 4]);
68         p_cl -> charge_rate = atof(result[i * col + 5]);
69         p_cl -> charge_sum = atof(result[i * col + 6]);
70       }
71       sqlite3_free_table(result);           //释放结果所占用的内存空间
72       printdb(cl, row -1);                  //输出结果
73       free(cl);
74     }
75     res = close_database();
76     if (res != 0) {
77       printf("数据库关闭失败：%s", sqlite3_errmsg(db));
78       return 1;
79     }
80     else
81       puts("数据库已关闭");
82     return 0;
83 }
```

本例中使用 sqlite3_get_table()函数将数据表中的结果输出到一个动态的内存空间中。这种方法简单易懂，但并不是 SQLite 数据库检索查询结果操作的唯一方法。sqlite3_exec()函数也可以进行查询操作，并且将查询结果返回给回调函数处理。另外 SQLite 也支持与 PostgreSQL 数据库相似的游标操作，具体用法请参考 SQLite 源码包中的文档。

21.2　MySQL 数据库

MySQL 是一个开放源码的小型关系数据库管理系统，开发者为瑞典 MySQL AB 公司。2008 年美国 Sun 公司正式收购 MySQL，但 MySQL 依然使用 GPL 许可证发行，而在随后的 2010 年 Oracle 公司又正式收购了 Sun 公司。目前 MySQL 被广泛地应用在 Linux 系统上。由于其体积小、速度快、总体拥有成本低，尤其是开放源码这一特点，许多中小型企业为了降低数据库总体拥有成本而选择了 MySQL 作为企业应用数据库。MySQL 的特性有：

- 使用 C 和 C++编写，并使用了多种编译器进行测试，保证源代码的可移植性。
- 支持 Linux、Mac OS、OpenBSD 和 Windows 等多种操作系统。
- 为多种编程语言提供了 API。这些编程语言包括 C 和 C++等。
- 支持多线程，充分利用 CPU 资源，支持多用户。
- 优化的 SQL 查询算法，有效地提高查询速度。
- 既能够作为一个单独的应用程序应用在客户端服务器网络环境中，也能够作为一个库而嵌入到其他的软件中。
- 提供多语言支持，常见的编码，如中文的 GB 2312、BIG5 和日文的 Shift_JIS 等都可以用作数据表名和数据列名。

- ❑ 提供 TCP/IP、ODBC 和 JDBC 等多种数据库连接途径。
- ❑ 提供用于管理、检查、优化数据库操作的管理工具。
- ❑ 可以处理拥有上千万条记录的大型数据库。

21.2.1　MySQL 简介

MySQL 是一个广受 Linux 社区欢迎的数据库，很多 Linux 发行版都将其作为自身的一部分。与其他的大型数据库例如 Oracle、IBM DB2 和 SQL Server 等相比，MySQL 自有它的不足之处，如规模小、功能有限等，但对于中小型企业应用来说绰绰有余。

MySQL 支持大量的数据类型，并支持变长的 BLOB（Binary Large OBject）类型。其中整型、浮点型和字符串类型可由用户自定义字节长度，对整数字段由自动增量选项、日期时间字段也能很好地表示。MySQL 提供了两个相对不常用的字段类型：ENUM 和 SET。ENUM 是一个枚举类型，非常类适于 C 语言的枚举类型，它允许程序员看到类似于 MON、TUE 和 WED 的字段值，而 MySQL 只将这些值存储为一个字节。SET 也是一个枚举类型，但一个单独字段一次可存储多个值，这种存储多个枚举值的能力能获得很好的性能提高。

MySQL 对 SQL92 标准进行了扩展，这些扩展弥补了 SQL92 标准已知的缺陷。不过，某些扩展需要在程序设计时格外注意。例如，LINK 子句搜索对大小写不敏感。MySQL 允许用户自行扩展 SQL 函数，这些自定义函数不断被其吸纳，成为标准的一部分。所有函数必须编译成动态连接库文件，然后用 LOAD FUNCTION 命令装载到数据库中。在三层结构的应用中，这种特性可以减轻 C 语言程序设计的工作量，并且使数据处理获得更高的性能。

安装 MySQL 可在其官方网站下载源代码进行编译，地址为 www.mysql.com，或者在终端中输入下列命令：

```
yum install mysql-client mysql-server-5.5 libmysqlclient15-dev
```

这 3 个程序分别是 MySQL 的客户端、服务器和接口函数库。安装完成后将在系统中建立表 21.3 所示的目录。

表 21.3　MySQL相关目录

目 录 路 径	说　　明
/usr/bin	MySQL 客户端程序和脚本
/usr/sbin	mysqld 服务器相关程序
/var/lib/mysql	日志文件，数据库文件存放目录
/usr/share/doc/packages	使用手册，开发文档存放目录
/usr/include/mysql	接口函数库头文件存放目录
/usr/lib/mysql	接口函数库动态连接库文件存放目录
/usr/share/mysql	错误消息和字符集文件存放目录
/usr/share/sql-bench	基本程序存放目录

安装过程中完成后，程序会提示设置 root 用户密码，按照提示设置密码后就完成了 MySQL 数据库的安装。

初始化过程中可能会提示一些警告，但只要没有错误信息，那么初始化就成功了，并且 MySQL 服务器就自动启动了。可通过下列命令启动和停止 MySQL 服务器。

(1)启动 MySQL 服务器 service mysql start
(2)停止 MySQL 服务器 service mysql stop

这时即可用 MySQL 的标准客户端连接服务器进行相关操作，连接命令如下：

```
mysql -u root -p              //以 root 用户身份登录服务器
```

连接后 MySQL 服务器会提示输入密码，当终端的操作提示符变成 "mysql>"，则代表已成功连接到本地计算机中的 MySQL 数据库上。输入 "show databases;"命令可显示服务器中所有的数据库。代码如下：

```
mysql> show databases;
+--------------------+
| Database           |
+--------------------+
| information_schema |
| test               |
+--------------------+
2 rows in set (0.00 sec)
```

使用 MySQL 的标准客户端可以进行所有的数据库操作，但也有很多图形化管理工具可供选择。例如 MySQL Administrator，它是 MySQL 官方提供的图形化管理器。在 Ubuntu 下可以访问网址 http://packages.ubuntu.com/hardy/mysql-admin 下载该程序的 deb 安装包安装该工具。Fedora 下可以使用如下安装命令安装：

```
yum install mysql-administrator
```

MySQL Administrator 是用来执行数据库管理操作的程序，其中包括配置、控制、开启和关闭 MySQL 服务，并能管理用户和连接数，执行数据备份和其他的一些管理任务。对于 C 语言开发者来说，使用该工具可简化数据库管理操作的难度，把更多精力放在程序设计工作上。MySQL Administrator 的主界面如图 21.3 所示。

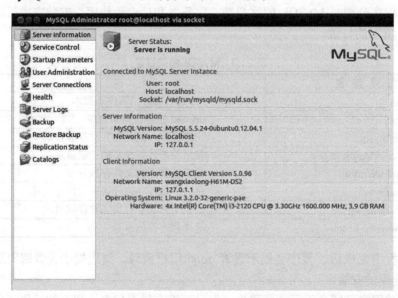

图 21.3　MySQL Administrator 的主界面

21.2.2　连接 MySQL 数据库

连接 MySQL 数据库的 C 语言函数库包含在 MySQL 库中，头文件名称为 mysql.h。连接 MySQL 服务器时，应用程序应使用下列步骤进行操作。

（1）通过调用 mysql_library_init()函数初始化 MySQL 库。库可以是 mysqlclient C 客户端库，或 MySQL 嵌入式服务器库，具体情况取决于应用程序编译时是否与-libmysqlclient 或-libmysqld 标志链接。

（2）通过调用 mysql_init()函数初始化连接处理程序，并通过调用 mysql_real_connect() 函数连接到服务器。

（3）通过调用 mysql_close()函数关闭与 MySQL 服务器的连接。

（4）通过调用 mysql_library_end()函数结束 MySQL 库的使用。

调用 mysql_library_init()函数和 mysql_library_end()函数的目的在于为 MySQL 库提供恰当的初始化和结束处理。对于与客户端库链接的应用程序，它们提供了改进的内存管理功能。如果不调用 mysql_library_end()函数，内存块仍将保持分配状态而造成内存泄漏。对于与嵌入式服务器链接的应用程序，这些调用会启动并停止服务器。它们的一般形式为：

```
int mysql_library_init(int argc, char **argv, char **groups);
void mysql_library_end(void);
```

调用任何其他 MySQL 函数之前，必须在使用嵌入式服务器的程序中调用 mysql_library_init()函数。它将启动服务器，并初始化服务器使用的任何子系统（mysys、InnoDB 等）。函数中的 argc 和 argv 参数与主函数 main()的相似，通常用于接收程序的执行参数。argv 的第 1 个元素将被忽略，它包含的是程序文件名。如果没有程序的执行参数，argc 可以是 0。如果打算连接到外部服务器而不启动嵌入式服务器，应为 argc 指定负值。groups 中以 Null 终结的字符串列表选择了选项文件中的活动 groups。groups 可以是 NULL，在该情况下，[server]和[embedded]组是活动的。在所有其他 MySQL 函数后，程序中必须调用 mysql_server_end()函数一次，它将关闭嵌入式服务器。这两个函数的用法如下例：

```
01   #include <mysql.h>
02   #include <stdlib.h>
03   static char *server_args[] = { "this_program",       //定义执行参数
04                      "--datadir=.",
05                      "--key_buffer_size=32M"};
06   static char *server_groups[] = { "embedded",
07                      "server",
08                      "this_program_SERVER",
09                      (char *)NULL};
10   int main(void)
11   {
12     if (mysql_library_init(sizeof(server_args) / sizeof(char *),
                                              //初始化 MySQL 库
13                 server_args, server_groups))
14       exit(1);
15     mysql_library_end();                     //结束处理
16     return EXIT_SUCCESS;
17   }
```

要连接到服务器可调用 mysql_init()函数来初始化连接处理程序，然后用该处理程序（以及其他信息，如主机名、用户名和密码）调用 mysql_real_connect()函数。建立连接后，mysql_real_connect()函数会将再连接标志设置为 0，该标志是数据库标识符的一部分。可以在 mysql_options()函数上使用 MYSQL_OPT_RECONNECT 选项，以控制再连接行为。完成连接后，调用 mysql_close()函数终止它。它们的一般形式是：

```
MYSQL *mysql_init(MYSQL *mysql);
MYSQL *mysql_real_connect(MYSQL *mysql,                   //数据库标识符
                    const char *host,                     //主机名
                    const char *user,                     //用户名
                    const char *passwd,                   //用户密码
                    const char *db,                       //数据库名
                    unsigned int port,                    //端口号
                    const char *unix_socket,              //套接字
                    unsigned long client_flag);           //客户端标志
void mysql_close(MYSQL *mysql);
```

这 3 个函数使用 MySQL 结构作为其标识符，使用前必须在程序中声明。mysql_init()函数用于分配或初始化与 mysql_real_connect()函数相适应的 MySQL 对象。如果 mysql 的实际参数是 NULL 指针，该函数将分配、初始化并返回新对象。否则，将初始化对象，并返回对象的地址。如果 mysql_init()函数分配了新的对象，应当调用 mysql_close()函数来关闭连接，释放该对象的内存空间。如果无足够内存以分配新的对象，返回 NULL。

mysql_real_connect()函数尝试与运行在主机上的 MySQL 数据库引擎建立连接。在执行需要有效 MySQL 连接句柄结构的任何其他接口函数之前，mysql_real_connect()函数必须成功完成。函数第一个参数应是可用的 MySQL 结构的地址。host 参数的值必须是主机名或 IP 地址。如果 host 的实际参数是 NULL 或字符串 localhost，连接将被视为与本地主机的连接。如果操作系统支持套接字，将使用它们而不是 TCP/IP 连接到服务器。user 参数包含用户的 MySQL 登录 ID。如果 user 是 NULL 或空字符串，用户将被视为当前用户。passwd 参数包含用户的密码。如果 passwd 是 NULL，仅会对该用户的（拥有 1 个空密码字段的）用户表中的条目进行匹配检查。

db 参数是数据库名称。如果 db 的实际参数为 NULL，连接会将默认的数据库设为该值。如果 port 参数不是 0，其值将用作 TCP/IP 连接的端口号，host 参数决定了连接的类型。如果 unix_socket 参数不是 NULL，该字符串描述了应使用的套接字。client_flag 参数的值通常为 0，但是也能将其设置为表 21.4 所述标志的组合，以允许特定功能。

表 21.4　client_flag参数取值范围

参　　数	说　　明
CLIENT_COMPRESS	使用压缩协议
CLIENT_FOUND_ROWS	返回发现的行数（匹配的），而不是受影响的行数
CLIENT_IGNORE_SPACE	允许在函数名后使用空格。使所有的函数名成为保留字
CLIENT_INTERACTIVE	关闭连接之前，允许 interactive_timeout（取代了 wait_timeout）秒的不活动时间。客户端的会话 wait_timeout 变量被设为会话 interactive_timeout 变量的值
CLIENT_LOCAL_FILES	允许 LOAD DATA LOCAL 处理功能
CLIENT_MULTI_STATEMENTS	通知服务器，客户端可能在单个字符串内发送多条语句（由;隔开）。如果未设置该标志，将禁止多语句执行

参　　数	说　　明
CLIENT_MULTI_RESULTS	通知服务器，客户端能够处理来自多语句执行或存储程序的多个结果集。如果设置了 CLIENT_MULTI_STATEMENTS，将自动设置它
CLIENT_NO_SCHEMA	禁止 db_name.tbl_name.col_name 语法。它用于 ODBC。如果使用了该语法，它会使分析程序生成错误，在捕获某些 ODBC 程序中的缺陷时，它很有用
CLIENT_ODBC	客户端是 ODBC 客户端。它将 mysqld 变得更为 ODBC 友好（Windows 系统所使用的通用数据库接口）
CLIENT_SSL	使用 SSL（加密协议）。该选项不应由应用程序设置，它是在客户端库内部设置的

对于某些参数，能够从选项文件获得取值，而不是取得 mysql_real_connect()函数调用中的确切值。因此，在调用 mysql_real_connect()函数之前，应与 MYSQL_READ_DEFAULT_FILE 或 MYSQL_READ_DEFAULT_GROUP 选项一起调用 mysql_options()函数。如果连接成功，返回 MYSQL*连接标识符。如果连接失败，返回 NULL，并产生一个 MySQL 错误代码，可以使用 mysql_error()函数捕捉。连接错误代码参见表 21.5。

表 21.5　MySQL连接错误代码

代　　码	说　　明
CR_CONN_HOST_ERROR	无法连接到 MySQL 服务器
CR_CONNECTION_ERROR	无法连接到本地 MySQL 服务器
CR_IPSOCK_ERROR	无法创建 IP 套接字
CR_OUT_OF_MEMORY	内存溢出
CR_SOCKET_CREATE_ERROR	无法创建 UNIX 套接字
CR_UNKNOWN_HOST	无法找到主机名的 IP 地址
CR_VERSION_ERROR	协议不匹配，起因于试图连接到具有特定客户端库（该客户端库使用了不同的协议版本）的服务器。如果使用很早的客户端库来建立与较新的服务器（未使用"--old-protocol"选项开始的）的连接，就会出现该情况
CR_NAMEDPIPEOPEN_ERROR	无法在 Windows 平台下创建命名管道
CR_NAMEDPIPEWAIT_ERROR	在 Windows 平台下等待命名管道失败
CR_NAMEDPIPESETSTATE_ERROR	在 Windows 平台下获取管道处理程序失败
CR_SERVER_LOST	如果 connect_timeout > 0，而且在连接服务器时所用时间长于 connect_timeout 秒，或在执行 init-command 时服务器消失

mysql_close() 函数关闭前面打开的连接。如果句柄是由 mysql_init() 函数或 mysql_connect()函数自动分配的，mysql_close()还将解除分配由 mysql 指向的连接句柄。下面是连接 MySQL 数据库的示例。

```
MYSQL mysql;                                      //声明数据库标识符
mysql_init(&mysql);                               //初始化连接处理程序
mysql_options(&mysql, MYSQL_READ_DEFAULT_GROUP, "your_prog_name");
                                                  //建立数据库
if (!mysql_real_connect(&mysql, "host", "root", "password", "test", 0,
NULL, 0)){                                        //建立数据库连接
    fprintf(stderr, "无法连接数据库，错误原因：%s\n",
    mysql_error(&mysql));                         //捕捉 MySQL 错误
```

```
    }
    else {
        puts("数据库连接成功");
        mysql_close(&mysql);                              //关闭数据库连接
    }
```

21.2.3　查询 MySQL 数据库

当连接处于活动状态时，客户端程序可使用 mysql_query()函数或 mysql_real_query()
函数向服务器发出 SQL 查询。两者的差别在于，mysql_query()函数预期的查询为指定的、
由 Null 终结的字符串，而 mysql_real_query()函数预期的是计数字符串。如果字符串包含二
进制数据（其中可能包含 Null 字节），就必须使用 mysql_real_query()函数。它们的一般形
式是：

```
int mysql_query(MYSQL *mysql, const char *query);
int mysql_real_query(MYSQL *mysql, const char *query, unsigned long length);
```

mysql_query()函数执行由"Null 终结的字符串"查询指向的 SQL 查询。正常情况下，
字符串必须包含 1 条 SQL 语句，而且不应为语句添加终结分号（;）或\g。如果允许多语句
执行，字符串可包含多条由分号隔开的语句。如果查询成功，则返回 0。如果出现错误，
则返回非 0 值。可捕捉的错误代码参见表 21.6。

表 21.6　MySQL查询错误代码

代　　码	说　　明
CR_COMMANDS_OUT_OF_SYNC	以不恰当的顺序执行了命令
CR_SERVER_GONE_ERROR	MySQL 服务器不可用
CR_SERVER_LOST	在查询过程中，与服务器的连接丢失
CR_UNKNOWN_ERROR	出现未知错误

mysql_real_query()函数执行由 query 指向的 SQL 查询，它应是字符串长度字节 long。
正常情况下，字符串必须包含 1 条 SQL 语句，而且不应为语句添加终结分号（;）或\g。如
果允许多语句执行，字符串可包含由分号隔开的多条语句。对于包含二进制数据的查询，
必须使用 mysql_real_query()函数而不是 mysql_query()函数，这是因为，二进制数据可能会
包含\0 字符。此外，mysql_real_query()函数比 mysql_query()函数快，这是因为它不会在查
询字符串上调用 strlen()函数。

对于每个非 SELECT 查询，例如 INSERT、UPDATE、DELETE，通过调用 mysql_
affected_rows()，可发现有多少行已被改变（影响）。它的一般形式是：

```
my_ulonglong mysql_affected_rows(MYSQL *mysql);
```

函数的返回值为 **my_ulonglong** 类型的数值，该数值是影响的记录数，如下例所示。

```
mysql_query(&mysql,"UPDATE call_list SET charge_rate=0.4 WHERE type = 1");
                                                  //执行一条 SQL 语句
printf("%ld 条记录被修改",(long) mysql_affected_rows(&mysql));
                                                  //返回查询结果数目
```

21.2.4　处理 MySQL 查询结果

对于 SELECT 查询，能够检索作为结果集的行。注意，某些语句因其返回行，类似于 SELECT，包括 SHOW、DESCRIBE 和 EXPLAIN，应按照对待 SELECT 语句的方式处理它们。客户端处理结果集的方式有两种：一种方式是，通过调用 mysql_store_result()函数一次性地检索整个结果集。该函数能从服务器获得查询返回的所有行，并将它们保存在客户端。另一种方式是针对客户端的，通过调用 mysql_use_result()函数，对"按行"结果集检索进行初始化处理。该函数能初始化检索结果，但不能从服务器获得任何实际行。它们的一般形式是：

```
MYSQL_RES *mysql_store_result(MYSQL *mysql);
MYSQL_RES *mysql_use_result(MYSQL *mysql);
```

1．使用mysql_store_result()函数进行查询

mysql_store_result()函数将查询的全部结果读取到客户端，分配 1 个 MYSQL_RES 结构，并将结果置于该结构中。如果查询未返回结果集，mysql_store_result()函数将返回 NULL 指针（例如，如果查询是 INSERT 语句）。如果读取结果集失败，mysql_store_result()函数还会返回 NULL 指针。通过检查 mysql_error()函数是否返回非空字符串，mysql_errno()函数是否返回非 0 值，或 mysql_field_count()函数是否返回 0，可以检查是否出现了错误。

2．使用mysql_use_result()函数进行查询

mysql_use_result()函数将初始化结果集检索，但并不像 mysql_store_result()函数那样将结果集实际读取到客户端。它必须通过调用 mysql_fetch_row()函数对每一行分别进行检索。这将直接从服务器读取结果，而不会将其保存在临时表或本地缓冲区内，与 mysql_store_result()函数相比，速度更快而且使用的内存也更少。客户端仅为当前行和通信缓冲区分配内存，分配的内存可增加到 max_allowed_packet 字节。另一方面，如果客户端正在进行大量的数据库处理操作，或者使用的是支持 Ctrl＋S 操作（停止滚动）的客户端，就不应使用 mysql_use_result()函数。这会绑定服务器，并阻止其他线程更新任何表（数据从这类表获得）。

3．访问结果集

在两种情况下能通过调用 mysql_fetch_row()函数访问行。对于 mysql_store_result()函数，mysql_fetch_row()函数能够访问以前从服务器获得的行。对于 mysql_use_result()函数，mysql_fetch_row()函数能够实际地检索来自服务器的行。通过调用 mysql_fetch_lengths()函数，能获得关于各行中数据大小的信息。完成结果集操作后，还需要调用 mysql_free_result()函数释放结果集使用的内存。它们的一般形式是：

```
MYSQL_ROW mysql_fetch_row(MYSQL_RES *result);
unsigned long *mysql_fetch_lengths(MYSQL_RES *result);
void mysql_free_result(MYSQL_RES *result);
```

mysql_fetch_row()函数检索结果集的下一行。在 mysql_store_result()函数之后使用时，

如果没有要检索的行，mysql_fetch_row()函数返回 NULL。在 mysql_use_result()函数之后使用时，如果没有要检索的行或出现了错误，mysql_fetch_row()函数返回 NULL。函数执行成功时，返回值为下一行的 MYSQL_ROW 结构。

mysql_fetch_lengths()函数返回结果集内当前行的列的长度，对于空列以及包含 NULL 值的列，其长度为 0。如果打算复制字段值，该长度信息有助于优化，这是因为能避免调用 strlen()函数。此外，如果结果集包含二进制数据，必须使用该函数来确定数据的大小。其原因在于，对于包含 NULL 字符的任何字段，strlen()函数将返回错误的结果。

mysql_free_result()函数释放由 mysql_store_result()函数、mysql_use_result()函数为结果集分配的内存。完成对结果集的操作后，必须调用 mysql_free_result()函数释放结果集使用的内存。

mysql_store_result()函数和 mysql_use_result()函数的两种检索机制是互补的。客户端应用程序可选择与需求最为贴近的检索机制。在实际应用中，mysql_store_result()函数较为常用。mysql_store_result()的优点在于，所有的查询行结构都传递给了客户端应用程序，不仅能连续访问查询结果，还能使用 mysql_data_seek()函数或 mysql_row_seek()函数在结果集中向前或向后移动，以更改结果集内游标的位置。通过调用 mysql_num_rows()函数，还能发现有多少行。另一方面，对于大的结果集，mysql_store_result()函数所需的内存可能会很大，很可能遇到内存溢出状况。

mysql_use_result()函数的优点在于，客户端用于保存查询结果集的内存较少。这是因为每次执行查询操作，返回到客户端的记录只有一条，由于传递的查询结构较少，mysql_use_result()函数执行速度更快。其缺点在于必须快速处理查询结构，否则会影响服务器性能，因为查询操作的会话依然存在。另外，不能随机访问结果集，只允许顺序读取每行记录，并且无法知道查询结构的总行数。不仅如此，即使在检索过程中已获得所需要的结构，也必须检索完所有的行。

4．示例

假设本机的 MySQL 服务器的 test 数据库内已建立 call_list 表并保存有一些数据，那么可以用下例将其中的所有数据输出。

```
01  #include <mysql.h>                               //包含 MySQL 函数库
02  #include <stdio.h>
03  #include <stdlib.h>
04  #include <string.h>
05  static char *server_args[] = { "this_program", //定义执行参数
06                      "--datadir=.",
07                      "--key_buffer_size=32M"};
08  static char *server_groups[] = { "embedded",
09                       "server",
10                       "this_program_SERVER",
11                       (char *)NULL};
12  int main()
13  {
14    MYSQL mysql;                                   //声明 MySQL 操作符
15    MYSQL_RES *res;                                //声明结果集
16    MYSQL_ROW row;                                 //声明行操作符
17    char sqlcmd[200];                              //保存查询语句
18    int t;
```

```
19      if (mysql_library_init(sizeof(server_args) / sizeof(char *),
20   //初始化 MySQL 库
21                    server_args, server_groups))
22   mysql_init(&mysql);                              //初始化连接处理程序
23   if (!mysql_real_connect(&mysql, "host", "root", "password", "test",
     0, NULL, 0)){                                   //建立数据库连接
24      fprintf(stderr, "无法连接数据库，错误原因: %s\n",
25      mysql_error(&mysql));                         //捕捉 MySQL 错误
26   }
27   else {
28      puts("数据库连接成功");
29      sprintf(sqlcmd, "%s", "select * from call_list");
30    t = mysql_real_query(&mysql,sqlcmd,(unsigned int) strlen(sqlcmd));
            //执行查询语句
31      if (t)
32        printf("查询数据库失败: %s\n", mysql_error(&mysql));
33      else {
34        res = mysql_store_result(&mysql);          //获得查询结果
35        while(row = mysql_fetch_row(res)) {        //在结果集内步进
36          for(t = 0; t < mysql_num_fields(res); t++)
37            printf("%s ",row[t]);                  //输出每列的数据
38          printf("\n");
39        }
40        mysql_free_result(res);                    //释放查询结果
41      }
42      mysql_close(&mysql);                          //关闭数据库连接
43   }
44   mysql_library_end();                            //结束处理
45   return EXIT_SUCCESS;
46 }
```

上述程序中，首先为 MySQL 数据库操作定义了执行参数，这些参数将用于创建与 MySQL 数据库的连接。然后用 mysql_library_init()函数初始化 MySQL 库，用 mysql_init() 函数初始化连接处理程序。接着，使用 mysql_real_connect()函数建立数据库连接。

如果数据库连接建立成功，首先执行查询语句，查询 call_list 表中的所有数据，查询结果保存在结果集中，然后以行为单位输出所有查询结果。待结果输出完毕，使用 mysql_free_result()函数清除结果集。最后使用 mysql_close()函数关闭数据库连接，并使用 mysql_library_end()函数结束 MySQL 处理。

21.3　大型数据库与通用数据库接口

前面章节介绍了一些小型和中型数据库。但对于需要进行超大数据量存储和管理的应用领域，如金融企业和航空运输企业，这些数据库满足不了需求。常用的大型数据库有 Oracle、Sybase、Informix 和 DB2 等，虽然这些数据库不是开源软件，大部分不能运行在 Linux 系统上，但在实际应用中仍然存在 Linux 系统中使用 C 语言开发客户端访问这些数据库的需求。另外，如果能通过一个函数库来访问多种不同类型的数据库，对于程序开发来说将减少很多重复劳动。本节将粗略地探讨这些问题。

21.3.1 连接 Oracle 数据库

Oracle 是最为著名的大型数据库软件之一，很多跨国集团和金融企业采用其大型数据库构件应用系统。Oracle 以数据库的优势建立起庞大的应用系统，包括 ERP 和 CRM 等。Oracle 数据库运行平台为企业级服务器、服务器集群和小型计算机，并支持磁盘阵列等数据仓库级存储系统。

Oracle 也是最早将 SQL 语言引入关系数据库的开发者，同时扩展了共享 SQL 和多线索服务器体系结构。该技术不仅降低 Oracle 系统开销，而且增强了数据处理能力，使之能运行在 Linux 系统的普通服务器上。Oracle 也是少数支持 Linux 系统的大型数据库软件之一，Red Hat AS 系列已能顺利运行 Oracle 数据库。

数据的存储形式上，Oracle 以文件作为存储单元，每个文件保存一个数据表。数据文件非常灵活，可随着数据容量的增长而变化。逻辑结构上，Oracle 数据库由表空间组成，这些表可分为系统表和用户表。用户表中可存储数据、索引等信息。

Oracle 数据库对网络的支持非常好，可以支持云计算。将多个运行 Oracle 数据库的服务器组成服务器集群，可通过网络组成一个数据中心，并实现系统负载均衡和异地数据自动备份等功能。服务器协同工作对开发者是透明的，开发者不用额外付出劳动。

在数据复制方面，Oracle 提供了实时复制、定时复制和储存转发复制等多种功能，可快速为数据库建立副本，并在复制过程中利用自动冲突检测提供有效的冲突解决机制。例如，使用网络连接的两个 Oracle 数据库之间可通过数据库连接建立访问机制，数据可均匀地分散在两地。

PL/SQL 是 Oracle 对 SQL92 标准的扩展，除了数据访问、数据管理和数据库管理功能以外，PL/SQL 可灵活地开发各种存储过程。这些存储过程执行效率高于 C 语言的函数调用机制，为数据层和业务层分离打下了良好的基础。

Linux 系统上 Oracle 的 C 语言接口函数库名称为 OCI（Oracle Common Interface）C-Library，该函数库是一个功能强大的数据库操作模块。它支持事务处理，单事务中的多连接多数据源操作，支持数据的对象访问、存储过程的调用等一系列高级应用，并对 Oracle 下的多种附加产品提供接口。但是为了使 OCI 库在多种平台上保持统一的风格并考虑向下兼容性，其内部将大量的 C 语言类型和代码进行了重新封装，这使得 OCI 库看上去显得纷繁复杂，开发者难以掌握。

Libsqlora8 库是另一种选择，它使得在 Linux 下 Oracle 的非高端 C 语言开发变得比较方便易用。Libsqlora8 for *nix 是 GNU/Linux 组织开发的针对 Oracle8 OCI library 的易用性 C 语言封装。其特点为，将大量的 OCI 数据类型转换为通用 C 语言数据类型，并且将 OCI 函数按分类重新封装，从而减少了函数的调用步骤和程序代码量。Libsqlora8 还有如下许多引人注目的特性：

❑ 易于使用的动态 SQL 语句。
❑ 同一连接中具有不同变量绑定的游标的重复打开功能。
❑ 相同事务中支持多数据库连接。
❑ Oracle 数据库应用开发具备内建轨迹功能。
❑ 能正确处理数据插入操作中的数组变量。
❑ 可以作为静态或动态形式链接进入应用程序。

安装 Libsqlora8 需在其项目主页上下载源文件编译，地址为 http://www.poitschke.de/libsqlora8/index_noframe.html#Download。安装命令如下：

```
gunzip -c libsqlora8-2.3.3.tar.gz | tar xf -      //解压源码包
cd libsqlora8-2.3.3                               //进入解压后源代码文件目录
LD_LIBRARY_PATH=$ORACLE_HOME/lib                  //配置环境变量
export LD_LIBRARY_PATH                            //立即更新环境变量
./configure                                       //配置源代码执行环境
make                                              //编译源代码
make install                                      //安装程序
```

Libsqlora8 库的函数包含在头文件 sqlora.h 中。常用的函数及功能参见表 21.7。

表 21.7　Libsqlora8 常用的函数及功能

函　数　名	说　　　明
int sqlo_init(int threaded_mode);	初始化程序库接口，读出环境变量，设置相应的全局变量。当前，threaded_mode 设为 0
int sqlo_connect(int * dbh, char * connect_str);	连接数据库，dbh 为数据库连接描述符，connect_str 为用户名/口令字符串
int sqlo_finish(int dbh);	断开数据库连接
int sqlo_open(int dbh, char * stmt, int argc, char *argv[]);	打开由 stmt 确定的查询语句所返回的游标。Argc、argv 为查询的参数，后面将用更清晰的方法传递参数
int sqlo_close(int sth);	关闭由上一个函数打开的游标
int sqlo_fetch(int sth);	从打开的游标中获取一条记录，并将之存入一个已分配内存空间中
const char **sqlo_values(int sth, int *numbalues, int dostrip);	从内存中返回上一次 sqlo_fetch 取得的值，是以字符串形式返回的
int sqlo_prepare(int dbh, char const *stmt);	返回一个打开的游标 sth
int sqlo_bind_by_name(int sth, const char * param_name, int param_type, const void * param_addr, unsigned int param_size, short * ind_arr, int is_array);	将查询语句的传入参数，按照名字的形式与函数中的变量绑定。如果使用数组，那么参数 param_addr 和 ind_arr 必须指向该数组
int sqlo_bind_by_pos(int sth, int param_pos, int param_type, const void * param_addr, unsigned int param_size, short * ind_arr, int is_array);	将查询语句的传出值，按照位置顺序与函数中的变量绑定
int sqlo_execute(int sth, int iterations);	执行查询语句。Iterations 可设为 1
int sqlo_commit (int dbh);	提交查询操作
int sqlo_rollback(int dbh);	回滚操作，撤销前面对数据库所做的改变

与其他数据库相同，在进行数据查询操作前，首先必须进行数据库连接。连接 Oracle 数据库的代码如下：

```
01  #include <stdio.h>
02  #include <sqlora.h>                      //包含 Oracle 数据库接口函数
03  static int _abort_flag = 0;              //错误代码标志
04  int main()
05  {
06    const char *cstr = "test1234/4321test"; //用户名和密码
07    sqlo_db_handle_t dbh;                    //该变量用于数据库标识符
08    int status;
09    char server_version[1024];               //用于保存服务器版本
10    status = sqlo_init(SQLO_OFF, 1, 100); //初始化 libsqlora
11    if (status != SQLO_SUCCESS) {
12      puts("libsqlora 初始化失败。");
13      return 1;
14    }
15    status = sqlo_connect(&dbh, cstr);   //连接 Oracle 数据库服务器
16    if (status != SQLO_SUCCESS) {
17      printf("不能使用下列用户登录：%s\n", cstr);
18      return 1;
19    }
20    RETURN_ON_ABORT;                            //如果捕捉到信号则结束
21    if (SQLO_SUCCESS != sqlo_server_version(dbh,
22                   server_version,
23                   sizeof(server_version))) {//获得 Oracle 数据库服务
24                                              //器版本信息
25     printf("无法获得版本信息：%s\n", sqlo_geterror(dbh));
26     return 1;
27    }
28    printf("已连接到：\n%s\n\n", server_version);
29    RETURN_ON_ABORT;
30    sqlo_finish(dbh);                         //断开连接
31    puts("服务器连接已断开");
32    return 0;
33  }
```

本例的作用是连接到本地 Oracle 数据库服务器中，系统中必须安装有 Oracle 客户端程序，通常需要一张 Oracle 数据库的安装光盘才能完成。Oracle 数据库服务器的位置在 Oracle 客户端中设置，只有企业版的 Linux 上才有可能成功安装 Oracle 数据库服务器。

21.3.2　通用数据库接口

当以三层模型作为设计应用程序的准则时，开发者通常希望逻辑层对于数据层的访问不受制于某一种数据库的接口。如果在程序中将所有常用的数据库的接口考虑在内，不仅会使程序开发的工作量大大增加，重复出现许多冗余的数据库访问代码，还会因某一种数据库的升级或变更使应用程序的通用性大打折扣。开发者迫切需要一种能够对多种数据库进行连接和访问、可自动在不同数据库的数据类型间自动转换、使用接近于 SQL92 标准的数据库查询语言的通用数据库接口。

在 Linux 系统中，有两种方式能够满足开发者的需求。一种是选择通用数据库接口函数库，例如 SQL Relay，它可以同时支持 10 余种常用的数据库，并且能通过相同的 C 语言

函数对这些数据库进行连接和访问。这种方式实际上是将多种数据库的接口函数封装在同一个函数库内，因为数据库接口函数之间本身有很大的差异，它并不能非常及时地应对某一种数据库接口的变更。

另一种方式是选择通用数据库连接池，这是一种中间件，即建立在数据库与应用程序之间的程序。虽然使用数据库连接池会消耗一些额外的系统资源，但它能更好地满足访问多种数据库的需求，很多数据库在开发时即考虑了对数据库连接池的支持，所以不会因为数据库的升级或变更造成太大影响。

Linux 系统中最常用的数据库连接池为 unixODBC，它不仅支持众多数据库，还能通过插件的形式增加对新的数据库的支持。

unixODBC（UNIX Open Database Connect）即 UNIX 系统中开放数据库互连的简称，它是一个用于访问数据库的统一界面标准，作为应用程序和数据库系统之间的中间件。unixODBC 主要由数据库驱动程序和驱动程序管理器组成。驱动程序是一个用于支持 unixODBC 函数调用的模块，每个驱动程序对应于一个数据库系统。如果要改变应用程序所使用的数据库，只需更改应用程序中由 unixODBC 管理程序设定的与相应数据库系统对应的别名即可。

驱动程序管理器可插入到所有 unixODBC 应用程序中，可用于管理应用程序中 unixODBC 函数与.so 中函数的绑定。unixODBC 使用层次的方法来管理数据库，将数据库通信结构划分为多个层次。如果操作依赖某种数据库系统自身特性，unixODBC 可以用公共接口解决潜在的不一致性。这种模式能很好地解决基于多个数据库系统的应用程序的复杂性，也是 unixODBC 获得巨大成功的重要原因之一。unixODBC 的工作原理如图 21.4 所示。

图 21.4　unixODBC 的工作原理

从结构上分，unixODBC 分为单束式和多束式两种，分别对应着单束式驱动程序和多束式驱动程序。单束式驱动程序如果公共接口一样，为多种数据库系统提供一个统一的数据访问方式，介于应用程序和数据库系统之间。

　　单束式驱动程序介于应用程序和数据库之间，像中介驱动程序一样数据提供一个统一的数据访问方式。在应用程序使用 unixODBC 操作数据库时，unixODBC 传递操作指令到 unixODBC 驱动程序管理器。然后 unixODBC 驱动程序管理器对数据库进行相应操作，并且将处理结果传递给 unixODBC 驱动程序管理器，最后传递到应用程序中。

　　因此，单束式驱动程序是虚拟化的数据库引擎，应用程序以 unixODBC 驱动程序管理器作为操作对象，而无需关系真实数据库的情况。

　　多束式驱动程序相对较为简单，其工作方式只是在应用程序和数据库系统间传递操作指令，而操作结果由数据库系统直接传递给应用程序。当应用程序提交对数据库操作的请求时，该请求被传送到 unixODBC 驱动程序管理器。unixODBC 驱动程序管理器首先对请求进行判断，然后在应用程序和数据库间建立相关连接。

　　多束式驱动程序是数据库通信接口的翻译器，只是统一了多种数据库系统的调用接口。例如，将 Oracle 的 OCI 函数库翻译为 unixODBC 函数库。

　　安装 unixODBC 可在其官方网站下载源代码进行编译，地址为 http://www.unixodbc.org，或在终端中输入下列命令：

```
apt-get install unixODBC unixODBC-dev
```

　　如果 Linux 系统使用的是 KDE 界面，那么可以用 ODBCConfig 程序来进行 unixODBC 的配置，它的路径为/usr/bin，如图 21.5 所示。

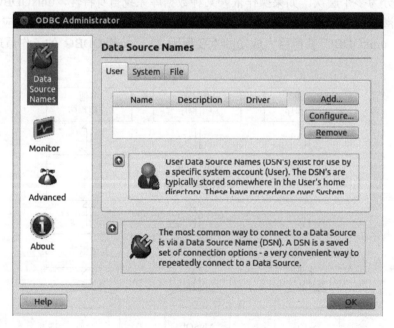

图 21.5　ODBCConfig 界面

　　对于 GNOME 界面或其他界面的 Linux 系统，可以使用 shell 上的 isql 工具进行 unixODBC 的配置。以连接 Oracle 数据库为例，首先在/etc/odbc.ini 文件中新建一个 DSN，增加下列内容：

```
[ODBC Data Sources]
test = Oracle ODBC Driver DSN
[default]
```

```
Driver = /usr/local/easysoft/oracle/libesoracle.so
[test]
Driver = /usr/local/easysoft/oracle/libesoracle.so
Description = Oracle
server = 172.16.1.21                          //Oracle 数据库服务器的地址
ServerType = Oracle
Port = 1521                                    //端口号
User = test1234                                //用户名
Password = password                            //密码
Database = test                                //数据库名称
SID = test
METADATA_ID = 0
ENABLE_USER_CATALOG = 1
ENABLE_SYNONYMS = 1
[default]
Driver = /usr/local/easysoft/oracle/libesoracle.so
```

然后打开/etc/odbcinst.ini 文件，增加下列内容：

```
  [test]
Description=ODBC for ORACLE
Driver = /usr/local/easysoft/oracle/libesoracle.so
[ODBC]
Trace=1
Debug=1
Pooling=No
```

再向 sqlnet.ora 文件增加下列内容：

```
NAMES.DIRECTORY_PATH= (TNSNAMES, ONAMES, HOSTNAME)
```

最后配置 tnsnames.ora 文件，增加下列内容：

```
ava =
  (DESCRIPTION =
    (ADDRESS_LIST =
        (ADDRESS = (PROTOCOL = TCP)(HOST = 172.16.18.21)(PORT = 1521))
    )
    (CONNECT_DATA =
        (SID = ava)
    )
  )
```

这时 unixODBC 就能连接到数据库上了，可使用 isql 命令来测试：

```
isql test -v
Connected!
…
SQL>
```

其他类型的数据库与 Oracle 数据库的配置方法相似。现在可在程序中使用 unixODBC 所提供的函数库对这些数据库进行操作，这些函数放在头文件 sql.h、sqlext.h 和 sqltypes.h 中。头文件与动态链接库文件都处于 Linux 系统的标准目录内，所以不用为编译增加额外的参数。下面用一个简单的例子说明使用 unixODBC 连接 Oracle 数据库的方法。

（1）预处理及常量的定义。源代码如下：

```
01  #include <stdlib.h>
02  #include <stdio.h>
```

```
03  #include <odbc/sql.h>                          //ODBC 的 SQL 语句支持函数库
04  #include <odbc/sqlext.h>                        //ODBC 的 SQL 执行支持函数库
05  #include <odbc/sqltypes.h>                      //ODBC 的 SQL 数据类型函数库
06  SQLHENV V_OD_Env;                               //ODBC 环境标识符
07  long V_OD_erg;                                  //函数运行结果
08  SQLHDBC V_OD_hdbc;                              //数据库连接标识符
09  char V_OD_stat[10];                             //SQL 状态
10  SQLINTEGER V_OD_err,V_OD_rowanz,V_OD_id;
11  SQLSMALLINT V_OD_mlen,V_OD_colanz;
12  char V_OD_msg[200],V_OD_buffer[200];
```

预处理部分需要包含 odbc 目录下的 3 个重要头文件，分别是 sql.h、sqlext.h 和 sqltypes.h。这 3 个头文件实际是 unixODBC 函数库的入口，被分为了 3 个不同的功能。

（2）分配环境标识符并注册版本。源代码如下：

```
13  int main(int argc,char *argv[])
14  {
15    V_OD_erg = SQLAllocHandle(SQL_HANDLE_ENV,
16                             SQL_NULL_HANDLE,
17                             &V_OD_Env);           //分配环境标识符并注册版本
18    if ((V_OD_erg != SQL_SUCCESS) && (V_OD_erg != SQL_SUCCESS_WITH_INFO))
19    {
20      puts("分配错误。");
21      return 1;
22    }
```

环境标识被保存在 SQLHENV 型全局变量 V_OD_Env 中，它是通过 SQLAllocHandle() 函数获得的。该函数的参数为 unixODBC 函数库的版本信息。

（3）设置环境属性。源代码如下：

```
01    V_OD_erg = SQLSetEnvAttr(V_OD_Env,
02                             SQL_ATTR_ODBC_VERSION,
03                             (void*)SQL_OV_ODBC3, 0);        //设置环境属性
04    if ((V_OD_erg != SQL_SUCCESS) && (V_OD_erg != SQL_SUCCESS_WITH_INFO))
05    {
06      puts("设置环境属性出错。");
07      SQLFreeHandle(SQL_HANDLE_ENV, V_OD_Env);
08      return 1;
09    }
```

环境属性被保存在常量 SQL_OV_ODBC3 中，通过 SQLSetEnvAttr() 函数，能够使该常量值在 unixODBC 函数库当前会话中生效。

（4）连接到 unixODBC。源代码如下：

```
01    V_OD_erg = SQLAllocHandle(SQL_HANDLE_DBC,
02                             V_OD_Env,
03                             &V_OD_hdbc);              //连接到 unixODBC
04    if ((V_OD_erg != SQL_SUCCESS) && (V_OD_erg != SQL_SUCCESS_WITH_INFO))
05    {
06      printf("连接错误，代码为：%d\n",V_OD_erg);
07      SQLFreeHandle(SQL_HANDLE_ENV, V_OD_Env);
08      return 1;
09    }
```

与其他数据库接口一样，unixODBC 要求程序首先连接到数据库再进行操作。

SQLAllocHandle()函数用于连接数据库，连接成功时，数据库标识符被保存到变量 V_OD_hdbc 中。

（5）设置数据库验证信息。源代码如下：

```
01      SQLSetConnectAttr(V_OD_hdbc,
02                      SQL_LOGIN_TIMEOUT,
03                      (SQLPOINTER *)5, 0);              //设置连接属性
04      V_OD_erg = SQLConnect(V_OD_hdbc,
05                       (SQLCHAR*) "Test",               //DSN 名称
06                       SQL_NTS,
07                       (SQLCHAR*) "root", SQL_NTS, //数据库的用户名
08                       (SQLCHAR*) "", SQL_NTS);         //数据库的密码
09      if ((V_OD_erg != SQL_SUCCESS) && (V_OD_erg != SQL_SUCCESS_WITH_INFO))
10      {
11          printf("连接错误，代码为：%d\n",V_OD_erg);
12          SQLGetDiagRec(SQL_HANDLE_DBC,
13                      V_OD_hdbc,1,
14                      V_OD_stat,
15                      &V_OD_err,
16                      V_OD_msg,
17                      100,
18                      &V_OD_mlen);
19          printf("%s (%d)\n",V_OD_msg,V_OD_err);
20          SQLFreeHandle(SQL_HANDLE_ENV, V_OD_Env);
21          return 1;
22      }
23      puts("成功连接到服务器中");
```

功能较完善的数据库均需要用户名和密码验证。除此以外，通过 unixODBC 连接数据库还需要设置 DSN 名称。该名称是数据库连接在 unixODBC 中的标识符，SQLConnect() 函数用于通过 DSN 名称进行验证。

（6）设置数据库驱动。源代码如下：

```
01    V_OD_erg = SQLAllocHandle(SQL_HANDLE_STMT,
02                      V_OD_hdbc,
03                      &V_OD_hstmt);                //设置数据库驱动
04    if ((V_OD_erg != SQL_SUCCESS) && (V_OD_erg != SQL_SUCCESS_WITH_INFO))
05    {
06        printf("驱动设置错误，代码为：%d\n",V_OD_erg);
07        SQLGetDiagRec(SQL_HANDLE_DBC,
08                    V_OD_hdbc,
09                    1,
10                    V_OD_stat,
11                    &V_OD_err,
12                    V_OD_msg,
13                    100,
14                    &V_OD_mlen);
15        printf("%s (%d)\n",V_OD_msg,V_OD_err);
16        SQLFreeHandle(SQL_HANDLE_ENV, V_OD_Env);
17        return 1;
18    }
19 SQLBindCol(V_OD_hstmt, 1, SQL_C_CHAR, &V_OD_buffer, 150,&V_OD_err);
20     SQLBindCol(V_OD_hstmt, 2, SQL_C_ULONG, &V_OD_id, 150, &V_OD_err);
                          //将应用程序的数据缓冲绑定到结果集的各列
```

SQLAllocHandle()函数也可以用来设置数据库驱动，unixODBC 针对不同的数据库拥有

特点的驱动。如果驱动设置错误，则无法读取相关数据库操作。

（7）执行 SQL 查询。源代码如下：

```
01  V_OD_erg = SQLExecDirect(V_OD_hstmt,
02            "SELECT dtname,iduser FROM web order by iduser",SQL_NTS);
03                                                    //执行 SQL 查询
04   if ((V_OD_erg != SQL_SUCCESS) && (V_OD_erg !=
     SQL_SUCCESS_WITH_INFO)){
05      printf("查询错误，代码为: %d\n", V_OD_erg);
06      SQLGetDiagRec(SQL_HANDLE_DBC,
07                    V_OD_hdbc,
08                    1,
09                    V_OD_stat,
10                    &V_OD_err,
11                    V_OD_msg,
12                    100,
13                    &V_OD_mlen);                     //获得诊断信息
14      printf("%s (%d)\n",V_OD_msg,V_OD_err);
15      SQLFreeHandle(SQL_HANDLE_STMT, V_OD_hstmt);    //释放结果集
16      SQLFreeHandle(SQL_HANDLE_DBC, V_OD_hdbc);
17      SQLFreeHandle(SQL_HANDLE_ENV, V_OD_Env);
18      return 1;
19   }
```

SQLExecDirect()函数用于执行 SQL 语句。其中的 SQL 语句是一种独立于数据库特性的 ODBC 标准。查询的结果将保存在结果集对象 V_OD_hstmt 中。

（8）读取查询结果。源代码如下：

```
01   V_OD_erg = SQLNumResultCols(V_OD_hstmt,&V_OD_colanz);//查询错误信息
02   if ((V_OD_erg != SQL_SUCCESS) && (V_OD_erg != SQL_SUCCESS_
     WITH_INFO)){
03      SQLFreeHandle(SQL_HANDLE_STMT,V_OD_hstmt);
04      SQLDisconnect(V_OD_hdbc);
05      SQLFreeHandle(SQL_HANDLE_DBC,V_OD_hdbc);
06      SQLFreeHandle(SQL_HANDLE_ENV, V_OD_Env);
07      return 1;
08   }
09   printf("结果的列数为: %d\n",V_OD_colanz);
10   V_OD_erg = SQLRowCount(V_OD_hstmt, &V_OD_rowanz);   //获取行数
11   if ((V_OD_erg != SQL_SUCCESS) && (V_OD_erg != SQL_
     SUCCESS_WITH_INFO)){
12     printf("行数为: %d\n",V_OD_erg);
13     SQLFreeHandle(SQL_HANDLE_STMT,V_OD_hstmt);
14     SQLDisconnect(V_OD_hdbc);
15     SQLFreeHandle(SQL_HANDLE_DBC,V_OD_hdbc);
16     SQLFreeHandle(SQL_HANDLE_ENV, V_OD_Env);
17     return 1;
18   }
19   printf("行数为: %d\n",V_OD_rowanz);
20   V_OD_erg = SQLFetch(V_OD_hstmt);                    //获得结果集中的行
21   while(V_OD_erg != SQL_NO_DATA) {
22     printf("查询结果: %d %s\n",V_OD_id,V_OD_buffer);
23     V_OD_erg = SQLFetch(V_OD_hstmt);
24   };
```

如果 SQL 查询语句执行失败，SQLNumResultCols()函数中可获得结果集中的错误信息。查询结果中的行数可通过 SQLRowCount()函数获得，每行中的具体信息可通过

SQLFetch()函数获得。

（9）退出前清理。源代码如下：

```
01    SQLFreeHandle(SQL_HANDLE_STMT, V_OD_hstmt);
02    SQLDisconnect(V_OD_hdbc);                    //断开数据库连接
03    SQLFreeHandle(SQL_HANDLE_DBC, V_OD_hdbc);
04    SQLFreeHandle(SQL_HANDLE_ENV, V_OD_Env);
05    return(0);
06  }
```

在结束相关操作后，可通过 SQLDisconnect()函数断开与数据库之间的连接。程序中其他对象均可通过 SQLFreeHandle()函数释放。

21.4 媒体播放器——媒体库的数据库实现

媒体播放器需要使用数据库来保存媒体库，这样在每次启动时可从数据库读取当前系统中媒体文件的信息，避免重复遍历本地文件系统。在 Linux 的多种数据库中，SQLite 最为简单易用，不仅在功能上能满足需求，而且系统开销非常小。本节将以 SQLite 为例设计媒体库模块的数据库，并实现相关操作。

21.4.1 建立和连接数据库

使用 SQLite 数据库之前，首先应确保已安装好 SQLite 数据库和相关头文件。然后在媒体播放器的源代码目录中加入文件 db.h 和 db.c，这两个文件专门用于放置数据库操作的相关代码。编译时，可使用 pkgconfig 程序指定 SQLite 数据库的相关开发文件。如果在前面的开发过程中已使用 pkgconfig 指定过多个函数库，则新加入的开发指令只需罗列在这些函数库名称之后，如下列源代码所示。

```
'pkg-config --cflags --libs glib id3tag sqlite3'
```

这条指令中包含了 3 个函数库的信息，SQLite 位于其中。媒体库的相关数据结构定义在头文件 medialib.h 中，这些数据结构在操作数据库时也需要用到，所以应在 db.c 中包含该文件。除此以外，db.c 还需要包含 db.h、sqlite3.h 等头文件。SQLite 数据库标识符指针可定义为一个全局变量，该变量在 db.c 文件中有效，如下列源代码所示。

```
01  #include <stdio.h>
02  #include <sqlite3.h>
03  #include <string.h>
04  #include <stdlib.h>
05  #include "db.h"
06  #include "medialib.h"
07  sqlite3 *db = NULL;            //SQLite 数据库标识符指针
```

定义完毕后，在头文件 db.h 增加两个函数原型，分别用于连接数据库和断开数据库连接，如下列源代码所示。

```
08  int open_database(void);       //连接数据库
09  int close_database(void);      //断开数据库连接
```

1．连接数据库

连接 SQLite 数据库时需指定数据库文件，假设该文件名称为 data.sqlite，如果找不到文件将自动创建新的数据库文件。连接数据库的函数为 open_database()，函数的实现细节必须定义在 db.c 文件中。源代码如下：

```
10  int open_database(void)
11  {
12     int res;
13     const char *filename = "data.sqlite";
14     res = sqlite3_open_v2(filename,
15                           &db,
16                           SQLITE_OPEN_READWRITE | SQLITE_OPEN_CREATE,
17                           NULL);                        //打开或创建数据库文件
18     if (res) {
19        printf("%s\n", sqlite3_errmsg(db));             //输出错误信息
20        return 0;
21     }
22     return 1;
23  }
```

上述代码中使用 sqlite3_open_v2()函数打开或创建数据库文件。db 是 SQLite 数据库标识符指针，因为被定义为全局变量，所以 db.c 中的任何函数都可直接访问。SQLITE_OPEN_READWRITE 标志表示打开方式为可读写，SQLITE_OPEN_CREATE 标志表示如果不存在数据库文件时自动将其创建。如果打开失败，sqlite3_errmsg()函数将返回错误信息字符串。

2．断开数据库连接

在退出媒体播放器时需要断开数据库连接，以释放相关资源，避免内存泄漏。断开数据库连接的函数为 close_database()。源代码如下：

```
24  int close_database(void)
25  {
26     int res;
27     res = sqlite3_close(db);                           //关闭数据库文件
28     if (res) {
29        printf("%s\n", sqlite3_errmsg(db));
30        return 0;
31     }
32     return 1;
33  }
```

21.4.2　建立媒体库数据表

媒体库数据表结构比较简单，主要的字段为标题、艺术家、专辑名称、流派、记录时间和文件路径。数据表的字段定义参见表 21.8。

表 21.8　媒体库数据表

字　段　名	类　型	描　述
标题	TEXT	媒体文件的标题
艺术家	TEXT	艺术家名称

字　段　名	类　　型	描　　述
专辑名称	TEXT	所属专辑名称
流派	TEXT	所属流派名称
记录时间	NUMERIC	媒体文件中记录的长度，以秒为单位
文件路径	TEXT	媒体文件的路径

该数据表的名称为 medialib。在 SQLite 中创建该数据表的 SQL 语句如下：

```
CREATE TABLE "medialib" ("title" TEXT,
                         "artist" TEXT,
                         "album" TEXT,
                         "genre" TEXT,
                         "record_time" NUMERIC,
                         "filepath" TEXT)
```

使用 C 语言创建 SQLite 数据库前，首先需要确保数据库已连接，然后执行相关操作。
代码如下：

```
01  int create_medialib(void)
02  {
03    int res;
04    char *errmsg = NULL;
05    const char *sqlcmd = "CREATE TABLE 'medialib' ('title' TEXT,\
06                                      'artist' TEXT,\
07                                      'album' TEXT,\
08                                      'genre' TEXT,\
09                                      'record_time' NUMERIC,\
10                                      'filepath' TEXT)";
11                                                    //SQL 语句字符串
12    res = sqlite3_exec( db, sqlcmd, 0, 0, &errmsg );//执行 SQL 语句
13    if (res) {
14      printf("创建数据表失败: %d-%s\n", res, errmsg );//输出错误信息
15      return 0;
16    }
17    return 1;
18  }
```

代码中使用 sqlite3_exec()函数执行创建数据表的 SQL 语句，如果产生错误，错误信息
字符串的指针将保存到 errmsg 变量中。

注意：将 SQL 语句输入到 C 语言源代码中时，可将双引号换为单引号，避免语法错误。
如果一个语句太长，还可以用反斜杠\将其划分为多行。

21.4.3　管理媒体库数据表

管理媒体库数据表包括在媒体播放器启动时从媒体库数据表中读取所有记录到媒体
库链表、向数据表插入记录、从数据表删除记录等操作。下面介绍这几种操作的实现方法。

1．读取所有记录到媒体库链表

读取所有记录到媒体库链表要用到链表相关的数据结构，每读取一条记录增加一个链

表节点。该函数的名称为 load_medialib()，该函数还可以用于为媒体库排序，因为使用 SQL
语句进行排序操作比使用 C 语言对链表排序要简单很多。函数的代码如下：

```
01   int load_medialib(link_t *mlink, find_cond_t)
02   {
03       int res;                                //用于保存操作结果
04       char *errmsg = NULL;                    //用于保存错误信息字符串
05       char **tb;                              //用于保存查询结果字符串的地址
06       int i;
07       int nrow;                               //用于保存查询结果的行数
08       int ncol;                               //用于保存查询结果的列数
09       char sqlcmd[256];
10       const char *str = NULL;
11       node_t *endnode = NULL;
12       node_t *mnode = NULL;                   //操作节点指针
13       link_del_all(mlink);                    //删除链表中所有的节点
14       switch(t) {                             //判断排序调节
15           case BY_TITLE:
16               str = "title";
17               break;
18           case BY_ARTIST:
19               str = "artist";
20               break;
21           case BY_ABLUM:
22               str = "album";
23               break;
24           case BY_GENRE:
25               str = "genre";
26               break;
27           case BY_FILEPATH:
28               str = "filepath";
29               break;
30       }
31       if (str) {                              //判断是否使用了排序条件
32           sprintf(sqlcmd, "SELECT * FROM medialib ORDER BY %s", str);
33       }
34       else {
35           sprintf(sqlcmd, "SELECT * FROM medialib");
36       }
37       res = sqlite3_get_table(db,sqlcmd,&tb,&nrow,&ncol,&errmsg);//查询库
38       if (res) {                              //判断是否有错误发生
39           printf("读取数据库失败：%d-%s\n", res, errmsg );
40           return 0;
41       }
42       else {
43           if (nrow > 0) {                     //判断查询到的记录数是否大于 0
44               for(i = 0; i < nrow; i++) {
45                   mnode = (node_t *)malloc(sizeof(node_t));//为节点分配内存空间
46                   strcpy(mnode->item.title, tb[(i + 1) * ncol + 0]);
                                                 //复制数据到节点
47                   strcpy(mnode->item.atrist, tb[(i + 1) * ncol + 1]);
48                   strcpy(mnode->item.album, tb[(i + 1) * ncol + 2]);
49                   strcpy(mnode->item.genre, tb[(i + 1) * ncol + 3]);
50                   mnode->item.record_time = atoi(tb[(i + 1) * ncol + 4]);
51                   strcpy(mnode->item.filepath, tb[(i + 1) * ncol + 5]);
52                   if (i) {                    //判断是否为首端节点，否则执行判断体
53                       endnode->p = mnode;     //将当前节点地址赋值给上一个节点
```

```
54              mnode->p = NULL;              //将当前节点指针置为 NULL
55              endnode = mnode;             //保留当前节点的地址
56              mlink->length++;             //链表长度增 1
57          }
58          else {                           //如果是首端节点，执行判断体
59              endnode = mnode;             //保留当前节点的地址
60              mlink->np = mnode;           //将当前节点地址赋值给链表入口
61              mlink->length = 1;           //将链表长度置为 1
62          }
63        }
64      }
65    }
66    return 1;
67 }
```

函数的第 2 个参数为前面定义的 find_cond 枚举类型，如果使用了该参数，那么将使用 switch 语句为 str 指针赋值。当 str 指针不为空时，SQL 语句中将加入排序条件，否则不加排序条件。

sqlite3_get_table()函数的作用是执行 SQL 语句，查询结果的地址被保存在双重字符串指针**tb 中。可以将 tb 视为二维字符串数组，或者视为 nrow 行乘以 ncol 列的表格。表格的第 1 行是字段名称，所以使用表达式 i + 1 跳过第 1 行。medialib 表共有 6 个字段，每个字段对应一列，因此**tb 数组的下标表达式"(i + 1) * ncol + 列数"可访问到表格的指定单元。

**tb 所指向的内存空间会在下一次数据库操作时被改写，所以相关数据需要复制到链表节点中。使用链表节点前，可通过 malloc()函数为其分配内存空间。如果当前节点是首端节点，则将节点的地址传递给链表入口指针。如果不是首端节点，则将地址传递给上一个节点的指针成员。

2．向数据表插入记录

向数据表插入记录的函数名称为 medialib_insert()，它首先会判断数据表中是否已存在这个文件记录。如果存在，只使用 UPDATE 语句修改记录；如果不存在，则使用 INSERT 语句插入到数据表。函数的代码如下：

```
01 int medialib_insert(node_t *mnode)
02 {
03   int res;                              //用于保存操作结果
04   char *errmsg = NULL;                  //用于保存错误信息字符串
05   char **tb;                            //用于保存查询结果字符串的地址
06   int nrow;                             //用于保存查询结果的行数
07   int ncol;
08   char sqlcmd[MAX_TITLE_LENGTH
09           + MAX_ATRIST_LENGTH
10           + MAX_ALBUM_LENGTH
11           + MAX_GENRE_LENGTH
12           + MAX_PATH_LENGTH
13           + 256];                       //计算 SQL 语句最大长度
14   if (!mnode) {                         //判断节点的地址是否有误
15     printf("链表节点地址有误\n");
16     return 0;
17   }
```

```
18      sprintf(sqlcmd,
19          "SELECT title FROM medialib WHERE filepath = \"%s\"",
20          mnode->item.filepath);           //生成查询语句
21      res = sqlite3_get_table(db,sqlcmd,&tb,&nrow,&ncol,&errmsg);
22      //查询数据库
23      if (res) {
24          printf("读取数据库失败：%d-%s\n", res, errmsg );
25          return 0;
26      }
27      if (nrow > 0) {                        //判断要插入的文件是否存在
28          sprintf(sqlcmd,
29              "UPDATE medialib SET title = \"%s\",\
30                              artist = \"%s\",\
31                              album = \"%s\",\
32                              genre = \"%s\",\
33                              record_time = %d \
34              WHERE filepath = \"%s\"",
35              mnode->item.title,
36              mnode->item.atrist,
37              mnode->item.album,
38              mnode->item.genre,
39              (int) mnode->item.record_time,
40              mnode->item.filepath);       //生成 UPDATE 语句
41      }
42      else {
43          sprintf(sqlcmd,
44              "INSERT INTO medialib VALUES \
45              (\"%s\", \"%s\", \"%s\", \"%s\", %d, \"%s\")",
46              mnode->item.title,
47              mnode->item.atrist,
48              mnode->item.album,
49              mnode->item.genre,
50              (int) mnode->item.record_time,
51              mnode->item.filepath);         //生成 INSERT 语句
52      }
53      res = sqlite3_exec( db, sqlcmd, 0, 0, &errmsg );    //执行 SQL 语句
54      if (res) {
55          printf("写入数据库失败：%d-%s\n", res, errmsg );
56          return 0;
57      }
58      return 1;
59  }
```

函数中首先使用查询语句查找媒体库链表节点中的文件名，如果找到的行数大于 0，表示数据表中已有该文件的信息，这时生成一个 UPDATE 语句。如果找到的行数不大于 0，那么生成一个 INSERT 语句。

注意：生成 SQL 语句时在某些情况必须使用双引号，因为有时候作为值的字符串中可能存在有单引号。使用双引号时，可用转义字符表示。

3．从数据表删除记录

从数据表删除记录的函数为 medialib_delete()，该函数将媒体库链表节点中指定的文件从数据库中删除。代码如下：

```
01  int medialib_delete(node_t *mnode)
```

```
02  {
03    int res;
04    char *errmsg = NULL;
05    char sqlcmd[MAX_PATH_LENGTH + 256];
06    if (!mnode) {
07      printf("链表节点地址有误\n");
08      return 0;
09    }
10    sprintf(sqlcmd,
11         "DELETE FROM medialib WHERE filepath = \"%s\"",
12         mnode->item.filepath);                    //创建删除指定记录语句
13    res = sqlite3_exec( db, sqlcmd, 0, 0, &errmsg );//执行 SQL 语句
14    if (res) {
15      printf("删除记录失败：%d-%s\n", res, errmsg );
16      return 0;
17    }
18    return 1;
19  }
```

另外，还有一个 medialib_delete_all()函数用于删除数据表中所有的记录。代码如下：

```
01  int medialib_delete_all(void)
02  {
03    int res;
04    char *errmsg = NULL;
05    char sqlcmd[256];
06    sprintf(sqlcmd, "DELETE FROM medialib");        //创建删除所有记录语句
07    res = sqlite3_exec( db, sqlcmd, 0, 0, &errmsg );
08    if (res) {
09      printf("删除记录失败：%d-%s\n", res, errmsg );
10      return 0;
11    }
12    return 1;
13  }
```

该代码中使用了一个没有 WHERE 参数的 DELETE FROM 语句，对应数据表中的所有数据将全部被删除。

21.5　小　　结

本章介绍了在 Linux 系统上连接多种数据库的方法，这些数据库都为 C 语言开发提供了丰富的函数库资源。如果选择数据库通用接口，那么可以更好地实现应用系统的三层模型结构。现在有很多系统是以三层模型为准则建立的，例如 ERP 和 CRM 等，应用层在其中可能被放置在一个单独的服务器中，应用层通过网络与数据层服务器进行通信，会话层也是通过网络与应用层进行通信。在设计此类应用程序时，C 语言编写的代码可以内嵌到数据库或者一些中间件中。例如 MySQL 数据库允许嵌入 C 语言实现一些业务逻辑，APACHE 服务器可以嵌入 C 语言作为逻辑层应用，这样可以使开发变得更为快捷，所有的注意力只需集中于业务逻辑的设计即可。

第 5 篇　Linux 界面开发

第 22 章　界面开发基础

在程序设计中，界面设计是最有难度和最富于挑战性的工作之一。因为不仅涉及编程的问题，还需要关心用户的需求、使用是否方便和美感等方面的问题。本章将介绍 Linux 系统上使用 C 语言设计界面的相关知识，其中包括 Linux 系统的桌面环境、界面开发的函数库、界面开发工具、窗体信号和事件，以及与界面开发有关的数据结构和编程技巧等。本书的重点部分为 GNOME 桌面上的 GTK+图形界面开发技术，这是当前 Linux 系统中最流行的界面技术，从本章开始，将一一介绍。

22.1　Linux 常用桌面环境

在计算机中，桌面环境（Desktop Environment）为操作系统提供了一个图形用户界面（GUI）。典型的桌面环境包括图标、视窗、工具栏、文件夹和壁纸等对象，并且具备鼠标拖放等操作能力。整体而言，桌面环境在设计和功能上的特性赋予了它与众不同的外观和使用感受。与其他商业操作系统不同之处是，Linux 系统具有多种桌面环境供用户选择，如 GNOME、KDE、Xfce 和 HILDON 等。它们有些是根据不同的应用方向编写，如 GNOME 通常作为工作站上的桌面环境，KDE 通常作为服务器上的桌面环境。有些是针对特殊的硬件平台而设计，如 HILDON 是为移动设备开发的桌面环境。下面将分别介绍这几种常用的桌面环境。

22.1.1　GNOME 桌面环境

GNOME，即 GNU 网络对象模型环境（The GNU Network Object Model Environment），又称为 GNOME 项目。它作为 GNU 项目的子项目，目标是为 Linux 操作系统构造一个功能完善、操作简单而且界面友好的桌面环境。Fedora 和 Ubuntu 等 Linux 发行版选择的就是 GNOME 桌面环境作为标准配置。

GNOME 项目包含两方面的内容，首先是提供 GNOME 桌面环境，让 Linux 系统的最终用户能使用到符合直觉，并且十分吸引人的桌面。其次是提供 GNOME 开发平台，该平台是一个能使开发的应用程序与桌面其他部分集成的可扩展框架。

GNOME 桌面使用方便，易于管理，其优点包括易用性和国际化。易用性指的是几乎所有人都可以轻松运用此桌面和应用程序，即使是并不熟悉 Linux 的新用户。国际化是用于为桌面和应用程序提供多种语言的选择。一个典型的 GNOME 桌面环境包含以下所列组件。

- ❑ 面板：就是 GNOME 桌面上的区域，通过这些区域可以访问所有的系统应用程序和菜单。面板可自由配置，如图 22.1 所示。

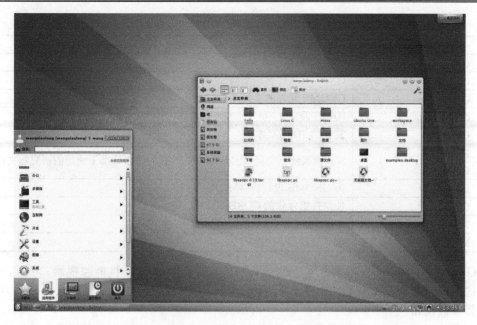

图 22.1　典型的 GNOME 桌面环境

❑ 菜单：可以通过菜单访问所有 GNOME 桌面功能。其中"应用程序"菜单访问几乎所有标准功能、命令和配置选项。

❑ 窗口：可以同时显示多个窗口。在每个窗口中都可以运行不同的应用程序。窗口管理器为窗口提供框架和按钮。窗口管理器可以执行诸如移动、关闭和改变窗口大小这些标准操作。

❑ 工作区：可以将 GNOME 桌面分为几个独立的工作区。工作区是指用户在其中工作的离散区域。用户可以指定 GNOME 桌面上的工作区数量。使用时能在不同的工作区间切换，但每次只能显示一个工作区。

❑ Nautilus 文件管理器：提供了一个集成的访问点，可以访问文件和应用程序。在文件管理器窗口内能显示文件内容，或者从文件管理器中用相应的应用程序打开文件。另外，可以使用文件管理器管理文件和文件夹。

❑ 桌面：位于桌面上所有其他组件的后面。桌面是用户界面的活动组件。将对象放在桌面上可以快速访问文件和目录，或启动常用的应用程序。也可以在桌面上右击打开一个菜单。

❑ 首选项：GNOME 桌面包含专用的首选项工具。每一个工具控制 GNOME 桌面行为的一个特定部分。要启动首选项工具，请从"主菜单"中选择"系统设置（首选项）"命令。从子菜单中选择要配置的项目。

GNOME 开发平台由一系列子项目组成，其中最重要的子项目参见表 22.1。

表 22.1　GNOME开发平台重要的子项目

项　目　名	说　明
ATK	可达性工具包
Bonobo	复合文档技术
GObject	用于 C 语言的面向对象框架
Gconf	保存应用软件设置
GNOME VFS	虚拟档案系统

续表

项　目　名	说　　明
GNOME Keyring	安全系统
GNOME Print	GNOME 软件打印文档
GStreamer	GNOME 软件的多媒体框架
GTK+	构件工具包
Cairo	复杂的 2D 图形库
Human Interface Guidelines	Sun 微系统公司提供的使得 GNOME 应用软件易于使用的研究和文档
LibXML	为 GNOME 设计的 XML 库
ORBit	使软件组件化的 CORBAORB
Pango	i18n 文本排列和变换库
Metacity	窗口管理器

　　GNOME 拥有很多子项目，常见的有时钟、天气预报和 CPU 性能监视器。不过，并非所有的子项目都被包含在 GNOME 发布版内，只有非常成熟，并且是大多数用户迫切需求的项目才被发布。

　　开发基于 GNOME 应用软件的函数库为 GTK+，因为 GNOME 桌面环境本身就是使用 GTK+开发的。除此以外，较为底层的 X11 函数库或 Cairo 函数库在开发中也十分常用，通常是在有特殊要求的应用程序中使用。

22.1.2　KDE 桌面环境

　　KDE，全称为 K 桌面环境（K Desktop Environment），先于 GNOME 桌面环境产生，多用在 Linux 服务器版和程序开发工作站中，如 Red Hat 和 OpenSUSE 等 Linux 发行版使用 KDE 桌面作为默认配置。KDE 桌面核心为 Qt 程序库，是 TrollTech 公司的专利技术，因此很多自由软件开发者存在版权问题上的顾虑，但是其绚丽的界面效果又吸引了开发者的注意。Fedora 和 Ubuntu 也推出配置 KDE 桌面环境的发行版。典型的 KDE 桌面环境如图 22.2 所示。

图 22.2　典型的 KDE 桌面环境

KDE 开发语言为 C++，并且使用面向对象思想设计。KDE 提供的 Qt/KOM/OpenParts 开发平台组合可与商业软件相媲美，在该平台上组件的复用性极高，GUI 程序执行效率也超过其他桌面环境，这也是 KDE 广受欢迎的因素之一。KDE 应用程序从 KApplication 类派生，而图形界面应用线程从 KTopLevelWidget 类派生。为了简化图形界面开发难度，KDE 集成了所见即所得界面设计软件，并能够与 Kdevelop 环境无缝结合。KDE 目前的体系结构如图 22.3 所示。

图 22.3　KDE 体系结构

KDE 桌面环境由一系列子系统构成，在 KDE 上进行开发可从这些子系统继承相应的对象。主要的子系统参见表 22.2。

表 22.2　KDE桌面环境主要的子系统

系 统 名	说 明
DCOP	桌面通信协议（Desktop Communication Protocol）
KIO	网络透明的输入输出
SYSCOCA	用于 C 语言的面向对象框架
GConf	系统配置程序
Kparts	嵌入式组件（动态链接库）
KHTML	HTML 4.0 兼容的库
XMLGUI	动态的 GUI 体系结构（KAction）
aRts	多媒体系统，类似于 GStreamer

KDE 桌面环境最新版本为 KDE 4。KDE 3 经过 5 年的发展后，功能越来越丰富，所提供的应用程序也越来越多。但是，KDE 3 的维护难度随之增加，很多并非用户必需的软件占用了大量系统资源。KDE 4 设计时已经考虑到 KDE 3 过于臃肿的问题，因此将功能进行了适当简化，并减少系统资源的占用率，还原了 KED 桌面环境本色。

22.1.3　移动设备与 HILDON 桌面环境

随着移动设备的逐渐普及，越来越需要拥有一个能在多种厂商的硬件环境上运行的操作系统。Linux 系统拥有良好的延展性，可为移动设备进行裁剪，将一些最适合移动设备应用的内核组件和应用程序移植到 ARM、x86 等系统结构的设备上，由此产生了多个针对移动设备的操作系统，例如 Maomo 和 Moblin 系统。前者是由诺基亚公司开发的一款运行在智能移动电话上的操作系统，后者是英特尔公司开发的面向于移动互联网设备、车载电脑、Netbook 和健康电子设备上的操作系统。

这两种操作系统使用的桌面环境是诺基亚公司以 GTK+ 和其他 GNOME 子项目为基础建立的 HILDON 桌面环境，它提供了对手写板的支持，以及适用于手持设备上的大字号界面风格等。基于 HILDON 桌面环境的 Ubuntu 发布版主界面如图 22.4 所示。

图 22.4　Moblin 操作系统主界面

HILDON 桌面环境是 GNOME 的裁剪版，所以它保留了 GNOME 的大多数特性，但同时也增加了一些新组件。其中最重要的组件是 Matchbox，它是专门针对移动设备开发的窗体管理器。移动设备的屏幕通常较小，Matchbox 每次只允许一个程序的窗体出现在主屏幕上。HILDON 体系结构如图 22.5 所示。

图 22.5　HILDON 体系结构

HILDON 函数库是应用程序产生界面的库的集合。它基于 GTK+ 库扩展，通过 GTK+ 窗体部件设计界面，是应用程序框架的基本成员，包括 HILDON 窗体部件集合（窗体和菜单等）、HILDON 桌面、HILDON 文件管理和通用状态条等。应用程序从 HILDON 函数库调用接口函数获得图形界面。在应用程序之间，可通过 Libosso 函数库进行进程间通信。

HILDON 函数库的主要功能函数放在以下 3 个头文件中。

❑ libhildon.h：包含窗体部件集合的库，用于应用程序的图形界面。

❑ libhildondesktop.h：包含主屏幕的库，用于创建任务导航器、状态条（例如显示电池或无线信息）和系统菜单等。

❑ libhildonfm.h：HILDON 文件管理基于 GNOME VFS 实现，提供统一机制管理存放在本地驱动器和通过网络地址访问的远程容器中的文件。HILDON 文件管理库包括一系列易用、内建对象，例如标准 HILDON 文件选择对话框、文件容器窗体部件及用来获取文件信息和属性的对象。

开发 HILDON 桌面程序图形界面与在 GNOME 桌面上开发并没有太大差别，只需要将 HILDON 函数库和 Libosso 函数库建立在应用程序的顶层。

22.2　GTK+图形环境介绍

GNOME 桌面环境是 Linux 系统中最常用的桌面环境。本节将介绍与 GNOME 桌面环境相关的开发库。GTK+库是其中最重要的函数库，它提供了基本的窗体构件。GLib 库提供了 GObject 对象，使 GTK+具备面向对象的特征。另外，GNOME 桌面环境还有一系列底层的函数库，在开发图形界面时了解这些函数库也非常重要。

GTK+是设计 GIMP 软件时创建的函数库，后来发展为 Linux 系统下开发图形界面的应用程序的主流开发工具之一，并成为 GNU 计划的重要组成部分。GTK+设计图形界面应用程序简单高效，开发者可以从较高层次开始界面的设计。例如，它可以显著节约开发时间，让开发者把精力集中在项目真正重要和独特的地方，而不必重复公共的功能。对于用户来说，这意味着他们使用的应用程序之间具有更好的一致性：工具包能在哪使用，应用程序就能跟到哪里。在现实中，现代的图形界面函数库的作用不仅仅是避免重复，它们还提供了许多高级功能。开发者希望在应用程序中拥有这些功能，但是用别的方法得不到这些功能。因为在这类函数库上所投入的时间和工作，要远远超过在单一应用程序上的花费。

GTK+的优势在于，它提供了广泛的选项，用于把工作扩展到尽可能多的人，其中包括一个针对国际化、本地化和可访问性的完善的框架。对开发者和用户来说，GTK+简单易用、设计良好、灵活且可扩展。并且 GTK+是可移植的，它得到了积极的开发与维护，围绕它有一个充满活力的社区。总结起来，GTK+具有 3 个重要特性：国际化、本地化和可访问性（通常分别缩写为 i18n、l10n 和 a11y）。

❑ 国际化是将程序兼容非开发程序语言的过程，所以应用程序不依赖于对任何特定语言的任何假设。此外还要考虑所使用的不同脚本和字母表、不同的书写方向和输入法等。

❑ 本地化与 i18n 密切相关，因为国际用户准备应用程序不仅仅是改变语言。程序还必须能够理解并尊重日期、货币显示、数字标注和文本排序所使用的不同习惯，以及许多可能不太注意的细节之处。例如，有些符号的使用在世界的不同地方可能会被认为是不恰当的或无礼的。

❑ 可访问性是让每个人都可以使用的应用程序。有些用户的视力不佳，有些人可能不能用键盘或鼠标，而有些人可能只能移动他们的眼睛。要确保每个需要使用该应用程序的用户都能使用需要做许多工作。

GTK+是可定制的，这样就可以让它适应各种用户的需求。GTK+有一个系统可以在所有应用程序之间复制设置，包括主题的选择。主题是一组同时发布的定制设置，它会影响 GTK+的基本控件的视觉效果，甚至某种程度上的行为方式。使用主题可以获得与众不同的观感，如图 22.6 所示。

图 22.6　GTK+多种主题视觉效果

　　GTK+ 2 是 GTK+最新版本，其新特性包括使用 Pango 改进的文本渲染、新主题引擎、使用 ATK 改进的可达性、完全转换到使用 UTF-8 的 Unicode 和更灵活的应用程序接口。但是它和 GTK+1 不完全兼容，因此必须由开发者做移植工作。由于 GTK+1 更快、相对更简单或更加适合嵌入式应用，所以还被继续使用。在后面的章节中，还会继续对 GTK+做进一步探讨。GTK+是本书界面开发部分的重点。

22.3　GLib 库介绍

　　GLib 是 GTK+和 GNOME 工程的基础底层核心程序库，是一个综合用途的实用的轻量级的 C 程序库。GLib 对 C 语言进行了扩展，将一些常用数据结构和相关处理函数封装到其中。为了便于移植，GLib 提供了一套与硬件无关的数据类型，以及线程、动态调用、线程、主事件循环和常用的宏。GLib 由基础类型、对核心应用的支持、实用功能、数据类型和对象系统 5 个部分组成。

22.3.1　基础类型

　　基础类型是在 ANSI C 标准数据类型的基础上进行的扩展，去掉了类型字长与硬件的关系。例如，int 类型可能在某些平台上字长为 2 字节，而在另一些平台上字长为 4 字节，为程序的移植带来麻烦。而 GLib 提供的 gint 类型统一为 4 字节。所有 GLib 基础类型均以小写字母 g 为前缀，其后是标准数据类型的名称。例如，gpointer 是指针类型（void *）、guint 是无符号整型（unsigned int）。这些类型与 ANSI C 标准数据类型可以混合使用，不影响程序性能。

　　C 语言中没有布尔类型，GLib 增加了 gboolean 类型定义布尔值，并且用常量 TRUE 和 FALSE 作为该类型的值。

　　为了方便地操作这些基础类型，GLib 还定义了一组相关的宏。例如，G_MAXINT 可

表示最大的 gint 类型数，G_E 表示自然对数，G_PI 表示圆周率，宏 GPOINTER_TO_INT()
将指针类型转为整型，宏 GINT_TO_POINTER()将整型转为指针。

22.3.2　对核心应用的支持

GLib 对核心应用的支持包括事件循环、内存操作、线程操作、动态链接库的操作和出
错处理与日志等。下列源代码将演示主事件循环、内存操作和线程这 3 种功能的简单应用。

```
01  #include <stdio.h>
02  #include <glib.h>                          //包含 GLib 函数库
03  static GMutex *mutex = NULL;
04  static gboolean t1_end = FALSE;            //用于结束线程 1 的标志
05  static gboolean t2_end = FALSE;            //用于结束线程 2 的标志
06  typedef struct _Arg Arg;
07  struct _Arg
08  {
09    GMainLoop* loop;                         //该成员为一个 GLib 实现循环对象
10    gint max;
11  };
12  void t_1(Arg *arg)                         //线程 1 函数
13  {
14    int i ;
15    for(i=0; i < arg->max; i++) {
16      if(g_mutex_trylock(mutex) == FALSE) {
17        g_print("%d : 线程 2 锁定了互斥对象\n", i);
18        g_mutex_unlock(mutex);               //对象解锁
19      }
20      else
21        g_usleep(10);                        //使线程睡眠 10 秒
22    }
23    t1_end = TRUE;                           //将该线程结束的标志置为非 0
24  }
25  void t_2(Arg *arg)                         //线程 2 函数
26  {
27    int i;
28    for(i = 0; i < arg->max; i++) {
29      if(g_mutex_trylock(mutex) == FALSE) {
30        g_print("%d : 线程 1 锁定了互斥对象\n", i);
31        g_mutex_unlock(mutex);               //对象解锁
32      }
33      else
34        g_usleep(10);                        //使线程睡眠 10 秒
35    }
36    t2_end = TRUE;                           //将该线程结束的标志置为非 0
37  }
38  void t_3(Arg *arg)                         //线程 3 函数
39  {
40    for( ; ; ) {                            //建立一个死循环
41      if(t1_end && t2_end) {                //判断线程 1 和线程 2 是否已结束
42        g_main_loop_quit(arg->loop);        //退出 GLib 主循环
43        break;
44      }
45    }
46  }
47  int main()
```

```
48  {
49      GMainLoop *mloop;        //创建 GLib 主循环
50      Arg *arg;                          //声明包含指向 GLib 主循环指针和计数器的结构
51      if(!g_thread_supported())                    //判断是否支持 GLib 线程
52        g_thread_init(NULL);
53      mloop = g_main_loop_new(NULL, FALSE);       //开始 GLib 主循环
54      arg = g_new(Arg, 1);
55      arg->loop = mloop;
56      arg->max = 11;
57      mutex = g_mutex_new();                      //创建一个 GMutex 对象线程池
58      g_thread_create((GThreadFun)t_1, arg, TRUE, NULL);   //创建线程 1
59      g_thread_create((GThreadFun)t_2, arg, TRUE, NULL);   //创建线程 2
60      g_thread_create((GThreadFun)t_3, arg, TRUE, NULL);   //创建线程 3
61      g_main_loop_run(mloop);                      //运行主循环
62      g_print("线程 3 退出事件循环\n");
63      g_mutex_free(mutex);                         //释放 GMutex 对象
64      g_print("释放互斥对象\n");
65      g_free(arg);                                 //清除结构体 arg
66      g_print("释放参数所用的内存\n");
67      return 0;
68  }
```

上面例程创建了 3 个线程，其中 t_1 和 t_2 操作互斥对象，t_3 检索前两个线程是否结束。若 t_1 与 t_2 已结束，则执行 g_main_loop_quit()函数退出主事件循环。由于线程的运行是不确定的，所以每次输出结果可能不相同。

程序中，首先定义了一个结构类型，用于保存创建的主事件循环的指针和线程运行时的最多循环次数。在 ANSI C 标准中，要为数据结构分配内存可使用表达式 type *type = (type*) malloc(sizeof(type));，释放时用 free()函数。malloc()表达式极为冗长，使用起来很不方便。

GLib 中提供了类似的函数 g_malloc()和 g_free()，为了方便调用，可使用 g_malloc()函数封装的宏 g_new()。该宏有两个参数，第 1 个是数据类型，第 2 个是分配空间的长度，这段代码中只用到了一个 Arg 数据结构，所以是 g_new (Arg, 1)。在程序结束时用 g_free()来释放。

使用 g_thread_init()函数进行线程初始化，先用 g_thread_supported()函数判断初始化是否成功，成功时返回 TRUE。然后用 g_main_loop_new()函数创建主事件循环对象 GMainLoop，用 g_main_loop_run()函数运行主事件循环。

最后，在程序结束前，使用 g_main_loop_quit()函数主事件循环，否则程序无法退出。该函数在线程 3 内调用。

22.3.3　实用功能

GLib 实用功能提供了多种常用的算法，这些算法涵盖字符串处理、计时器、随机数和 XML 解析等数十种功能。下列代码演示如何产生 1～100 之间的随机整数，并演示如何计算 G_MAXINT 次累加在计算时用的时间。

```
01  #include <glib.h>
02  int main()
03  {
```

```
04    GRand *rand;                                //创建一个随机数对象指针
05    GTimer *timer;                              //创建一个计时器对象指针
06    gint n;
07    timer = g_timer_new();                      //创建计时器对象
08    g_timer_start(timer);                       //开始计时
09    rand = g_rand_new();                        //创建随机数对象
10    for(n = 0; n < C_MAXINT; n++)
11       g_print("%d\t", g_rand_int_range(rand, 1, 100));
12                                                // 产生随机数并输出
13    g_print("\n");
14    g_rand_free(rand);                          //释放随机数对象
15    g_timer_stop(timer);                        //计时结束
16    g_print("执行耗时: %.2f 秒\n", g_timer_elapsed(timer,NULL));
17    //输出计时结果
18    return 0;
19 }
```

GLib 中，创建对象的函数以 g 为前缀，new 为后缀。代码中首先用 g_timer_new()函数创建了计时器，然后用 g_timer_start()函数执行计时器。随机数因子使用 g_rand_new()创建，并启动了一个 G_MAXINT 次循环，在循环内用 g_rand_int_range()函数创建随机数并输出。循环次数到达后，首先释放循环因子，停止计时器。最后，将计时器中的数值输出到终端。

22.3.4　数据类型

GLib 中定义了字符串、链表、堆栈和队列等 10 余种常用数据结构类型，并定义了相关的操作函数。下例是关于字符串类型的简单示例。

```
01 #include <glib.h>
02 int main()
03 {
04    GString *s;                                 //定义一个字符串类型
05    s = g_string_new("Hello");                  //输入字符串
06    g_print("%s\n", s->str);                    //输出字符串
07    s = g_string_append(s," World!");           //在字符串对象后追加内容
08    g_print("%s\n",s->str);
09    s = g_string_erase(s,0,6);                  //删除字符串从位置0开始的6个字符
10    g_print("%s\n",s->str);
11    s = g_string_prepend(s,"Linux ");           //在字符串最前面插入内容
12    g_print("%s\n",s->str);
13    s = g_string_insert(s,6,"Programming");     //在指定位置上插入内容
14    g_print("%s\n",s->str);
15    return 0;
16 }
```

GLib 的字符串处理函数与 C++的字符串对象一样方便。代码中 GString 说明符用于声明字符串类型，然后用 g_string_new()函数创建字符串。g_string_append()函数用于向字符串后追加内容，g_string_erase()函数用于删除指定内容，g_string_prepend()函数用于在字符串前插入内容，g_string_insert()函数用于在指定位置插入内容。g_print()函数的作用和格式与 printf()函数相同。

GLib 提供了内存块数据类型，可用于分配较大的内存空间，并且可以随时改变内存块的长度。下例将演示内存块数据类型的简单用法。

```
01  #include <glib.h>
02  int main()
03  {
04      GMemChunk *chunk;                           //定义内存块
05      gchar *mem[10];                             //定义指向原子的指针数组
06      gint i, j;
07      chunk = g_mem_chunk_new(                    //创建内存块
08              "Test MemChunk",                    //名称
09              5,                                  //原子的长度
10              50,                                 //内存块的长度
11              G_ALLOC_AND_FREE);                  //类型
12      for(i = 0; i < 10; i++) {
13          mem[i] = (gchar*)g_mem_chunk_alloc(chunk);//创建对象
14          for(j=0; j<5; j++) {
15              mem[i][j] = 'A' + j;                //为内存块中的指针赋值
16          }
17      }
18      g_mem_chunk_print(chunk);                   //显示内存块信息
19      for(i=0; i<10; i++)
20          g_print("%s\t",mem[i]);                 //显示内存块中的内容
21      for(i=0; i<10; i++)
22          g_mem_chunk_free(chunk,mem[i]);         //释放所有分配的内存
23      g_mem_chunk_destroy(chunk);                 //删除内存块
24      return 0;
25  }
```

上述代码中，g_mem_chunk_new()函数用于创建内存块，然后用 g_mem_chunk_alloc() 函数创建对象。该内存块分配的长度为 50 字节，实际使用的长度为 80 字节，可见其本身将占用一定的内存空间。

此外，GLib 支持几乎所有 C 语言的数据结构类型，这些数据结构一般以 G 为前缀。例如，GLink 为单向链表。所有相关函数以 g_link 为前缀。

22.4　GObject 对象介绍

GLib 为 C 语言提供了面向对象的 GObject 对象系统。该系统在语法上与 ANSI C 完全兼容，同时具有跨平台特性，甚至可以被其他程序设计语言使用。GObject 对象系统使用 GLib 提供的数据结构，同时也使用了 GLib 提供的相关算法，其扩展性、灵活性不逊于 C++ 语言。GTK+等函数库使用的对象系统正是 GObject。因此，掌握 GObject 对象系统是掌握 GTK+函数库的基础，也为使用 GStreamer 函数库带来了方便。该系统的本质可以概括为以下几点：

❑ GObject 对象系统是一个通用的面向对象系统，可以实现面向对象思想的所有设计方法，如派生和继承等。

❑ GObject 对象系统使用 GLib 基础类型。

❑ GObject 对象系统提供的 GObject 基本类型是类的实现。

❑ GObject 对象系统提供了完善的信号机制，允许用户使用非常灵活的自定义虚拟函数及回调函数。

❏ GObject 对象系统具备可扩展性，能够在该基础之上开发出更为复杂的对象系统，
支持所有的能被用作处理对象属性或其他参数化类型的基本类型。

22.4.1　对象系统

面向对象思想是当前主流的程序设计思想。缺乏面向对象特性的 C 语言将难以快速地
完成复杂应用程序。GObject 系统是 GLib 对 C 语言的扩展，使其具备了面向对象特性。该
系统的实现以 Gtype 为基础，Gtype 是 GLib 运行时类型的认证与管理系统。Gtype 可以定
义任何复杂的数据结构，并通过 GLib 基础类型与 ANSI C 标准兼容。

使用 Gtype 和 GObject 前，首先要调用 g_type_init()函数对其进行初始化。实现类型可
分为静态类型和动态类型两种，前者无法在运行时进行加载或卸载操作，而后者运行时加
载和卸载非常灵活。新类型使用前必须创建，g_type_register_static()函数用于创建静态类
型，其自身信息的数据结构为 GTypeInfo 类型。g_type_register_dynamic()函数用于创建动
态类型，其自身数据结构为 GTypePlugin 类型。新类型创建后，GObject 会自动注册。因
此，创建函数只需要运行一次。

如果需要创建基础类型，可使用 g_type_register_fundamental()函数来注册，它同时使
用 GTypeInfo 和 GTypeFundamentalInfo 类型作为自身的数据结构。

对象由对象 ID、类结构和实例 3 部分组成。对象 ID 是对象唯一的标识，用于识别对
象的身份。类结构是对象内部的数据成员，由所有对象共同拥有。实例是由类创建的对象，
每个类可创建多个实例。下例将创建一个简单的对象。

```
01  #ifndef __BABY_H__
02  #define __BABY_H__
03  #include <glib-object.h>
04  #define BABY_TYPE (baby_get_type())
05  #define BABY(obj) (G_TYPE_CHECK_INSTANCE_CAST((obj), BABY_TYPE,
    baby))06                                         //定义对象转换宏
07  typedef struct _Baby Baby;                      //定义 Baby 结构
08  typedef struct _BabyClass BabyClass;            //定义类结构
09  struct _Baby {
10    GObject parent;                               //定义类成员，父类
11    gint age;
12    gchar *name;
13    void (*cry)(void);                            //类的行为
14  };
15  struct _BabyClass {                             //定义类结构
16    GObjectClass parent_class;
17    void (*baby_born)(void);                      //类似于 C++构造函数
18  };
19  GType baby_get_type(void);
20  Baby* baby_new(void);
21  int baby_get_age(baby *baby);
22  void baby_set_age(baby *baby, int age);
23  char* baby_get_name(baby *baby);
24  void baby_set_name(baby *baby, char *name);
25  baby* baby_new_with_name(gchar *name);
26  baby* baby_new_with_age(gint age);
27  baby* baby_new_with_name_and_age(gchar *name, gint age);
28  void baby_info(baby *baby);
```

```
29  #endif
```

上例是类的创建代码，该代码被定义在头文件中。创建对象时，只需要在源代码文件中包含该头文件即可。头文件部分包括预处理、宏定义、数据结构定义和函数原型定义。数据结构定义部分创建了两个数据结构对象 Baby 和 BabyClass，其中结构类型_Baby 是 Baby 对象的实例。在代码中，每创建一个 Baby 对象，相应的 Baby 结构也会在同一时间创建。Baby 对象中 parent 成员是父类的指针，GObject 对象系统的父类为 GObject 类。

其他成员可以是公共成员，例如数据成员 age 和 name 分别表示年龄和名字。cry 成员是类的方法，表示哭闹。

数据类型_BabyClass 是 Baby 对象的类结构，它也被所有 Baby 对象的实例所共享。BabyClass 中的 parent_class 成员是 GObjectClass 类型，表示其父类为 GObject，因为 GObejctClass 是所有对象的父类。函数指针 Baby_born 为所有 Baby 对象实例共有。

此外，代码中还定义了 3 种成员函数的原型。baby_get_type()等函数是用于获得或设置对象的成员数据。baby_new()等函数是用来创建对象的实例。baby_info()函数用来显示此对象的当前状态。

22.4.2　GObject 系统中的宏定义

在上例中定义了两个重要的宏，其中宏 BABY_TYPE()是对 baby_get_type()函数的封装，用于直接获得对象的信息。宏 BABY()是对宏 G_TYPE_CHECK_INSTANCE_CAST() 的再次封装，目的是将一个 Gobject 对象强制转换为 Baby 对象，对于对象继承的意义非常重大。下例将使用 baby.h 头文件实现对象的定义。源代码如下：

```
01  #include "baby.h"
02  enum { BABY_BORN, FINAL_SIGNAL };          //定义枚举常量
03  static gint baby_signals[FINAL_SIGNAL] = { 0 };
04  static void baby_cry (void);
05  static void baby_born(void);
06  static void baby_init(Baby *baby);
07  static void baby_class_init(BabyClass *babyclass);
08  GType baby_get_type(void)                    //返回类的类型函数
09  {
10    static GType baby_type = 0;
11    if(!baby_type)
12    {
13      static const GTypeInfo baby_info = {
14        sizeof(BabyClass),
15        NULL,NULL,
16        (GClassInitFunc)baby_class_init,
17        NULL,NULL,
18        sizeof(Baby),
19        0,
20        (GInstanceInitFunc)baby_init
21      };
22      baby_type = g_type_register_static(G_TYPE_OBJECT,"Baby",
23      &baby_info,0);
24    }
25    return baby_type;
26  }
27  static void baby_init(Baby *baby)         //Baby 对象初始化函数
```

```
28  {
29     baby->age = 0;
30     baby->name = "none";
31     baby->cry = baby_cry;
32  }
33  static void baby_class_init(BabyClass *babyclass)
34  //BabyClass 对象初始化函数
35  {
36     babyclass->baby_born = baby_born;
37     baby_signals[BABY_BORN] = g_signal_new("baby_born",
38            BABY_TYPE,
39            G_SIGNAL_RUN_FIRST,
40            G_STRUCT_OFFSET(BabyClass,baby_born),
41            NULL,NULL,
42            g_cclosure_marshal_VOID__VOID,
43            G_TYPE_NONE, 0, NULL);
44  }
45  Baby *baby_new(void)                          //创建新对象函数
46  {
47     Baby *baby;
48     baby = g_object_new(BABY_TYPE, NULL);
49     g_signal_emit(baby,baby_signals[BABY_BORN],0);
50     return baby;
51  }
52  int baby_get_age(Baby *baby)                  //返回 age 成员的值
53  {
54     return baby->age;
55  }
56  void baby_set_age(Baby *baby, int age)        //设置 age 成员的值
57  {
58     baby->age = age;
59  }
60  char *baby_get_name(Baby *baby)               //返回 name 成员的值
61  {
62     return baby->name;
63  }
64  void baby_set_name(Baby *baby, char *name) //设置 name 成员的值
65  {
66     baby->name = name;
67  }
68  Baby*  baby_new_with_name(gchar *name)
69  // 创建新对象并对 age 赋值函数
70  {
71     Baby* baby;
72     baby = baby_new();
73     baby_set_name(baby, name);
74     return baby;
75  }
76  Baby*  baby_new_with_age(gint age)            //创建新对象并对 name 赋值函数
77  {
78     Baby* baby;
79     baby = baby_new();
80     baby_set_age(baby, age);
81     return baby;
82  }
83  Baby *baby_new_with_name_and_age(gchar *name, gint age)
84  //创建新对象并对 name 和 age 赋值函数
85  {
```

```
86      Baby *baby;
87      baby = baby_new();
88      baby_set_name(baby,name);
89      baby_set_age(baby,age);
90      return baby;
91  }
92  static void baby_cry (void)
93  {
94      g_print("婴儿正在哭泣……\n");
95  }
96  static void baby_born(void)
97  {
98      g_print("消息：一个婴儿出生了。\n");
99  }
100 void  baby_info(Baby *baby)
101 {
102     g_print("婴儿的名字是：%s\n", baby->name);
103     g_print("婴儿的年龄是：%d\n", baby->age);
104 }
```

上述程序中，将该对象的所有函数予以实现。baby_init()和 baby_class_init()函数分别用来初始化实例的数据结构和类的数据结构。这两个函数不用显式调用，而是用宏将其转换，然后为 GTypeInfo 结构赋值，最后由 GType 对象进行自动处理。

22.4.3　GTypeInfo 结构

GTypeInfo 结构中定义了对象的类型信息，包括以下内容。
- 类结构的长度：必需，本例为 BabyClass 结构的长度。
- 基础初始化函数：可选，与 C++构造函数作用相当。
- 基础结束化函数：可选，与 C++析构函数作用相当。
- 类初始化函数：可选，即 baby_class_init()函数，使用宏 GclassInit()转换。
- 类结束函数：可选。
- 实例初始化函数：可选，即 baby_init()函数。
- GType 变量表：可选。

结束 GTypeInfo 结构的定义后，可使用 g_type_register_static()函数注册对象的类型。该函数共有 4 个参数，第 1 个参数为父对象类型，即宏 G_TYPE_OBJECT()，用于表示 GObject 类。第 2 个参数为对象名，本例为 Baby。第 3 个参数是 GTypeInfo 数据结构指针，本例赋值为&babyinfo。第 4 个参数是注册成功后返回的对象 ID。

创建所有基于 G_OBJECT 对象的子类都可以使用 g_object_new()函数。第 1 个参数为对象 ID。第 2 个参数为其后参数的数量，NULL 为没有。第 3 个参数开始均为 GParameter 类型，它是一个结构体，定义如下：

```
struct GParameter{
  const gchar* name;
  GValue value;
};
```

其中，第 2 个参数为 GValue 类型，此类型是基础的变量容器对象，可用于封装变量的值和变量的类型。

22.4.4 信号机制

信号机制是 GObject 系统中对象的行为方式。当对象的某个条件满足时，将发出一个相应的信号，该信号可被注册的回调函数获得，并执行相关代码。使用信号机制不需要用多线程去反复检查某个变量，系统开销将降低。

一个对象可以有多个信号，但也可不定义信号。当对象定义了信号时，通常用枚举类型为信号命名。例如，可以用 FINAL_SIGNA 表示最后一个信号，而不去实现该信号的功能，这是一种程序设计的惯例。本例中，Baby 对象定义实现了 BABY_BORN 信号，该信号在对象创建时产生。信号的标识用静态的整型指针数组来保持，以便信号处理时使用。

所有对象的实例均有对象的类数据结构，相关信号也需要定义在类数据中。因此，信号是所有对象的实例所共有的，所有实例都可以进行信号处理，可在类初始化函数中创建信号。g_signal_new()函数用于创建一个新信号，创建成功时，返回值为该信号的标识符，否则返回-1。g_signal_emit()函数用于向实例发射一个信号，上例的创建函数中调用g_signal_emit()发出 BABY_BORN 信号。然后执行 baby_born()函数，在终端中输出一行"消息：一个婴儿出生了"信息。

实例的数据结构中保持着对象实例所有属性及方法，属性定义为变量或指针，方法则定义为函数指针。因此，函数必须使用 static 修饰符修饰为静态类型，只有此种情况才能有效地取得函数的地址对象实例所有的属性和方法一般都定义在对象的实例结构中，属性定义为变量或变量指针，而方法则定义为函数指针。因此，函数一定要定义为 static 类型，只有这样才能有效地为函数指针赋值。

GObject 对象系统十分庞大，本节并未涵盖其全部内容，只是列举了其中最常用的函数和数据类型。在 GTK+部分，读者将详细了解 GObject 对象系统的作用，以及信号机制的实际意义。

22.5 2D 图形引擎 Cairo 介绍

Cairo 是 Linux 系统中重要的 2D 矢量图形引擎，用于在屏幕或打印机中输出 2D 图形。它已成为 Linux 系统图形领域的重要组件。GNOME、GTK+和 Pango 等许多软件使用了它提供的 2D 图形引擎。Cairo 项目提供了一个开源的函数库，通过该函数库可以绘制出多种图形，并以常见的图像格式输出。另外，Cairo 支持 PostScript 格式和 PDF 格式，很多阅读软件中都通过调用 Cairo 库实现自身的矢量图文件解码功能，使屏幕显示与打印机输出的效果接近。

图形学是计算机科学的重要领域。Cairo 的设计思想来自于 PostScript 和 PDF 模型，因为它们都是使用几何学矢量空间来构图的系统。矢量图是以点和线的比例构图的系统，Cairo 以精确比例为目标，因此非常适合于图形界面应用程序中的各种简单图形效果实现。目前，Cairo 已能做到以极少的代码输出极为复杂的图形，成为 Linux 系统上最为出色的绘图系统之一。Cairo 使用 C 语言编写，全部源代码公开。所提供的函数库也是以 C 语言为主要版本。

　　矢量图也具备一定限制,虽然它可以无限放大,但是太大时反而超出比例,影响图形的完整性。而太小时,图形的一些细节无法反映出来。在 Linux 系统中很多图形库都绑定了 Cairo,使得 Cairo 受欢迎程度大大提高。例如,GTK+对 Cairo 提供了完美的支持,使 Cairo 能在界面上用几条简单的函数,绘制出各种想要的图形。

　　Cairo 函数库可分为 3 部分,最重要的是核心绘图库。核心绘图库提供了绘图的上下文,相对于画布。上下文使用 cairo_t 类型,该类型定义了画布的大小,并且可以保持一些绘图操作。其次是外表库,可以保存一些绘图的材质信息。然后是字体库,用于以矢量方式显示文字,对文字进行绘图操作。绘图上下文的操作并不复杂,通常只需要点、线和曲线。所有矢量图形都可以还原到这 3 种基本的元素中来。Cairo 函数库允许裁剪,可以只保留核心绘图库。

　　为了简化绘图的操作,Cairo 提供了一些函数用于计算复杂图形的构成。例如,用线组成矩形,由弧线运算为圆形或者椭圆形。特别是对于弧线,Cairo 引进了坐标系统,弧线的弧度和长度作为平面坐标系中的路径。这种扩展使开发者不用了解复杂的图形学原理,而图形实现的代码也有所减少。另外,Cairo 还提供了一些高级的函数,这些函数能对图形进行转换,包括对图形的缩放、旋转和剪切操作,以及对图形的复制操作。

　　外表库包括绘图时所用的画笔信息,颜色信息,甚至是贴图纹理信息。这些信息是绘制高仿真图形的基础。例如,Cairo 借用了 OpenGL 的外表材质机制,各种复杂的仿真电子游戏就是用这种机制进行纹理贴图实现的。模式是介于核心绘图库和材质库之间的接口,Cairo 可以通过读取模式的内容,将模式作为绘图操作的蒙版,提供多图层的支持。Cairo 对模式支持非常完善,从简单的实体模式到高级的逐变模式都能支持。下面介绍最基本的 Cairo 函数,可以将它们总结为 5 个基本函数,参见表 22.3。

表 22.3　Cairo 中的 5 种基本绘图操作

函　数　名	说　　　明
cairo_stroke()	用于实现上下文中的一次绘图操作
cairo_fill()	填充操作
cairo_show_text()/cairo_show_glyphs()	显示文本或图形操作
cairo_paint()	线条画笔操作
cairo_mask()	外表操作

　　下面以一个简单的例子说明 Cairo 函数库的简单用法。

```
01  #include <cairo.h>                        //包含 Cairo 库主要函数
02  #include <cairo.h>                        //包含 Cairo 库主要函数
03  int main()
04  {
05     cairo_surface_t *surface;
06     cairo_t *cr;                           //声明一支画笔
07     surface =cairo_image_surface_create( CAIRO_FORMAT_ARGB32, 320 ,);
08                                            //创建画布
09     cr = cairo_create(surface);            //创建画笔
10     cairo_set_source_rgb(cr, 0, 1, 0);
//设置画笔颜色,也就是红、绿和蓝,这里设置成绿色
11     cairo_rectangle(cr, 10, 10, 200, 200);  //画一个方块,位置从坐标
                                              //(10,10)开始,宽 200,高 200
12     cairo_fill(cr);                        //填充,使用的颜色是上面设置的颜色
```

```
13      cairo_move_to(cr, 250, 200);                    //将画笔移动到坐标(250,200)
14      cairo_select_font_face(cr,
15                  "DongWen--Song",                    //设置字体名
16                  CAIRO_FONT_SLANT_NORMAL,            //字体样式
17                  CAIRO_FONT_WEIGHT_NORMAL);          //字体宽度
18      cairo_set_font_size(cr, 60);                    //设置字体大小
19      cairo_show_text(cr, "hello world");             //画出一个字符串
20      cairo_surface_write_to_png ( surface, "image.png" ) ;//输出到文件
21      cairo_destroy ( cr ) ;                          //销毁画笔
22      cairo_surface_destroy ( surface);               //销毁画布
23      return 0;
24  }
```

该程序用于绘制一个简单的图形并保存到 png 格式文件中。在编译该程序前首先需要安装 Cairo 库，通常安装 GTK+时会一并安装。编译该程序只需要指定 Cairo 库的目录。编译指令如下：

```
gcc -o cairo_test cairo_test.c -lcairo -I/usr/include/cairo
```

22.6　多媒体库 GStreamer 介绍

GStreamer 是 GNOME 桌面环境下用主流的多媒体应用的编程框架，可用于开发各种多媒体程序或数据流处理程序。目前，GStreamer 已经能够处理 MP3、RM、WMA、MPEG、MPEG2、AVI 和 Quicktime 等多种格式的多媒体数据。

GStreamer 使用 GObject 对象系统建立,并将对媒体处理过程抽象为一套更为直观的对象系统。整个程序中的数据流称之为管道，数据经过管道处理后，被送到目的地。处理数据的核心部件作为插件开发，用户可以根据自身需要，开发出新的插件，或者去寻找自己所需要的插件。框架中所有具备具体功能的模块被设计为独立的组件，程序设计时可根据需要选择组件，并且这些组件都具备对象的特性。

GStreamer 框架中的对象有一个共同的父类，即 GstElement 对象。其子类是组成管道的基本组件，用来输入、输出或数据处理功能。因此，GStreamer 是一个完全的面向对象系统，所有操作都是通过对象操作实现的。

GstElement 对象是封装过的独立个体,GstElement 对象之间也只能通过接口相互访问。按照应用方向上的差异，可以将 GstElement 对象分为数据源元件、过滤器元件和接收器元件 3 类，如图 22.7 所示。

图 22.7　GstElement 对象间的关系

- 数据源元件（Source Element）：读取媒体数据的元件是数据源元件。该元件数据源元件只有输出端，而输入通常是与 Linux 系统紧密结合的。可以认为在管道中，数据源元件没有输入端。例如一个文件数据源，其本质上是通过 read()系统调用读取本地文件中的内容。
- 过滤器元件（Filter Element）：过滤器元件既有输入端又有输出端。输入端获得来自数据源元件的原始数据，过滤器元件内部对数据进行处理后，通过输入端传递到接收器元件。一个典型的过滤器元件的例子是音频编码单元，它首先从外界获得音频数据，然后根据特定的压缩算法对其进行编码，最后再将编码后的结果提供给其他模块使用。
- 接收器元件（Sink Element）：接收器元件只有输入端。因为数据被通过系统调用送到了声卡或屏幕，接收器元件处于管道终端。例如一个音频输出接收器元件，该元件负责将接收到的数据写到声卡上，通常这也是音频处理过程中的最后一个环节。

22.6.1　过滤器

过滤器用来进行数据处理的 GstElement 对象，通常是多媒体格式的解码器。在输入和输出端口数目上，过滤器并无任何限制。以 AVI 文件分离器为例，该元件的输入端为文件数据源。数据经过解码后，被分为视频流和音频流，分别输出到两个不同的接收器元件中，如图 22.8 所示。

创建 GstElement 对象需要使用工厂对象 GstElementFactory。工厂对象是 GStreamer 框架中用于创建对象的唯一方法。GStreamer 框架包含多种工厂对象，可通过工程名称来区分。例如，下面的代码通过 gst_element_factory_find()函数获得了一个名为 mad 的工厂对象，它之后可以用来创建与之对应的 MP3 解码器元件。

图 22.8　AVI 文件分离器

```
GstElementFactory *factory;
factory = gst_element_factory_find ("mad");
```

创建工厂对象后，就可使用 gst_element_factory_create()函数创建特定的 GstElement 对象了。该函数有两个参数，第 1 个参数为工厂对象的实例，第 2 个参数是创建的元件名称。元件名称可使用查询方式获得，参数为 NULL 时，将使用工厂对象默认的文件名称。下列代码用于演示利通过已创建的工厂对象生成名为 decoder 的 MP3 解码器元件。

```
GstElement *element;
element = gst_element_factory_create (factory, "decoder");
```

当创建的 GstElement 不再使用的时候，还必须调用 gst_element_unref()函数释放其占用的内存资源。

```
gst_element_unref (element);
```

GstElement 属于 GObject 的子类，因此对象的属性可使用 GObject 对象系统提供的函数或宏来管理。所有 GstElement 对象的父类都是 GstObject 对象，并且从父类基础基本的属性。因为工厂对象创建函数 gst_element_factory_make()和 gst_element_factory_create()创建工厂对象和元件对象时会用到名称属性，可通过调用 gst_object_set_name()和 gst_object_get_name()函数设置和读取 GstElement 对象的名称属性。

22.6.2　衬垫

衬垫（pad）是元件与管道外进行连接的通道，是 GstElement 对象重要的概念之一。对于元件而言，其所支持的媒体类型通过衬垫传递给其他元件。创建 GstElement 对象后，gst_element_get_pad()函数可获得该对象的衬垫信息。例如，下面的代码将返回 element 元件中名为 src 的衬垫。

```
GstPad *srcpad;
srcpad = gst_element_get_pad (element, "src");
```

如果不知道衬垫名称，可通过 gst_element_get_pad_list()函数列出指定元件中的所有衬垫。例如，下面的代码将输出 element 元件中所有衬垫的名称。

```
GList *pads;
pads = gst_element_get_pad_list (element);
while (pads) {
  GstPad *pad = GST_PAD (pads->data);
  g_print ("衬垫名称为: %s\n", gst_pad_get_name (pad));
  pads = g_list_next (pads);
}
```

与元件的管理机制相似之处为可动态地设置或读取衬垫的名称，这是通过调用 gst_pad_set_name()和 gst_pad_get_name()函数来完成的。

衬垫有两种类型，分别为输入衬垫和输出衬垫。输入衬垫只能接收数据，输出衬垫只能产生数据。gst_pad_get_direction()函数可以获得指定衬垫的类型。

衬垫是 GstElement 对象的一部分，因此所有衬垫均在元件内存在。gst_pad_get_parent() 可通过衬垫查询元件的名称，该函数的返回值为包含查询衬垫的 GstElement 对象指针。衬垫是元件业务功能的名片，经常被用来判断需要调入那种元件处理对应的媒体信息。GStreamer 框架提供了名为_GstCaps 的数据结构，该结构用于通过衬垫描述元件所具有的能力。

```
struct _GstCaps {
  gchar *name;                //名称
  guint16 id;                 //类型 ID
  guint refcount;             //数量
  GstProps *properties;       //性能属性
  GstCaps *next;              //指向下一个类型的指针
};
```

以 mad 元件为例，其描述如下：

```
Pads:
  SINK template: 'sink'
    Availability: Always
    Capabilities:
    'mad_sink':
```

```
    MIME type: 'audio/mp3':
SRC template: 'src'
    Availability: Always
    Capabilities:
      'mad_src':
      MIME type: 'audio/raw':
      format: String: int
      endianness: Integer: 1234
      width: Integer: 16
      depth: Integer: 16
      channels: Integer range: 1 - 2
      law: Integer: 0
      signed: Boolean: TRUE
      rate: Integer range: 11025 - 48000
```

在 mad 元件中有两个衬垫，分别是 sink 和 src。sink 衬垫为 mad 元件的输入衬垫，其描述信息显示该衬垫能够接收的媒体类型为 audio/mp3，即 MP3 音频媒体。src 衬垫是该元件的输出衬垫，用于输出类型为 audio/raw 的音频数据，操作系统能识别该数据并控制声卡播放。其中还具有 format 和 endianness 等多种属性，用于描述输出数据流的具体格式。

GStreamer 框架中每个衬垫都包含多种能力的描述信息，对于判断元件的功能帮助极大。如果需要查询该衬垫的信息，可通过 gst_pad_get_caps()函数。下列代码将输出名为 pad 的衬垫的媒体类型信息和数据格式。

```
GstCaps *caps;
caps = gst_pad_get_caps (pad);
g_print ("衬垫名称为: %s\n", gst_pad_get_name(pad)); //获得衬垫名称
while (caps) {
  g_print ("能力描述名称为: %s, MIME 类型为: %s\n",
  gst_caps_get_name (cap),                           //获得能力描述名称
  gst_caps_get_mime (cap));                          //获得 MIME 类型名称
  caps = caps->next;                                 //遍历链表中所有的结构
}
```

22.6.3　箱柜

箱柜（bin）是 GStreamer 框架比较大的一种集合容器，常被用来装入其他元件。因其自身也属于 GstElement 对象，所以有运行多层嵌套现象的发生。箱柜常用来将多个元件合并为一个逻辑元件，这是组件更为复杂的管道的方法之一。箱柜对于 GStreamer 框架还有重要意义，它会尝试对数据流进行优化。箱柜的典型结构如图 22.9 所示。

图 22.9　箱柜的典型结构

GstPipeline 管道是最常用的顶级容器，因此顶层箱柜必须是管道。管道外的箱柜是没有执行能力的。在使用 GstThread 线程机制进行视频和音频同时处理时，一般会用到箱柜来进行。

工厂函数 gst_element_factory_make() 和箱柜创建函数 gst_pipeline_new() 都可用来创建箱柜对象。它们的一般形式为：

```
GstElement *thread, *pipeline;
thread = gst_element_factory_make ("thread", NULL);
//创建线程对象，同时为其指定唯一的名称
pipeline = gst_pipeline_new ("pipeline_name");
//根据给出的名称，创建一个特定的管道对象
```

gst_bin_add() 函数将已创建的元件添加到已创建的箱柜中，代码如下：

```
GstElement *element;
GstElement *bin;
bin = gst_bin_new ("bin_name");                              //创建一个新箱柜
element = gst_element_factory_make ("mpg123", "decoder"); //创建新元件
gst_bin_add (GST_BIN (bin), element);                       //将元件装入箱柜
```

gst_bin_get_by_name() 函数可用于查询箱柜指定的元件。代码如下：

```
GstElement *element;
element = gst_bin_get_by_name (GST_BIN (bin), "decoder");
//获得名为 decoder 的元件
```

由于箱柜直接可以嵌套，可通过 gst_bin_get_by_name() 函数以递归方式查找内部的箱柜。另外，如果需要将元件从箱柜中移除，可使用 gst_bin_remove() 函数实现。源代码如下：

```
GstElement *element;
gst_bin_remove(GST_BIN (bin), element);                     //将元件从箱柜移出
```

22.6.4　精灵衬垫

对于箱柜对象来说，并没有属于其自身的衬垫，因此无法与其他元件进行数据传递。GStreamer 框架为箱柜定义了精灵衬垫对象，这种衬垫能自动为箱柜添加输入端和输出端，如图 22.10 所示。

图 22.10　箱柜的精灵衬垫

在为箱柜添加精灵衬垫后，就可以将该箱柜作为普通元件来处理。所有元件和

GstElement 对象操作均对添加精灵衬垫后的箱柜有效。下列代码将演示为箱柜添加精灵衬垫的方法。

```
GstElement *bin;
GstElement *element;
element = gst_element_factory_create ("mad", "decoder");
bin = gst_bin_new ("bin_name");
gst_bin_add (GST_BIN (bin), element);
gst_element_add_ghost_pad (bin, gst_element_get_pad (element, "sink"),
"sink");            //添加精灵衬垫
```

有了箱柜和精灵衬垫后，GStreamer 框架的数据处理流程已十分清晰。多媒体信息通过衬垫读入到数据源元件，数据源再将数据传送到过滤器进行加工，最后过滤器将加工后的数据传送到接收器。整个处理过程是数据流的状态，因为这 3 个部分的所有元件都将同时处理，组成一个数据管道。

最后的工作是将这些元件通过各自的衬垫连接起来，这样，一个完整的数据流管道就能进行实际的处理工作了。下列代码将演示如何连接两个元件以及在不需要使用时断开元件间的连接。

```
GstPad *srcpad, *sinkpad;
srcpad = gst_element_get_pad (element1, "src");
sinpad = gst_element_get_pad (element2, "sink");
gst_pad_link (srcpad, sinkpad);                    //连接元件
gst_pad_unlink (srcpad, sinkpad);                  //断开元件
```

在处理音频时，每个元件最多只有一个输入端和一个输出端。可通过 gst_element_link() 函数直接建立这样的元件间的连接，或者通过 gst_element_unlink()函数在适当的时候断开元件间的连接。源代码如下：

```
gst_element_link (element1, element2);             //连接元件
gst_element_unlink (element1, element2);           //断开元件
```

整条 GStreamer 管道建立完毕后，所有元件都能处理流动中的数据。为了便于控制，GStreamer 框架为元件定义了 4 种状态。

❑ NULL 默认状态：元件刚被建立。
❑ READY 就绪状态：元件已能够工作。
❑ PAUSED 暂停状态：元件数据处理暂时停止。
❑ PLAYING 播放状态：元件正在进行数据处理。

所有的元件创建时都处于 NULL 状态，然后在 NULL、READY、PAUSED 和 PLAYING 等状态间转换。控制元件状态可通过 gst_element_set_state()函数实现。代码如下：

```
GstElement *bin;
gst_element_set_state (bin, GST_STATE_PLAYING);    //将箱柜设于播放状态
```

NULL 状态是元件的初始状态，对于管道来说，该状态下管道并没有建立好，所以 NULL 状态不可直接转换为 PLAYING 状态。当播放结束后，元件将再次回到 NULL 状态，因此相关的对象并没有被删除，而管道处于 READY 状态。

READY 状态是就绪状态。对于数据源元件，READY 状态表示该元件已获得了相关资源。对于管道对象，真正的数据流处理是首次进入 READY 状态开始的，这时管道应已建

立成功。

进入 PLAYING 状态后，所有的元件都将处理数据。如果切换到 PAUSED 状态，数据的处理将暂停。只要管道中有一个元件为 PAUSED 状态，管道也将变成 PAUSED 状态，直到该元件切换回 PLAYING 状态，播放会重新开始。

随着 GNOME 桌面环境的不断普及，GStreamer 作为一个强大的多媒体应用开发框架，已经开始受到越来越多人的关注。Gstreamer 在设计时采用了非常灵活的体系结构，并且提供了许多预定义的媒体处理模块，因此能够极大简化在 Linux 下开发多媒体应用的难度。

安装 GStreamer 可在官方站点下载源代码编译，地址为 http://gstreamer.freedesktop.org/，或在终端输入下列命令：

```
apt-get install gstreamer0.10
```

GStreamer 的头文件路径位于/usr/include/gstreamer-<版本号>/gst 目录中。编译使用 GStreamer 函数库的程序需要加入指令'pkg-config --cflags --libs gstreamer-base-<版本号>'。

注意：部分多媒体文件的格式属于专利技术，如 MP3 文件就是属于受保护的专利技术。而 Fedora 和 Red Hat 等 Linux 发行版严格遵守专利保护法案，因此不能通过其软件包管理器安装 MP3 文件的插件 mad。若遇到该问题，可在 sourceforge.net 网站上下载相应源代码包自行安装。

22.7　搭建 GTK+开发环境

GTK+是在一系列的函数库基础上建立的，所以安装 GTK+函数库前，首先要将其依赖的函数库安装。如果使用 DEB 或者 YUM 软件包管理器安装，依赖包会自动被安装，并自动检查版本之间的关联性。DEB 安装指令如下：

```
apt-get install gnome-core-devel
// 安装 libgtk2.0-dev、libglib2.0-dev 等开发相关的函数库文件
apt-get install devhelp                      //安装开发帮助文档查看程序
apt-get install libglib2.0-doc libgtk2.0-doc
// 安装 GTK/GLib 的 API 参考手册及其他帮助文档
apt-get install libgtk2.0*                    //安装 GTK+2 所需的所有文件
```

YUM 安装指令如下：

```
yum install devhelp
yum install gtk2-devel                        //安装 GTK+2 所需的开发文件
```

如果所选择的 Linux 发布版没有软件包管理器，那么可以通过下载源代码编译的方式安装 GTK+开发环境。安装时注意顺序和函数库之间的版本关联，并非所有函数库的最新版本能够相互支持，通常可以根据发布时间来判断，选择发布时间较近的版本。通常安装的顺序如下所述。

（1）安装 pkg-config。下载地址为 http://sourceforge.net/projects/freshmeat_pkg-config/。解压后将工作目录设置为 pkg-config 的目录，以 root 用户身份执行下列命令：

```
./configure --prefix=/usr &&
make &&
make install
```

然后配置环境变量，将下例语句加入/etc/profile 文件中。

```
export PKG_CONFIG_PATH=/usr/X11R6/lib/pkgconfig
```

安装完后执行/sbin/ldconfig。ldconfig 是一个动态链接库管理命令，执行后将搜索新安装的动态连接库，以便在安装其他的函数库时能找到当前的库。

（2）安装 GLib 函数库。下载地址为 http://www.gtk.org/download-linux.html。解压后执行下列指令：

```
./configure --prefix=/opt/gtk                  //指定函数库的安装目录
make
make install
/sbin/ldconfig
```

（3）安装 libpng。这是 PNG 图片格式压缩与解压函数库，后面安装的 Cairo 和 GTK+需要用到。下载地址为 http://sourceforge.net/projects/libpng。解压后执行下列命令：

```
make -f scripts/makefile.linux
make -f scripts/makefile.linux install
/sbin/ldconfig
```

（4）安装 JPEG。这是 JPEG 图片格式压缩与解压函数库，后面安装的 Cairo 和 GTK+需要用到。它的下载地址为 http://sourceforge.net/projects/jpeg。安装后执行下列命令：

```
./configure --prefix=/opt/gtk/ --enable-shared --enable-static
//允许共享目录
make
make install
/sbin/ldconfig
```

（5）安装 libtiff。这是 TIFF 这是 JPEG 图片格式压缩与解压函数库，后面安装的 Cairo 和 GTK+需要用到。下载地址为 http://dl.maptools.org/dl/libtiff。解压后执行下列命令：

```
./configure --prefix=/opt/gtk
make
make install
/sbin/ldconfig
```

（6）安装 ATK。下载地址为 http://sourceforge.net/projects/freshmeat_atk。解压后执行下列命令：

```
./configure --prefix=/opt/gtk
make
make install
/sbin/ldconfig
```

（7）安装 Cairo。下载地址为 http://cairographics.org/download。解压后执行下列命令：

```
./configure --prefix=/opt/gtk/ --with-x --enable-win32=no
//不安装 win32 模式
make
make install
/sbin/ldconfig
```

（8）安装 Pango。下载地址为 http://www.pango.org/Download。解压后执行下列命令：

```
./configure --prefix=/opt/gtk/ --libdir=/opt/gtk/lib --with-x
//要求安装 X window 相关库
make
make install
/sbin/ldconfig
```

（9）安装 GTK+。下载地址为 http://www.gtk.org/download-linux.html。解压后执行下列命令：

```
./configure --prefix=/opt/gtk/ --with-x --without-libjpeg
make
make install
/sbin/ldconfig
```

安装过程中，如果某一个函数库安装失败，那么在安装后面的函数库时会提示找不到前者，这时需要通过 pkg-config 工具查看前者的安装是否成功。一般形式为：

```
pkg-config --modversion 函数库名
```

安装完成后，可通过一个简单的小程序测试是否成功。程序的源代码如下：

```
01  #include <gtk/gtk.h>
02  gint delete_event(GtkWidget *widget,
03              GdkEvent *event,
04              gpointer data)     //回调函数，当关闭窗体时执行
05  {
06    g_print("程序已退出\n");
07    return TRUE;                  //返回值为 TRUE 时，会调用 destroy()函数
08  }
09  void destroy(GtkWidget *widget,//回调函数
10          gpointer data)
11  {
12    gtk_main_quit ();             //结束主循环
13  }
14  int main(int argc, char *argv[])
15  {
16    GtkWidget *window;
17    GtkWidget *button;
18    gtk_init(&argc, &argv);                          //初始化 GTK+函数库
19    window = gtk_window_new(GTK_WINDOW_TOPLEVEL);     //创建一个新窗口
20    g_signal_connect (G_OBJECT(window), "delete_event",
21              G_CALLBACK(delete_event), NULL);
22              //关闭窗体时执行 delete_event()回调函数
23    g_signal_connect (G_OBJECT(window), "destroy",
24              G_CALLBACK(destroy), NULL);
25    button = gtk_button_new_with_label("Hello World");
26    //创建一个标签为"Hello World"的新按钮
27    g_signal_connect_swapped(G_OBJECT(button), "clicked",
28                  G_CALLBACK(gtk_widget_destroy),
29                  window);
30    //当单击按钮时调用 gtk_widget_destroy(window)函数关闭窗口
30    gtk_container_add (GTK_CONTAINER(window), button);
31                                  //把按钮放入窗体容器中
32    gtk_widget_show (button);     //显示按钮
33    gtk_widget_show (window);     //显示窗体
```

```
34      gtk_main();                           //开始 GTK+主循环
35      return 0;
36  }
```

该程序在屏幕上建立一个窗体，窗体中有一个标签为 Hello World 的按钮，单击按钮后窗体关闭并结束程序。程序编译时加入指令 pkg-config --cflags --libs gtk+-2.0。

22.8　小　　结

本章介绍了 Linux 系统的桌面环境和相关函数库。在开发图形界面时首先应注意尽量使业务逻辑与界面分离，可以将界面部分视为三层模型中的表示层，该部分只用考虑如何与用户交互。界面与业务逻辑的分离能够让程序的可移植性得到进一步增强，虽然有时候需要为一个程序设计多种类型界面，但整体的工作量会比把实现功能的代码放在界面里要轻松。GNOME 桌面环境中所需用到的图形界面构件均可在 GTK+库中得到。除了使用 GTK+代码直接编辑图形界面外，还可以借助所见即所得工具 Glade 间接获得 GTK+代码或直接将设计的界面连接到程序中。后面的章节中会进一步介绍 GTK+相关知识，待读者对 GTK+有一定的了解后，再简要地介绍使用 Glade 设计图形界面的方法，这样读者可以更灵活地运用 Glade。

第 23 章　界面构件开发

第 22 章初步介绍了 Linux 的图形界面。图形界面通常由窗体和安置在窗体上的多个界面构件组成。本章将以 GTK+为例详细讲解界面构件。界面构件是具有特定输入输出功能，并具备独特操作特性和视觉外观，以及独立输入输出接口的一类可重用组合单元。例如，窗体上的按钮、菜单和状态栏等都是界面构件。通过使用界面构件可快速开发出图形界面，并使图形界面保持统一风格，从而易于操作。

23.1　常用界面构件

常用界面构件包括按钮构件、调整对象、范围构件和一些杂项构件，这些构件基本可满足大多数应用程序需要。使用界面构件包含以下几个步骤：

（1）声明界面构件。

（2）指定界面构件类型。

（3）设置界面构件属性。

（4）将界面构件放置到窗体。

（5）显示界面构件。

（6）捕获界面构件发出信号并连接到回调函数。

（7）在回调函数中读取界面构件数值。

下面内容将介绍常用界面构件特性。

23.1.1　按钮构件

按钮构件（GtkButton）是窗体中使用最频繁的构件之一，它分为一般按钮、开关按钮、复选按钮和单选按钮 4 个子类。

1．一般按钮

一般按钮是指当使用鼠标或键盘按下并释放后，状态立即回到原状的按钮。创建按钮构件有多种方法，函数 gtk_button_new()可创建一个空白按钮。使用 gtk_button_new_with_label()或 gtk_button_new_with_mnemonic()函数可创建一个带标签的按钮。GTK+还提供具备数 10 种常见按钮风格的图像库，可使用 gtk_button_new_from_stock()函数从图像库创建带有标准图标和本地化文本的按钮。它们的一般形式为：

```
GtkWidget *gtk_button_new(void);
GtkWidget *gtk_button_new_with_label(const gchar *label);
GtkWidget *gtk_button_new_with_mnemonic(const gchar *label);
```

```
GtkWidget *gtk_button_new_from_stock(const gchar *stock_id);
```

创建按钮构件后，可调用 **gtk_widget_show()**函数显示界面
构件。如需处理对界面构件的操作，可通过连接信号与回调函
数实现。g_signal_connect()函数用于连接信号和回调函数，最常
用的信号是在按钮按下时发出的 clicked 信号。下列源代码将创
建一个标准的退出按钮，如图 23.1 所示。单击该按钮将关闭窗
口并退出程序。

图 23.1　标准退出按钮

```
GtkWidget *window;                                        //声明窗体构件
GtkWidget *button;                                        //声明按钮构件
window = gtk_window_new ();                               //创建窗体
gtk_widget_set_size_request (window, 200, 100);          //指定窗体大小
gtk_window_set_title (GTK_WINDOW (window),"Hello World!");//指定窗体标题
button = gtk_button_new_from_stock (GTK_STOCK_CLOSE);    //从图像库新建按钮
gtk_widget_show (button);                                //显示按钮构件
gtk_container_add (GTK_CONTAINER (window), button);
//将按钮装入作为容器的窗体
g_signal_connect ((gpointer) button, "clicked",          //连接信号
              G_CALLBACK (gtk_main_quit),//clicked 信号是单击按钮后产生的
              NULL);
```

该代码将在窗体中加入一个退出按钮，**GTK_STOCK_CLOSE** 是图像库中退出按钮的
名称。g_signal_connect()函数用于连接的 clicked 信号和回调函数 gtk_main_quit()，从而关
闭窗体并结束 GTK+主循环。如果 GTK+主循环后没有语句需要执行，则程序被退出。

2．开关按钮

开关按钮由一般按钮派生而来。单击开关按钮后按钮会保持被按下的状态，直到按钮
再次被单击回到原始状态。下面的源代码可创建一个新的开关按钮。

```
GtkWidget *gtk_toggle_button_new( void );                  //创建空白开关按钮
GtkWidget *gtk_toggle_button_new_with_label( "Test" );    //创建带标签的按钮
GtkWidget *gtk_toggle_button_new_with_mnemonic( "_Test");
                                              //创建带快捷键的标签按钮
```

代码第 3 行为创建一个具有热键的开关按钮，下划线"_"
后的第一个字符 T 对应键盘热键操作 Alt+T，在按 Alt 键的
时候对应的字母下就会出现下划线，如图 23.2 所示。

通过调用 gtk_toggle_button_get_active (GTK_TOGGLE_
BUTTON (widget))函数，可获取开关按钮状态值，返回值是　图 23.2　带有热键的开关按钮
gboolean 类型变量。

🔖**注意**：字母 g 开头的类型是 GLib 对 ANSI C 标准变量的扩展，后面章节将经常用到这
　　　些类型。ANSI C 标准没有布尔型数据，gboolean 是 GLib 所增加的布尔型数据，
　　　类型 gboolean 的值 TRUE 和 FALSE 是在常数宏中定义的。

3．复选按钮

复选按钮是开关按钮的子类，它继承了开关按钮的特性，区别仅仅是在呈现方式上。
下列源代码可创建一组复选按钮。

```
checkbutton1 = gtk_check_button_new_with_mnemonic ("选项 _A");
//创建带有快捷键的复选按钮
checkbutton2 = gtk_check_button_new_with_mnemonic ("选项 _B");
checkbutton3 = gtk_check_button_new_with_mnemonic ("选项 _C");
gtk_toggle_button_set_active(checkbutton1,  TRUE);        //设置复选按钮状态
```

gtk_toggle_button_set_active()函数可设置复选按钮状态，本例中第 1 个按钮被设置为选中，如图 23.3 所示。

4．单选按钮

单选按钮由复选按钮继承而来。单选按钮必须分组使用，每组只能有一个处于选择状态，如图 23.4 所示。

图 23.3　复选按钮　　　　　　　　　　图 23.4　单选按钮

下列源代码将创建一组单选按钮。

```
01   GtkWidget*vbox;                                      //声明 vbox 容器
02   GtkWidget*radiobutton1,*radiobutton2,*radiobutton3;  //声明单选按钮构件
03   GSList *radiobutton_group = NULL;                     //声明 GSList 链表
04   vbox = gtk_vbox_new (FALSE, 0);                       //创建 vbox 容器
05   gtk_container_add (GTK_CONTAINER (window), vbox);     //将 vbox 装入窗体中
06   radiobutton1 = gtk_radio_button_new_with_mnemonic (NULL, "选项1");
                                                           //创建复选按钮
07   gtk_widget_show (radiobutton1);                       //显示复选按钮
08   gtk_box_pack_start (GTK_BOX (vbox), radiobutton1, FALSE, FALSE, 0);
                                                           //将按钮放置在 vbox 中
09   gtk_radio_button_set_group (GTK_RADIO_BUTTON (radiobutton1),
     radiobutton_group);                                   //将链表加入按钮
10   radiobutton_group = gtk_radio_button_get_group (GTK_RADIO_BUTTON
     (radiobutton1));                                      //将按钮作为成员加入链表
11   Radiobutton2= gtk_radio_button_new_with_mnemonic (NULL, "选项 2");
                                                           //创建复选按钮
…
```

单选按钮需要使用一个链表对象将其分组，代码第 3 行通过 GLib 创建了一个新的链表。代码第 12 行和第 13 行将单选按钮加入到链表中，其他单选按钮需要以相同方式放入分组。本例中使用了一个 vbox 容器构件，GTK+中窗体和一些界面构件作为容器时只能容纳一个子界面构件，而 vbox 等容器构件可容纳多个界面构件。代码第 11 行调用 gtk_box_pack_start()函数将界面构件放到 vbox 容器内。

23.1.2　调整对象

调整对象用来为可调整构件传递调整值，范围构件、GtkText 和 GtkViewport 等构件内部都具备可调整属性。调整对象由 GtkObject 派生，除具备自身的数据结构外，还具有一

些特殊的功能，如引发信号。

常见的用法是将一个范围构件和调整对象相连，当用鼠标或键盘改变范围构件时，调整对象发出信号改变可调整构件属性。特别是当需要用一个调整值改变多个构件属性时，调整对象是最佳选择。调整对象通常能被使用其的构件自动创建，如需手动创建可用以下函数。

```
GtkObject *gtk_adjustment_new( gdouble value,          //值
                               gdouble lower,           //最低值
                               gdouble upper,           //最底部或最右边的坐标
                               gdouble step_increment,  //调整对象的步长
                               gdouble page_increment,  //调整对象的页长
                               gdouble page_size );     //栏构件的可视区域
```

函数共有 6 个参数：value 是赋给调整对象的初始值；lower 参数是调整对象能取的最低值；upper 参数表示分栏构件的子构件的最底部或最右边的坐标；step_increment 参数是调整对象的步长；page_increment 参数是调整对象的页长；page_size 参数通常用于设置分栏构件的可视区域。upper 参数不一定总是 value 能取的最大值，因为这些构件的 page_size 通常是非零值，value 能取的最大值一般是 upper 与 page_size 之间的差。因此，也可以了解到调整对象的数据结构。如下：

```
01   struct _GtkAdjustment                //调整对象结构
02   {
03     GtkObject parent_instance;         //父实例
04     gdouble lower;
05     gdouble upper;
06     gdouble value;
07     gdouble step_increment;
08     gdouble page_increment;
09     gdouble page_size;
10   };
```

在结构中，value 用来表示调整对象的值。若需要获得调整对象的值，除了可直接从结构中取得外，还可使用 gtk_adjustment_get_value()函数获得。改变调整对象的值与之类似，可使用 gtk_adjustment_set_value()函数。

当调整对象的值改变时，将发出 value_changed 信号。而当调整对象的 upper 或 lower 参数改变时，则会发出 changed 信号。

23.1.3 范围构件

范围构件包含两个子类，滚动条构件和比例构件。滚动条构件扩展了屏幕的可视区域，常用在文本和图形浏览中。比例构件较常见的用途是图形、视频缩放和音量大小调节。范围构件的共同特征是包含一个滑槽和一个滑块，在滑块被移动后会改变调整对象的值，并发出信号。

滚动条构件分为水平滚动条构件和垂直滚动条构件两种，如图 23.5 所示。使用滚动条必须与调整对象相连接。下列源代码将分别创建这两种滚动条。

```
GtkWidget *gtk_hscrollbar_new( GtkAdjustment *adjustment );
//新建水平滚动条
GtkWidget *gtk_vscrollbar_new( GtkAdjustment *adjustment );
```

```
//新建垂直滚动条
```

比例构件与滚动条类似，也有水平和垂直两种，并使用调整对象保存和传递比例构件的值，如图 23.6 所示。下列源代码将分别创建水平滚动条和垂直滚动条。

图 23.5　滚动条构件

图 23.6　比例构件

```
GtkWidget *gtk_hscale_new( GtkAdjustment *adjustment );//新建水平比例构件
GtkWidget *gtk_vscale_new( GtkAdjustment *adjustment );//新建垂直比例构件
```

创建比例构件时可自动创建一个内建的调整对象，并为该调整对象设定属性。源代码如下：

```
01  GtkWidget *gtk_hscale_new_with_range( gdouble min,
02  //新建水平比例构件，同时创建内建调整对象
03                                        gdouble max,
04                                        gdouble step );
05  GtkWidget *gtk_vscale_new_with_range( gdouble min,
06  //新建垂直比例构件，同时创建内建调整对象
07                                        gdouble max,
08                                        gdouble step );
```

函数 gtk_hscale_new_with_range() 的参数 min 对应调整对象的参数 lower；参数 max 是调整对象的参数 upper 与 page_size 之间的差；参数 step 对应调整对象的参数 step_increment。

23.1.4　标签构件

标签构件十分简单，作用是将一行或多行文本显示到窗口的指定位置。标签构件不能发出信号，如果需要发出信号可将其放置在事件盒中。

创建一个新标签构件可使用函数 gtk_label_new()。标签构件创建后要改变显示文本，可使用函数 gtk_label_set_text()，获取标签构件文本可使用函数 gtk_label_get_text()。它们的一般形式为：

```
GtkWidget *gtk_label_new(const gchar *str);
void gtk_label_set_text(GtkLabel *label,
                const gchar *str);
const gchar *gtk_label_get_text(GtkLabel *label);
```

参数 str 是标签构件所显示的文本。标签构件有一个对齐属性，该属性的作用是指定文本在标签所请求面积大小内的放置方式。下列源代码将创建 4 个新标签，每个标签的大小为宽 200 像素、高 50 像素。

```
GtkWidget vbox;                                   //声明 vbox 容器构件
GtkWidget label1, label2, label3, label4;         //声明 4 个标签构件
vbox = gtk_vbox_new (FALSE, 0);                   //创建 vbox 容器
gtk_widget_show (vbox);                           //显示 vbox
gtk_container_add (CTK_CONTAINER (window), vbox); //将 vbox 放入窗体
```

```
label1 = gtk_label_new ( "标签1");                      //创建标签构件
gtk_widget_show (label1);                                //显示标签构件
gtk_widget_set_size_request (GTK_WIDGET(label1), 200, 50);
                                                          //设定标签构件尺寸
gtk_box_pack_start (GTK_BOX (vbox), label1, FALSE, FALSE, 0);
                                                          //将标签构件放入 vbox 容器中
…
//下面分别设定是个标签构件的对齐方式
gtk_label_set_justify(GTK_LABEL(label1), GTK_JUSTIFY_LEFT);    //左对齐
gtk_label_set_justify(GTK_LABEL(label2), GTK_JUSTIFY_RIGHT);   //右对齐
gtk_label_set_justify(GTK_LABEL(label3), GTK_JUSTIFY_CENTER);  //中间对齐
gtk_label_set_justify(GTK_LABEL(label4), GTK_JUSTIFY_FILL);    //填充对其
…
```

上述代码中，函数 gtk_widget_set_size_request()指定了标签在窗体中所请求面积大小。函数 gtk_label_set_justify()指定文本的对其方式，第 2 个参数是 GTK+内建枚举类型 GtkJustifi cation。

注意：GTK+有一系列类型转换的宏，如 GTK_CONTAINER、GTK_WIDGET、GTK_BOX 和 GTK_LABEL 等。使用这些宏的原因是所有界面构件通常都被定义为 GtkWidget 类型，当界面构件被作为函数参数使用时，需先转换其类型。

标签构件内的文本长度超过标签构件时，超出范围无法显示。如果需要显示多行文本，可直接在文本中加入换行符，也可使用下列函数打开自动换行功能。

```
void gtk_label_set_line_wrap (GtkLabel *label,gboolean wrap);
```

23.1.5　箭头构件

箭头构件的作用是在窗体上显示一个箭头，箭头的方向可以是上、下、左、右。箭头构件本身不能发出信号，所以常与按钮构件配合使用。创建一个箭头构件和设置箭头构件属性，可使用下列函数。

```
GtkWidget *gtk_arrow_new( GtkArrowType arrow_type,
                    GtkShadowType shadow_type );
                                                //创建箭头并指定箭头类型和方向
void gtk_arrow_set( GtkArrow *arrow,
                    GtkArrowType arrow_type,
                    GtkShadowType shadow_type);//设置箭头构件的箭头类型和方向
```

这两个函数共同的 GtkArrowType 枚举类型参数 arrow_type 用来设定箭头构件的类型。GtkShadowType 枚举类型参数 shadow_type 用来设定箭头指向方向，默认值是 GTK_SHADOW_OUT。下列源代码将在窗体中创建带有箭头构件的 4 个按钮，如图 23.7 所示。

图 23.7　箭头构件

```
GtkWidget *button1, *button2, *button3, *button4;    //声明按钮构件
GtkWidget *arrow1, *arrow2, *arrow3, *arrow4;        //声明箭头构件
button1 = gtk_button_new ();                          //创建空白按钮
…
//新建箭头构件，类型分别为上、下、左、右，指向方向均是向外
arrow1 = gtk_arrow_new (GTK_ARROW_UP, GTK_SHADOW_OUT); //向上
```

```
arrow2 = gtk_arrow_new (GTK_ARROW_DOWN, GTK_SHADOW_OUT);    //向下
arrow3 = gtk_arrow_new (GTK_ARROW_LEFT, GTK_SHADOW_OUT);    //向左
arrow4 = gtk_arrow_new (GTK_ARROW_RIGHT, GTK_SHADOW_OUT);   //向右
…
gtk_container_add (GTK_CONTAINER (button1), arrow1);
//将箭头构件装到作为容器的按钮构件内
gtk_widget_show (button1);                                 //显示按钮构件
gtk_widget_show (arrow1);                                  //显示箭头构件
…
```

23.1.6　工具提示对象

工具提示对象是为界面构件显示提示信息，当鼠标指针移动到界面构件上并停留时弹出。创建工具提示对象可使用函数 gtk_tooltips_new()，创建后还需用函数 gtk_tooltips_set_tip()将工具提示对象与界面构件连接，没有自己的 X 窗口的构件不能使用工具提示对象。下列源代码将分别为 3 个按钮创建提示信息。

```
GtkTooltips *tooltips;                      //声明工具提示对象
GtkWidget *button1, button2, button3;       //声明 3 个按钮
tooltips = gtk_tooltips_new ();             //创建工具提示对象
…
gtk_tooltips_set_tip (tooltips,             //当前的工具提示对象
                      button1,              //被绑定按钮
                      "This is button 1",   //提示字符串
                      "button");            //关键字
…
```

工具提示对象可以重用，所以通常只需要创建一次。函数 gtk_tooltips_set_tip()有 4 个参数，第 1 个是被使用的工具提示对象；第 2 个是使用工具提示对象的界面构件；第 3 个是提示字符串；第 4 个是需要在提示字符串中突出显示的字符串。

23.1.7　进度条

进度条用于显示操作完成的比例，如图 23.8 所示。进度条由一个滑槽和一个滑块组成，滑块可以向 4 个方向任意滑动。创建进度条可使用 gtk_progress_bar_new()函数。gtk_progress_bar_set_fraction()函数用于设置进度完成的比例，该比例的数值是范围在 0~1 之间的 gdouble 变量。设置滑块滑动方向，可使用下列函数。

图 23.8　进度条

```
void gtk_progress_bar_set_orientation( GtkProgressBar *pbar,
                         GtkProgressBarOrientation orientation );
                         //设置滑块滑动方向
```

函数的第 2 个参数指定了滑动方向，该参数是 GtkProgressBarOrientation 枚举类型，值域参见表 23.1。若不指定滑动方向将默认为从左向右滑动。

表 23.1　GtkProgressBarOrientation枚举类型值域表

枚举成员名称	说　明
GTK_PROGRESS_LEFT_TO_RIGHT	从左向右（默认）
GTK_PROGRESS_RIGHT_TO_LEFT	从右向左
GTK_PROGRESS_BOTTOM_TO_TOP	从下向上
GTK_PROGRESS_TOP_TO_BOTTOM	从上向下

进度条还可以按步数前进，这种方法在无法得到准确的完成比例时非常实用，称之为活动状态。下列源代码设置进度条的步数并让进度条前进一步。

```
void gtk_progress_bar_set_pulse_step( GtkProgressBar *pbar,
                                       gdouble fraction );
                              //设置进度条按步数前进，并指定步数
void gtk_progress_bar_pulse ( GtkProgressBar *progress );
                              //设置进度条前进一步
```

当进度条不处于活动状态时，gtk_progress_bar_set_text()函数可在其内显示一个字符串，gtk_progress_bar_get_text()函数可获得进度条内的字符串。

23.1.8　对话框

对话框是显示在窗体外的界面构件，用于显示提示信息和进行交互操作。对话框由窗体派生，与窗体十分相似，可在对话框上安置其他任何类型的界面构件，区别是对话框必须有父窗体。新建空白对话框可使用函数 gtk_dialog_new()。下列源代码将创建一个询问是否关闭父窗体的对话框。

```
01  GtkWidget *dialog;                                    //声明对话框
02  GtkWidget *label;                                     //声明标签
03  //创建一个带有"取消"和"确定"按钮的对话框
04  dialog = gtk_dialog_new_with_buttons ("关闭窗体",      //对话框标题
05                          GTK_WINDOW(window),           //父窗体
06                          GTK_DIALOG_MODAL,             //设定对话框为模式窗体
07                          GTK_STOCK_CANCEL,             //创建取消按钮
08                          GTK_RESPONSE_REJECT,          //指定取消按钮信号
09                          GTK_STOCK_OK,                 //创建确定按钮
10                          GTK_RESPONSE_OK,              //指定确定按钮信号
11                          NULL);                        //其他参数为空
12  label = gtk_label_new ("确认要关闭窗体吗?");           //创建标签构件
13  gtk_box_pack_start_defaults (GTK_BOX (GTK_DIALOG (dialog)->vbox),
14                  label);                               //将标签构件放置到对话框内
15  gtk_widget_show_all (dialog);                         //显示对话框及其上所有界面构件
16  gint diologChoose;                                    //创建一个变量
17  diologChoose = gtk_dialog_run (GTK_DIALOG (dialog));
18                              //启动对话框并获取返回值
19  if (diologChoose == GTK_RESPONSE_OK) {
20    //如果是 GTK_STOCK_OK 按钮被单击，关闭自身及父窗体
21    gtk_widget_destroy(dialogCloseWindow);
22    return FALSE;
23  }
24  else if (diologChoose == GTK_RESPONSE_ REJECT) {
25    //如果是 GTK_STOCK_CANCEL 被单击，仅关闭自身
```

```
26        gtk_widget_destroy(dialogCloseWindow);
27        return TRUE;
28    }
```

代码第 5 行使用 gtk_dialog_new_with_buttons() 函数创建了带有按钮的对话框,该函数可以包含一个或多个参数。示例中仅使用了 8 个参数,第 1 个是对话框所显示的名称;第 2 个是父窗体对象;第 3 个是以模式方式显示对话框,当前程序中除对话框外的窗体均被锁定;第 4 个和第 6 个是对话框所包含的按钮构件,这些按钮来自于图像库;第 5 个和第 7 个是单击按钮所发出的信号,分别对应各自上一行的按钮。

示例中还使用了 GTK_BOX (GTK_DIALOG (dialog)->vbox),这条代码从对话框中提取出了一个 vbox 容器构件。之所以能够这样使用,是因为对话框的子成员中包含有一个窗体对象、一个分隔符构件、一个 vbox 容器构件和一个称为活动区(action_area)的横向盒(hbox)。类似的代码在 GTK+ 中十分常见,通过该方法,很容易操作构件中的子成员。

函数 gtk_dialog_run() 启动对话框,并且能在对话框中按钮按下时获得按钮信息。该示例代码一般放在处理窗体 delete_event 信号的回调函数中,返回值 FALSE 和 TRUE 可继续处理或中断 delete_event 信号,所以被用来决定父窗体是否被关闭。gtk_dialog_new_with_buttons() 函数还有一个可选参数 GTK_DIALOG_DESTROY_WITH_PARENTS,可设定当对话框被关闭的同时关闭父窗体。另外,如果不需要显示分隔符构件,可加入 GTK_DIALOG_NO_SEPARATOR 参数。示例效果如图 23.9 所示。

图 23.9　对话框

23.1.9　标尺

标尺构件常见于 2D 制图软件,用于在窗体中指示鼠标指针的位置,如图 23.10 所示。一个窗体可以有一个横跨整个窗体宽度的水平标尺和一个占据整个窗体高度的垂直标尺。标尺上有一个小三角形的指示器标出鼠标指针相对于标尺的精确位置。

图 23.10　标尺

下列函数可创建水平标尺和垂直标尺。

```
GtkWidget *gtk_hruler_new( void );        //水平标尺
GtkWidget *gtk_vruler_new( void );        //垂直标尺
```

如需指定标尺所显示的度量单位,可以使用 gtk_ruler_set_metric() 函数。该函数有两个参数:第 1 个是指定的标尺构件;第 2 个是枚举类型 GtkMetricType,表示标尺的单位,值域参见表 23.2。

表 23.2　GtkMetricType枚举类型成员

枚举成员名称	说　　明
GTK_PIXELS	像素(默认)
GTK_INCHES	英寸
GTK_CENTIMETERS	百分比

标尺构件的另一个重要属性是怎样表示刻度单位以及位置指示器一开始应该放在哪里,可以用下面的函数设置。

```
void gtk_ruler_set_range( GtkRuler *ruler,             //当前标尺
                          gdouble lower,               //标尺宽度
                          gdouble upper,               //标尺高度
                          gdouble position,            //初始位置
                          gdouble max_size );          //最大值
```

其中，lower 和 upper 参数定义标尺的宽度和高度范围，max_size 是要显示的最大可能数值。position 定义了标尺的指针指示器的初始位置。假若窗体并未占据整个屏幕面积，而要跟踪鼠标在整个窗口区域的移动，首先需将 lower 和 upper 的值设置为屏幕的宽度和高度值，再将窗体构件的 motion_notify_event 信号连接到标尺 motion_notify_event 信号。源代码如下：

```
#define EVENT_METHOD(i, x) GTK_WIDGET_GET_CLASS(i)->x
                                      //使用宏转换 GTK+信号格式
  g_signal_connect_swapped (G_OBJECT (area), "motion_notify_event",
          G_CALLBACK (EVENT_METHOD (ruler,motion_notify_event)),
          G_OBJECT (ruler));                  //连接 GTK+信号
```

23.1.10　状态栏

状态栏是显示文本消息的界面构件，一般位于窗体的下方。状态栏用堆栈数据结构保存字符串，需要显示的字符串首先要被压入到堆栈中，因堆栈是先进后出（FILO），所以当弹出当前消息时，将重新显示前一条文本消息。

创建状态栏可使用函数 gtk_statusbar_new()。为了让应用程序的不同部分使用同一个状态栏显示消息，状态栏构件使用上下文标识符来识别不同"用户"。下列源代码将创建一个状态栏和两个按钮并演示相关操作。

```
GtkWidget *status_bar;                                   //声明状态栏
                                                        //压入堆栈按钮的回调函数
void push_item( GtkWidget *widget,gpointer data )
{
  static int count = 1;                       //定义 static 变量保存消息标识符
  char buff[20];                              //定义状态栏消息字符串
  g_snprintf (buff, 20, "字符串 %d", count++);  //为字符串赋值
  gtk_statusbar_push (GTK_STATUSBAR (status_bar), GPOINTER_TO_INT (data),
  buff);                                     //压入堆栈
  return;
}
                                            //弹出堆栈按钮的回调函数
void pop_item( GtkWidget *widget,
          gpointer data )
{
  gtk_statusbar_pop (GTK_STATUSBAR (status_bar), GPOINTER_TO_INT (data));
                                            //弹出堆栈
  return;
}
                                            //程序主函数
int main( int argc,
      char *argv[] )
{
  GtkWidget *window;                                   //声明窗体
```

```
    GtkWidget *button1, *button2;                        //声明 2 个按钮
    gint context_id;                                     //声明变量，用以保存消息标识符
    …
    window = gtk_window_new (GTK_WINDOW_TOPLEVEL);    //创建位于顶层的新窗口
    vbox = gtk_vbox_new (FALSE, 1);                      //创建 vbox 容器
    status_bar = gtk_statusbar_new ();                   //创建状态栏
    …
    context_id = gtk_statusbar_get_context_id(GTK_STATUSBAR (status_bar),
                              "状态栏示例");        //获得上下文标识符
    button1 = gtk_button_new_with_label ("压入堆栈");//创建压入堆栈按钮
    g_signal_connect (G_OBJECT (button1), "clicked",
                 G_CALLBACK (push_item), GINT_TO_POINTER (context_id));
                                                  //捕获按钮信号，连接回调函数
    button2 = gtk_button_new_with_label ("弹出堆栈");//创建弹出堆栈按钮
    g_signal_connect (G_OBJECT (button2), "clicked",
                 G_CALLBACK (pop_item), GINT_TO_POINTER (context_id));
                                                  //捕获按钮信号，连接回调函数
    …
}
```

上述示例中，函数 gtk_statusbar_get_context_id()用一个上下文的简短文本描述，调用该函数可以获得新的上下文标识符，即变量 context_id 的值。gtk_statusbar_push()函数负责把字符串压入堆栈，它返回一个消息标识符；gtk_statusbar_pop()函数负责把字符串弹出堆栈，如图 23.11 所示。

图 23.11　状态栏

另外，如需删除堆栈中的一个项目，可将消息标识符和上下文标识符一起传给 gtk_statusbar_remove()函数。函数原型如下：

```
void gtk_statusbar_remove( GtkStatusbar *statusbar,        //当前状态栏
                           guint context_id,               //上下文标识符
                           guint message_id );             //消息标识符
```

状态栏的另一个作用是调整窗体的大小，可以用鼠标拖动它来改变窗口的大小，就像拖动窗口边框一样。下列函数控制大小改变把柄的显示：

```
void gtk_statusbar_set_has_resize_grip( GtkStatusbar *statusbar,
        gboolean setting );
                                //设定控制大小改变把柄是否显示
gboolean gtk_statusbar_get_has_resize_grip( GtkStatusbar *statusbar );
                                //获取控制大小改变把柄显示状态
```

23.1.11　文本输入构件

文本输入构件允许在一个单行文本框里输入和显示一行文本。文本可以用函数进行操作，如将新的文本替换、前插、追加到文本输入构件的当前内容中。

创建文本输入构件可使用 gtk_entry_new()函数，它将创建一个空白的文本输入构件，该函数没有参数。如果需要在创建文本输入构件后修改其中的文本，可使用函数 gtk_entry_set_text()。它的一般形式如下：

```
GtkWidget *gtk_entry_new(void);              //创建文本输入构件
void gtk_entry_set_text(GtkEntry *entry,
                    const gchar *text );     //修改文本输入构件中的文本
```

gtk_entry_set_text()函数用新的内容取代文本输入构件当前的内容。用户可以注意到文本输入构件的类体现了可编辑的接口，它包含更多的函数来操作内容。文本输入构件的内容可以用 gtk_entry_get_text()函数获取，这个函数这在回调函数中是很有用的。它的一般形式如下：

```
const gchar *gtk_entry_get_text(GtkEntry *entry);
```

这个函数返回的值在其内部被使用，不要用 free()或 g_free()释放它。如果不想用户通过输入文字改变文本输入构件的内容，可以改变它的可编辑状态。改变可编辑状态的函数是 gtk_editable_set_editable()。它的一般形式如下：

```
void gtk_editable_set_editable(GtkEditable *entry,
                               gboolean editable);
```

上面的函数可以让用户通过传递一个 TRUE 或 FALSE 值作为 editable 参数来改变文本输入构件的可编辑状态。如果想让文本输入构件输入的文本不回显，例如用于接收口令，可以使用 gtk_entry_set_visibility()函数，它也是取一个布尔值作为参数。该函数的一般形式如下：

```
void gtk_entry_set_visibility(GtkEntry *entry,
                              gboolean visible);
```

文本里的某一部分可以用 gtk_editable_select_region()函数设置为被选中。这个常在为文本输入构件设置了一个默认值时使用，以方便用户删除它。该函数的一般形式如下：

```
void gtk_editable_select_region(GtkEditable *entry,
                                gint start,        //开始的位置
                                gint end);         //结束的位置
```

如果需要在用户输入文本时进行响应，可以为 activate 或 changed 信号设置回调函数。当用户在文本输入构件内部按 Enter 键时引发 activate 信号；在每次文本输入构件的文本发生变化时引发 changed 信号。比如，每次输入或删除一个字符。下列源代码是一个使用文本输入构件的示例，如图 23.12 所示。

图 23.12　文本输入构件

```
void enter_callback(GtkWidget *widget,
                    GtkWidget *entry)              //输入完成后的回调函数
{
  const gchar *entry_text;
  entry_text = gtk_entry_get_text (GTK_ENTRY (entry));
                                                   //获得文本输入构件的内容
  printf("输入的内容为：%s\n", entry_text);
}
void entry_toggle_editable(GtkWidget *checkbutton,
                           GtkWidget *entry)
                                    //用复选框改变其可输入状态的回调函数
{
  gtk_editable_set_editable(GTK_EDITABLE(entry),
                            GTK_TOGGLE_BUTTON(checkbutton)->active);
                                    //用复选按钮的值作为文本输入构件可输入状态
}
void entry_toggle_visibility(GtkWidget *checkbutton,
                                    //用复选按钮改变其文本回显状态
```

```
                              GtkWidget *entry)
{
  gtk_entry_set_visibility (GTK_ENTRY (entry),
                              //用复选按钮的值作为文本输入构件回显状态
                  GTK_TOGGLE_BUTTON (checkbutton)->active);}
int main()
{
…
  GtkWidget *entry;
  GtkWidget *button;
  GtkWidget *check;
  gint tmp_pos;
…
  entry = gtk_entry_new();                       //创建文本输入构件
  gtk_entry_set_max_length(GTK_ENTRY (entry), 50);
                              //设置文本输入构件接纳文本最大长度
  g_signal_connect(G_OBJECT (entry), "activate",
                  G_CALLBACK (enter_callback),
                  entry);                        //失去焦点后调用回调函数
  gtk_entry_set_text(GTK_ENTRY(entry), "hello");
                              //修改文本输入构件中的文本
  tmp_pos = GTK_ENTRY (entry)->text_length;    //获得文本输入构件中文本长度
  gtk_editable_insert_text (GTK_EDITABLE (entry), " world", -1, &tmp_pos);
                              //插入文本
  gtk_editable_select_region (GTK_EDITABLE (entry),
                      0, GTK_ENTRY (entry)->text_length);//选择文本
  gtk_widget_show (entry);
…
  check = gtk_check_button_new_with_label("可编辑状态");    //创建复选按钮
  g_signal_connect (G_OBJECT (check), "toggled",
                  G_CALLBACK(entry_toggle_editable), entry);
  gtk_toggle_button_set_active(GTK_TOGGLE_BUTTON(check), TRUE);
  gtk_widget_show (check);
  check = gtk_check_button_new_with_label("回显状态");      //创建复选按钮
  g_signal_connect(G_OBJECT(check), "toggled",
                  G_CALLBACK(entry_toggle_visibility), entry);
  gtk_toggle_button_set_active(GTK_TOGGLE_BUTTON (check), TRUE);
  gtk_widget_show (check);
  button = gtk_button_new_from_stock (GTK_STOCK_CLOSE);   //创建按钮
  g_signal_connect_swapped (G_OBJECT (button), "clicked",
                      G_CALLBACK (gtk_widget_destroy),window);
…
}
```

23.1.12　微调按钮

微调按钮构件通常用于让用户从一个取值范围里选择一个值。它由一个文本输入框和旁边的向上和向下两个按钮组成。单击某一个按钮会让文本输入框里的数值大小在一定范围里改变。文本输入框里也可以直接输入一个特定值。

微调按钮构件能够支持整型数据或浮点型数据，数值的改变规律可由用户根据需要指定。例如，可设置调整少伐的快慢节奏，在按钮被长时间按下时，数值变化也随之越来越快。

微调按钮的数值保存在与之相连的调整对象内，创建调整对象可使用 gtk_adjustment_new()函数。它的一般形式如下：

```
GtkObject *gtk_adjustment_new(gdouble value,        //微调按钮的初始值
                              gdouble lower,        //构件允许的最小值
                              gdouble upper,        //构件允许的最大值
                              gdouble step_increment,
                              //当鼠标左键按下时构件一次增加/减小的值
                              gdouble page_increment,
                              //当鼠标右键按下时构件一次增加/减小的值
                              gdouble page_size);   //这个参数暂时没有使用
```

gtk_spin_button_new()用于创建微调按钮。该按钮是一个复合构件，创建时必须与微调对象连接，否则就没有任何实际意义。它的一般形式如下：

```
GtkWidget *gtk_spin_button_new(GtkAdjustment *adjustment,
                               gdouble climb_rate,
                               guint digits);
```

climb_rate 参数用于设置长时间按住按钮后数值变化的加速度，其值域范围为 0.0～1.0。digits 参数指定要显示的值的小数位数。创建微调按钮构件之后，还可以用 gtk_spin_button_configure()函数对其重新配置。它的一般形式如下：

```
void gtk_spin_button_configure(GtkSpinButton *spin_button,
                               GtkAdjustment *adjustment,
                               gdouble climb_rate,
                               guint digits);
```

其中，spin_button 参数是微调按钮的指针。其他的参数与创建时的意思相同。使用下面的两个函数可以设置或获取构件内部使用的调整对象。

```
void gtk_spin_button_set_adjustment(GtkSpinButton *spin_button,
                                GtkAdjustment *adjustment);   //设置调整对象
GtkAdjustment *gtk_spin_button_get_adjustment(GtkSpinButton *spin_button);
                                //获取构件内部使用的调整对象
```

显示数值的小数位数可以用 gtk_spin_button_set_digits()函数改变。它的一般形式如下：

```
void gtk_spin_button_set_digits(GtkSpinButton *spin_button,
                                guint digits);        //小数位的有效数字
```

微调按钮上当前显示的数值可以用 gtk_spin_button_set_value()函数改变；获得微调按钮上的数值可使用 gtk_spin_button_get_value()函数或 gtk_spin_button_get_value_as_int()函数，前者返回的是双精度浮点型数据，后者返回的是整型数据。它们的一般形式如下：

```
void gtk_spin_button_set_value(GtkSpinButton *spin_button,
                               gdouble value);
gdouble gtk_spin_button_get_value(GtkSpinButton *spin_button);
gint gtk_spin_button_get_value_as_int(GtkSpinButton *spin_button);
```

如果想以当前值为基数改变微调按钮的值，可以使用 gtk_spin_button_spin()函数。它的一般形式如下：

```
void gtk_spin_button_spin(GtkSpinButton *spin_button,
                          GtkSpinType direction,
                          gdouble increment);
```

其中，direction 参数用于设定修改微调按钮数值的方式，它的取值范围见表 23.3。

表 23.3　direction参数值域表

参　　数	说　　明
GTK_SPIN_STEP_FORWARD	将构件的值按 increment 参数指定的数值增大
GTK_SPIN_STEP_BACKWARD	将构件的值按 increment 参数指定的数值减小
GTK_SPIN_PAGE_FORWARD	简单地按 increment 参数向前改变微调按钮构件的值
GTK_SPIN_PAGE_BACKWARD	简单地按 increment 参数向后改变微调按钮构件的值
GTK_SPIN_HOME	将构件的值设置为相关联调整对象的范围的最小值
GTK_SPIN_END	将构件的值设置为相关联调整对象的范围的最大值
GTK_SPIN_USER_DEFINED	简单地按指定的数值改变构件的数值

程序运行时可以设置和获取微调按钮的范围属性，gtk_spin_button_set_numeric()函数用于限制微调按钮构件的文本框只能输入数值，这样就阻止了用户输入任何非法的字符。它的一般形式如下：

```
void gtk_spin_button_set_numeric(GtkSpinButton *spin_button,
                                 gboolean numeric);
```

如果需要让微调按钮构件在 upper 和 lower 之间循环。当调整对象中的数值已达到上限值时，将从新被设为最小值，反之亦然。可以用 gtk_spin_button_set_wrap()函数实现。它的一般形式是：

```
void gtk_spin_button_set_wrap(GtkSpinButton *spin_button,
                              gboolean wrap );
```

如果需要让微调按钮构件将其值圆整到最接近 step_increment 的值（在该微调按钮构件使用的调整对象中设置的），可以用 gtk_spin_button_set_snap_to_ticks()函数实现。它的一般形式是：

```
void gtk_spin_button_set_snap_to_ticks(GtkSpinButton *spin_button,
                                       gboolean snap_to_ticks);
```

微调按钮构件的更新方式可以用 gtk_spin_button_set_update_policy()函数改变。它的一般形式是：

```
void gtk_spin_button_set_update_policy(GtkSpinButton *spin_button,
                                       GtkSpinButtonUpdatePolicy policy);
```

其中，policy 参数用于设置更新方式，值域范围为枚举常量 GTK_UPDATE_ALWAYS 和 GTK_UPDATE_IF_VALID。其中，GTK_UPDATE_ALWAYS 表示忽视文本转换为数值时的错误。GTK_UPDATE_IF_VALID 表示首先会判断输入的文本，如果是合法的数值才进行更新。使用 gtk_spin_button_update()函数可以强行要求微调按钮构件更新自己。它的一般形式是：

```
void gtk_spin_button_update(GtkSpinButton *spin_button);
```

下面用一个例子说明微调按钮的用法，程序中创建了 3 个微调按钮，分别对应着年、月和日。程序代码如下：

```
…
spinbutton1_adj = gtk_adjustment_new (2009, 1986, 2086, 1, 10, 10);
                                            //创建调整对象
spinbutton1 = gtk_spin_button_new (GTK_ADJUSTMENT (spinbutton1_adj), 1,
0);                                         //创建微调按钮
```

```
gtk_widget_show (spinbutton1);
spinbutton2_adj = gtk_adjustment_new (1, 1, 12, 1, 10, 10);
spinbutton2 = gtk_spin_button_new (GTK_ADJUSTMENT (spinbutton2_adj), 1,
0);
gtk_widget_show (spinbutton2);
spinbutton3_adj = gtk_adjustment_new (1, 1, 31, 1, 10, 10);
spinbutton3 = gtk_spin_button_new (GTK_ADJUSTMENT (spinbutton3_adj), 1,
0);
label1 = gtk_label_new ("年");
gtk_widget_show (label1);
label2 = gtk_label_new ("月");
gtk_widget_show (label2);
label3 = gtk_label_new ("日");
gtk_widget_show (label3);
…
```

虽然 GTK+里有专门针对日期时间数据的窗体构建，但是有些时候开发者需要自己创建适合特殊用途的构件，这里用微调按钮组合而成就是一个例子，如图 23.13 所示。

图 23.13　微调按钮构件

23.1.13　组合输入框

组合输入框（GtkComboBoxEntry）是一个很简单的复合构件，实际上它仅仅是其他几个构件的集合。组合输入框的父类是组合框（GtkComboBox），两者功能类似，组合输入框能直接修改显示的内容所以更加方便。对于用户来说，该构件可以直接当作文本输入框来使用，直接输入相应的文体，也可以单击右侧的选择按钮，从弹出的下拉式菜单中选择相应项目，如图 23.14 所示。下拉式菜单内的值在链表数据结构中定义，是组合输入框的内部成员。

下面是从定义组合输入框构件的结构里面摘取出来的代码，从中可以看到组合输入框构件是由什么构件组合形成的。

图 23.14　组合框

```
struct _GtkComboBoxEntry {
  GtkHBox hbox;              //容器构件
  GtkWidget *entry;          //文本输入构件
  GtkWidget *button;         //按钮构件
  GtkWidget *popup;          //弹出菜单构件
  GtkWidget *popwin;         //弹出界面构件
  GtkWidget *list;           //列表构件
  …
};
```

可以看到，组合输入框构件有两个主要部分：一个输入框和一个列表。gtk_combo_box_entry_new()函数可以创建组合框构件。它的一般形式为：

```
GtkWidget *gtk_combo_box_entry_new(void);
```

如果需要设置显示在输入框部分中的字符串，可以使用 gtk_entry_set_text()函数直接操纵组合输入框构件内部的文本输入构件，如下例所示。

```
gtk_entry_set_text (GTK_ENTRY(GTK_COMBO(combo)->entry),
//从组合框内提取出文本输入构件
                      "hello world");
```

要设置下拉列表中的值，可以使用 **gtk_combo_set_popdown_strings()**函数。该函数的一般形式如下：

```
void gtk_combo_set_popdown_strings(GtkCombo *combo,
                                   GList *strings);
```

strings 参数使用的是 GList 链表。链表是一种特殊的数据结构，每个结构体都有一个指针指向内存空间中另一个相同的结构体。另外，有一个成员显示链表当前的位置，这样多个相同的结构就能连贯起来。GLib 库提供了 Glist 双向链表，该链表已实现了内存分配、插入和删除等基本操作。在使用这个函数之前，先得将要添加的字符串组合成一个 GList 链表。GList 链表使用前先要声明一个 GList 链表指针，然后用 **g_list_append()**函数将字符串追加到链表当中。如下例所示：

```
01   GList *glist = NULL;                        //创建一个空的 GList 链表
02   glist = g_list_append(glist, "字符串 1");    //将字符串加入到链表中
03   glist = g_list_append(glist, "字符串 2");
04   glist = g_list_append(glist, "字符串 3");
05   glist = g_list_append(glist, "字符串 4");
06   gtk_combo_set_popdown_strings(GTK_COMBO(combo), glist);
                                                 //将链表复制到组合框构件上
07   g_list_free(glist);                         //释放链表的内存空间
```

需要注意的是，一定要将 GList 链表的初值设为 NULL。另外，必须让 g_list_append()函数返回的值赋给要操作的链表本身。调用 **gtk_combo_set_popdown_strings()**函数后，组合输入框已将 GList 链表复制到其内部，因此可以链接所使用的内存。

gtk_combo_set_use_arrows()函数让用户用上/下方向键改变文本输入构件里的值。超过时并不会弹出列表框，只是用列表中的下一个列表项替换了文本输入框中的文本（向上则取上一个值，向下则取下一个值）。这是通过搜索当前项在列表中的位置并选择前一项/下一项来实现的。通常，在一个输入框中方向键是用来改变焦点的（也可以用 Tab 键）。注意，如果当前项是列表的最后一项，按向下的方向键会改变焦点的位置（这对当前项为列表的第一项时按向上方向键也适用）。该函数的一般形式如下：

```
void gtk_combo_set_use_arrows(GtkCombo *combo,
                              gboolean val);
```

同样地，**gtk_combo_set_use_arrows_always()**函数允许使用键盘中的上或下两个方向键在下拉列表中选取列表项。该操作会在列表项中循环，如果已选择列表项中的首端的项目，按上键会转到末端的项目上，反之亦然。使用了该函数，键盘上所有的方向键都无法用来改变输入焦点。该函数的一般形式如下：

```
void gtk_combo_set_use_arrows_always(GtkCombo *combo,
                                     gboolean val);
```

gtk_combo_set_case_sensitive()函数用于切换 GTK 是否以大小写敏感的方式搜索其中的列表项。这在组合框根据内部文本输入构件中的文本查找列表值时使用。可以将其设置为大小写敏感或不敏感。如果同时按 MOD-1 和 Tab 键，组合框构件还可以简单地补全当前输入。MOD-1 一般被 xmodmap 工具映射为 Alt 键。需要注意的是，一些窗口管理器也

要使用这种组合键方式，这将覆盖 GTK 中这个组合键的使用。该函数的一般形式如下：

```
void gtk_combo_set_case_sensitive(GtkCombo *combo,
                                  gboolean val);
```

当组合框中的按钮构件连接到 activate 信号时，用户按下 Enter 键能够进行响应，设置时必须将按钮构件从组合框中提取出来，如下例所示：

```
g_signal_connect (G_OBJECT (GTK_COMBO (combo)->entry), "activate",
                  G_CALLBACK (my_callback_function), my_data);
```

23.1.14　日历

日历构件是显示和获取每月日期等信息的高效方法。它是一个很容易创建和使用的构件，能够直观地在窗体中创建一个日历卡，如图 23.15 所示。

图 23.15　日历构件

创建日历构件可使用 gtk_calendar_new()函数。它的一般形式是：

```
GtkWidget *gtk_calendar_new(void);
```

有时候需要同时对构件的外观和内容做很多的修改，这时候可能会引起构件的多次更新，导致屏幕闪烁。可以在修改之前使用一个函数将构件"冻结"，然后在修改完成之后再用一个函数将构件"解冻"。这样，构件在整个过程中只做一次更新。gtk_calendar_freeze()函数用于冻结日历构件，gtk_calendar_thaw()函数用于解冻日历构件。

日历构件有几个选项，可以用来改变构件的外观和操作方式。使用 gtk_calendar_display_options()函数可以改变这些选项。它的一般形式为：

```
void gtk_calendar_display_options(GtkCalendar *calendar,
                                  GtkCalendarDisplayOptions flags);   //属性标志
```

函数中的 flags 参数可以将表 23.4 中所示的 5 种选项中的一个或者多个用按位或 "|" 操作符组合起来。

表 23.4　flags参数值域表

参　　数	说　　明
GTK_CALENDAR_SHOW_HEADING	这个选项指定在绘制日历构件时，应该显示月份和年份
GTK_CALENDAR_SHOW_DAY_NAMES	这个选项指定用 3 个字母的缩写显示每一天是星期几（如 Mon 和 Tue 等）
GTK_CALENDAR_NO_MONTH_CHANGE	这个选项指定用户不应该也不能够改变显示的月份。如果只想显示某个特定的月份，则可以使用这个选项。例如，在窗口上同时为一年的 12 个月分别设置一个日历构件时
GTK_CALENDAR_SHOW_WEEK_NUMBERS	这个选项指定应该在日历的左边显示每一周在全年的周序号（例如，1 月 1 日是第 1 周，12 月 31 日是第 52 周）
GTK_CALENDAR_WEEK_START_MONDAY	这个选项指定在日历构件中每一周是从星期一开始而不是从星期天开始。默认设置是从星期天开始。此选项只影响日期在构件中从左到右的排列顺序

gtk_calendar_select_month()和 gtk_calendar_select_day()函数用于设置当前要显示的日期。它们的一般形式如下：

```
gint gtk_calendar_select_month(GtkCalendar *calendar,
                               guint month,              //设置月份
                               guint year);              //设置年份
void gtk_calendar_select_day(GtkCalendar *calendar,
                             guint day);                 //设置天数
```

gtk_calendar_select_month()的返回值是一个布尔值，指示设置是否成功。如果使用 gtk_calendar_select_day()函数指定的日期是合法的，会在日历构件中选中该日期。如果 day 参数的值是 0，将清除当前的选择。

除了可以选中一个日期以外，在一个月中可以有任意个日期被"标记"。被"标记"的日期会在日历构件中高亮显示。在月份和年份变化时，被标记的日期是不会变化的。下面的函数用于标记日期和取消标记。

```
gint gtk_calendar_mark_day(GtkCalendar *calendar,
                           guint day);                   //标记一个日期
gint gtk_calendar_unmark_day(GtkCalendar *calendar,
                             guint day);                 //清除一个标记
void gtk_calendar_clear_marks(GtkCalendar *calendar);    //清除所有标记
```

当前标记的日期存储在一个 GtkCalendar 结构的数组中。数组的长度是 31，这样要想知道某个特定的日期是否被标记，可以访问数值中相应的元素。例如：

```
GtkCalendar *calendar;
calendar = gtk_calendar_new ();
…
if (calendar->marked_date[7-1])                          //判断当月 7 号是否被标记
    gprintf("已标记\n");
…
```

gtk_calendar_get_date()函数用于取得当前选中的年、月和日的值。它的一般形式如下：

```
void gtk_calendar_get_date(GtkCalendar *calendar,
                           guint *year,
                           guint *month,
                           guint *day);
```

其中，year、month 和 day 参数用于将年、月和日的数值传递给无符号整型变量中。如果将某一个参数设置为 NULL，则不返回该值。

日历构件能够引发许多信号，用于指示日期被选中以及选择发生的变化。信号的意义很容易理解。信号名称和意义见表 23.5。

表 23.5　日历构件的信号

信　　号	说　　明
month_changed	月份改变
day_selected	选择了某一天
day_selected_double_click	用鼠标左键双击了某一天
prev_month	单击了上一个月按钮
next_month	单击了下一个月按钮
prev_year	单击了上一年按钮
next_year	单击了下一年按钮

23.1.15　颜色选择

颜色选择构件是一个用来交互式地选择颜色的构件。这个组合构件让用户通过操纵 RGB 值（红、绿和蓝）和 HSV 值（色度、饱和度和纯度）来选择颜色。这是通过调整滑动条的值或者文本输入构件的值，或者从一个色度/饱和度/纯度条上选择相应的颜色来实现的。另外，还可以通过它来设置颜色的透明性。目前，颜色选择构件只能引发一种信号：color_changed。它是在构件你的颜色值发生变化时，或者通过 gtk_color_selection_set_color() 函数显式设置构件的颜色值时引发。颜色选择构件有两种风格：GtkColorSelection 和 GtkColorSelectionDialog，分别使用 gtk_color_selection_new()函数和 gtk_color_selection_dialog _new()函数创建。前者是放置在一个窗体中，后者会弹出一个颜色选择对话框。它们的一般形式如下：

```
GtkWidget *gtk_color_selection_new(void);
GtkWidget *gtk_color_selection_dialog_new(const gchar *title);
```

gtk_color_selection_dialog_new()是最常用的颜色选择构件的构建函数，它创建一个颜色选择对话框，title 参数用于设定对话框的标题。它内部有一个框架构件，框架构件中包含了一个颜色选择构件、一个垂直分隔线构件、一个包含了 Ok、Cancel 和 Help 这 3 个按钮的横向盒，如图 23.16 所示。

图 23.16　颜色选择对话框

可以通过访问颜色选择对话框构件结构中的 ok_button、cancel_button 和 help_button 构件来访问它们。例如：

```
GTK_COLOR_SELECTION_DIALOG (colorseldialog)->ok_button))
```

颜色选择构件支持调整颜色的不透明性，一般也称为 alpha 通道。默认值是禁用这个特性。调用 gtk_color_selection_set_has_opacity_control()函数将 has_opacity 设置为 TRUE 启用该特性。同样，has_opacity 参数设置为 FALSE 时将禁用此特性。该函数的一般形式如下：

```
void gtk_color_selection_set_has_opacity_control(GtkColorSelection
*colorsel,
                              gboolean has_opacity);
```

可以调用 gtk_color_selection_set_current_color()函数显式地设置颜色选择构件的当前
颜色，其中的 color 参数是一个指向 GdkColor 结构的指针。gtk_color_selection_set_current_
alpha()用来设置不透明度，在不透明度设为 TRUE 时有效。其中的 alpha 值应该在 0（完全
透明）和 65636（完全不透明）之间。它们的一般形式如下：

```
void gtk_color_selection_set_current_color(GtkColorSelection *colorsel,
                                           GdkColor *color);
void gtk_color_selection_set_current_alpha(GtkColorSelection *colorsel,
                                           guint16 alpha);
```

下面是一个简单的示例，演示了如何使用颜色选择对话框构件。这个程序显示了一个
包含绘图区的窗口。单击它会打开一个颜色选择对话框，改变颜色选择对话框中的颜色，
会改变绘图区的背景色。程序代码如下：

```
01   #include <gtk-2.0/gtk/gtk.h>
02   #include <glib-2.0/glib.h>
03   GtkWidget *colorseldlg = NULL;           //用于颜色选择对话框
04   GtkWidget *drawingarea = NULL;           //用于主窗口上的绘图区
05   GdkColor color;                          //GDK 颜色对象
06   void color_changed_cb(GtkWidget *widget,GtkColorSelection *colorsel)
                                             //颜色改变信号的处理函数
07   {
08      GdkColor ncolor;
09      gtk_color_selection_get_current_color(colorsel, &ncolor);
10                                           //从颜色选择对话框中获得颜色信息
11      gtk_widget_modify_bg(drawingarea, GTK_STATE_NORMAL, &ncolor);
12                                           //设置主窗口背景
13   }
14   gint area_event(GtkWidget *widget,
15               GdkEvent *event,
16               gpointer client_data)       //绘图区事件处理函数
17   {
18      gint handled = FALSE;
19      gint response;
20      GtkColorSelection *colorsel;
21      if (event->type == GDK_BUTTON_PRESS){//判断是否接收到一个鼠标单击事件
22         handled = TRUE;
23         if (colorseldlg == NULL)
24            colorseldlg = gtk_color_selection_dialog_new ("颜色选择对话框");
25            //创建颜色选择对话框
26         colorsel = GTK_COLOR_SELECTION(GTK_COLOR_SELECTION_DIALOG
27         (colorseldlg)->colorsel);
28                                           //获取颜色选择构件
29         gtk_color_selection_set_previous_color(colorsel, &color);
30         //设置对话框前景色
31         gtk_color_selection_set_current_color(colorsel, &color);
32         //设置对话框当前选区的颜色
33         gtk_color_selection_set_has_palette(colorsel, TRUE);//显示调色板
34         g_signal_connect(G_OBJECT (colorsel),
35                     "color_changed",
36                     G_CALLBACK(color_changed_cb),
37                     (gpointer) colorsel);
38                                           //为 color_changed 信号设置回调函数
39         response = gtk_dialog_run(GTK_DIALOG (colorseldlg));//显示对话框
40         if (response -- GTK_RESPONSE_OK)//判断对话框中按下的按钮是否是确定按钮
```

```
41              gtk_color_selection_get_current_color(colorsel, &color);
42              //重置对话框当前选区的颜色
43          else
44              gtk_widget_modify_bg(drawingarea, GTK_STATE_NORMAL, &color);
45                                                  //设置绘图区背景色
46          gtk_widget_hide (colorseldlg);          //隐藏对话框
47      }
48      return handled;
49  }
50  gint destroy_window(GtkWidget *widget,
51                      GdkEvent *event,
52                      gpointer client_data)       //关闭、退出的事件处理函数
53  {
54      gtk_main_quit();                            //结束 GTK+主循环
55      return TRUE;
56  }
57  gint main(gint argc, gchar *argv[])
58  {
59      GtkWidget *window;
61      gtk_init(&argc, &argv);
62      window = gtk_window_new(GTK_WINDOW_TOPLEVEL);
63      gtk_window_set_title(GTK_WINDOW(window), "颜色选择测试");
64      gtk_window_set_policy(GTK_WINDOW(window), TRUE, TRUE, TRUE);
65      g_signal_connect(GTK_OBJECT (window), "delete_event",
66              GTK_SIGNAL_FUNC (destroy_window), (gpointer)window);
66                      //关闭窗口时的回调函数
67      drawingarea = gtk_drawing_area_new();       //创建绘图区
68      color.red = 0;                              //设置颜色
69      color.blue = 65535;
70      color.green = 0;
71      gtk_widget_modify_bg(drawingarea, GTK_STATE_NORMAL, &color);
72                                                  //设置绘图区背景色
73      gtk_widget_set_size_request(GTK_WIDGET(drawingarea), 200, 200);
74                                                  //设置绘图区尺寸
75      gtk_widget_set_events(drawingarea, GDK_BUTTON_PRESS_MASK);
76      g_signal_connect(GTK_OBJECT (drawingarea), "event",
77          GTK_SIGNAL_FUNC (area_event), (gpointer)drawingarea);
78          //捕获鼠标单击事件
79      gtk_container_add(GTK_CONTAINER(window), drawingarea);
80      //将绘图区添加到窗口中
81      gtk_widget_show(drawingarea);               //显示绘图区
82      gtk_widget_show(window);                    //显示主窗体
83      gtk_main();                                 //进入 gtk 主循环
84      return 0;
85  }
```

该程序的主函数中创建了一个窗体，并在窗体中放置了绘图区构件。当鼠标单击绘图区时，回调函数 area_event()运行。在回调函数中，首先判断是否是单击事件，如果是，则弹出一个颜色对话框。用户可通过颜色对话框选择绘图区前景色。

23.1.16　文件选择

文件选择构件是一种快速、简单的显示文件对话框的方法。它带有与 GNOME 桌面环境标准的文件对话框，可以极大地减少编程时间。严格意义上来说，文件选择构件并不是一个类，因此不能像其他控件一样被继承。在最新版本的 GTK+3 中，它是由下列 3 个构

件组成的接口。

❑ **GtkFileChooserButton**：该构件用于显示一个按钮，当按钮被按下时打开一个文件选择对话框。

❑ **GtkFileChooserDialog**：该构件通过 GtkFileChooserWidget 构件显示一个简单的对话框，它是后者的接口。

❑ **GtkFileChooserWidget**：该构件是实际的对话框构件，可以用于选择目录或文件操作，另外还可以通过该构件创建目录或保存文件，如图 23.17 所示。

gtk_file_chooser_dialog_new()函数用于创建一个文件对话框，所创建的对话框可以指定一个父窗体，父窗体能用来获得对话框返回的信息。该函数的一般形式如下：

```
GtkWidget* gtk_file_chooser_dialog_new(const gchar *title,
                                       GtkWindow *parent,
                                       GtkFileChooserAction action,
                                       const gchar *first_button_text,
                                       ……);
```

图 23.17　文件选择对话框

其中，title 参数用于设定对话框的标题。parent 参数用于设置父窗体，通常父窗体是调用该对话框的窗体。action 参数用来指定对话框的类型，它是 GtkFileChooserAction 枚举类型，取值范围见表 23.6。

表 23.6　GtkFileChooserAction枚举类型值域表

枚举成员名称	说　　明
GTK_FILE_CHOOSER_ACTION_SAVE	文件保存对话框
GTK_FILE_CHOOSER_ACTION_OPEN	打开文件对话框
GTK_FILE_CHOOSER_ACTION_SELECT_FOLDER	选择目录对话框
GTK_FILE_CHOOSER_ACTION_CREATE_FOLDER	创建目录对话框

first_button_text 参数是从图像库中获取显示在文件选择对话框中的按钮，例如通常用 GTK_RESPONSE_CANCEL 按钮取消当前的操作，或者用 GTK_RESPONSE_OK 按钮提交当前的操作。gtk_file_chooser_dialog_new()函数的最后一个参数必须是 NULL，表示 first_button_text 参数的设置已经结束。下面是使用文件选择对话框创建目录的示例。

```
01   int main(int argc, char *argv[])
02   {
03      GtkWidget *dialog;
04      gchar *filename;
05      gint result;
06      gtk_init(&argc, &argv);
07      dialog = gtk_file_chooser_dialog_new("创建新目录",//对话框标题
08             NULL,                                    //未指定父窗口
09             GTK_FILE_CHOOSER_ACTION_CREATE_FOLDER, //类型为创建目录对话框
10             GTK_STOCK_CANCEL, GTK_RESPONSE_CANCEL, //加入一个CANCEL按钮
11             GTK_STOCK_OK, GTK_RESPONSE_OK,         //加入一个 OK 按钮
12             NULL);                                 //加入按钮结束
13      result = gtk_dialog_run(GTK_DIALOG (dialog));  //运行对话框
14      if (result == GTK_RESPONSE_OK)               //判断按下的按钮是否是 OK
15      {
16                                                    //获得对话框中选择的文件名
17      filename=gtk_file_chooser_get_filename(GTK_FILE_CHOOSER(dialog));
18         g_print ("已创建一个新目录: %s\n", filename);
19      }
20      gtk_widget_destroy (dialog);                 //结束对话框
21      return 0;
22   }
```

在该程序中并没有创建主窗体，这种方法是 GTK+所允许的。创建目录的相关操作已在 GTK+内部实现，所以无需使用系统调用函数来操作。

23.2　复　合　构　件

复合构件是由多个基本构件组合而成的构件，在面向对象编程思想中，它类似于多重继承方法，即从多个父类中继承特性。GTK+的复合构件并不是完全遵照多重继承方法而得来，它更接近于直接在源代码中进行多个构件的组合。复合构件有其新的特性和相关操作函数，并且有自己独特的信号和事件。本节将介绍几个常用的复合构件。

23.2.1　快捷标签

快捷标签是一种可在文本右方显示快捷键，并能通过使用快捷键实现与单击该标签相同作用的界面构件。GTK+中实现的快捷键最简单的方法是通过 GtkAccelGroup 对象，它可以设置多组与窗体构件相关的快捷键。当用户按某一组快捷键时，与该快捷键连接的信号会被抛出。快捷标签是标签的一个子类，因为标签没有 clicked 或 activate 信号，即被鼠标单击时不做出反应，所以直接将快捷标签加入到窗体中没有任何意义。通常快捷标签是与菜单构件连用，它本身就是构成菜单项的成员。

gtk_accel_group_new()函数用于创建 GtkAccelGroup 对象，该函数没有任何参数。创建后可使用 gtk_window_add_accel_group()函数将 GtkAccelGroup 对象与窗体构件相连接。最后，还需要设置快捷键和连接要触发的快捷标签构件，可使用 gtk_widget_add_accelerator()函数完成。这几个函数的一般形式如下：

```
GtkAccelGroup* gtk_accel_group_new(void);
void gtk_window_add_accel_group(GtkWindow *window, //与快捷键连接的窗体构件
                        GtkAccelGroup *accel_group);
                                //被连接的 GtkAccelGroup 对象
void gtk_widget_add_accelerator(GtkWidget *widget,      //与快捷键连接的构件
                    const gchar *accel_signal,    //与快捷键连接的信号
                    GtkAccelGroup *accel_group,
                            //被连接的 GtkAccelGroup 对象
                    guint accel_key,              //快捷键
                    GdkModifierType accel_mods,   //控制键
                    GtkAccelFlags accel_flags);
                            //是否在快捷标签中显示快捷键的标志
```

gtk_widget_add_accelerator()函数的第 1 个参数 widget 是与快捷键连接的窗体构件，例如快捷标签显示的快捷键为 Ctrl+S，那么当按对应的快捷键后，与快捷键连接的窗体构件对应的事件将被抛出。第 2 个参数 accel_signal 表示按键后，要抛出这个对象的哪个信号，在菜单项中通常为 activate 信号。第 3 个参数表示是哪一个键，它定义在头文件 gtk-2.0/gdk/gdkkeysyms.h 中，需要手动包含此文件。键的名字为 GDK_加上对应的键，通常使用的是键盘下位的键（不需要 Caps Lock 键或 Shift 键获得）。第 4 个参数表示控制键，它是 GdkModifierType 枚举类型，取值范围见表 23.7。

表 23.7　GdkModifierType枚举类型值域表

枚举成员名称	说　　明
GDK_SHIFT_MASK	Shift 键
GDK_LOCK_MASK	受系统环境影响，通常为 Caps Lock 或 Shift Lock 键
GDK_CONTROL_MASK	Ctrl 键
GDK_MOD1_MASK	受系统环境影响，通常被定义为 Alt 键
GDK_MOD2_MASK	第 5 个控制键，由系统定义
GDK_MOD3_MASK	第 6 个控制键，由系统定义
GDK_MOD4_MASK	第 7 个控制键，由系统定义
GDK_MOD5_MASK	第 8 个控制键，由系统定义
GDK_BUTTON1_MASK	鼠标左键
GDK_BUTTON2_MASK	鼠标中键
GDK_BUTTON3_MASK	鼠标右键
GDK_BUTTON4_MASK	鼠标的第 4 个键
GDK_BUTTON5_MASK	鼠标的第 5 个键
GDK_SUPER_MASK	SUPER 键
GDK_HYPER_MASK	HYPER 键
GDK_META_MASK	META 键
GDK_RELEASE_MASK	释放某个键时产生的效果
GDK_MODIFIER_MASK	所有控制键

如果是多个控制键的组合，可用按位或运算符"|"连接多个 GdkModifierType 枚举值。最后一个参数 accel_flag 表示的是否在快捷标签中显示按键名，通常使用 GTK_ACCEL_

VISIBLE 常量表示显示。下面用一个例子说明快捷标签的使用方法。

```
01  #include <gtk-2.0/gtk/gtk.h>
02  #include <gtk-2.0/gdk/gdkkeysyms.h>          //定义快捷键时需用到该头文件
03  #include <glib-2.0/glib.h>
04  int main(int argc, char *argv[]) {
05      gtk_init(&argc, &argv);                  //初始化 GTK+函数库
06      GtkWidget *window1;
07      window1 = gtk_window_new(GTK_WINDOW_TOPLEVEL);
08      gtk_widget_show(window1);
09      g_signal_connect(G_OBJECT(window1), "delete_event", G_CALLBACK(
            gtk_main_quit), NULL);               //关闭窗体时的回调函数
10      GtkAccelGroup *accel_group;              //定义GtkAccelGroup对象指针
11      accel_group = gtk_accel_group_new();     //创建GtkAccelGroup对象指针
12      GtkWidget *menubar1;
13      menubar1 = gtk_menu_bar_new();           //创建菜单栏
14      gtk_widget_show(menubar1);
15      gtk_container_add(GTK_CONTAINER(window1), menubar1);
16      GtkWidget *menuitem1;
17      menuitem1 = gtk_menu_item_new_with_mnemonic("文件(_F)");
                                                 //创建菜单项
18      gtk_widget_show(menuitem1);
19      gtk_container_add(GTK_CONTAINER(menubar1), menuitem1);
20      GtkWidget *menuitem1_menu;
21      menuitem1_menu = gtk_menu_new();         //创建菜单
22      gtk_menu_item_set_submenu(GTK_MENU_ITEM(menuitem1),
          menuitem1_menu);
23      GtkWidget *open1;
24       GtkWidget *save1;
25       GtkWidget *close1;
26       GtkWidget *exit1;
27      open1 = gtk_menu_item_new_with_mnemonic("打开");    //创建子菜单项
28      gtk_widget_show(open1);
29      gtk_container_add(GTK_CONTAINER(menuitem1_menu), open1);
30      gtk_widget_add_accelerator(open1, "activate", accel_group, GDK_o,
                                                 //创建与子菜单关联的快捷键
          (GdkModifierType) GDK_CONTROL_MASK, GTK_ACCEL_VISIBLE);
31      save1 = gtk_menu_item_new_with_mnemonic("保存");
32      gtk_widget_show(save1);
33      gtk_container_add(GTK_CONTAINER(menuitem1_menu), save1);
34      gtk_widget_add_accelerator(save1, "activate", accel_group, GDK_s,
35          (GdkModifierType) GDK_CONTROL_MASK, GTK_ACCEL_VISIBLE);
36      close1 = gtk_menu_item_new_with_mnemonic("关闭");
37      gtk_widget_show(close1);
38      gtk_container_add(GTK_CONTAINER(menuitem1_menu), close1);
39      gtk_widget_add_accelerator(close1,"activate", accel_group, GDK_c,
40          (GdkModifierType) GDK_MOD1_MASK, GTK_ACCEL_VISIBLE);
41      exit1 = gtk_menu_item_new_with_mnemonic("退出");
42      gtk_widget_show(exit1);
43      gtk_container_add(GTK_CONTAINER(menuitem1_menu), exit1);
44      gtk_widget_add_accelerator(exit1, "activate", accel_group, GDK_x,
45          (GdkModifierType) GDK_CONTROL_MASK, GTK_ACCEL_VISIBLE);
46      gtk_main();
47      return 0;
48  }
```

该程序首先创建了一个菜单，虽然没有显式地创建快捷标签构件，但创建菜单项时已完成了这一工作。然后程序创建了 GtkAccelGroup 对象，并将菜单中的快捷标签与对应的快捷键连接起来。当按某一组快捷键或直接选择了菜单项，activate 信号都会被抛出。GTK+捕捉到 activate 信号时会将对应的回调函数激活（程序内没有列出回调函数的细节）。程序运行的效果如图 23.18 所示。

图 23.18　快捷标签构件

23.2.2　绘图区

绘图区构件是用来在窗体上画图的画布，它本身是一个空白的区域。GTK+函数库最初创建的目的是用于支持 GIMP 程序，该程序是 Linux 系统上功能非常强大的图形编辑器，因此 GTK+函数库拥有丰富的绘图函数。这些绘图函数作为一个子集存放在 GDK 函数库中，它也是 GTK+窗体构件的底层实现，本质上是对标准 Xlib 函数调用的基本封装。

在窗体中创建绘图区可使用 gtk_drawing_area_new()函数。该函数没有任何参数，只简单地生成了空白画布。要指定绘图区域的尺寸，可使用 gtk_drawing_area_size()函数。它们的一般形式是：

```
GtkWidget* gtk_drawing_area_new(void);
void gtk_drawing_area_size(GtkDrawingArea *darea,
                           gint width,
                           gint height);
```

gtk_drawing_area_size()函数有 3 个参数：第 1 个是被设置尺寸的绘图区构件，第 2 个参数为绘图区的宽，第 3 个参数为绘图区的高。如果绘图区的尺寸超过了所属窗体构件的尺寸，那么多余部分会被遮盖起来，而在其区域所绘制的图形无效。如果使用 gtk_widget_set_size_request()函数或者手动调整了绘图区所属窗口的大小时，绘图区默认的大小可以无效，对于其他界面构件同样如此。

在创建绘图区构件时应该注意，其中的内容完全由程序负责绘制。如果绘图区所属窗口被遮住后暴露出来，那么会引发一个暴露事件，先前被遮住的部分必须由程序重绘。为了能正确地重绘，程序必须记住绘制在屏幕上的内容。如果窗体只有一部分被清除了，程序也必须为被清除的一部分进行重绘。常用的解决方法是使用一个后端位图，通过向后端位图绘制来代替直接向屏幕绘制，当图像改变或图像的一部分需要显示，可直接复制相应的部分到屏幕上。gdk_pixmap_new()函数用于创建后端位图，它的一般形式为：

```
GdkPixmap* gdk_pixmap_new(GdkWindow *window,
                          gint width,
                          gint height,
                          gint depth);
```

window 参数设置一个 GDK 窗口，位图继承该窗口的所有属性。width 和 height 设置位图的大小。depth 设置颜色深度，这是每个像素的二进制位数，如果 depth 设为–1，它会自动匹配窗口的颜色深度，如下例所示。

```
01   static GdkPixmap *pixmap = NULL;   //绘制区的后端位图
02   static gint configure_event(GtkWidget*widget,GdkEventConfigure *event)
03   {
04     if (pixmap)                      //判断是否已存在一个名为 pixmap 的后端位图
```

```
05          gdk_pixmap_unref(pixmap);        //删除该位图
06    pixmap = gdk_pixmap_new(widget->window,
07                            widget->allocation.width,
08                            widget->allocation.height,
09                            -1);            //创建后端位图
10    gdk_draw_rectangle(pixmap,
11                    widget->style->white_gc,
12                    TRUE,
13                    0, 0,
14                    widget->allocation.width,
15                    widget->allocation.height);   //将后端位图初始化为白色
16    return TRUE;
17  }
```

当暴露事件发生后，可设计一个回调函数将后端位图复制到屏幕上，如下例所示。

```
01  static gint expose_event (GtkWidget *widget, GdkEventExpose *event)
02  {
03    gdk_draw_pixmap(widget->window,
04                    widget->style->fg_gc[GTK_WIDGET_STATE (widget)],
05                    pixmap,
06                    event->area.x, event->area.y,
07                    event->area.x, event->area.y,
08                    event->area.width, event->area.height);   //重新向屏幕
                                                                     绘图
09    return FALSE;
10  }
```

　　与绘图操作相关的函数包含在头文件 **gtk-2.0/gdk/gdk.h** 中，这些函数可用来向绘图区或后端位图绘图，下面简要的介绍几个最常用的函数。

　　（1）画点。**gdk_draw_point()** 函数用于画一个点，**gdk_draw_points()** 函数画多个点。点的颜色是当前的前景颜色。它们的一般形式是：

```
void gdk_draw_point(GdkDrawable *drawable,      //绘图区名称
                    GdkGC *gc,                  //前景颜色
                    gint x,                     //x 轴坐标
                    gint y);                    //y 轴坐标
void gdk_draw_points(GdkDrawable *drawable,
                    GdkGC *gc,
                    GdkPoint *points,           //需要绘制的点的数组
                    gint npoints);              //需要绘制的点的总数
```

　　GdkPoint 结构体用来记录点的坐标，如果需要使用多个点，可创建 **GdkPoint** 结构体数组。其内部定义如下：

```
typedef struct _GdkPoint GdkPoint;
struct _GdkPoint
{
  gint16x;                                      //x 轴坐标
  gint16y;                                      //y 轴坐标
};
```

　　（2）画线。**gdk_draw_line()** 函数用于画一条线，将线的端点作为它的参数。要画几条连接着的线，可调用 **gdk_draw_lines()** 函数，并将点的列表作为参数传到函数中，GDK 会将点依次连接起来。要画多条不必连接起来的线，可调用 **gdk_draw_segments()** 函数，将线段列表作为参数传到函数中。它们的一般形式为：

```
void gdk_draw_line(GdkDrawable *drawable,
                   GdkGC *gc,
                   gint x1,                    //起点的 x 轴坐标
                   gint y1,                    //起点的 y 轴坐标
                   gint x2,                    //终点的 x 轴坐标
                   gint y2);                   //终点的 y 轴坐标
void gdk_draw_lines(GdkDrawable *drawable,
                   GdkGC *gc,
                   GdkPoint *points,           //点的数组
                   gint npoints);
void gdk_draw_segments(GdkDrawable *drawable,
                   GdkGC *gc,
                   GdkSegment *segments,       //线的数组
                   gint nsegments);
```

线的数组是 GdkSegment 结构数组。它的定义如下：

```
typedef struct _GdkSegment GdkSegment;
struct _GdkSegment
{
   gint16 x1;                                 //起点的 x 轴坐标
   gint16 y1;                                 //起点的 y 轴坐标
   gint16 x2;                                 //终点的 x 轴坐标
   gint16 y2;                                 //终点的 y 轴坐标
};
```

（3）画矩形。gdk_draw_rectangle()函数用于画矩形。它的一般形式为：

```
void gdk_draw_rectangle(GdkDrawable *drawable,
                   GdkGC *gc,
                   gint filled,        //是否填充
                   gint x,             //起点 x 轴坐标
                   gint y,             //起点 y 轴坐标
                   gint width,         //矩形宽度
                   gint height);       //矩形高度
```

其中，filled 参数实际为布尔值，用于指定是否在矩形内用前景颜色填充。设为 TRUE 意味着填充，FALSE 则不填充。

（4）画弧形。gdk_draw_arc()函数用于画一个椭圆或椭圆弧。它的一般形式为：

```
void gdk_draw_arc(GdkDrawable *drawable,
                   GdkGC *gc,
                   gint filled,
                   gint x,
                   gint y,
                   gint width,
                   gint height,
                   gint angle1,        //起始角度
                   gint angle2);       //圆弧旋转的角度
```

画弧形首先要绘制一个矩形，再从矩形内切出弧形。这种方式可以更精确地指定弧形的尺寸和形状，而不需要使用浮点数。angle1 参数是画弧的起始角，它以时钟三点钟位置 0°开始计算的；angle2 是绕圆弧旋转的角度，如果值是正的，逆时针旋转，否则顺时针旋转。参数 angle1 和 angle2 都是以 1/64 度来指定的，所以 360°就是 360×64。参数 angle2 不要超过 360°，因为对椭圆来说旋转角度超过 360°没有任何意义。例如下例分别绘制了一个

弧和一个半椭圆形。

```
gdk_draw_arc(drawable, gc, TRUE,
             0, 0,
             50, 50,
             0, 360 * 64);                  //绘制一个弧
gdk_draw_arc(drawable, gc, TRUE,
             0, 0,
             100, 50,
             0, 180 * 64);                  //绘制一个半椭圆形
```

（5）画多边形。gdk_draw_polygon()函数用于画一个多边形。它的一般形式是：

```
void gdk_draw_polygon(GdkDrawable *drawable,
                      GdkGC *gc,
                      gint filled,
                      GdkPoint *points,
                      gint npoints);
```

gdk_draw_polygon()函数的参数与 gdk_draw_lines()函数中的参数完全一样。多边形不一定必须是凸多边形。它的边可以是交叉的（自交）。自交的多边形用一种"奇偶规则"来填充，在这种情况下，重叠次数为奇数的区域不被填充，重叠次数为偶数的区域将被填充。如果多边形完全没有重叠，它将被全部填充；如果某个区域重叠一次，则不被填充；如果重叠两次则填充。

（6）画文本。有两个函数可用于绘制字符串，分别是 gdk_draw_text() 函数和gdk_draw_string()函数。其中 gdk_draw_text()是较常用的方法，gdk_draw_text()用字符串的长度作为参数，而 gdk_draw_string()函数必需用 strlen()函数计算字符串的长度。它们的一般形式如下：

```
void gdk_draw_string(GdkDrawable *drawable,
                     GdkFont *font,                //字体名称
                     GdkGC *gc,                    //前景颜色
                     gint x,                       //起点 x 轴坐标
                     gint y,                       //起点 x 轴坐标
                     const gchar *text);           //需要绘制的文本
void gdk_draw_text(GdkDrawable *drawable,
                   GdkFont *font,
                   GdkGC *gc,
                   gint x,
                   gint y,
                   const gchar *text,
                   gint text_length);              //字符串长度
```

函数中的 x 和 y 轴坐标指定要绘制的文本基线的左边位置，文本是用前景颜色绘出的。在 GDK 中没有方法画出缩放的或旋转的文本。GnomeCanvasText 构件提供了一个较慢的、质量较低的方法来渲染缩放的和旋转的文本。如果需要高质量按比例缩放和旋转的文本，则需要使用额外的库函数。例如，对 TrueTypefonts 字体使用 FreeType 库函数，或对Type1fonts 字体使用 Telib 库函数，或者使用 Display Postscript 的 X 扩展（XDPS）。下例是一个绘图区示例程序。

（1）定义预处理语句和常量。源代码如下：

```
01  #include <gtk-2.0/gtk/gtk.h>
```

```
02  #define CHECK_SIZE 10                              //用于方格尺寸
03  #define SPACING 2                                  //用于方格的间距
04  static GtkWidget *window = NULL;
05  static GdkPixmap *pixmap = NULL;                    //创建后端位图
```

程序中，很多函数都将对窗体构件和后端位图进行操作，因此定义了 window 常量和
pixmap 常量，分别用于保存窗体构件和后端位图的地址。

（2）创建后端位图。源代码如下：

```
06  static gboolean scribble_configure_event(GtkWidget *widget,
07          GdkEventConfigure *event, gpointer data)    //创建后端位图
08  {
09    if (pixmap)                                       //判断 pixmap 是否存在
10      gdk_pixmap_unref(pixmap);                       //删除该位图
11    pixmap = gdk_pixmap_new(widget->window,
12                            widget->allocation.width,
13                            widget->allocation.height,
14                            -1);                       //创建后端位图
15    gdk_draw_rectangle(pixmap,
16                       widget->style->white_gc,
17                       TRUE,
18                       0, 0,
19                       widget->allocation.width,
20                       widget->allocation.height);//将后端位图初始化为白色
21    return TRUE;
22  }
```

该函数首先会判断后端位图是否存在，如果已存在，则使用 **gdk_pixmap_unref()**函数
将其删除。然后使用 **gdk_pixmap_new()**函数创建后端位图，并使用 **gdk_draw_rectangle()**函
数将后端位图初始化为白色。

（3）重绘被遮挡的绘图区。源代码如下：

```
23  static gboolean scribble_expose_event(GtkWidget *widget,
24                             GdkEventExpose *event,
25                             gpointer data)    //重绘被遮挡的绘图区
26  {
27    gdk_draw_drawable(widget->window,
28                      widget->style->fg_gc[GTK_WIDGET_STATE(widget)],
29                      pixmap,
30                      event->area.x, event->area.y,
31                      event->area.x, event->area.y,
32                      event->area.width, event->area.height);
33                                               //用后端位图重绘前端图形
34
35    return FALSE;
36  }
```

当暴露事件发生后，该函数用于重绘被遮挡的绘图区。绘制方法是通过读取后端位图
实现的，因为每次操作时，所绘制的图形都将保存在后端位图内。

（4）画一个矩形。源代码如下：

```
37  static void draw_brush(GtkWidget *widget, gdouble x, gdouble y)
38                                               //画一个矩形
39  {
40    GdkRectangle update_rect;
41    update_rect.x = x - 3;                      //矩形的 x 轴坐标
```

```
42      update_rect.y = y - 3;                              //矩形的 y 轴坐标
43      update_rect.width = 6;                              //矩形的宽度
44      update_rect.height = 6;                             //矩形的高度
45      gdk_draw_rectangle(pixmap,
46                       widget->style->black_gc,
47                       TRUE,
48                       update_rect.x,
49                       update_rect.y,
50                       update_rect.width,
51                       update_rect.height);               //在后端位图上画矩形
52      gdk_window_invalidate_rect(widget->window, &update_rect, FALSE);
53                                                          //将后端位图复制到绘图区
54  }
```

该函数用于在后端位图上绘制矩形，然后将后端位图复制到绘图区中。每次调用该函数，都只会绘制一个 6×6 像素的矩形，并且改变矩形的位置。

（5）使用鼠标在绘图区画图。源代码如下：

```
55  static gboolean scribble_button_press_event(GtkWidget *widget,
56                                              GdkEventButton *event,
57                                              gpointer data)
58                                                          //使用鼠标在绘图区画图
59  {
60    if (pixmap == NULL)
61      return FALSE;
62    if (event->button == 1)
63      draw_brush(widget, event->x, event->y);//将鼠标所指区域画在绘图区上
64    return TRUE;
65  }
```

该函数是鼠标单击事件的回调函数。鼠标单击绘图区后，在鼠标光标的坐标位置上绘制一个点，然后保存到绘图区。

（6）用鼠标画线。源代码如下：

```
66  static gboolean scribble_motion_notify_event(GtkWidget *widget,
67                                              GdkEventMotion *event,
68                                              gpointer data)//用鼠标画线
69  {
70    int x, y;
71    GdkModifierType state;
72    if (pixmap == NULL)
73      return FALSE;
74    gdk_window_get_pointer(event->window, &x, &y, &state);
75                                                          //获取鼠标运动轨迹
76    if (state & GDK_BUTTON1_MASK)
77      draw_brush(widget, x, y);                           //用鼠标画线
78    return TRUE;
79  }
```

该函数是鼠标拖曳事件的回调函数，通过计算鼠标运动的轨迹，在绘图区上绘制出线条。其中，用于从事件中获得鼠标轨迹的函数为 gdk_window_get_pointer()。

（7）在绘图区画方格。源代码如下：

```
80  static gboolean checkerboard_expose(GtkWidget *da,
81                                      GdkEventExpose *event,
82                                      gpointer data)    //在绘图区画方格
83  {
```

```
84      gint i, j, xcount, ycount;
85      GdkGC *gc1, *gc2;                        //创建颜色对象
86      GdkColor color;                              //创建颜色结构
87      gc1 = gdk_gc_new(da->window);
88      color.red = 30000;
89      color.green = 0;
90      color.blue = 30000;
91      gdk_gc_set_rgb_fg_color(gc1, &color);   //定义第一个颜色,紫色
92      gc2 = gdk_gc_new(da->window);
93      color.red = 65535;
94      color.green = 65535;
95      color.blue = 65535;
96      gdk_gc_set_rgb_fg_color(gc2, &color);   //定义第二个颜色,白色
97      xcount = 0;
98      i = SPACING;
99      while (i < da->allocation.width) {
100       j = SPACING;
101       ycount = xcount % 2;                  //获得当前坐标是基数还是偶数
102       while (j < da->allocation.height) {
103         GdkGC *gc;
104         if (ycount % 2)
105           gc = gc1;                          //基数坐标的方格用紫色填充
106         else
107           gc = gc2;                          //偶数坐标的方格用白色填充
108         gdk_draw_rectangle(da->window, gc, TRUE, i, j, CHECK_SIZE,
109                   CHECK_SIZE);               //画方格
110         j += CHECK_SIZE + SPACING;
111         ++ycount;
112       }
113       i += CHECK_SIZE + SPACING;
114       ++xcount;
115     }
116     g_object_unref(gc1);                      //删除颜色对象
117     g_object_unref(gc2);
118     return TRUE;
119 }
```

该函数在程序开始时运行,通过反复调用 draw_brush()函数,在绘图区上绘制出一系列的矩形。函数中用循环计算矩形的坐标,并且每次都会在紫色与白色间变换前景色。

(8)关闭窗体。源代码如下:

```
120 static void close_window(void)               //关闭窗体
121 {
122   window = NULL;
123   if (pixmap)
124     g_object_unref(pixmap);                   //删除后端位图
125   pixmap = NULL;
126 }
```

该函数是窗体的 destroy 信号回调。窗体关闭后,将清理后端位图所占用的内存空间,并将所有指针置为 NULL。

(9)主函数,源代码如下:

```
01  int main(int argc, char *argv[])
02  {
03    gtk_init(&argc, &argv);
04    GtkWidget *frame;
```

```
05      GtkWidget *vbox;
06      GtkWidget *da;
07      GtkWidget *label;
08      window = gtk_window_new(GTK_WINDOW_TOPLEVEL);
09      gtk_window_set_title(GTK_WINDOW(window), "绘图区测试");
10      g_signal_connect(window, "destroy", G_CALLBACK(close_window), NULL);
                                            //捕捉窗体关闭信号
11      gtk_container_set_border_width(GTK_CONTAINER(window), 8);
12                                          //设置窗体边缘宽度
13      vbox = gtk_vbox_new(FALSE, 8);           //创建一个容器
14      gtk_container_set_border_width(GTK_CONTAINER(vbox), 8);
15                                          //设置容器边缘宽度
16      gtk_container_add(GTK_CONTAINER(window), vbox); //将容器置在窗体中
17      label = gtk_label_new(NULL);
18      gtk_label_set_markup(GTK_LABEL(label), "<u>方格图案</u>");
19                                          //设置带下划线格式标签
20      gtk_box_pack_start(GTK_BOX(vbox), label, FALSE, FALSE, 0);
21      frame = gtk_frame_new(NULL);
22      gtk_frame_set_shadow_type(GTK_FRAME(frame), GTK_SHADOW_IN);
23      gtk_box_pack_start(GTK_BOX(vbox), frame, TRUE, TRUE, 0);
24      da = gtk_drawing_area_new();             //创建绘图区
25      gtk_widget_set_size_request(da, 100, 100);   //设置最小尺寸
26      gtk_container_add(GTK_CONTAINER(frame), da);
27      g_signal_connect(da, "expose-event",
28                      G_CALLBACK(checkerboard_expose),
29                      NULL);               //捕捉暴露事件
30      label = gtk_label_new(NULL);
31      gtk_label_set_markup(GTK_LABEL(label), "<u>手绘区</u>");
32      gtk_box_pack_start(GTK_BOX(vbox), label, FALSE, FALSE, 0);
33      frame = gtk_frame_new(NULL);
34      gtk_frame_set_shadow_type(GTK_FRAME(frame), GTK_SHADOW_IN);
35      gtk_box_pack_start(GTK_BOX(vbox), frame, TRUE, TRUE, 0);
36      da = gtk_drawing_area_new();             //创建另一个绘图区
37      gtk_widget_set_size_request(da, 100, 100);
38      gtk_container_add(GTK_CONTAINER(frame), da);
39      g_signal_connect(da, "expose-event",
40                      G_CALLBACK(scribble_expose_event),
41                      NULL);               //捕捉暴露事件
42      g_signal_connect(da, "configure-event",
43                      G_CALLBACK(scribble_configure_event),
44                      NULL);               //捕捉窗体大小改变事件
45      g_signal_connect(da, "motion-notify-event",
46                      G_CALLBACK(scribble_motion_notify_event),
47                      NULL);               //捕捉鼠标移动信号
48      g_signal_connect(da, "button-press-event",
49                      G_CALLBACK(scribble_button_press_event),
50                      NULL);               //捕捉鼠标单击信号
51      gtk_widget_set_events(da, gtk_widget_get_events(da)
52                          | GDK_LEAVE_NOTIFY_MASK
53                          | GDK_BUTTON_PRESS_MASK
54                          | GDK_POINTER_MOTION_MASK
55                          | GDK_POINTER_MOTION_HINT_MASK);
56                          //设置绘图区监听信号
57      }
58      gtk_widget_show_all(window);
59      gtk_main();
60      return 0;
61  }
```

该程序创建了两个绘图区，分别位于窗体上下两侧。上侧绘图区是用来显示小方格，方格的数量根据绘图区实际尺寸来绘制。下侧绘图区是用来手绘图形，它捕捉鼠标的信号，使用 GDK 画笔工具画到绘图区中，如图 23.19 所示。

图 23.19 绘图区示例

23.2.3 字体选择对话框

字体选择对话框构件是用来选择文本字体的用户接口。在文本编辑器、图形编辑器和各种需要对文本字体提供用户自定义功能的软件中经常会用到字体选择对话框。与字体选择对话框配合使用的是字体按钮，当单击字体按钮时会自动开启一个字体选择对话框。可使用 gtk_font_button_new()函数创建字体按钮，或者使用 gtk_font_button_new_with_font()函数在创建时设置初始字体。它们的一般形式为：

```
GtkWidget *gtk_font_button_new(void);
GtkWidget *gtk_font_button_new_with_font(const gchar *fontname);
```

字体按钮上会显示当前选择的字体与字号，单击按钮后如果在弹出的字体选择对话框中改变了这些内容，那么字体按钮上的内容也会跟着改变。字体按钮如图 23.20 所示。

字体按钮中的字体信息可以直接在代码中设置或者获取，gtk_font_button_set_font_ name()函数用于设置字体名称，gtk_font_button_get_font_name()函数用于从字体按钮上获取字体名称。它们的一般形式为：

图 23.20 字体按钮

```
gboolean gtk_font_button_set_font_name(GtkFontButton *font_button,
                                        const gchar *fontname);
const gchar* gtk_font_button_get_font_name(GtkFontButton *font_button);
```

字体的风格有正常、粗体、斜体和粗斜体 4 种。gtk_font_button_set_show_style()函数用于设置是否在字体按钮的字体名称右侧显示字体风格，同时将字体风格直接表现到字体按钮上。默认情况下，字体按钮会显示字体风格。gtk_font_button_get_show_style()函数用于获得字体按钮显示字体风格的状态。它们的一般形式为：

```
void gtk_font_button_set_show_style(GtkFontButton *font_button,
```

```
                                          gboolean show_style);
                                  //是否显示字体风格
gboolean gtk_font_button_get_show_style(GtkFontButton *font_button);
```

gtk_font_button_set_show_size()函数用于决定是否在字体名称右侧显示字号,默认条件下字体按钮上会显示字号。gtk_font_button_get_show_size()函数用于返回是否显示字号的状态。它们的一般形式为:

```
void gtk_font_button_set_show_size(GtkFontButton *font_button,
                                   gboolean show_size);      //是否显示字号
gboolean gtk_font_button_get_show_size(GtkFontButton *font_button);
```

gtk_font_button_set_use_font()函数用于设置是否将字体按钮上的文字设为所选定的字体,默认条件下的状态为使用。gtk_font_button_get_use_font()函数用于获得是否使用字体的属性。它们的一般形式为:

```
void gtk_font_button_set_use_font(GtkFontButton *font_button,
                                  gboolean use_font);   //是否使用所选字体
gboolean gtk_font_button_get_use_font(GtkFontButton *font_button);
```

gtk_font_button_set_use_size()函数用于设置是否将字号用于字体按钮上的文字,默认条件为不使用。tk_font_button_get_use_size()函数用于返回是否使用字号的属性。它们的一般形式为:

```
void gtk_font_button_set_use_size(GtkFontButton *font_button,
                                  gboolean use_size);          //是否使用所选字号
gboolean gtk_font_button_get_use_size(GtkFontButton *font_button);
```

gtk_font_button_set_title()函数用于设置字体选择对话框的标题, gtk_font_button_get_title()函数用于返回字体选择对话框的标题。它们的一般形式为:

```
void gtk_font_button_set_title(GtkFontButton *font_button,
                               const gchar *title);
const gchar *gtk_font_button_get_title(GtkFontButton *font_button);
```

在不使用字体按钮的情况下也可以直接显示字体选择对话框,gtk_font_selection_dialog_new()函数用于创建一个字体选择对话框并设置其标题。它的一般形式是:

```
GtkWidget *gtk_font_selection_dialog_new(const gchar *title);
```

gtk_font_selection_dialog_set_font_name()函数用于指定字体选择对话框中所选择的字体名,该操作与手工选择字体的意义是一样的。gtk_font_selection_dialog_get_font_name()函数用于返回字体选择对话框中选择的字体名。它们的一般形式为:

```
gboolean  gtk_font_selection_dialog_set_font_name(GtkFontSelectionDialog
*fsd,
                                                  const gchar *fontname);
gchar*  gtk_font_selection_dialog_get_font_name(GtkFontSelectionDialog
*fsd);
```

gtk_font_selection_dialog_set_preview_text()函数用于设置字体选择对话框中预览的文字,默认情况下预览文字是字体名。gtk_font_selection_dialog_get_preview_text()函数用于返回预览文字。它们的一般形式为:

```
void  gtk_font_selection_dialog_set_preview_text(GtkFontSelectionDialog
*fsd,
```

```
                                                 const gchar *text);
const gchar *gtk_font_selection_dialog_get_preview_text(GtkFontSelection
Dialog *fsd);
```

字体选择对话框有 3 个按钮，分别为图像库中的 **gtk-apply**、**gtk-cancel** 和 **gtk-ok** 按钮。
如果要从字体选择对话框中提取这些按钮，可使用下列函数：

```
GtkWidget *gtk_font_selection_dialog_get_apply_button(GtkFontSelection
Dialog *fsd);
GtkWidget *gtk_font_selection_dialog_get_cancel_button(GtkFontSelection
Dialog *fsd);
GtkWidget *gtk_font_selection_dialog_get_ok_button(GtkFontSelection
Dialog *fsd);
```

下面用一个例子说明字体选择对话框的使用方法。

```
01   #include <gtk/gtk.h>
02   static void font_dialog_response(GtkFontSelectionDialog *dialog,
03                                    gint response,
04                                    gpointer data)
05                                            //处理字体选择对话框按钮按下事件
06   {
07     gchar *font;
08     GtkWidget *message;
09     switch (response) {
10     case (GTK_RESPONSE_APPLY):
11     case (GTK_RESPONSE_OK):              //当gtk-apply或gtk-ok按钮按下时处理
12       font = gtk_font_selection_dialog_get_font_name(dialog);
13                                     //获取字体选择对话框所选择字体名
14       message = gtk_message_dialog_new(NULL,
15                                        GTK_DIALOG_MODAL,
16                                        GTK_MESSAGE_INFO,
17                                        GTK_BUTTONS_OK,
18                                        font);//创建一个新对话框显示字体名
19       gtk_window_set_title(GTK_WINDOW(message),"所选择字体");
20       gtk_dialog_run(GTK_DIALOG(message));
21       gtk_widget_destroy(message);
22       g_free(font);
23       break;
24     default:
25       gtk_widget_destroy(GTK_WIDGET(dialog));//删除字体选择对话框
26     }
27     if (response == GTK_RESPONSE_OK)
28       gtk_widget_destroy(GTK_WIDGET(dialog));
29     gtk_main_quit();                              //退出 GTK+主循环
30   }
31   int main(int argc, char *argv[]) {
32     gtk_init(&argc, &argv);
33     GtkWidget *dialog;
34     dialog = gtk_font_selection_dialog_new ("请选择字体");
35                                            //创建字体选择对话框
36     gtk_font_selection_dialog_set_font_name(GTK_FONT_SELECTION_DIALOG
37   (dialog),
38                                        "Sans Bold Italic 12");
39                                            //设置对话框字体名称
40     gtk_font_selection_dialog_set_preview_text
41   (GTK_FONT_
       SELECTION_DIALOG (dialog),
42                                        "感受 GTK+开发的乐趣");
```

```
43                                              //设置字体预览文本
44    g_signal_connect(G_OBJECT (dialog), "response",
45                      G_CALLBACK (font_dialog_response),
46                      NULL);                  //监听对话框中按钮按下事件
47    gtk_widget_show_all(dialog);
48    gtk_main();
49    return 0;
50  }
```

该程序没有主窗体，程序运行时弹出一个字体选择对话框。如果单击了按钮，font_dialog_response()函数会处理字体选择对话框传递来的信息。如果单击的按钮是 gtk-apply 或 gtk-ok，它将弹出一个新的消息对话框用于显示所选择的字体名称和字号。然后，该函数删除对话框并退出 GTK+主循环，如图 23.21 所示。

图 23.21　字体选择对话框

23.2.4　消息对话框

消息对话框是一种最简单的对话框，它通常用来向用户传送一条消息。例如，在程序运行出错时传送一条错误消息，或者让用户选择是否保存当前的工作。消息对话框由一个对话框构件、一个图像构件、一组标签构件和一组按钮构件组成，可以直接用"->"操作符访问这些构件。gtk_message_dialog_new()函数用于创建消息对话框。它的一般形式为：

```
GtkWidget* gtk_message_dialog_new(GtkWindow *parent,
                                  GtkDialogFlags flags,
                                  GtkMessageType type,
                                  GtkButtonsType buttons,
                                  const gchar *message_format,
                                  ...);
```

函数的第一个参数 parent 是父窗体的指针。父窗体可以用于接收消息对话框中用户传回的信息，因为有些时候消息对话框会显示代表相反意义的两个按钮。flags 参数是消息对话框的属性标志，GTK_DIALOG_MODAL 标志表示该对话框是一个模式对话框，即在对话框关闭前，同一进程的其他窗体都被锁定；GTK_DIALOG_DESTROY_WITH_PARENT 标志表示在父窗体被删除时，对话框自动删除；GTK_DIALOG_NO_SEPARATOR 标志表示在对话框中不显示分隔符。type 参数是消息对话框的类型标志，可选的标志见表 23.8。

表 23.8　消息对话框的类型标志

标　　志	说　　明
GTK_MESSAGE_INFO	一般报告消息
GTK_MESSAGE_WARNING	警告消息
GTK_MESSAGE_QUESTION	询问用户需求消息
GTK_MESSAGE_ERROR	致命错误消息
GTK_MESSAGE_OTHER	其他消息

buttons 参数是用来设置放置在消息对话框中按钮，这些按钮是图像库中预设的按钮，按钮的名称在消息消息对话框中被定义为 GtkButtonsType 枚举类型，该类型的成员见表 23.9。

表 23.9　GtkButtonsType枚举类型成员

枚举成员名称	说　　明
GTK_BUTTONS_NONE	不显示按钮
GTK_BUTTONS_OK	显示"确定"按钮
GTK_BUTTONS_CLOSE	显示"关闭"按钮
GTK_BUTTONS_CANCEL	显示"取消"按钮
GTK_BUTTONS_YES_NO	显示"是"和"否"两个按钮
GTK_BUTTONS_OK_CANCEL	显示"确定"和"取消"两个按钮

message_format 参数是要显示的消息的指针，它可以只使用一个实际参数存放简单的字符串，也可以是与 printf()函数一样的格式化文本，这时会用到多个实际参数。

消息对话框还有一种显示形式，它可以同时显示一个主标题和消息文本，使用两个标签构件，其中消息文本可使用 Pango 函数库提供的格式化文本。gtk_message_dialog_new_with_markup()函数用于创建这种形式的消息对话框，其参数与前者相同。这两种方式创建的对话框都可以在程序运行中修改主标题和消息文本。gtk_message_dialog_set_markup()函数用于修改主标题，它可以是 Pango 格式化文本。修改消息文本可使用gtk_message_dialog_format_secondary_markup()函数，它也是使用 Pango 格式化文本，或者gtk_message_dialog_set_format_secondary_text()函数，它是与 printf()函数一样的格式化文本。它们的一般形式为：

```
void gtk_message_dialog_set_markup(GtkMessageDialog *message_dialog,
                        const gchar *str);
void gtk_message_dialog_format_secondary_text(GtkMessageDialog *message_
dialog,
                                    const gchar *message_format,
                                    ……);
void gtk_message_dialog_format_secondary_markup(GtkMessageDialog *message
_dialog,
                                    const gchar *message_format,
                                    ……);
```

在设置了消息对话框的类型时，GTK+会为指定一个图像库中的图像放在对话框中。如果类型为"其他消息"，则不会放置图像。gtk_message_dialog_set_image()函数用于设置消息对话框中的图像构件，gtk_message_dialog_get_image()函数用于获取消息对话框中的图像构件的指针。它们的一般形式为：

```
void gtk_message_dialog_set_image(GtkMessageDialog *dialog,
                        GtkWidget *image);
```

```
GtkWidget *gtk_message_dialog_get_image(GtkMessageDialog *dialog);
```

下面用一个例子演示消息对话框的操作方法。

```
01    #include <gtk/gtk.h>
02    static void button_clicked(GtkButton *button, GtkWindow *parent)
03                                                     //按钮按下的回调函数
04    {
05       GtkWidget *dialog;
06       dialog = gtk_message_dialog_new(parent,
07                                        GTK_DIALOG_MODAL,
08                                        GTK_MESSAGE_INFO,
09                                        GTK_BUTTONS_OK,
10                                        "按钮被按下！");         //创建消息对话框
11       gtk_window_set_title(GTK_WINDOW(dialog),"消息对话框");  //设置对话框标题
12       gtk_dialog_run(GTK_DIALOG(dialog));                    //显示对话框
13       gtk_widget_destroy(dialog);                            //删除对话框
14    }
15    int main(int argc, char *argv[])
16    {
17       GtkWidget *window;
18       GtkWidget *button;
19       gtk_init(&argc, &argv);
20       window = gtk_window_new(GTK_WINDOW_TOPLEVEL);
21       gtk_window_set_title(GTK_WINDOW(window), "消息对话框示例");
22       gtk_container_set_border_width(GTK_CONTAINER(window), 10);
23       g_signal_connect(G_OBJECT(window), "delete_event",
24                        G_CALLBACK(gtk_main_quit), NULL);
25       button = gtk_button_new_with_label("打开消息对话框"); //创建按钮
26       g_signal_connect(G_OBJECT(button), "clicked",
27                        G_CALLBACK(button_clicked),
28                        (gpointer) window);
29       gtk_container_add(GTK_CONTAINER(window), button);
30       gtk_widget_show_all(window);
31       gtk_main();
32       return 0;
33    }
```

消息对话框本身是从窗体构件继承而来，所以如果需要设置
消息对话框的标题，可以先使用宏 GTK_WINDOW()将其转换为
窗体构件，然后使用 gtk_window_set_title()函数设置标题。本例
创建了一个窗体，在窗体上放置了一个按钮构件。当按钮构件按
下时，回调函数 button_clicked()弹出消息对话框。该对话框是模
式对话框，所以关闭前父窗体被锁定，如图 23.22 所示。

图 23.22　消息对话框

23.2.5　图像构件

图像构件是用于在窗体中显示一幅位图图像的界面构件，GTK+内部已包含了对多种
格式的支持，所以像 BMP、TIFF、JPEG、PNG 和 GIF 等图像格式它都能显示。gtk_image_new()
函数用于创建一个图像构件。它的一般形式如下：

```
GtkWidget* gtk_image_new(void);
```

这时图像构件是空白的，将图像放入后其内容会在图像构件的区域内显示。放入图像
的方法最常用的有以下 3 种。

（1）直接从文件系统里读取位图文件，可使用 gtk_image_new_from_file()函数在创建图像时指定文件路径，或者创建图像构件后使用 gtk_image_set_from_file()函数读取位图文件。它们的一般形式为：

```
GtkWidget* gtk_image_new_from_file (const gchar *filename);
void gtk_image_set_from_file (GtkImage *image,const gchar *filename);
```

filename 参数是位图的路径，如果找个到该位图或文件格式那么图像构件显示的内容依然是空白的。

（2）直接从 GTK+图像库内读取图像，这种方法与从图像库读取按钮相似。要在创建图像构件时指定图像库中的图像可使用 gtk_image_new_from_stock()函数，或者使用 gtk_image_set_from_stock()函数在创建图像构件后指定图像。它们的一般形式为：

```
GtkWidget* gtk_image_new_from_stock (const gchar *stock_id,
                                     GtkIconSize size);
void gtk_image_set_from_stock (GtkImage *image,
                               const gchar *stock_id,
                               GtkIconSize size);
```

stock_id 参数是可选的图像库中图像的名称，该名称是预定义的常量类型。常用的图像库图像名称见表 23.10。

表 23.10　常用的图像库图像名称

名　　称	说　　明
GTK_STOCK_ABOUT	GTK_STOCK_NEW
GTK_STOCK_ADD	GTK_STOCK_NO
GTK_STOCK_CANCEL	GTK_STOCK_OK
GTK_STOCK_CDROM	GTK_STOCK_OPEN
GTK_STOCK_CLEAR	GTK_STOCK_PASTE
GTK_STOCK_CLOSE	GTK_STOCK_PREFERENCES
GTK_STOCK_COPY	GTK_STOCK_PRINT
GTK_STOCK_CUT	GTK_STOCK_PRINT_ERROR
GTK_STOCK_DELETE	GTK_STOCK_PROPERTIES
GTK_STOCK_DIALOG_AUTHENTICATION	GTK_STOCK_QUIT
GTK_STOCK_DIRECTORY	GTK_STOCK_REDO
GTK_STOCK_EDIT	GTK_STOCK_REFRESH
GTK_STOCK_EXECUTE	GTK_STOCK_REMOVE
GTK_STOCK_FILE	GTK_STOCK_REVERT_TO_SAVED
GTK_STOCK_FIND	GTK_STOCK_SAVE
GTK_STOCK_GO_BACK	GTK_STOCK_SAVE_AS
GTK_STOCK_GO_DOWN	GTK_STOCK_SELECT_ALL
GTK_STOCK_GO_FORWARD	GTK_STOCK_STOP
GTK_STOCK_GO_UP	GTK_STOCK_UNDELETE
GTK_STOCK_HELP	GTK_STOCK_UNDO
GTK_STOCK_HOME	GTK_STOCK_YES
GTK_STOCK_INFO	GTK_STOCK_ZOOM_IN
GTK_STOCK_NETWORK	GTK_STOCK_ZOOM_OUT

size 参数用于定义图像的尺寸，它是 GtkIconSize 枚举类型，每个成员对应一个特定环境所需的预定义尺寸。GtkIconSize 枚举类型成员见表 23.11。

表 23.11　GtkIconSize枚举类型成员

枚举成员名称	说　　明
GTK_ICON_SIZE_INVALID	不使用预定义尺寸
GTK_ICON_SIZE_MENU	菜单上的图像尺寸
GTK_ICON_SIZE_SMALL_TOOLBAR	工具条上的小尺寸图像
GTK_ICON_SIZE_LARGE_TOOLBAR	工具条上的大尺寸图像
GTK_ICON_SIZE_BUTTON	按钮上的图像尺寸
GTK_ICON_SIZE_DND	鼠标拖放操作时的尺寸
GTK_ICON_SIZE_DIALOG	对话框上的图像尺寸

下面用一个例子说明直接从 GTK+图像库内读取图像的操作方法。

```
01  #include gtk/gtk.h>
02  int main(int argc, char *argv[])
03  {
04     int i;
05     const char *lb[6] = {"菜单",
06                          "小尺寸工具条",
07                          "大尺寸工具条",
08                          "按钮",
09                          "拖放",
10                          "对话框"};
11     gtk_init(&argc, &argv);
12     GtkWidget *window1;
13     window1 = gtk_window_new(GTK_WINDOW_TOPLEVEL);
14     gtk_widget_show(window1);
15     gtk_window_set_title(GTK_WINDOW(window1), "图片库演示");
16     g_signal_connect(G_OBJECT(window1), "delete_event",
17                      G_CALLBACK(gtk_main_quit), NULL);
18     GtkWidget *table1;
19     table1 = gtk_table_new(2, 6, FALSE);              //创建表格容器
20     gtk_widget_show(table1);
21     gtk_container_add(GTK_CONTAINER (window1), table1);
22     GtkWidget *image[6];                              //创建图像构件数组
23     GtkWidget *label[6];                              //创建标签构件数组
24     for(i = 0; i < 6; i++) {
25        image[i] = gtk_image_new_from_stock(GTK_STOCK_COPY,
26        //定义图像库中的图像名
27                           GTK_ICON_SIZE_MENU + i);//定义图像尺寸
28        gtk_widget_show(image[i]);
29        gtk_table_attach(GTK_TABLE (table1), image[i], i, i + 1, 0, 1,
30                 (GtkAttachOptions)(GTK_EXPAND | GTK_FILL),
31                 (GtkAttachOptions)(GTK_EXPAND | GTK_FILL), 0, 0);
32  //将图像放入表格容器
33        label[i] = gtk_label_new (lb[i]);
34        gtk_widget_show (label[i]);
35        gtk_table_attach (GTK_TABLE (table1), label[i], i, i + 1, 1, 2,
36                 (GtkAttachOptions) (GTK_FILL),
37                 (GtkAttachOptions) (0), 0, 0);
38     }
39     gtk_main();
40     return 0;
41  }
```

该程序在表格容器中放置了 6 个图像构件,其中的图像来自图像库中的 GTK_STOCK_

COPY。每个图像的尺寸不同，因为 GtkIconSize 是枚举类型，所以 GTK_ICON_SIZE_MENU
＋i 表达式可以依次获得不同的成员。该程序运行效果如图 23.23 所示。

图 23.23　从 GTK+图像库内读取图像

（3）从内存缓存中读取位图。这种方法非常灵活，程序启动时可先将要显示的图像文件读入内存，运行中如果需要变换图像，那么将比从文件中读取的速度要快。特别是当这些图像是一个循环的动画时，程序不用反复读取图像文件。gtk_image_new_from_pixbuf()函数用于在创建图像构件时读取缓存，gtk_image_set_from_pixbuf()函数用于图像构件创建后读取缓存。它们的一般形式为：

```
GtkWidget* gtk_image_new_from_pixbuf (GdkPixbuf *pixbuf);
void gtk_image_set_from_pixbuf (GtkImage *image,
                                GdkPixbuf *pixbuf);
```

pixbuf 参数是 GDK 库中定义的 GdkPixbuf 对象，该对象用于将图像文件读取到内存中，如下例所示。

```
GdkPixbuf *pixbuf;
pixbuf = gdk_pixbuf_new_from_file("/usr/share/gtk-2.0/demo/alphatest.
png", NULL);
                                        //将图像文件读入内存
GtkWidget *image;
image = gtk_image_new_from_pixbuf(pixbuf);//从内存中读取图像创建图像构件
gtk_widget_show(image);
gtk_container_add(GTK_CONTAINER (window1), image);
```

该例将 PNG 格式图像文件读入内存中，然后在创建图像构件时显示，如图 23.24 所示。

图 23.24　从内存中读取图像

创建图像构件后，可通过改变构件的大小来调整图像尺寸。如果要清除图像，可使用 gtk_image_clear()函数。

23.2.6　文本视区

文本视区是用于显示或编辑多行文本的界面构件，文本编辑器就是文本视区的典型应用。创建文本视区可使用 gtk_text_view_new()函数。它的一般形式为：

```
GtkWidget *gtk_text_view_new(void);
```

与文本视区密切相关的是 GtkTextBuffer 对象，该对象是用来保存文本的缓冲区。创建文本视区时指定缓冲区可使用 gtk_text_view_set_buffer()函数，或者使用 gtk_text_view_set_buffer()函数在文本视区创建后指定缓冲区。gtk_text_view_get_buffer()函数用于从文本视区构件中返回 GtkTextBuffer 对象指针。它们的一般形式为：

```
GtkWidget *gtk_text_view_new_with_buffer(GtkTextBuffer *buffer);
void gtk_text_view_set_buffer(GtkTextView *text_view,
                              GtkTextBuffer *buffer);
GtkTextBuffer *gtk_text_view_get_buffer(GtkTextView *text_view);
```

文本视区构件通常与滚动条构件一同使用，将文本视区构件放置在滚动条构件中可方便地调整查看范围，如下例所示。

```
01    GtkWidget *scrolledwindow;
02    scrolledwindow = gtk_scrolled_window_new(NULL, NULL);//创建调整构件
03    gtk_widget_show(scrolledwindow);
04    gtk_container_add(GTK_CONTAINER(window), scrolledwindow);
05    gtk_scrolled_window_set_shadow_type(GTK_SCROLLED_WINDOW
06    (scrolledwindow),
07                                        GTK_SHADOW_IN);
08    GtkWidget *textview;
09    textview = gtk_text_view_new();                    //创建文本视区构件
10    gtk_widget_show(textview);
11    gtk_container_add(GTK_CONTAINER(scrolledwindow), textview);
12    //将文本视区构件放入创建调整构件内
13    gtk_text_buffer_set_text (gtk_text_view_get_buffer(GTK_TEXT_VIEW
14    (textview)),"构件名称: 文本视图构件\nWidget Name: GtxTextView",-1);
15                                               //在缓冲区内放入文本
```

程序中并未额外创建文本缓冲区，使用的是文本视区构件中内建的 GtkTextBuffer 对象。将文本放入缓冲区可使用 gtk_text_buffer_set_text()函数实现，缓冲区中内容被修改后会立即在文本视区构件中显示。如果文本视区构件中的内容被改变，也会立即反映到缓冲区内，如图 23.25 所示。

图 23.25　文本视区构件

23.3　菜　单　构　件

菜单是计算机程序界面设计中最常用的导航工具，用于将程序所有的功能分类列举出来。菜单通常由可供选择的一组文字和符号组成，是一系列命令的列表。用鼠标单击其中

一个选项后，就指定程序执行一个特定动作或功能。大多数程序提供下拉样式和弹出样式的菜单。下拉菜单通常应用于菜单栏（一般在程序的最顶端），其中列出了整个程序最常用的操作。而弹出式菜单一般设定为鼠标按键动作出现时候弹出，提供与鼠标所选或所指内容相关的细节功能。

23.3.1　菜单栏

菜单栏（GtkMenuBar）是放置菜单构件的容器，它本身不显示任何内容，但会在窗体构件中占用一定面积的区域。在菜单栏中放置菜单构件后，菜单构件按照指定的顺序排列在菜单栏中，如图 23.26 所示。

图 23.26　菜单栏

gtk_menu_bar_new()函数用于创建一个新的菜单栏。它的一般形式为：

```
GtkWidget *gtk_menu_bar_new(void);
```

该函数没有任何参数，函数返回值是菜单栏构件的指针地址。菜单栏的尺寸通常不需要指定，它会自动根据装入的菜单构件调整尺寸。如果菜单构件过多，放置方式可能由原先的一行变为多行。当放置菜单栏的窗体尺寸被改变时，菜单栏也会随着窗体一同改变。

菜单栏的父类为 GtkMenuShell，该类并没有窗体，只是提供了一系列用于容器操作的成员函数。它有 3 个成员函数用于菜单栏放置菜单构件的操作。gtk_menu_shell_append()函数用于在菜单栏结束的地方添加一个菜单构件；gtk_menu_shell_prepend()函数用于在菜单栏开始的地方添加一个菜单构件；gtk_menu_shell_insert()函数用于在菜单栏指定的地方添加一个菜单构件。它们的一般形式为：

```
void gtk_menu_shell_append(GtkMenuShell *menu_shell,
                           GtkWidget *child);
void gtk_menu_shell_prepend(GtkMenuShell *menu_shell,
                            GtkWidget *child);
void gtk_menu_shell_insert(GtkMenuShell *menu_shell,
                           GtkWidget *child,
                           gint position);
```

其中，child 参数是菜单项的指针，position 参数用于插入菜单时指定在菜单栏中的位置。这 3 个函数均无返回值。

23.3.2　菜单构件

菜单构件（GtkMenu）与菜单栏一样是容器构件，并且同为 GtkMenuShell 类的子类。菜单构件用于存放菜单项。当菜单构件被按下时，菜单构件内的菜单项被弹出，如图 23.27 所示。gtk_menu_new()函数用于创建菜单构件。它的一般形式为：

```
GtkWidget* gtk_menu_new(void);
```

图 23.27　菜单构件

gtk_menu_shell_append()等函数对于菜单构件来说，可用来添加菜单项。如果没有特别的顺序要求，也可使用 gtk_container_add()函数添加菜单项。

菜单构件可连接一个 GtkAccelGroup 对象，该对象用于添加快捷键。gtk_menu_set_accel_group()函数用于为菜单构件指定一个 GtkAccelGroup 对象；gtk_menu_get_accel_group()函数用于从菜单构件中将 GtkAccelGroup 对象提取出来。它的一般形式为：

```
void gtk_menu_set_accel_group (GtkMenu *menu,
                               GtkAccelGroup *accel_group);
GtkAccelGroup *gtk_menu_get_accel_group (GtkMenu *menu);
```

如果要创建一个弹出式菜单，那么相应的菜单构件就不用放在菜单栏内，使用 gtk_menu_popup()函数可将菜单弹出。它的一般形式为：

```
void gtk_menu_popup(GtkMenu *menu,
                    GtkWidget *parent_menu_shell,
                    GtkWidget *parent_menu_item,
                    GtkMenuPositionFunc func,
                    gpointer data,
                    guint button,
                    guint32 activate_time);
```

menu 参数是被弹出菜单的指针。parent_menu_shell 参数和 parent_menu_item 参数用来定义父菜单构件和父菜单项，如果没有可以为 NULL。func 是一个用 GtkMenuPositionFunc 预定义的菜单定位函数，data 参数是传递给定位函数的数据，可以为 NULL。button 参数是弹出菜单时按下的鼠标按钮，activate_time 是按下鼠标的时间。下面举例说明弹出式菜单的用法。

```
…
01  GtkWidget* create_menu(void)
02  {
03      GtkWidget *menu;
04      GtkWidget *copy;
05      GtkWidget *cut;
06      GtkWidget *delete;
07      GtkAccelGroup *accel_group;
08      accel_group = gtk_accel_group_new();            //创建快捷方式集合
09      menu = gtk_menu_new();                           //创建菜单构件
10      copy = gtk_menu_item_new_with_mnemonic("复制");
11      gtk_widget_show(copy);
12      gtk_container_add(GTK_CONTAINER(menu), copy);    //添加菜单项
13      gtk_widget_add_accelerator(copy, "activate", accel_group, GDK_c,
```

```
14          (GdkModifierType) GDK_CONTROL_MASK, GTK_ACCEL_VISIBLE);
15                                              //添加快捷方式
16     cut = gtk_menu_item_new_with_mnemonic("剪切");
17     gtk_widget_show(cut);                    //必须显示菜单项
18     gtk_container_add(GTK_CONTAINER(menu), cut);
19     gtk_widget_add_accelerator(cut, "activate", accel_group, GDK_x,
20          (GdkModifierType) GDK_CONTROL_MASK, GTK_ACCEL_VISIBLE);
21     delete = gtk_menu_item_new_with_mnemonic("删除");
22     gtk_widget_show(delete);
23     gtk_container_add(GTK_CONTAINER(menu4), delete1);
24     gtk_widget_add_accelerator(delete, "activate", accel_group, GDK_F4,
25          (GdkModifierType) 0, GTK_ACCEL_VISIBLE);
26     g_signal_connect((gpointer) copy, "activate",
27                     G_CALLBACK (on_copy_activate),
28                     NULL);                  //指定菜单被选择时触发的回调函数
29     g_signal_connect((gpointer) cut, "activate",
30                     G_CALLBACK (on_cut_activate),
31                     NULL);
32     g_signal_connect((gpointer) delete, "activate",
33                     G_CALLBACK (on_delete_activate),
34                     NULL);
35     gtk_menu_set_accel_group(GTK_MENU(menu), accel_group);//使快捷键生效
36     return menu;
37 }
38
39 static gint button_press(GtkWidget *widget, GdkEvent *event)
40 {
41     if (event->type == GDK_BUTTON_PRESS) {       //判断是否是鼠标按下按钮
42        GdkEventButton *bevent = (GdkEventButton *) event;
43                                              //获得事件的信息
44        gtk_menu_popup(GTK_MENU(widget), NULL, NULL, NULL, NULL,
45                    bevent->button, bevent->time);   //弹出菜单
46        return TRUE;
47     }
48     return FALSE;
49 }
50 int main(int argc, char *argv[])
51 {
52     gtk_init(&argc, &argv);
53     GtkWidget *window;
54     window = gtk_window_new(GTK_WINDOW_TOPLEVEL);
55     gtk_window_set_title(GTK_WINDOW(window), "弹出菜单演示");
56     gtk_widget_show(window);
57     g_signal_connect(G_OBJECT(window), "delete_event",
58                  G_CALLBACK(gtk_main_quit), NULL);
59     GtkWidget *menu;
60     menu = create_menu();                    //创建弹出式菜单
61     GtkWidget *button;
62     button = gtk_button_new_with_label("弹出");
63     g_signal_connect_swapped(G_OBJECT(button), "event",
64                     G_CALLBACK(button_press), menu);
65                                              //当按钮被鼠标按下时,弹出菜单
66     gtk_container_add(GTK_CONTAINER(window), button);
67     gtk_widget_show(button);
68     gtk_main();
69     return 0;
70 }
```

该例中创建了一个按钮和一组菜单，当按钮被按下时，其回调函数 button_press()会判断是否是鼠标按下的按钮。如果是，就使用 gtk_menu_popup()函数将菜单弹出，如图 23.28 所示。该菜单中设定了一组快捷键，主函数中菜单一旦被创建，无论它是否显示，快捷键都会有效。

23.3.3　菜单项

图 23.28　弹出菜单演示

菜单项（GtkMenuItem）是组成菜单的基本元素，创建空白菜单项可使用 gtk_menu_item_new()函数实现。gtk_menu_item_new_with_label()函数用于创建时设定菜单项的标签，如果要设置一个带热键的标签可使用 gtk_menu_item_new_with_mnemonic()函数。它们的一般形式为：

```
GtkWidget *gtk_menu_item_new(void);
GtkWidget *gtk_menu_item_new_with_label(const gchar *label);
GtkWidget *gtk_menu_item_new_with_mnemonic(const gchar *label);
```

菜单项本身是快捷标签，可以使用 gtk_widget_add_accelerator()函数在菜单项中显示快捷键名称，如下例所示。

```
GtkAccelGroup *accel_group;
accel_group = gtk_accel_group_new();                       //创建快捷方式集合
menu = gtk_menu_new();                                     //创建菜单构件
copy = gtk_menu_item_new_with_mnemonic("复制");             //创建菜单项
gtk_widget_show(copy);
gtk_container_add(GTK_CONTAINER(menu), copy);              //添加菜单项
gtk_widget_add_accelerator(copy, "activate", accel_group, GDK_c,
    (GdkModifierType) GDK_CONTROL_MASK, GTK_ACCEL_VISIBLE);
                                                           //添加快捷方式
gtk_menu_set_accel_group(GTK_MENU(menu), accel_group);  //使快捷键生效
```

每个菜单项都可以设置一个下级菜单，这样能够组成多级菜单，无论是下拉菜单还是弹出式菜单都允许这样操作。gtk_menu_item_set_submenu()函数用于为菜单项添加下级菜单，如果要返回菜单项的下级菜单可使用 gtk_menu_item_get_submenu()函数。它们的一般形式为：

```
void gtk_menu_item_set_submenu (GtkMenuItem *menu_item,
                                GtkWidget *submenu);
GtkWidget *gtk_menu_item_get_submenu (GtkMenuItem *menu_item);
```

submenu 参数是下级菜单的菜单构件指针。在一个多级菜单中，需要多个菜单构件作为菜单项的集合。

菜单项被选择时，会抛出 activate 信号。可将回调函数与 activate 信号连接，在回调函数内放入选择菜单所要运行的代码。下例将显示多级菜单的创建方法。

```
01  #include < gtk/gtk.h>
02  #include < gdk/gdkkeysyms.h>
03  #include <glib-2.0/glib.h>
04  void menu_activate(GtkMenuItem *menuitem,
05                                GtkWindow *window)   //菜单项被选择的回调函数
```

```
06  {
07      const char *label;
08      label = gtk_label_get_label(GTK_LABEL(GTK_BIN(menuitem) -> child));
09      //获取菜单项中的标签构件
10      GtkWidget *dialog;
11      dialog = gtk_message_dialog_new(window,
12                                      GTK_DIALOG_MODAL,
13                                      GTK_MESSAGE_INFO,
14                                      GTK_BUTTONS_OK,
15                                      "%s 菜单被选择",
16                                      label);//将被选菜单项上的文本传递给消息对话框
17      gtk_window_set_title(GTK_WINDOW(dialog), "消息对话框");
18      gtk_dialog_run(GTK_DIALOG(dialog));
19      gtk_widget_destroy(dialog);
20  }
21  int main(int argc, char *argv[]) {
22      gtk_init(&argc, &argv);
23      GtkWidget *window;
24      window = gtk_window_new(GTK_WINDOW_TOPLEVEL);
25      gtk_window_set_title(GTK_WINDOW(window), "多级菜单演示");
26      gtk_widget_show(window);
27      g_signal_connect(G_OBJECT(window), "delete_event",
28                  G_CALLBACK(gtk_main_quit), NULL);
29      GtkAccelGroup *accel_group;
30      accel_group = gtk_accel_group_new();
31      GtkWidget *menubar;
32      menubar = gtk_menu_bar_new();                     //创建菜单栏构件
33      gtk_widget_show(menubar);
34      gtk_container_add(GTK_CONTAINER(window), menubar);
35      GtkWidget *first1;
36      first1 = gtk_menu_item_new_with_mnemonic("第一级(_F)");
37      //创建菜单项构件
38      gtk_widget_show(first1);
39      gtk_container_add(GTK_CONTAINER(menubar), first1);
40      GtkWidget *first1_menu;
41      first1_menu = gtk_menu_new();                     //创建二级菜单构件
42      gtk_menu_item_set_submenu(GTK_MENU_ITEM(first1), first1_menu);
43      GtkWidget *secend1;
44      secend1 = gtk_menu_item_new_with_mnemonic("第二级 1");
45      gtk_widget_show(secend1);
46      gtk_container_add(GTK_CONTAINER(first1_menu), secend1);
47      gtk_widget_add_accelerator(secend1, "activate",
48                      accel_group, GDK_1,
49                      (GdkModifierType) GDK_CONTROL_MASK,
50                      GTK_ACCEL_VISIBLE);          //添加快捷方式
51      GtkWidget *secend2;
52      secend2 = gtk_menu_item_new_with_mnemonic("第二级 2");
53                                                   //创建二级菜单项构件
54      gtk_widget_show(secend2);
55      gtk_container_add(GTK_CONTAINER(first1_menu), secend2);
56      GtkWidget *secend2_menu;
57      secend2_menu = gtk_menu_new();               //创建三级菜单构件
58      gtk_menu_item_set_submenu(GTK_MENU_ITEM(secend2), secend2_menu);
59      GtkWidget *third1;
60      third1 = gtk_menu_item_new_with_mnemonic("第三级 1");
61                                                   //创建三级菜单项构件
62      gtk_widget_show(third1);
63      gtk_container_add(GTK_CONTAINER(secend2_menu), third1);
```

```
64        gtk_widget_add_accelerator(third1, "activate",
65                          accel_group, GDK_2,
66                          (GdkModifierType) GDK_CONTROL_MASK,
67                          GTK_ACCEL_VISIBLE);
68        GtkWidget *third2;
69        third2 = gtk_menu_item_new_with_mnemonic("第三级 2");
70        gtk_widget_show(third2);
71        gtk_container_add(GTK_CONTAINER(secend2_menu), third2);
72        gtk_widget_add_accelerator(third2, "activate",
73                          accel_group, GDK_3,
74                          (GdkModifierType) GDK_CONTROL_MASK,
75                          GTK_ACCEL_VISIBLE);
76        g_signal_connect((gpointer) secend1, "activate",
77                          G_CALLBACK(menu_activate),//菜单选择时连接回调函数
78                          (gpointer) window);        //窗体构件的指针作为参数被传递
79        g_signal_connect((gpointer) third1, "activate",
80                          G_CALLBACK(menu_activate),
81                          (gpointer) window);
82        g_signal_connect((gpointer) third2, "activate",
83                          G_CALLBACK(menu_activate),
84                          (gpointer) window);
85        gtk_window_add_accel_group(GTK_WINDOW(window), accel_group);
86                                              //使快捷方式生效
87        gtk_main();
88        return 0;
89  }
```

该程序中创建了三级菜单，创建的顺序为：

（1）创建一个菜单栏构件，将其装入窗体构件中。

（2）创建一个菜单项构件 first1，它是可以直接被看见的顶级菜单项。

（3）创建二级菜单构件 first1_menu，它被作为子菜单装入 first1 中。

（4）创建二级菜单项构件 secend1 和 secend2，选择一级菜单项 first1 后它们被显示。

（5）创建三级菜单构件 secend2_menu，它被作为子菜单装入 secend2 中。

（6）创建三级菜单项 third1 和 third2，选择二级菜单项 secend2 后它们被显示。

菜单栏构件和菜单项构件必须用 gtk_widget_show()函数显示出来，而菜单构件本身是抽象的，所以不用调用该函数。

关于信号，通常有下级菜单的菜单项的信号不必捕捉，因为它本身代表着一个集合。选择它的作用是查看集合中的菜单，而不是完成某项特殊的功能。

程序中 secend1、third1 和 third2 3 个菜单项的 activate 信号使用同一个回调函数 menu_activate()，传递给该函数的值分别是菜单项构件的指针和窗体构件的指针。菜单项构件的指针用于提取其上显示的字符串，这里使用 gtk_label_get_label(GTK_LABEL (GTK_BIN(menuitem) ->child))表达式获得了菜单项构件的子成员标签构件。菜单项构件本身是 Gtk_Bin 类的子类，所以用宏将其强制转换后就能访问它的子成员 child。获得标签构件的字符串后，该字符串被用消息对话框显示出来，如图 23.29 所示。

图 23.29　多级菜单演示

23.3.4　图形菜单项

图形菜单项（GtkImageMenuItem）是菜单项的子类，它用以在菜单项中放置一个图像。创建图形菜单项可使用 gtk_image_menu_item_new()，或者使用 gtk_image_menu_item_new_with_label()函数、gtk_image_menu_item_new_with_mnemonic()函数在创建时指定菜单项标签。它们的一般形式为：

```
GtkWidget *gtk_image_menu_item_new(void);
GtkWidget* gtk_image_menu_item_new_with_label(const gchar *label);
GtkWidget* gtk_image_menu_item_new_with_mnemonic(const gchar *label);
```

这 3 个函数创建的图形菜单项并没有指定图像。可使用 gtk_image_menu_item_set_image()函数为菜单项设置图像，gtk_image_menu_item_get_image()函数可返回菜单项中的图像构件指针。它们的一般形式为：

```
void gtk_image_menu_item_set_image(GtkImageMenuItem *image_menu_item,
                         GtkWidget *image);
GtkWidget *gtk_image_menu_item_get_image(GtkImageMenuItem *image_menu_
item);
gtk_image_menu_item_new_from_stock()
```

对于大多数程序通用的菜单项，可直接从 GTK+图像库取得图像，例如打开文件、复制等菜单项。gtk_image_menu_item_new_from_stock()函数从图像库中选择一个图像创建，同时指定菜单项的标签和快捷方式。它们的一般形式为：

```
GtkWidget *gtk_image_menu_item_new_from_stock(const gchar *stock_id,
                         GtkAccelGroup *accel_group);
```

stock_id 参数是 GTK+图像库图像名称（见本书图像构件部分介绍），accel_group 参数是快捷方式集合的指针，该函数会自动注册快捷方式到 GtkAccelGroup 对象中，如下例所示。

```
…
01    GtkAccelGroup *accel_group;
02    accel_group = gtk_accel_group_new();
03    GtkWidget *menubar;
04    menubar = gtk_menu_bar_new();
05    gtk_widget_show(menubar);
06    gtk_container_add(GTK_CONTAINER(window), menubar);
07    GtkWidget *menuitem_file;
08    menuitem_file = gtk_menu_item_new_with_mnemonic ("文件(_F)");
09                                               //创建第一级菜单项
10    gtk_widget_show (menuitem_file);
11    gtk_container_add (GTK_CONTAINER (menubar), menuitem_file);
12    GtkWidget *file_menu;
13    file_menu = gtk_menu_new ();               //创建二级菜单构件
14    gtk_menu_item_set_submenu (GTK_MENU_ITEM (menuitem_file), file_menu);
15    GtkWidget *new1;
16    new1 = gtk_image_menu_item_new_from_stock (GTK_STOCK_NEW, accel_
      group);
17                                               //从图像库创建菜单项
18    gtk_widget_show (new1);
19    gtk_container_add (GTK_CONTAINER (file_menu), new1);
20    GtkWidget *open1;
```

```
21    open1 = gtk_image_menu_item_new_from_stock (GTK_STOCK_OPEN, accel_
22    group);
23    gtk_widget_show (open1);
24    gtk_container_add (GTK_CONTAINER (file_menu), open1);
25    GtkWidget *save1;
26    save1 = gtk_image_menu_item_new_from_stock (GTK_STOCK_SAVE, accel_
      group);
27    gtk_widget_show (save1);
28    gtk_container_add (GTK_CONTAINER (file_menu), save1);
29    GtkWidget *saveas1;
30    saveas1 = gtk_image_menu_item_new_from_stock (GTK_STOCK_SAVE_AS,
      accel_group);
31    gtk_widget_show (saveas1);
32    gtk_container_add (GTK_CONTAINER (file_menu), saveas1);
33    GtkWidget *quit1;
34    quit1 = gtk_image_menu_item_new_from_stock (GTK_STOCK_QUIT, accel_
      group);
35    gtk_widget_show (quit1);
36    gtk_container_add (GTK_CONTAINER (file_menu), quit1);
37    GtkWidget *menuitem_edit;
38    menuitem_edit = gtk_menu_item_new_with_mnemonic("编辑(_E)");
39    gtk_widget_show(menuitem_edit);
40    gtk_container_add(GTK_CONTAINER(menubar), menuitem_edit);
41    GtkWidget *menuitem_view;
42    menuitem_view = gtk_menu_item_new_with_mnemonic ("查看(_V)");
43    gtk_widget_show (menuitem_view);
44    gtk_container_add (GTK_CONTAINER (menubar), menuitem_view);
45    g_signal_connect((gpointer) new1, "activate",
46                  G_CALLBACK(menu_activate),
47                  (gpointer) window);        //菜单选择时连接回调函数
48    g_signal_connect((gpointer) open1, "activate",
49                  G_CALLBACK(menu_activate),
50                  (gpointer) window);
51    g_signal_connect((gpointer) save1, "activate",
52                  G_CALLBACK(menu_activate),
53                  (gpointer) window);
54    g_signal_connect((gpointer) saveas1, "activate",
55                  G_CALLBACK(menu_activate),
56                  (gpointer) window);
57    g_signal_connect((gpointer) quit1, "activate",
58                  G_CALLBACK(gtk_main_quit),
59                  NULL);                    //退出菜单项被直接用于退出程序
60    gtk_window_add_accel_group(GTK_WINDOW(window), accel_group);
…
```

上述程序中创建了一个二级下拉菜单。按照惯例，第一级菜单项
没有使用图形菜单项构件创建。二级菜单项中的菜单来源于图像库中
预定义的值，如图 23.30 所示。

23.3.5　复选菜单项

图 23.30　图形菜单项

　　复选菜单项（GtkCheckMenuItem）也是菜单项的子类。与菜单项的区别在于，它所包
含的子成员是一个复选按钮构件而不是标签构件。复选菜单项的很多操作与复选按钮相似，
它有两种状态，分别对应着 gboolean 类型的 TRUE 和 FALSE。gtk_check_menu_item_new()
函数用于创建空白的复选菜单项，gtk_check_menu_item_new_with_label()函数或 gtk_check_

menu_item_new_with_mnemonic()函数在创建复选菜单项时设置标签。它们的一般形式为：

```
GtkWidget *gtk_check_menu_item_new(void);
GtkWidget *gtk_check_menu_item_new_with_label(const gchar *label);
GtkWidget *gtk_check_menu_item_new_with_mnemonic(const gchar *label);
```

　　复选菜单项的状态可使用 **gtk_check_menu_item_set_active()**函数，该函数的作用实际是对复选菜单项的复选按钮成员进行操作，用复选按钮的相关函数也能进行同样的操作。如果要返回复选菜单项的状态可使用 **gtk_check_menu_item_get_active()**函数。它们的一般形式为：

```
void gtk_check_menu_item_set_active(GtkCheckMenuItem *check_menu_item,
                                    gboolean is_active);
gboolean gtk_check_menu_item_get_active(GtkCheckMenuItem *check_menu_
item);
```

　　下面举例说明复选菜单项的用法。程序中放置了一组菜单和一个按钮，复选菜单项放置在菜单中。程序的源代码如下：

```
01   #include <gtk/gtk.h>
02   void son1_activate(GtkCheckMenuItem *menuitem,
03                  GtkLabel *label)                      //复选菜单项的回调函数
04   {
05     const char *citem;
06     if (gtk_check_menu_item_get_active(menuitem))//判断复选菜单项
07        citem = "复选菜单状态为：选中";
08     else
09        citem = "复选菜单状态为：未选中";
10     gtk_label_set_label(label, citem);               //修改窗体中的标签
11   }
12   void son2_activate(GtkCheckMenuItem *son2,
13                  GtkCheckMenuItem *son1)
14   {
15     if (gtk_check_menu_item_get_active(son1))
16        gtk_check_menu_item_set_active(son1, FALSE);//改变复选菜单项状态
17   }
18   int main(int argc, char *argv[])
19   {
20     gtk_init(&argc, &argv);
21     GtkWidget *window;
22     window = gtk_window_new(GTK_WINDOW_TOPLEVEL);
23     gtk_window_set_title(GTK_WINDOW(window), "复选菜单演示");
24     gtk_widget_show(window);
25     g_signal_connect(G_OBJECT(window), "delete_event",
26         G_CALLBACK(gtk_main_quit), NULL);
27     GtkWidget *vbox;
28     vbox = gtk_vbox_new (FALSE, 0);                      //创建一个横向盒容器
29     gtk_widget_show (vbox);
30     gtk_container_add(GTK_CONTAINER(window), vbox);
31     GtkWidget *menubar;
32     menubar = gtk_menu_bar_new ();
33     gtk_widget_show (menubar);
34     gtk_box_pack_start(GTK_BOX(vbox), menubar, FALSE, FALSE, 0);
35     GtkWidget *rootitem;
36     rootitem = gtk_menu_item_new_with_label("菜单"); //创建顶级菜单项
37     gtk_widget_show(rootitem);
38     gtk_container_add(GTK_CONTAINER(menubar), rootitem);
39     GtkWidget *rootitem_menu;
40     rootitem_menu = gtk_menu_new();
```

```
41      gtk_menu_item_set_submenu(GTK_MENU_ITEM(rootitem), rootitem_menu);
42      GtkWidget *son1;
43      son1 = gtk_check_menu_item_new_with_label("复选菜单项");
44                                              //创建一个复选菜单项
45      gtk_widget_show(son1);
46      gtk_container_add(GTK_CONTAINER(rootitem_menu), son1);
47      GtkWidget *son2;
48      son2 = gtk_menu_item_new_with_label("清除复选菜单项状态");
49                                              //创建一个菜单项
50      gtk_widget_show(son2);
51      gtk_container_add(GTK_CONTAINER(rootitem_menu), son2);
52      GtkWidget *label;
53      label = gtk_label_new("请修改复选菜单项状态");
54      gtk_widget_show(label);
55      gtk_misc_set_padding(GTK_MISC(label), 0, 80);
56      gtk_box_pack_start(GTK_BOX(vbox), label, FALSE, FALSE, 0);
57      g_signal_connect((gpointer) son1, "activate", G_CALLBACK(son1_
58      activate),
59              (gpointer) label);
60      g_signal_connect((gpointer) son2, "activate", G_CALLBACK(son2_
61      activate),
62              (gpointer) son1);
63      gtk_main();
64      return 0;
65  }
```

上述程序中有两个回调函数，son1_activate()函数在复选菜单项改变时运行，son2_activate()函数在单选菜单被选择时执行。son2_activate()函数在另一个菜单项被选择时执行，该函数改变了复选菜单项状态，所以 son1_activate()函数也会执行一遍，如图 23.31所示。

23.3.6　单选菜单项

图 23.31　复选菜单项

单选菜单项（GtkRadioMenuItem）是复选菜单项的子类，它的成员是单选按钮构件。与单选按钮相似，必须为其创建一个 GSList 链表。gtk_radio_menu_item_new()函数用于创建一个单选菜单项。如果要在创建时设置标签，可使用 gtk_radio_menu_item_new_with_label()。如果在创建单选菜单项时设置带热键的标签，可使用 gtk_radio_menu_item_new_with_mnemonic()函数。它们的一般形式为：

```
GtkWidget *gtk_radio_menu_item_new(GSList *group);
GtkWidget *gtk_radio_menu_item_new_with_label(GSList *group,
                                            const gchar *label);
GtkWidget *gtk_radio_menu_item_new_with_mnemonic(GSList *group,
                                            const gchar *label);
```

group 参数是 GSList 链表的指针，同一组单选菜单项需使用同一个链表，该链表在使用前必须被创建，如下例所示。

```
01  GSList *group = NULL;                        //必须用 NULL 为链表初始化
02  char citem[20];
03  GtkWidget *item;
04  gint i;
05  for (i = 0; i < 5; i++)                      //用于创建 5 个单选菜单项
```

```
06  {
07      sprintf(citem, "单选菜单项%d", i);
08      item = gtk_radio_menu_item_new_with_label (group, citem);
09      //创建单选菜单项
10      group = gtk_radio_menu_item_get_group (GTK_RADIO_MENU_ITEM (item));
11      if (i == 1)                                  //将第1个单选菜单项选中
12          gtk_check_menu_item_set_active (GTK_CHECK_MENU_ITEM (item), TRUE);
13  }
```

该例创建了 5 个单选菜单项，每次只有一个菜单项被能被选中。当其中一个选项被选定时，窗体中的标签会被回调函数改变，如图 23.32 所示。

图 23.32　单选菜单项

23.3.7　分隔菜单项

分隔菜单项（GtkSeparatorMenuItem）是从菜单项继承而来的简单构件，它用来在菜单中插入一个分隔符。分隔菜单项的子成员即分隔符，它没有任何的信号，也不能被选择。创建一个分隔菜单项可使用 **gtk_separator_menu_item_new()**函数。它的一般形式为：

```
GtkWidget *gtk_separator_menu_item_new(void);
```

该函数也是与分隔菜单项唯一相关的函数，该类没有其他成员可用于访问其内部。下例在菜单中创建一个分隔菜单项。

```
GtkWidget *sepitem;
sepitem = gtk_separator_menu_item_new();            //创建分隔菜单项
gtk_widget_show (sepitem);
gtk_container_add (GTK_CONTAINER (file_menu), sepitem);
```

上述程序中，分隔菜单项可根据其他菜单项提供的功能来分类，将菜单分隔成不同的组。这样为使用者能更容易地进行操作，避免操作失误，如图 23.33 所示。

图 23.33　分隔菜单项

23.4　RC 文件

RC 文件（Resource Files）是用来定义界面构件的字体、颜色和背景图等样式风格的配置文件。它与网页设计中使用的 CSS 样式表非常相似，都是以符号语言来描述对象的风格。这样做的优势在于可以很容易地为一个程序提供多种不同类型的界面样式风格，以满足不同用户的审美需求。另一个优势是能够为同一类型的程序使用同一风格的界面。例如，为移动设备设计的程序需要大字体和深色背景，那么将其写入 rc 文件后，就不用反复为此类程序定义风格。

23.4.1　使用 RC 文件

GTK+为所有程序提供了默认的 RC 文件，这些文件并非使用.rc 作为后缀名，只是遵循 RC 文件定义的格式。默认的 RC 文件位于/etc/default 目录和/usr/share/themes 目录，每个文件有特定的应用目标。例如，/etc/default/kdm.d/10_desktop-base 文件通常用于定义桌面主题。它的描述如下：

```
USETHEME="true"
                                               //是否启用主题
THEME="/usr/share/kde4/apps/kdm/themes/spacefun"
                                               //桌面主题
WALLPAPER="/usr/share/kde4/apps/kdm/themes/spacefun/background.png"
                                               //桌面壁纸
```

这是 Ubuntu 发行版中的/etc/default/kdm.d/10_desktop-base 文件全部内容。它只有 3 行，分别定义了桌面主题和桌面背景。

为了使同一个 Linux 发行版能提供多种语言的支持，GTK+把不同语言环境的配置文件放在了 etc/default 目录中。例如简体中文的配置文件为 gtkrc.zh_CN。它的描述如下：

```
style "gtk-default-zh-cn" {
     fontset = "-adobe-helvetica-medium-r-normal--16-*-*-*-*-*-iso8859
     -1,\
        -*-*-medium-r-normal--16-*-*-*-*-*-gb2312.1980-0,*-r-*"
      //定义字体风格
}
class "GtkWidget" style "gtk-default-zh-cn"
```

该文件中分别为两种不同的字符集定义了字体和字号，使用简体中文显示的程序会读取该文件的信息，并将其应用在程序中。如果需要修改所有程序的桌面主题或者默认字体字号的信息，可直接更改这些程序。

有些时候需要为特定一个程序制定界面样式风格，首先应将该程序所需风格定义到一个 RC 文件中，然后在程序的开始处使用 gtk_rc_parse()函数读取 RC 文件到程序内。该函数的一般形式为：

```
void gtk_rc_parse(char *filename );
```

RC 文件名传递给被调用的函数，随后 GTK+会解析这个文件，并且使用文件中所定义构件类型的风格设置。

如果希望定义一套和其他构件集或同一构件集中其他逻辑部分具有不同风格的特定构件集，使用 gtk_widget_set_name()函数可为特定的界面构件定义一个名称，它的一般形式为：

```
void gtk_widget_set_name(GtkWidget *widget,
                         gchar *name );
```

第 1 个参数是指定界面构件的指针，第 2 个参数是给该构件定义的名称。定义后能够在 RC 文件中按名称更改这个构件的属性。例如下例为一个按钮构件定义了一个名称。

```
button = gtk_button_new_with_label ("特殊按钮");
gtk_widget_set_name (button,"special button");
```

那么这个按钮取名为 special button，并且在 RC 文件中可能通过像 special button.Gtk Button 这样的名称找到它。

后面作为示例的 RC 文件，设置主窗口的属性，告诉所有子窗口继承在 main button 风格项中规定的风格。在应用程序中的代码如下：

```
window = gtk_window_new(GTK_WINDOW_TOPLEVEL);
gtk_widget_set_name(window, "main window");
```

然后在 RC 文件中用如下一行定义它的风格。

```
widget "main window.*GtkButton*" style "main_button"
```

该定义把"主窗口"中的所有按钮构件设置为 RC 文件中定义的 main_buttons 风格。由此可见，RC 文件是一个非常简便的界面样式风格定义体系，如何最大限度利用它的优势在于开发者的想象力。

23.4.2　RC 文件格式

RC 文件包含风格定义和格式说明两个部分，前者是用于描述某一类构件样式的细节，后者是将界面构件风格与特定样式关联起来。它们的一般形式为：

```
style "样式名称" {
      样式定义细节
}                                      //描述构件样式细节
class "界面构件名称" style "样式名称"    //将界面构件与特定样式关联起来
```

在样式定义细节部分有如下 4 个关于一般界面构件的属性可被设置。

❏ fg：设置构件的背景色。

❏ bg：设置构件的前景色。

❏ bg_pixmap：设置构件的背景为一幅像素图。

❏ font：设置构件使用的字体。

另外，一个界面构件可以有如下几种状态，RC 文件中允许为每种状态设置不同的颜色、图像和字体。

❏ NORMAL：构件的一般状态，如鼠标不位于构件上方，键未按下时构件所处的状态。

❏ PRELIGHT：当鼠标移到构件上方，在此状态下定义的颜色生效。

❏ ACTIVE：当处于构件上的鼠标键被按下或单击时，该构件被激活，相应的属性值将生效。

❏ INSENSITIVE：当构件被设置为不敏感（insensitive）时，它不能被激活，相应属性值起作用。

❏ SELECTED：选中一个对象时，取相应的属性值。

当用 fg 和 bg 关键字窗体设置构件的颜色时，其格式是：

```
fg[<状态>] = { 红色, 绿色, 蓝色 }
```

　　状态参数是前述状态 PRELIGHT 和 ACTIVE 等取值之一。红色、绿色和蓝色是范围 0 到 1.0 间的数值，例如{1.0, 1.0, 1.0}表示白色。这些数值必须是浮点型的，否则将被存为 0，因为写为 1 的数值是无效的，应写为 1.0。但是 0 值写为 0 却不错，因为即使系统认不出也没关系。所有系统无法识别的数值都会被设为 0。另外，这些数值也可以使用以#号开头的 6 位十六进制数描述，每种颜色对应两个十六进制数，其取值范围是 00 至 FF，如下例所示。

```
fg[NORMAL] = "#000000"                              //将界面构件背景定义为黑色
```

　　bg_pixmap 属性除了用一个文件名取代颜色名外，其他表达和以上格式很相似。如果需要指定文件搜索路径，可将其定义在 **pixmap_path** 变量中。多个图像文件搜索路径用冒号"`:`"分隔，如下例所示。

```
pixmap_path " /usr/share/gtk-2.0/demo:
              /usr/share/pic "

…
  bg_pixmap[NORMAL] = "background.png"
```

　　font 属性没有对应的状态，它用一个字体文件名和字号组成的字符串描述。其格式为：

```
font = "<字体名 字号>"
```

　　风格定义部分允许继承关系，即一种风格继承另一种风格已定义的部分。定义子类风格的一般形式为：

```
style "子类样式" = "父类样式" {
        子类样式定义细节
}
```

　　前面介绍的这几种属性是所有界面构件都使用的，对于容器构件有两种属性。**xthickness** 属性是水平方向的边距，**ythickness** 属性是垂直方向的边距，如下例所示。

```
xthickness = 2                              //设置水平方向边距
ythickness = 2                              //设置垂直方向边距
```

　　定义了容器构件的边距后，容器构件中能够放置的界面构件就不能完全占满整个容器，而是在 4 个方向都留有指定的空白。

　　对于某些特定的界面构件，它们有自己特定的属性。取得这些属性需要使用与 C++语言类似的"`::`"操作符，如下例所示。

```
GtkCheckButton::indicator-size = 25
```

　　该代码将复选按钮的选择框设置为 25 个像素大小。下面用一个完整的例子说明 RC 文件的使用方法。

```
01  style "widgets"                              //定义所有界面构件通用的样式
02  {
03    xthickness = 2
04    ythickness = 2
05    fg[ACTIVE] = "#FFFFFF"
06    fg[SELECTED] = "#003366"
07    fg[NORMAL] = "#000000"
08    fg[PRELIGHT] = "#FFFFFF"
09    fg[INSENSITIVE] = "#999999"
10    bg[ACTIVE] = "#003366"
11    bg[SELECTED] = "#FFFFFF"
```

```
12    bg[NORMAL] = "#666666"
13    bg[PRELIGHT] = "#003366"
14    bg[INSENSITIVE] = "#666666"
15    bg_pixmap[NORMAL] = "./pixmaps/bkmap.png"      //定义背景图像
16  }
17  style "modelwindow"                              //为模式窗体定义的样式
18  {
19    xthickness = 2
20    ythickness = 2
21    fg[ACTIVE] = "#FFFFFF"
22    fg[SELECTED] = "#003366"
23    fg[NORMAL] = "#000000"
24    fg[PRELIGHT] = "#FFFFFF"
25    fg[INSENSITIVE] = "#999999"
26    bg[ACTIVE] = "#003366"
27    bg[SELECTED] = "#FFFFFF"
28    bg[NORMAL] = "#666666"
29    bg[PRELIGHT] = "#003366"
30    bg[INSENSITIVE] = "#666666"
31    bg_pixmap[NORMAL] = ""                          //背景图像路径为空时，将显示白色
32  }
33  style "first"                                    //为程序开始时的欢迎屏定义的样式
34  {
35    xthickness = 2
36    ythickness = 2
37    fg[ACTIVE] = "#FFFFFF"
38    fg[SELECTED] = "#003366"
39    fg[NORMAL] = "#FFFFFF"
40    fg[PRELIGHT] = "#FFFFFF"
41    font_name = "Sans Bold 14"
42  }
43  style "labels" = "widgets" {         //标签构件的样式继承 widgets 的样式
44    font_name = "Sans Bold 14"         //增加对字体的定义
45  }
46  style "buttons" = "widgets" {        //按钮构件的样式继承 widgets 的样式是
47    GtkButton::inner-border = { 10, 10, 10, 10 }//对按钮构件内部边框进行定义
48  }
49  style "checks" = "buttons" {
50    GtkCheckButton::indicator-size = 25
51  }
52  style "evselect" {                   //自定义的一种样式
53    bg_pixmap[NORMAL] = "./pixmaps/select.png"
54    //只设置了背景图像，其他属性则是系统默认值
55  }
56  style "calendar" {
57    font_name = "10"
58  }
59  class "GtkWindow" style "widgets"  //定义窗体构件类的风格使用 widgets 样式
60  class "GtkLabel" style "labels"
61  class "GtkCheckButton" style "checks"
62  class "Gtk*Button" style "buttons"//定义所有按钮类的风格都使用 buttons 样式
63  #class "GtkEventBox" style "widgets"    //这是一条被注释的样式
64  class "GtkCalendar" style "calendar"
65  widget "*.first_win" style "first"
66  //定义所有名为 first_win 的窗体构件使用 first 样式
67  widget "*.evselect" style "evselect"
68  widget "modelwindow" style "modelwindow"
69  //定义名为 modelwindow 的窗体构件使用的样式
```

　　该 RC 文件是为了使程序运行在移动设备上而设计的，它为界面构件定义了大字体和高对比度的样式风格。相应地，程序中要为该样式做相应的修改，如下：

```
…
gtk_rc_parse("./mainrc");                                    //定义 RC 文件路径
GtkWidget *winNewplan;
winNewplan = gtk_window_new(GTK_WINDOW_TOPLEVEL);
gtk_window_set_title(GTK_WINDOW(winNewplan), "RC 文件演示");
gtk_widget_set_name(GTK_WIDGET(winNewplan),"modelwindow");
//为窗体命名为 modelwindow
…
lbTitle = gtk_label_new("Title");
gtk_widget_show(lbTitle);
gtk_box_pack_start(GTK_BOX(hbTitle), lbTitle, FALSE, FALSE, 0);
gtk_widget_set_size_request(lbTitle, 200, 80);
gtk_widget_set_name(GTK_WIDGET(lbTitle), "first");
//为标签命名为 first
…
```

　　程序中将窗体命名为 modelwindow，那么窗体就可以使用 RC 文件中定义的 model window 样式。与此类似，其中一个标签构件命名为 first，它即可使用 first 样式。其他的界面构件会根据自己所属的类选择对应的。例如，按钮构件属于 GtkButton 类，对应的样式为 buttons，如图 23.34 所示。

图 23.34　RC 文件演示

23.5　小　　结

　　本章介绍了 GTK+的常用界面构件和使用界面构件编程的基本方法。界面构件使开发应用程序的图形界面更为简洁，特别是其面向对象思想的应用。假如 GTK+提供的原始界面构件不能满足开发需求，可方便地组合出新的界面构件来。由于篇幅所限，本章并没有列举出所有的界面构件及其属性、函数和信号等内容，这些内容可在安装 GTK+时所安装的 DevHelp 程序中查看。

第 24 章　界　面　布　局

本章讨论 GTK+界面布局的相关编程技术，主要内容包括 3 个方面，分别是界面布局的基本概念、容器的基本概念和使用容器进行布局的方法。容器是 GTK+界面布局的基本构件，大多数界面构件都需要放在容器中显示，同时这些界面构件自身也可作为容器对待，所以有关 GTK+界面布局的知识围绕容器展开。容器的运用所带来的最大优势在于，它以一定比例有效地分配应用程序界面的可视区域，因此它是一种先进的界面设计思想。

24.1　界面布局的基本概念

在进行界面布局前，首先需要认识界面布局的一些基本概念和界面布局的原理及约定。所有的界面最基本的属性就是它的宽度和高度。显示器上的可视区域是有限的，如果程序界面的尺寸过大，超出可视范围的构件不能显示出来。如果程序界面过小，那么对程序的易用性会造成一定影响。窗体构件是可访问的最底层容器，窗体构件和其他构件的组合方法是界面布局的原理。另外，布局约定也是界面布局的重要概念，下面将详细讲述这些知识。

24.1.1　界面的宽度与高度

受计算机硬件环境的影响，操作系统的可视区域是有一定大小限制的。与其相关的有两个基本数值，其一是显示器的对角线尺寸，PC 和笔记本电脑的对角线尺寸通常在 12 英寸至 22 英寸之间，移动设备的显示器尺寸在 1 英寸至 11 英寸之间。其二是显示器的分辨率，通常是以像素为单位的屏幕宽度与高度的乘积。

像素并非是一个长度单位，它是计算机屏幕上的一个最基本的点。由于硬件的不同，这个点的尺寸并不相同。例如，14.1 英寸液晶显示器的最高分辨率通常为 1024×768 像素。在 GNOME 桌面环境中，选择"系统设置"|"显示"命令可打开屏幕分辨率配置窗口，如图 24.1 所示。

图 24.1　屏幕分辨率配置窗口

GDK 库中提供了 GdkScreen 类，创建该类的实例可获得与屏幕分辨率相关的信息。gdk_screen_get_default() 函数用于将当前系统的信息传送给 GdkScreen 对象。

gdk_screen_get_width()和 gdk_screen_get_height()函数分别用于返回 GdkScreen 对象宽度与高度。它们的一般形式为:

```
GdkScreen *gdk_screen_get_default(void);
gint gdk_screen_get_width(GdkScreen *screen);
gint gdk_screen_get_height(GdkScreen *screen);
```

在设计全屏或界面尺寸较大的程序时,屏幕分辨率对决定以何种方式进行界面布局非常重要。因此可以设计一个专门的函数来返回屏幕分辨率,如下例所示。

```
01  void getscreen(gint *iHeight, gint *iWidth)
02  {
03    GdkScreen *ServerScreen
04    ServerScreen = gdk_screen_get_default();          //获取屏幕信息
05    iHeight = gdk_screen_get_height(ServerScreen);    //获取屏幕宽度
06    iWidth = gdk_screen_get_width(ServerScreen);      //获取屏幕高度
07  }
```

GTK+界面构件的尺寸也是用像素来定义的,gtk_widget_set_size_request()函数用以定义界面构件最小的尺寸需求,gtk_widget_get_size_request()函数返回界面构件最小的尺寸需求。

```
void gtk_widget_set_size_request(GtkWidget *widget,
                                 gint width,
                                 gint height);
void gtk_widget_get_size_request(GtkWidget *widget,
                                 gint *width,
                                 gint *height);
```

width 参数是界面构件的宽度,height 参数是界面构件的高度。有一些界面构件允许使用鼠标拖拉操作改变其尺寸,如窗体构件。但如果使用 gtk_widget_set_size_request()函数定义了界面的最小尺寸,那么鼠标拖拉时不会使窗体小于这个尺寸。

有一点需要强调,构件的最小尺寸需求并不等同于构件当前的实际尺寸。要取得构件当前的实际尺寸须访问构件内部的 allocation 结构体成员。下面用一个例子说明有关界面构件尺寸的操作。

```
01  static void set_label(GtkWidget *window)        //窗体尺寸改变时的回调函数
02  {
03    char citem[100];
04    sprintf(citem, "窗体尺寸为: %d * %d",
05               window->allocation.width,
06               window->allocation.height);          //获得窗体构件的实际尺寸
07    gtk_window_set_title(GTK_WINDOW(window), citem);//修改窗体构件的标题
08  }
09  int main(int argc, char *argv[]) {
10    gtk_init(&argc, &argv);
11    GtkWidget *window;
12    window = gtk_window_new(GTK_WINDOW_TOPLEVEL);
13    gtk_window_set_title(GTK_WINDOW(window), "构件尺寸演示");
14    gtk_widget_set_size_request(window, 200, 200);//设置窗体的最小尺15寸
16    GtkWidget *label;
17    label = gtk_label_new ("改变窗体大小后,显示窗体尺寸");
18    gtk_container_add (GTK_CONTAINER (window), label);
19    gtk_widget_show(label);
20    gtk_widget_show(window);
```

```
21      g_signal_connect((gpointer) window, "size-allocate",
22                  G_CALLBACK(set_label),
23                  NULL);                      //监听窗体尺寸改变时的信号
24      g_signal_connect(G_OBJECT(window), "delete_event",
25          G_CALLBACK(gtk_main_quit), NULL);
26      gtk_main();
27      return 0;
28  }
```

程序中设计了一个最小尺寸需求为 200×200 像素的窗体。当使用鼠标改变窗体构件尺寸时，size-allocate 信号被抛出，并运行回调函数 set_label()。回调函数使用窗体的实际尺寸作为窗体构件的标题。如果鼠标拖动窗体不断改变窗体构件的尺寸，那么窗体的标题也会随着不断变化，这是因为 size-allocate 信号在窗体尺寸改变时会连续抛出。另一个需要注意的是，回调函数被设置为 static 类型，这是因为它运行次数非常多，设为静态类型能提高运行效率，如图 24.2 所示。

图 24.2　获取构件实际尺寸

24.1.2　窗体的基本组成

窗体构件（GtkWindow）是可访问的最底层容器，程序中其他界面构件都必须装入窗体构件中才能显示出来。一个典型的窗体内部包括以下可见成员界面构件。

- 窗体的图标：位于窗体左上角，它是图像构件。
- 窗体的标签：位于窗体最上方，它是标签构件。
- 一组按钮：位于窗体的左上角，包括最小化按钮、最大化按钮和关闭按钮，它们是按钮构件。
- 窗体的菜单：按下窗体图标后显示，它是由菜单构件和菜单项构件组成，如图 24.3 所示。
- 一个容器构件：窗体正中央的区域即是容器构件。

图 24.3　窗体的菜单

这些成员都是可以在程序中访问并修改其内容的，窗体构件为其提供了一系列函数。修改窗体的图标可通过 gtk_window_set_default_icon()函数，修改窗体的标题可使用 gtk_window_get_title()函数。它们的一般形式为：

```
void gtk_window_set_default_icon(GdkPixbuf *icon);
```

```
const gchar *gtk_window_get_title(GtkWindow *window);
```

如果要修改窗体左上方的按钮或者窗体的菜单，可使用 gtk_window_set_type_hint()函数将窗体设置为一个预定义的类型。它的一般形式为：

```
void gtk_window_set_type_hint(GtkWindow *window, GdkWindowTypeHint hint);
```

hint参数用于定义窗体的类型，它是GdkWindowTypeHint枚举类型，其取值范围见表24.1。

表 24.1　GdkWindowTypeHint枚举类型成员

GDK_WINDOW_TYPE_HINT_NORMAL	普 通 窗 体
GDK_WINDOW_TYPE_HINT_DIALOG	对话框窗体，它没有最小化按钮和最大化按钮
GDK_WINDOW_TYPE_HINT_MENU	菜单所使用的窗体，它只有容器构件，不会被直接显示
GDK_WINDOW_TYPE_HINT_TOOLBAR	工具条使用的窗体，它只有容器构件，不会被直接显示
GDK_WINDOW_TYPE_HINT_SPLASHSCREEN	欢迎屏窗体，它只显示容器中的构件
GDK_WINDOW_TYPE_HINT_UTILITY	通用窗体，它只有容器构件，不会被直接显示
GDK_WINDOW_TYPE_HINT_DOCK	船坞窗体，它只显示容器中的构件，并显示在屏幕左上方
GDK_WINDOW_TYPE_HINT_DESKTOP	桌面窗体，它只有容器构件，不会被直接显示
GDK_WINDOW_TYPE_HINT_DROPDOWN_MENU	下拉菜单窗体，它只有容器构件，不会被直接显示
GDK_WINDOW_TYPE_HINT_POPUP_MENU	弹出菜单窗体，它只有容器构件，不会被直接显示
GDK_WINDOW_TYPE_HINT_TOOLTIP	工具提示对象窗体，它只有容器构件，不会被直接显示
GDK_WINDOW_TYPE_HINT_NOTIFICATION	通告窗体，它只有容器构件，不会被直接显示
GDK_WINDOW_TYPE_HINT_COMBO	组合框窗体，它只有容器构件，不会被直接显示
GDK_WINDOW_TYPE_HINT_DND	拖拉操作窗体，它只有容器构件，不会被直接显示

窗体的容器构件中可用来放置其他的界面构件，可使用 gtk_container_add()函数进行装入操作，或者使用 gtk_container_remove()函数将已装入的界面构件移除。它们的一般形式为：

```
void gtk_container_add(GtkContainer *container, GtkWidget *widget);
void gtk_container_remove(GtkContainer *container, GtkWidget *widget);
```

如果要使用窗体的容器，可直接通过宏 GTK_CONTAINER()将窗体转换为容器对象。这类操作在本书前面部分的示例代码中有很多。

按照 GTK+的规定，每个容器构件中只能放置一个其他构件。如果在窗体中装入一个组装盒容器，那么就能同时放置多个构件。一个典型的窗体如图 24.4 所示。

该窗体的容器中放置了一个纵向组装盒，这个然后在组装盒中放置了一个菜单栏容器、一个按钮条容器、一个滚动窗口容器和一个状态栏构件。进一步查看会发现，菜单栏容器中又放置了菜单项构件，按钮条容器放置着按钮构件，而滚动窗口容器中放置了一组滚动条构件和一个容器构件。再进一步深入分析，按钮构件也是容器，在其内放置着一个图像构件和一个标签构件。滚动条的容器构件内放置着文本视区构件。由此可知，GTK+的组装原理是用容器构件层层嵌套实现的，如图 24.5 所示。

图 24.4　典型窗体

图 24.5　窗体组装原理

24.1.3　布局约定

界面布局有一定惯例可循，这些约定主要目的是为了便于用户操作和界面的整洁美观。下面简单介绍几条。

1. 窗体样式风格一致性

应用程序窗体的风格是设计者性格的直接表现，它既反映了设计者的审美情趣与标准，也能体现出设计者把握所设计应用程序的整体能力。窗体样式风格一致性具体表现在两方面：窗体外观的一致性和窗体操作控制的一致性。

　　窗体外观的一致性包括窗体图像的一致性和窗体色彩搭配一致性。按钮和菜单上的图像在长期的运用中已形成一套惯例，例如用白纸的图像表示新建文件操作，用剪刀的图像表示剪切操作。保持这些图像的一致可更方便用户找到相应的功能。GTK+的图形库正是为这一目的而创建，所以在大多数情况下应该用图形库创建按钮和菜单上的图像。

　　对于窗体的色彩要求更是如此。整个程序一定要保证窗体色彩的统一和协调，切不可在一个程序中使用过多的窗体色彩体系。GTK+定义的默认 RC 文件可以很好地统一程序的色彩风格，这些风格都是经过长期推敲设计的。使用默认 RC 文件的色彩风格给了用户可选择的余地。例如，Ubuntu 发布版是以橙色调为主，Fedora 发布版是以蓝色调为主。用户可以选择自己所喜欢的颜色，或者自己配置各种颜色。特别是对于残障人士来说，能够自主选择色彩风格是非常重要的。

　　如果有更进一步的图像和色彩风格要求，可使用 GNOME 桌面环境的桌面主题。桌面主题为程序提供了独特的图形库和色彩风格，这些风格非常美观，而程序开发的工作量并不大。

　　窗体操作控制上的一致性指系统运行过程中如何控制窗体行为的统一性。例如窗体显示的位置、窗体之间的切换及窗体进入桌面的方式等。窗体显示时的位置作为窗体构件的属性有一系列函数可设置。例如，gtk_window_set_position()函数用于定义窗体的显示位置，它的一般形式为：

```
void gtk_window_set_position(GtkWindow *window,
                    GtkWindowPosition position);
```

position 参数指定窗体的位置，它是 GtkWindowPosition 枚举类型，其取值范围见表 24.2。

表 24.2　GtkWindowPosition枚举类型成员

枚举成员名称	说　　明
GTK_WIN_POS_NONE	不指定窗体的位置
GTK_WIN_POS_CENTER	指定窗体启动时的位置为屏幕中央
GTK_WIN_POS_MOUSE	指定窗体启动时的位置为鼠标当前的位置
GTK_WIN_POS_CENTER_ALWAYS	指定窗体的位置永远为屏幕中央
GTK_WIN_POS_CENTER_ON_PARENT	指定窗体的位置为其父窗体的中央

2．最少窗体原则

　　应用程序的界面可由多个窗体有机地结合在一起而构成，众多窗体以各自不同的功能共同完成用户与系统的交互任务。一个应用程序应该开多少窗口与应用程序的规模密切相关，但应尽可能少使用窗体，让大多数窗体具有通用性。这是因为每增加一个窗体都要抢占系统资源，太多窗体对于资源有限的设备来说无疑是种负担。

　　过多的窗体将为协调窗体间的关系带来困难，用户也很难找到完成某一工作相对应的窗体。因此在设计程序界面时，应尽量使用较少窗体，这样也会降低程序设计和维护的难度。

3．窗体的功能与类型

　　不同的系统功能要求有不同的窗体功能，使用何种类型的窗体是与窗体的功能紧密联系在一起的。例如，设计一个提示信息的窗体，使用非模式窗体则不能有效将信息传达给用户。如果一个系统功能上要求同时使用多个窗体，使用模式窗体则不便于用户切换操作。因此，在窗体设计中，应充分考虑系统功能的需求选择特定的窗体类型。

4．使用现有的窗体模板

充分利用 GTK+提供的窗体模板设窗体可极大提高应用程序界面开发的效率。例如，当需要进行文件操作时，可使用文件选择对话框构件作为窗体模板。GTK+针对常用的操作已预先定义了一系列窗体模板，这些模板以对话框构件的形式提供给开发者。开发者只需要配置一些简单的信息就可以使用。模板的使用可让程序的通用性得到加强，因为大多数 Linux 系统开发者也在使用这些模板创建应用程序。

24.2　组装盒构件

组装盒构件（GtkBox）构件是一类简单的容器。组装盒本身没有显示也没有信号，它用于装入其他的窗体构件。任何复杂的窗体结构都可以用组装盒的层叠来实现。本节将介绍组装盒构件的属性和操作方法。

24.2.1　组装盒的原理

组装盒构件本身只能装入一个界面构件，它不能被直接使用。GTK+为组装盒定义了两个子类，分别是纵向组装盒构件（GtkVBox）和横向组装盒（GtkHbox），它们为装入多个构件提供了实现方法。

gtk_vbox_new()函数用于创建纵向组装盒构件，gtk_hbox_new()函数用于创建横向组装盒。它们的一般形式为：

```
GtkWidget *gtk_vbox_new(gboolean homogeneous, gint spacing);
GtkWidget *gtk_hbox_new(gboolean homogeneous, gint spacing);
```

homogeneous 参数指定是否盒里的每个单元具有相同的大小，spacing 参数指定组装盒内的单元的间距，如图 24.6 所示。

图 24.6　组装盒示意图

gtk_box_pack_start()和 gtk_box_pack_end()函数用来将窗体构件组装到这些容器中。gtk_box_pack_start()函数将窗体构件从上到下组装到纵向组装盒中，或者从左到右组装到横向组装盒中。gtk_box_pack_end()则相反，从下到上组装到纵向组装盒中，或者从右到左组装到横向组装盒中。它们的一般形式为：

```
void gtk_box_pack_start(GtkBox *box,
```

```
                        GtkWidget *child,
                        gboolean expand,
                        gboolean fill,
                        guint padding);
void gtk_box_pack_end(GtkBox *box,
                        GtkWidget *child,
                        gboolean expand,
                        gboolean fill,
                        guint padding);
```

box 参数是组装盒构件的指针，child 参数是被装入的界面构件。expand 参数是用来控制界面构件的扩充方式。该值为 TRUE 时，构件在组装盒中充满所有多余空间；该值为 FALSE 时，组装盒收缩到仅仅符合构件的大小。另外，设置 expand 为 FALSE 将允许向左或向右对齐的界面构件。fill 参数在控制组装盒的填充方式。TRUE 表示多余空间将分配给窗体构件本身，FALSE 表示让多余空间围绕在这些窗体构件周围分布。它只有在 expand 参数也为 TRUE 时才会生效。padding 参数指令窗体构件两边的间距。

组装盒构件需要的最小尺寸可以使用 gtk_widget_set_size_request()函数指定。如果装入的窗体构件大于为组装盒定义的最小尺寸，那么组装盒的实际尺寸是装入的窗体构件的尺寸。

24.2.2　组装盒示范程序

下面用一个程序来演示组装盒的使用方法。程序中将嵌套使用纵向组装盒和横向组装盒，并且使用不同的填充方式与扩充方式。程序代码如下：

```
01  int main(int argc, char *argv[]) {
02    gtk_init(&argc, &argv);
03    GtkWidget *window;
04    window = gtk_window_new(GTK_WINDOW_TOPLEVEL);
05    gtk_window_set_title(GTK_WINDOW(window), "组装盒演示");
06    gtk_widget_show(window);
07    GtkWidget *topvbox;
08    topvbox = gtk_vbox_new(FALSE, 0);            //定义顶层的横向组装盒
09    gtk_widget_show(topvbox);
10    gtk_container_add(GTK_CONTAINER(window), topvbox);
11    GtkWidget *hbox1;
12    hbox1 = gtk_hbox_new(FALSE, 15);             //定义第 1 个纵向组装盒
13    gtk_widget_show(hbox1);
14    gtk_box_pack_start(GTK_BOX(topvbox), hbox1, TRUE, TRUE, 0);
15                                                //将横向组装盒装入纵向组装盒
16    GtkWidget *lbName;
17    lbName = gtk_label_new("姓名");
18    gtk_widget_show(lbName);
19    gtk_box_pack_start(GTK_BOX(hbox1), lbName, FALSE, FALSE, 0);
20                                                //将标签装入横向组装盒
21    gtk_widget_set_size_request(lbName, 60, -1);    //设置标签的最小宽度
22    GtkWidget *entry1;
23    entry1 = gtk_entry_new();
24    gtk_widget_show(entry1);
25    gtk_box_pack_start(GTK_BOX(hbox1), entry1, TRUE, TRUE, 0);
26                                                //将文本输入构件装入横向组装盒
27    gtk_entry_set_invisible_char(GTK_ENTRY(entry1), 8226);
28    GtkWidget *hbox2;
29    hbox2 = gtk_hbox_new(FALSE, 15);             //定义第 2 个纵向组装盒
30    gtk_widget_show(hbox2);
```

```
31    gtk_box_pack_start(GTK_BOX(topvbox), hbox2, TRUE, TRUE, 0);
32                              //将横向组装盒装入纵向组装盒
33    GtkWidget *lbGender;
34    lbGender = gtk_label_new("性别");
35    gtk_widget_show(lbGender);
36    gtk_box_pack_start(GTK_BOX(hbox2), lbGender, FALSE, FALSE, 0);
37    gtk_widget_set_size_request(lbGender, 60, -1);
38    GSList *radiobutton1_group = NULL;
39    GtkWidget *radiobutton1;
40    radiobutton1 = gtk_radio_button_new_with_mnemonic(NULL, "男(_M)");
41    gtk_widget_show(radiobutton1);
42    gtk_box_pack_start(GTK_BOX(hbox2), radiobutton1, FALSE, FALSE, 15);
43                                  //设置单选按钮构件的间距
44    gtk_radio_button_set_group(GTK_RADIO_BUTTON(radiobutton1),
45         radiobutton1_group);
46    radiobutton1_group = gtk_radio_button_get_group(GTK_RADIO_BUTTON(
47         radiobutton1));
48    GtkWidget *radiobutton2;
49    radiobutton2 = gtk_radio_button_new_with_mnemonic(NULL, "女(_F)");
50    gtk_widget_show(radiobutton2);
51    gtk_box_pack_start(GTK_BOX(hbox2), radiobutton2, FALSE, FALSE, 15);
52                                  //设置单选按钮构件的间距
53    gtk_radio_button_set_group(GTK_RADIO_BUTTON(radiobutton2),
54         radiobutton1_group);
55    radiobutton1_group = gtk_radio_button_get_group(GTK_RADIO_BUTTON(
56         radiobutton2));
57    GtkWidget *button;
58    button = gtk_button_new_from_stock(GTK_STOCK_CLOSE);
59                                  //从按钮库创建按钮
60    gtk_widget_show(button);
61    gtk_box_pack_start(GTK_BOX(topvbox), button, FALSE, FALSE, 0);
62                                  //将按钮以不扩充的方式装入按钮
63    g_signal_connect(G_OBJECT(window), "delete_event",
64                     G_CALLBACK(gtk_main_quit), NULL);
65    g_signal_connect(G_OBJECT(button), "clicked",
66                     G_CALLBACK(gtk_main_quit), NULL); //捕捉按钮按下的信号
67    gtk_main();
68    return 0;
69  }
```

程序的主窗体中被放置了一个纵向组装盒，然后在其中分别装入两个横向组装盒和一个按钮构件。装入横向组装盒时启用了扩充方式，而装入按钮构件时没有启用扩充方式。所以横向组装盒的高度要比按钮构件高。第 1 个横向组装盒内装入了一个标签和文本输入构件，第 2 个横向组装盒内装入了一个标签和两个单选按钮。

标签构件设置了最小尺寸，所以它的位置和尺寸不会随窗体的改变而改变。单选按钮在装入时设置了间距，因为它是放在横向组装盒之间，所以该间距在水平方向是有效的，如图 24.7 所示。

图 24.7 组装盒演示

24.2.3 表组装的原理

表构件（GtkTabel）是一种二维容器，它的每一个单元格可以放入一个窗体构件。构

件可以占满所指定单元格的所有空间。gtk_table_new()函数用于创建表构件。它的一般形式为：

```
GtkWidget *gtk_table_new(guint rows,
                         guint columns,
                         gboolean homogeneous);
```

rows 参数是表中要安排的行的数量，columns 参数是表中要安排的列的数量。homogeneous 参数与表格框的大小处理有关。如果值为 TRUE，则所有单元格的大小都将调整为表中最大构件的大小。如果值为 FALSE，则每个单元格将会按照同行中最高的构件，与同列中最宽的构件来决定自身的大小。

表构件的行与列为从 0 到 n-1 编号，n 是在调用 gtk_table_new()时所指定的值。如果指定的行数为 3，列数为 4，其布局如图 24.8 所示。

(0, 0)	(0, 1)	(0, 2)	(0, 3)
(1, 0)	(1, 1)	(1, 2)	(1, 3)
(2, 0)	(2, 1)	(2, 2)	(2, 3)

图 24.8　单元格序号

在向单元格中装入窗体构件时，需要指定单元格序号与所占的单元格的数量。gtk_table_attach()函数用于将窗体构件装入单元格中。它的一般形式为：

```
void gtk_table_attach(GtkTable *table,
                      GtkWidget *child,
                      guint left_attach,
                      guint right_attach,
                      guint top_attach,
                      guint bottom_attach,
                      GtkAttachOptions xoptions,
                      GtkAttachOptions yoptions,
                      guint xpadding,
                      guint ypadding );
```

table 参数是表构件的指针，child 参数是你放进单元格里的构件。left_attach 和 top_attach 参数指定构件放置的位置，right_attach 和 bottom_attach 参数指定使用多少单元格来放置窗体构件。

例如要使用第 2 行第 2 列这个单元格，那么 left_attach 参数的值为 1，right_attach 参数的值为 2，top_attach 参数的值为 1，bottom_attach 参数的值为 2。

在一个 3×4 的表格中，如果要使用第 1 行所有的单元格，那么 left_attach 参数的值为 0，right_attach 参数的值为 4，top_attach 参数的值为 0，bottom_attach 参数的值为 1。

xoptions 及 yoptions 参数是用来指定水平方向和垂直方向组装时的选项，它是一个 GtkAttachOptions 枚举类型。多个值可以通过使用"|"运算符连接。取值范围见表 24.3。

表 24.3　GtkAttachOptions枚举类型成员

枚举成员名称	说　　明
GTK_FILL	如果单元格尺寸大于构件的尺寸，该构件会扩展开以使用所有可用的空间
GTK_SHRINK	如果单元格分配到的空间比需求的小（通常是用户在改变窗口大小的时候），构件将和单元格一起缩小
GTK_EXPAND	单元格扩充以用完所有的保留空间

padding 参数定义是否在构件的周围产生一个指定像素的空白区域。如果组装方式的参数都使用默认值，可使用 gtk_table_attach_defaults()函数代替 gtk_table_attach()函数。它的一般形式为：

```
void gtk_table_attach_defaults(GtkTable *table,
                               GtkWidget *widget,
                               guint left_attach,
                               guint right_attach,
                               guint top_attach,
                               guint bottom_attach);
```

该函数只用于指定单元格的位置和数量。被隐藏的 xoptions 及 yoptions 参数默认值为 GTK_FILL|GTK_EXPAND，padding 参数默认值为 0。

在行与列之间可以插入空白区域，gtk_table_set_row_spacing()函数用于在行之间插入空白区域，gtk_table_set_col_spacing()函数用于在列之间插入空白区域。它们的一般形式为：

```
void gtk_table_set_row_spacing(GtkTable *table,
                               guint row,
                               guint spacing );
void gtk_table_set_col_spacing(GtkTable *table,
                               guint column,
                               guint spacing );
```

row 参数和 column 参数分别代表行号和列号，spacing 参数是插入空白区域的像素宽度或高度。如果是在行之间插入空白区域，那么空白区域在指定行号的下方，如果是列则在右方。

gtk_table_set_row_spacings()和 gtk_table_set_col_spacings()函数用于为所有行或列设置间距。它们的一般形式为：

```
void gtk_table_set_row_spacings(GtkTable *table,
                                guint spacing);
void gtk_table_set_col_spacings(GtkTable *table,
                                guint spacing );
```

24.2.4　表组装示例

下面用一个程序来演示表构件的使用方法。程序中将创建一个尺寸为 3×4 的表格。程序代码如下：

```
01  int main(int argc, char *argv[]) {
02    gtk_init(&argc, &argv);
03    GtkWidget *window;
04    window = gtk_window_new(GTK_WINDOW_TOPLEVEL);
05    gtk_window_set_title(GTK_WINDOW(window), "表组装演示");
06    gtk_widget_show(window);
07    GtkWidget *table;
08    table = gtk_table_new(3, 4, FALSE);              //创建表构件
09    gtk_widget_show(table);
10    gtk_container_add(GTK_CONTAINER(window), table);
11    gtk_table_set_row_spacings(GTK_TABLE(table), 10);   //设置行间距
12    gtk_table_set_col_spacings(GTK_TABLE(table), 10);   //设置列间距
13    GtkWidget *lbName;
14    lbName = gtk_label_new("姓名");
15    gtk_widget_show(lbName);
```

```
16    gtk_table_attach(GTK_TABLE(table),lbName,0,1,0,1,17 (GtkAttachOptions)
      (GTK_FILL), (GtkAttachOptions)(0), 0, 0);
                                             //将窗体构件装入单个单元格中
17    gtk_widget_set_size_request(lbName, 60, 50);
18    GtkWidget *entry1;
19    entry1 = gtk_entry_new();
20    gtk_widget_show(entry1);
21    gtk_table_attach(GTK_TABLE(table),entry1,1,4,0,1,(GtkAttachOptions)
      (GTK_EXPAND | GTK_FILL), (GtkAttachOptions)(0), 0, 0);
22                                           //将窗体构件装入多个单元格中
23    gtk_entry_set_invisible_char(GTK_ENTRY(entry1), 8226);
24    GtkWidget *lbGender;
25    lbGender = gtk_label_new("性别");
26    gtk_widget_show(lbGender);
27    gtk_table_attach(GTK_TABLE(table), lbGender, 0, 1, 1, 2,
28        (GtkAttachOptions)(GTK_FILL), (GtkAttachOptions)(0), 0, 0);
29    GSList *radiobutton1_group = NULL;
30    GtkWidget *radiobutton1;
31    radiobutton1 = gtk_radio_button_new_with_mnemonic(NULL, "男(_M)");
32    gtk_widget_show(radiobutton1);
33    gtk_table_attach(GTK_TABLE(table), radiobutton1, 1, 2, 1, 2,
34        (GtkAttachOptions)(GTK_FILL), (GtkAttachOptions)(0), 0, 0);
35    gtk_radio_button_set_group(GTK_RADIO_BUTTON(radiobutton1),
36        radiobutton1_group);
37    radiobutton1_group = gtk_radio_button_get_group(GTK_RADIO_BUTTON(
38        radiobutton1));
39    GtkWidget *radiobutton2;
40    radiobutton2 = gtk_radio_button_new_with_mnemonic(NULL, "女(_F)");
41    gtk_widget_show(radiobutton2);
42    gtk_table_attach(GTK_TABLE(table), radiobutton2, 2, 3, 1, 2,
43        (GtkAttachOptions)(GTK_FILL), (GtkAttachOptions)(0), 0, 0);
44    gtk_radio_button_set_group(GTK_RADIO_BUTTON(radiobutton2),
45        radiobutton1_group);
46    radiobutton1_group = gtk_radio_button_get_group(GTK_RADIO_BUTTON(
47        radiobutton2));
48    GtkWidget *radiobutton3;
49    radiobutton3=gtk_radio_button_new_with_mnemonic(NULL,"保密(_S)");
50    gtk_widget_show(radiobutton3);
51    gtk_table_attach(GTK_TABLE(table), radiobutton3, 3, 4, 1, 2,
52        (GtkAttachOptions)(GTK_FILL), (GtkAttachOptions)(0), 0, 0);
53    gtk_radio_button_set_group(GTK_RADIO_BUTTON(radiobutton3),
54        radiobutton1_group);
55    radiobutton1_group = gtk_radio_button_get_group(GTK_RADIO_BUTTON(
56        radiobutton3));
57    GtkWidget *buttonAP;
58    buttonAP = gtk_button_new_from_stock("gtk-apply");
59    gtk_widget_show(buttonAP);
60    gtk_table_attach(GTK_TABLE(table), buttonAP, 1, 2, 2, 3,
61        (GtkAttachOptions)(GTK_FILL), (GtkAttachOptions)(0), 0, 0);
62    GtkWidget *buttonCE;
63    buttonCE = gtk_button_new_from_stock("gtk-cancel");
64    gtk_widget_show(buttonCE);
65    gtk_table_attach(GTK_TABLE(table), buttonCE, 2, 3, 2, 3,
66        (GtkAttachOptions)(GTK_FILL), (GtkAttachOptions)(0), 0, 0);
67    GtkWidget *buttonOK;
68    buttonOK = gtk_button_new_from_stock("gtk-ok");
69    gtk_widget_show(buttonOK);
70    gtk_table_attach(GTK_TABLE(table), buttonOK, 3, 4, 2, 3,
71        (GtkAttachOptions)(GTK_FILL), (GtkAttachOptions)(0), 0, 0);
72    g_signal_connect(G_OBJECT(window), "delete_event",
```

```
73          G_CALLBACK(gtk_main_quit), NULL);
74      gtk_main();
75      return 0;
76  }
```

程序中创建了一个表构件，并将所有单元格的间距设为 10 像素。标签构件 lbName 的宽度被设为 60 像素，与它同一列的 lbGender 标签虽然没有设置宽度。但因为单元格选择了填充方式，所以 lbGender 标签的实际宽度也是 60 像素，如图 24.9 所示。

图 24.9　表组装演示

24.3　容　　器

容器构件（GtkContainer）是所有容器的父类，例如组装盒构件是容器构件的子类。为了特定场合的应用，GTK+定义了一系列特殊的容器。本节将介绍这些容器的使用方法。

24.3.1　事件盒

有一部分界面构件没有自身的 X Window，它们的作用只是在其父类构件上显示外观。因此，这些构件不能接收任何事件，例如标签构件和图像构件。事件盒构件（GtkEventBox）弥补了这些部件的不足，它可以替代这些构件接受各种事件。

事件盒本身不显示任何内容，它可以放置一个界面构件并显示该界面构件的内容。如果没有指定事件盒的尺寸，那么事件盒的尺寸就与放在其内的界面构件的尺寸相同，事件盒的位置与其内的界面构件完全重叠。当鼠标单击该界面构件时，事件盒会接收到 button_press_event 事件，这时可通过回调函数代替界面构件完成对应的操作。gtk_event_box_new()函数用于创建事件盒。它的一般形式为：

```
GtkWidget *gtk_event_box_new( void );
```

在事件盒内装入界面构件与普通容器相似，可使用 gtk_container_add()函数完成。下列程序将演示事件盒的操作。

```
01  static void label_const(GtkWidget *eventbox)      //返回单击次数
02  {
03      static int i = 0;                              //记录标签被单击的次数
04      static char citem[100];
05      sprintf(citem, "标签单击的次数: %d", ++i);
06      GtkWidget *dialog;
07      dialog = gtk_message_dialog_new(NULL, GTK_DIALOG_MODAL,
```

```
08                                        GTK_MESSAGE_INFO,
09                                        GTK_BUTTONS_OK, citem);
10     gtk_window_set_title(GTK_WINDOW(dialog), "单击次数");
11     gtk_dialog_run(GTK_DIALOG(dialog));
12     gtk_widget_destroy(dialog);
13 }
14 int main(int argc, char *argv[])
15 {
16     gtk_init(&argc, &argv);
17     GtkWidget *window;
18     window = gtk_window_new(GTK_WINDOW_TOPLEVEL);
19     gtk_window_set_title(GTK_WINDOW(window), "事件盒演示");
20     gtk_widget_show(window);
21     GtkWidget *eventbox;
22     eventbox = gtk_event_box_new();          //创建事件盒构件
23     gtk_widget_show(eventbox);
24     gtk_container_add(GTK_CONTAINER(window), eventbox);
25     GtkWidget *label;
26     label = gtk_label_new("请用鼠标单击标签");
27     gtk_widget_show(label);
28     gtk_container_add(GTK_CONTAINER(eventbox), label);
29                                          //将标签构件装入事件盒构件内
30     g_signal_connect(G_OBJECT(window), "delete_event",
31         G_CALLBACK(gtk_main_quit), NULL);
32     g_signal_connect((gpointer) eventbox, "button_press_event",
33         G_CALLBACK(label_const), NULL);      //处理事件盒鼠标按下事件
34     gtk_main();
35     return 0;
36 }
```

该程序中的主窗体中装入了一个事件盒构件，然后
在事件盒内装入一个标签构件。当鼠标单击标签构件时，
事件盒会介绍到 button_press_event 事件，然后调用
label_const()函数弹出对话框来，如图 24.10 所示。

🔔注意：button_press_event 事件是 GDK 库定义的低级事
　　　件。如果要在该例中传递多个参数，那么回调函
　　　数必须以 gpointer、GdkEvent*和 gpointer 的顺序
　　　接受参数。如果顺序不对，将造成严重错误。

图 24.10　事件盒演示

24.3.2　对齐构件

对齐构件（GtkAlignment）是一种可以指定容器内界面构件对齐方式的容器构件。创
建对齐构件可使用 gtk_alignment_new()函数，创建后可使用 gtk_alignment_set()函数修改其
内的界面构件对齐方式。它们的一般形式为：

```
GtkWidget *gtk_alignment_new(gfloat xalign,
                             gfloat yalign,
                             gfloat xscale,
                             gfloat yscale);
void gtk_alignment_set(GtkAlignment *alignment,
                       gfloat xalign,
                       gfloat yalign,
                       gfloat xscale,
```

```
                                 gfloat yscale);
```

xalign 和 yalign 参数设置装入对齐构件里的界面构件的位置。xscale 和 yscale 参数设
置分配给界面构件的空间总数。

```
01   GtkWidget *vbox;
02   vbox = qtk_vbox_new(TRUE, 0);                    //创建一个纵向组装盒容器
03   gtk_widget_set_size_request(vbox, 300, 300);
04   gtk_container_add(GTK_CONTAINER(window), vbox);
05   gtk_widget_show(vbox);
06   GtkWidget *alig1;
07   alig1 = gtk_alignment_new(0,0,0,0);              //创建左上对齐的容器
08   gtk_box_pack_start (GTK_BOX(vbox), alig1, FALSE, FALSE, 0);
09   gtk_widget_show(alig1);
10   GtkWidget *label1;
11   label1 = gtk_label_new("左上对齐");
12   gtk_widget_show(label1);
13   gtk_container_add(GTK_CONTAINER(alig1), label1);
14   GtkWidget *alig2;
15   alig2 = gtk_alignment_new(1,0,0,0);              //创建右上对齐的容器
16   gtk_box_pack_start (GTK_BOX(vbox), alig2, FALSE, FALSE, 0);
17   gtk_widget_show(alig2);
18   GtkWidget *label2;
19   label2 = gtk_label_new("右上对齐");
20   gtk_widget_show(label2);
21   gtk_container_add(GTK_CONTAINER(alig2), label2);
22   GtkWidget *alig3;
23   alig3 = gtk_alignment_new(0,1,0,0);              //创建左下对齐的容器
24   gtk_box_pack_start (GTK_BOX(vbox), alig3, FALSE, FALSE, 0);
25   gtk_widget_show(alig3);
26   GtkWidget *label3;
27   label3 = gtk_label_new("左下对齐");
28   gtk_widget_show(label3);
29   gtk_container_add(GTK_CONTAINER(alig3), label3);
30   GtkWidget * alig4;
31   alig4 = gtk_alignment_new(1, 1, 0, 0);           //创建右下对齐的容器
32   gtk_box_pack_start(GTK_BOX(vbox), alig4, FALSE, FALSE, 0);
33   gtk_widget_show(alig4);
34   GtkWidget * label4;
35   label4 = gtk_label_new("右下对齐");
36   gtk_widget_show(label4);
37   gtk_container_add(GTK_CONTAINER(alig4), label4);
```

程序中创建了一个纵向组装盒容器，分别装入 4 个对齐构
件，每个构件的对齐方向不同，然后在对齐构件内装入标签，
如图 24.11 所示。

24.3.3　固定容器

固定容器构件（GtkFixed）是一种类似于传统布局方式的容
器。它允许将构件放在窗口的固定位置，这个位置是相对于固定
容器左上角的水平方向和垂直方向的像素值。构件的位置可以动
态改变。在绘图程序、游戏程序中，固定容器的作用非常重要。

图 24.11　对齐容器

gtk_fixed_new()函数用于创建新的固定容器。gtk_fixed_put()函数用于将界面构件放在固定容器的指定位置。gtk_fixed_move()函数将指定构件移动到新位置。它们的一般形式为：

```
GtkWidget *gtk_fixed_new(void);
void gtk_fixed_put(GtkFixed *fixed,
            GtkWidget *widget,
            gint x,
            gint y);
void gtk_fixed_move(GtkFixed *fixed,
             GtkWidget *widget,
             gint x,
             gint y);
```

下面用一个例子来说明固定容器构件的用法。代码如下：

```
01  GtkWidget *fixed;
02  fixed = gtk_fixed_new();                            //创建固定容器构件
03  gtk_widget_show(fixed);
04  gtk_container_add(GTK_CONTAINER(window), fixed);
05  GtkWidget *textview;
06  textview = gtk_text_view_new();                     //创建文本视区构件
07  gtk_widget_show(textview);
08  gtk_fixed_put(GTK_FIXED(fixed), textview, 80, 24); //将文本视区构件装入
09                                                     //固定容器中
10  gtk_widget_set_size_request(textview, 296, 216);//定义文本视区构件
11                                                  //最小尺寸
12  GtkWidget *label;
13  label = gtk_label_new("备注");
14  gtk_widget_show(label);
15  gtk_fixed_put(GTK_FIXED(fixed), label, 24, 24);//将标签构件装入固定
16                                                 //容器中
17  gtk_widget_set_size_request(label, 39, 17);     //定义标签构件最小尺寸
18  GtkWidget *button;
19  button = gtk_button_new_from_stock("gtk-quit");
20  gtk_widget_show(button);
21  gtk_fixed_put(GTK_FIXED(fixed), button, 280, 248); //将按钮构件装入固定
22                                                     //容器中
23  gtk_widget_set_size_request(button, 98, 40);    //定义按钮构件最小尺寸
```

装入固定容器中的界面构件必须指定最小尺寸，否则无法正常显示。在将界面构件放入固定容器前，还要预先计算放置的位置和所占的面积，避免一些构件被遮挡住。该例中创建了一个固定容器构件，在固定容器构件中放入了一个标签构件、一个文本视区构件和一个按钮构件，如图 24.12 所示。

图 24.12　固定容器构件演示

24.3.4　布局容器

布局容器构件（GtkLayout）与固定容器构件非常相似，不过它可以在一个无限滚动区域定位构件（不能大于 2^{32} 像素）。在 Linux 系统中，窗口的宽度和高度只能限于在 0～32767 像素之间。布局容器构件使用一些特殊的技巧越过这种限制。所以，即使在滚动区域内部有很

多子构件，也可以平滑地滚动。gtk_layout_ new()函数用以创建布局容器。它的一般形式为：

```
GtkWidget *gtk_layout_new(GtkAdjustment *hadjustment,
                          GtkAdjustment *vadjustment);
```

hadjustment 参数与 vadjustment 参数是水平滚动条和垂直滚动条的指针。在创建布局容器时会自动创建滚动条。

gtk_layout_put()函数用于在布局容器构件里添加界面构件，gtk_layout_move()函数用于移动界面构件的位置。它们的一般形式为：

```
void gtk_layout_put(GtkLayout *layout,
                GtkWidget *widget,
                gint x,
                gint y);
void gtk_layout_move(GtkLayout *layout,
                GtkWidget *widget,
                gint x,
                gint y );
```

参数 x 和 y 是界面构件的水平位置和垂直位置。布局容器构件的尺寸可以以用 gtk_layout_set_size()函数指定。它的一般形式为：

```
void gtk_layout_set_size(GtkLayout *layout,
                    guint width,
                    guint height);
```

如果布局容器构件的尺寸操作了其所属窗体构件的尺寸，那么水平滚动条和垂直滚动条将自动生效。gtk_layout_get_hadjustment()函数和 gtk_layout_get_vadjustment()函数用于将布局容器构件内滚动条子成员的指针返回。gtk_layout_set_hadjustment()函数和 gtk_layout_set_vadjustment()函数用于为布局容器构件指定滚动条。

```
GtkAdjustment* gtk_layout_get_hadjustment( GtkLayout *layout );
GtkAdjustment* gtk_layout_get_vadjustment( GtkLayout *layout );
void gtk_layout_set_hadjustment(GtkLayout *layout,
                        GtkAdjustment *adjustment);
void gtk_layout_set_vadjustment(GtkLayout *layout,
                        GtkAdjustment *adjustment);
```

下面用一个程序来讲解布局容器构件的使用方法。程序的源代码如下：

```
01  void change_image(GtkFileChooserButton *filebutton,
02              GtkImage *image) {
03    gtk_image_set_from_file(image,
04      gtk_file_chooser_get_filename(GTK_FILE_CHOOSER(filebutton)));
05                                    //将选择的文件名传递给图像
06  }
07  int main(int argc, char *argv[]) {
08    gtk_init(&argc, &argv);
09    GtkWidget *window;
10    window = gtk_window_new(GTK_WINDOW_TOPLEVEL);
11    gtk_window_set_title(GTK_WINDOW(window), "布局容器构件演示");
12    gtk_widget_show(window);
13    GtkWidget *vbox;
14    vbox = gtk_vbox_new(FALSE, 0);              //定义纵向组装盒容器
15    gtk_widget_show(vbox);
16    gtk_container_add(GTK_CONTAINER(window), vbox);
17    GtkWidget *scrolledwindow;
18    scrolledwindow = gtk_scrolled_window_new(NULL, NULL)//滚动条窗体容器
```

```
19      gtk_widget_show(scrolledwindow);
20      gtk_box_pack_start(GTK_BOX(vbox), scrolledwindow, TRUE, TRUE, 0);
21                                      //将滚动条窗体装入横向盒内
22  gtk_scrolled_window_set_shadow_type(GTK_SCROLLED_WINDOW
    (scrolledwindow),GTK_SHADOW_IN);
23      GtkWidget *layout;
24      layout = gtk_layout_new (NULL, NULL);      //定义布局容器
25      gtk_widget_show (layout);
26      gtk_container_add (GTK_CONTAINER (scrolledwindow), layout);
27                                      //将布局容器装入滚动条窗体内
28      gtk_layout_set_size (GTK_LAYOUT (layout), 600, 600);
29      GTK_ADJUSTMENT(GTK_LAYOUT (layout)->hadjustment)->step_increment= 10;
                                        //设置滚动条的步长
30      GTK_ADJUSTMENT(GTK_LAYOUT (layout)->vadjustment)->step_increment= 10;
31      GtkWidget *image;
32      image = gtk_image_new();                //创建图像构件
33      gtk_widget_show (image);
34      gtk_layout_put (GTK_LAYOUT (layout), image, 0, 0);
35                                      //将图像构件装入布局构件
36      GtkWidget *filebutton;
37      filebutton = gtk_file_chooser_button_new("打开图片文件", GTK_FILE_
38  CHOOSER_ACTION_OPEN);
39      gtk_widget_show (filebutton);
40      gtk_box_pack_start (GTK_BOX (vbox), filebutton, FALSE, FALSE, 0);
41      g_signal_connect(G_OBJECT(window), "delete_event",
42                  G_CALLBACK(gtk_main_quit), NULL);
43      g_signal_connect(G_OBJECT(filebutton), "file-set",
44                  G_CALLBACK(change_image), (gpointer) image);
45                                      //选择了文件后的信号
46      gtk_main();
47      return 0;
48  }
```

该程序是一个简单的图片浏览器，程序中放置了一个纵向组装盒构件。在组装盒构件内分别放置了一个滚动条窗体构件和一个文件选择按钮。滚动条窗体构件内放置了布局容器，然后再在布局容器中放置图像构件。当文件按钮被单击并在弹出的文件选择对话框中选择一个图片文件时，change_image()回调函数将文件路径传递给图像构件，这时图片将在窗体中显示，如图 24.13 所示。

24.3.5　框架构件

框架构件（GtkFrame）是一种用于组装一个或多个界面构件的容器。框架本身由一组边框和一个标签，它常用于在程序界面中将一组相关的构件组合在一起，如图 24.14 所示。

图 24.13　布局容器构件演示

图 24.14　框架构件

　　框架够件可以用 **gtk_frame_new()**函数创建，创建时可设置框架构件上的标签。它的一般形式为：

```
GtkWidget *gtk_frame_new(const gchar *label);
```

　　标签默认放在框架的左上角。label 参数为 NULL 时，框架不显示标签。标签文本可以用 **gtk_frame_set_label()**函数设置。标签的位置可以用 **gtk_frame_set_label_align()**函数设置。它们的一般形式为：

```
void gtk_frame_set_label(GtkFrame *frame,
                    const gchar *label);
void gtk_frame_set_label_align(GtkFrame *frame,
                        gfloat xalign,
                        gfloat yalign);
```

　　xalign 参数用于设置标签相对于框架构件上部水平线的位置，其值域范围为 0.0～1.0。xalign 的默认值是 0.0，它将标签放在框架构件的最左端。yalign 没有被使用。

　　gtk_frame_set_shadow_type()函数改变盒子的风格，用于显示框架的轮廓。它的一般形式为：

```
void gtk_frame_set_shadow_type(GtkFrame *frame,
                        GtkShadowType type);
```

　　type 参数是 GtkShadowType 枚举类型数值，在框架构件中，它定义框架轮廓的线条样式。GtkShadowType 枚举类型成员见表 24.4。

表 24.4　GtkShadowType枚举类型成员

枚举成员名称	说　　明
GTK_SHADOW_NONE	无线条
GTK_SHADOW_IN	内阴影轮廓线条
GTK_SHADOW_OUT	外阴影轮廓线条
GTK_SHADOW_ETCHED_IN	3D 内阴影轮廓线条，该值为默认值
GTK_SHADOW_ETCHED_OUT	3D 外阴影轮廓线条

　　下面用一个例子说明框架构件的用法。程序源代码如下：

```
…
01    GtkWidget *frame1;
02    frame1 = gtk_frame_new(NULL);              //创建框架构件
03    gtk_widget_show(frame1);
04    gtk_box_pack_start(GTK_BOX(vbox), frame1, TRUE, TRUE, 0);
05    gtk_container_set_border_width(GTK_CONTAINER(frame1), 5);
06                                       //设置框架构件边框
07    gtk_frame_set_shadow_type(GTK_FRAME(frame1),
08                    GTK_SHADOW_ETCHED_IN); //设置框架的边框样式为内阴影
09    GtkWidget *alignment1;
10    alignment1 = gtk_alignment_new(0.5, 0.5, 1, 1);
11    gtk_widget_show(alignment1);
12    gtk_container_add(GTK_CONTAINER(frame1), alignment1);
13                                       //将对齐容器装入框架构件内
14    gtk_alignment_set_padding(GTK_ALIGNMENT(alignment1), 0, 0, 12, 0);
15    GtkWidget *hbox1;
16    hbox1 = gtk_hbox_new(TRUE, 0);
17    gtk_widget_show(hbox1);
18    gtk_container_add(GTK_CONTAINER(alignment1), hbox1);
```

```
19                                              //在对齐容器内装入横向组装盒
...
20      GtkWidget *label1;
21      label1 = gtk_label_new("3D 内阴影边框");
22      gtk_widget_show(label1);
23      gtk_frame_set_label_widget(GTK_FRAME(frame1), label1);
24                                              //将标签构件与框架构件连接
25      gtk_label_set_use_markup(GTK_LABEL(label1), TRUE);
26      GtkWidget *frame2;
27      frame2 = gtk_frame_new(NULL);
28      gtk_widget_show(frame2);
29      gtk_box_pack_start(GTK_BOX(vbox), frame2, TRUE, TRUE, 0);
30      gtk_container_set_border_width(GTK_CONTAINER(frame2), 3);
31      gtk_frame_set_shadow_type(GTK_FRAME(frame2),
32                    GTK_SHADOW_ETCHED_OUT);//设置框架的边框样式为外阴影
33      GtkWidget *alignment2;
34      alignment2 = gtk_alignment_new(0.5, 0.5, 1, 1);
35      gtk_widget_show(alignment2);
36      gtk_container_add(GTK_CONTAINER(frame2), alignment2);
37      gtk_alignment_set_padding(GTK_ALIGNMENT(alignment2), 0, 0, 12, 0);
38      GtkWidget *hbox2;
39      hbox2 = gtk_hbox_new(FALSE, 0);
40      gtk_widget_show(hbox2);
41      gtk_container_add(GTK_CONTAINER(alignment2), hbox2);
...
42      GtkWidget *label2;
43      label2 = gtk_label_new("3D 外阴影边框");
44      gtk_widget_show(label2);
45      gtk_frame_set_label_widget(GTK_FRAME(frame2), label2);
46      gtk_label_set_use_markup(GTK_LABEL(label2), TRUE);
...
```

　　程序中定义了两个框架构件，其框架轮廓的线条样式分别为 GTK_SHADOW_ETCHED_IN 和 GTK_SHADOW_ETCHED_OUT。label1 和 label2 构件是用于在框架上方显示的，创建后可使用 gtk_frame_set_label_widget()函数将其与框架构件连接起来。alignment1 和 alignment1 是装入框架中的对齐容器构件。该容器只能放入一个窗体构件，所以为了放置一组复选按钮和一组单选按钮，又在对齐容器中加入了横向组装盒构件。

　　为了使框剪的边框更为明显，程序中使用 gtk_container_set_border_width()函数为框架设置了边框，如图24.15 所示。

图 24.15　框架构件演示

24.3.6　比例框架

　　比例框架构件（GtkAspectFrame）是框架构件的子类，它的作用是使子构件的外观比例保持一定的值。在有需要的情况下，比例框架可增加额外的可用空间。例如，当前窗体中放置着一个大的图像构件。在用户改变窗口的尺寸时，图像构件的尺寸随之改变，但是外观比例与所定义的比例数值保持一致。gtk_aspect_frame_new()函数创建一个新的比例框架。它的一般形式为：

```
GtkWidget *gtk_aspect_frame_new(const gchar *label,
                                gfloat xalign,
                                gfloat yalign,
                                gfloat ratio,
                                gboolean obey_child);
```

xalign 和 yalign 参数的作用是定义水平方向和垂直方向的位置，值域范围为 0～1 之间的浮点数。obey_child 参数的值如果为 TRUE，子构件的长宽比例会和它所请求的比例相匹配。值为 FALSE 时比例值由 ratio 参数指定。改变一个比例框架的属性可使用 gtk_aspect_frame_set()函数。它的一般形式为：

```
void gtk_aspect_frame_set(GtkAspectFrame *aspect_frame,
                          gfloat xalign,
                          gfloat yalign,
                          gfloat ratio,
                          gboolean obey_child);
```

下面举例说明比例构件的使用方法。程序中创建了一个 4：3 的绘图区，无论所属窗体构件的大小如何变化，比例构件内的界面构件不会改变比例。程序代码如下：

```
01  GtkWidget *aspectframe;
02  aspectframe = gtk_aspect_frame_new(NULL, 0.5, 0.5, 1.25, FALSE);
03                                          //创建比例框架构件
04  gtk_widget_show(aspectframe);
05  gtk_container_add(GTK_CONTAINER(window), aspectframe);
06  gtk_container_set_border_width(GTK_CONTAINER(aspectframe), 6);
07                                          //设置比例框架构件边框
08  GtkWidget *alignment;
09  alignment = gtk_alignment_new(0.5, 0.5, 1, 1); //创建对齐构件
10  gtk_widget_show(alignment);
11  gtk_container_add(GTK_CONTAINER(aspectframe), alignment);
12                                    //将对齐构件装入比例框架构件
13  gtk_alignment_set_padding(GTK_ALIGNMENT(alignment), 7, 0, 12, 0);
14  GtkWidget *drawingarea;
15  drawingarea = gtk_drawing_area_new();
16  gtk_widget_show(drawingarea);                   //创建绘图区
17  gtk_container_add(GTK_CONTAINER(alignment), drawingarea);
18                                          //将绘图区装入对齐构件中
19  GtkWidget *label;
20  label = gtk_label_new("4 X 3");
21  gtk_widget_show(label);
22  gtk_frame_set_label_widget(GTK_FRAME(aspectframe), label);
23                                    //将标签与比例框架构件相连接
24  gtk_label_set_use_markup(GTK_LABEL(label), TRUE);
```

程序中使用 4：3 的比值 1.25 创建了一个比例框架构件，然后在比例构件中装入了一个对齐构件，在对齐构件中装入绘图区。这样绘图区的尺寸就按照 4：3 的比值建立，如图 24.16 所示。

24.3.7 分栏窗体构件

分栏窗体构件（GtkPaned）用于将一个窗口分成两个部分。窗体两部分的尺寸由用户控制，它们之间有一个凹槽，上面有一个手柄，用户可以拖动此手柄改变两部分的比例。窗体划分可以是水平

图 24.16　比例框架构件

方向或垂直方向。gtk_hpaned_new()函数用于水平方向划分窗体，gtk_vpaned_new()函数用于垂直方向划分窗体。它们的一般形式为：

```
GtkWidget *gtk_hpaned_new(void);
GtkWidget *gtk_vpaned_new(void);
```

创建了分栏窗体构件后，可以在它的两边添加子构件。gtk_paned_add1()函数将子构件添加到分栏窗口的左边或顶部。gtk_paned_add2()函数将子构件添加到分栏窗口的右边或下部。它们的一般形式为：

```
void gtk_paned_add1 (GtkPaned *paned, GtkWidget *child);
void gtk_paned_add2 (GtkPaned *paned, GtkWidget *child);
```

下面举例说明分栏窗体构件的使用方法。程序代码如下：

```
01  GtkWidget *vpaned1;
02  vpaned1 = gtk_vpaned_new();                    //创建垂直分栏窗体构件
03  gtk_widget_show(vpaned1)
04  gtk_container_add(GTK_CONTAINER(window), vpaned1);
05  gtk_paned_set_position(GTK_PANED(vpaned1), 0);
06
07  GtkWidget *scrolledwindow1;
08  scrolledwindow1 = gtk_scrolled_window_new(NULL, NULL);
09                                                 //创建滚动条窗体构件
10  gtk_widget_show(scrolledwindow1);
11  gtk_paned_pack1(GTK_PANED(vpaned1), scrolledwindow1, FALSE, TRUE);
12                                                 //将滚动条窗体装入分栏窗体
13  gtk_scrolled_window_set_policy(GTK_SCROLLED_WINDOW(scrolledwindow1),
14                  GTK_POLICY_NEVER,      //屏蔽水平滚动条
15                    GTK_POLICY_ALWAYS);
16  gtk_scrolled_window_set_shadow_type(GTK_SCROLLED_WINDOW
    (scrolledwindow1),GTK_SHADOW_IN);
17
18  GtkWidget *textview1;
19  textview1 = gtk_text_view_new();               //创建文本视区
20  gtk_widget_show(textview1);
21  gtk_container_add(GTK_CONTAINER(scrolledwindow1), textview1);
22
23  GtkWidget *scrolledwindow2;
24  scrolledwindow2 = gtk_scrolled_window_new(NULL, NULL);
25  gtk_widget_show(scrolledwindow2);
26  gtk_paned_pack2(GTK_PANED(vpaned1), scrolledwindow2, TRUE, TRUE);
27  gtk_scrolled_window_set_policy(GTK_SCROLLED_WINDOW(scrolledwindow2),
28                    GTK_POLICY_NEVER,
29                    GTK_POLICY_ALWAYS);
30  gtk_scrolled_window_set_shadow_type(GTK_SCROLLED_WINDOW
    (scrolledwindow2),GTK_SHADOW_IN);
31  GtkWidget *textview2;
32  textview2 = gtk_text_view_new();
33  gtk_widget_show(textview2);
34  gtk_container_add(GTK_CONTAINER(scrolledwindow2), textview2);
```

程序中创建了水平方向划分的分栏窗体构件，其中放有两个滚动条窗体构件，然后将文本视区构件装入滚动条窗体。程序运行时，可随意调整上下两个文本视区构件的比例，如图 24.17 所示。

图 24.17 分栏窗体构件演示

24.3.8 视角构件

视角构件（GtkViewport）一般很少直接使用，多数情况下是与滚动条窗口构件一同使用。滚动条窗口构件内建有视角构件子成员。视角构件允许在其内部装入一个超过自身大小的构件，因而可以只显示构件的一部分。它用调整对象定义当前显示的区域。gtk_viewport_new()函数用于创建一个视角构件。它的一般形式为：

```
GtkWidget *gtk_viewport_new(GtkAdjustment *hadjustment,
                            GtkAdjustment *vadjustment);
```

创建视角构件时能够通过 hadjustment 参数和 vadjustment 参数指定构件使用的水平和垂直调整对象。如果给函数传递 NULL 参数，视角构件会自己创建调整对象。gtk_viewport_get_hadjustment()函数和 gtk_viewport_get_vadjustment()函数用于返回视角构件当前使用的调整对象的指针。它们的一般形式为：

```
GtkAdjustment *gtk_viewport_get_hadjustment(GtkViewport *viewport );
GtkAdjustment *gtk_viewport_get_vadjustment(GtkViewport *viewport );
```

如果要在为已经创建的视角构件设置调整对象，可使用 gtk_viewport_get_hadjustment()函数或 gtk_viewport_get_vadjustment()函数来完成。它们的一般形式为：

```
GtkAdjustment *gtk_viewport_get_hadjustment(GtkViewport *viewport );
GtkAdjustment *gtk_viewport_get_vadjustment(GtkViewport *viewport );
```

24.3.9 滚动条窗体

滚动条窗体构件（GtkScrolledWindow）用于创建一个可滚动区域，并将其他构件放入其中。可以在滚动条窗体中插入任何其他构件，然后通过滚动条来选择所需要显示的部分内容。gtk_scrolled_window_new()函数用于创建新的滚动条窗体，它的一般形式为：

```
GtkWidget *gtk_scrolled_window_new(GtkAdjustment *hadjustment,
                             GtkAdjustment *vadjustment);
```

第 1 个参数用于指定水平方向的调整对象，第 2 个参数用于指定垂直方向的调整对象。它们一般都设置为 NULL，滚动条窗体会使用内建的调整对象。gtk_scrolled_window_ set_policy()函数可以设置滚动条出现的方式。它的一般形式为：

```
void gtk_scrolled_window_set_policy(GtkScrolledWindow *scrolled_window,
                        GtkPolicyType hscrollbar_policy,
                        GtkPolicyType vscrollbar_policy );
```

第 1 个参数是被设置的滚动条窗体，第 2 个参数设置水平滚动条出现的方式，第 3 个参数设置垂直滚动条出现的方式。当要求滚动条根据需要自动出现时，可设为 GTK_POLICY_AUTOMATIC；若设为 GTK_POLICY_ALWAYS，滚动条会一直出现在滚动条窗体上。gtk_scrolled_window_add_with_viewport()函数用于将构件放到滚动条窗体里。它的一般形式为：

```
void gtk_scrolled_window_add_with_viewport(GtkScrolledWindow *scrolled_
window,
                        GtkWidget *child);
```

下面举例说明滚动条窗体构件的使用方法。程序代码如下：

```
01  int main(int argc, char *argv[]) {
02    gtk_init(&argc, &argv);
03    GtkWidget *window;
04    window = gtk_window_new(GTK_WINDOW_TOPLEVEL);
05    gtk_window_set_title(GTK_WINDOW(window),"滚动条窗体构件演示");
06    gtk_widget_show(window);
07    GtkWidget *scrolled_window;
08    scrolled_window = gtk_scrolled_window_new(NULL, NULL);
09                                    //创建一个新的滚动条窗体
10   gtk_container_set_border_width(GTK_CONTAINER(scrolled_window),10);
11   gtk_scrolled_window_set_policy(GTK_SCROLLED_WINDOW(scrolled_window),
     GTK_POLICY_AUTOMATIC,GTK_POLICY_ALWAYS);    //设置滚动条的出现方式
12    gtk_container_add (GTK_CONTAINER (window), scrolled_window);
13    gtk_widget_show (scrolled_window);
14    GtkWidget *table;
15    table = gtk_table_new (10, 10, FALSE);//创建一个包含10×10个格子的表格
16    gtk_table_set_row_spacings (GTK_TABLE (table), 10); //设置行间距
17    gtk_table_set_col_spacings (GTK_TABLE (table), 10); //设置列间距
18    gtk_scrolled_window_add_with_viewport (
19        GTK_SCROLLED_WINDOW (scrolled_window),table);
20                                    //将表格装入滚动条窗体中
21    gtk_widget_show (table);
22    GtkWidget *button;
23    int i, j;
24    char buffer[32];
25    for (i = 0; i < 10; i++)
26    for (j = 0; j < 10; j++) {
27        sprintf (buffer, "button (%d,%d)\n", i, j);
28        button = gtk_toggle_button_new_with_label (buffer);
29        gtk_table_attach_defaults (GTK_TABLE (table), button,
30            i, i+1, j, j+1);        //在表格中添加许多开关按钮以展示滚动窗口
31        gtk_widget_show (button);
32    }
33    g_signal_connect(G_OBJECT(window), "delete_event",
34        G_CALLBACK(gtk_main_quit), NULL);
35    gtk_main();
36    return 0;
37  }
```

　　程序在窗体构件中装入了一个滚动条窗体构件，然后在滚动条窗体构件中装入了一个
尺寸为 10×10 的表格，每个单元格内装入一个按
钮。表格的尺寸远远大于滚动条窗体构件，所以滚
动条将被显示，如图 24.18 所示。

24.3.10　按钮盒

　　按钮盒构件（GtkButtonBox）是专门为设计
按钮栏预备的容器，可用来简化界面构件的设计
难度。按钮盒构件分为横向和纵向两种样式，按
钮可按样式所规定的方式装入容器中。

图 24.18　分栏窗体构件演示

gtk_hbutton_box_new()函数用以创建横向按钮盒，gtk_vbutton_box_new()函数用以创建纵向
按钮盒。它们的一般形式为：

```
GtkWidget *gtk_hbutton_box_new(void);
GtkWidget *gtk_vbutton_box_new(void);
```

　　gtk_button_box_set_layout()函数用于指定按钮装入按钮盒的位置。它的一般形式为：

```
void gtk_button_box_set_layout(GtkButtonBox *widget,
                        GtkButtonBoxStyle layout_style);
```

　　layout_style 参数用于指定按钮装入按钮盒的位置，它是 GtkButtonBoxStyle 枚举类型
数据，其成员见表 24.5。

表 24.5　GtkButtonBoxStyle枚举类型成员

枚举成员名称	说　　　明
GTK_BUTTONBOX_DEFAULT_STYLE	默认样式，按钮在按钮盒的整个区域内平均分布
GTK_BUTTONBOX_SPREAD	按钮在按钮盒内平均分布，并在所分配的区域内居中
GTK_BUTTONBOX_EDGE	按钮在按钮盒的整个区域内平均分布
GTK_BUTTONBOX_START	按钮从按钮盒的最左方或最上方开始排列
GTK_BUTTONBOX_END	按钮从按钮盒的最右方或最下方开始排列
GTK_BUTTONBOX_CENTER	按钮在按钮盒的整个区域内的正中央

　　下面用一个程序演示两种按钮盒的操作方法，每种按钮盒中按钮装入的方式均不同。
程序源代码如下：

```
01  GtkWidget *vbox1;
02  vbox1 = gtk_vbox_new(FALSE, 0);                    //创建纵向组装盒
03  gtk_widget_show(vbox1);
04  gtk_container_add(GTK_CONTAINER(window), vbox1);
05  GtkWidget *hbuttonbox1;
06  hbuttonbox1 = gtk_hbutton_box_new();              //创建横向按钮盒
07  gtk_widget_show(hbuttonbox1);
08  gtk_box_pack_start(GTK_BOX(vbox1), hbuttonbox1,FALSE, TRUE, 0);
09                                                     //将按钮盒装入组装盒
10  gtk_button_box_set_layout(GTK_BUTTON_BOX(hbuttonbox1),
11                  GTK_BUTTONBOX_START);      //指定按钮从最左开始排列
12  GtkWidget *button1;
13  button1 = gtk_button_new();                       //创建按钮
```

```
14   gtk_widget_show(button1);
15   gtk_container_add(GTK_CONTAINER(hbuttonbox1), button1);
16   GTK_WIDGET_SET_FLAGS(button1, GTK_CAN_DEFAULT);
17   GtkWidget *image1;
18   image1 = gtk_image_new_from_stock(GTK_STOCK_NEW,
19                            GTK_ICON_SIZE_BUTTON);  //创建图像构件
20   gtk_widget_show(image1);
21   gtk_container_add(GTK_CONTAINER(button1), image1);  //将图像构件装入按钮
22   GtkWidget *button2;
23   button2 = gtk_button_new();
24   gtk_widget_show(button2);
25   gtk_container_add(GTK_CONTAINER(hbuttonbox1), button2);
26   GTK_WIDGET_SET_FLAGS(button2, GTK_CAN_DEFAULT);
27   GtkWidget *image2;
28   image2 = gtk_image_new_from_stock(GTK_STOCK_OPEN,
29                            GTK_ICON_SIZE_BUTTON);
30   gtk_widget_show(image2);
31   gtk_container_add(GTK_CONTAINER(button2), image2);
32   GtkWidget *button3;
33   button3 = gtk_button_new();
34   gtk_widget_show(button3);
35   gtk_container_add(GTK_CONTAINER(hbuttonbox1), button3);
36   GTK_WIDGET_SET_FLAGS(button3, GTK_CAN_DEFAULT);
37   GtkWidget *image3;
38   image3 = gtk_image_new_from_stock(GTK_STOCK_SAVE,
39                            GTK_ICON_SIZE_BUTTON);
40   gtk_widget_show(image3);
41   gtk_container_add(GTK_CONTAINER(button3), image3);
42   GtkWidget *hbox1;
43   hbox1 = gtk_hbox_new(FALSE, 0);              //创建横向组装盒
44   gtk_widget_show(hbox1);
45   gtk_box_pack_start(GTK_BOX(vbox1), hbox1, TRUE, TRUE, 0);
46                                      //将横向组装盒装入纵向组装盒中
47   GtkWidget *vbuttonbox1;
48   vbuttonbox1 = gtk_vbutton_box_new();         //创建纵向按钮盒
49   gtk_widget_show(vbuttonbox1);
50   gtk_box_pack_start(GTK_BOX(hbox1), vbuttonbox1, FALSE, TRUE, 0);
51   gtk_button_box_set_layout(GTK_BUTTON_BOX(vbuttonbox1),
52           GTK_BUTTONBOX_SPREAD);  //设置纵向按钮盒内的按钮以平均方式分配
53   GtkWidget *button4;
54   button4 = gtk_button_new_from_stock(GTK_STOCK_CDROM);
55   gtk_widget_show(button4);
56   gtk_container_add(GTK_CONTAINER(vbuttonbox1), button4);
57   gtk_widget_set_size_request(button4, 116, 88);  //定义按钮的最小尺寸
58   GTK_WIDGET_SET_FLAGS(button4, GTK_CAN_DEFAULT);
59   GtkWidget *button5;
60   button5 = gtk_button_new_from_stock(GTK_STOCK_HARDDISK);
61   gtk_widget_show(button5);
62   gtk_container_add(GTK_CONTAINER(vbuttonbox1), button5);
63   GTK_WIDGET_SET_FLAGS(button5, GTK_CAN_DEFAULT);
64   GtkWidget *button6;
65   button6 = gtk_button_new_from_stock(GTK_STOCK_FLOPPY);
66   gtk_widget_show(button6);
67   gtk_container_add(GTK_CONTAINER(vbuttonbox1), button6);
68   GTK_WIDGET_SET_FLAGS(button6, GTK_CAN_DEFAULT);
69   GtkWidget *hbuttonbox2;
70   hbuttonbox2 = gtk_hbutton_box_new();              //创建横向按钮盒
71   gtk_widget_show(hbuttonbox2);
72   gtk_box_pack_end(GTK_BOX(hbox1), hbuttonbox2, TRUE, TRUE, 0);
```

```
73  gtk_container_set_border_width(GTK_CONTAINER(hbuttonbox2), 10);
74  gtk_button_box_set_layout(GTK_BUTTON_BOX(hbuttonbox2),
75              GTK_BUTTONBOX_END);              //指定按钮从最右开始排列
76  gtk_box_set_spacing(GTK_BOX(hbuttonbox2), 10); //设置按钮盒间距
77  GtkWidget *button7;
78  button7 = gtk_button_new_from_stock(GTK_STOCK_APPLY);
79  gtk_widget_show(button7);
80  gtk_container_add(GTK_CONTAINER(hbuttonbox2), button7);
81  GTK_WIDGET_SET_FLAGS(button7, GTK_CAN_DEFAULT);
82  GtkWidget *button8;
83  button8 = gtk_button_new_from_stock(GTK_STOCK_CANCEL);
84  gtk_widget_show(button8);
85  gtk_container_add(GTK_CONTAINER(hbuttonbox2), button8);
86  GTK_WIDGET_SET_FLAGS(button8, GTK_CAN_DEFAULT);
87  GtkWidget *button9;
88  button9 = gtk_button_new_from_stock(GTK_STOCK_OK);
89  gtk_widget_show(button9);
90  gtk_container_add(GTK_CONTAINER(hbuttonbox2), button9);
91  GTK_WIDGET_SET_FLAGS(button9, GTK_CAN_DEFAULT);
```

按钮盒是从容器构件继承而来的，所以它的操作与大多数容器构件相似。本例中创建了 3 个按钮盒，第 1 个是横向按钮盒，位于屏幕左上方，放置的是一排没有文字标签的按钮。按钮的排列方向是从左开始，这种按钮通常是用于应用程序的常用功能选择。

第 2 个按钮盒是纵向按钮盒，位于屏幕左侧。第 1 个按钮设置了大小后，其他按钮也会被自动改变大小，这是按钮盒容器的特性。按钮的排列方式为从上向下，并设为均匀分配按钮盒的空间，它通常是用来时间程序的导航功能。

第 3 个是横向按钮盒，位于屏幕右下，排列方式设为了从右向左，并在按钮间设置了间距。这种按钮通常用于对话框中，用来决定是否执行某一设置，如图 24.19 所示。

图 24.19　按钮盒构件演示

24.3.11　工具栏

工具栏构件（GtkToolbar）是一种用于放置多个界面构件的容器，其中的界面构件可以横向或纵向排列。工具栏简化了大量构件在界面中显示的编程难度。通常它的每个单元格内存放着一个显示图片和标签的工具栏按钮构件，但其他构件也可以放在工具栏里面。gtk_toolbar_new() 函数用于创建一个工具栏。它的一般形式为：

```
GtkWidget *gtk_toolbar_new(void);
```

为了配合工具栏的使用，GTK+提供了工具项构件（GtkToolItem）。工具项构件只能装入工具栏中使用，它是一组相关界面构件的集合。工具栏构件的设置可用在工具项构件中，例如当设置了工具栏上图像的尺寸后，所有工具项构件中的图像都会使用该尺寸。

通常使用的是工具项构件的子类工具栏按钮构件（GtkToolButton）和工具栏分隔符构件（GtkSeparatorToolItem）。gtk_tool_button_new()函数用于创建工具项按钮构件。如果要从按钮库中创建工具项按钮，可使用 gtk_tool_button_new_from_stock() 函数。gtk_separator_tool_item_new()函数用于创建工具项分隔符构件。它们的一般形式为：

```
GtkToolItem *gtk_tool_button_new(GtkWidget *icon_widget,
                      const gchar *label);
GtkToolItem *gtk_tool_button_new_from_stock(const gchar *stock_id);
GtkToolItem *gtk_separator_tool_item_new(void);
```

gtk_toolbar_set_style()函数用于设置工具栏构件的样式，这些样式会应用在工具栏内的工具栏按钮构件上。gtk_toolbar_get_style()函数用于将工具栏构件的样式返回。它们的一般形式为：

```
void gtk_toolbar_set_style(GtkToolbar *toolbar,
                    GtkToolbarStyle style);
GtkToolbarStyle gtk_toolbar_get_style(GtkToolbar *toolbar);
```

style 参数用于定义工具栏构件的样式，它是 GtkToolbarStyle 枚举类型，其成员见表24.6。

表 24.6　GtkToolbarStyle枚举类型成员

枚举成员名称	说　明
GTK_TOOLBAR_ICONS	只在工具栏上显示图像
GTK_TOOLBAR_TEXT	只在工具栏上显示文本
GTK_TOOLBAR_BOTH	同时在工具栏上显示图像和文本
GTK_TOOLBAR_BOTH_HORIZ	同时在工具栏上显示图像和文本，文本只有在工具项构件被设为重要时才会显示在图像的右方

gtk_toolbar_set_icon_size()函数用于设置工具栏中图像的尺寸，gtk_toolbar_get_icon_size()函数用于返回工具栏构件中的图像尺寸。它们的一般形式为：

```
GtkIconSize gtk_toolbar_get_icon_size(GtkToolbar *toolbar);
void gtk_toolbar_set_icon_size(GtkToolbar *toolbar,
                   GtkIconSize icon_size);
```

icon_size 参数用于设置图像的尺寸，该参数的取值与图像构件尺寸的取值相同。在工具栏构件中，默认值为 GTK_ICON_SIZE_LARGE_TOOLBAR。下面举例说明工具栏和工具项的创建方法。

```
01  GtkWidget *toolbar;
02  toolbar = gtk_toolbar_new();              //创建工具栏构件
03  gtk_widget_show(toolbar);
04  gtk_box_pack_start(GTK_BOX(vbox), toolbar, FALSE, FALSE, 0);
05  gtk_toolbar_set_style(GTK_TOOLBAR(toolbar),
06          GTK_TOOLBAR_BOTH); //将工具栏构件的样式设为同时显示图像和文本
07  gtk_toolbar_set_icon_size(GTK_TOOLBAR(toolbar),
08              GTK_ICON_SIZE_DIALOG);
09                          //将工具栏的图像尺寸设为对话框图像
10  GtkWidget *toolbutton1;
11  toolbutton1=(GtkWidget*)gtk_tool_button_new_from_stock(GTK_STOCK_COPY);
                          //从按钮库创建工具栏按钮构件
12  gtk_widget_show(toolbutton1);
```

```
13   gtk_container_add(GTK_CONTAINER(toolbar), toolbutton1);
14                                             //将工具栏按钮构件装入工具栏
15   GtkWidget *toolbutton2;
16   toolbutton2=(GtkWidget*)gtk_tool_button_new_from_stock(GTK_STOCK_
     CUT);
17   gtk_widget_show(toolbutton2);
18   gtk_container_add(GTK_CONTAINER(toolbar), toolbutton2);
19   GtkWidget *toolbutton3;
20   toolbutton3=(GtkWidget*)gtk_tool_button_new_from_stock(GTK_STOCK_
     PASTE);
21   gtk_widget_show(toolbutton3);
22   gtk_container_add(GTK_CONTAINER(toolbar), toolbutton3);
23   GtkWidget *separatortoolitem;
24   separatortoolitem =(GtkWidget*) gtk_separator_tool_item_new();
25                                             //创建一个工具栏分隔符构件
26   gtk_widget_show(separatortoolitem);
27   gtk_container_add(GTK_CONTAINER(toolbar), separatortoolitem);
28   GtkWidget *toolbutton4;
29   toolbutton4 =(GtkWidget*) gtk_tool_button_new_from_stock(GTK_STOCK_
30   SELECT_ALL);
31   gtk_widget_show(toolbutton4);
32   gtk_container_add(GTK_CONTAINER(toolbar), toolbutton4);
33   GtkWidget *textview;
34   textview = gtk_text_view_new();          //创建一个文本视区构件
35   gtk_widget_show(textview);
36   gtk_box_pack_start(GTK_BOX(vbox), textview, TRUE, TRUE, 0);
```

图 24.20　工具栏构件演示

　　程序中创建了一个工具栏构件,在其中放置了多个按钮和一个工具栏分隔符。工具栏图像的尺寸设为对话框图像尺寸,样式设为同时显示图像和文本,如图 24.20 所示。

　　gtk_tool_item_set_is_important()函数用于将工具项构件设为重要,当工具栏风格设为 GTK_TOOLBAR_BOTH_ HORIZ 时,只有重要的工具项才会显示文本 7 如下例所示。

```
…
    gtk_toolbar_set_style(GTK_TOOLBAR (toolbar),
                GTK_TOOLBAR_BOTH_HORIZ);
                                    //设置工具栏只显示重要工具项文本
    gtk_toolbar_set_icon_size(GTK_TOOLBAR (toolbar),
                GTK_ICON_SIZE_SMALL_TOOLBAR);     //将工具栏图像设为小
…
    gtk_tool_item_set_is_important(GTK_TOOL_ITEM (toolbutton4), TRUE);
                                    //将工具栏按钮设为重要
…
```

　　该例只对前一个程序做了较小的修改,将工具栏的风格定义为只显示是重要工具项构件的文本,第 4 个按钮设置为重要。因此,只有第 4 个按钮的文本被显示,如图 24.21 所示。另外,工具栏有一个重要特性,当窗体构件的尺寸小于工具栏实际需求时,不能显示的部分将自动转为菜单显示,如图 24.22 所示。

图 24.21　只显示重要工具项文本的工具栏

图 24.22　工具栏自动显示被隐藏的工具项

工具栏构件可以横向或纵向排列，gtk_toolbar_set_orientation()函数用于设置工具栏排列方向，gtk_toolbar_get_orientation()函数用于返回工具栏的排列方向。它们的一般形式为：

```
void gtk_toolbar_set_orientation(GtkToolbar *toolbar,
                                 GtkOrientation orientation);
GtkOrientation gtk_toolbar_get_orientation(GtkToolbar *toolbar);
```

orientation 参数用于设置排列方向，它是 GtkOrientation 枚举类型。该类型只有两个成员，GTK_ORIENTATION_HORIZONTAL 表示工具栏是横向排列，GTK_ORIENTATION_VERTICAL 表示工具栏是纵向排列。

24.3.12　笔记本

笔记本构件（GtkNotebook）是互相重叠的页面集合，每一页都包含不同的信息，且一次只有一个页面是可见的。该构件在界面编程中很常用，如果要在同一窗体显示大量信息，可将它们分类装入笔记本构件，这样使用者能快速找到相应的功能。gtk_notebook_new()函数用来创建笔记本构件。它的一般形式为：

```
GtkWidget *gtk_notebook_new(void);
```

笔记本的每一页称为一个选项卡，可通过单击选项卡的标签打开指定选项卡。选项卡标签的位置可放在笔记本上、下、左、右 4 个方向。gtk_notebook_set_tab_pos()函数用于为笔记本指定选项卡标签的位置。它的一般形式为：

```
void gtk_notebook_set_tab_pos(GtkNotebook *notebook,
                              GtkPositionType pos);
```

pos 参数用于指定选项卡的位置，它是 GtkPosition 枚举类型，其成员见表 24.7。

表 24.7　GtkPosition枚举类型成员

枚举成员名称	说　　明
GTK_POS_LEFT	选项卡标签位于笔记本左侧
GTK_POS_RIGHT	选项卡标签位于笔记本右侧
GTK_POS_TOP	选项卡标签位于笔记本顶部，默认值
GTK_POS_BOTTOM	选项卡标签位于笔记本底部

gtk_notebook_append_page()函数用于在笔记本的开始位置添加选项卡，gtk_notebook_prepend_page()函数用于在笔记本结束位置添加选项卡。它们的一般形式为：

```
void gtk_notebook_append_page(GtkNotebook *notebook,
                             GtkWidget *child,
                             GtkWidget *tab_label);
void gtk_notebook_prepend_page(GtkNotebook *notebook,
                              GtkWidget *child,
                              GtkWidget *tab_label);
```

child 参数是放在笔记本页面里的界面构件指针，tab_label 参数是要添加的选项卡标签所使用的参数。child 构件必须为一个已创建的构件，一般为包含一套选项设置的容器构件，例如一个表格。

gtk_notebook_insert_page()函数用于在创建选项卡时指定选项卡的位置。它的一般形式为：

```
void gtk_notebook_insert_page(GtkNotebook *notebook,
                              GtkWidget *child,
                              GtkWidget *tab_label,
                              gint position );
```

position 参数指定选项卡应该插入到哪一页，第 1 页的数值为 0。gtk_notebook_remove_page()函数用于从笔记本中删除一个选项卡。它的一般形式为：

```
void gtk_notebook_remove_page(GtkNotebook *notebook,
                              gint page_num);
```

page_num 参数用于指定要被删除的选项卡的页码。该函数的作用只是在笔记本中将选项卡删除，而选项卡内的容器及容器内的其它构件并没有真实地删除。

在笔记本被显示时，页码为 0 的选项卡默认被显示。如果需要在程序启动或运行时指定那一页被显示，可使用 gtk_notebook_set_current_page()函数实现。gtk_notebook_get_current_page()函数用于返回当前显示的页面。它的一般形式为：

```
void gtk_notebook_set_current_page(GtkNotebook *notebook,
                                   gint page_num);
gint gtk_notebook_get_current_page(GtkNotebook *notebook);
```

gtk_notebook_next_page()函数用于将笔记本翻到下一页，gtk_notebook_prev_page()函数用于将笔记本翻到前一页。它的一般形式为：

```
void gtk_notebook_next_page(GtkNoteBook *notebook);
void gtk_notebook_prev_page(GtkNoteBook *notebook);
```

gtk_notebook_set_show_tabs()函数用于设置是否显示选项卡标签，gtk_notebook_set_show_border()函数用于设置是否选项卡边框。它的一般形式所示：

```
void gtk_notebook_set_show_tabs(GtkNotebook *notebook,
                                gboolean show_tabs);
void gtk_notebook_set_show_border(GtkNotebook *notebook,
                                  gboolean show_border);
```

如果选项卡较多，选项卡标签在笔记本上排列不下时，笔记本允许用两个箭头按钮来滚动标签页。gtk_notebook_set_scrollable()函数用于设置是否显示箭头按钮。它的一般形式为：

```
void gtk_notebook_set_scrollable(GtkNotebook *notebook,
                                 gboolean scrollable);
```

下面举例说明笔记本构件的操作方法。程序的源代码如下：

```
01  void rotate_book(GtkButton *button,
02                   GtkNotebook *notebook)              //旋转页标签的位置
03  {
04    gtk_notebook_set_tab_pos(notebook,
05                            (notebook->tab_pos + 1) % 4);
06  }
07  void tabsborder_book(GtkButton *button,
08                       GtkNotebook *notebook)          //显示/隐藏选项卡标签和边框
09  {
10    gint tval = FALSE;
11    gint bval = FALSE;
12    if (notebook->show_tabs == 0)
13      tval = TRUE;
14    if (notebook->show_border == 0)
15      bval = TRUE;
```

```
16
17      gtk_notebook_set_show_tabs(notebook, tval);  //显示/隐藏页选项卡标签
18      gtk_notebook_set_show_border(notebook, bval);//显示/隐藏页选项卡边框
19  }
20  void remove_book(GtkButton *button,
21                   GtkNotebook *notebook)          //从笔记本上删除一个选项卡
22  {
23      gint page;
24      page = gtk_notebook_get_current_page(notebook); //获取笔记本当前页
25      gtk_notebook_remove_page(notebook, page);       //删除一个选项卡
26      gtk_widget_queue_draw(GTK_WIDGET(notebook));    //刷新笔记本构件
27  }
28  int main(int argc, char *argv[])
29  {
30      gtk_init(&argc, &argv);
31      GtkWidget *window;
32      window = gtk_window_new(GTK_WINDOW_TOPLEVEL);
33      gtk_window_set_title(GTK_WINDOW(window), "笔记本构件演示");
34      gtk_container_set_border_width (GTK_CONTAINER (window), 10);
35      gtk_widget_show(window);
36      int i;
37      char bufferf[32];
38      char bufferl[32];
39      GtkWidget *button;
40      GtkWidget *table;
41      GtkWidget *notebook;
42      GtkWidget *frame;
43      GtkWidget *label;
44      GtkWidget *checkbutton;
45      GtkWidget *vbox;
46      vbox = gtk_vbox_new(FALSE, 15);
47      gtk_widget_show(vbox);
48      table = gtk_table_new(3, 6, FALSE);
49      gtk_container_add(GTK_CONTAINER(window), table);
50      notebook = gtk_notebook_new();
51      gtk_notebook_set_tab_pos(GTK_NOTEBOOK(notebook),
52                      GTK_POS_LEFT);               //创建笔记本，标签位于左侧
53      gtk_table_attach_defaults(GTK_TABLE(table),
54                      notebook, 0, 6, 0, 1);
55      gtk_widget_show(notebook);
56      for (i = 0; i < 5; i++) {                    //在笔记本后面追加几个选项卡
57          sprintf(bufferf, "选项卡 %d", i + 1);
58          sprintf(bufferl, "选项卡 %d", i + 1);
59          frame = gtk_frame_new(bufferf);
60          gtk_container_set_border_width(GTK_CONTAINER(frame), 10);
61          gtk_widget_set_size_request(frame, 100, 75);
62          gtk_widget_show(frame);
63          label = gtk_label_new(bufferf);
64          gtk_container_add(GTK_CONTAINER(frame), label);
65          gtk_widget_show(label);
66          label = gtk_label_new(bufferl);
67          gtk_notebook_append_page(GTK_NOTEBOOK(notebook), frame, label);
68      }
69      checkbutton = gtk_check_button_new_with_label("复选按钮");
70      gtk_widget_set_size_request(checkbutton, 100, 75);
71      gtk_widget_show(checkbutton);
72      label = gtk_label_new("插入页");
73      gtk_notebook_insert_page(GTK_NOTEBOOK(notebook),
```

```
74                          checkbutton, label, 2);        //指定位置插入选项卡
75    for (i = 0; i < 5; i++) {                            //最后向笔记本前插页面
76       sprintf(bufferf, "反向添加的选项卡 %d", i + 1);
77       sprintf(bufferl, "反向添加的选项卡 %d", i + 1);
78       frame = gtk_frame_new(bufferf);
79       gtk_container_set_border_width(GTK_CONTAINER(frame), 10);
80       gtk_widget_set_size_request(frame, 100, 75);
81       gtk_widget_show(frame);
82       label = gtk_label_new(bufferf);
83       gtk_container_add(GTK_CONTAINER(frame), label);
84       gtk_widget_show(label);
85       label = gtk_label_new(bufferl);
86       gtk_notebook_prepend_page(GTK_NOTEBOOK(notebook), frame, label);
87    }
88    gtk_notebook_set_current_page(GTK_NOTEBOOK(notebook), 3);
89                                                         //设置第 4 页为起始页
90    button = gtk_button_new_with_label("关闭");
91    gtk_table_attach_defaults(GTK_TABLE(table), button, 0, 1, 1, 2);
92    gtk_widget_show(button);
93    g_signal_connect_swapped(G_OBJECT(button), "clicked",
94                      G_CALLBACK(gtk_main_quit), NULL);
95    button = gtk_button_new_with_label("下翻页");
96    gtk_table_attach_defaults(GTK_TABLE(table), button, 1, 2, 1, 2);
97    gtk_widget_show(button);
98    g_signal_connect_swapped(G_OBJECT(button), "clicked",
99                      G_CALLBACK(gtk_notebook_next_page),
100                     notebook);
101   button = gtk_button_new_with_label("上翻页");
102   gtk_table_attach_defaults(GTK_TABLE(table), button, 2, 3, 1, 2);
103   gtk_widget_show(button);
104   g_signal_connect_swapped(G_OBJECT(button), "clicked",
105                     G_CALLBACK(gtk_notebook_prev_page),
106                     notebook);
107   button = gtk_button_new_with_label("改变标签位置");
108   gtk_table_attach_defaults(GTK_TABLE(table), button, 3, 4, 1, 2);
109   gtk_widget_show(button);
110   g_signal_connect(G_OBJECT(button), "clicked",
111                 G_CALLBACK(rotate_book),
112                 notebook);
113   button = gtk_button_new_with_label("显示/隐藏边框");
114   gtk_table_attach_defaults(GTK_TABLE(table), button, 4, 5, 1, 2);
115   gtk_widget_show(button);
116   g_signal_connect(G_OBJECT(button), "clicked",
117                 G_CALLBACK(tabsborder_book),
118                 notebook);
119   button = gtk_button_new_with_label("删除选项卡");
120   gtk_table_attach_defaults(GTK_TABLE(table), button, 5, 6, 1, 2);
121   gtk_widget_show(button);
122   g_signal_connect(G_OBJECT(button), "clicked",
123                 G_CALLBACK(remove_book),
124                 notebook);
125   gtk_widget_show(table);
126   g_signal_connect(G_OBJECT(window), "delete_event",
                  G_CALLBACK
                  (gtk_main_
                  quit), NULL);
127   gtk_main();
128   return 0;
129 }
```

该程序创建了一个含一个笔记本构件和 6 个按钮的窗口。笔记本共有 11 个选项卡，有 3 种方式添加进来：在开始位置添加、在结束位置添加和在指定位置添加。单击按钮可以改变标签的位置、显示/隐藏页标签和边框、删除当前页、向前或向后翻页以及退出程序，如图 24.23 所示。

图 24.23　笔记本构件演示

24.4　媒体播放器——实现界面

前面已经介绍了界面开发的基础知识，其中的重点为界面构件的使用方法和界面布局方法。虽然界面开发涉及的内容繁复庞杂，但是却比较容易理解与掌握。因此，读者可利用所掌握的知识为程序设计简单的图形界面。本节继续讲解媒体播放器的设计过程，首先会结合朴素软件工程思想中的原型法来设计媒体播放器的界面，然后再使用 GTK+函数库实现所设计的界面。

24.4.1　使用原型法设计媒体播放器界面

朴素软件工程思想的迭代模型中第 2 个步骤为软件设计，即根据项目视图与范围拟定软件需求，界面设计是软件需求中的一部分。对于界面设计方法，朴素软件工程思想所推荐的是原型法。

原型法将传统的软件设计顺序倒置。传统方法是在程序的主要业务逻辑编码结束后再对界面进行设计，软件的功能得不到直观的展示，经常会造成开发者或用户在交付软件时才发现业务逻辑所存在的错误。如果将界面设计放在业务逻辑之前设计，并在整个开发过程中不断改进，则可在一定程度上避免交付的软件作品在业务逻辑上不符合用户需求的情况。下面分步介绍原型法界面设计的过程。

1. 列举界面元素

原型法实施起来很简单，第 1 步是绘制树形目录，将软件中所需要与用户交互的界面及界面元素列举出来。媒体播放器的窗口只有一个，即程序主界面。主界面中界面元素如

图 24.24 所示。

图 24.24 媒体播放器主界面元素

软件需求中，媒体库只有在用户要求显示的时候才会被显示，它作为对话框放在主界面的下一层。媒体库界面元素的树形目录如图 24.25 所示。

图 24.25 媒体库界面元素

播放列表也是作为对话框设计，在用户要求显示的情况下才显示出来。播放列表的界面元素如图 24.26 所示。

除此以外还有一些消息对话框和 GTK+内建的对话框，因为这些对话框结构比较简单，所以可以不列出其中的界面元素。

2. 选择界面元素所对应的界面构件

检查上一步所列举的界面元素，如果与需要实现的功能无异，那么进入第 2 步，分析实现界面元素所对应的界面构件。选择界面构件的原则为，构件必须满足界面元素所需实现的功能，尽量用 GTK+函数库中主流的构件。如果一个元素有多种界面构件可供选择，为了保证开发速度，可选择开发者最熟悉的构件。

在主界面播放控制中的"进度"界面元素可使用比例构件实现。比例构件不但能实时反映播放媒体文件所进行的比例，而且可让用户动态调整播放进度。"设置音量"可用一个开关按钮和弹出对话框组合构成，用户单击"设置音量"按钮后显示出一个弹出对话框用于调节音量，再次单击该按钮则隐藏对话框。"播放模式"可用组合框实现，用户可直接通过组合框中的列表选择相应模式。

图 24.26　播放列表界面元素

　　媒体库界面中"分类列表"和"媒体信息列表"、播放列表界面中"媒体信息列表"
均可用树视图实现。媒体库的查找功能需要用到 3 个构件，分别是文本输入构件、组合框
构件和按钮构件。文本输入构件用于输入查找字符串，组合框构件用于选择查找条件，按
钮构件用于执行查找操作。其他的界面元素可以很容易选择对应界面构件，这里不再赘述。

3. 绘制草图

　　为界面绘制出草图后，开发者和用户的沟通将变得更加容易。因为用户可能并非是专
业技术人员，他们能通过草图了解最终的开发结果，并尽早发现软件功能的缺陷。绘制草
图的方法有很多，例如直接用笔在纸上画，或者选择一个图形软件绘制，如图 24.27 所示。

4. 不断改进原型

　　原型法最重要的原则就是在整个开发过程中对原型不断改进，否则它就不能起到指导
开发的作用。至于何时开始对界面进行编码，可以根据项目的实际情况决定。一些比较小
的项目通常将界面编码放在前面进行，这样可以实现能直接进行操作的原型。而一些较大
项目的业务逻辑实现很耗时，所以界面编码通常放在后期进行。当然，在团队开发中，两
者甚至能同时进行。

图 24.27　媒体播放器界面草图

24.4.2　编写媒体播放器界面代码

下面开始对媒体播放器的界面进行编码。该代码只用于显示界面，不包括其他功能的实现。首先在媒体播放器源代码目录中创建两个文件，名称分别为 interface.h 和 interface.c。interface.h 用于放置界面所用的数据结构。源代码如下：

```
01  #include <stdlib.h>
02  #ifndef INTERFACE_H_
03  #define INTERFACE_H_
04  typedef struct _interface InterFace;          //定义一个新的类型
05  struct _interface {                           //定义界面数据结构
06    GtkWidget *winMain;                         //主窗体
07    GtkWidget *diaPlaylist;                     //播放列表对话框
08    GtkWidget *diaMedialib;                     //媒体库对话框
09    GtkWidget *diaVolume;                       //音量调节对话框
10    GtkWidget *diaFile;                         //文件选择对话框
11    GtkWidget *diaDir;                          //目录选择对话框
12  };
13  GtkWidget *create_winMain (InterFace *ui);    //创建主窗体函数原型
14  GtkWidget *create_diaPlaylist (InterFace *ui);//创建播放列表对话框函数原型
15  GtkWidget *create_diaMedialib (InterFace *ui);//创建媒体库对话框函数原型
16  GtkWidget *create_diaVolume (InterFace *ui); //创建音量调节对话框函数原型
17  #endif /* INTERFACE_H_ */
```

代码中定义了媒体播放器界面的数据结构_interface，并将其作为一个新类型 InterFace 使用。然后，为 4 个主要的界面创建函数定义了原型。

界面的数据结构是用来为程序中主要的窗体构件和对话框构件建立索引，这样能使窗体间的相互访问更加方便。例如，create_winMain()函数和 create_diaPlaylist()函数分别放置着创建主窗体和播放列表对话框的代码，因为作用域的原因，相互之间并不能访问。而程序要求主窗体中的按钮能打开播放列表对话框，播放列表对话框所进行的操作又能影响主窗体的现实，那么可以使用_interface 结构体变量作为两个创建函数共同的参数，这样就能相互访问了。

另外，使用界面的数据结构是一种编程方法，这种方法很好地体现出界面的独立性。程序的其他部分可通过界面的数据结构对界面构件进行操作，而不是将界面实现的代码与业务逻辑混杂在一起。

interface.c 用于放置实现媒体播放器界面的代码，其中主要是实现头文件中所定义的 4 个函数原型。该文件的开始处要放入相应的头文件，如下列源代码所示。

```
#include <gtk-2.0/gtk/gtk.h>                      //GTK+函数库
#include <glib-2.0/glib.h>                        //GLib 函数库
#include "interface.h"                            //自身的头文件
```

基本的定义完成后，就可以正式开始编写界面的代码了。在编码中有几个原则需要注意。

第一，使用从上至下的设计方法。这种方法具体实施起来可以看作先设计顶层容器，再设计下一层容器；先设计界面上方的构件，再设计界面下方的构件；先从左边的界面构件开始设计，后设计右边的界面构件。只有这样代码才容易被理解。

第二，保持统一的命名规则。命名规则在界面设计中非常重要，因为动辄可以在一段代码里看到数百个与界面构件相关的变量。有一种被广泛使用的方法称为匈牙利命名法，这种方法将变量名分为两个部分，前部数个小写字母表示变量的类型，后部的首字母大写，然后可用任意字母或符号表示变量的作用。匈牙利命名法易读且便于记忆，例如 winMain 很容易被理解为主窗体或主界面。

第三，分而治之，将显示上相关的代码放在一起。首先可以将同一个界面的代码放在同一个函数体中，而函数中同一个容器内构件的代码也应该放在一起，这样可方便修改。例如，将一组菜单的代码放在连续的位置中，那么删除或复制这组菜单时就不用在整个文件中查找相关代码。

1．创建主窗体函数

创建主窗体由 create_winMain()函数实现，根据自上而下的编码原则，应该在函数中首先实现窗体和主要的容器，如下列源代码所示。

```
01  GtkWidget *create_winMain (InterFace *ui)   //创建主窗体函数
02  {
03    GtkWidget *winMain;                        //用于保存主窗体构件指针
04    winMain = gtk_window_new (GTK_WINDOW_TOPLEVEL);    //创建主窗体
05    gtk_window_set_title (GTK_WINDOW (winMain),"媒体播放器");//设置窗体标签
06    GtkWidget *vbMain;                         //用于保存横向组装盒构件指针
07    vbMain = gtk_vbox_new (FALSE, 0);          //创建横向组装盒
08    gtk_widget_show (vbMain);                  //显示横向组装盒
09    gtk_container_add (GTK_CONTAINER (winMain), vbMain);
10                                               //将横向组装盒装入窗体
…
```

代码中创建了一个窗体构件作为媒体播放器主窗体，然后在主窗体中放置了一个横向组装盒。其他的窗体构件可放入横向组装盒中。

2．创建菜单

接着可以为主窗体设计菜单。菜单由快捷方式集合、菜单条、菜单构件和菜单项 4 部分组成。可先定义快捷方式集合与菜单条，如下列源代码所示。

```
01  GtkAccelGroup *accel_group;                 //用于保存快捷方式集合指针
02  accel_group = gtk_accel_group_new ();       //创建快捷方式集合
03  GtkWidget *menubar;                         //用于保存菜单条构件指针
04  menubar = gtk_menu_bar_new ();              //创建菜单条构件
05  gtk_widget_show (menubar);                  //显示菜单条
06  gtk_box_pack_start (GTK_BOX (vbMain), menubar,
07                  FALSE, FALSE, 0);           //将菜单条装入横向组装盒中
```

菜单中经常会用到快捷方式集合，包括一些通过图像库预置的菜单项，都对应有相应的快捷方式。因此先要在定义菜单前创建快捷方式集合。菜单条创建后需用 gtk_widget_show()函数显示出来，否则将无法在屏幕中显示，菜单条内的菜单构件和菜单项也无法显示。这种原理也可用于隐藏菜单，调用 gtk_widget_hide()函数可将暂时不需要显示的菜单隐藏起来。

然后，再实现文件菜单。文件菜单中包含 4 个菜单项，另外显示在菜单条上的也是一个菜单项。如下列源代码所示：

```
01  GtkWidget *miFile;
02  miFile = gtk_menu_item_new_with_mnemonic("文件(_F)");//创建文件菜单项
03  gtk_widget_show (miFile);                           //显示文件菜单项
04  gtk_container_add (GTK_CONTAINER (menubar), miFile);//将文件菜单项装入
05                                                      //菜单条
06  GtkWidget *miFile_menu;
07  miFile_menu = gtk_menu_new ();                      //创建菜单构件
08  gtk_menu_item_set_submenu (GTK_MENU_ITEM (miFile),
09                  miFile_menu); //将菜单构件设为文件菜单项的子菜单
10  GtkWidget *menuOpen;
11  menuOpen = gtk_image_menu_item_new_from_stock ("gtk-open", accel_group);
12                                                      //创建打开菜单项
13  gtk_widget_show (menuOpen);                         //显示打开菜单项
14  gtk_container_add (GTK_CONTAINER (miFile_menu),
15              menuOpen);                    //将打开菜单项装入文件菜单
16  GtkWidget *menuM3u;
17  menuM3u = gtk_menu_item_new_with_mnemonic ("打开播放列表");
18                                      //创建打开播放列表菜单项
19  gtk_widget_show (menuM3u);          //显示打开播放列表菜单项
20  gtk_container_add (GTK_CONTAINER (miFile_menu),
21              menuM3u);              //将打开播放列表菜单项装入文件菜单
22  GtkWidget *menuSave;
23  menuSave = gtk_image_menu_item_new_from_stock ("gtk-save", accel_group);
                                    //创建保存菜单项，并加入快捷方式
24  gtk_widget_show (menuSave);        //显示保存菜单项
25  gtk_container_add (GTK_CONTAINER (miFile_menu), menuSave);
26                                      //将保存菜单项装入文件菜单
27  GtkWidget *separatormenuitem1;
28  separatormenuitem1=gtk_separator_menu_item_new (); //创建一个分隔条
29  gtk_widget_show (separatormenuitem1); //显示分隔条
30  gtk_container_add (GTK_CONTAINER (miFile_menu),
31              separatormenuitem1);       //将分隔条装入文件菜单
32  gtk_widget_set_sensitive (separatormenuitem1, FALSE);
33                                      //设置分隔条为不活动状态
34  GtkWidget *menuQuit;
35  menuQuit=gtk_image_menu_item_new_from_stock("gtk-quit",accel_group);
36                                      //创建退出菜单项，并加入快捷方式
37  gtk_widget_show (menuQuit);        //显示退出菜单项
38  gtk_container_add (GTK_CONTAINER (miFile_menu), menuQuit);
39                                      //将显示菜单项装入文件菜单
```

代码中首先定义了文件菜单项，该菜单项显示在菜单条中，因此要将菜单条构件转换为容器构件再装入菜单项。为了在单击菜单项时能显示子菜单，必须创建一个菜单构件，并且将文件菜单项的子菜单设置为对应的菜单构件。菜单构件是一个抽象的菜单项容器，不必让其显示出来。

然后，依次创建打开、打开播放列表、保存和退出这 4 个功能的菜单项。"打开"、"保存"和"退出"使用图像库中预置的项目，因此要用到快捷方式集合，可以在创建的时候直接装入快捷方式集合。播放菜单和帮助菜单创建的方法与文件菜单相似，创建播放菜单如下列源代码所示：

```
01  GtkWidget *miPlay;
02  miPlay = gtk_menu_item_new_with_mnemonic ("播放(_P)");//创建播放菜单项
03  gtk_widget_show (miPlay);                           //显示播放菜单项
04  gtk_container_add (GTK_CONTAINER (menubar), miPlay);//将播放菜单项装入
```

```
05                                              //菜单条
06 GtkWidget *miPlay_menu;
07 miPlay_menu = gtk_menu_new ();                    //创建播放菜单构件
08 gtk_menu_item_set_submenu (GTK_MENU_ITEM (miPlay), miPlay_menu);
09 GtkWidget *menuPre;
10 menuPre = gtk_image_menu_item_new_from_stock ("gtk-media-previous",
   accel_qroup);
11                                              //创建上　首菜单项
12 gtk_widget_show (menuPre);
13 gtk_container_add (GTK_CONTAINER (miPlay_menu), menuPre);
14 GtkWidget *menuPlay;
15 menuPlay = gtk_image_menu_item_new_from_stock ("gtk-media-play",
   accel_group);                                //创建开始播放菜单项
16 gtk_widget_show (menuPlay);
17 gtk_container_add (GTK_CONTAINER (miPlay_menu), menuPlay);
18 GtkWidget *menuPause;
19 menuPause = gtk_image_menu_item_new_from_stock ("gtk-media-pause",
   accel_group);                                //创建暂停播放菜单项
20 gtk_widget_show (menuPause);
21 gtk_container_add (GTK_CONTAINER (miPlay_menu), menuPause);
22 GtkWidget *menuStop;
23 menuStop = gtk_image_menu_item_new_from_stock ("gtk-media-stop",
   accel_group);                                //创建停止播放菜单项
24 gtk_widget_show (menuStop);
25 gtk_container_add (GTK_CONTAINER (miPlay_menu), menuStop);
26 GtkWidget *menuNext;
27 menuNext=gtk_image_menu_item_new_from_stock("gtk-media-next",accel
   _group);                                     //创建下一首菜单项
28 gtk_widget_show (menuNext);
29 gtk_container_add(GTK_CONTAINER (miPlay_menu),menuNext);
```

播放菜单中共有 5 个菜单项在代码中依次创建，因为可以在图像库中找到对应的项目，所以这 5 个菜单项都来自图像库。创建帮助菜单源代码如下：

```
01 GtkWidget *miHelp;
02 miHelp = gtk_menu_item_new_with_mnemonic ("帮助(_H)");//创建帮助菜单项
03 gtk_widget_show (miHelp);
04 gtk_container_add (GTK_CONTAINER (menubar), miHelp);
05 GtkWidget *miHelp_menu;
06 miHelp_menu = gtk_menu_new ();                    //创建帮助菜单构件
07 gtk_menu_item_set_submenu (GTK_MENU_ITEM (miHelp), miHelp_menu);
08 GtkWidget *menuHelp;
09 menuHelp=gtk_image_menu_item_new_from_stock("gtk-help",accel_group);
10                                              //创建帮助子菜单项
11 gtk_widget_show (menuHelp);
12 gtk_container_add (GTK_CONTAINER (miHelp_menu), menuHelp);
13 GtkWidget *menuAbout;
14 menuAbout=gtk_image_menu_item_new_from_stock ("gtk-about", accel_group);
15                                              //创建关于菜单项
16 gtk_widget_show (menuAbout);
17 gtk_container_add (GTK_CONTAINER (miHelp_menu), menuAbout);
18 gtk_window_add_accel_group (GTK_WINDOW (winMain),
19                           accel_group);      //为主窗体加入快捷方式集合
```

上述代码创建了帮助菜单和内部的菜单项。所有的菜单已创建完毕。如果这时不再为其他界面构件添加快捷方式，那么就可以将快捷方式集合加入到窗体中去。前面所创建的快捷方式在整个窗体中有效。需要注意的是，窗体必须是活动中的窗体。也就是说，只有在媒体播放器主窗体显示在屏幕最前端时才能接收到快捷键的信号，如果该窗体最小化或被其他窗体挡住就无法收到。

3．创建播放控制部件

菜单条的下方是播放控制部件，前面已确定显示和调整播放进度使用比例构件，另外加上一个文本标签构件显示媒体的长度，如下列源代码所示。

```
01  GtkWidget *hbState;
02  hbState = gtk_hbox_new (FALSE, 0);        //创建一个横向组装盒
03  gtk_widget_show (hbState);
04  gtk_box_pack_start (GTK_BOX (vbMain), hbState, TRUE, TRUE, 0);
05                                      //将横向组装盒装入上层纵向组装盒
06  GtkWidget *hsSche;
07  hsSche = gtk_hscale_new (GTK_ADJUSTMENT (gtk_adjustment_new (0, 0, 0,
    0, 0, 0)));                        //创建横向比例构件，并新建调整对象
08  gtk_widget_show (hsSche);
09  gtk_box_pack_start (GTK_BOX (hbState), hsSche, TRUE, TRUE, 0);
10                                      //将横向比例构件装入横向组装盒
11  gtk_widget_set_size_request (hsSche, 32, 20);
12                                      //定义横向比例构件最小需求尺寸
13  gtk_scale_set_draw_value (GTK_SCALE (hsSche), FALSE);
14                                      //设置比例构件的数值为不显示
15  gtk_scale_set_digits (GTK_SCALE (hsSche), 0);
16                                      //设置比例构件小数点后长度为 0
17  GtkWidget *lbTime;
18  lbTime = gtk_label_new ("00:00:00");    //创建文本标签构件
19  gtk_widget_show (lbTime);
20  gtk_box_pack_start (GTK_BOX (hbState), lbTime, FALSE, FALSE, 0);
21                                      //将文本标签构件装入横向组装盒
22  gtk_widget_set_size_request (lbTime, 48, 14);
23                                      //定义文本标签构件最小需求尺寸
```

代码中创建了一个比例构件，创建的同时新建了一个调整对象，需要使用这个调整对象时可访问比例构件内部的子成员。因为播放媒体是以秒为单位，所以需要将比例构件小数点后的长度设置为 0，这样比例构件的数值是用整数来计算的，应用起来简单一些。比例构件的右侧创建了一个文本标签构件，并且为比例构件和文本标签构件都定义了最小需求尺寸。这样，无论如何调整主窗体的尺寸，播放构件都会被显示出来。

播放控制部件另一部分是一组按钮，包括前一首、播放、暂停、停止和下一首。这些按钮设计上应注意保持传统，因为长期的使用中已形成了一定的惯例，最早可追溯到卡式录音机。例如，用一个指向右的箭头表示开始播放，所有用户都可以在不借助文档学会使用。播放控制按钮的源代码如下：

```
01  GtkWidget *hbCtrl;
02  hbCtrl = gtk_hbutton_box_new ();           //创建横向组装盒构件
03  gtk_widget_show (hbCtrl);
04  gtk_box_pack_start (GTK_BOX (vbMain), hbCtrl, TRUE, TRUE, 0);
05                                      //将横向组装盒装入上层容器
06  GtkWidget *btPre;
07  btPre = gtk_button_new ();                 //创建上一首按钮
08  gtk_widget_show (btPre);
09  gtk_container_add (GTK_CONTAINER (hbCtrl), btPre);
10                                      //将上一首按钮装入横向组装盒
```

```
11  gtk_widget_set_size_request (btPre, 34, 34);//定义上一首按钮最小需求尺寸
12  GTK_WIDGET_SET_FLAGS (btPre, GTK_CAN_DEFAULT); //设置按钮可以为默认
13  GtkWidget *image1;
14  image1 = gtk_image_new_from_stock ("gtk-media-previous",
15                                  GTK_ICON_SIZE_BUTTON);
16                                                      //从图像库中创建上一首图标
17  gtk_widget_show (image1);
18  gtk_container_add (GTK_CONTAINER (btPre), image1);//将图标装入到按钮中
19  GtkWidget *btPlay;
20  btPlay = gtk_button_new ();                    //创建播放按钮
21  gtk_widget_show (btPlay);
22  gtk_container_add (GTK_CONTAINER (hbCtrl), btPlay);
23                                                      //将播放按钮装入横向组装盒
24  gtk_widget_set_size_request (btPlay, 34, 34);//定义播放按钮最小需求尺寸
25  GTK_WIDGET_SET_FLAGS (btPlay, GTK_CAN_DEFAULT);    //设置按钮可以为默认
26  GtkWidget *image2;
27  image2 = gtk_image_new_from_stock ("gtk-media-play",
28                              GTK_ICON_SIZE_BUTTON);
29                                              //从图像库中创建播放图标
30  gtk_widget_show (image2);
31  gtk_container_add (GTK_CONTAINER (btPlay), image2);//将图标装入到按钮中
32  GtkWidget *btPause;
33  btPause = gtk_button_new ();                       //创建暂停按钮
34  gtk_widget_show (btPause);
35  gtk_container_add (GTK_CONTAINER (hbCtrl), btPause);
36                                                  //将暂停按钮装入横向组装盒
37  gtk_widget_set_size_request (btPause, 34, 34);//定义暂停按钮最小需求尺寸
38  GTK_WIDGET_SET_FLAGS (btPause, GTK_CAN_DEFAULT);    //设置按钮可以为默认
39  GtkWidget *image3;
40  image3 = gtk_image_new_from_stock ("gtk-media-pause",
41                              GTK_ICON_SIZE_BUTTON);
42                                                  //从图像库中创建暂停图标
43  gtk_widget_show (image3);
44  gtk_container_add (GTK_CONTAINER (btPause), image3);
45                                                  //将图标装入到按钮中
46  GtkWidget *btStop;
47  btStop = gtk_button_new ();                    //创建停止按钮
48  gtk_widget_show (btStop);
49  gtk_container_add (GTK_CONTAINER (hbCtrl), btStop);
50                                                  //将停止按钮装入横向组装盒
51  gtk_widget_set_size_request (btStop, 34, 34);//定义停止按钮最小需求尺寸
52  GTK_WIDGET_SET_FLAGS (btStop, GTK_CAN_DEFAULT);    //设置按钮可以为默认
53  GtkWidget *image4;
54  image4 = gtk_image_new_from_stock ("gtk-media-stop",
55                              GTK_ICON_SIZE_BUTTON);
56                                                  //从图像库中创建停止图标
57  gtk_widget_show (image4);
58  gtk_container_add (GTK_CONTAINER (btStop), image4);
59                                                  //将图标装入到按钮中
60  GtkWidget *btNext;
61  btNext = gtk_button_new ();                    //创建下一首按钮
62  gtk_widget_show (btNext);
63  gtk_container_add (GTK_CONTAINER (hbCtrl), btNext);
64                                                  //将下一首按钮装入横向组装盒
65  gtk_widget_set_size_request (btNext,34,34);//定义下一首按钮最小需求尺寸
66  GTK_WIDGET_SET_FLAGS (btNext, GTK_CAN_DEFAULT);    //设置按钮可以为默认
```

```
67  GtkWidget *image5;
68  image5 = gtk_image_new_from_stock ("gtk-media-next",
69                              GTK_ICON_SIZE_BUTTON);
70                                          //从图像库中创建下一首图标
71  gtk_widget_show (image5);
72  gtk_container_add (GTK_CONTAINER (btNext), image5);
73                                          //将图标装入到按钮中
```

代码中先为放置这些按钮创建了一个横向组装盒容器，然后依次创建按钮，并将按钮放入到组装盒中。创建按钮时并没有为按钮设置文本标签，而是将按钮作为容器，在容器中装入一个由图像库创建的图像构件。每个按钮必须定义最小需求尺寸，这样能保证所有按钮都显示在媒体播放器的主窗体上。

4. 创建其他界面元素

最后创建主界面上其他的一些元素。包括播放状态、显示媒体库、显示播放列表、调节音量和静音。代码如下：

```
01  GtkWidget *hbOther;
02  hbOther = gtk_hbox_new (FALSE, 0);              //创建横向组装盒
03  gtk_widget_show (hbOther);
04  gtk_box_pack_start (GTK_BOX (vbMain), hbOther, TRUE, TRUE, 0);
05                                          //将横向组装盒装入
06  GtkWidget *cbbMode;
07  cbbMode = gtk_combo_box_new_text ();           //创建组合框构件
08  gtk_widget_show (cbbMode);
09  gtk_box_pack_start (GTK_BOX (hbOther), cbbMode, TRUE, TRUE, 0);
10                                          //将组合框构件装入横向组装盒
11  gtk_widget_set_size_request (cbbMode,46,31);//定义组合框构件最小需求尺寸
12  gtk_combo_box_append_text (GTK_COMBO_BOX (cbbMode), "顺序模式");
13  gtk_combo_box_append_text (GTK_COMBO_BOX (cbbMode), "循环模式");
14  gtk_combo_box_append_text (GTK_COMBO_BOX (cbbMode), "随机模式");
15                                          //为组合框添加项目
16  gtk_combo_box_set_active (GTK_COMBO_BOX (cbbMode), 0);
17                                          //将第一个项目设为活动的
18  GtkWidget *btMedialib;
19  btMedialib = gtk_button_new ();                //创建媒体库按钮
20  gtk_widget_show (btMedialib);
21  gtk_box_pack_start (GTK_BOX (hbOther), btMedialib, FALSE, FALSE, 0);
22                                          //将媒体库按钮装入横向组装盒
23  gtk_widget_set_size_request (btMedialib, 92, 32);
24                                          //定义媒体库按钮最小需求尺寸
25  GtkWidget *alignment1;
26  alignment1 = gtk_alignment_new (0.5, 0.5, 0, 0);   //创建对齐构件
27  gtk_widget_show (alignment1);
28  gtk_container_add (GTK_CONTAINER (btMedialib), alignment1);
29                                          //将对齐构件装入按钮中
30  GtkWidget *hbox2;
31  hbox2 = gtk_hbox_new (FALSE, 2);               //创建横向组装盒
32  gtk_widget_show (hbox2);
33  gtk_container_add (GTK_CONTAINER (alignment1), hbox2);
34                                          //将横向组装盒装入对齐构件中
35  GtkWidget *image6;
36  image6 = gtk_image_new_from_stock ("gtk-index",
37                      GTK_ICON_SIZE_BUTTON); //从图像库创建图标
38  gtk_widget_show (image6);
```

```
39  gtk_box_pack_start (GTK_BOX (hbox2), image6, FALSE, FALSE, 0);
40                                      //将图标装入横向组装盒中
41  GtkWidget *label1;
42  label1 = gtk_label_new_with_mnemonic ("媒体库");//创建文本标签
43  gtk_widget_show (label1);
44  gtk_box_pack_start (GTK_BOX (hbox2), label1, FALSE, FALSE, 0);
45                                      //将文本标签装入横向组装盒中
46  GtkWidget *btPlaylist;
47  btPlaylist = gtk_button_new_with_mnemonic ("播放列表"); //创建播放列表
48  gtk_widget_show (btPlaylist);                                按钮
49  gtk_box_pack_start (GTK_BOX (hbOther), btPlaylist, FALSE, FALSE, 0);
50                                      //将播放列表按钮装入
51  gtk_widget_set_size_request (btPlaylist, 60, 29);
52  GtkWidget *btVolume;
53  btVolume = gtk_toggle_button_new ();        //创建音量调节开关按钮
54  gtk_widget_show (btVolume);
55  gtk_box_pack_start (GTK_BOX (hbOther), btVolume, FALSE, FALSE, 0);
56                                      //将音量调节按钮装入横向组装盒
57  gtk_widget_set_size_request (btVolume,85,34);//定义音量调节按钮最小尺寸
58  GtkWidget *alignment2;
59  alignment2 = gtk_alignment_new (0.5, 0.5, 0, 0);   //创建对齐构件
60  gtk_widget_show (alignment2);
61  gtk_container_add (GTK_CONTAINER (btVolume), alignment2);
62                                      //将对齐构件装入横向组装盒
63  GtkWidget *hbox3;
64  hbox3 = gtk_hbox_new (FALSE, 2);            //创建横向组装盒
65  gtk_widget_show (hbox3);
66  gtk_container_add (GTK_CONTAINER (alignment2), hbox3);
67                                      //将对齐构件装入横向组装盒
68  GtkWidget *image7;
69  image7 = gtk_image_new_from_stock ("gtk-preferences",
70                          GTK_ICON_SIZE_BUTTON);
71                                      //从图像库创建音量调节图标
72  gtk_widget_show (image7);
73  gtk_box_pack_start (GTK_BOX (hbox3), image7, FALSE, FALSE, 0);
74                                      //将图标装入横向组装盒
75  GtkWidget *label2;
76  label2 = gtk_label_new_with_mnemonic ("调节音量");  //创建文本标签构件
77  gtk_widget_show (label2);
78  gtk_box_pack_start (GTK_BOX (hbox3), label2, FALSE, FALSE, 0);
79                                      //将文本标签构件装入横向组装盒
80  GtkWidget *tbtMute;
81  tbtMute = gtk_toggle_button_new_with_mnemonic ("静音");
82                                      //创建静音开关按钮
83  gtk_widget_show (tbtMute);
84  gtk_box_pack_start (GTK_BOX (hbOther), tbtMute, FALSE, FALSE, 0);
85                                      //将静音按钮装入横向组装盒
86  gtk_widget_set_size_request (tbtMute, 48, 29);//定义静音按钮最小需求尺寸
87  return winMain;                            //返回主窗体构件的地址
88  }
```

代码中创建一个横向组装盒，然后创建了一个组合框构件。组合框构件是用来设定播放模式的，因为模式并不多，所以直接将各种模式的名称输入到了组合框中。第 1 个项目在组合框中对应的位置值为 0，将其设为活动则可以在窗体显示的同时显示出来，类似于

定义默认值操作。

　　组合框构件的右侧有 4 个按钮，分别是 2 个普通按钮和 2 个开关按钮。为了使按钮中同时显示图标和文本，那么必须在按钮创建后将按钮作为容器装入对齐构件，然后将对齐构件作为容器装入横向组装盒，最后在组装盒中装入图像构件和文本标签。

　　到这里位置，创建主窗体的函数就基本实现了，函数的返回值是主窗体构件的地址。程序的其他地方可通过该地址对主窗体进行访问，例如显示或关闭主窗体。下面在主函数中加入一段代码，检验媒体播放器的主界面。

```
01  gtk_init(&argc, &argv);                       //初始化 GTK+
02  InterFace ui;                                  //创建界面数据结构
03  ui.winMain = create_winMain(&ui);              //调用创建主窗体函数
04    gtk_widget_show(ui.winMain);                 //显示主窗体
05  g_signal_connect(G_OBJECT(ui.winMain), "delete_event",
06              G_CALLBACK(gtk_main_quit), NULL);
07                                    //为主窗体退出事件创建连接回调函数
08  gtk_main();                                    //执行 GTK+主循环
```

　　代码中首先初始化 GTK+函数库，然后用 interface.h 中所定义的 InterFace 类型声明界面数据结构 ui。再调用创建主窗体函数 create_winMain()，函数的实参为 ui 的地址，函数的返回值传递给了 ui 中的 winMain 成员。访问 ui.winMain 就等于是访问主窗体，因此可通过 gtk_widget_show()函数操作 ui.winMain 将窗体显示出来，如图 24.28 所示。

图 24.28　媒体播放器主界面

24.5　小　结

　　本章介绍了界面布局的基本概念和 GTK+界面布局的方法。GTK+使用容器进行界面布局，在很多情况下并不用详细定义容器的尺寸。这种模糊的方式反而使界面布局更容易适应界面的变化，在不同的屏幕分辨率或用户改变窗体尺寸时，容器中的构件也能显示在正确的位置。界面设计时，应尽量保持同一层次的代码在连续的位置，这样可提高代码的可读性。容器的层次不宜过多，但必须充分考虑布局的需要，以避免调整某一部分的构件时影响到全局的布局。另外，读者在学习布局的初期不必过多考虑代码的简洁，代码的可读性应放在设计原则的首位。

第 25 章　信号与事件处理

信号与事件处理是界面开发中的重要概念，它们用于对用户的操作进行处理。事件是 Linux 系统底层的 X window 所定义的基本操作，例如鼠标移动和按下键盘都是事件。GDK 将这些事件封装起来，可通过调用 GDK 库获得这些事件。信号是 GObject 对象受外界改变时所发出的，GTK+对界面构件定义了丰富的信号，其中包括用户操作界面构件时所产生的信号。例如，窗口显示、按下按钮会产生信号。本章将介绍与界面相关的信号与事件处理方法。

25.1　信号函数与回调函数

GTK+是以事件驱动的图形模型，在进入 GTK+主循环后，它会等待事件的发生以进行反馈。让 GTK+进行工作有两个最基本的步骤，首先是使用信号函数将信号与事件进行注册，并连接到回调函数中。然后设计回调函数，将需要执行的代码放在回调函数内。本节将详细介绍信号函数与回调函数的使用方法。

25.1.1　信号函数

GTK+函数库是基于"信号"系统的。所有的 GTK+应用程序无一例外都是基于"信号"驱动的。假如没有"信号"发出，则应用程序就什么都不会做。在 GTK+中一个信号就是从 X window 服务器传出来的一个消息。当一个"事件"发生时，它就会通过发送一个"信号"来表示它已经做出了反应。利用 GTK+还可以为"信号"绑定专门的回调函数。也就是说回调函数只对它特定的"信号"才有反应并执行。

1. g_signal_connect()函数

在进行信号与事件处理前，首先要使用信号函数连接信号。信号函数由 GObject 库提供，GTK+的界面构件也是 GObject 对象，所以可以使用这些函数。g_signal_connect()函数用于连接信号或事件。它的一般形式为：

```
gulong g_signal_connect(GObject *object,
                        const gchar *name,
                        GCallback func,
                        gpointer func_data);
```

object 参数是发出信号的对象，如果是 GTK+界面构件，那么必须使用宏 G_OBJECT() 将其强制转换为 GObject 对象，或者转换为 gpointer 类型。name 参数是信号的名称，信号的名称被定义为字符串常量。func 参数是回调函数的地址，可使用宏 **G_CALLBACK()** 返回一个函数的地址作为回调函数。func_data 参数是传递给回调函数的 gpointer 类型，它可以是任何数据类型的地址。当一个信号被成功注册后，g_signal_connect() 函数将返回一个无符号长整型数作为该信号的标识符。

2. g_signal_handler_disconnect() 函数

如果要断开该信号的连接，信号的标识符就会起到作用。g_signal_handler_disconnect() 函数用于断开信号连接。它的一般形式为：

```
void g_signal_handler_disconnect(GObject *object,
                            gulong handler_id);
```

object 参数是发出信号的对象，handler_id 是信号标识符。该函数运行后，原先连接的信号则不能生效，如下例所示。

```
01   struct WIDGET_SET {        //定义结构体，用于向回调函数传递多个构件和变量
02     GtkWidget *button;
03     GtkWidget *label;
04     gulong *signal_id;
05   };
06   void label_const(GtkWidget *button,
07               GtkLabel *label)                  //按下按钮时的回调函数
08   {
09     char citem[100];
10     static int i = 0;
11     sprintf(citem, "计数按钮按下次数为: %d", ++i);
12     gtk_label_set_label(label, citem);          //修改标签的内容
13   }
14   void close_const(GtkWidget *togglebutton,
15         struct WIDGET_SET *widget_set) //按下开关按钮时的回调函数
16   {
17     if (gtk_toggle_button_get_active(GTK_TOGGLE_BUTTON(togglebutton)))
18     {
19                                                 //判断开关按钮是否被按下
20       gtk_button_set_label(GTK_BUTTON(togglebutton), "信号断开");
21                                                 //修改开关按钮上的标签
22       g_signal_handler_disconnect((gpointer) widget_set->button,
       *widget_set->signal_id);         //断开按钮构件的clicked信号连接
23     }
24     else {
25       gtk_button_set_label(GTK_BUTTON(togglebutton), "信号连接");
26       *widget_set->signal_id = g_signal_connect(
27                             (gpointer) widget_set->button,
28                             "clicked", G_CALLBACK(label_const),
29                             (gpointer) widget_set->label);
30                                                 //重新按钮连接信号
31     }
32   }
33   int main(int argc, char *argv[]) {
34     gtk_init(&argc, &argv);
35     GtkWidget *window;
36     window = gtk_window_new(GTK_WINDOW_TOPLEVEL);
37     gtk_window_set_title(GTK_WINDOW(window), "连接和断开信号演示");
38     gtk_widget_show(window);
```

```
39    g_signal_connect(G_OBJECT(window), "delete_event",
40              G_CALLBACK(gtk_main_quit), NULL);
41    GtkWidget *vbox;
42    vbox = gtk_vbox_new (FALSE, 0);
43    gtk_widget_show (vbox);
44    gtk_container_add (GTK_CONTAINER (window), vbox);
45    GtkWidget *button;
46    gulong signal_id;              //该变量用于记录按钮按下信号 ID
47    button = gtk_button_new_with_label("计数");
48    gtk_widget_show (button);
49    gtk_box_pack_start (GTK_BOX (vbox), button, FALSE, FALSE, 0);
50    GtkWidget *togglebutton;
51    togglebutton = gtk_toggle_button_new_with_label ("信号连接");
52                                   //该开关按钮用于连接和断开按钮的信号
53    gtk_widget_show (togglebutton);
54    gtk_box_pack_start (GTK_BOX (vbox), togglebutton, FALSE, FALSE, 0);
55    GtkWidget *label;
56    label = gtk_label_new ("计数按钮按下次数为：0");
57    gtk_widget_show (label);
58    gtk_box_pack_start (GTK_BOX (vbox), label, FALSE, FALSE, 0);
59    signal_id = g_signal_connect((gpointer) button, "clicked",
60                    G_CALLBACK(label_const),
61                    (gpointer) label);          //连接按钮按下信号
62    struct WIDGET_SET widget_set;
63    widget_set.button = button;  //将构件的指针赋值给结构体
64    widget_set.label = label;
65    widget_set.signal_id = &signal_id;
66    g_signal_connect((gpointer) togglebutton,
67                    "clicked",
68                    G_CALLBACK(close_const),
69                    (gpointer) &widget_set);
70              //连接开关按钮的信号，将结构体的地址作为参数传递
71    gtk_main();
72    return 0;
73  }
```

该程序使用了一个结构体记录多个界面构件和变量的指针，将结构体作为参数传递给回调函数时，就能访问到多个窗体构件。主函数中使用了两条信号连接函数，分别连接计数按钮和开关按钮的 clicked 信号。当计数按钮被按下时，回调函数 label_const()改变标签上的内容，使计数器进 1 位。开关按钮按下时，回调函数 close_const()判断开关按钮的状态。如果是按下状态，则断开计数按钮 clicked 信号的连接，这时再次按下计数按钮，label_const()函数不会被调用。否则重新连接按钮 clicked 信号，如图 25.1 所示。

图 25.1　连接和断开信号演示

3. g_signal_connect_after()函数

一个窗体构件的信号可连接多个回调函数，回调函数的执行顺序为信号标识符的顺序。如果要使某一个的回调函数在其他回调函数后执行，可使用 g_signal_connect_after()函数连接信号和事件。其连接的回调函数在其他 g_signal_connect()函数连接的回调函数后执行。该函数的一般形式为：

```
gulong g_signal_connect_after(GObject *object,
                    const gchar *name,
```

```
                    GCallback func,
                    gpointer func_data);
```

下面用一个例子说明其用法。该示例是前面一个实例修改实现的，改动的内容如下：

```
…
01   void disconn_dialog(GtkWidget *togglebutton,
02                   GtkWindow *window)                    //增加该回调函数
03   {
04     const char *label;
05     if (gtk_toggle_button_get_active(GTK_TOGGLE_BUTTON(togglebutton)))
06       label = "信号断开";
07     else
08       label = "信号连接";
09     GtkWidget *dialog;
10     dialog = gtk_message_dialog_new(window,
11                           GTK_DIALOG_MODAL,
12                           GTK_MESSAGE_INFO,
13                           GTK_BUTTONS_OK,
14                           label);                    //创建消息对话框
15     gtk_window_set_title(GTK_WINDOW(dialog), "消息对话框");
16     gtk_dialog_run(GTK_DIALOG(dialog));              //弹出消息对话框
17     gtk_widget_destroy(dialog);
18   }
19   int main(int argc, char *argv[])
20   {
…
21     g_signal_connect((gpointer) togglebutton,
22                   "clicked",
23                   G_CALLBACK(disconn_dialog),
24                   (gpointer) window);               //修改该信号函数
25     g_signal_connect_after((gpointer) togglebutton,
26                   "clicked",
27                   G_CALLBACK(close_const),
28                   (gpointer) &widget_set);          //增加该信号函数
…
}
```

上述程序中增加了一个回调函数和 g_signal_connect_after()函数。开关按钮按下时，
g_signal_connect()函数连接的回调函数 disconn_dialog()
被执行。该函数创建了一个消息对话框，待对话框关闭，
g_signal_connect_after()函数连接的 label_const()函数才
会被执行，如图 25.2 所示。

4．g_signal_connect_swapped()函数

g_signal_connect_swapped()函数的作用同样是连接
信号和事件，但只传递一个参数给回调函数。它的一般
形式为：

图 25.2　回调函数执行顺序演示

```
gulong g_signal_connect_swapped(GObject *object,
                    const gchar *name,
                    GCallback func,
                    GObject *slot_object);
```

该函数有 4 个参数，只有 slot_object 参数被传递到回调函数，所以在设计回调函数时

只需要接收该参数，如下例所示。

```
GtkWidget *button;
button = gtk_button_new_from_stock(GTK_STOCK_EXIT)
g_signal_connect_swapped(GTK_OBJECT(button), "clicked",
                        G_CALLBACK(gtk_widget_destroy),
                        (gpointer)window);          //window 构件指针被传递
```

按钮被按下时，回调函数 gtk_widget_destroy()将 window 构件删除。该例的作用是删除一个窗体，但并非退出程序。gtk_widget_destroy()函数是 GTK+库所定义的，在拥有多个窗体的程序中，可用于关闭某一窗体而不结束 GTK+主循环。

5. g_signal_handlers_disconnect_by_func()函数

g_signal_handlers_disconnect_by_func()函数的作用是断开已连接的信号和事件，它不需要消息标识符作为参数，而是根据回调函数的名称判断哪些信号和事件被断开。它的一般形式为：

```
void g_signal_handlers_disconnect_by_func(GObject *object,
                                          GCallback func,
                                          gpointer data);
```

object 参数是构件的名称，该构件所有与 func 参数和 data 参数定义相同的回调函数的连接都将被断开。

25.1.2 回调函数

回调函数并非是 GTK+所专有的，它是一种通过函数指针调用的函数。如果将某一个函数的指针作为参数传递给另一个函数，当这个指针被用为调用它所指向的函数时，那么该函数就是回调函数。在 GTK+中，回调函数必须遵一定的规则定义。它的一般形式为：

```
void callback_func(GObject *object, gpointer func_data);
```

object 参数是发送信号对象的指针，实际应用中也可以定义为 GObject 的子类，如 GtkWidget 类型。func_data 参数是传递给回调函数的值，它可以是任意的数据类型。

如果回调函数处理的是一个 GDK 事件，如关闭窗体构件的 delete_event，那么在回调函数中必须有一个参数接受事件名。它的一般形式为：

```
gint callback_func(GObject *object,
                   GdkEvent *event,
                   gpointer func_data);
```

event 参数是一个 GdkEvent 联合体类型的值，实际应用中常用字符串代替。该回调函数可以使用 gint 类型定义返回值，返回值实际上会传递给 GTK+主循环，作用是决定是否继续执行该事件，如下例所示。

```
01  gint delete_event(GtkWidget *window,
02              GdkEvent *event,
03              gpointer data )                    //处理 delete_event 事件
04  {
05    GtkWidget *dialogCloseWindow;
```

```
06      GtkWidget *lbClose;
07      GtkWidget *imgClose;
08      GtkWidget *hbClose;
09      gint diologChoose;                          //用于接收对话框返回值
10      dialogCloseWindow = gtk_dialog_new_with_buttons("退出程序对话框",
11                                          GTK_WINDOW(window),
12                                          GTK_DIALOG_MODAL,
13                                          GTK_STOCK_CANCEL,
14                                          GTK_RESPONSE_REJECT,
15                                          GTK_STOCK_OK,
16                                          GTK_RESPONSE_OK,
17                                          NULL);    //创建对话框
18      lbClose = gtk_label_new("是否要退出程序？");
19      imgClose = gtk_image_new_from_stock(GTK_STOCK_DIALOG_INFO,
20                              GTK_ICON_SIZE_DIALOG);
21      hbClose = gtk_hbox_new(FALSE, 5);
22      gtk_container_set_border_width(GTK_CONTAINER(hbClose), 10);
23      gtk_box_pack_start_defaults(GTK_BOX(hbClose), imgClose);
24      gtk_box_pack_start_defaults(GTK_BOX(hbClose), lbClose);
25      gtk_box_pack_start_defaults(GTK_BOX(GTK_DIALOG(dialogCloseWindow)->
vbox),hbClose);
26      gtk_widget_show_all(dialogCloseWindow);
27      diologChoose = gtk_dialog_run(GTK_DIALOG(dialogCloseWindow));
28                                                  //运行该对话框
29      if (diologChoose == GTK_RESPONSE_OK) {      //判断是否是确定键被按下
30        gtk_widget_destroy(dialogCloseWindow);    //删除对话框
31        return FALSE;                             //继续处理关闭窗体事件
32      }
33      else {
34        gtk_widget_destroy(dialogCloseWindow);
35        return TRUE;                              //停止处理关闭窗体事件
36      }
37    }
38  void destroy(GtkWidget *window, gpointer data) //处理 destroy 信号
39  {
40    gtk_main_quit();                              //退出 GTK+主循环
41  }
42  int main(int argc, char *argv[]) {
43    gtk_init(&argc, &argv);
44    GtkWidget *window;
45    window = gtk_window_new(GTK_WINDOW_TOPLEVEL);
46    gtk_window_set_title(GTK_WINDOW(window), "回调函数演示");
47    gtk_widget_show(window);
48    g_signal_connect(G_OBJECT(window), "delete_event",
    G_CALLBACK(delete_event), NULL);   //连接窗体 delete_event 事件
49    g_signal_connect(G_OBJECT(window), "destroy",
50            G_CALLBACK(destroy), NULL);         //连接窗体 destroy 信号
51    gtk_main();
52    return 0;
53  }
```

上述程序创建了一个名为 delete_event()的回调函数，当按下主窗体的关闭按钮时，delete_event 事件发生。与其相连接的 delete_event()函数会弹出一个对话框询问是否退出程序。如果选择确定，那么 GTK+主循环继续处理 delete_event 事件。在窗体关闭时抛出 destroy 信号，与其相连接的 destroy()函数将结束主循环，这样就能退出程序。如果在退出程序对话框中选择取消，那么 delete_event()函数的返回值为 TRUE，这时 delete_event 事件的处理

将会终止，窗体继续存在，如图 25.3 所示。

图 25.3　回调函数演示

25.2　常用 GTK+信号与事件

GTK+为常用的界面构件定义了信号，这些信号可以认为是对事件的响应。在父类中定义的信号能被子类继承，例如按钮构件按下的 clicked 信号对于开关按钮、复选按钮和单选按钮等子类是有效的。而子类根据其特性又有特定的信号，如开关按钮状态改变时产生 toggled 信号。信号的产生时间常见的有以下 3 种。

❑ Run First：在动作开始时产生。

❑ Run Last：在动作结束时产生。

❑ Action：动作中产生。

大多数信号的产生时间都是其中的一种或多种。以窗体构件为例，keys-changed 事件在动作开始时产生，set-focus 事件在动作结束时产生，activate-default 事件在动作中和动作结束时都会产生。下面将介绍常用的 GTK+信号。

25.2.1　GtkObject 类信号

GtkObject 类是 GTK+窗体构件对象的父类，该类的信号只有 destory 一个。当 GtkObject 对象被删除后 destory 信号被抛出。它的定义形式为：

```
void GtkObject::destroy(GtkObject *,
                  gpointer);
```

信号的定义形式与作用与面向对象语言中的析构函数非常相似，它可以用于释放动态分配的内存和进行一些清理工作，如下例所示。

```
01  void destroy(GtkWidget *button, gpointer data)
02  {
03    gtk_widget_destroy(button);                          //删除按钮构件
04  }
05  void make_label(GtkWidget *button, GtkWidget *window)
06  {
07    GtkWidget *label;
08    label = gtk_label_new("按钮已被删除");                //创建标签构件
09    gtk_widget_show(label);
```

```
10      gtk_container_add(GTK_CONTAINER(window), label);//将标签构件放入窗体中
11  }
12  int main(int argc, char *argv[])
13  {
14    gtk_init(&argc, &argv);
15    GtkWidget *window;
16    window = gtk_window_new(GTK_WINDOW_TOPLEVEL);
17    gtk_window_set_title(GTK_WINDOW(window), "destroy信号演示");
18    gtk_widget_show(window);
19    g_signal_connect(G_OBJECT(window), "delete-event",
20                  G_CALLBACK(gtk_main_quit), NULL);
21    GtkWidget *button;
22    button = gtk_button_new_with_label("删除本按钮"); //创建按钮
23    gtk_widget_show(button);
24    gtk_container_add(GTK_CONTAINER(window), button);
25    g_signal_connect(G_OBJECT(button), "clicked",
26        G_CALLBACK(destroy), NULL);        //连接按钮clicked信号
27    g_signal_connect(G_OBJECT(button), "destroy",
28                  G_CALLBACK(make_label),
29        (gpointer) window);                //连接按钮destroy信号
30    gtk_main();
31    return 0;
32  }
```

该程序主窗体中放置了一个按钮,并使用两条 g_signal_connect()函数连接按钮 clicked 事件和 destroy 事件。当按下按钮,clicked 事件被抛出,回调函数 destroy()调用 gtk_widget_destroy()函数将按钮删除。按钮被删除后 destroy 信号被抛出,回调函数 make_label()创建了一个新标签构件并装入窗体中。窗体构件作为容器只能在同一时间装入一个构件,因此可以证明 destroy 信号是在按钮构件被彻底删除后才被抛出,如图 25.4 所示。

图 25.4　destroy 信号演示

25.2.2　GtkWidget 界面构件信号

GtkWidget 类是所有界面构件的父类,定义在该类中的信号也是所有界面构件所共有的。这些信号与界面构件的一般特性有关,其中常用的可以简单划分为以下几类。

1. 状态和样式

所有的界面构件都有状态和样式两种基本属性成员。当界面构件状态和样式改变时,会抛出相关信号,参见表 25.1。

表 25.1　样式和状态相关信号

信　号	发 出 时 间	说　　明
state-changed	Run First	当前界面构件状态发生改变时产生，回调函数中需要处理 GtkStateType 类型的参数
style-set	Run First	界面构件样式改变时产生的信号，回调函数中需要处理 GtkStyle 类型参数

　　状态用于决定如何绘制界面构件，它是 GtkStateType 枚举类型。该类型用于定义使用何种颜色绘制构件，例如当构件处于活动状态时通常使用明亮的颜色，而处于被选择的状态时使用较深的颜色。样式用于为构件的不同状态定义颜色，它被定义为 GtkStyle 类。在连接样式和状态的函数中，需要额外处理一个参数，如下例所示。

```
void user_function(GtkWidget *widget,
        GtkStateType state,
        gpointer user_data);      //连接 state-changed 信号的回调函数
void user_function(GtkWidget *widget,
        GtkStyle *previous_style,
        gpointer user_data);      //连接 style-set 信号的回调函数
```

　　在这两个回调函数的原型中，分别增加 GtkStateType 类型和 GtkStyle 类型的参数，这样就能在回调函数中获得状态和样式属性的指针。

2. 显示与隐藏

　　界面构件显示与隐藏的过程中会抛出一系列信号，这些信号在不同的时间产生，参见表 25.2。通过捕捉这些信号，可以知道界面构件显示状态的改变。

表 25.2　显示与隐藏相关信号

信　号	发 出 时 间	说　　明
Show	Run First	界面构件显示时产生
Hide	Run First	界面构件隐藏时产生
Map	Run First	界面构件请求被映射时产生
Unmap	Run First	界面构件请求取消映射时产生
screen-changed	Run Last	界面在另一个屏幕上显示时产生，回调函数中需要处理 GdkScreen 类型参数
Realize	Run First	界面构件请求实现时产生
unrealize	Run First	界面构件请求消除时产生

　　界面构件的显示是通过 gtk_widget_show()函数实现的，它的作用是将已创建的界面构件显示在屏幕上。因此 show 信号的产生时间是调用 gtk_widget_show()函数显示构件的时候，虽然这时该构件并非已经完成了在屏幕上的绘图。界面构件的隐藏是 gtk_widget_hide()函数实现的，它的作用是将构件隐藏起来。界面构件并没有被删除，它与上层容器间的关系也没有被改变。hide 信号在界面构件隐藏时产生。例如下例：

```
01  gint delete_event(GtkWidget *window,
02          GdkEvent *event,
03          gpointer data)    //连接子窗体 delete_event 事件的回调函数
04  {
```

```
05      gtk_widget_hide(window);        //隐藏子窗体
06      return TRUE;                     //终止 delete_event 事件处理，不删除子窗体
07   }
08   void window2_sh(GtkWidget *button,
09                  GtkWidget *window)//连接按钮 clicked 事件的回调函数
10   {
11      gboolean visible;
12      g_object_get(window, "visible",
13                  &visible, NULL);        //获得子窗体 visible 属性
14      if(visible)                         //判断子窗体是否可见
15         gtk_widget_hide(window);         //隐藏子窗体
16      else
17         gtk_widget_show(window);         //显示子窗体
18   }
19   void window2_show(GtkWidget *window,
20                  GtkLabel *label)       //连接子窗体 show 事件的回调函数
21   {
22      gtk_label_set_label(label, "子窗体显示");
23   }
24   void window2_hide(GtkWidget *window,
25                  GtkLabel *label)       //连接子窗体 hide 事件的回调函数
26   {
27      gtk_label_set_label(label, "子窗体隐藏");
28   }
29   int main(int argc, char *argv[]) {
30      gtk_init(&argc, &argv);
31      GtkWidget *window;
32      window = gtk_window_new(GTK_WINDOW_TOPLEVEL);
33      gtk_window_set_title(GTK_WINDOW(window), "show/hide 信号演示");
34      gtk_widget_show(window);
35      g_signal_connect(G_OBJECT(window), "delete-event",
36                  G_CALLBACK(gtk_main_quit), NULL);
37      GtkWidget *window2;
38      window2 = gtk_window_new(GTK_WINDOW_TOPLEVEL);
39      gtk_window_set_title(GTK_WINDOW(window2), "子窗体");
40      g_signal_connect(G_OBJECT(window2), "delete-event",
41                  G_CALLBACK(delete_event), NULL);
42                                          //连接子窗体 delete-event 事件
43      GtkWidget *vbox;
44      vbox = gtk_vbox_new(FALSE, 0);
45      gtk_widget_show(vbox);
46      gtk_container_add(GTK_CONTAINER (window), vbox);
47      GtkWidget *label;
48      label = gtk_label_new("");
49      gtk_widget_show(label);
50      gtk_box_pack_start(GTK_BOX(vbox), label, TRUE, TRUE, 0);
51      GtkWidget *button;
52      button = gtk_button_new_with_label("显示/隐藏子窗体");
53      gtk_widget_show(button);
54      gtk_box_pack_start (GTK_BOX (vbox), button, TRUE, TRUE, 0);
55      g_signal_connect(G_OBJECT(button), "clicked",
56             G_CALLBACK(window2_sh),
57             (gpointer) window2);             //连接按钮 clicked 信号
58      g_signal_connect(G_OBJECT(window2), "show",
59             G_CALLBACK(window2_show),
60             (gpointer) label);               //连接子窗体 show 信号
61      g_signal_connect(G_OBJECT(window2), "hide",
62             G_CALLBACK(window2_hide),
```

```
63              (gpointer) label);                        //连接子窗体 hide 信号
64    gtk_main();
65    return 0;
66  }
```

上述程序中创建了一个主窗体和一个子窗体，主窗体上放置着一个标签和按钮。标签显示子窗体显示状态，按钮用于显示或隐藏子窗体。当按钮被按下时，clickcd 信号的回调函数 window2_sh()将判断子窗体是否已显示。如果显示，则将其隐藏，反之将其显示。子窗体关闭按钮被按下时，delete-event 信号连接的回调函数 delete_event()将子窗体隐藏，并返回 TRUE 终断 delete-event 信号的处理，这样子窗体不会被删除。子窗体显示或隐藏时，连接 show 和 hide 信号的回调函数 window2_show()和 window2_hide()将子窗体的显示状态写入到主窗体的标签上，如图 25.5 所示。

map 信号在界面构件请求被映射时产生，gtk_widget_show()函数和 gtk_widget_map()函数运行会产生该信号。unmap 信号在 gtk_widget_unmap()函数运行时产生。

图 25.5　destroy 信号演示

Linux 系统可设置多个屏幕，如果一个界面构件被移动到另一个屏幕上，screen-changed 将被抛出。回调函数的一般形式为：

```
void user_function(GtkWidget *widget,
                GdkScreen *previous_screen,
                gpointer user_data);
```

只有在使用 GObject 类派生新的子类窗体构件时，才会使用 gtk_widget_realize()函数和 gtk_widget_unrealize()函数。调用这两个函数会产生 realize 信号和 unrealize 信号。

3．外观改变

在界面构件的尺寸和位置改变时，或者为界面构件最小尺寸需求改变时，将产生如表 25.3 所示的信号。

表 25.3　外观相关信号

信　号	发出时间	说　明
configure-event	Run Last	在界面构件尺寸、位置和结构改变后产生，回调函数中需要处理 GdkEventConfigure 类型参数
size-allocate	Run First	在界面构件尺寸改变时产生，回调函数中需要处理 GtkAllocation 类型参数
size-request	Run First	在界面构件最小尺寸需求改变时产生，回调函数中需要处理 GtkRequisition 类型参数

在使用鼠标改变构件尺寸时，configure-event 事件只会在操作结束产生一次，size-allocate 事件会连续不断地产生。这 3 个信号实际是事件，所以需要使用处理事件的函数原型来连接回调函数。如下例所示：

```
01  gboolean user_function(GtkWidget *widget,
02              GdkEventConfigure *event,
03              gpointer user_data);     //连接 configure-event 信号的回调函数
```

```
04  void user_function(GtkWidget *widget,
05            GtkAllocation *allocation,
06            gpointer user_data);    //连接 size-allocate 信号的回调函数
07  void user_function(GtkWidget *widget,
08            GtkRequisition *requisition,
09            gpointer user_data);    //连接 size-request 信号的回调函数
```

这 3 个回调函数中的第 2 个参数是信号函数传递给回调函数的相关数据类型。GdkEventConfigure 是结构体类型，它包含产生信号的事件信息。GtkAllocation 结构体包含构件尺寸信息，GtkRequisition 结构体包含最小尺寸需求信息。

4．焦点

焦点是窗体构件或得能够被键盘控制的状态。包括窗体在内，按钮和文本输入框等拥有独立 X Window 的窗体对象都能获得焦点。与焦点相关的信号见表 25.4。

表 25.4　焦点相关信号

信　　号	发 出 时 间	说　　　　明
focus	Run Last	界面构件获得焦点时产生，回调函数中需要处理 GtkDirectionType 类型参数
move-focus	Run Last	焦点在同一个窗体内的界面构件中移动时产生，回调函数中需要处理 GtkDirectionType 类型参数

GtkDirectionType 枚举类型是 GTK+为方向定义的常量，在与以上信号连接的函数中，它用于标明焦点移动的方向。回调函数的定义形式为：

```
gboolean user_function(GtkWidget *widget,
              GtkDirectionType arg1,
              gpointer user_data);    //连接 focus 信号的回调函数
void user_function(GtkWidget *widget,
              GtkDirectionType arg1,
              gpointer user_data);    //连接 move-focus 信号的回调函数
```

5．快捷键

定义快捷键集合并将该集合连接到窗体构件后，将产生与快捷键相关的信号，参见表 25.5。

表 25.5　快捷键相关信号

信　　号	发 出 时 间	说　　　　明
accel-closures-changed	Run Last	窗体构件添加或删除快捷键集合对象时产生
Can-activate-accel	Run Last	窗体构件快捷键集合对象可用时产生，回调函数中需要处理 signal_id 信号标识符
mnemonic-activate	Run Last	下划线快捷键可用时产生，回调函数中需要处理 gboolean 类型参数

注册一个快捷键后，将构件和信号标识符作为参数传递给 gtk_widget_can_activate_accel()函数，那么使用快捷键时 can-activate-accel 信号被抛出。can-activate-accel 信号的回调函数能够决定快捷键是否能被执行，如下例所示。

```
…
01   gboolean activate_accel(GtkWidget *button, gint signal_id)
02   {
03      printf("%d\n", signal_id);              //将信号标识符输出
04      return FALSE;                            //使快捷键失效
05   }
…
06   main(int argc, char *argv[])
07   {
…
08      button = gtk_button_new_with_label("计数  CTRL + A");
09      gtk_widget_add_accelerator(button, "clicked", accel_group,
10                        GDK_A, (GdkModifierType) GDK_CONTROL_MASK,
11                        GTK_ACCEL_VISIBLE);    //注册了一个快捷键
…
12      signal_id = g_signal_connect((gpointer) button, "clicked",
13                        G_CALLBACK(label_const),
14                        (gpointer) label);//获得 clicked 信号的标识符
15      gtk_widget_can_activate_accel(button, signal_id);
16                                  //使用 can-activate-accel
17                                  //信号
18      g_signal_connect((gpointer) button,
19                        "can-activate-accel",
20                        G_CALLBACK(activate_accel), NULL);
21                                  //连接 can-activate-accel
22                                  //信号
…
23   }
```

6. 选择操作

当构件中的数据被选择后，将产生与选择操作相关的信号，参见表 25.6。

表 25.6　选择操作相关信号

信 号	发 出 时 间	说　　明
selection-get	Run Last	选择数据后产生，回调函数中需要处理 GtkSelectionData 类型参数
selection-clear-event	Run Last	放弃选择的数据后产生，回调函数中需要处理 GtkSelectionData 类型参数
selection-received	Run Last	构件收到选择请求后产生，回调函数中需要处理 GtkSelectionData 类型参数
selection-request-event	Run Last	当另一个构件请求目标构件选择数据时产生，回调函数中需要处理 GtkSelectionData 类型参数
selection-notify-event	Run Last	任何选择操作都将产生该信号，回调函数中需要处理 GtkSelectionEvent 类型参数

　　GtkSelectionData 结构体是为选择操作定义的，它用于保存选择的数据。该结构的定义如下：

```
struct GtkSelectionData
{
  GdkAtom selection;
  GdkAtom target;
  GdkAtom type;
```

```
   gint format;
   guchar *data;
   gint length;
};
```

selection 及 target 参数是在 gtk_selection_convert()函数调用中所选定的值。type 参数是构件返回的，用于定义数据形态，例如 STRING 表示为字符串，INTEGER 表示整型数据。format 参数是每个数据单位的位长，例如 8 位或 32 位。data 参数是所选择数据的首地址指针。length 是选择数据的长度，以字节为单位，负值表示选择的数据无效。

GtkSelectionEvent 结构体除了能够保存选择的数据外，还能保存操作类型。选择参数的回调函数一般形式为：

```
01  void user_function(GtkWidget *widget,
02                 GtkSelectionData *data,
03                 guint info,
04                 guint time,
05                 gpointer user_data);      //连接 selection-get 信号
06  gboolean user_function(GtkWidget *widget,
07                 GdkEventSelection *event,
08                 gpointer user_data);      //连接 selection-clear-event 信号
09  void user_function(GtkWidget *widget,
10                 GtkSelectionData *data,
11                 guint time,
12                 gpointer user_data);      //连接 selection-received 信号
13  gboolean user_function(GtkWidget *widget,
14                 GdkEventSelection *event,
15                 gpointer user_data);
16                                    //连接 selection-request-event 信号
17  gboolean user_function(GtkWidget *widget,
18                 GdkEventSelection *event,
19                 gpointer user_data);
20                                    //连接 selection-notify-event 信号
```

7. 拖放操作

拖放操作涉及很多 GDK 函数，例如在绘图区构件的操作中会产生拖放操作相关信号，参见表 25.7。

表 25.7　拖放操作相关信号

信　号	发 出 时 间	说　明
drag-begin	Run Last	拖放动作开始时产生，回调函数中需要处理 GdkDragContext 类型参数
drag-data-delete	Run Last	拖放动作结束后并删除相关数据时产生，回调函数中需要处理 GdkDragContext 类型参数
drag-data-get	Run Last	选区拖放操作产生，回调函数中需要处理 GdkDragContext 类型参数和 GtkSelectionData 类型参数
drag-data-received	Run Last	目标构件获得拖放数据时产生，回调函数中需要处理 GdkDragContext 类型参数和 GtkSelectionData 类型参数
drag-drop	Run Last	当数据拖放在构件上时产生，回调函数中需要处理 GdkDragContext 类型参数
drag-end	Run Last	拖放动作结束后产生，回调函数中需要处理 GdkDragContext 类型参数

信　号	发 出 时 间	说　　　明
drag-failed	Run Last	拖放操作失败时产生，回调函数中需要处理 GdkDragContext 类型参数
drag-leave	Run Last	拖放操作完成，光标离开放入的地点时产生，回调函数中需要处理 GdkDragContext 类型参数
drag-motion	Run Last	所有拖放操作都将产生，回调函数中需要处理 GdkDragContext 类型参数

GdkDragContext 结构体用于存放拖放操作的相关数据。回调函数的一般形式为：

```
01  gboolean user_function(GtkWidget *widget,
02                  GdkEventSelection *event,
03                  gpointer user_data);      //连接 drag-begin 信号
04  gboolean user_function(GtkWidget *widget,
05                  GdkEventSelection *event,
06                  gpointer user_data);      //连接 drag-data-delete 信号
07  void user_function(GtkWidget *widget,
08                  GdkDragContext *drag_context,
09                  GtkSelectionData *data,
10                  guint info,
11                  guint time,
12                  gpointer user_data);      //连接 drag-data-get 信号
13  void user_function(GtkWidget *widget,
14                  GdkDragContext *drag_context,
15                  gint x,
16                  gint y,
17                  GtkSelectionData *data,
18                  guint info,
19                  guint time,
20                  gpointer user_data);//连接 drag-data-received21 信号
22  gboolean user_function(GtkWidget *widget,
23                  GdkDragContext *drag_context,
24                  gint x,
25                  gint y,
26                  guint time,
27                  gpointer user_data);      //连接 drag-drop 信号
28  void user_function(GtkWidget *widget,
29                  GdkDragContext *drag_context,
30                  gpointer user_data);      //连接 drag-end 信号
31  gboolean user_function(GtkWidget *widget,
32                  GdkDragContext *drag_context,
33                  GtkDragResult result,
34                  gpointer user_data);      //连接 drag-failed 信号
35  void user_function(GtkWidget *widget,
36                  GdkDragContext *drag_context,
37                  guint time,
38                  gpointer user_data);      //连接 drag-leave 信号
39  gboolean user_function(GtkWidget *widget,
40                  GdkDragContext *drag_context,
41                  gint x,
42                  gint y,
43                  guint time,
44                  gpointer user_data);      //连接 drag-motion 信号
```

8．鼠标操作

GtkWidget 对象为鼠标事件设置了一系列信号，参见表 25.8。

表 25.8　鼠标操作相关信号

信　　号	发 出 时 间	说　　明
button-press-event	Run Last	鼠标按键按下时产生，回调函数中需要处理 GdkEventButton 类型参数
button-release-event	Run Last	鼠标按键放开时产生，回调函数中需要处理 GdkEventButton 类型参数
motion-notify-event	Run Last	鼠标指针移动到构件上时产生，回调函数中需要处理 GdkEventMotion 类型参数
scroll-event	Run Last	鼠标中的滚轴滚动时产生，回调函数中需要处理 GdkEventScroll 类型参数

GdkEventButton 结构体用于保存鼠标操作信息，可通过访问结构体成员获得这些信息。通常在程序中使用事件盒接收鼠标操作信号，如下例所示。

```
01   void button_press(GtkEventBox *ebox,
02              GdkEventButton *event,
03              GtkLabel *label)          //处理 button-press-event
04   {
05     const char *citem;
06     switch(event->type) {                //获得鼠标按下的类型
07     case GDK_BUTTON_PRESS: citem = "单击";
08                       break;
09     case GDK_2BUTTON_PRESS: citem = "双击";
10                       break;
11     case GDK_3BUTTON_PRESS: citem = "三击";
12                       break;
13     default: citem = "未知操作";
14     }
15     gtk_label_set_label(label, citem);
16   }
17   int main(int argc, char *argv[])
18   {
 …
19     GtkWidget *ebox;
20     ebox = gtk_event_box_new();              //创建事件盒
21     gtk_widget_show(ebox);
22     gtk_container_add(GTK_CONTAINER(window), ebox);
23     GtkWidget *label;
24     label = gtk_label_new ("请使用鼠标单击窗体");
25     gtk_widget_show (label);
26     gtk_container_add (GTK_CONTAINER (ebox), label);
27     g_signal_connect((gpointer) ebox,
28              "button-press-event",
29              G_CALLBACK(button_press),
30              (gpointer) label);//连接 button-press-event31 信号
 …
31   }
```

程序中设置了一个按钮盒，并且在按钮盒中放置了一个标签按钮。当鼠标按键在信号盒上按下时，回调函数 button_press 通过访问 GdkEventButton 类型的 type 成员判断进行的操作是何种类型。

GdkEventMotion 结构体用于保存鼠标的位置的信息，GdkEventScroll 结构体用于保存鼠标滚轴操作的信息。鼠标操作相关信号的回调函数一般形式为：

```
01  gboolean user_function(GtkWidget *widget,
02                  GdkEventScroll *event,
03                  gpointer user_data);
04              //连接 button-press-event 或 button-release-event 信号
05  gboolean user_function(GtkWidget *widget,
06                  GdkEventMotion *event,
07                  gpointer user_data);
08                  //连接 motion-notify-event 信号
09  gboolean user_function(GtkWidget *widget,
10                  GdkEventScroll *event,
11                  gpointer user_data);        //连接 scroll-event 信号
```

9．键盘操作

键盘操作通常不需要开发者去处理，GTK+提供了完整的机制处理键盘事件。在键盘事件发生时，界面构件可获得如表 25.9 所列的信号。

表 25.9　键盘操作相关信号

信　　号	发出时间	说　　明
key-press-event	Run Last	键盘按键按下时产生，回调函数中需要处理 GdkEventKey 类型参数
key-release-event	Run Last	键盘按键放开时产生，回调函数中需要处理 GdkEventKey 类型参数
keynav-failed	Run Last	导航键失败时产生，回调函数中需要处理 GtkDirectionType 类型参数

GdkEventKey 结构体用于保存按下的键的信息，GtkDirectionType 枚举类型用于保存导航键的方向信息。回调函数的一般形式为：

```
01  gboolean user_function(GtkWidget *widget,
02                  GdkEventKey *event,
03                  gpointer user_data);
04              //连接 key-press-event 或 key-release-event 信号
05  gboolean user_function(GtkWidget *widget,
06                  GtkDirectionType direction,
07                  gpointer user_data);        //连接 keynav-failed 信号
```

25.2.3　GtkWindow 窗体构件信号

窗体构件的信号主要是在窗体构件中放置的界面构件被操作时产生。常用的信号参见表 25.10。

表 25.10　窗体构件相关信号

信　　号	发 出 时 间	说　　明
activate-default	Run Last / Action	窗体构件中默认的界面构件被按下时产生,通常是在按下键盘的回车键时
activate-focus	Run Last / Action	窗体构件中获得焦点的界面构件被按下时产生,通常是在按下空格键时

续表

信　　号	发 出 时 间	说　　明
frame-event	Run Last	窗体构件收到鼠标或键盘等任意事件时产生,回调函数中需要处理 GdkEvent 类型参数
keys-changed	Run First	窗体构件中的界面构件添加、删除或改变热键时产生
set-focus	Run Last	窗体构件中的界面构件获得焦点时产生

GdkEvent 联合体用于保存鼠标或键盘等事件的信息,通常每种事件对应其中一个成员。例如,鼠标按下事件发生时,使用的是联合体中 GdkEventButton 类型的成员。处理 frame-event 事件的回调函数一般形式为:

```
gboolean user_function(GtkWindow *window,
                GdkEvent *event,
                gpointer user_data);
```

25.2.4　GtkContainer 容器构件信号

容器构件在装入或移出界面构件,以及尺寸被重设和其中的界面构件获得焦点时将产生信号,见表 25.11。

表 25.11　容器构件相关信号

信　　号	发 出 时 间	说　　明
add	Run First	容器构件中装入界面构件时产生
check-resize	Run Last	容器构件中装入界面构件前检查是否需要重设尺寸时产生
remove	Run First	容器构件中装入界面构件时产生,回调函数中需要处理 GtkWidget 类型参数
set-focus-child	Run First	容器构件中的界面构件获得焦点时产生,回调函数中需要处理 GtkWidget 类型参数

remove 和 set-focus-child 信号会将相关界面构件的指针作为参数传递给回调函数。回调函数的一般形式为:

```
void user_function(GtkContainer *container,
                GtkWidget *widget,
                gpointer user_data);
```

25.2.5　GtkCalendar 日历构件信号

日历构件由多组按钮构成,每组按钮分别用于选择年份或月份等信息,当按钮被按下时将产生信号。另外选择了日期也会产生信号,见表 25.12。

表 25.12　日历构件相关信号

信　　号	发 出 时 间	说　　明
day-selected	Run First	选择一个日期时产生
day-selected-double-click	Run First	双击一个日期时产生

续表

信　号	发出时间	说　明
month-changed	Run First	选择某一个月份时产生
next-month	Run First	按下次月按钮时产生
next-year	Run First	按下次年按钮时产生
prev-month	Run First	按下前月按钮时产生
prev-year	Run First	按下前年按钮时产生

25.2.6　GtkTextView 文本视区构件信号

文本视区构件为操作文本的键盘事件和鼠标事件提供了一系列的信号，见表 25.13。

表 25.13　文本视区构件相关信号

信　号	发出时间	说　明
Backspace	Run Last / Action	光标前的一个字符从文档中删除时产生
copy-clipboard	Run Last / Action	复制已选择的文本到剪贴板时产生
cut-clipboard	Run Last / Action	剪切已选择的文本到剪贴板时产生
delete-from-cursor	Run Last / Action	光标选择的文本被删除时产生，回调函数中需要处理 GtkDeleteType 类型参数
insert-at-cursor	Run Last / Action	光标所在位置上插入文本时产生，回调函数中需要处理 gchar*类型参数
move-cursor	Run Last / Action	将光标选择的文本移动到一个新位置时产生，回调函数中需要处理 GtkMovementStep 类型参数
move-viewport	Run Last / Action	范围构件调整了当文本视区中可见文本时产生，回调函数中需要处理 GtkScrollStep 类型参数
paste-clipboard	Run Last / Action	将剪贴版上的文本粘贴到文本视区时产生
populate-popup	Run Last	用于编辑文本的弹出式菜单显示时产生，回调函数中需要处理 GtkMenu 类型参数
select-all	Run Last / Action	文本视区中整个文档被选择时产生，回调函数中需要处理 gboolean 类型参数
set-anchor	Run Last / Action	文本视区被锚定时产生
set-scroll-adjustments	Run Last / Action	为文本视区连接了调整对象时产生，回调函数中需要处理 GtkAdjustment 类型参数
toggle-overwrite	Run Last / Action	插入/改写状态转换时产生

文本视区有多种信号与文本输入构件相同。其中，GtkDeleteType 枚举类型用于定义文本删除时的操作信息，GtkMovementStep 枚举类型用于定义光标移动时的操作信息。其他文本视区构件信号相关数据类型使用方法与界面构件相同。回调函数的一般形式为：

```
01  void user_function(GtkTextView *text_view,
02          GtkDeleteType type,
03          gint count,
04          gpointer user_data);    //连接 delete-from-cursor 信号
05  void user_function(GtkTextView *textview,
06          gchar *arg1,
07          gpointer user_data);         //连接 insert-at-cursor 信号
08  void user_function(GtkTextView *text_view,
```

```
09                     GtkMovementStep step,
10                     gint count,
11                     gboolean extend_selection,
12                     gpointer user_data);          //连接 move-cursor 信号
13  void user_function(GtkTextView *text_view,
14                     GtkScrollStep step,
15                     gint count,
16                     gpointer user_data);          //连接 move-viewport 信号
17  void user_function(GtkTextView *textview,
18                     GtkMenu *arg1,
19                     gpointer user_data);          //连接 populate-popup 信号
20  void user_function(GtkTextView *text_view,
21                     gboolean select,
22                     gpointer user_data);          //连接 select-all 信号
23  void user_function(GtkTextView *textview,
24                     GtkAdjustment *arg1,
25                     GtkAdjustment *arg2,
26                     gpointer user_data); //连接 set-scroll-adjustments 信号
```

25.3　小　　结

　　本章介绍了 GTK+信号与事件处理方法和常用的信号与事件。在掌握这些方法后，可处理大部分应用程序的开发需求。在设计程序时，应注意信号发生的时间，特别是与底层事件相关联的信号。这类信号往往会连续发生，应避免造成程序死循环或者反复处理时造成过大的系统开销。另外，应选择最贴近系统设计需求的信号处理，而尽量避免连接产生条件过多的信号。因为 GTK+定义的信号十分丰富，更多资料可直接参考 GTK+帮助程序。

第 26 章　Glade 设计程序界面

Glade 是 Linux 系统中设计 GTK+程序界面的所见即可得工具。开发者可将窗体构件作为画布，通过向画布添加界面构件设计程序界面。这种方式的最大优势在于设计的同时能直观地看到界面构件，并且可以随时调整界面的设计，设计界面如同画图一般。Glade 所设计的界面以 XML 格式保存，因此界面和程序逻辑是完全分离的，这使得程序界面设计更为轻松。本章将介绍 Glade 的使用方法及 C 语言接口函数库。

26.1　Glade 简介

Glade 界面设计软件是 GNOME 桌面环境的子项目，用于为 GNOME 桌面环境中运行的程序提供图形用户界面。Glade 使用 GPL 协议发布，虽然是开源软件，但它的设计思想和易用性都领先于大多数商业集成开发环境中的界面设计工具。

在 Glade 的界面中，大部分常用 GTK+界面构件被作为图标放在工具栏中。开发者如果需要向界面中添加某一个构件，只需要从工具栏上选择即可，如图 26.1 所示。

图 26.1　Glade 主界面

添加了界面构件后，可直接在 Glade 中为界面构件设置属性及连接回调函数。设计的结果可保存为一个 Glade 界面项目文件，实际上该文件是 XML 文件，如下例所示。

```xml
<?xml version="1.0" encoding="UTF-8" standalone="no"?>
<!DOCTYPE glade-interface SYSTEM "glade-2.0.dtd">
<!--Generated with glade3 3.4.5 on Thu Mar 26 21:13:51 2009 -->
<glade-interface>
  <widget class="GtkWindow" id="window">
    <child>
      <widget class="GtkButton" id="button">
        <property name="visible">True</property>
        <property name="can_focus">True</property>
        <property name="receives_default">True</property>
        <property name="label" translatable="yes">button</property>
        <property name="response_id">0</property>
        <signal name="clicked" handler="gtk_main_quit"/>
      </widget>
    </child>
  </widget>
</glade-interface>
```

这段代码是用 Glade 生成的，它实现了一个窗体构件和窗体中放置的一个按钮构件。代码第 1 行定义了 XML 格式版本和字符编码，第 2 行是实际用途的说明。从第 5 行开始定义窗体构件，而按钮构件是作为窗体构件的子构件定义。其中，还为按钮构件的 clicked 信号连接了 gtk_main_quit()函数，实现了按钮构件的功能。

XML 格式的引入是 Glade 最主要的特性，它使程序的界面部分完全独立。在大部分情况下，开发者不用去修改 XML 格式的内容，只需要通过 libglade 函数库将程序逻辑部分与界面项目文件连接起来。Glade 的另一特性是能够直接显示容器的层次，而阅读源程序很难理解复杂的容器结构。

安装 Glade 可在其官方网站下载源代码编译，地址为 http://glade.gnome.org，或者在终端输入下列命令：

```
apt-get install glade
```

安装成功后，可选择 GNOME 桌面的"Dash 主页"|Glade 命令启动 Glade 程序。

26.2　构造图形界面

任何复杂的图形界面都可以使用 Glade 构造，它可以缩短图形界面设计的周期，并在最大程度上保证代码的正确性。在使用 Glade 前，开发者需要对 GTK+有初步的认识，本书前面的内容已介绍了这些知识。Glade 可成为首选的界面设计软件，替代 C 语言中繁复的编码过程。本节将介绍使用 Glade 构造图形界面的方法。

26.2.1　添加窗体

Glade 提供了 11 种窗体构件供用户选择，这些都是在 GTK+中所预定义的。开发者可在 Glade 主界面左侧"顶层"选项卡中选择所需要添加的窗体构件，如图 26.2 所示。

选项卡中每一个按钮对应一种窗体构件，下面依次进行介绍。

1．通用窗体构件

通用窗体构件即 gtk_window_new()函数所创建的窗体。单击该
构件可在 Glade 主界面的编辑区域创建一个新窗体，如图 26.3 所示。

图 26.2　顶层选项卡

Glade 中所显示的为窗体的主体部分，窗体的标题栏和边框不会显示。其橙色边框所
界定的范围为实际窗体的尺寸，可用鼠标拖动蓝色边框改变窗体的尺寸。窗体主体中间的
网格区域表示是未添加界面构件的容器区域，该部分可放置界面构件。

一个 Glade 项目中可以建立多个窗体构件，每个窗体构件都作为一个顶层容器被显示
在 Glade 主界面右上方的"容器"列表中，如图 26.4 所示。

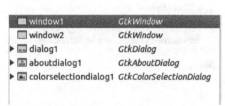

图 26.3　通用窗体构件　　　　　　　　　　图 26.4　"容器"列表

可在"容器"列表中双击窗体构件的名称打开窗体进行编辑。或者右击窗体名称，在
弹出菜单中选择"删除"命令，从项目中删除一个窗体构件。Glade 支持窗体的复制、剪
切和粘贴操作，用于在同一个项目内创建窗体的副本，或者将窗体复制到不同项目中。

2．通用窗体构件（失去焦点的）

该通用窗体构件即 gtk_offscreen_window_new()函数所创建的窗体，单击该构件可在
Glade 主界面的编辑区域创建一个新窗体，如图 26.5 所示。

图 26.5　通用窗体构件

3．通用对话框构件

通用对话框构件对应 gtk_dialog_new_with_button()函数所创建的窗体，它的内部由一

个纵向组装盒容器和一个按钮盒容器组成。通用对话框在程序运行时不显示最小化和最大化按钮，用户也不能通过拖拉操作改变其尺寸，如图 26.6 所示。

通用对话框的纵向组装盒内可放置其他容器或窗体构件。按钮盒预留了两个按钮的位置，该位置只能放置按钮构件或者按钮构件的子类。如果按钮的个数少于或多于按钮盒预留的位置，可在"常规"选项卡中修改按钮的个数，如图 26.7 所示。

图 26.6　通用对话框

4．关于对话框

关于对话框是通过 gtk_about_dialog_new()函数建立的，用于显示当前应用程序的信息。关于对话框继承了通用对话框的特性，只是预先定义了一些界面构件在其内，如图 26.8 所示。

图 26.7　通用对话框构件

图 26.8　关于对话框构件

关于对话框中显示的内容可直接在"常规"选项卡中设置。这些内容对应所有应用程序的特性，并遵循通用版式，分别如下。

（1）名称：对话框构件在程序中的名称，对应 gtk_about_dialog_set_name()函数的功能。该函数的一般形式为：

```
void gtk_about_dialog_set_name(GtkAboutDialog *about,
                         const gchar *name);
```

（2）程序名称：当前项目所建立应用程序的名称，程序名称用大字号显示在关于对话框中心区域，对应 gtk_about_dialog_set_program_name()函数的功能。该函数的一般形式为：

```
void gtk_about_dialog_set_program_name(GtkAboutDialog *about,
                           const gchar *name);
```

（3）程序版本：当前项目的版本号，显示在程序名称之后，使用与程序名称相同的字号，对应 gtk_about_dialog_set_version()函数的功能。它的一般形式为：

```
void gtk_about_dialog_set_version(GtkAboutDialog *about,
                          const gchar *version);
```

（4）版权字符串：当前项目的版权信息，显示在程序名称下方，使用较小的字号，对应 gtk_about_dialog_set_copyright()函数的功能。它的一般形式为：

```
void gtk_about_dialog_set_copyright(GtkAboutDialog *about,
                          const gchar *copyright);
```

（5）评论字符串：评论字符串是当前应用程序主要功能的表述，显示在程序名称和版权字符串之间，对应 gtk_about_dialog_set_comments()函数的功能。它的一般形式为：

```
void gtk_about_dialog_set_comments(GtkAboutDialog *about,
                          const gchar *comments);
```

（6）网站 URL：当前项目发行者的网站地址，显示在版权信息下方，字符串有下划线。单击该地址将在浏览器中打开所指向的网页。对应 gtk_about_dialog_set_website()函数。它的一般形式为：

```
void gtk_about_dialog_set_website(GtkAboutDialog *about,
                          const gchar *website);
```

（7）网站标签：如果设置了网站标签，那么网站地址不会直接显示在关于对话框上，而是用网站标签内的字符串代替，对应 gtk_about_dialog_set_website_label()函数。它的一般形式为：

```
void gtk_about_dialog_set_website_label(GtkAboutDialog *about,
                          const gchar *website_label);
```

（8）许可：设置许可信息后，关于对话框的左下角将出现一个许可按钮，按下该按钮会在一个新对话框中列出许可信息的内容。许可信息的内容通常为 GPL 协议相关信息，如图 26.9 所示。许可信息可通过 gtk_about_dialog_set_license()函数设置。它的一般形式为：

```
void gtk_about_dialog_set_license(GtkAboutDialog *about,
                          const gchar *license);
```

（9）作者：当前项目的程序开发者名称，可输入多个作者的信息。设置作者信息后，界面左下角将增加一个"鸣谢"按钮。按下该按钮会弹出"鸣谢"对话框，列出作者、翻译和美工等信息，如图 26.10 所示。

图 26.9　显示许可信息

图 26.10　显示许可信息

如果要在作者名称后插入电子邮件地址或网络地址，并且使它们成为超级连接，可通过尖括号"<>"包围地址信息实现。作者信息可通过 gtk_about_dialog_set_authors()函数设置。它的一般形式为：

```
void gtk_about_dialog_set_authors(GtkAboutDialog *about,
                      const gchar **authors);
```

（10）文档撰写者：当前项目的说明书等文档撰写者的名称，该信息显示在"鸣谢"对话框中，对应 gtk_about_dialog_set_documenters()函数的功能。它的一般形式为：

```
void gtk_about_dialog_set_documenters(GtkAboutDialog *about,
                      const gchar **documenters);
```

（11）翻译者：当前项目的翻译工作者名称，该信息显示在"鸣谢"对话框中，对应 gtk_about_dialog_set_translator_credits()函数的功能。它的一般形式为：

```
void gtk_about_dialog_set_translator_credits(GtkAboutDialog *about,
                      const gchar *translator_credits);
```

（12）美工：当前项目的美工名称，该信息显示在"鸣谢"对话框中，对应 gtk_about_dialog_set_artists()函数的功能。它的一般形式为：

```
void gtk_about_dialog_set_artists(GtkAboutDialog *about,
                      const gchar **artists);
```

（13）标志：用于设置当前项目的标志，可以是 GTK+支持的任何图形格式文件，显示在标题栏下方，如图 26.11 所示。设置标志文件可通过 gtk_about_dialog_set_logo()函数实现。它的一般形式为：

```
void gtk_about_dialog_set_logo(GtkAboutDialog *about,
                      GdkPixbuf *logo);
```

图 26.11　项目标志

5. 颜色选择对话框

颜色选择对话框对应 GTK+库中的 gtk_color_selection_dialog_new()函数所建立的对话

框，用于选择颜色。窗体中的大部分内容是固定的，不可被用户修改，用户只能在其中的
纵向组装盒容器中添加界面构件，如图 26.12 所示。

图 26.12　颜色选择对话框

6．文件选择对话框

文件选择对话框可通过 **gtk_file_chooser_dialog_new()**函数创建，它有一个纵向组装盒
可用于放置界面构件，另外还提供了一个按钮盒放
置按钮。如果没有指定按钮，那么 Glade 会为其自
动从按钮库添加 GTK_STOCK_CANCEL 和
GTK_STOCK_OPEN。

文件选择对话框有一个重要属性，即"动作"
属性，可在"常规"选项卡中设置。它有 4 个选项，
默认为"打开"，其他选项依次为"保存"、"选
择目录"和"创建目录"。这 4 个选项用于设置对
话框的功能特性，与此同时对话框的标题和外观也
会跟随设置改变，如图 26.13 所示。

图 26.13　文件选择对话框（动作为打开）

7．字体选择对话框

字体选择对话框对应 **gtk_font_selection_dialog_new()**函数的功能，它的大部分组件不
能被修改，只提供了一个纵向组装盒用于添加界面构件，如图 26.14 所示。

图 26.14　字体选择对话框

8．消息对话框

消息对话框对应 gtk_message_dialog_new()函数的功能，所有内容均可在"常规"选项卡中设置。

- ❑ 消息类型：用于定义消息对话框显示的风格，选项依次为"信息"、"警告"、"问题"、"错误"和"其他"。
- ❑ 消息按钮：用于定义消息对话框中所显示的按钮，选项依次为"无"、"确定"、"关闭"、"取消"、"是，否"和"确定，取消"。
- ❑ 文字：用大字体显示的消息文本。
- ❑ 次要文本：用小字体显示的消息文本，如图 26.15 所示。

图 26.15　消息对话框

9．最近选择对话框

最近选择对话框对应 gtk_recent_chooser_dialog_new()函数的功能，用于显示最近用户编辑过的文件。"常规"选项卡中的"限制"微调框可设置文件显示的最多个数。"排序类型"下拉列表框可设置文件列表的排序方法，依次为"无"、"最近使用最多的一个"、"最近使用最少的一个"和"定制"。对话框中有一个按钮盒构件，可装入要显示的按钮，如图 26.16 所示。

10．辅助

辅助是一种分为多页显示内容的向导窗体，在 GTK+库中可使用 gtk_assistant_new()函数创建。每一页中都默认放置着一个文本标签构件，用于显示文本信息。如果需要放置其他构件，可将文本标签删除。窗体的右下方有两个按钮，分别用于向前翻页和向后翻页，如图 26.17 所示。

图 26.16　最近选择对话框

图 26.17　辅助窗口

如果当前页面是第一面，"后退"按钮将被隐藏。如果是最后一页，"前进"按钮会被"应用"按钮替代。

11．选择打开程序对话框

选择打开程序对话框对应 gtk_app_chooser_dialog_new()函数的功能，用于显示最近打开文件的应用程序，如图 26.18 所示。

图 26.18　选择程序对话框

26.2.2　添加容器

Glade 提供了 19 种容器构件供用户选择，这些都是在 GTK+中所预定义的。开发者可在 Glade 主界面左侧"容器"选项卡中选择所需要添加的容器构件，如图 26.19 所示。

选项卡中每一个按钮对应着一种容器构件。根据使用方法和作用的不同，可将这些容器依次分为下列类别。

图 26.19　容器选项卡

1．横向组装盒与纵向组装盒

单击纵向组装盒按钮时，Glade 会提示输入条目数，该数值是容器中单元格的个数。在使用 gtk_hbox_new()和 gtk_vbox_new()时并不需要提供这些参数，设置单元格的个数是为了便于可视化编辑。设置后可在"常规"选项卡中修改单元格的个数，如图 26.20 所示。

在容器中可继续装入其他的容器，容器的层次并没有限制。Glade 对容器的管理非常灵活，其主界面右上方的"容器"列表内将根据容器名称显示出容器的层次，如图 26.21 所示。

如果需要在容器的上一级增加一个容器，可右击编辑区内的容器，或者右击"容器"列表中的容器名。在弹出的菜单"添加上一级"子菜单中，选择要添加的容器，如图 26.22 所示。

图 26.20 修改单元格的个数

图 26.21 容器的层次

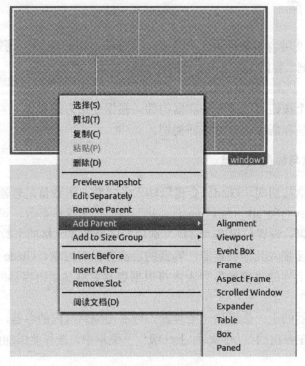

图 26.22 添加上一级容器

删除容器则有两种方式。一种是右击编辑区中的容器或"容器"列表中的容器名，在弹出菜单中选择"删除"命令。这将删除容器本身，以及容器内的所有界面构件。另一种方法是在弹出菜单中选择"清除上一级"命令，只有容器的上一级容器被删除，容器本身的层次向前移了一位。

复制、剪切和粘贴也可用于容器，影响的将是容器内的所有界面构件。Glade 会为这些构件的副本重新命名。

2. 表格

表格按钮对应 gtk_table_new()函数的功能，按下时将提示输入表格的行数和列数。或者在创建表格后，通过"常规"选项卡中的"行数"和"列数"输入框修改，如图 26.23 所示。

图 26.23　创建表格

3. 笔记本

笔记本按钮对应 gtk_notebook_new()函数，按下时将提示输入笔记本的页数。该页数可在创建笔记本后通过"常规"选项卡中"页"微调框中修改。笔记本构件中选项卡的名称作为文本标签构件列在"容器"列表内，可单击该名称,在"常规"选项卡中的"标签"文本框中修改，如图 26.24 所示。

图 26.24　修改选项卡名称

4．框架和外观框架

创建框架构件所对应的是 **gtk_frame_new()** 函数，使用 Glade 创建框架构件时会自动添加一个对齐构件和一个标签构件。对齐构件是框架内的下一层容器，标签构件显示在框架的右上方，如图 26.25 所示。

框架的边框风格可在"常规"选项卡内的"框架阴影"下拉列表框中设置，选项依次为"无"、"里面"、"突出"、"向内蚀刻"和"向外蚀刻"。

外观框架又称比例框架构件，所对应的是 **gtk_aspect_frame_new()** 函数。外观框架的比例属性可在"常规"选项卡内的"比率"微调框内设置，如图 26.26 所示。

图 26.25　框架

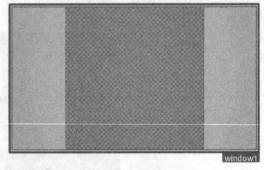
图 26.26　外观框架

5．菜单条

Glade 添加菜单条的功能远比 gtk_menu_bar_new()函数所实现的功能要丰富，它能同时添加菜单容器和菜单项。Glade 没有将菜单容器和菜单项作为独立的界面构件，而是提供了菜单编辑器专门用于设计菜单。右击编辑区中的菜单，在弹出菜单中选择"编辑"命令，将打开菜单编辑器，如图 26.27 所示。

图 26.27　菜单编辑器

在菜单编辑器左侧的标签列表中选择菜单项名称后，可编辑该菜单项。菜单编辑器右侧有 4 个属性可以设置，下面依次介绍。

- □ 名称：在代码中访问该菜单项的名称。
- □ 类型：根据 GTK+对菜单项的定义，可选取的值有"普通的"、"图像"、"复选"、"单选"和"分割条"。
- □ 标签：显示在菜单中的字符串。
- □ 工具提示：鼠标悬停时显示的文本，菜单编辑器会为菜单项自动添加工具提示对象。
- □ 库存条目：该选项在菜单项"类型"设置为"图像"时显示，可从图像库中选择菜单项的图形。

如果要添加一个菜单项，可单击"添加"按钮，新菜单项将在菜单项列表中所选菜单项后一位，且处于同一层。或者右击列表中的菜单项，选择"添加子项目"命令，创建所选菜单项的下一级菜单。

菜单编辑器的下方是信号与事件的列表，可直接在此为菜单项连接事件与回调函数。如果要为菜单项添加快捷方式，操作步骤如下：

（1）在"容器"列表内选择菜单项。

（2）选择"容器"列表下的公共选项卡，单击"快捷键"后的编辑按钮，如图 26.28 所示。

（3）在"选择快捷键"对话框中，选择对应的信号、按键和控制键，如图 26.29 所示。

图 26.28 快捷键

图 26.29 选择快捷键

6. 工具条

工具条对应 gtk_toolbar_new()函数的功能，创建后在编辑区右击工具条，在弹出的快捷菜单中选择"编辑"命令，可打开"工具条编辑器"对话框，如图 26.30 所示。

在"工具条编辑器"中，可单击"添加"按钮添加一个工具构件。"类型"下拉列表框用于定义工具构件的类型，默认为"按钮"。工具构件的信号与事件可在对话框下侧的信号列表中设置。

图 26.30　工具条编辑器

7．水平窗格和垂直窗格

水平窗格和垂直窗格对应 gtk_hpaned_new()和 gtk_vpaned_new()函数的功能，初始位置可在"常规"选项卡内的"位置"微调框中设置，并且要将"位置设置"的值设为"是"才能在程序中生效，如图 26.31 所示。

8．横向按钮盒与纵向按钮盒

横向按钮盒与纵向按钮盒对应 gtk_hbutton_box_new()和 gtk_vbutton_box_new()函数的功能。为了方便编辑，需要在"常规"选项卡内的"条目数"微调框中指定按钮盒内单元格的个数，默认值为 3，如图 26.32 所示。

图 26.31　水平窗格和垂直窗格

图 26.32　按钮盒

9．陈列

陈列即是指布局容器，对应 gtk_layout_new()函数的功能。布局容器最大尺寸可在"常规"选项卡内的"宽度"和"高度"微调框中设置。

10．固定

固定容器对应 gtk_fixed_new()函数的功能。

11．事件框

事件框对应 gtk_event_box_new()函数的功能。

12．展开器

展开器对应 gtk_expander_new()函数的功能，它由一个箭头构件、一个标签和一个容器所组成。单击箭头可改变箭头的方向。当箭头构件指向下时，展开器内的容器构件将显示。而在箭头指向右方时，展开器内的容器将被隐藏，如图 26.33 所示。

图 26.33　展开器的展开与收缩状态

13．视口

视口即视见区，对应 gtk_viewport_new()函数的功能。"常规"选项卡内的"阴影类型"下拉列表框可设置其边框的类型，选项依次为"无"、"里面"、"突出"、"向内蚀刻"和"向外蚀刻"。

14．可滚动的窗口

可滚动的窗口即滚动条窗体构件，对应 gtk_scrolled_window_new()函数的功能。它包括一组滚动条构件和一个视见区，但在 Glade 中不可直接访问其子构件的属性。如果要设置滚动条构件的显示状态，可通过"常规"选项卡内的"水平滚动条策略"和"垂直滚动条策略"下拉列表框设置，如图 26.34 所示。

15．对齐

对齐容器对应 gtk_alignment_new()函数。在"常规"选项卡中可设置其属性。下面依次介绍这些属性。

图 26.34　可滚动的窗口

❑ 水平排列：取值范围为 0.0～1.0，即最左到最右。

❑ 垂直排列：取值范围为 0.0～1.0，即最上到最下。

❑ 水平缩放比率：如果水平方向可用的空间比子构件所需要的多，设置子部件将使用多少，0.0 表示不用，1.0 表示全部。

❑ 垂直缩放比率：如果垂直方向可用的空间比子构件所需要的多，设置子部件将使用多少，0.0 表示不用，1.0 表示全部。

❑ 顶部留空：上方的边界值。

❑ 底部留空：下方的边界值。

❑ 左部留空：左面的边界值。

❑ 右部留空：右面的边界值。

26.2.3　添加构件

Glade 提供了两组界面构件，分别位于"控制和显示"选项卡与"过时的 Gtk+"选项卡中，如图 26.35 所示。

后者是 GTK+为了保持与旧版本兼容所以仍然在使用的界面构件。这些界面构件均已被其他构件所替代，并且不再被更新，甚至可能会被将来的版本抛弃，应谨慎选择这些构件。常用的界面构件可分为如下几类。

图 26.35　构件选项卡

1. 按钮

按钮构件共有 9 种。单击代表构件的按钮后，将鼠标指针移动到编辑区的容器上方，可见光标变为一个加号外加构件图标的形状。再次按下鼠标左键，构件将被添加到容器以内。这些按钮依次如下：

❑ 普通按钮对应 gtk_button_new()函数的功能。

❑ 开关按钮对应 gtk_toggle_button_new()函数的功能。

❑ 复选按钮对应 gtk_check_button_new()函数的功能。

❑ 微调按钮对应 gtk_spin_button_new()函数的功能。

❑ 单选按钮对应 gtk_radio_button_new()函数的功能，Glade 可以自动为单选按钮添加 GSList 链表。如果要使多个单选按钮使用同一个链表，即划为同一组，可单击"常规"选项卡"组"后的编辑按钮，弹出"在工程中选择单选按钮"对话框。然后选择该组中第一个单选按钮的名称，如图 26.36 所示。

❑ 文件选择按钮对应 gtk_file_chooser_button_new()函数的功能。

❑ 颜色按钮对应 gtk_color_button_new()函数的功能。

❑ 字体按钮对应 gtk_font_button_new()函数的功能。

❑ 连接按钮对应 gtk_link_button_new()函数的功能，连接的网络地址可在"常规"选项卡内的 URL 文本框中输入。

2. 图像

图像对应 gtk_image_new_from_stock()函数的功能，可在"常规"选项卡内"库存图像"下拉列表框中设置图像，默认情况下使用的是图像库内 GTK_MISSING_IMAGE。图像的尺寸可在"图标大小"微调框内设置，取值对应 GtkIconSize 枚举类型，有效取值范围为 0～6。如果要在图像构件中使用文件，可将"编辑类型"设为文件名，然后在"文件的名称"中进行设置。

图 26.36　为单选按钮分组

3．标签和加速键列表

标签对应 gtk_label_new()函数的功能。"常规"选项卡内"标签"文本框用于编辑显示的文字，"对齐"下拉列表框用于定义对齐方式。

加速键列表即快捷标签，对应 gtk_accel_label_new()函数的功能。快捷键在"公共"选项卡，"加速键"文本框中设置。

4．文本条目和文本视图

文本条目即文本框，对应 gtk_entry_new()函数的功能。文本视图对应 gtk_text_view_new()函数的功能。"常规"选项卡中，"可编辑"用于决定是否锁定文本框，"可见状态"用于设置是否显示文本框中的文本，"文字"文本框中可设置初始文本。

5．范围构件

范围构件共有 4 种，分别是水平比例、垂直比例、水平滚动条和垂直滚动条。"常规"选项卡"调整部件"中可设置范围构件的属性。

6．组合框与组合框条目

组合框对应 gtk_combo_box_new()函数的功能，组合框条目对应 gtk_combo_box_entry_new()函数的功能。后者比前者多出一个文本框子构件。单击"常规"选项卡内"条目"文本框后的编辑框，其中可编辑需要显示的条目，多个条目用回车键分隔，如图 26.37 所示。

图 26.37　编辑文本对话框

7．进度条

进度条对应 gtk_progress_bar_new()函数的功能。进度条已完成的进度比例可在"常规"选项卡中的"完成比例"微调框中设置。

8．树视图和图标视图

树视图对应 gtk_tree_view_new()函数的功能，图标视图对应 gtk_icon_view_new()函数的功能。

9．可移动的框

可移动的框对应 gtk_handle_box_new()函数的功能。

10．状态栏

状态栏对应 gtk_statusbar_new()函数的功能。

11．日历

日历构件对应 gtk_calendar_new()函数的功能，可在"常规"选项卡"年"、"月"、"日"微调框中设置默认选中的。其中"月份"的取值范围为 0～11，如果"日"的值设为 0，则不指定具体天数。

12．弹出式菜单

弹出式菜单并不会直接在编辑区中显示，添加后会列出在"容器"列表中，可使用菜单编辑器进行编辑。

13．水平分割条和垂直分割条

水平分割条对应 gtk_hseparator_new()函数的功能，垂直分割条对应 gtk_vseparator_new()
函数的功能。

14．箭头

箭头对应 gtk_arrow_new()函数的功能。箭头的方向可在"常规"选项卡中的"箭头方
向"下拉列表框中设置。

15．绘图区域

绘图区域对应 gtk_drawing_area_new()函数的功能。

16．最近选择器

最近选择器对应 gtk_recent_chooser_widget_new()函数的功能，其设置方法与最近选择
对话框类似。

17．文件选择部件

文件选择部件对应 gtk_file_chooser_widget_new()函数的功能，其设置方法与文件选择
对话框类似。

26.2.4　设置构件属性

在 Glade 中，界面构件的属性被分为 3 类，分别位于"常规"、"打包"、"公共"
选项卡中。"常规"选项卡内主要是构件基本信息和特有的属性。基本信息包括下列内容。
- 类：构件对应 GTK+库的类名，该值不可修改。
- 名称：在程序中访问构件的名称，添加构件时 Glade 会为其自动指定一个。

"打包"选项卡用于设置构件在容器中的位置，对于窗体和顶级容器不可用。下面介
绍其中的属性设置。
- 位置：如果上一级容器内有多个单元格，那么第一个单元格的位置为 0，依次类推。
- 留空：用于设置构件与上一级容器的上下间距。
- 展开：用于设置是否展开界面构件。
- 填充：用于设置是否让界面构件占满整个容器。
- 包裹类型：可设置为"开始"或"结束"，用于定义界面装入容器时的顺序。

"公共"选项卡用于设置构件的公共属性，这些属性均为 GtkWidget 类中定义的，因
此可用于所有界面构件。公共属性的设置如下。
- 宽度请求：设置构件最小需求尺寸中宽度的数值。
- 高度请求：设置构件最小需求尺寸中高度的数值。
- 可见：设置构件是否在界面中显示出来。
- 敏感：设置构件是否接受用户的输入。
- 工具提示：鼠标光标在构件上方悬停时所显示的文本，Glade 会自动创建工具提示

对象。

- ❏ 不全部显示：用于屏蔽 gtk_widget_show_all()函数对该构件的影响。
- ❏ 可绘图：设置应用程序是否可以直接在此构件上绘图。
- ❏ 接受焦点：设置构件是否可以接受输入焦点。对于按钮类构件，默认为"是"；对于容器类构件，默认为"否"。
- ❏ 有焦点：设置构件是否已经拥有输入焦点，对于"接受焦点"设置为"是"的构件有效。如果多个构件设置为"是"，只有第一个有效。
- ❏ 为焦点：设置构件是否是顶级容器内的聚焦部件。如果设置为"是"，当构件上一级容器获得焦点时，那么焦点会落在该构件上。对于"接受焦点"设置为"是"的构件有效。如果多个构件设置为"是"，只有第一个有效。
- ❏ 可成为默认：设置构件是否可以成为默认的构件，用于接受 Enter 键的响应。
- ❏ 接受默认动作：设置构件在成为焦点时是否可以接受默认动作，即对于空格键的响应。对于"接受焦点"设置为"是"的构件有效。如果多个构件设置为"是"，只有第一个有效。

- ❏ 事件：用于决定界面构件可接受哪些 GtkEvent 事件类型的响应。单击其右侧编辑按钮，将弹出"选择区域"对话框，可在其中"选择独立区域"列表中选择需要响应的事件，如图 26.38 所示。
- ❏ 扩展事件：用于决定构件可接受哪些扩展事件。
- ❏ 有工具提示：用于决定是否显示工具提示对象中的文本。
- ❏ 工具提示标记：工具提示对象显示的文本，在"有工具提示"设置为"是"时显示。
- ❏ 工具提示文本：如果设置了"工具提示文本"，那么"工具提示标记"将无效。
- ❏ 快捷键：用于设置构件的快捷方式，单击右侧编辑按钮将弹出"选择快捷键"对话框，可在其中编辑多组快捷方式。

图 26.38　选择区域对话框

26.2.5　添加事件和回调

Glade 主界面的"信号"选项卡中可为界面构件连接事件、信号和回调函数。所选构件可用的事件将以该构件对应的类的继承关系显示信号，如图 26.39 所示。

图 26.39 是文本输入框所对应的信号。最底层为 GObject 类定义的信号，最顶层则是文本输入框所属的 GtkEntry 类定义的信号。单击类名称左侧的展开器，将显示出该类定义的所有信号，如图 26.40 所示。

💭注意：在 GtkWidget 类中定义与 GDK 底层事件相关的信号必须选择"公共"选项卡中的"事件"列表框才能生效。

图 26.39　信号的分类　　　　　　　　　图 26.40　展开分类中的信号

选择信号名称后，可为该信号连接回调函数和数据，对应 g_signal_connect()函数的功能。回调函数可单击对应单元格中的下拉列表选择，如图 26.41 所示。

图 26.41　选择回调函数

回调函数列表中的前两条函数是 Glade 根据构件名称命名的，其余为可用的 GTK+函数。如果需要自定义回调函数名称，可在单元格内直接输入。

回调函数后可设置传递给回调函数的用户数据，该数据通常是回调函数中最后一个实际参数的名称，可以为变量名或常量，如图 26.42 所示。

图 26.42　设置回调函数数据

在图 26.42 中，为一个按钮构件的 clicked 信号连接了 gtk_widget_show()函数，用户数据设置为 window1。在实际程序中，按下该按钮即能显示项目中名为 window1 的构件。

如果回调函数并非 GTK+中提供的函数，那么回调函数的实现必须在具体 C 语言代码中进行，两者使用的名称必须一致。

信号列表中有一项"之后"单选框，选择后将使用 g_signal_connect_after()函数连接信号与回调函数。当为信号设置回调函数后，信号名的左侧会多出一个展开器。如果需要为同一个信号连接更多的回调函数，可单击该展开器添加更多回调函数，如图 26.43 所示。

图 26.43　添加更多回调函数

26.3　C 语言代码联编

Glade 的项目文件是一个单独的.glade 文件，可通过 GTK+库将该项目文件添加到 C 语言源代码中。这样，就能在 C 语言编程写的程序中直接使用 Glade 设计的用户界面。本节将介绍 GTK+库使用 Glade 项目文件的方法。

26.3.1　GTK+库使用 Glade 项目文件

通过 GTK+函数库连接 Glade 项目文件至少包含两个步骤，这些工作必须在 GTK+库初始化后，且没有进入 GTK+主循环时完成。步骤如下：

（1）创建 GtkBuilder 对象。GtkBuilder 对象是用于动态加载 XML 格式用户界面的类型，可使用 gtk_builder_new()函数创建。它的一般形式为：

```
GtkBuilder 对象名;
对象名 = glade_xml_new();
gtk_builder_add_from_file(GtkBuilder *builder,
                                   const gchar *filename,
                                   GError **error);
```

其中，builder 参数为 glade_xml_new()执行后创建的对象。filename 参数为 Glade 项目文件的路径和名称。error 参数为函数执行错误后返回错误信息，NULL 表示使用默认错误机制。

（2）获得界面构件。可从有效的 GtkBuilder 对象中获得界面构件，然后对其进行操作。至少要获得顶层窗体构件，然后使用 GTK+函数将其显示出来。gtk_builder_get_object()函数用于获得界面构件。它的一般形式为：

```
gtk_builder_get_object (GtkBuilder *builder,
                                  const gchar *name);
```

builder 参数为 GtkBuilder 对象的名称，name 参数为 Glade 项目中界面构件的名称。函数返回值是 GtkWidget 对象。

（3）连接信号。在 Glade 中定义了信号后，可使用 gtk_builder_connect_signals()函数将这些信号全部连接到 C 语言代码中。它的一般形式为：

```
void gtk_builder_connect_signals(GtkBuilder *builder,
                                        gpointer user_data);
```

其中，user_data 参数为用户自定义的信号，通常这个参数为 NULL。

下面用一个例子说明 GTK+函数库使用 Glade 项目文件的基本操作方法。首先在 Glade 里创建一个名为 ui.glade 的项目文件。然后在项目文件中添加一个窗体构件，并在其中装入一个纵向组装盒、一个标签构件和一个按钮构件。将窗体命名为 MainWindow，标签命名为 label。在"常规"选项卡内将按钮的"配置按钮内容"属性设为"库存按钮"，"库存按钮"属性设为"退出（Q）"，如图 26.44 所示。

图 26.44　一个简单的 Glade 项目

然后为窗体构件连接信号。选择窗体，单击"信号"选项卡，找到信号列表中 GtkWidget 项，单击左侧展开器，展开 GtkWidget 类中定义的信号，选择 delete-event 信号，为其添加回调函数 gtk_main_quit，如图 26.45 所示。

信号	处理函数	用户数据	交换	之后
▶ GtkWindow				
▶ GtkContainer				
▼ GtkWidget				
accel-closures-changed	*Type here*	*Click here*		D
button-press-event	*Type here*	*Click here*		D
button-release-event	*Type here*	*Click here*		D
can-activate-accel	*Type here*	*Click here*		D
child-notify	*Type here*	*Click here*		D
composited-changed	*Type here*	*Click here*		D
configure-event	*Type here*	*Click here*		D
damage-event	*Type here*	*Click here*		D
delete-event	*Type here*	*Click here*		D
destroy	*Type here*	*Click here*		D
destroy-event	*Type here*	*Click here*		D
direction-changed	*Type here*	*Click here*		D
drag-begin	*Type here*	*Click here*		D
drag-data-delete	*Type here*	*Click here*		D
drag-data-get	*Type here*	*Click here*		D
drag-data-received	*Type here*	*Click here*		D

图 26.45　为窗体连接信号

选择按钮构件，选择"信号"选项卡，找到信号列表中 GtkButton 项，单击左侧展开器，展开 GtkButton 类中定义的信号。选择 clicked 信号，为其添加回调函数 gtk_main_quit。保存 Glade 项目文件。

在上述 Glade 项目文件同一个目录中建立一个 C 语言源代码文件，可以使用任意文件名。编辑该文件，写入如下代码：

```
01    #include <gtk/gtk.h>
02    #include <glib-2.0/glib.h>
03    #include <libglade-2.0/glade/glade.h>              //包含 libglade 函数库
04    int main(int argc, char *argv[])
05    {
06       gtk_init(&argc, &argv);                    //初始化 GTK+库
07       GtkBuilder * ui;                           //声明 GtkBuilder 类型变量
08       GtkWidget *window;                         //声明 GtkWidget 类型变量
09       ui= gtk_builder_new();       //初始化 GTKBuilder 环境
10       gtk_builder_add_from_file(ui,"ui.glade",NULL);   //读取 glade 文件
11       GtkWidget *window;                         //声明 GtkWidget 类型变量
12       window= GTK_WIDGET(gtk_builder_get_object(gtkBuilder,"MainWindow"));
13                     //从 GtkBuilder 对象获得 GtkWidget 界面构件
14       GtkWidget *label;
15       label = GTK_WIDGET(gtk_builder_get_object(gtkBuilder,"label"));
16       gtk_label_set_label(GTK_LABEL(label), "Hello World!");
17                                                  //修改界面构件的属性
18       gtk_widget_show_all(window);               //显示 window 内的所有构件
19       gtk_builder_connect_signals(ui, NULL);     //连接 GtkBuilder 对象所有已
                                                    定义信号
20       gtk_main();                                //开始 GTK+主循环
21       return 0;
22    }
```

在编译参数中加入编译参数`pkg-config --cflags --libs gtk+-3.0`-export -dynamic，编译该程序。编译成功后运行程序，如图 26.46 所示。

程序中使用 gtk_builder_add_from_file()函数读取 Glade 项目文件 ui.glade，创建了一个 GtkBuilder 对象。然后通过 gtk_builder_get_object ()函数获得了 Glade 项目中的 window 和 label 构件。程序运行时，修改了标签 label 的字符串，并使用 gtk_widget_show_all()函数将窗体构件 window 内的所有构件显示出来。

Glade 项目中为 window 和 button 构件所连接的信号在执行 gtk_builder_connect_signals()函数后即可被程序所使用。所以单击窗体的关闭按钮，或者按下"退出"按钮时，将调用 gtk_main_quit()函数结束程序。

图 26.46　libglade 演示

📖注意：通过 C 语言源代码文件编译的可执行文件与 Glade 项目文件是分离的，如果删除了 Glade 项目文件或改变其路径，那么可执行文件也无法启动图形界面，并且造成执行错误。如果在 Glade 中修改了项目文件，只要不影响可执行文件的调用，那么无须重新修改和编译源代码。例如在 Glade 中只该变了窗体构件的标题属性，再次运行可执行文件时，将显示新修改的窗体标题。

26.3.2　使用 GTK+多语言支持

Linux 系统本身具备完善的多语言支持体系，可使同一个可执行文件拥有不同地方语

言的图形界面。这其中涉及到两个重要概念：国际化与本地化。

国际化是指将开发者原先使用的母语翻译成多种其他的语言。由于实现翻译的途径、翻译的工作效率、翻译的可重用性等因素各不相同，使翻译工作面临很大困境，也阻碍了软件的推广和应用。为了方便地将软件翻译成不同语言的版本，就需要一套翻译规范和通用工具，于是就诞生了 i18n 工具集。i18n 即 internationalization 的缩写形式，主要使用 gettext 软件包实现国际化支持。

本地化是指可执行文件能够根据当前的语言环境选择图形界面上使用的语言。除语言以外，字符编码、语法、度量单位、日期时间格式、阅读习惯和使用习惯等也是需要考虑的问题，因此设计了 l10n 工具集。l10n 是 localization 的缩写形式，主要使用 locale 软件包实现本地化支持。

在概念中，本地化包含国际化，两者相辅相成。本节假设开发者的母语为英语，本地应用为简体中文，演示 libglade 对多语言的支持。下面介绍具体操作步骤。

1. 为Glade项目创建po和mo文件

po 文件意为可移植对象；mo 文件意为机器对象。po 文件是面向翻译人员、提取于 Glade 项目的一种资源文件。当软件升级的时候，通过使用 gettext 软件包处理 po 文件，可以在一定程度上使翻译成果得以继承，减轻翻译人员的负担。mo 文件是面向计算机的、由 po 文件通过 gettext 软件包编译而成的二进制文件。程序通过读取 mo 文件使自身的界面转换成用户使用的语言。

假设已建立了一个 Glade 项目文件 ui.glade，其中包含一个主窗体 window，窗体标题为 User Information。窗体中放置着一个表格容器，然后在容器中装入一组标签构件，构件的标签分别是 Name、Gender 和 Age。再将标签为 Male 和 Female 的单选按钮装入表格。最后装入一个文本框、一个微调按钮和一组按钮库按钮，如图 26.47 所示。

图 26.47　Glade 设计的英文界面

在包含 Glade 项目文件的目录中创建名为 po 的目录，进入 po 目录，创建一个名为 POTFILES.in 的新文件。用文本编辑器打开该文件，输入 Glade 项目文件的文件名后保存。如下：

```
ui.glade
```

安装 intltool 工具集，其中包含了 gettext 软件包。在终端中输入下列命令：

```
apt-get install intltool
```

安装后，将工作目录设为 POTFILES.in 文件的目录。输入下列命令创建 po 文件：

```
intltool-update --pot gettext-package=ui
```

gettext-package 参数的名称为 Glade 项目文件的前缀名。命令执行成功时会创建 untitled.pot 文件，该文件是 po 文件的模板。复制该文件，创建名为 zh_CN.po 的副本。用文本编辑器打开该文件进行，将 charset=CHARSET 改为 utf-8，将 msgid 后的英文字符串翻译到下一行 msgstr 后。代码如下：

```
"Content-Type: text/plain; charset=utf-8\n"
"Content-Transfer-Encoding: 8bit\n"
#: ../ui.glade.h:1
msgid "Age"
msgstr "年龄"
#: ../ui.glade.h:2
msgid "Gender"
msgstr "性别"
#: ../ui.glade.h:3
msgid "Name"
msgstr "姓名"
#: ../ui.glade.h:4
msgid "User Information"
msgstr "用户信息"
#: ../ui.glade.h:5
msgid "_Female"
msgstr "女"
#: ../ui.glade.h:6
msgid "_Male"
msgstr "男"
#: ../ui.glade.h:7
msgid "gtk-cancel"
msgstr "gtk-cancel"
#: ../ui.glade.h:8
msgid "gtk-ok"
msgstr "gtk-ok"
```

如果该文件中包含按钮库按钮的名称，如 gtk-cancel，则在译文中也保留原来的名称。然后执行下列命令，将 po 文件编译为 mo 文件，如下：

```
msgfmt zh_CN.po
```

在 po 中创建 zh_CN/LC_MESSAGES 目录，复制 zh_CN.mo 到新建立的目录，并改名为 ui.mo。

2．编辑C语言源代码文件

在 Glade 项目文件所在的目录创建一个 C 语言源代码文件。文件的内容如下：

```
01   #include <gtk/gtk.h>
02   #include <glib-2.0/glib.h>
03   #include <libintl.h>                              //提供 gettext 支持
04   #define _(String) gettext(String)                 //翻译字符串
05   #define N_(String) String
06   #define PACKAGE "ui"                               //定义 mo 文件前缀名
07   #define LOCALEDIR "./po"                           //定义 mo 文件搜索路径
08   int main(int argc, char *argv[])
09   {
10     setlocale(LC_ALL,"");                            //设置本地语言和字符集
11     bindtextdomain(PACKAGE,LOCALEDIR);               //设置 mo 文件的路径
12     textdomain(PACKAGE);                             //设置 mo 文件前缀名
13     gtk_init(&argc, &argv);
14     GtkBuilder *ui;
15     ui = gtk_builder_new();
16     gtk_builder_add_from_file(ui,"ui.glade",NULL);
17     GtkWidget *window;
18     window =GTK_WIDGET(gtk_builder_get_object(ui,"User Information"));
```

```
19      gtk_widget_show_all(window);                        //显示窗体
20      gtk_builder_connect_signals (ui, NULL);
21      gtk_main();
22      return 0;
23  }
```

程序中定义了宏#define _(String) gettext(String)和#define N_(String) String。前一条宏命令是将"_( )"内的字符串作为 gettext()函数的参数，Glade 项目文件中可翻译字符串在 C语言源代码中是用"_( )"包围起来的。不可翻译的字符串则是用"N_( )"包围，后一条宏将其直接转化为普通的字符串。

主函数中使用 gtk_set_locale()函数设置了本地语言和字符集。可在终端中使用 locale命令查看。该设置会影响翻译的结果，如下：

```
LANG=zh_CN.UTF-8
LC_CTYPE="zh_CN.UTF-8"
LC_NUMERIC="zh_CN.UTF-8"
LC_TIME="zh_CN.UTF-8"
LC_COLLATE="zh_CN.UTF-8"
LC_MONETARY="zh_CN.UTF-8"
LC_MESSAGES="zh_CN.UTF-8"
LC_PAPER="zh_CN.UTF-8"
LC_NAME="zh_CN.UTF-8"
LC_ADDRESS="zh_CN.UTF-8"
LC_TELEPHONE="zh_CN.UTF-8"
LC_MEASUREMENT="zh_CN.UTF-8"
LC_IDENTIFICATION="zh_CN.UTF-8"
LC_ALL=
```

可在环境变量中修改 locale 的值。例如，修改用户主目录下的.profile 文件，在末尾加入如下语句：

```
export LANG=zh_CN.UTF-8
export LANGUAGE=zh_CN.UTF-8
export LC_ALL=zh_CN.UTF-8
```

上述操作对当前登录的用户有效。如果要对所有用户生效，可修改/etc 目录下的 environment 文件，将 LANG 选项设置为：

```
lang zh_CN.UTF-8
```

bindtextdomain()函数定义了 mo 文件的路径，textdomain()函数定义了 mo 文件的前缀名。编译程序后，假设当前 Linux 发行版的语言设置为简体中文（zh_CN），并使用 UTF-8字符集，那么显示的程序界面将为中文，如图 26.48 所示。

图 26.48　显示为中文的 Glade 界面

26.4　小　　结

本章介绍了使用 Glade 设计程序界面的方法及使用 libglade 函数库在 C 语言代码中进行代码联编的方法。Glade 是非常方便的界面开发工具，在项目中使用它可缩短界面代码的开发周期。但是，Glade 也有其不足之处，对于过于复杂的界面或有个性化要求的界面不能起到简化编码的作用。因此，在项目中使用 Glade 设计程序界面前应先进行评估，对于大多数管理类、数据库类程序可优先考虑使用 Glade。

第 6 篇　Linux C 编程项目实战

第 27 章　编程项目实战——媒体播放器

本书前面的章节已介绍了 C 语言的语法和 Linux 系统中各种常用的函数库，利用这些知识已经可开发一些基本的应用程序。本章将这些知识综合应用到媒体播放器项目中，通过一个严格的项目管理制度对项目进行规划，并补充系统自带的媒体播放器未实现的功能。但本章的重点依然是梳理前面所讲述的知识点，并将实际应用中各种编程技巧介绍给读者。

27.1　软件工程实战

软件开发离不开软件工程思想的指导。在学习过程中也应该时刻将软件工程的思想放在重要位置。如果在学习程序开发的过程中遭遇了项目失败，对于学习者来说，所造成的挫败感一直会影响到他将来的实际工作。实践软件工程思想能为将来的实际工作打下扎实的基础，因此本节结合媒体播放器项目来进行软件工程的实战。

27.1.1　项目需求分析

项目需求分析经常被作为一个独立的课题来研究。对于开发人员来说，了解项目需求分析方法是必不可少的。在朴素软件工程思想中，项目需求分析的方法使用的是实例分析法。实例分析法的起点是当前系统，当前系统可能是一个正在使用的软件，或者是一个人工处理的数据的过程。分析的终点是最终要实现的软件描述。整个过程是一条长链，如图 27.1 所示。

图 27.1　实例分析法过程示例

例如，当前系统模型可以用 Linux 系统中现有的 Totem 电影播放机作为分析对象。

Totem 实现了各种媒体格式文件的播放功能，并且提供播放列表模块管理媒体文件的播放顺序。但是通过分析也可以发现该软件存在的缺陷，即没有媒体库的管理功能，在存放有很多媒体文件的计算机上应用起来并不方便，如图 27.2 所示。

图 27.2　Totem 电影播放机

通过分析 Totem 电影播放机也可得到项目的物理模型。MP3 文件中保存的是使用 MPEG 格式压缩后的声音信号。那么第 1 步当然是要对 MPEG 格式进行解压，还原成声卡部件能够直接识别的数字信号。然后，这些数字信号又被操作系统传递给计算机中的声卡部件，声卡部件再将数字信号还原为模拟信号。最后，将模拟信号通过电流载波传递给扩音器，扩音器发出声音。

由此，我们可以得到整个项目的需求。项目的背景是，现在 Linux 系统中已经有了各种媒体播放器，但是并没有媒体播放器提供了媒体库管理功能。项目的目标是设计一个能够进行媒体库管理的媒体播放器。

27.1.2　软件需求说明

软件需求说明（Software Requirement Specification，SRS）是项目需求分析所得到的文档。它的作用是提出需要解决的问题，作为下一步软件设计和编码的基础。为了使软件需求说明具有统一的风格，可以采用标准化模板进行编撰，例如使用国际标准化组织推荐的 ISO 软件需求说明文档。在实际应用中，标准化模板也可根据项目实际情况进行调整。下面简单介绍该文档的组成。

1. 引言

引言中首先要叙述编写目的，指出预期的读者范围，并指出项目的受益者。然后定义软件的名称，以及软件的开发目的。还需要注意的是，引言中必须定义在整个文档中所使用的专业术语，以便于读者阅读。结合媒体播放器项目，该项目实际是学习者实践 Linux 系统上 C 语言开发技术的实验，那么预期的读者可能是读者的同学或好友，并且希望他们在阅读时能够为项目提出意见。

2．任务概述

任务概述中主要是描述开发意图、应用目标、作用范围和应向读者说明的有关该项目的开发背景。媒体播放器项目的应用目标是使用 Linux 桌面操作系统的计算机，开发意图为补充现有媒体播放器没有媒体库管理的功能。那么，也可以在这里向读者说明软件的基本功能和特性，例如可播放 MP3 文件。

3．需求规定

需求规定中首先应对功能进行规定，其中包括内部及外部的功能。媒体播放器不包括外部功能，它只限于在系统内部播放媒体文件。

在规定需求时，可以列出整个软件的规模，这样可以避免在将来开发中无限扩大整个项目。例如，可规定该媒体播放器只支持 MP3 文件。虽然这样并不完美，但对于初学程序设计的开发者来说，设计目标更为明确，项目难度也降低了。如果读者在设计代码时考虑加入对其他媒体文件的支持，那么很可能因违背需求规定而造成项目失败。

4．运行环境规定

运行环境规定中定义了目标计算机的软件和硬件环境。例如，其中可列出最低的系统需求。目标计算机必须有 16 位以上图形显示卡显示媒体播放器的界面，而且至少有支持双声道播放的声卡。

5．附录

实际的需求中最好包括附录。媒体播放器软件需求文档中的附录可列出 MP3 文件的格式样本，例如 MP3 文件中所包含的音频编码信息和相关描述信息。

27.1.3　项目视图的解决方案

项目视图指的是项目的实际需求，开发者在软件需求说明文档完成后即可针对项目视图提出解决方案。在给出解决方案的同时也要陈述自己的理由，但应该避免在这个阶段进行软件设计。下面列举媒体播放器项目中主要问题的解决方案。

1．媒体播放器界面设计

媒体播放器界面可使用 GTK+函数库完成。该函数库包含有大多数 GNOME 桌面环境中的界面构件，不但能满足媒体播放器界面设计的需求，又能提高项目的开发速度。

2．数据库的选择

SQLite 数据库可以作为媒体播放器的首选，它作为嵌入式数据库能够很好地嵌入到媒体播放器的内部，并且随媒体播放器项目一同发布。SQLite 占用系统资源比较少，而且开发起来比较简单，因此非常适合媒体播放器的应用。

3．读取MP3文件信息

MP3 文件中包含着标题和艺术家等信息，直接从文件中分析难度较大，所以可借助现有的函数库实现。libid3tag 库是非常好的选择，并且很容易即可通过该库读取文件中的信息。

4．媒体播放功能

媒体播放功能可以用 GStreamer 多媒体框架实现。该框架功能强大，并且能将媒体播放功能抽象为几个简单的步骤。最重要的一点是，该框架拥有强大的开发团队，项目的更新周期较快，能够作为长期的依赖。

通过解决方案的选择，可以更清晰地显示出 Linux 系统上程序开发的优势。很多应用功能都是在其他项目的基础上实现的，代码复用率极高。这样，读者在实际开发中就能够将更多精力放在实现项目与众不同的功能上。在本项目中真正需要自己解决的实际是媒体库的设计。

27.2　软　件　设　计

软件设计的内容很广泛，但结果只是总结出项目需求所列出功能的实现方法。这个实现方法必须清晰易懂，能够被所有参与项目的开发人员理解。因此，最终获得的应该是数据字典和流程图。本书前面部分已经对媒体库中大部分功能的实现进行了分步讲解，所以，这里讨论另外两个重要话题：一是需求分析方法，即根据软件需求说明进行详细分析；二是制订开发计划和分工，目的是帮助读者按步骤实现软件。

27.2.1　需求分析

需求分析是指理解项目的需求，就软件的功能进行深入理解，并且给出明确的解决方案。在这个过程中，软件开发人员处于主导地位。因为需求是用户提出的，编撰软件需求说明时只是开发者将用户抽象的语言总结成规范的描述，需求分析时再根据软件需求说明去找到解决问题的方法。媒体播放器项目中，开发者自己实际上就是用户，所以也要开展详细的需求分析。

需求分析的过程有 4 个阶段，分别是问题识别、分析与综合、制订规格说明和评审。问题识别是对应用功能进行技术上的解释，比如说媒体播放器里读取媒体信息这个功能本身很抽象，如果详细说明为使用 libid3tag 库提取文件中 MP3 描述信息，开发者更容易理解。分析与综合是对软件的工作步骤给出详细的定义，大的方向包括软件的组成，小的方向包括具体功能中的工作步骤。制订规格说明是将前面的工作整理为文档，然后这个文档被交由特定的对象进行审核，如图 27.3 所示。

图 27.3　需求分析过程

在进行需求分析的时候，有一定的原则可供开发者遵循。明白这些原则所代表的意义可以让开发者更快地掌握需求分析方法。这些原则如下：

- 开发者要使用严谨的技术语言表达。
- 开发者要了解客户的业务及目标。
- 开发者必须编写软件需求报告。
- 要求得到需求工作结果的解释说明。
- 开发者要尊重客户的意见。
- 开发者要对需求及产品实施提出建议和解决方案。
- 描述产品使用特性。
- 允许重用已有的软件组件。
- 要求对变更的代价提供真实可靠的评估。
- 获得满足客户功能和质量要求的系统。
- 抽出时间清楚地说明并完善需求。
- 划分需求的优先级。
- 评审需求分析文档和原型。
- 需求变更要立即联系。

27.2.2　制订开发计划

在朴素软件工程思想中所制订的开发计划通常是指编码的计划，因为编码所占用的时间是最多的。编码的过程是一个自下而上的过程，虽然可以利用原型法首先得到界面的设计，但这也不过是实现了其中一个功能模块的功能。

在制订计划时，可以将关键步骤特别注明，即实现了那些功能后，另外一些功能才能开展。而有一些功能则可以同时进行编码。媒体播放器中，首先应定义程序的主体结构，即实现核心控制模块。该模块是其他所有模块操作的基础，缺少该模块则难以进行后面的工作。然后在第二步可以同时进行媒体库模块和播放控制模块的实现，第三步进行用户界面模块和媒体文件解码模块的设计。最后的步骤是系统集成，把所有的模块关联起来，如图 27.4 所示。

图 27.4　关键步骤

通过对项目实际情况的分析，可以得到每个模块的开发时间。例如，核心控制模块可能需要 2 天时间来开发，媒体库模块可能需要 3 天时间来开发。假设项目的开发者只有一个人，那么每个模块实现时间的总和即是整个项目的开发周期。

软件工程中也有专门的文档用来管理开发计划，不过最简单的方法是画一张表格，独立开发者可以遵照表格上的时间进展项目。不过，没有经验的开发者很难准确评估出实现项目的具体时间，计划的变更也是必不可少的，贵在坚持。

27.2.3　分工协作

一个较大的项目往往需要分工协作，如何进行项目分配和如何执行分配到自身的计划也是开发者必须具备的能力。在这里需要引入一种称之为甘特图的图表，它以图示的方式通过活动列表和时间刻度形象地表示出软件项目的活动顺序与持续时间。甘特图中最重要的概念就是里程碑，每一段工作结束即是一个里程碑，然后才能开展下一阶段工作。另外一个重要概念是资源，开发者和开发设备等都是软件开发项目中的资源。

在为媒体播放器项目绘制甘特图前，还需要对项目进行细化，最好精确到每个子功能模块的实现，这样才能更好地分工。假设这个媒体播放器编码的人数为 3 人，那么可以绘制出甘特图，并为每个模块进行分工，如图 27.5 所示。

绘制出甘特图后，就可以进行详细的分工。对于每个开发者来说，拿到的应该是一份标明任务和时间限制的日历表。

ID	任务名称	开始时间	完成	持续时间	2009年 05月
					8 9
1	核心控制模块	2009-5-8	2009-5-11	2d	▭
2	核心控制模块结束	2009-5-12	2009-5-12	0d	◆
3	媒体库模块	2009-5-12	2009-5-15	4d	▭
4	播放控制模块	2009-5-12	2009-5-19	6d	▭
5	播放控制模块结束	2009-5-20	2009-5-20	0d	◆

图 27.5　甘特图

27.3　版　本　控　制

无论是独立开发的软件项目还是协作开发的软件项目，都需要进行版本控制。版本控制的作用是保护源代码，将每次对源代码的修改都记录下来。这样一方面能保证可以回溯到指定的时间点，另一方面在多人同时编辑一个源代码文件时不会相互覆盖对方的工作成果。目前版本控制的工具很多，Linux 系统上使用最广泛的版本控制工具是 CVS。该工具不仅能很好地支持 C 语言项目，而且能被 Eclipse 集成开发工具集成使用。

27.3.1　CVS 服务器配置

CVS 服务器是托管源代码的仓库，开发者通过访问 CVS 服务器获得源代码资源。在修改了相应的源代码后，源代码及其改动信息又被存回到 CVS 服务器中。多人参与的项目只用建立一个 CVS 服务器，开发者通过网络访问该服务器。下面介绍 CVS 服务器的配置方法。

（1）安装 CVS 服务和相关工具。首先执行下列命令安装这两个服务：

```
apt-get install cvs cvsd
```

（2）配置 cvsd 服务。命令如下：

```
dpkg-reconfigure cvsd
```

在配置过程中将 RootJail 路径改为将要建立虚拟系统的目录（我们以/var/cvsroot 为例），将 Repos 目录改为代码要保存的路径（我们以/mycvs 为例）。注意，Repos 路径是相对于 RootJail 路径而言的。其他配置均为默认即可。在配置完成后服务会自动创建虚拟系统目录并启动服务。

（3）建立代码仓库。执行下列命令：

```
cd /var/cvsroot            //进入虚拟系统目录
sudo mkdir mycvs           //建立代码仓库文件夹
```

上述命令首先进入/var/cvsroot 目录，然后创建代码库文件夹 mycvs。

（4）初始化代码仓库。命令如下：

```
sudo cvs -d /var/lib/cvsd init
```

切换用户可使用 su 命令，完成操作后用 exit 命令退出。命令第 2 行用于初始化 CVS 资源目录，如果操作成功，可以看到该目录内新建有一个 CVSROOT 目录。

（5）改变目录权限。命令如下：

```
sudo chown cvsd:cvsd -R /var/lib/cvsd/cvsrepo
```

该代码使用用户有读写代码仓库的权限。

（6）修改用户密码。命令如下：

```
sudo cvsd-passwd /var/cvsroot/mycvs cvsd          //修改文件夹所有者密码
```

命令中的 cvsd 用户是默认的文件夹所有者。

（7）修改认证方式。命令如下：

```
sudo vi /var/cvsroot/mycvs/CVSROOT/config
```

在配置文件中将"SystemAuto=no"前面的#号去掉。

（8）重启服务。命令如下：

```
/etc/init.d/cvsd restart
```

重启服务以使配置生效。

（9）配置环境变量。命令如下：

```
export CVSROOT=:pserver:cvsd@localhost:/mycvs
```

其中，cvsd 为用户名，localhost 为服务器地址（本机使用 localhost），/mycvs 是代码仓库路径。

（10）登录服务器。命令如下：

```
cvs login
```

在输入命令后会提示输入密码，正确输入密码后就可以对仓库进行操作。

27.3.2　CVS 服务器管理

CVS 是功能齐备的版本控制工具，在使用 CVS 服务器之前有几个重要概念必须了解。下面分别介绍这几个概念和操作方法。

1. 仓库

仓库是 CVS 服务器中的资源目录，所有的工作成果都保存在这个仓库中，包括源代码和这些代码变迁的全部历史。通常这个目录在配置 CVS 服务器时创建，如果要仓库的目录必须执行下列步骤：

（1）新建一个目录，并将该目录的所有人设为 cvsd，群组设为 cvsd。

（2）使用 cvsd 用户的权限执行 cvs -d <路径> init 语句。

（3）修改环境变量 CVSROOT 的值。

2.模块

模块是仓库中的子目录，每个模块对应着一个项目文件。仓库中可以存放多个模块。如果要查看当前仓库中的模块名称，可执行下列命令：

```
ls $CVSROOT
```

这个命令的实际意义是列出 CVS 资源目录中所有的内容，结果中除 CVSROOT 子目录中是配置文件外，其他子目录均为独立的仓库。

3.导入

导入是将现有的项目源代码目录复制进仓库的操作。项目导入后，仓库中将新建一个模块。假设媒体播放器的源代码存放在/home/mp3player 目录中，则将该项目导入仓库的命令如下：

```
cd /home/mp3player
cvs import -m "MP3 Player Test" mp3player me start
```

导入项目前首先要将项目的目录设置为当前工作目录，然后执行 cvs 命令。cvs 命令有5 个参数：第 1 个参数表示进行导入操作；第 2 个参数是一个简单的描述信息，其后的字符串将被设为模块的首条工作日志；第 3 个参数是项目名称；第 4 个参数是开发者的标记；最后一个参数是版本标记，start 代表新建项目。

执行上述命令时，可以看到项目内的所有文件在屏幕中滚动。然后，CVS 资源目录中新建了 mp3player 子目录。该目录中所有的文件都加入了版本控制信息，因此不可直接对这些文件进行编辑。

4.签出

签出指将仓库中一个模块内的文件导出到本地的工作目录下，这样就可以对其中的文件进行编辑。执行下列命令将签出媒体播放器项目：

```
cvs co mp3player
```

命令执行后，屏幕上将显示被签出文件的列表，并且在当前工作目录下建立 mp3player 子目录，并存放所有签出的文件。

5.签入

修改签出的模块后，将相关文件上传至 CVS 服务器称为签入。并非所有用户都有签入的权限，如果使用的是默认的 Linux 系统用户管理机制，那么签入项目的用户必须拥有 CVS 模块的写权限。签入需执行下列命令：

```
cvs commit
```

CVS 会自动比对服务器中的文件和本地文件，并且找到有差异的文件上传。上传过程中还会要求输入修改理由，并且保持到项目日志中。

6. 添加和删除

默认条件下，CVS 以仓库中的文件作为基础，并不会因签出的项目中添加或删除了文件或目录而改变。执行下列命令进行添加和删除：

```
cvs add test.c
cvs commit
cvs rm test.c
cvs commit
```

第 1 行中的命令是向项目中添加一个新文件；第 2 行进行签入操作；第 3 行的命令是删除刚才添加的文件；第 4 行进行签入。需要注意的是，进行添加和删除操作后，必须进行签入操作才能改变 CVS 服务器中的项目。

7. 历史

CVS 仓库中源代码保留了历次操作的记录，开发者对于项目的变迁情况可以一目了然。执行下列命令：

```
cvs history -c interface.c
M 2009-5-7 09:38 +0000 jcm 1.2 interface.c mp3player ==
```

该命令要求查看 interface.c 文件的变更情况。第 2 行是输出结果，记录了一次变更操作的记录，以及当前的版本 1.2。

8. 冲突解决

如果两个开发者同时在修改一个源文件，那么很可能因为提交的时间不同，而使某一方的修改失效。但是 CVS 已经内建有冲突解决机制，后提交的用户将被告知原先签出的文件已被修改，并且要求同步项目。执行下列命令：

```
cvs update
```

9. 标记

CVS 服务器允许在某个阶段创建一个标志，这样就能在将来很快还原到那个阶段了。例如在导入项目时，设置的阶段为 start。现在可以为媒体播放器添加一个新标记，执行下列命令：

```
cvs tag release
```

这时项目获得了新的标记，标记名称为 release。

10. 分支

CVS 服务器还有一个实用的功能，就是将标记的源代码保存到一个独立的目录。假如项目开发到某个发布的阶段，可以将要发布的设为 release 标记的代码，但同时还要继续开发工作，那么就需要创建一个分支。执行下列命令：

```
cvs rtag -b release mp3player
```

该命令为 release 标记的 **mp3player** 项目创建了分支，这时可以在 CVS 资源目录中找到名为 release 的目录。

11．远程访问

远程的计算机可通过 SSH 协议或 pserver 协议连接 CVS 服务器。远程接入的计算机上必须安装有 CVS 软件，同时拥有一个 CVS 服务器上的 Linux 账户。使用 SSH 协议的计算机需要在/etc/profile 文件中配置下列环境变量：

```
export CVS_RSH=ssh
export CVSROOT=<用户名>@<服务器地址>:<端口号><CVS 资源目录路径>
```

CVS 服务器的默认端口号为 2401，如果访问被拒绝，可检查 CVS 服务器上的 Linux 防火墙配置。使用 pserver 协议访问 CVS 服务器的计算机需要在/etc/profile 文件中配置下列环境变量：

```
export CVSROOT=:pserver:<用户名>@<服务器地址>:<端口号><CVS 资源目录路径>
```

配置了环境变量后重启系统，执行下列命令登录 CVS 服务器。

```
cvs login
```

CVS 服务器会要求输入用户密码，如果连接成功，当前终端的工作目录被切换为 CVS 资源目录路径，并拥有 CVS 服务器上对应 Linux 系统账户的权限。

12．局限性

CVS 只能记录每个文件的修改操作。但如果一次签入修改了多个文件，则必须同时调出多个文件的修改记录才能全面了解项目变迁的情况。CVS 不支持将签入作为原子操作，如果某一用户正在进行签入操作，另一用户进行更新或签出操作，后者可能无法得到最新的版本。最后一个局限是 CVS 不支持重命名。通常的解决方式是先将文件签出到本地，删除 CVS 服务器中的文件，再创建新文件，对签出到本地的文件重命名并签入到服务器中。

27.4　在 Eclipse 中使用 CVS 客户端

Eclipse 集成开发环境内置了 CVS 客户端插件，因此可直接使用 Eclipse 管理 CVS 服务器中的资源。对于 Eclipse 来说，CVS 用于支持团队开发，是很多大型软件开发团队所选用的工具。在 Eclipse 中使用 CVS 客户端的优势在于：

❑ Eclipse 与 CVS 无缝连接，可直接通过 Eclipse 的界面和菜单进行 CVS 操作。
❑ Eclipse 为 CVS 提供了图形用户接口，不需要记忆复杂的操作命令。
❑ Eclipse 支持将 CVS 模块作为项目操作。
❑ 可进行本地文件与远端文件的比较，自动分析两者间的差异。
❑ 支持多种文字编码，可设置签出文件的编码制式。

Eclipse 可支持几乎所有 CVS 操作。如果条件允许，并已知 CVS 基本概念和操作方法，那么就可以开始在 Eclipse 中使用 CVS。下面介绍几种与 Linux 系统 C 语言程序设计相关的操作。

3）打开系统的 CVS 配置管理页面，填写 Host 文本框中的 CVS 服务器网络地址，在
Repository path 文本框中填写 CVS 资源库的路径，在 User 文本框中填入 CVS 服务器登
录用户，在 Password 文本框中填入用户登录密码。

27.4.1　从 CVS 服务器签出模块并创建项目

无论 CVS 服务器是在本地，还是在远端，都可以直接从 CVS 服务器中签出模块并创
建项目。假设在网络地址为 192.168.77.185 的计算机中存在一个 CVS 服务器，该服务器已
为媒体播放器项目的源码创建了模块，签出模块并创建项目的步骤如下：

（1）选择 Eclipse 上的 File|New|Project 命令，打开 New Project 对话框，展开 CVS 项
目，选择 Project from CVS 选项，单击 Next 按钮进入下一步操作，如图 27.6 所示。

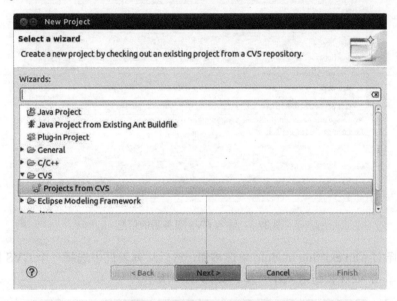

图 27.6　New Project 对话框

（2）在 Checkout form CVS 对话框中有两个选项。Create a new repository location 表示
在本地新建一个 CVS 仓库的连接，Use existing repository location 表示使用一个已有的 CVS
仓库连接。选择 Create a new repository location 单选按钮，单击 Next 按钮进入下一步，如
图 27.7 所示。

图 27.7　Checkout form CVS 对话框

（3）按照提示输入 CVS 服务器的信息。Host 文本框中输入 CVS 服务器的名称或地址，Repository path 文本框中输入 CVS 资源目录的路径，User 文本框中输入登录 CVS 服务器的用户名，Password 文本框中输入登录密码，如图 27.8 所示。单击 Next 按钮进入下一步。

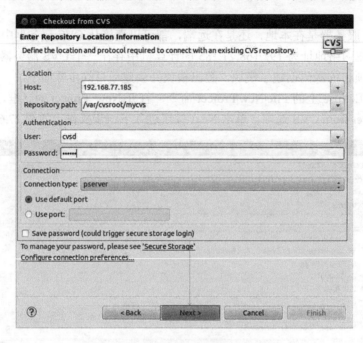

图 27.8　输入 CVS 服务器的信息

（4）选择 Use an existing module 单选按钮，然后从列表框中选择一个 CVS 服务器中现有的模块，单击 Next 按钮进入下一步，如图 27.9 所示。

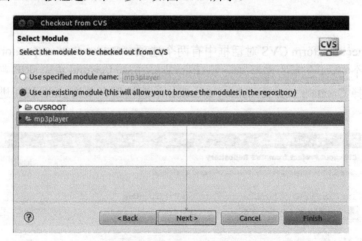

图 27.9　选择一个模块

（5）如果要为签出的模块创建新的本地目录，可选择 Check out as a project in the workspace 单选按钮。如果要将签出模块加入到一个现有的项目中，可选择 Check out into an existing project 单选按钮。Checkout subfolders 复选按钮表示包含模块中的子目录，默认为选中。Add project to a working set 复选按钮表示自定义本地项目的目录。选中 Check out as a project in the workspace 单选按钮，并在 Project Name 文本框中输入本地项目名称，单击 Next 按钮进入下一步，如图 27.10 所示。

图 27.10　输入项目名称

（6）Use default workspace location 复选按钮表示使用默认的 Eclipse 工作空间，默认为选中。如果要设置新的工作空间，可去掉该选项，并在 Location 文本框中输入新的工作空间路径。在本例中使用默认工作空间，单击 Next 按钮进入下一步，如图 27.11 所示。

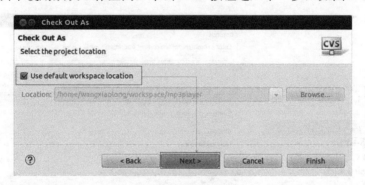

图 27.11　设置工作空间

（7）模块中可能设置有多个标签，表示某一特定阶段的代码。其中，HEAD 标签表示最后一次更新的代码。在 Matching tags 列表框中选择 HEAD 标签，单击 Finish 按钮签出模块并创建项目，如图 27.12 所示。

（8）项目创建结束后，Eclipse 主界面的项目浏览器中会出现新建的项目，该项目即可像普通项目一样进行编辑或编译。与普通项目的区别是，从 CVS 服务器中签出的项目图标上有一个圆柱形图标，并且在项目名称后标有 CVS 服务器的名称或地址。

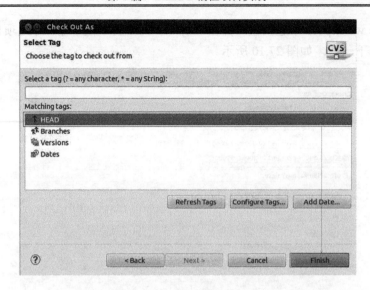

图 27.12　选择模块标签

27.4.2　签入文件

　　每一个文件名后显示该文件的版本号，如果文件在本地被改动过，文件名前面会显示一个小箭头，如图 27.13 所示。将本地文件签入的方法为，在项目浏览器中右击项目名称，在弹出的快捷菜单中选择 Team | commit 命令，打开 Commit Files 对话框。在 Changes 列表中会显示所有被改动过的文件。提交前，还需要在对话框上方的文本框中输入修改操作的说明，单击 Finish 按钮将开始签入操作，如图 27.14 所示。

图 27.13　项目浏览器中的 CVS 签出模块　　　　　　图 27.14　Commit Files 对话框

　　文件签入成功后，其版本号会自动改变，如图 27.15 所示。这样，开发者可根据版本号信息判断本地文件与 CVS 仓库中的文件版本是否相同，对于协作开发十分有用。另外，也可以了解某一文件被改动的次数，并且查看某一次的改动情况。

27.4.3　使用 Eclipse 项目创建 CVS 模块

在 Eclipse 中可以将本地项目导入到 CVS 服务器中，创建新的模块或签入到已有的模块中。该功能类似于 CVS 的导入操作和签入操作的集合。操作步骤如下：

（1）在项目浏览器中右击要导入的项目，在弹出的快捷菜单中选择 Team|Share Project 命令，打开 Share Project 对话框。如果已配置了 CVS 仓库的连接，可选择 Use existing repository 单选按钮。下方的列表框中将列出所有现存的 CVS 仓库连接，选择其中一个连接，单击 Next 按钮进入下一步，如图 27.16 所示。

▼ 📁 mp3player [localhost]
　🗎 callback.c 1.1.1.1
　🗎 callback.h 1.1.1.1
　🗎 interface.c 1.1.1.1
　🗎 interface.h 1.2
　🗎 main_core.c 1.1.1.1
　🗎 main_core.h 1.1.1.1
　🗎 main.c 1.1.1.1
　🗎 main.h 1.1.1.1
　🗎 play.c 1.1.1.1
　🗎 play.h 1.1.1.1

图 27.15　修改过后的版本号

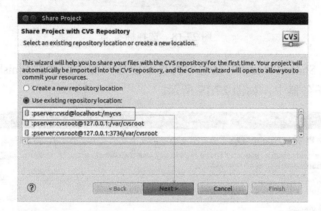

图 27.16　选择 CVS 仓库连接

（2）如果要在 CVS 服务器中创建一个新模块，可选择 Use project name as module name 单选按钮使用导入项目的名称作为 CVS 模块名，或者选择 Use specified module name 单选按钮，在其后的文本框中输入新模块名称。如果要将项目签入到一个现存的模块中，可选择 Use an existing module 单选按钮，并且在其下方的列表框中选择 CVS 仓库中的模块名。本例中选择 Use specified module name 单选按钮，并命名模块为 mp3player，如图 27.17 所示。单击 Next 按钮进入下一步。

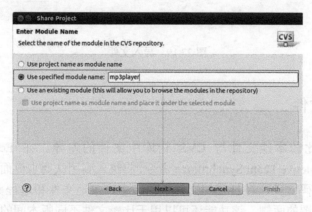

图 27.17　设置 CVS 模块名称

（3）如果模块已经存在于 CVS 仓库，选择一个标签，如图 27.18 所示，单击 Next 按
钮进入下一步。

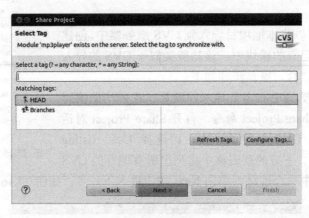

图 27.18　选择标签

（4）最后，在 Share Project 对话框中将显示要导入文件。单击 Finish 按钮，这些文件
将被导入到 CVS 服务器中，如图 27.19 所示。

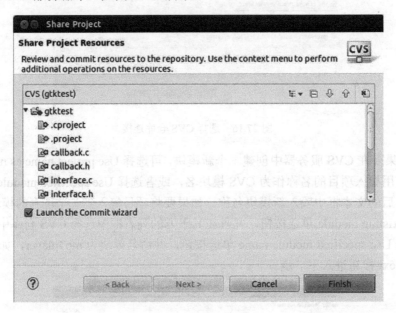

图 27.19　导入文件

27.4.4　比较文件

Eclipse 可以比较本地文件与 CVS 仓库中文件的差异。在 Eclipse 主界面选择
Window|Open Perspictive|Team Synchronize 命令，将进入到团队同步界面，如图 27.20 所示。

选择一个源代码文件，在打开的文件选项卡中，本地文件和远程文件将分别列在 C
Compare Viewer 视图的两侧。该功能还可以用于比较文件不同版本间的差异。

图 27.20　比较文件

27.4.5　管理 CVS 服务器

Eclipse 提供了专门的界面管理 CVS 服务器。在 Eclipse 主界面选择 Window|Open Perspective|Other 命令，打开 Open Perspective 对话框。选择 CVS Repository Exploring，Eclipse 将进入到 CVS 仓库探测界面，如图 27.21 所示。

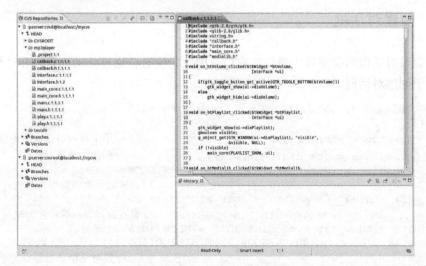

图 27.21　CVS 仓库探测界面

CVS Repositories 选项卡中将列出所有 CVS 仓库连接。展开列表中的项目，可以进一步查看 CVS 仓库内的模块，以及模块中的文件。所有 CVS 服务器管理命令都集成在右键菜单内。

27.4.6　断开项目与 CVS 服务器之间的关联

如果某一项目不再需要与 CVS 服务器关联起来，可以在项目浏览器中右击该项目，在弹出的快捷菜单中选择 Dicard location 命令。这时，将弹出 Confirm Discard 对话框，如图 27.22 所示。

图 27.22　断开连接对话框

在第 24 章实例部分已探讨过原型设计在朴素软件工程思想中的意义，并且实现了媒体播放器的主界面。本节中继续开展了原型设计工作，补充了其他几个界面的原型。

27.5　音量控制对话框

音量控制对话框的作用是调节系统音量。单击媒体播放器主界面上的音量调节开关按钮后，如果开关按钮的状态为按下，音量调节对话框将显示出来。如果开关按钮处于原始状态，音量调节对话框被隐藏。相关代码放在 interface.c 文件中。

27.5.1　创建对话框

音量调节对话框的类型属于弹出式窗口，因此它没有普通窗体的标题栏和边框。下列源代码用于创建对话框。

```
01  GtkWidget *create_diaVolume (InterFace *ui)
02  {
03    GtkWidget *diaVolume;                        //用于存放对话框的地址
04    diaVolume = gtk_dialog_new ();               //创建一个新对话框
05    GTK_WINDOW (diaVolume)->type = GTK_WINDOW_POPUP;
06                                                 //设置对话框的类型为弹出式窗口
07    gtk_window_set_position (GTK_WINDOW (diaVolume),
08                GTK_WIN_POS_MOUSE);    //设置窗口显示的位置为鼠标位置
09    gtk_window_set_type_hint (GTK_WINDOW (diaVolume),
10                GDK_WINDOW_TYPE_HINT_DIALOG);
11                                                 //使对话框获得焦点
12    gtk_dialog_set_has_separator (GTK_DIALOG (diaVolume), FALSE);
13                                                 //不显示对话框的分隔符
```

创建音量调节对话框的函数形式参数也是界面数据结构 InterFace，这样所有的界面都能通过该数据结构相互访问。函数的开始，首先声明 diaVolume 指针，新建一个对话框，并将地址传递给 diaVolume 指针。

然后用 GObject 的方式设置对话框为弹出式对话框。diaVolume 指针本身是 GtkWidget 类型，宏 GTK_WINDOW() 的作用是转换指针为 GtkWindow 类型。而对话框是 GtkWindow 类型的子类，具备了相同的属性。其中 type 属性用于设置窗口的类型，代码中将其设置为

GTK_WINDOW_POPUP，对话框即成为了弹出式窗口。

音量调节对话框出现的位置非常重要，按照 GNOME 桌面环境约定俗成的规则，通常显示在鼠标指针当前的位置。宏 GTK_WIN_POS_MOUSE 可返回鼠标当前的位置，它可作为 gtk_window_set_position()函数的实际参数。这样，每次音量调节对话框都会显示在鼠标光标指向的位置。

GNOME 桌面环境另一个约定俗成的规则是不将音量调节对话框作为模式对话框显示。因此要使用 gtk_window_set_type_hint()函数使对话框显示时获得焦点，并且显示在屏幕的最前端。否则，很有可能音量调节对话框显示在其他窗体后，用户会找不到该对话框。

27.5.2　添加垂直比例尺

音量调节对话框内的主要部件是一个垂直比例尺，该比例尺用于调节音量和显示音量的比例。添加垂直比例尺的代码如下：

```
14      GtkWidget *dialog_vbox1;                //用于保存纵向组装盒地址
15      dialog_vbox1 = GTK_DIALOG (diaVolume)->vbox;
16                                              //提取对话框中的纵向组装盒地址
17      gtk_widget_show (dialog_vbox1);         //显示纵向组装盒
18      GtkWidget *vscale1;                     //用于保存
19      vscale1 = gtk_vscale_new (GTK_ADJUSTMENT (tk_adjustment_new (100, 0,
        100,0, 0, 0)));                         //创建垂直比例尺和调整对象
20      gtk_widget_show (vscale1);              //显示垂直比例尺
21      gtk_box_pack_start (GTK_BOX (dialog_vbox1),
22                  vscale1, TRUE, TRUE, 0);    //将垂直比例尺装入纵向组装盒
23      gtk_widget_set_size_request (vscale1, 40, 150);
24                                              //设置最小需求尺寸
25      GTK_WIDGET_SET_FLAGS (vscale1, GTK_CAN_DEFAULT);
26                                              //设置垂直比例尺为默认
27      gtk_scale_set_digits (GTK_SCALE (vscale1), 0);
28                                              //设置垂直比例尺数值的小数位为 0
29      GtkWidget *dialog_action_area1;         //用于保存活动区域容器地址
30      dialog_action_area1 = GTK_DIALOG (diaVolume)->action_area;
31                                              //提取对话框中的活动区域容器
32      gtk_widget_set_sensitive (dialog_action_area1, FALSE);
33                                              //设置活动区域为不显示
34      gtk_button_box_set_layout (GTK_BUTTON_BOX (dialog_action_area1),
35                  GTK_BUTTONBOX_END);
36                                              //结束活动区域设置
37      gtk_widget_grab_default (vscale1);      //使垂直比例尺获得焦点
38      return diaVolume;                       //返回音量调节对话框的地址
39  }
```

上述代码中首先声明了一个指针 dialog_vbox1，然后提取对话框中的纵向组装盒地址，传递给该指针。这样就能很方便地访问对话框中的纵向组装盒，例如使用 gtk_widget_show() 函数将其显示出来。

在创建垂直比例尺的同时，显式地创建了一个调整对象。这样的目的是能在创建时设置调整对象的范围。音量信息可以用百分比数值表示，因此调整对象的有效范围被设置为 0～100。在将调整对象装入按钮盒后，必须设置调整对象的最小需求尺寸，避免调整对象

不能完全显示出来。为了使调整对象能够响应键盘中的上、下按键操作，可使用宏 GTK_WIDGET_SET_FLAGS()将调整对象设置为默认。最后，使用 gtk_scale_set_digits()函数设置垂直比例尺数值的小数位为 0。

对话框中默认有一个活动区域，实际上它是横向按钮盒。音量调节对话框中没有任何按钮，因此要将活动区域屏蔽起来。本例屏蔽活动区域的方法为，先获得活动区域的地址，其后使用 gtk_widget_set_sensitive()函数使活动区域不显示。但是，必须用 gtk_button_box_set_layout()函数结束活动区域设置，否则会造成 GTK+错误。

最后，使用 gtk_widget_grab_default()函数让 GTK+获得焦点。在创建音量控制对话框函数结尾处还要将 diaVolume 指针返回。

27.5.3　测试

下面用一个例子测试音量控制对话框的显示效果。在编写代码前，先要在媒体播放器源代码目录中添加 C 语言源代码文件 callback.c 和头文件 callback.h。这两个文件用于放置所有回调函数的代码，在后面的开发过程中还将用到。

为了使媒体播放器主界面能够控制音量调节对话框的显示，需在创建主界面的 create_winMain()函数中插入一条信号连接语句。源代码如下：

```
g_signal_connect ((gpointer) btVolume, "clicked",
        G_CALLBACK (on_btVolume_clicked),
        ui);                        //连接音量调节按钮 clicked 信号
```

这条语句的作用是在音量调节开关按钮按下时连接到回调函数 on_btVolume_clicked()。传递给回调函数的参数之一是界面的数据结构 ui，让回调函数获得主要界面的地址。回调函数的代码如下：

```
01  void on_btVolume_clicked(GtkWidget *btVolume,
02                  InterFace *ui)        //音量调节开关按钮的回调函数
03  {
04      if(gtk_toggle_button_get_active(GTK_TOGGLE_BUTTON(btVolume)))
05                                          //判断音量调节开关按钮状态
06          gtk_widget_show(ui->diaVolume);     //显示音量调节对话框
07      else
08          gtk_widget_hide(ui->diaVolume);     //隐藏音量调节对话框
09  }
```

回调函数获得了音量调节开关按钮的指针 btVolume 和界面的数据结构指针 ui。代码的逻辑结构很简单，先用 gtk_toggle_button_get_active()函数获得开关按钮状态。如果开关按钮被按下，则显示音量调节对话框。否则，音量调节对话框被隐藏。在这里界面的数据结构的作用已经显现出来，通过访问其中的成员 diaVolume 可获得音量调节对话框的地址，以便对其进行操作。

增加了上述代码后，可以设计一个简单的主函数进行测试。主函数中要对媒体播放器主界面和音量调节对话框进行创建。相关代码如下：

```
01      gtk_init(&argc, &argv);              //初始化 GTK+
02      InterFace ui;                        //创建界面数据结构
03      ui.winMain = create_winMain(&ui);    //调用创建主窗体函数
```

```
04    ui.diaVolume = create_diaVolume(&ui);    //调用创建音量调节对话框函数
05    gtk_widget_show(ui.winMain);             //显示主窗体
06    g_signal_connect(G_OBJECT(ui.winMain), "delete_event",
07                  G_CALLBACK(gtk_main_quit), NULL);
08                                             //为主窗体退出事件创建连接回调函数
09    gtk_main();                              //执行 GTK+主循环
```

代码中首先初始化 GTK+函数库，然后用 Interface.h 中所定义的 InterFace 类型声明界面数据结构 ui。再调用创建主窗体函数 create_winMain()和创建音量调节对话框函数 create_Volume()，两者的返回值均传递给了界面数据结构 ui 中对应的成员。最后调用 gtk_widget_show()函数显示媒体播放器的主界面。

运行该程序时，媒体播放器的主界面被显示出来。单击音量调节按钮将显示音量调节对话框，如果再次单击音量调节按钮，音量调节对话框被隐藏，如图 27.23 所示。

图 27.23　音量调节对话框原型测试

27.6　播放列表对话框

播放列表对话框由一组工具条按钮、一个树视图和一组按钮构成，下面分别介绍播放列表对话框中这几个部件的实现方法。

27.6.1　创建对话框

播放列表对话框是一个非模式对话框，可以在该对话框显示的同时操作媒体播放器主界面。它与普通窗体的构件区别在于，非模式对话框没有最小化和最大化按钮。非模式对话框与模式对话框的区别在于，前者使用 gtk_widget_show()函数显示，后者使用 gtk_dialog_run 显示。下列源代码用于创建播放列表对话框的窗体。

```
01    GtkWidget *create_diaPlaylist (InterFace *ui)
02    {
03      GtkWidget *diaPlaylist;                    //用于保存对话框的地址
04      diaPlaylist = gtk_dialog_new ();           //创建对话框
05      gtk_window_set_title (GTK_WINDOW (diaPlaylist), "播放列表");
06                                                 //设置对话框标题
07      gtk_window_set_type_hint (GTK_WINDOW (diaPlaylist),
08                    GDK_WINDOW_TYPE_HINT_DIALOG);
09                                                 //使对话框获得焦点
```

```
10     gtk_widget_set_size_request (diaPlaylist, 480, 200);
11                                                 //设置对话框最小需求尺寸
12     GtkWidget *dialog_vbox2;                     //用于保存纵向组装盒
13     dialog_vbox2 = GTK_DIALOG (diaPlaylist)->vbox;
14                                                 //提取对话框中纵向组装盒地址
15     gtk_widget_show (dialog_vbox2);              //显示纵向组装盒
16     GtkWidget *vbPlaylist;                       //用于保存新建纵向组装盒地址
17     vbPlaylist = gtk_vbox_new (FALSE, 0);        //新建纵向组装盒
18     gtk_widget_show (vbPlaylist);                //显示纵向组装盒
19     gtk_box_pack_start (GTK_BOX (dialog_vbox2),
20                 vbPlaylist, TRUE, TRUE, 0); //将用户定义的纵向组装盒装入
                                                //对话框
```

上述代码创建了一个对话框，对话框的地址保存在 diaPlaylist 指针中。然后用宏 GTK_WINDOW()将对话框强制转换为窗体构件，设置对话框的标题。接着用 gtk_window_set_type_hint()函数使对话框获得焦点并显示于前端。为了使对话框中所有构件都能显示，还需要为对话框设置最小需求尺寸。

对话框中本身有一个纵向组装盒，但是因为播放列表对话框中内容较多，如果使用该组装盒不利于代码复用。因此这里声明了两个指针，dialog_vbox2 指针用于保存对话框中纵向组装盒的地址，vbPlaylist 指针用于保存新建纵向组装盒地址。最后将新建纵向组装盒装入到对话框的纵向组装盒中。

27.6.2　创建工具条和工具条按钮

播放列表对话框的各种操作都放在工具栏中，对应有 7 个工具栏按钮。下列源代码将在播放列表对话框中创建工具条和相关按钮。

```
01     GtkWidget *toolbar;                          //用于保存工具条构件地址
02     toolbar = gtk_toolbar_new ();                //创建工具条
03     gtk_widget_show (toolbar);                   //显示工具条
04     gtk_box_pack_start (GTK_BOX (vbPlaylist),
05                 toolbar, FALSE, FALSE, 0);//将工具条装入纵向组装盒
06     gtk_toolbar_set_style (GTK_TOOLBAR (toolbar),
07                 GTK_TOOLBAR_BOTH);          //设置工具条样式
08     GtkIconSize tmp_toolbar_icon_size;           //声明工具条按钮尺寸数据类型
09     tmp_toolbar_icon_size = gtk_toolbar_get_icon_size (GTK_TOOLBAR
       (toolb-ar));                                 //获得工具条图标当前默认的尺寸
10     GtkWidget *tbtAdd;                           //用于保存添加按钮地址
11     tbtAdd = (GtkWidget*) gtk_tool_button_new_from_stock ("gtk-add");
12                                                 //从图像库创建添加按钮
13     gtk_widget_show (tbtAdd);                    //显示添加按钮
14     gtk_container_add (GTK_CONTAINER (toolbar), tbtAdd);
15                                                 //将添加按钮装入工具条
16     GtkWidget *tmp_image;                        //创建图像构件
17     tmp_image = gtk_image_new_from_stock ("gtk-directory",
18                                     tmp_toolbar_icon_size);
19                                                 //从图像库新建图像
20     gtk_widget_show (tmp_image);                 //显示图像
21     GtkWidget *tbtAdddir;                        //用于保存添加目录按钮地址
```

```
22    tbtAdddir = (GtkWidget*) gtk_tool_button_new (tmp_image, "添加目录");
23                                                  //创建添加目录按钮
24    gtk_widget_show (tbtAdddir);                  //显示添加目录按钮
25    gtk_container_add (GTK_CONTAINER (toolbar), tbtAdddir);
26                                                  //将添加目录按钮装入工具条
27    GtkWidget *tbtOpen;                           //用于保存打开按钮地址
28    tbtOpen = (GtkWidget*) gtk_tool_button_new_from_stock ("gtk-open");
29                                                  //从图像库创建打开按钮
30    gtk_widget_show (tbtOpen);                    //显示打开按钮
31    gtk_container_add (GTK_CONTAINER (toolbar), tbtOpen);
32                                                  //将打开按钮装入工具条
33    GtkWidget *tbtSave;                           //用于保存保存按钮地址
34    tbtSave = (GtkWidget*) gtk_tool_button_new_from_stock ("gtk-save");
35                                                  //从图像库创建保存按钮
36    gtk_widget_show (tbtSave);                    //显示保存按钮
37    gtk_container_add (GTK_CONTAINER (toolbar), tbtSave);
38                                                  //将保存按钮装入工具条
39    GtkWidget *tbtDel;                            //用于保存删除按钮地址
40    tbtDel = (GtkWidget*) gtk_tool_button_new_from_stock ("gtk-remove");
41                                                  //从图像库创建删除按钮
42    gtk_widget_show (tbtDel);                     //显示删除按钮
43    gtk_container_add (GTK_CONTAINER (toolbar), tbtDel);
44                                                  //将删除按钮装入工具条
45    GtkWidget *tbtDelall;                         //用于保存删除全部按钮
46    tmp_image = gtk_image_new_from_stock ("gtk-clear",
47                                    tmp_toolbar_icon_size);
48                                                  //创建删除全部按钮图标
49    gtk_widget_show (tmp_image);                  //显示删除全部按钮图标
50    tbtDelall = (GtkWidget*) gtk_tool_button_new (tmp_image, "删除全部");
51                                                  //创建删除全部按钮
52    gtk_widget_show (tbtDelall);                  //显示删除全部按钮
53    gtk_container_add (GTK_CONTAINER (toolbar), tbtDelall);
54                                                  //将删除全部按钮装入工具条
55    GtkWidget *separatortoolitem3;                //用于保存工具条分隔符地址
56    separatortoolitem3 = (GtkWidget*) gtk_separator_tool_item_new ();
57                                                  //创建工具条分隔符
58    gtk_widget_show (separatortoolitem3);         //显示工具条分隔符
59    gtk_container_add (GTK_CONTAINER (toolbar), separatortoolitem3);
60                                                  //将工具条分隔符装入工具条
61    GtkWidget *tbtComp;                           //用于保存排序按钮图标
62    tmp_image = gtk_image_new_from_stock ("gtk-sort-ascending",
63                                    tmp_toolbar_icon_size);
64                                                  //从图像库创建排序图标
65    gtk_widget_show (tmp_image);                  //显示排序图标
66    tbtComp = (GtkWidget*) gtk_tool_button_new (tmp_image, "排序");
67                                                  //创建排序按钮
68    gtk_widget_show (tbtComp);                    //显示排序按钮
69    gtk_container_add (GTK_CONTAINER (toolbar), tbtComp);
70                                                  //将排序按钮装入工具条
```

上述代码中首先创建了一个工具条，并且将工具条装入到前面新建的纵向组装盒中。然后设置工具条的样式，这里设定为 **GTK_TOOLBAR_BOTH**，即同时显示图标和文本。

另外，代码中声明了一个 **GtkIconSize** 类型的变量，该类型用于存储图标的尺寸，gtk_toolbar_get_icon_size()函数可将工具条当前的图标尺寸提取出来。

为了便于显示控制，工具条中使用的是工具条按钮。其中"添加"、"打开"、"保存"和"删除"按钮可直接通过图像库创建。但"添加目录"、"删除全部"和"排序"按钮并没有图像库中对的项目，需要进行自定义。

上述代码中只创建了一个图像构件，每次创建自定义工具栏按钮前，都需要先创建一个图像作为图标。为了保持图标大小的统一，可使用前面定义的 GtkIconSize 类型的变量设置图标大小。最后再用 **gtk_tool_button_new()**函数将图标和文本显示在工具栏按钮上。这种用法与普通按钮有明显的差别，由此可见工具栏按钮的内部存在图标和文本标签子成员，创建时已将目标复制到其内部。

27.6.3　创建树视图

播放列表的内容显示在树视图中，因此树视图被放置在播放列表对话框的主要位置。下列源代码用于创建树视图。

```
01  GtkWidget *scrolledwindow1;                  //用于保存滚动条窗体容器地址
02  scrolledwindow1 = gtk_scrolled_window_new (NULL, NULL);
03                                               //创建滚动条窗体容器
04  gtk_widget_show (scrolledwindow1);           //显示滚动条窗体容器
05  gtk_box_pack_start (GTK_BOX (vbPlaylist),
06                      scrolledwindow1, TRUE, TRUE, 0);
07                                               //将滚动条窗体装入纵向组装盒
08  gtk_scrolled_window_set_policy(GTK_SCROLLED_WINDOW(scrolledwindow1),
                         GTK_POLICY_NEVER,
                         GTK_POLICY_AUTOMATIC);
09                                               //设置滚动条窗体容器中的滚动条
10  gtk_scrolled_window_set_shadow_type(GTK_SCROLLED_WINDOW(scrolledwin-
    dow1),GTK_SHADOW_IN);
11                                               //设置滚动条窗体的阴影风格
12  GtkWidget *treePlaylist;                     //用于保存树视图地址
13  treePlaylist = gtk_tree_view_new ();         //创建树视图
14  gtk_widget_show (treePlaylist);              //显示树视图
15  gtk_container_add (GTK_CONTAINER (scrolledwindow1), treePlaylist);
16                                               //将树视图装入滚动条窗体
```

播放列表的内容可能不能完全显示在播放列表对话框中，所以在创建树视图前先要创建一个滚动条窗体容器。将滚动条窗体的水平滚动条屏蔽，设置其垂直滚动条为自动显示。代码中，滚动条窗体的阴影风格被设置为向内，与其他对话框保存统一。然后新建一个树视图，将树视图装入滚动条窗体容器中。

27.6.4　创建对话框按钮

播放列表对话框只需要放置一个按钮，用于关闭对话框，这时需要用到对话框的活动区域部分。代码如下：

```
01      GtkWidget *dialog_action_area2;              //用于保存活动区域地址
02      dialog_action_area2 = GTK_DIALOG (diaPlaylist)->action_area;
03                                                   //获得活动区域地址
04      gtk_widget_show (dialog_action_area2);       //显示活动区域
05      gtk_button_box_set_layout (GTK_BUTTON_BOX (dialog_action_area2),
06                      GTK_BUTTONBOX_END);//结束活动区域设置
07      GtkWidget *closebutton1;                     //用于保存关闭按钮地址
08      closebutton1 = gtk_button_new_from_stock ("gtk-close");
09                                                   //从图像库创建关闭按钮
10      gtk_widget_show (closebutton1);              //显示关闭按钮
11      gtk_dialog_add_action_widget (GTK_DIALOG (diaPlaylist),
12                          closebutton1,
13                          GTK_RESPONSE_CLOSE);
14                                                   //将关闭按钮装入对话框活动区域
15      GTK_WIDGET_SET_FLAGS (closebutton1, GTK_CAN_DEFAULT);
16                                                   //设置关闭按钮可以为默认
17      return diaPlaylist;                          //返回播放列表对话框地址
18  }
```

上述代码中首先取得了对话框活动区域的地址，并且将活动区域显示在对话框中。然后从图像库创建一个关闭按钮，再将该按钮装入到对话框的活动区域中。最后设置关闭按钮可以为默认，返回播放列表对话框地址。

27.6.5　测试

播放列表的实现与隐藏由媒体播放器主界面上的"播放列表"按钮控制，因此首先要为该按钮的 clicked 事件连接回调函数。源代码如下：

```
g_signal_connect ((gpointer) btPlaylist, "clicked",
            G_CALLBACK (on_btPlaylist_clicked),
            ui);                             //连接播放列表按钮 clicked 信号
```

然后添加一个回调函数。源代码如下：

```
void on_btPlaylist_clicked(GtkWidget *btPlaylist,
                InterFace *ui)
{
    gtk_widget_show(ui->diaPlaylist);             //显示播放列表对话框
}
```

主函数中要对媒体播放器主界面和播放列表对话框进行创建。相关代码如下：

```
  InterFace ui;                                 //创建界面数据结构
  ui.winMain = create_winMain(&ui);             //调用创建主窗体函数
  ui.diaPlaylist = create_diaPlaylist(&ui);     //调用播放列表对话框函数
  gtk_widget_show(ui.winMain);                  //显示主窗体
```

对程序重新编译后运行该程序，首先显示的是媒体播放器。单击"播放列表"按钮，播放列表对话框将被显示，如图 27.24 所示。

图 27.24　播放列表对话框原型测试

27.7　媒体库对话框

媒体库对话框的实现方法相对于播放列表对话框略为复杂。主要区别是媒体库对话框使用了两个树视图：一个用于显示分类，另一个用于显示媒体信息。媒体库以标题、艺术家、专辑和流派作为分类的条件，因此需要在原型中显示出来。本例中将介绍树视图的初步实现方法。

27.7.1　创建对话框

媒体库对话框使用的是非模式对话框，很多时候还需要与播放列表对话框同时显示。下列源代码用于创建该对话框。

```
01  GtkWidget *create_diaMedialib (InterFace *ui)
02  {
03    GtkWidget *diaMedialib;                    //用于保存对话框地址
04    diaMedialib = gtk_dialog_new ();           //创建对话框
05    gtk_widget_set_size_request (diaMedialib, 740, 400);
06                                               //设置对话框最小需求尺寸
07    gtk_window_set_title (GTK_WINDOW (diaMedialib), "媒体库");
08                                               //设置对话框标题
09    gtk_window_set_type_hint (GTK_WINDOW (diaMedialib),
10                   GDK_WINDOW_TYPE_HINT_DIALOG);
11                                               //使对话框获得焦点
12    GtkWidget *dialog_vbox4;                    //用于保存纵向组装盒地址
13    dialog_vbox4 = GTK_DIALOG (diaMedialib)->vbox;
14                                               //提取对话框中的纵向组装盒
15    gtk_widget_show (dialog_vbox4);            //显示纵向组装盒
16    GtkWidget *vbMedialib;                      //用于保存新建纵向组装盒地址
17    vbMedialib = gtk_vbox_new (FALSE, 0);     //新建纵向组装盒
18    gtk_widget_show (vbMedialib);             //显示新建纵向组装盒
19    gtk_box_pack_start (GTK_BOX (dialog_vbox4),
20              vbMedialib, TRUE, TRUE, 0); //将新建纵向组装盒装入对话框
```

上述代码中创建了媒体库对话框，并且为该对话框设置了最小需求尺寸，避免对话框上某些部件不能完全显示。然后新建了一个纵向组装盒，然后将新建的纵向组装盒装入对话框内置的组装盒中。这样做的原因依然是为了代码复用，实际上编写播放列表对话框时所使用的代码很多都在媒体库对话框中复用了。有些时候可以将创建界面部件的代码独立成一个函数，这样能更快捷地复用，从而减少代码量。

但是代码量的多少并非是衡量开发者编码水平重要因素，程序清晰易读才是必须遵循的原则。有些时候增加代码复用会加大编码难度，这样将造成更多的编码错误，反而降低了效率。

27.7.2　创建工具条和工具条按钮

媒体库对话框的工具条中共有 6 个工具条按钮。下列源代码用于创建工具条和工具条按钮。

```
01  GtkWidget *toolbar;                           //用于保存工具条容器地址
02    toolbar = gtk_toolbar_new ();               //创建工具条容器
03    gtk_widget_show (toolbar);                   //显示工具条容器
04    gtk_box_pack_start (GTK_BOX (vbMedialib), toolbar, FALSE, FALSE, 0);
05                                                 //将工具条容器装入纵向组装盒
06    gtk_toolbar_set_style (GTK_TOOLBAR (toolbar), GTK_TOOLBAR_BOTH);
07                                                 //设置工具条样式
08    GtkIconSize tmp_toolbar_icon_size;           //声明工具条按钮尺寸数据类型
09    tmp_toolbar_icon_size = gtk_toolbar_get_icon_size(GTK_TOOLBAR
      (toolb-ar));
10                                                 //获得工具条图标当前的尺寸
11    GtkWidget *tlbAdd;                           //用于保存添加按钮地址
12    tlbAdd = (GtkWidget*) gtk_tool_button_new_from_stock ("gtk-add");
13                                                 //从图像库创建添加按钮
14    gtk_widget_show (tlbAdd);                    //显示添加按钮
15    gtk_container_add (GTK_CONTAINER (toolbar), tlbAdd);
16                                                 //将添加按钮装入工具条
17    GtkWidget *tmp_image;                        //创建图像构件
18    tmp_image = gtk_image_new_from_stock ("gtk-directory",
19                              tmp_toolbar_icon_size);
20                                                 //从图像库新建图像
21    gtk_widget_show (tmp_image);                 //显示图像
22    GtkWidget *tlbAdddir;                        //用于保存添加目录按钮地址
23    tlbAdddir = (GtkWidget*) gtk_tool_button_new (tmp_image, "添加目录");
24                                                 //创建添加目录按钮
25    gtk_widget_show (tlbAdddir);                 //显示添加目录按钮
26    gtk_container_add (GTK_CONTAINER (toolbar), tlbAdddir);
27                                                 //将添加目录按钮装入工具条
28    GtkWidget *tlbDel;                           //用于保存删除按钮地址
29    tlbDel = (GtkWidget*) gtk_tool_button_new_from_stock ("gtk-remove");
30                                                 //从图像库创建删除按钮
31    gtk_widget_show (tlbDel);                    //显示删除按钮
32    gtk_container_add (GTK_CONTAINER (toolbar), tlbDel);
33                                                 //将删除按钮装入工具条
34    tmp_image = gtk_image_new_from_stock ("gtk-clear",
35                              tmp_toolbar_icon_size);
```

```
36                                                      //创建删除全部按钮图标
37    gtk_widget_show (tmp_image);                      //显示删除全部按钮图标
38    GtkWidget *tlbDelall;                             //用于保存删除全部按钮地址
39    tlbDelall = (GtkWidget*) gtk_tool_button_new (tmp_image, "删除全部");
40                                                      //创建删除全部按钮
41    gtk_widget_show (tlbDelall);                      //显示删除全部按钮
42    gtk_container_add (GTK_CONTAINER (toolbar), tlbDelall);
43                                                      //将删除全部按钮装入工具条
44    GtkWidget *separatortoolitem1;                    //用于保存工具条分隔符地址
45    separatortoolitem1 = (GtkWidget*) gtk_separator_tool_item_new ();
46                                                      //创建工具条分隔符
47    gtk_widget_show (separatortoolitem1);             //显示工具条分隔符
48    gtk_container_add (GTK_CONTAINER (toolbar), separatortoolitem1);
49                                                      //将工具条分隔符装入工具条
50    tmp_image = gtk_image_new_from_stock ("gtk-refresh",
51                              tmp_toolbar_icon_size);
52                                                      //创建搜索按钮图标
53    gtk_widget_show (tmp_image);                      //显示搜索按钮图标
54    GtkWidget *tlbSearch;                             //用于保存搜索按钮地址
55    tlbSearch = (GtkWidget*) gtk_tool_button_new (tmp_image,
56                                    "搜索本地媒体文件");
57                                                      //创建搜索按钮
58    gtk_widget_show (tlbSearch);                      //显示搜索按钮
59    gtk_container_add (GTK_CONTAINER (toolbar), tlbSearch);
60                                                      //将搜索按钮装入工具条
61    GtkWidget *separatortoolitem2;                    //用于保存工具条分隔符地址
62    separatortoolitem2 = (GtkWidget*) gtk_separator_tool_item_new ();
63                                                      //创建工具条分隔符
64    gtk_widget_show (separatortoolitem2);             //显示工具条分隔符
65    gtk_container_add (GTK_CONTAINER (toolbar), separatortoolitem2);
66                                                      //将工具条分隔符装入工具条
67    tmp_image = gtk_image_new_from_stock ("gtk-media-play",
68                              tmp_toolbar_icon_size);
69                                                      //创建传递按钮图标
70    gtk_widget_show (tmp_image);                      //显示传递按钮图标
71    GtkWidget *tlbSendto;                             //用于保存传递按钮图标
72    tlbSendto = (GtkWidget*) gtk_tool_button_new (tmp_image,
73                                    "传递到播放列表");
74                                                      //创建传递按钮
75    gtk_widget_show (tlbSendto);                      //显示传递按钮
76    gtk_container_add (GTK_CONTAINER (toolbar), tlbSendto);
77                                                      //将传递按钮装入工具条
```

上述代码中的一部分是从创建播放列表对话框函数中复制而来的，然后进行了少许改动。两个对话框之间的按钮并不完全相同，因此在这里为工具条单独设计一个创建函数并不恰当。即使两者完全一致，还需要考虑按钮对应的回调函数是否原理相同，否则要为回调函数增加更多的参数和判断语句。

27.7.3　创建分类部件和媒体信息显示部件

分类部件和媒体信息显示部件均选用树视图构件实现，但是使用的是树视图的两种不同模式。分类的方法有 3 种，分别是按艺术家名称分类、按专辑分类和按流派分类。运行时程序要根据媒体库中的信息计算每种分类方法所产生的集合，这些集合作为该分类下的子类。分类部件中每项记录只有一个字段，即分类的名称，如图 27.25 所示。

图 27.25　分类方法

图 27.25 中显示的分类方法是一种称为"左树"的数据结构，最左边的项目是树的根，最右边的项目是树的枝叶。树视图可以设置为"树"模式将这种数据结构表现出来，并且可以让用户控制子类的展开与收起。树视图的另一种模式是作为列表，媒体库链表数据结构可以很容易地转换为列表数据结构显示。下面先介绍分类部件和媒体信息显示部件的实现方法。代码如下：

```
01  GtkWidget *hpaned;                              //用于保存水平窗格容器地址
02  hpaned = gtk_hpaned_new ();                     //创建水平窗格容器
03  gtk_widget_show (hpaned);                       //显示水平窗格容器
04  gtk_box_pack_start (GTK_BOX (vbMedialib), hpaned, TRUE, TRUE, 0);
05                                                  //将水平窗格装入横向组装盒
06  GtkWidget *scrolledwindow2;                     //用于保存滚动条窗体容器地址
07  scrolledwindow2 = gtk_scrolled_window_new (NULL, NULL);
08                                                  //创建滚动条窗体容器
09  gtk_widget_show (scrolledwindow2);              //显示滚动条窗体容器
10  gtk_paned_pack1 (GTK_PANED (hpaned),
11          scrolledwindow2, FALSE, TRUE); //将滚动条窗体装入水平窗格
12  gtk_scrolled_window_set_policy(GTK_SCROLLED_WINDOW(scrolledwindow2),
                        GTK_POLICY_AUTOMATIC,
                        GTK_POLICY_AUTOMATIC);
13                                                  //设置滚动条为自动显示
14  gtk_scrolled_window_set_shadow_type(GTK_SCROLLED_WINDOW(scrolledwin-
    dow2),GTK_SHADOW_IN);
15                                                  //设置滚动条窗体阴影样式
16  GtkWidget *treeClass;                           //用于保存分类树视图地址
17  treeClass = gtk_tree_view_new ();               //创建分类树视图
18  gtk_widget_set_size_request (treeClass, 300, 227);
19                                                  //设置分类树视图最小尺寸需求
20  gtk_widget_show (treeClass);                    //显示分类树视图
21  gtk_container_add (GTK_CONTAINER (scrolledwindow2), treeClass);
22                                                  //将分类树视图装入滚动条窗体
23  GtkWidget *scrolledwindow3;                     //用于保存滚动条窗体容器地址
```

```
24    scrolledwindow3 = gtk_scrolled_window_new (NULL, NULL);
25                                                //创建滚动条窗体容器
26    gtk_widget_show (scrolledwindow3);          //显示滚动条窗体容器
27    gtk_paned_pack2 (GTK_PANED (hpaned),
28              scrolledwindow3, TRUE, TRUE);     //将滚动条窗体装入水平窗格
29    gtk_scrolled_window_set_policy(GTK_SCROLLED_WINDOW(scrolledwindow3),
                        GTK_POLICY_AUTOMATIC,
                        GTK_POLICY_AUTOMATIC);
30                                                //设置滚动条为自动显示
31    gtk_scrolled_window_set_shadow_type (GTK_SCROLLED_WINDOW (scrolledwi-
      ndow3),GTK_SHADOW_IN);
32                                                //设置滚动条窗体阴影样式
33    GtkWidget *treeMedialib;                    //用于保存媒体库树视图地址
34    treeMedialib = gtk_tree_view_new ();        //创建媒体库树视图
35    gtk_widget_show (treeMedialib);             //显示媒体库树视图
36    gtk_container_add (GTK_CONTAINER (scrolledwindow3), treeMedialib);
37                                                //将树视图装入滚动条窗体
```

上述代码中首先创建了一个水平窗格容器，然后在水平窗格容器的内部放置分类树视图和媒体库树视图。程序运行时，用户可根据显示需求调整两者的显示比例。分类树视图和媒体库树视图都放置在滚动条窗体中，这样可显示出其中的全部内容。

27.7.4　创建搜索部件

搜索部件是文本输入框、组合框和按钮这 3 个构件的组合。文本输入框用于输入搜索字符串，组合框中放置着搜索条件。下列源代码用于创建搜索部件。

```
01    GtkWidget *hbFind;                          //用于保存横向组装盒地址
02    hbFind = gtk_hbox_new (FALSE, 0);           //创建横向组装盒
03    gtk_widget_show (hbFind);                    //显示横向组装盒
04    gtk_box_pack_start (GTK_BOX (vbMedialib), hbFind, TRUE, TRUE, 0);
05                                                //将横向组装盒装入纵向组装盒
06    GtkWidget *etFind;                          //用于保存文本输入框地址
07    etFind = gtk_entry_new ();                  //创建文本输入框
08    gtk_widget_show (etFind);                   //显示文本输入框
09    gtk_box_pack_start (GTK_BOX (hbFind), etFind, TRUE, TRUE, 0);
10                                                //将文本输入框装入横向组装盒
11    gtk_widget_set_size_request (etFind, 160, 24);
12                                                //设置文本输入框最小需求尺寸
13    GtkWidget *cbbFind;                         //用于保存组合框地址
14    cbbFind = gtk_combo_box_new_text ();        //创建组合框
15    gtk_combo_box_append_text (GTK_COMBO_BOX (cbbFind), "标题");
16                                                //向组合框添加项目
17    gtk_combo_box_append_text (GTK_COMBO_BOX (cbbFind), "艺术家");
18    gtk_combo_box_append_text (GTK_COMBO_BOX (cbbFind), "专辑");
19    gtk_combo_box_append_text (GTK_COMBO_BOX (cbbFind), "流派");
20    gtk_combo_box_append_text (GTK_COMBO_BOX (cbbFind), "文件名");
21    gtk_combo_box_set_active (GTK_COMBO_BOX (cbbFind), 0);
22                                                //设置首个项目为活动
23    gtk_widget_show (cbbFind);
24    gtk_box_pack_start (GTK_BOX (hbFind), cbbFind, TRUE, TRUE, 0);
25                                                //将组合框装入横向组装盒
26    gtk_widget_set_size_request (cbbFind, 30, 28);
```

```
27                                                //设置组合框最小需求尺寸
28    GtkWidget *btFind;                          //用于保存查找按钮
29    btFind = gtk_button_new_from_stock ("gtk-find");
30                                                //从图像库创建查找按钮
31    gtk_widget_show (btFind);                   //显示查找按钮
32    gtk_box_pack_start (GTK_BOX (hbFind), btFind, FALSE, FALSE, 0);
33                                                //将查找按钮装入横向组装盒
34    gtk_widget_set_size_request (btFind, 82, 34);//设置查找按钮最小需求尺寸
```

本例中搜索部件是横向排列的 3 个构件，因此在代码中先要创建一个横向组装盒，将横向组装盒装入上一层的纵向组装盒中。然后分别创建文本输入框、组合框和查找按钮，将这些构件装入到横向组装盒中。搜索的 5 个条件已添加到组合框上，在严格的程序开发过程中，这种用法并不规范。因此，必须用文档记录这几个条件的顺序，以确保在实现查找功能时不会出错。

27.7.5　创建对话框按钮

媒体库对话框只需要放置一个按钮用于关闭对话框。代码如下：

```
01    GtkWidget *dialog_action_area4;             //用于保存活动区域地址
02    dialog_action_area4 = GTK_DIALOG (diaPlaylist)->action_area;
03                                                //获得活动区域地址
04    gtk_widget_show (dialog_action_area4);      //显示活动区域
05    gtk_button_box_set_layout (GTK_BUTTON_BOX (dialog_action_area4),
06                    GTK_BUTTONBOX_END);
07                                                //结束活动区域设置
08    GtkWidget *closebutton2;                    //用于保存关闭按钮地址
09    closebutton2 = gtk_button_new_from_stock ("gtk-close");
10                                                //从图像库创建关闭按钮
11    gtk_widget_show (closebutton2);             //显示关闭按钮
12    gtk_dialog_add_action_widget (GTK_DIALOG (diaMedialib),
13                    closebutton2,
14                    GTK_RESPONSE_CLOSE);
15                                                //将关闭按钮装入对话框活动区域
16    GTK_WIDGET_SET_FLAGS (closebutton2, GTK_CAN_DEFAULT);
17                                                //设置关闭按钮可以为默认
18    return diaMedialib;                         //返回播放列表对话框地址
19  }
```

上述代码中取得了对话框活动区域的地址，并在活动区域中放置了一个按钮。该按钮设置为可默认，因此对话框活动时按回车键会激活该按钮。

27.7.6　测试

本部分的测试内容主要是介绍树视图的简单操作，实现分类部件的初始化。首先要修改 interface.h 头文件中的结构体 _interface，增加分类树视图的指针。源代码如下：

```
typedef struct _interface InterFace;
struct _interface {                              //定义界面数据结构
  …
```

```
   GtkWidget *treeClass;                           //加入分类树视图的指针
};
```

分类树视图在很多场合需要和程序中其他部分交互，将其地址存入界面数据结构后，程序的其他部分就能访问分类树视图。此外，还需要在前面定义的 create_diaMedialib()函数结尾处加入一条语句：

```
   ui->treeClass = treeClass;                       //传递分类树视图的地址
```

这条语句将分类树视图的地址传递给了界面数据结构的实例中。下面再在 interface.c 文件中创建一个函数初始化分类树视图。代码如下：

```
01   int set_treeClass(InterFace *ui)
02   {
03     GtkTreeStore *treestore;              //用于保存树数据结构地址
04     treestore = gtk_tree_store_new(1, G_TYPE_STRING);
05                                           //创建 1 个字段的树数据结构
06     GtkTreeIter iter;                     //定义树节点，作为父项
07     GtkTreeIter child;                    //定义树节点，作为子项
08     gtk_tree_store_append(treestore, &iter, NULL);
09                                           //在树数据结构中创建一个父项节点
10     gtk_tree_store_set(treestore, &iter, 0, "全部", -1);
11                                           //设置父项节点的内容
12     gtk_tree_store_append(treestore, &child, &iter);
13                                           //为父项节点添加一个子项节点
14     gtk_tree_store_set(treestore, &child, 0, "艺术家", -1);
15                                           //设置子项节点的内容
16     gtk_tree_store_append(treestore, &child, &iter);
17                                           //为父项节点添加一个子项节点
18     gtk_tree_store_set(treestore, &child, 0, "专辑", -1);
19                                           //设置子项节点的内容
20     gtk_tree_store_append(treestore, &child, &iter);
21                                           //为父项节点添加一个子项节点
22     gtk_tree_store_set(treestore, &child, 0, "流派", -1);
23                                           //设置子项节点的内容
24     GtkCellRenderer *renderer;            //声明树视图单元格数据类型
25     GtkTreeViewColumn *column;            //声明树视图标题行数据类型
26     gtk_tree_view_set_model(GTK_TREE_VIEW(ui->treeClass),
27                     GTK_TREE_MODEL(treestore));
28                                           //设置树视图为"树"模式
29     g_object_unref(G_OBJECT(treestore)); //将树数据结构传递给树视图
30     renderer = gtk_cell_renderer_text_new();//创建树视图单元格
31     g_object_set(G_OBJECT(renderer), "foreground", "red", NULL);
32                                           //设置单元格前景色为红色
33     column = gtk_tree_view_column_new_with_attributes("分类", renderer,
                                         "text", 0, NULL);
34   //创建树视图标题行
35     gtk_tree_view_append_column(GTK_TREE_VIEW(ui->treeClass),
36                         column);     //为树视图添加标题行
37     return 1;
38   }
```

代码中使用 GLib 所定义的 GtkTreeStore 数据类型创建了一个树数据结构，然后增加了 1 个父节点"全部"和 3 个子节点。然后分别定义了树视图单元格数据类型和标题行数

据类型，并设置树视图为"树"模式，同时将树数据结构传递到树视图。**g_object_unref()** 函数作用是将树数据结构传递给树视图，让树视图来管理该数据结构，树视图销毁时该数据结构也会一并销毁。最后设置了单元格的样式和树视图标题行。

这个函数并不包括实际显示树视图的全部代码，只是节选其中的一部分，使媒体库对话框中的分类部件能够显示出第 1 层和第 2 层的内容。

媒体播放器主界面上的"媒体库"按钮用于控制媒体库对话框显示，因此还需要为其连接 clicked 事件。代码如下：

```
g_signal_connect ((gpointer) btMedialib, "clicked",
                G_CALLBACK (on_btMedialib_clicked),
                ui);                              //连接媒体库按钮 clicked 信号
```

然后为该按钮设计一个回调函数，在按钮被按下时做出响应。代码如下：

```
void on_btMedialib_clicked(GtkWidget *btMedialib,
                    InterFace *ui)
{
  gtk_widget_show(ui->diaMedialib);               //显示媒体库对话框
}
```

这个函数的作用是显示媒体库对话框。显示前，媒体库对话框应已创建，相关语句放在主函数中。代码如下：

```
InterFace ui;                                   //创建界面数据结构
ui.winMain = create_winMain(&ui);               //创建媒体播放器主界面
ui.diaMedialib = create_diaMedialib(&ui);       //创建媒体库对话框
set_treeClass(&ui);                             //初始化分类视图
gtk_widget_show(ui.winMain);                    //显示媒体播放器主界面
```

编译并运行程序，屏幕中将出现媒体库主界面。单击"媒体库"按钮，可显示媒体库对话框。前述 set_treeClass() 函数在分类树视图里已放入了部分数据，单击"全部"列表项，下一级分类将被显示，如图 27.26 所示。

图 27.26　媒体库对话框原型测试

27.8　播放控制模块实现

播放控制模块是媒体播放器中最重要的核心。该模块的作用是架起媒体播放器与 GStreamer 多媒体框架之间的桥梁，使媒体播放器能通过 GStreamer 多媒体框架实现 MP3 播放的功能。因为 GStreamer 函数库提供了非常简单的接口对播放进行控制，实现播放控制模块所需要的代码并不多。下面开始介绍播放控制模块实现的方法。

27.8.1　播放控制模块程序结构

播放控制模块的源代码放置在 play.h 头文件和 play.c 源代码文件中，先在媒体播放器项目的源代码目录中新建这两个文件。所需要实现的函数主要有两个，play()函数用于处理核心控制模块所传来的指令和数据，bus_call()函数用于处理 GStreamer 总线消息。

在设计播放控制模块前，首先要约定播放控制模块与其他模块之间的数据流。play()函数原型中的形式参数列表中需要设置一个整型数据类型和一个字符串指针。整型数据类型用于接收核心控制模块传来的指令，字符串指针用于接收 MP3 文件的路径信息。播放结束后，play()函数向核心控制模块又会调用播放控制模块，请求下一个 MP3 文件的路径信息实现连续播放。

bus_call()函数原型中的形式参数列表中需要设置一个 GstBus 类型指针、一个 GstMessage 类型指针和一个 GMainLoop 类型指针。GstBus 类型是 GStreamer 函数库提供的消息总线结构，它基于 D-Bus 实现，功能与 D-Bus 相仿。在播放时，GStreamer 实际是在内部提供了多线程的机制，一个线程用于进行媒体的解码和播放，另一个线程用于监听播放控制指令。如果没有多线程支持，在播放时就无法进行暂停或停止之类的操作。GStreamer 消息总线的作用是在两个线程之间进行通信。

GstMessage 类型是 GStreamer 总线中的消息类型，在播放时会产生多种消息，这些消息均定义为 GstMessage 类型。

GMainLoop 类型是 GLib 库所实现的主循环，用以连续进行播放操作。微观地看待播放操作会发现，GStreamer 是周期性地对 MP3 文件中的数据进行处理，而 GMainLoop 主循环用于控制该周期。

媒体播放器的媒体文件解码模块用于播放 MP3 文件，该模块实际上并不存在，它只是播放控制模块调用 GStreamer 函数库接口的抽象。两者之间也存在数据的传递，核心控制模块利用 GStreamer 函数库建立播放管道，并且将需要播放的媒体文件地址传递给媒体文件解码模块。媒体文件解码模块在播放 MP3 文件时又通过 GStreamer 消息总线将播放状态信息传递给播放控制模块。暂且不考虑与图形界面间的通信和 GStreamer 的内部实现机制，播放控制模块的数据流已呈现出来，如图 27.27 所示。

在本书第 22 章中曾经介绍了 GStreamer 函数库的基本概念，这些知识足以设计简单的媒体播放器。播放控制模块通过调用 GStreamer 函数库进行播放操作，从而实现媒体文件播放功能。首先创建一个管道，然后在管道中放入文件数据源元件、MP3 解码过滤器元件和输出到计算机声卡部件的接收器元件。管道建立后，创建一个 GMainLoop 主循环，最后把管道放入主循环中运行。这些代码放在 play()函数中，此外 play()函数还要考虑如何处理核心控制模块传来的指令。

图 27.27　媒体库对话框原型测试

停止播放文件和暂停播放文件实际起来非常相似，前者直接清理管道，而后者清理管道前将 MP3 文件路径信息和上次播放的位置保存起来。如果再次执行播放操作时，这些数据存在，则继续从上次暂停的位置播放。当 play()函数收到播放前一个文件、播放后一个文件或播放指定文件的指令时，首先会清理管道和暂停位置的信息，然后执行播放操作。play()函数的主要流程如图 27.28 所示。

图 27.28　play()函数主要流程

27.8.2　MP3 播放功能的实现

上一节已经讨论了播放控制模块的程序结构。MP3 播放功能实际上是在 play()函数中通过调用 GStreamer 库实现。在创建函数前，先要为 play.c 文件加上一些相关的头文件。源代码如下：

```
#include <stdio.h>                    //基本的输入输出函数
#include <stdlib.h>                   //常用标准库
#include <string.h>                   //字符串操作函数
#include <gst/gst.h>                  //GStreamer 函数库
#include <glib.h>                     //GLib 函数库
#include "play.h"                     //播放控制模块的数据结构与函数原型
#include "main_core.h"                //核心控制模块的数据结构与函数原型
#include "medialib.h"                 //媒体库模块的数据结构与函数原型
#include "interface.h"                //用户接口模块的数据结构与函数原型
```

该模块需要使用 GStreamer 库中的一些函数，所以必须引用 gst/gst.h 头文件。gst/gst.h 头文件放入了 GStreamer 多媒体框架的接口，GStreamer 库其他头文件中的函数都能通过这个接口来访问。另外还需要注意，为了使不同源代码文件之间能相互访问，每个源代码文件几乎要包含所有源代码目录中的头文件。这种情况在由多个源代码文件组成的项目中经常见到，并且建议让每个源代码都包含所有头文件。因为重复的包含不仅没有影响性能，反而避免了很多错误产生。

1. 函数接口和相关数据类型的定义

预定义语句后可放入 play()函数接口的定义和相关数据类型的定义，其中包括有主循环对象及 GStreamer 元件对象。代码如下：

```
01  void play(int cmd, void *data)    //函数接口
02  {
03      static char media_path[MAX_PATH_LENGTH];
04                                     //用于保存媒体文件路径的缓存
05      static int media_pos;          //用于保存播放的位置的缓存
06      static GMainLoop *loop;        //用于保存 GMainLoop 主循环指针
07      GstElement *pipeline;          //用于保存 GStreamer 管道元件的指针
08      GstElement *source;            //用于保存数据源元件的指针
09      GstElement *decoder;           //用于保存解码器元件的指针
10      GstElement *sink;              //用于保存输出器元件的指针
11      GstBus *bus;                   //用于保存 GStreamer 消息总线的指针
```

为了实现暂停功能，媒体文件路径信息和播放的位置信息在下次调用函数时可能还会用到，所以必须设为静态数据类型。与此原因相同，GMainLoop 主循环的指针也要设置为静态数据类型。在函数中要用到的 GStreamer 元件对象和 GStreamer 消息总线的指针则不用设为静态数据类型，因为它们在 GMainLoop 主循环开始执行时就交由主循环管理。

2. 播放指令处理

在 play()函数执行的最开始，首先要处理播放指令。因为有很多任务的作用是相关的，所以在这里巧妙地利用了 switch 选择结构，使它代替了反复调用 if 语句的效果。代码如下：

```
01      switch(cmd) {                  //判断播放指令
02        case PLAY_STOP:             //停止播放时执行
03          g_main_loop_quit(loop);   //退出 GMainLoop 主循环
```

```
04            break;
05        case PLAY_PAUSE:                              //暂停播放时执行
06            media_pos = get_pos(loop, 0);             //保存当前暂停位置
07            g_main_loop_quit(loop);                   //退出 GMainLoop 主循环
08            break;
09        case PLAY_PRE:                                //播放上一首时执行
10        case PLAY_NEXT:                               //播放下一首时执行
11        case PLAY_PITCH:                              //播放指定文件时执行
12            media_path[0] = '\0';                     //将当前文件路径缓存清除
13            get_pos = 0;                              //将播放位置缓存清除
14            g_main_loop_quit(loop);                   //退出 GMainLoop 主循环
```

这段代码并非是该 switch 语句块的全部内容，但是它对停止、暂停、上一首、下一首和播放指定文件这 5 条指令进行了处理。当处理完停止和暂停指令时，break 语句将跳出 switch 语句块。而上一首、下一首和播放指定文件指令的处理部分并没有 break 语句，所以还会继续向后执行。在这段代码中，至少能看见它们共用了清除文件路径等代码。

3．MP3文件播放

前述代码还没有出现播放指令的处理，这是因为除停止和暂停指令外，其他指令都需要进行 MP3 文件播放。于是 MP3 文件播放的代码被作为默认条件放在 switch 语句块中。源代码如下：

```
01        default:                                     //默认条件
02            if (media_path[0] == '\0')               //判断文件路径缓存是否为空
03                get_pos(loop, media_pos);            //重置主循环参数
04            else
05                strcpy(media_path, (char *)data);    //复制参数到文件路径缓存
06            gst_init(NULL, NULL);                    //初始化 GStreamer 库
07            loop = g_main_loop_new(NULL, FALSE);     //创建 GMainLoop 主循环
08            pipeline = gst_pipeline_new("audio-player");
09                                                     //创建声音播放管道元件
10            source = gst_element_factory_make("filesrc", "file-source");
11                                                     //创建本地文件源元件
12            decoder = gst_element_factory_make("mad", "mad-decoder");
13                                                     //创建 MP3 解码器元件
14            sink = gst_element_factory_make("autoaudiosink",
15                              "audio-output");
16                                                     //创建音频输出元件
17            if (!pipeline || !source || !decoder || !sink) {
18                                                     //判断元件创建是否成功
19                g_printerr("无法创建管道\n");         //输出错误信息
20            }
21            g_object_set(G_OBJECT(source), "location",
22                    media_path, NULL);    //将文件路径复制到本地文件源元件
23            bus = gst_pipeline_get_bus(GST_PIPELINE(pipeline));
24                                                     //从管道中获得 GStreamer 消息总线
25            gst_bus_add_watch(bus, bus_call, loop);
26                                                     //设置管道消息处理的回调函数
27            gst_object_unref(bus);                   //释放管道的内存空间
28            gst_bin_add_many(GST_BIN(pipeline),
29                    source, decoder, sink, NULL);
30                                                     //建立一个 MP3 播放箱柜
```

```
31              gst_element_link_many(source, decoder, sink, NULL);
32                                      //连接箱柜中的研究
33              gst_element_set_state(pipeline, GST_STATE_PLAYING);
34                                      //设置管道为播放状态
35              g_print("开始播放: %s\n", media_path);//输出开始播放消息
36              g_main_loop_run(loop);              //启动主循环,这时开始播放
37              gst_element_set_state(pipeline, GST_STATE_NULL);
38                                      //在主循环结束后停止播放
39              gst_object_unref(GST_OBJECT(pipeline));
40                                      //释放管道对象
41      }
42  }
```

这段代码作为 switch 语句块的默认条件,除了停止和暂停两种指令外,其他指令都将执行该条件下的语句。执行前首先会判断文件路径缓存是否为空,如果不为空说明是在暂停指令后再次执行,那么首先要读取暂停时保存的播放位置,然后继续后面的操作。

使用 GStreamer 前,gst_init()函数会对 GStreamer 库进行初始化,这样才能正常执行 GStreamer 库中的其他函数。然后,还要创建新的 GMainLoop 主循环,并使用 GStreamer 工厂函数创建管道和元件。管道的类型是 audio-player,用于播放声音,这种管道内可以装入 3 个元件。filesrc 元件是读取本地媒体文件的元件,mad 元件用于对 MP3 文件进行解码,另外还有用 autoaudiosink 和 audio-output 组合而成的音频输出元件。

修改元件的属性需要使用 GObject 对象的操作方法,这类用法在 GStreamer 库相关对象的操作中极为常见。例如 g_object_set()函数修改了 filesrc 元件的 location 属性,将其内容设置为文件路径,使本地源能够找到相应的文件。

为了能够监听播放时所产生的信号,首先要调用 gst_pipeline_get_bus()函数获得管道元件中的 GStreamer 总线地址。其后用 gst_bus_add_watch()函数开始监控 GStreamer 总线。这个函数有 3 个参数:第 1 个参数是总线地址,第 2 个参数是回调函数名称,第 3 个参数是主循环的地址。其中最重要的是回调函数 bus_call(),这个函数将在后面介绍,每一个消息产生时该回调函数都将执行一次。设置了监控后,总线地址就不再需要了,因此用 gst_object_unref()函数释放其内存空间。

前面创建了所需的 GStreamer 元件,但这些元件还没有首尾相连。gst_bin_add_many() 函数的作用是将所有元件连接起来组成箱柜,gst_element_link_many()函数定义元件输入输出衬垫之间的顺序。现在,这个箱柜已经可以播放指定的 MP3 文件了,gst_element_set_state() 函数将箱柜中的管道状态设置为播放。真正开始播放是主循环启动时,实际上数据的处理是在主循环中进行的这时程序会分为两个线程,一个执行主循环,另一个返回给调用者。

代码中最后的两行语句是主循环这条线程结束时进行处理的,作用是先设置管道为停止状态,最后释放管道所占用的内存。

27.8.3　播放中的回调处理

在 GStreamer 管道进行播放时,会产生大量的信号。例如,管道中的文件信息,播放时出现的错误信息和播放和播放结束的信息。play()函数将总线消息的回调设为 bus_call() 函数,下面介绍该函数的实现过程。

1．函数参数列表和数据转换

bus_call()函数需要处理的参数有 3 个，分别是总线对象、总线消息对象和 GMainLoop 主循环对象。代码如下：

```
static gboolean bus_call(GstDus *bus,          //GStreamer 总线对象
                GstMessage *msg,               //GStreamer 总线消息对象
                gpointer data)                 //GMainLoop 主循环对象
{
  GMainLoop *loop = (GMainLoop *) data;        //对主循环的数据类型进行转换
  switch (GST_MESSAGE_TYPE(msg)) {             //读取消息类型作为选择条件
```

回调函数的参数有其固定的格式，按照 GStreamer 的消息总线回调函数定义，第 1 个参数是总线对象，第 2 个参数是总线消息对象，最后是 gpointer 类型的指针。前面已经介绍过 gpointer 类型等价于 void*类型，虽然实际参数是 GMainLoop 主循环对象，但是还是必须对其进行强制转换。总线消息对象是 GObject 对象，虽然可以用 GObject 函数访问其内部的成员获得消息，但 GStreamer 提供了更简单的机制。宏 GST_MESSAGE_TYPE()用于读取消息类型，返回值为整型数据。

2．处理播放结束

当管道中的文件播放结束时，GMainLoop 主循环并没有结束，因此需要对其进行处理。代码如下：

```
case GST_MESSAGE_EOS:                          //播放结束标志
  g_print("播放结束\n");                        //输出播放结束信息
  g_main_loop_quit(loop);                      //退出 GMainLoop 主循环
  break;                                       //跳出 switch 结构
```

GST_MESSAGE_EOS 是播放结束的标志，与标准输入输出函数中文件结束符的作用相当。当 GStreamer 管道向消息总线传出这条消息时，首先将输出播放结束信息，然后退出 GMainLoop 主循环。

3．获取MP3文件真实信息

在读取文件到播放列表时，虽然已将 MP3 文件信息读出，但这些信息可能在播放前被改动过。因此还需要读取更准确的信息。代码如下：

```
01    case GST_MESSAGE_TAG: {                   //读取标记
02      GstTagList *tags;                       //声明标记对象
03      gchar *title = "";                      //用于保存标题信息
04      gchar *artist = "";                     //用于保存艺术家名称
05      gst_message_parse_tag(msg, &tags);      //读取标记
06  if (gst_tag_list_get_string(tags, GST_TAG_TITLE, &title)
07                                              //读取标题信息
08        && gst_tag_list_get_string(tags, GST_TAG_ARTIST, &artist)) {
09                                              //读取艺术家名称
10        puts(title);                          //输出标题信息
11        puts(artist);                         //输出艺术家名称
12      }
```

```
13        gst_tag_list_free(tags);                    //释放标记对象
14        break;
15    }
```

标记对象是一种链表数据结构，在使用前先要声明。然后，调用 gst_message_parse_tag()
函数读取消息对象中的标记链表。gst_tag_list_get_string()函数用于读取标记中的特定字段，
这里只列举了标题和艺术家两个字段。获得信息后，使用 gst_tag_list_free()函数释放标记
对象的内存。

4．错误处理

媒体播放是对数据流的处理，因此错误处理要做到实时。总线机制为实时提供了可能，
一旦错误发生，GStreamer 总线里都会发出错误消息，然后可对这些错误进行处理。代码
如下：

```
01    case GST_MESSAGE_ERROR: {                       //错误标记
02        gchar *debug;                               //声明一个字符串指针
03        GError *error;                              //声明 GObject 错误信息对象
04        gst_message_parse_error(msg, &error, &debug);
05                                                    //读取错误信息
06        g_free(debug);                              //清除总线中的错误信息
07        g_printerr("ERROR:%s\n", error->message);   //输出错误信息
08        g_error_free(error);                        //释放 GObject 错误信息对象
09        g_main_loop_quit(loop);                     //退出主循环
10        break;
11    }
12    return TRUE;                                    //bus_call()函数结束
13 }
```

错误信息可以通过总线消息对象访问，gst_message_parse_error()函数的作用是在总线
消息中获得错误信息对象的指针。错误信息对象的 message 成员保存着对错误描述的字符
串信息，这段代码的作用就是输出其中的字符串。最后结束 GMainLoop 主循环。

5．测试

虽然播放控制部件还没有和其他部件关联起来，但已经能够播放 MP3 文件了。下面用
终端方式测试这段代码，在程序中设计一个临时的主函数。代码如下：

```
play("/home/river.mp3", PLAY_START);
```

在 play()函数的第 1 个参数位置放入 MP3 文件的路径，第 2 个参数放置开始播放指令。
编译后运行程序，如果一切正常，MP3 文件中的声音将被播出。

27.9　系　统　集　成

媒体播放器中的所有模块均已实现。在编码过程中的最后一步即系统集成。系统集成
是让所有模块相互关联起来，共同工作，形成一个可用的程序。工序中，首先要设计一个
主程序文件，为所有模块初始化。然后以自上而下的方法实现界面上所有部件的功能。从

主界面的实现开始，直到每个菜单项和按钮的功能都实现。

　　主程序实现后，每添加一个模块就可以进行集成测试，检验该模块的功能是否满足程序需要。如果该模块与主程序或其他模块冲突，则回到模块设计过程中，对模块进行修改。

27.10　主程序文件的实现

　　主程序文件由一个名为 main.c 的源代码文件和名为 main.h 的头文件组成。其中，最重要的函数就是主函数 main()。主函数是一个程序的接口，实际的项目中，主函数的作用通常是对其他所有函数模块进行初始化，并且创建其他模块所需的数据结构。在主函数退出前，程序所占用的所有系统资源将被释放。

27.10.1　头文件和主函数入口

　　主程序中除了要放置基本的 C 语言标准库头文件外，还要放入 GLib 库、GTK+库、GStreamer 库和 SQLite 库的入口函数头文件。源代码目录中其他模块的头文件也应被主程序包含，这样所有的模块间就能相互调用。代码如下：

```
#include <stdio.h>                    //基本输入输出函数库
#include <string.h>                   //字符串处理函数库
#include <stdlib.h>                   //常用标准函数库
#include <fcntl.h>                    //提供 open()函数
#include <unistd.h>                   //标准流操作函数库
#include <dirent.h>                   //目录流操作函数库
#include <sys/stat.h>                 //提供系统文件操作的符号
#include <sys/types.h>                //提供系统的标准类型
#include < gtk/gtk.h>                 //GTK+函数库
#include <glib-2.0/glib.h>            //GLib 函数库
#include <gst/gst.h>                  //GStreamer 函数库
#include <sqlite3.h>                  //SQLite 函数库
#include <id3tag.h>                   //用于读取 MP3 标记
#include "main.h"                     //主程序文件的头文件
#include "main_core.h"                //核心控制模块函数接口
#include "medialib.h"                 //媒体库模块函数接口
#include "db.h"                       //数据库操作函数接口
#include "interface.h"                //用户界面模块函数接口
#include "play.h"                     //播放控制模块函数接口
#include "callback.h"                 //回调函数接口
int main(int argc, char *argv[])      //主函数
{
```

　　有些时候，可以将预定义代码全部放在头文件中，这样每个源代码文件就只需要使用一条包含语句包含自身的头文件即可。如果使用了集成开发环境的语法着色功能，就应该尽量在源代码文件中使用包含语句，否则有些函数无法被着色。

　　媒体播放器项目的主函数中也定义了 argc 和 argv[]参数，但这两条参数只是为 GTK+函数库初始化所用。GTK+库内建有一些运行模式，例如当 argv[]参数为"--debug-level"时，GTK+库将以调试模式初始化。这些模式无须使用额外的代码来定义，在测试程序时非常

有用。

27.10.2　媒体库模块初始化

媒体库模块初始化的工作包括连接数据库，创建媒体库链表和播放列表链表入口，以及从数据库中读取媒体库信息。代码如下：

```
01    if(open_database())                           //打开或创建数据库
02        create_medialib();                        //创建数据库中的媒体库信息表
03    else {
04        g_print("错误: 程序退出\n");                //输出错误信息
05        return 1;                                 //结束程序
06    }
07    link_t mlink = {NULL, 0};                     //创建媒体库链表入口
08    link_t plink = {NULL, 0};                     //创建播放列表链表入口
09    load_medialib(&mlink, 0);                     //从数据库中读取媒体库信息
```

这段代码首先连接并打开数据库。如果数据库不存在，则新建数据库。连接数据库成功时，如果程序是第一次运行，首先会为数据库创建媒体库信息表。如果数据库已存在，并且已建立了媒体库信息表，那么 create_medialib()不会对数据库进行任何改动。数据库打开失败是严重的运行错误，程序的其他部分已无法正常运行，因此必须退出程序。

媒体库链表和播放列表链表都是使用自定义的 link_t 类型，该类型只是链表的接口，其他媒体库模块的函数将通过该接口创建动态数据结构。最后一行调用的 load_medialib()函数参数是媒体库链表入口，此函数将读取数据库中媒体库信息表内的数据，并用这些数据为媒体库初始化。

27.10.3　图形界面初始化

图形界面初始化包含 4 个步骤。首先初始化 GTK+库，读取主函数传递来的运行参数。然后创建界面的数据结构和相关界面，这个过程是对界面数据结构的初始化。再对主界面进行操作，显示主界面，并且为主界面连接回调函数。最后启动 GTK+主循环。代码如下：

```
01    gtk_init(&argc, &argv);                       //初始化 GTK+库
02    InterFace ui;                                 //声明界面数据结构
03    ui.winMain = create_winMain(&ui);             //创建主界面
04    ui.diaMedialib = create_diaMedialib(&ui);     //创建媒体库对话框界面
05    ui.diaPlaylist = create_diaPlaylist(&ui);     //创建播放列表对话框界面
06    ui.diaVolume = create_diaVolume(&ui);         //创建音量调节对话框
07    gtk_widget_show(ui.winMain);                  //显示主界面
08    g_signal_connect(G_OBJECT(ui.winMain), "delete_event",
09                     G_CALLBACK(gtk_main_quit), NULL);
10                                                  //为主界面关闭事件连接回调函数
11    gtk_main();                                   //启动 GTK+主循环
```

上述代码中首行和尾行相对来说是固定的，gtk_init()函数初始化 GTK+库，否则无法使用 GTK+库中的其他函数。gtk_main()函数启动 GTK+主循环，否则任何 GTK+库的操作都不会显示出来。InterFace 是自定义界面数据结构的类型，用该类型声明变量后，该变量

就成为所有界面的接口。创建主界面和对话框的函数将界面接口的地址传递到界面数据结构中，然后等待对它们进行操作。

完成初始化后，所有的界面都已建立，只是没有将它们显示出来。主函数还需要进行的工作是显示主界面，再为主界面关闭事件连接一个回调函数进行 GTK+库占用资源的清理工作。GTK+主循环启动后，主函数的执行就停留在该位置，直到调用 gtk_main_quit() 函数退出主循环。

27.10.4　退出前清理

媒体播放器的程序代码中有许多地方用到了动态内存分配技术，因此需要在退出前对这些内存进行清理。清理工作可分为两类：一类是直接由申请内存的函数库来清理，例如大部分 GTK+库的对象都能自动清理内存；另一类是用户手动清理，主要是针对自定义的动态数据结构。代码如下：

```
link_del_all(&mlink);                    //清理媒体库链表动态分配的内存
link_del_all(&plink);                    //清理播放列表链表动态分配的内存
close_database();                        //清理数据库所使用的内存
return 0;                                //结束主函数退出程序
}
```

这段代码首先清理了为媒体库链表和播放列表链表动态分配的内存，使用的是自定义的清理函数。然后用另一个自定义函数清理了数据库所使用的内存。此外，媒体播放器所占用的其他内存均会自动被清除。

27.10.5　编译和运行

媒体播放器调用了很多函数库，这些函数库的路径必须在编译时指明。如果是在终端上使用 GCC 编译器进行编译，同时借助 pkgconfig 程序提供函数库路径，则完整的编译指令如下：

```
gcc -g ' pkg-config --cflags --libs glib-2.0 gtk+-3.0 gstreamer-base-0.10
id3tag sqlite3' main.c o mp3player
```

编译成功后，源代码目录中将新增一个名为 mp3player 的可执行文件。程序执行时，可在屏幕上显示出媒体播放器的主界面。

27.11　媒体库功能的集成

媒体库功能集成涉及与用户界面模块和核心控制模块的数据传递。每一个操作指令均由界面的回调函数向核心控制模块发出，核心控制模块再选择函数对媒体库进行操作，最后又影响到界面的显示。下面介绍媒体库功能集成的方法。

27.11.1　初始化

在媒体播放器主函数中，虽然已经创建了媒体库相关的数据结构，并且从数据库中读取了相应数据传递到媒体库链表。但是，核心控制模块中并未获得媒体库链表的入口，所以还需要进行数据传递才能实现媒体库的初始化。

（1）修改主函数，在创建媒体库链表后，增加一条对核心控制模块的调用。代码如下：

```
main_core(GENERAL_MEDIALIB_INIT, &mlink);//调用核心控制模块函数初始化媒体库
```

这条代码使用 GENERAL_MEDIALIB_INIT 指令调用核心控制模块，并且将媒体库链表的入口传递到核心控制模块。

（2）在核心控制模块中创建指向媒体库链表的指针，用于核心控制模块保存媒体库链表的入口。代码如下：

```
static link_t *mlink;                    //声明静态媒体库链表指针
```

（3）在核心控制模块函数的 switch 选择结构中，增加对 GENERAL_MEDIALIB_INIT 指令进行处理的代码。代码如下：

```
case GENERAL_MEDIALIB_INIT:              //媒体库初始化指令
  mlink = (link_t *) data;               //强制转换参数的数据类型
  break;
```

这段代码中，data 参数是从主函数中传递过来的。转换 data 参数的类型并复制给媒体库链表指针后，核心控制模块中就保存了媒体库链表的入口。

27.11.2　显示媒体库对话框

主函数初始化界面数据结构时已创建了媒体库对话框，但对话框中并没有显示任何内容。显示媒体库对话框操作的主要难点在于，显示媒体库的同时将媒体库信息读入相应的树视图中。下面介绍实现显示媒体库对话框的步骤。

（1）修改界面数据结构，为媒体库中的两个树视图添加指针。代码如下：

```
typedef struct _interface InterFace;     //定义界面数据结构的类型
struct _interface {                      //定义界面数据结构
  …
  GtkWidget *treeClass;                  //媒体库对话框上的分类树视图
  GtkWidget *treeMedialib;               //媒体库对话框上的媒体信息树视图
}
```

界面的数据结构在程序设计过程中需要不断对其进行扩展和改动，除了主要界面的接口外，重要的界面构件也可放在其中。

（2）修改 create_diaMedialib()函数。在创建媒体库对话框时，将分类树视图和媒体信息树视图的地址传递到界面数据结构 ui。另外，在函数末端为关闭对话框事件连接回调函数。代码如下：

```
ui->treeClass = treeClass;                    //分类树视图
ui->treeMedialib = treeMedialib;              //媒体信息数视图
…
g_signal_connect(G_OBJECT(diaMedialib), "delete_event",
          G_CALLBACK(gtk_widget_hide), NULL);
                                              //为关闭对话框事件连接回调函数
```

这两行语句必须被放置在树视图创建后的代码中，否则无法获得正确的地址，甚至造成程序编译失败。关闭对话框事件连接的回调函数为 gtk_widget_hide()，该函数只是将对话框隐藏起来，而没有销毁对话框。

（3）主界面中"媒体库"按钮用于显示媒体库对话框，修改 create_winMain()函数，为该按钮的 clicked 信号连接回调函数 on_btMedialib_clicked()。代码如下：

```
g_signal_connect ((gpointer) btMedialib, "clicked",
          G_CALLBACK (on_btMedialib_clicked),
          ui);                                //为媒体库按钮连接回调函数
```

（4）在回调函数中向核心控制模块传递显示媒体库指令。代码如下：

```
01  void on_btMedialib_clicked(GtkWidget *btMedialib, InterFace *ui)
02                                            //媒体库按钮的回调函数
03  {
04    gboolean visibel;                       //用于保存媒体库对话框显示状态
05    g_object_get(GTK_WINDOW(ui->diaMedialib), "visible",
06          &visibel, NULL);                  //读取媒体库对话框显示状态
07    if (!visibel)                           //判断对话框是否未显示
08      main_core(MEDIALIB_SHOW, ui);         //向核心控制模块传递显示媒体库指令
09  }
```

该函数将判断媒体库对话框是否已经显示。如果没有显示，函数会传递显示媒体库指令到核心控制模块，否则不进行任何操作。

（5）为分类树视图进行初始化。设计一个函数，该函数的作用是创建分类树视图上的标题栏。代码如下：

```
01  void treeClass_init(link_t *mlink, InterFace *ui)
02                                            //初始化分类树视图
03  {
04    GtkTreeStore *treestore;                //声明树数据结构
05    treestore = gtk_tree_store_new(2, G_TYPE_STRING, G_TYPE_INT);
06                                            //创建树数据结构，定义其中字段
07    GtkCellRenderer *renderer;              //声明树视图单元格数据类型
08    GtkTreeViewColumn *column;              //声明树视图标题行数据类型
09    gtk_tree_view_set_model(GTK_TREE_VIEW(ui->treeClass),
10                  GTK_TREE_MODEL(treestore));
11                                            //设置树视图为"树"模式
12    g_object_unref(G_OBJECT(treestore));    //将数据结构托管给树视图
13    renderer = gtk_cell_renderer_text_new();//创建单元格数据类型
14    g_object_set(G_OBJECT(renderer), "foreground", "red", NULL);
15                                            //设置单元格前景颜色
16    column = gtk_tree_view_column_new_with_attributes("分类",
17                                            //标题栏名称
18                    renderer,
19                                            //标题栏管理的单元格数据
20                    "text",//字段类型
```

```
21                                               0, //读取树数据结构的字段位置
22                                               NULL);
23      gtk_tree_view_append_column(GTK_TREE_VIEW(ui->treeClass),
24                      column);                  //将标题栏添加到树视图
25    }
```

创建树数据结构时，gtk_tree_store_new()函数设置了节点上的字段。每个节点有一个字符串类型的数据和一个整型数据，前者放置要显示的字段，后者放置节点所属类型。媒体库的分类方法有 3 种，分别是按艺术家分类、按专辑分类和按流派分类。节点上的第 2 个字段将影响到树数据结构的最后一层，就是具体每个被显示的字段所属类型，如图 27.29 所示。

树数据结构被传递给树视图，这样树视图的模式就成为"树"模式。g_object_unref() 函数的作用是将树数据结构交由树视图托管，树视图被销毁时，该数据结构也被一并销毁。

创建标题栏时将设置单元格的标题和其中的字段。gtk_tree_view_column_new_with_at- tributes()函数用于创建标题栏，它的参数位数不固定。本例的参数中，第 1 个是标题栏显示的名称，显示的是"分类"。第 2 个是与标题栏相关的单元格，它规定了标题栏的格式。第 3 个是字段类型，该参数与要显示的字段有关。第 4 个是读取树数据结构的字段位置，前面创建树数据结构的节点有 2 个字段，这里读取的是第 1 个字段，编号为 0。最后一个参数为 NULL，表示参数列表介绍。

图 27.29　树数据结构中的节点

需要注意的是，树数据结构上的节点中有两个字段，但是 gtk_tree_view_column_new_ with_attributes()函数只引用了其中第 1 个字段。第 2 个字段节点所属类型不会被显示，因为用户使用时不关心这个字段的值，该字段只在程序内部运行中起作用。

（6）为分类树视图添加数据。分类树视图初始化时，GtkTreeStore 类型的树数据结构已被装入在其内。在分类树视图添加或修改数据均需要通过该数据结构的操作实现。新建一个 treeClass_data()函数封装添加数据的操作，这个函数被复用的次数比较多。代码如下：

```
01   void treeClass_data(link_t *mlink, InterFace *ui)
02                                          //函数的参数列表
03   {
04      GtkTreeStore *treestore;             //声明树数据结构指针
05      treestore(GtkTreeStore*)gtk_tree_view_get_model(GTK_TREE_VIEW(ui->
```

```
                                          //从树视图中提取树数据结构的地址
06    gtk_tree_store_clear(treestore);     //清除树数据结构的所有节点
07    const char *classtype[3] = {"艺术家", "专辑", "流派"};
08                                          //定义分类名字符串
09    char *subclass, **subclass_sets, **subclass_tmp;
10                                          //用于子分类的字符串指针
11    int i, j, k, n;                       //循环控制变量
12  kTreeIter grandson;                     //树数据结构的底层节点
```

首先定义函数的参数列表和相关的数据类型。gtk_tree_view_get_model()函数的作用是从树视图中提取出树数据结构，gtk_tree_store_clear()函数清理数据结构中的所有节点。媒体库的分类方法的名称被放在字符串数组 classtype[]中，目的是方便创建节点时引用。

添加树数据结构的底层节点时要考虑一个问题，多个媒体文件可能同属一个"艺术家"、"专辑"或"流派"下的子类，那么只用添加一个子类的名称。代码中定义的 4 个循环变量 i、j、k 和 n 将起到重要作用。i 用于在分类中循环，j 用于累计新增的子类。k 用于在子类字符串的数组中循环，n 用于表示遍历时发现存在同名的子类。代码如下：

```
01    gtk_tree_store_append(treestore, &iter, NULL);//添加顶层节点
02    gtk_tree_store_set(treestore, &iter, 0, "全部", 1, -1, -1);
03                                          //设置顶层节点的名称
04    for (i = 0; i < 3; i++) {             //循环添加 3 个分类和底层节点
05      j = 0;                              //设置底层节点数
06  gtk_tree_store_append(treestore, &child, &iter);
07                                          //添加第 2 层节点，即分类方法
08      gtk_tree_store_set(treestore, &child, 0, classtype[i], 1, -1,-1);
09                                          //设置分类方法的名 10   称
11      if (mlink->length) {               //判断媒体库链表长度不为 0
12        while(endnode) {                 //遍历媒体库链表
13          switch (i) {                   //选择分类
14            case 0:                      //分类为"艺术家"
15              subclass = endnode->item.atrist;//选择底层节点所用字符串
16              break;
17            case 1:                      //分类为"专辑"
18              subclass = endnode->item.album; //选择底层节点所用字符串
19              break;
20            case 2:                      //分类为"流派"
21              subclass = endnode->item.genre; //选择底层节点所用字符串
22          }
```

上述代码中首先增加了树数据结构的顶端节点，该节点的名称为"全部"，子类的类型为–1。然后，循环为 3 个分类添加第 2 层节点，节点的名称为分类名，子类的类型为–1。树数据结构的前 2 层的子类都被设为–1，因为它们的作用只是展开下一层分类，而不影响媒体文件信息树视图。最后，开始遍历媒体库链表，根据分类的不同，读取链表上不同的字符串。代码如下：

```
01          if (!j) {                      //判断是否为首次添加底层节点
02  subclass_sets = (char **)malloc(sizeof(char **));
03                                          //为底层节点名称数组分配内存
04            subclass_sets[0] = subclass; //读取底层节点名称
05            j++;                         //累计新增的子类数量
06            n = 0;                       //标记无同名的子类
```

```
07                    }
08                else {                           //如果不是首次添加底层节点则执行
09              for(k = 0, n = 0; k < j; k++) {//在子类字符串的数组中循环
10                  if (!strcmp(subclass_sets[k], subclass)) {
11                                                 //比较当前子类名与数组中的元素
12                        n = 1;                   //如果相同,标记找到同名子类
13                        break;                   //退出循环
14                  }
15                }
16              if (!n) {                          //判断是否找到无同名的子类
17                  subclass_tmp = (char **)malloc(sizeof(char **) * (j + 1));
18                                                 //为临时数组分配内存
19                  for(k = 0; k < j; k++)         //复制底层节点名称到临时数组
20                  subclass_tmp[k] = subclass_sets[k];
21                subclass_tmp[j] = subclass;      //复制当前子类名到临时数组末端
22                  j++;                           //累计新增的子类数量
23                  free(subclass_sets);           //释放底层节点名称数组
24                  subclass_sets = subclass_tmp;//将临时数组传给底层节点名称数组
25              }
26            }
```

遍历到媒体库链表第 1 个节点时,因为底层节点名称数组还未被初始化,所以肯定不存在相同名称的子类。代码中通过判断变量 j 是否为 0 确定是否为第 1 个节点,如果是,则为底层节点名称数组 **subclass_sets 分配内存,并且将当前子类名复制到数组中。

如果不是第 1 个节点,就需要判断底层节点名称数组中是否存在相同的节点名称。本例使用的方法是通过 strcmp()函数循环比较子类名与数组中的字符串,如果找到同名,标记变量 n 为 1。

当找到新的子类时,变量 n 的值应该为 0。通过条件语句判断 n 是否为 0,如果是,则执行条件语句块。这时需要考虑增加底层节点名称数组的长度,并且追加数据到数组末端。方法为,先创建比原数组要多一个元素临时数组,为其动态分配内存空间,首地址赋给指针 **subclass_tmp。然后将原数组 **subclass_sets 内的元素复制到临时数组,再追加当前子类名到临时数组。最后释放原数组的空间,将临时数组的首地址传递给原数组,临时数组就成为了底层节点名称数组。代码如下:

```
01          if (!n) {                           //判断是否找到无同名的子类
02            gtk_tree_store_append(treestore, &grandson, &child);
03                                              //添加底层节点,即子类
04            gtk_tree_store_set(treestore,     //树数据结构的地址
05                        &grandson,            //底层节点的地址
06                        0,                    //第 1 个字段
07                        subclass,             //子类的名称
08                        1,                    //第 2 个字段
09                        i,                    //子类的类型
10                        -1);                  //结束设置底层节点的类型
11          }
12        endnode = endnode->p;                 //媒体库链表向前推进一步
13      }
```

每轮媒体库链表的遍历结束前,如果找到了不同名的子类,则将该子类添加到树视图的树数据结构中。代码如下:

```
            free(subclass_sets);               //释放底层节点名称数组
            endnode = mlink->np;               //重置媒体库链表指针到链表首端
        }
    }
}
```

每轮分类添加结束前，首先要释放底层节点名称数组所占用的内存空间。这样，在下一轮循环时可创建新的底层节点名称数组。另外还要重置媒体库链表指针到链表首端，下一轮循环将从首端开始遍历媒体库链表。

（7）初始化媒体文件信息树视图。设计一个函数，该函数的作用是创建一个列表数据结构，并设置树视图的模式为"列表"。然后创建树视图的标题栏，该标题栏中将有多个字段。代码如下：

```
01  void treeMedialib_init(link_t *mlink, InterFace *ui)
02                                              //初始化媒体文件信息树视图
03  {
04    GtkListStore *liststore;                 //声明列表数据结构指针
05    liststore = gtk_list_store_new(6,        //创建有 6 个字段的列表
06                        G_TYPE_STRING,       //设置列表中字段的数据类型
07                        G_TYPE_STRING,
08                        G_TYPE_STRING,
09                        G_TYPE_STRING,
10                        G_TYPE_UINT,
11                        G_TYPE_STRING);
12    gtk_tree_view_set_model(GTK_TREE_VIEW(ui->treeMedialib),
13                        GTK_TREE_MODEL(liststore));//设置树视图的模式为列表
14    g_object_unref(G_OBJECT(liststore));     //将数据结构托管给树视图
15    GtkCellRenderer *renderer;               //声明单元格数据类型
16    renderer = gtk_cell_renderer_text_new();//创建单元格
17    gtk_tree_view_insert_column_with_attributes(GTK_TREE_VIEW(ui->treeMe-
      dialib),-1, "标题", renderer, "text", 0, NULL);        //添加标题行
18    gtk_tree_view_insert_column_with_attributes(GTK_TREE_VIEW(ui->treeMe-
      dialib),-1, "艺术家", renderer, "text", 1, NULL);
19    gtk_tree_view_insert_column_with_attributes(GTK_TREE_VIEW(ui->treeMe-
      dialib),-1, "专辑", renderer, "text", 2, NULL);
20    gtk_tree_view_insert_column_with_attributes(GTK_TREE_VIEW(ui->treeMe-
      dialib),-1, "流派", renderer, "text", 3, NULL);
21    gtk_tree_view_insert_column_with_attributes(GTK_TREE_VIEW(ui->treeMe-
      dialib),-1, "记录时间", renderer, "text", 4, NULL);
}
```

与分类树视图不同的是，媒体文件信息树视图中使用的数据结构为列表。每个列表节点有 6 个字段，与数据库和媒体库链表中的文件信息相同。然后用 gtk_tree_view_insert_column_with_attributes()函数添加了 5 个标题列，该函数能创建标题栏，并设置标题栏中的数据。对于列数比较多的树视图来说，该函数使用起来比 gtk_tree_view_column_new_with_attributes()函数与 gtk_tree_view_append_column()函数的组合要方便一些。

列表节点的第 6 个字段用于放置媒体文件的路径，但是因为用户并不会太关心该数据，所以没有添加标题将它显示出来。该字段只用于内部操作。

（8）为媒体文件信息树视图添加数据。媒体文件信息树视图和分类树视图的区别只是使用了不同的数据结构，但添加数据的原理是一样的。只要得到树视图中的数据结构指针，并且为该数据结构增加节点即可。代码如下：

```
01   void treeMedialib_data(link_t *mlink, InterFace *ui)
02                                        //为媒体文件信息树视图添加数据
03   {
04      node_t *endnode;                  //用于遍历媒体库链表
05      endnode = mlink->np;              //指向媒体库链表首端
06      GtkListStore *liststore;          //声明列表数据结构指针
07      liststore=(GtkListStore*)gtk_tree_view_get_model(GTK_TREE_VIEW(ui->
        treeMedialib));                   //从树视图中读取列表数据结构地址
08      gtk_list_store_clear(liststore);  //清除列表中的所有节点
09      GtkTreeIter iter;                 //创建列表节点
10      if (mlink->length) {              //判断媒体库链表长度是否不为 0
11         while(endnode) {               //遍历媒体库链表
12            gtk_list_store_append(GTK_LIST_STORE(liststore), &iter);
13            gtk_list_store_set(GTK_LIST_STORE(liststore), &iter,
14                                        //添加节点到列表数据结构
15                     0, endnode->item.title,//标题
16                     1, endnode->item.atrist,//艺术家
17                     2, endnode->item.album,//专辑
18                     3, endnode->item.genre,//分类
19                     4, (unsigned int) endnode->item.record_time,
20                                        //记录时间
21                     5, endnode->item.filepath,
22                                        //文件路径
23                     -1);              //结束
24            endnode = endnode->p;        //媒体库链表向前推进一步
25         }
26      }
27   }
```

为了便于复用，该函数首先将清除列表中的所有节点。然后遍历媒体库链表，将媒体库链表节点中的数据复制给列表节点，最后添加列表节点。

（9）显示媒体库对话框。创建函数 medialib_ui_show()，该函数将调用前面 4 个步骤中创建的函数为媒体库对话框中的树视图初始化和添加数据。代码如下：

```
01   void medialib_ui_show(link_t *mlink, InterFace *ui)
02                                        //显示媒体库对话框
03   {
04      static int has_init = 0;          //用于标识是否已初始化
05      if (!has_init) {                  //如果没有初始化，执行判断体
06         treeClass_init(mlink, ui);     //初始化分类树视图
07         treeClass_data(mlink, ui);     //为分类树视图添加数据
08         treeMedialib_init(mlink, ui);  //初始化媒体文件信息树视图
09         treeMedialib_data(mlink, ui);  //为媒体文件信息树视图添加数据
10         has_init = 1;                  //标记对话框已初始化
11      }
12      gtk_widget_show(ui->diaMedialib); //显示媒体库对话框
13   }
```

在媒体库对话框初始显示时，需要对其中的分类树视图进行初始化。但是再次显示时则要避免执行初始化相关的代码，因此设置了一个静态整型变量 has_init。第 1 次执行了初始化代码，则将 has_init 变量的值设为 1，再次执行时就会跳过初始化代码。

（10）在核心控制模块函数中添加处理显示媒体库指令的相关代码。代码如下：

```
case MEDIALIB_SHOW:                          //显示媒体库指令
    medialib_ui_show(mlink, data);          //显示媒体库对话框
    break;
```

现在，显示媒体库对话框的相关代码已齐备。在主界面中已经可以打开媒体库对话框，并且显示来自数据库的数据，如图 27.30 所示。

图 27.30　在媒体库对话框中显示数据

27.11.3　添加文件

向媒体库添加文件操作需要用到文件选择对话框。该对话框的地址不用传递给界面的数据结构，相关的创建代码可在添加按钮的回调函数中实现。其他操作均可用以前实现的代码来完成。下面介绍实现添加文件功能的步骤。

（1）修改 **create_diaMedialib()**函数，为添加按钮连接回调函数。代码如下：

```
g_signal_connect(G_OBJECT(tlbAdd), "clicked",
                G_CALLBACK(on_tlbAdd_clicked), ui);
            //为 tlbAdd 按钮连接回调函数
```

（2）实现回调函数 **on_tlbAdd_clicked()**，代码中将创建文件选择对话框，运行结束时销毁该对话框。代码如下：

```
01  void on_tlbAdd_clicked(GtkWidget *btMedialib, InterFace *ui)
02                                               //tlbAdd 按钮的回调函数
03  {
04      GtkWidget *dialog;                       //用于文件选择对话框
05      dialog = gtk_file_chooser_dialog_new ("选择媒体文件",
06                                           //对话框标题
07              GTK_WINDOW(ui->diaMedialib),     //父窗口
08              GTK_FILE_CHOOSER_ACTION_OPEN,    //对话框的类型为打开文件
09              GTK_STOCK_CANCEL, GTK_RESPONSE_CANCEL,
10                                           //取消按钮
11              GTK_STOCK_OPEN, GTK_RESPONSE_ACCEPT,//打开按钮
12              NULL);                           //创建文件选择对话框
13      GtkFileFilter *filefilter;               //用于保存过滤器的地址
14      filefilter = gtk_file_filter_new();      //创建过滤器
15      gtk_file_filter_set_name(filefilter, "mp3");//设置过滤器名称
```

```
16    gtk_file_filter_add_pattern(filefilter, "*.mp3");
17                                                    //设置过滤器的条件
18    gtk_file_chooser_add_filter(GTK_FILE_CHOOSER(dialog),
19                    filefilter);                    //将过滤器添加到对话框
20    if (gtk_dialog_run (GTK_DIALOG (dialog)) == GTK_RESPONSE_ACCEPT)
21    {                                               //以模式方式运行对话框
22       char *filename;                              //用于保存选择的文件名
23      filename = gtk_file_chooser_get_filename (GTK_FILE_CHOOSER (dialog));
                                                      //获取选择的文件名
24   main_core(MEDIALIB_ADD_FILE, filename);
25                                                    //调用核心控制模块，添加文件
26   main_core(MEDIALIB_BRUSH, ui);
27                                                    //调用核心控制模块，刷新媒体库界面
28       g_free (filename);                           //释放文件名的内存空间
29    }
30    gtk_widget_destroy (dialog);                    //销毁文件选择对话框
31 }
```

回调函数中创建了一个文件选择对话框，并在对话框上放置了两个按钮。为了避免用户选择其他类型的文件，对话框创建后，新创建了一个过滤器对象。过滤器的名称为 mp3，规则为*.mp3，表示只有后缀为 mp3 的文件被显示。然后将过滤器加入到文件选择对话框中的文件选择对象中，并以模式方式运行对话框，如图 27.31 所示。

图 27.31　含过滤器的文件选择对话框

当用户按下了打开按钮，函数将两次向核心控制模块传递指令。MEDIALIB_ADD_FILE 指令表示向媒体库添加文件，MEDIALIB_BRUSH 指令表示刷新媒体库。

（3）修改核心控制模块，处理 MEDIALIB_ADD_FILE 指令。代码如下：

```
case MEDIALIB_ADD_FILE:
  medialib_add(mlink, data);                  //向媒体库添加数据
  break;
```

（4）创建 medialib_add()函数。核心控制模块收到 MEDIALIB_ADD_FILE 指令时，将调用该函数。该函数的作用有两个，将文件添加到媒体库链表和将文件信息添加到数据库。代码如下：

```
01  void medialib_add(link_t *mlink, const char *file)
02                                             //向媒体库添加数据
```

```
03   {
04      node_t *endnode;                               //媒体库链表节点指针
05      endnode = mlink->np;                           //指向首端节点
06      link_add(mlink, file);                         //将文件添加到媒体库链表
07      endnode = link_to_end(endnode);                //遍历到媒体库链表末端节点
08      medialib_insert(endnode);                      //将末端节点插入到数据库
09   }
```

函数中使用了前面创建的 link_add()函数向媒体库链表末端插入节点，同时读出媒体文件信息。然后遍历到媒体库链表的末端，将末端节点传递给 medialib_insert()函数。该函数是在设计数据库时创建的，作用是将节点的信息保存入数据库。

（5）修改核心控制模块，处理 MEDIALIB_BRUSH 指令。代码如下：

```
case MEDIALIB_BRUSH:
  treeClass_data(mlink, data);                        //刷新媒体库对话框分类树视图
  treeMedialib_data(mlink, data);                     //刷新媒体库对话框文件选择树视图
  break;
```

treeClass_data()函数和 treeMedialib_data()函数是在显示媒体库部分设计的，在这里被复用，而且将来还会反复使用。现在，按下媒体库中的添加按钮并选择文件后，新文件信息将被添加到树视图和数据库中。

27.11.4　添加目录

添加目录操作比添加文件操作实现起来略微复杂一些，因为要处理将多个文件传递到数据库中的操作。下面介绍实现步骤。

（1）修改 create_diaMedialib()函数，为添加目录按钮连接回调函数。代码如下：

```
g_signal_connect(G_OBJECT(tlbAdddir), "clicked",
G_CALLBACK(on_tlbAdddir_clicked), ui);
 //为 tlbAdddir 按钮连接回调函数
```

（2）实现回调函数 on_tlbAdddir_clicked()，代码中将创建文件选择对话框，运行结束时销毁该对话框。代码如下：

```
01   void on_tlbAdddir_clicked(GtkWidget *btMedialib, InterFace *ui)
02                                                     //tlbAdddir 按钮的回调函数
03   {
04      GtkWidget *dialog;                             //用于文件选择对话框
05      dialog = gtk_file_chooser_dialog_new ("选择媒体目录",
06                                                     //对话框标题
07               GTK_WINDOW(ui->diaMedialib),//父窗口
08               GTK_FILE_CHOOSER_ACTION_SELECT_FOLDER,
09                                                     //对话框的类型为选择目录
10               GTK_STOCK_CANCEL, GTK_RESPONSE_CANCEL,
11                                                     //取消按钮
12               GTK_STOCK_OPEN, GTK_RESPONSE_ACCEPT,
13                                                     //打开按钮
14               NULL);                                //创建文件选择对话框
15      if (gtk_dialog_run (GTK_DIALOG (dialog)) == GTK_RESPONSE_ACCEPT)
16      {                                              //以模式方式运行对话框
```

```
17          char *pathname;                        //用于保存选择的目录路径
18          pathname = gtk_file_chooser_get_filename (GTK_FILE_CHOOSER
            (dialog));                             //获取选择的文件名
19   main_core(MEDIALIB_ADD_DIR, pathname);
20                                                 //调用核心控制模块，添加目录路径
21          main_core(MEDIALIB_BRUSH, ui);         //调用核心控制模块，刷新媒体库界面
22          g_free (pathname);                     //释放目录路径名的内存空间
23      }
24      gtk_widget_destroy (dialog);               //销毁文件选择对话框
25  }
```

函数中将文件选择对话框的类型设置为选择目录，对话框只能选择目录的名称。然后两次调用核心控制模块，第 1 次传递向媒体库添加目录指令，第 2 次传递刷新媒体库界面指令。因为刷新媒体库界面指令已实现，因此后面只用添加处理向媒体库连接目录指令的代码。

（3）修改核心控制模块，处理 MEDIALIB_ADD_FILE 指令。代码如下：

```
case MEDIALIB_ADD_FILE:
   medialib_add_dir(mlink, data);                              //向媒体库添加数据
   break;
```

（4）创建函数 medialib_add_dir()，该函数的作用是将目录中的文件添加到媒体库链表，并且再将新增加节点上的数据保存到数据库。代码如下：

```
01   void medialib_add_dir(link_t *mlink, const char *file)
02   {
03      node_t *endnode;                        //用于保存操作前的末端节点
04      endnode = link_to_end(mlink->np);       //指向操作前的末端节点
05      link_add_dir(mlink, file);              //添加目录中文件信息到媒体库链表
06      endnode = endnode->p;                   //取得操作后新增加的第 1 个节点
07      while(!endnode) {                       //从新增加的第 1 个节点开始向后遍历
08         medialib_insert(endnode);            //将新增节点的数据写入数据库
09         endnode = endnode->p;
10      }
11   }
```

函数中使用了 link_add_dir() 函数将目录下所有媒体文件添加到媒体库链表。link_add_dir() 函数会将新找到的媒体文件加入到原有链表节点后，因此在调用前，首先保存末端节点的地址到 endnode 指针中。添加新的节点后，只用从 endnode 指针指向的节点向后遍历，即可得到新添加节点的地址。然后，将所有新添加的节点保存到数据库中。

27.11.5 删除文件信息

删除媒体文件信息比较简单的流程为先在数据库中删除指定项目，然后重新读取数据库，最后刷新树视图。下面是该流程的实现方法。

（1）修改 create_diaMedialib()函数，为删除按钮连接回调函数。代码如下：

```
g_signal_connect(G_OBJECT(tlbDel), "clicked",
            G_CALLBACK(on_tlbDel_clicked), ui);
            //为 tlbDel 按钮连接回调函数
```

（2）创建回调函数 on_tlbDel_clicked()，该函数将从树视图中读取被选择的数据，然后传递到核心控制模块进行处理。代码如下：

```
01  void on_tlbDel_clicked(GtkWidget *btMedialib, InterFace *ui)
02  {
03      GValue value = {0};                   //用于保存被选择数据
04      GtkTreeIter iter = {0};               //列表数据结构上的节点
05      GtkListStore *liststore;              //列表数据结构
06      GtkTreeSelection *selection;          //树视图选区对象
07      char filename[MAX_FILE_LENGTH];      //用于保存操作的文件路径
08      GtkWidget *dialog;                    //用于保存对话框地址
09      liststore=(GtkListStore*)gtk_tree_view_get_model(GTK_TREE_VIEW(ui->
        treeMedialib));                    //获得树视图中的列表数据结构地址
10      selection=gtk_tree_view_get_selection(GTK_TREE_VIEW(ui->treeMedialib));
11                                          //获得树视图中被选择的对象
12      if (gtk_tree_selection_count_selected_rows (selection)) {
13                                          //判断选择的行数是否不为 0
14          gtk_tree_selection_get_selected(selection,
15                                  (GtkTreeModel**) &liststore,
16                                  &iter);
17                                          //读取被选择的节点
18          gtk_tree_model_get_value(GTK_TREE_MODEL(liststore),
19                          &iter,
20                          5,          //节点上字段编号
21                          &value); //读取选择的数据
22  strcpy(filename, g_value_get_string(&value));
23                                          //将被选择的数据传递到文件路径字符串
24          main_core(MEDIALIB_DEL, filename);//传送删除文件指令到核心控制模块
25          main_core(MEDIALIB_BRUSH, ui);//传送刷新树视图指令到核心控制模块
26      }
27      else {                              //当选择的行数为 0 时执行判断体
28          dialog = gtk_message_dialog_new (GTK_WINDOW(ui->diaMedialib),
29                          GTK_DIALOG_MODAL,
30                          GTK_MESSAGE_ERROR,
31                          GTK_BUTTONS_CLOSE,
32  "未选择媒体文件");
33          //创建对话框
34  gtk_dialog_run (GTK_DIALOG (dialog));
35                                          //以模式方式运行对话框
36          gtk_widget_destroy (dialog); //销毁对话框
37      }
38  }
```

上述代码中创建了 GValue 和 GtkTreeSelection 数据类型，分别用于保存被选择的数据和选区对象。然后使用 gtk_tree_view_get_selection()函数获得媒体信息树视图中的选区对象。如果已选择了项目，则选区的行数不为 0。因此代码中使用 gtk_tree_selection_count_selected_rows()函数获得选择的行数，再以此行数为参考。如果已选择了项目，读取媒体文件的路径传递给核心控制模块，删除指定文件的信息。否则，创建一个错误消息对话框，告知用户未选择媒体文件。

（3）修改核心控制模块，处理 MEDIALIB_DEL 指令。代码如下：

```
case MEDIALIB_DEL:
    medialib_del(mlink, data);              //从媒体库删除一个文件信息
```

```
      break;
```

（4）创建 medialib_del()函数。该函数的作用是从数据库中删除指定文件信息，然后从数据库中重新读取数据到媒体库链表中。代码如下：

```
01    void medialib_del(link_t *mlink, const char *file)
02    {
03        node_t *res = NULL;              //用于保存查找结果的节点指针
04        link_find(mlink, BY_FILEPATH, file, &res);
05                                         //在链表中查找文件
06        medialib_delete(res);            //在数据库中删除指定文件信息
07        if(!res)
08          free(res);                     //释放查找结果
09        load_medialib(mlink, 0);         //重新读取数据库中的媒体文件信息到链表
10    }
```

函数中首先创建了一个用于保存查找结果的节点指针 res，link_find()函数将在媒体库链表中查找指定文件，并且为 res 指针分配内存空间，保存查找到的节点到 res 中。medialib_delete()函数删除数据库中的指定项目，然后可以释放 res 指针。这时媒体库链表并没修改，load_medialib()函数重新在数据库中读取数据，并修改媒体库链表上的数据。待MEDIALIB_BRUSH 指令被核心控制模块处理后，媒体库对话框上的信息就会被刷新。

27.11.6　删除所有文件信息

删除所有文件信息实现的思路是先删除数据库中的所有节点，然后重新读入数据库。这时读入的链表长度为 0，达到了删除掉的目的。下面是实现步骤。

（1）修改 create_diaMedialib()函数，为删除全部按钮连接回调函数。代码如下：

```
g_signal_connect(G_OBJECT(tlbDelall), "clicked",
              G_CALLBACK(on_tlbDelall_clicked), ui);
              //为 tlbDelall 按钮连接回调函数
```

（2）创建回调函数 on_tlbDelall_clicked()，该函数将传递删除媒体库中所有信息和刷新树视图指令到核心控制模块进行处理。代码如下：

```
01    void on_tlbDelall_clicked(GtkWidget *btMedialib, InterFace *ui)
02    {
03        GtkWidget *dialog;
04        dialog = gtk_message_dialog_new (GTK_WINDOW(ui->diaMedialib),
05                                  GTK_DIALOG_MODAL,
06                                  GTK_MESSAGE_QUESTION,
07                                  GTK_BUTTONS_YES_NO,
08                                  "是否删除媒体库中所有文件信息？");
09                                         //创建消息对话框
10        if(gtk_dialog_run(GTK_DIALOG(dialog)) == GTK_RESPONSE_YES) {
11                                         //模式方式运行对话框
12          main_core(MEDIALIB_DEL_ALL, ui); //传递删除媒体库中所有信息指令
13          main_core(MEDIALIB_BRUSH, ui);  //传递刷新媒体库对话框数据指令
14        }
15        gtk_widget_destroy (dialog);      //销毁对话框
16    }
```

为了避免用户错误使用删除全部操作，回调函数中创建了一个消息对话框。该对话框提供了"是"和"否"两个按钮，当用户选择"是"按钮时，向核心控制模块传递相关指令。

（3）修改核心控制模块，处理 MEDIALIB_DEL_ALL 指令。代码如下：

```
case MEDIALIB_DEL_ALL:
  medialib_del_all(mlink, data);        //从媒体库删除所有文件信息
  break;
```

（4）创建 medialib_del_all()函数。代码如下：

```
void medialib_del_all(link_t *mlink, InterFace *ui)
{
  medialib_delete_all();                //删除数据库中所有媒体文件信息数据
  load_medialib(mlink, 0);              //从数据库重新读入媒体库链表
}
```

27.11.7　搜索本地文件

搜索本地文件主要会用到在设计媒体库链表数据结构时创建的 link_search()函数。该函数将遍历计算机中整个文件系统，并且将找到的 MP3 文件加入媒体库链表。

（1）修改 create_diaMedialib()函数，为"搜索本地媒体文件"按钮连接回调函数。代码如下：

```
g_signal_connect(G_OBJECT(tlbSearch), "clicked",
          G_CALLBACK(on_ tlbSearch_clicked), ui);
          //为tlbSearch按钮连接回调函数
```

（2）创建回调函数 on_tlbSearch_clicked()，该函数将创建一个对话框询问用户是否进行搜索本地文件操作。如果用户选择是，则发送相关指令到核心控制模块。代码如下：

```
01  void on_tlbSearch_clicked(GtkWidget *btMedialib, InterFace *ui)
02  {
03    GtkWidget *dialog;
04    dialog = gtk_message_dialog_new (GTK_WINDOW(ui->diaMedialib),
05                          GTK_DIALOG_MODAL,
06                          GTK_MESSAGE_QUESTION,
07                          GTK_BUTTONS_YES_NO,
08                          "是否开始搜索？")
09                                            ;//创建消息对话框
10    if(gtk_dialog_run(GTK_DIALOG(dialog)) == GTK_RESPONSE_YES) {
11                                            //模式方式运行对话框
12      main_core(MEDIALIB_SEARCH, ui);        //传递搜索本地媒体文件指令
13      main_core(MEDIALIB_BRUSH, ui);         //传递刷新媒体库对话框数据指令
14    }
15    gtk_widget_destroy (dialog);             //销毁对话框
16  }
```

（3）修改核心控制模块，处理 MEDIALIB_SEARCH 指令。代码如下：

```
case MEDIALIB_SEARCH:
  medialib_search(mlink, data);            //从媒体库删除一个文件信息
  break;
```

（4）创建 medialib_search() 函数。代码如下：

```
01   void medialib_search (link_t *mlink, const char *file)
02   {
03      node_t *endnode;                          //用于保存操作前的末端节点
04      endnode = link_to_end(mlink->np);         //指向操作前的末端节点
05      link_search(mlink);                       //添加目录中文件信息到媒体库链表
06      endnode = endnode->p;                     //取得操作后新增加的第 1 个节点
07      while (!endnode) {                        //从新增加的第 1 个节点开始向后遍历
08         medialib_insert(endnode);              //将新增节点的数据写入数据库
09         endnode = endnode->p;
10      }
11   }
```

该函数的实现原理与添加目录到媒体库的实现原理是相同的，唯一区别在于使用 link_search() 函数搜索本地所有媒体文件信息。

27.11.8　传递到播放列表

媒体库对话框中的"传递到播放列表"按钮作用是将媒体库链表中的节点传递到播放列表链表中。用户可通过该按钮向播放列表添加数据，播放媒体库中指定的媒体文件。下面介绍实现该操作的步骤。

（1）修改 create_diaMedialib() 函数，为"传递到播放列表"按钮连接回调函数。代码如下：

```
g_signal_connect(G_OBJECT(tlbSendto), "clicked",
             G_CALLBACK(on_tlbSendto_clicked), ui);
             //为 tlbSendto 按钮连接回调函数
```

（2）创建回调函数 on_tlbSendto_clicked()，该函数将获得树视图中被选中的文件路径，并传递到核心控制模块。代码如下：

```
01   void on_tlbSendto_clicked(GtkWidget *btMedialib, InterFace *ui)
02   {
03      GValue value = {0};                       //用于保存被选择数据
04      GtkTreeIter iter = {0};                   //列表数据结构上的节点
05      GtkListStore *liststore;                  //列表数据结构
06      GtkTreeSelection *selection;              //树视图选区对象
07      char filename[MAX_FILE_LENGTH];           //用于保存操作的文件路径
08      GtkWidget *dialog;                        //用于保存对话框地址
09      liststore=(GtkListStore*)gtk_tree_view_get_model(GTK_TREE_VIEW(ui->
         treeMedialib));                          //获得树视图中的列表数据结构地址
10      selection=gtk_tree_view_get_selection(GTK_TREE_VIEW(ui->
         treeMedialib));                          //获得树视图中被选择的对象
11      if (gtk_tree_selection_count_selected_rows (selection)) {
12                                                //判断选择的行数是否不为 0
13         gtk_tree_selection_get_selected(selection,
14                         (GtkTreeModel**) &liststore,
15                         &iter);  //读取被选择的节点
16         gtk_tree_model_get_value(GTK_TREE_MODEL(liststore),
17                         &iter,
18                         5,                     //节点上字段编号
```

```
19                                    &value);        //读取选择的数据
20        strcpy(filename, g_value_get_string(&value));
21                                            //将被选择的数据传递到文件路径字符串
22        main_core(MEDIALIB_SEND_TO_PLAYLIST, filename);
23                                            //传送传递到播放列表指令到核心控制模块
24        main_core(MEDIALIB_BRUSH, ui);//传送刷新树视图指令到核心控制模块
25    }
26    else {                            //当选择的行数为 0 时执行判断体
27        dialog = gtk_message_dialog_new (GTK_WINDOW(ui->diaMedialib),
28                                GTK_DIALOG_MODAL,
29                                GTK_MESSAGE_ERROR,
30                                GTK_BUTTONS_CLOSE,
31                                "未选择媒体文件");
32                                            //创建对话框
33    gtk_dialog_run (GTK_DIALOG (dialog));
34                                            //以模式方式运行对话框
35        gtk_widget_destroy (dialog);        //销毁对话框
36    }
37  }
```

该函数首先判断是否选择了媒体文件信息，如果已选择，则取得树视图节点中的文件信息。函数中传递到核心控制模块的指令有两条，第 1 条是传递到播放列表指令，第 2 条是刷新播放列表对话框中的数据。

（3）修改核心控制模块，处理 MEDIALIB_SEND_TO_PLAYLIST 指令。代码如下：

```
case MEDIALIB_SEND_TO_PLAYLIST:
  medialib_sendto (plink, data);                    //向播放列表传递数据
  break;
```

（4）创建 medialib_sendto()，该函数的作用是为播放列表链表添加新节点。代码如下：

```
void medialib_sendto(link_t *plink, const char *file)
{
  link_add(plink, file);                            //为播放列表链表添加新节点
}
```

本例中因为播放列表对话框的操作还未集成，所以不能反映到播放列表上。但是媒体库部分的处理已实现。

27.11.9 查找

查找操作的实现方法是，先使用 link_find()函数找到媒体库链表中与条件匹配的项目，然后将这些项目添加到链表上。最后重新显示树视图。查找操作要用到 3 个界面构件，因此还需要继续扩展界面的数据结构 InterFace。下面介绍实现查找操作的步骤。

（1）修改 InterFace 定义，增加指向查找区域的文本输入框和组合框的指针。代码如下：

```
struct _interface {                        //界面的数据结构
  …
  GtkWidget *etFind;                        //指向用于查找字符串的文本输入框
  GtkWidget *cbbFind;                        //指向用于查找条件的组合框
};
```

（2）修改 create_diaMedialib()函数，将查找操作相关界面构件的地址传递到界面的数

据结构。代码如下：

```
ui->etFind = etFind;                          //传送构件地址到界面的数据结构
ui->cbbFind = cbbFind;
```

（3）修改 create_diaMedialib()函数，为"查找"按钮连接回调函数。代码如下：

```
g_signal_connect(G_OBJECT(btFind), "clicked",
                 G_CALLBACK(on_btFind_clicked), ui);
                 //为 btFind 按钮连接回调函数
```

（4）创建回调函数 on_btFind_clicked()。该函数首先会检查查找条件文本输入框中的字符串长度是否为空，如果为空则将字符串转换为通配符"*"。然后向核心控制模块发送指向进行查找操作和刷新树视图查找。代码如下：

```
01  void on_btFind_clicked(GtkWidget *btMedialib, InterFace *ui)
02  {
03      if (! gtk_entry_get_text_length (GTK_ENTRY(ui->etFind)))
04                                      //判断字符串长度是否为 0
05        gtk_entry_set_text ((GTK_ENTRY(ui->etFind)), "*");
06                                      //设置查找文本输入框中的字符串为*
07      main_core(MEDIALIB_FIND, ui);     //向核心控制模块传递查找指令
08      main_core(MEDIALIB_BRUSH, ui);    //传递刷新媒体库对话框数据指令
09  }
```

在字符串相关操作中，传递空字符串会造成严重的系统错误。因此，进行查找操作前，如果文本输入框构件内的字符串为空，则将其替换为包含通配符"*"的字符串。还需要注意的是，使用单引号包围的字符也会被认为是空字符串，造成系统错误。

（5）修改核心控制模块，处理 MEDIALIB_FIND 指令。代码如下：

```
case MEDIALIB_FIND:
    medialib_find (mlink, data);                //进行查找操作，重建媒体库链表
    break;
```

（6）实现 medialib_find()函数。该函数的作用是从媒体库对话框上的界面构件中取得查找条件，然后进行查找操作。媒体库链表将被改变，链表用于保存查找结果。代码如下：

```
01  void medialib_find(link_t *mlink, InterFace *ui)
02                                      //查找媒体库，并改变媒体库链表
03  {
04      node_t *res = NULL;              //用于保存查找结果
05      find_cond fc;                   //用于保存查找条件
06      const char *str;                //用于保存查找字符串
07      int i, l;                       //用于循环控制变量和匹配数量
08      fc = gtk_combo_box_get_active (GTK_COMBO_BOX(ui->cbbFind));
09                                      //从查找条件组合框中获得查找条件
10      str = gtk_entry_get_text(GTK_ENTRY(ui->etFind));
11                                      //获得查找字符串
12      load_medialib(mlink, 0);        //重新从数据库读取链表
13      l = link_find(mlink, fc, str, &res); //在媒体库链表中进行查找
14      link_del_all(mlink);            //删除原来的媒体库链表所有节点
15      for(i = 0; i < l; i++)          //以查找结果次数循环
16      link_add(mlink, (res + i)->item.filepath);
17                                      //将查找结果添加到媒体库链表中
```

```
18    if (res)
19        free(res);                          //释放查找结果的内存空间
20 }
```

在查找操作前，先要用 load_medialib()函数重新读取数据库中保存的媒体库链表。这是因为每次进行查找操作后，媒体库链表都被重置。而再次进行查找操作时，如果不重新读取数据库中的媒休库链表，所得到的数据就不准确。查找的结果被放置在媒体库链表节点组成的动态数组中，为了重置媒体库链表，可调用 link_del_all()函数清除链表中的所有节点。然后依次使用 link_add()函数将查找结果添加到链表中。

27.12　播放列表功能的集成

播放列表功能集成需要考虑到 M3U 文件支持和播放控制模块之间的互动。播放列表虽然不进行数据库操作，但是要能将播放列表中的数据保存到 M3U 文件中，或者从 M3U 文件读取数据到播放列表。播放列表的设计目的是能够使播放控制模块以播放列表中的顺序进行播放，因此实现时要考虑两者的数据传递。播放列表大部分操作以对播放列表的数据访问为主。播放列表对话框上要能显示出当前播放的媒体在播放列表中的位置。

27.12.1　初始化

播放列表的初始化操作是在主函数中创建播放列表链表，然后将链表的地址传递到核心控制模块中。下面介绍实现步骤。

（1）修改主函数，在创建播放列表链表后，增加一条对核心控制模块的调用。代码如下：

```
main_core(GENERAL_PLAYLIST_INIT, &plink);    //核心控制模块初始化播放列表
```

（2）在核心控制模块中创建指向播放列表链表的指针，用于核心控制模块保存播放列表链表的入口。代码如下：

```
static link_t *plink;                        //声明静态播放列表链表指针
```

（3）在核心控制模块函数的 switch 选择结构中，增加对 GENERAL_PLAYLIST_INIT 指令处理的代码。代码如下：

```
case GENERAL_PLAYLIST_INIT:                  //播放列表初始化指令
  mlink = (link_t *) data;                   //强制转换参数的数据类型
  break;
```

这段代码中，data 参数是从主函数中传递过来的。转换 data 参数的类型并复制给播放列表链表指针后，核心控制模块中就保存了播放列表链表的入口。

27.12.2　显示播放列表对话框

媒体播放器主界面上的"播放列表"按钮用于操纵播放列表对话框的显示。操作流程

为，当"播放列表"按钮按下时，回调函数判断播放列表对话框是否已显示。如果播放列表对话框没有显示，则传送显示播放列表指令到核心控制模块。核心控制模块调用指定函数，判断播放列表对话框是否已初始化，如果没有则先进行初始化，最后显示出播放列表对话框。下面介绍显示播放列表对话框操作实现的步骤。

（1）修改界面数据结构，为播放列表对话框中的树视图添加指针。代码如下：

```
typedef struct _interface InterFace;        //定义界面数据结构的类型
struct _interface {                          //定义界面数据结构
  …
  GtkWidget *treePlaylist;                   //播放列表对话框上的树视图
}
```

（2）修改 create_diaPlaylist()函数。在播放列表树视图创建后，将其地址传递到界面数据结构 ui。另外，在函数末端为关闭对话框事件连接回调函数。代码如下：

```
ui->treePlaylist = treePlaylist;            //传递播放列表树视图地址
…
g_signal_connect(G_OBJECT(diaPlaylist), "delete_event",
           G_CALLBACK(gtk_widget_hide), NULL);
                                            //为关闭对话框事件连接回调函数
```

（3）修改 create_winMain()函数，为"播放列表"按钮连接回调函数 on_btPlaylist_clicked()。代码如下：

```
g_signal_connect ((gpointer) btPlaylist, "clicked",
           G_CALLBACK (on_ btPlaylist _clicked),
           ui);                             //为媒体库按钮连接回调函数
```

（4）在回调函数中向核心控制模块传递显示媒体库指令。代码如下：

```
01  void on_ btPlaylist _clicked(GtkWidget * btPlaylist, InterFace *ui)
02                                           //播放列表按钮的回调函数
03  {
04    gboolean visibel;                      //用于保存播放列表对话框显示状态
05    g_object_get(GTK_WINDOW(ui->diaPlaylist), "visible",
06            &visibel, NULL);               //读取播放列表对话框显示状态
07    if (!visibel)                          //判断对话框是否未显示
08      main_core(MEDIALIB_SHOW, ui);        //传递显示播放列表指令
09  }
```

该函数将判断播放列表对话框是否已经显示。如果没有显示，函数会传递显示播放列表指令到核心控制模块，否则不进行任何操作。

（5）初始化播放列表信息树视图。创建 treePlaylist_init()函数，该函数的作用是创建一个列表数据结构，并设置树视图的模式为"列表"。然后创建树视图的标题栏，该标题栏中将有两个字段。代码如下：

```
01  void treePlaylist_init(link_t *plink, InterFace *ui)
02                                           //初始化媒体文件信息树视图
03  {
04    GtkListStore *liststore;               //声明列表数据结构指针
05    liststore = gtk_list_store_new(6,      //创建有 6 个字段的列表
06                      G_TYPE_STRING,       //设置列表中字段的数据类型
07                      G_TYPE_STRING,
```

```
08                            G_TYPE_STRING,
09                            G_TYPE_STRING,
10                            G_TYPE_UINT,
11                            G_TYPE_STRING);
12    gtk_tree_view_set_model(GTK_TREE_VIEW(ui->treePlaylist),
13                       GTK_TREE_MODEL(liststore));
14                                          //设置树视图的模式为列表
15    g_object_unref(G_OBJECT(liststore));        //将数据结构托管给树视图
16    GtkCellRenderer *renderer;                   //声明单元格数据类型
17    renderer = gtk_cell_renderer_text_new();    //创建单元格
18  gtk_tree_view_insert_column_with_attributes(GTK_TREE_VIEW(ui->treePl
    aylist),-1, "标题", renderer, "text", 0, NULL);
19                                              //添加标题行
20    gtk_tree_view_insert_column_with_attributes(GTK_TREE_VIEW(ui->
      treePlaylist),-1, "记录时间", renderer, "text", 4, NULL);
21  }
```

播放列表树视图使用的字段为 6 个，但是大多数字段不要显示出来。设计标题栏时，要求显示的字段只有标题和记录时间。

（6）为播放列表树视图添加数据。实现的原理与媒体文件信息树视图相同，都是通过操作数视图中的列表数据结构实现。代码如下：

```
01  void treePlaylist_data(link_t *plink, InterFace *ui)
02                                 //为播放列表树视图添加数据
03  {
04    node_t *endnode;               //用于遍历播放列表链表
05    endnode = plink->np;           //指向播放列表链表首端
06    GtkListStore *liststore;       //声明列表数据结构指针
07    liststore=(GtkListStore*)gtk_tree_view_get_model(GTK_TREE_VIEW(ui->
      treeMedialib));               //从树视图中读取列表数据结构地址
08    gtk_list_store_clear(liststore); //清除列表中的所有节点
09    GtkTreeIter iter;              //创建列表节点
10    if (mlink->length) {          //判断播放列表链表长度是否不为 0
11      while(endnode) {            //遍历播放列表链表
12        gtk_list_store_append(GTK_LIST_STORE(liststore), &iter);
13        gtk_list_store_set(GTK_LIST_STORE(liststore), &iter,
14                                 //添加节点到列表数据结构
15                  0, endnode->item.title,   //标题
16                  1, endnode->item.atrist,  //艺术家
17                  2, endnode->item.album,   //专辑
18                  3, endnode->item.genre,   //分类
19                  4, (unsigned int) endnode->item.record_time,
20                                 //记录时间
21                  5, endnode->item.filepath,//文件路径
22                  -1);           //结束
23        endnode = endnode->p;    //播放列表链表向前推进一步
24      }
25    }
```

传递给该函数参数为播放列表链表的入口。为了便于复用，该函数首先将清除树视图列表中的所有节点。然后遍历播放列表链表，将播放列表链表节点中的数据复制给列表节点，最后添加列表节点。

（7）显示播放列表对话框。创建函数 playlist_ui_show()，该函数将调用前面创建的函数为播放对话框中的树视图初始化和添加数据。代码如下：

```
01   void playlist_ui_show(link_t *plink, InterFace *ui)
02                                                //显示播放列表对话框
03   {
04      static int has_init = 0;                  //用于标识是否已初始化
05      if (!has_init) {                          //如果没有初始化，执行判断体
06         treeClass_init(plink, ui);             //初始化播放列表树视图
07         treeClass_data(plink, ui);             //为分类树视图添加数据
08         has_init = 1;                          //标记对话框已初始化
09      }
10      gtk_widget_show(ui->diaPlaylist);         //显示播放列表对话框
11   }
```

（8）在核心控制模块函数中添加处理显示播放列表指令的相关代码。代码如下：

```
case PLAYLIST_SHOW:                          //显示播放列表指令
  playlist_ui_show(plink, data);             //显示播放列表对话框
  break;
```

27.12.3 添加文件

当按下播放列表对话框中的添加按钮时，播放列表对话框应能弹出一个对话框供用户选择文件。然后将该文件的信息添加到播放列表链表的末端。需要注意到是，播放列表对话框上按钮的名称与媒体库对话框不同，因此回调函数也有区别，不能简单地复用。下面介绍实现添加文件功能的步骤。

（1）修改 create_diaPlaylist()函数，为添加按钮连接回调函数。代码如下：

```
g_signal_connect(G_OBJECT(tbtAdd), "clicked",
            G_CALLBACK(on_tbtAdd_clicked), ui);
            //为 tbtAdd 按钮连接回调函数
```

（2）实现回调函数 on_tlbAdd_clicked()，代码中将创建文件选择对话框，运行结束时销毁该对话框。代码如下：

```
01   void on_tbbAdd_clicked(GtkWidget *tbtAdd, InterFace *ui)
02                                               //tbtAdd 按钮的回调函数
03   {
04      GtkWidget *dialog;                       //用于文件选择对话框
05      dialog = gtk_file_chooser_dialog_new ("选择媒体文件",
06                                            //对话框标题
07              GTK_WINDOW(ui->diaPlaylist),    //父窗口
08              GTK_FILE_CHOOSER_ACTION_OPEN,   //对话框的类型为打开文件
09              GTK_STOCK_CANCEL, GTK_RESPONSE_CANCEL,
10                                            //取消按钮
11              GTK_STOCK_OPEN, GTK_RESPONSE_ACCEPT,
12                                            //打开按钮
13              NULL);                         //创建文件选择对话框
14      GtkFileFilter *filefilter;             //用于保存过滤器的地址
15      filefilter = gtk_file_filter_new();    //创建过滤器
16      gtk_file_filter_set_name(filefilter, "mp3");
17                                            //设置过滤器名称
18      gtk_file_filter_add_pattern(filefilter, "*.mp3");
19                                            //设置过滤器的条件
```

```
20      gtk_file_chooser_add_filter(GTK_FILE_CHOOSER(dialog),
21                      filefilter);           //将过滤器添加到对话框
22      if (gtk_dialog_run (GTK_DIALOG (dialog)) == GTK_RESPONSE_ACCEPT)
23      {                                      //以模式方式运行对话框
24          char *filename;                    //用于保存选择的文件名
25          filename=gtk_file_chooser_get_filename(GTK_FILE_CHOOSER(dialog));
26                                             //获取选择的文件名
27          main_core(PLAYLIST_ADD_FILE, filename);//调用核心控制模块添加文件
28          main_core(PLAYLIST_BRUSH, ui);     //调用核心控制模块刷新播放列表
29          g_free (filename);                 //释放文件名的内存空间
30      }
31      gtk_widget_destroy (dialog);           //销毁文件选择对话框
32  }
```

当用户按下了打开按钮，函数将两次向核心控制模块传递指令。PLAYLIST_ADD_
FILE 指令表示向播放列表链表添加文件，PLAYLIST_BRUSH 指令表示刷新播放列表对话
框上的树视图。

（3）修改核心控制模块，处理 PLAYLIST_ADD_FILE 指令。代码如下：

```
case PLAYLIST_ADD_FILE:
  playlist_add(plink, data);                    //向播放列表添加文件
  break;
```

（4）创建 playlist_add()函数。当核心控制模块收到 PLAYLIST_ADD_FILE 指令时，将
调用该函数。代码如下：

```
void playlist_add(link_t *plink, const char *file) //向播放列表添加数据
{
  link_add(plink, file);                        //将文件添加到播放列表链表
}
```

代码中使用了与添加文件到媒体库相同的 link_add()函数，只是函数的实际参数为播放
列表链表的指针。

（5）修改核心控制模块，处理 PLAYLIST_BRUSH 指令。代码如下：

```
case PLAYLIST_BRUSH:
  treePlaylist_data(plink, data);               //刷新播放列表对话框的树视图
  break;
```

现在，按下播放列表对话框中的添加按钮并选择文件后，新文件信息将被添加到树视
图中。播放控制操作将使用其中的数据进行播放。

27.12.4　添加目录

添加目录操作的目的是将目录中的所有 MP3 文件添加到播放列表中，主要的业务逻辑
代码依然是复用媒体库所提供的。下面介绍实现步骤。

（1）修改 create_diaPlaylist()函数，为添加目录按钮连接回调函数。代码如下：

```
g_signal_connect(G_OBJECT(tbtOpen), "clicked",
          G_CALLBACK(on_tbtOpen_clicked), ui);
          //为 tbtOpen 按钮连接回调函数
```

（2）实现回调函数 on_tbtAdddir_clicked()，代码中将创建文件选择对话框，运行结束时销毁该对话框。代码如下：

```
01  void on_tbtAdddir_clicked(GtkWidget * tbtAdddir, InterFace *ui)
02                                      //tbtAdddir 按钮的回调函数
03  {
04      GtkWidget *dialog;                  //用于文件选择对话框
05      dialog = gtk_file_chooser_dialog_new ("选择媒体目录",
06                                      //对话框标题
07              GTK_WINDOW(ui->diaPlaylist),  //父窗口
08              GTK_FILE_CHOOSER_ACTION_SELECT_FOLDER,
09                                      //对话框的类型为选择目录
10              GTK_STOCK_CANCEL, GTK_RESPONSE_CANCEL,
11                                      //取消按钮
12              GTK_STOCK_OPEN, GTK_RESPONSE_ACCEPT,
13                                      //打开按钮
14              NULL);                  //创建文件选择对话框
15      if (gtk_dialog_run (GTK_DIALOG (dialog)) == GTK_RESPONSE_ACCEPT)
16      {                               //以模式方式运行对话框
17          char *pathname;             //用于保存选择的目录路径
18          pathname = gtk_file_chooser_get_filename (GTK_FILE_CHOOSER
            (dialog));                  //获取选择的文件名
19          main_core(PLAYLIST_ADD_DIR, pathname);//调用核心控制模块，添加目录路径
20          main_core(PLAYLIST_BRUSH, ui);    //调用核心控制模块，刷新媒体库界面
21          g_free (pathname);          //释放目录路径名的内存空间
22      }
23      gtk_widget_destroy (dialog);    //销毁文件选择对话框
24  }
```

（3）修改核心控制模块，处理 PLAYLIST_ADD_DIR 指令。代码如下：

```
case PLAYLIST_ADD_DIR:
  playlist_add_dir(plink, data);        //向播放列表添加目录
  break;
```

（4）创建函数 playlist_add_dir()，该函数的作用是将目录中的所有 MP3 文件添加到播放列表链表中。代码如下：

```
void playlist_add_dir(link_t *plink, const char *file)
{
  link_add_dir(plink, file);            //添加目录中文件信息到播放列表链表
}
```

27.12.5　打开文件

前面章节介绍过播放列表文件 M3U，并且实现了读取 M3U 文件到播放列表的函数 load_m3u()。下面介绍利用该函数打开 M3U 文件的操作步骤。

（1）修改 create_diaPlaylist()函数，为打开文件按钮连接回调函数。代码如下：

```
g_signal_connect(G_OBJECT(tbtOpen), "clicked",
          G_CALLBACK(on_tbtOpen_clicked), ui);
          //为 tbtOpen 按钮连接回调函数
```

（2）实现回调函数 on_tbtOpen_clicked()，代码中将创建文件选择对话框，运行结束时销毁该对话框。代码如下：

```
01  void on_tbtOpen_clicked(GtkWidget * tbtOpen, InterFace *ui)
02                                      //tbtOpen 按钮的回调函数
03  {
04    GtkWidget *dialog;                //用于文件选择对话框
05    dialog = gtk_file_chooser_dialog_new ("选择 M3U 文件",
06                                      //对话框标题
07          GTK_WINDOW(ui->diaPlaylist),//父窗口
08          GTK_FILE_CHOOSER_ACTION_OPEN,
09                                      //对话框的类型为打开文件
10          GTK_STOCK_CANCEL, GTK_RESPONSE_CANCEL,
11                                      //取消按钮
12          GTK_STOCK_OPEN, GTK_RESPONSE_ACCEPT,
13                                      //打开按钮
14          NULL);                      //创建文件选择对话框
15    GtkFileFilter *filefilter;        //用于保存过滤器的地址
16    filefilter = gtk_file_filter_new(); //创建过滤器
17    gtk_file_filter_set_name(filefilter, "M3U");
18                                      //设置过滤器名称
19    gtk_file_filter_add_pattern(filefilter, "*.m3u");
20                                      //设置过滤器的条件
21    gtk_file_chooser_add_filter(GTK_FILE_CHOOSER(dialog),
22                  filefilter);        //将过滤器添加到对话框
23    if (gtk_dialog_run (GTK_DIALOG (dialog)) == GTK_RESPONSE_ACCEPT)
24    {                                 //以模式方式运行对话框
25      char *pathname;                 //用于保存选择的目录路径
26      pathname = gtk_file_chooser_get_filename (GTK_FILE_CHOOSER
          (dialog));                    //获取选择的文件名
27      main_core(PLAYLIST_OPEN, pathname);//调用核心控制模块，传送文件路径
28      main_core(PLAYLIST_BRUSH, ui);  //调用核心控制模块，刷新媒体库界面
29      g_free (pathname);              //释放目录路径名的内存空间
30    }
31    gtk_widget_destroy (dialog);      //销毁文件选择对话框
32  }
```

函数中使用了过滤器，只有 M3U 文件会显示在对话框中。如果用户成功地选择了一个 M3U 文件，该文件的路径将被传送到核心控制模块。同时传送到核心控制模块的是打开 M3U 文件指令。

（3）修改核心控制模块，处理 PLAYLIST_OPEN 指令。代码如下：

```
case PLAYLIST_OPEN:
  playlist_open(plink, data);            //向播放列表添加目录
  break;
```

（4）创建函数 playlist_open()，该函数的作用是将目录中的所有 MP3 文件添加到播放列表链表中。代码如下：

```
void playlist_open(link_t *plink, const char *file)
{
  load_m3u(plink, file);                 //读取 M3U 文件到播放列表链表
}
```

　　M3U 文件被读取后，播放列表链表原有的数据将被清除，显示的是 M3U 文件中列出的文件。如果该文件无法找到，将自动从链表中删除。

27.12.6　保存文件

　　保存 M3U 文件使用的是函数 save_m3u()，该函数已经被建立。下面介绍利用该函数保存 M3U 文件的操作步骤。

　　（1）修改 create_diaPlaylist()函数，为保存按钮连接回调函数。代码如下：

```
g_signal_connect(G_OBJECT(tbtSave), "clicked",
            G_CALLBACK(on_tbtSave_clicked), ui);
            //为 tbtSave 按钮连接回调函数
```

　　（2）实现回调函数 on_tbtSave_clicked()。代码中将创建文件选择对话框，该对话框的类型为保存文件，否则无法设置新文件名。代码如下：

```
01  void on_tbtOpen_clicked(GtkWidget * tbtOpen, InterFace *ui)
02                                          //tbtOpen 按钮的回调函数
03  {
04    GtkWidget *dialog;                    //用于文件选择对话框
05    dialog = gtk_file_chooser_dialog_new ("保存 M3U 文件",
06                                          //对话框标题
07          GTK_WINDOW(ui->diaPlaylist),    //父窗口
08          GTK_FILE_CHOOSER_ACTION_SAVE,   //对话框的类型为保存文件
09          GTK_STOCK_CANCEL, GTK_RESPONSE_CANCEL,
10                                          //取消按钮
11          GTK_STOCK_SAVE, GTK_RESPONSE_ACCEPT,
12                                          //保存按钮
13          NULL);                          //创建文件选择对话框
14    GtkFileFilter *filefilter;            //用于保存过滤器的地址
15    filefilter = gtk_file_filter_new();   //创建过滤器
16    gtk_file_filter_set_name(filefilter, "M3U");
17                                          //设置过滤器名称
18    gtk_file_filter_add_pattern(filefilter, "*.m3u");
19                                          //设置过滤器的条件
20    gtk_file_chooser_add_filter(GTK_FILE_CHOOSER(dialog),
21                    filefilter);          //将过滤器添加到对话框
22    if (gtk_dialog_run (GTK_DIALOG (dialog)) == GTK_RESPONSE_ACCEPT)
23    {                                     //以模式方式运行对话框
24      char *pathname;                     //用于保存选择的目录路径
25      pathname = gtk_file_chooser_get_filename (GTK_FILE_CHOOSER
          (dialog));
26                                          //获取选择的文件名
27      main_core(PLAYLIST_SAVE, pathname); //调用核心控制模块，添加文件路径
28      main_core(PLAYLIST_BRUSH, ui);      //调用核心控制模块，刷新媒体库界面
29      g_free (pathname);                  //释放目录路径名的内存空间
30    }
31    gtk_widget_destroy (dialog);          //销毁文件选择对话框
32  }
```

　　代码中创建了保存文件对话框，在创建时，注意要设置对话框的按钮为取消和保存，以帮助用户理解操作目的。

（3）修改核心控制模块，处理 PLAYLIST_SAVE 指令。代码如下：

```
case PLAYLIST_SAVE:
  playlist_save(plink, data);                    //向播放列表添加目录
  break;
```

（4）创建函数 playlist_save()，该函数的作用是将播放列表链表中所有 MP3 文件信息添加到 M3U 文件中。代码如下：

```
void playlist_save(link_t *plink, const char *file)
{
  save_m3u(plink, file);                         //读取 M3U 文件到播放列表链表
}
```

如果保存操作中使用的是原有的 M3U 文件名，那么该文件中的原始数据将被删除。如果使用的是新文件名，在程序拥有足够用户权限的情况下，新文件将会创建。

27.12.7　删除文件

在播放列表对话框中删除文件不涉及数据库的操作，相反要实现链表的操作。下面是该操作的实现方法。

（1）修改 create_diaMedialib()函数，为删除按钮连接回调函数。代码如下：

```
g_signal_connect(G_OBJECT(tbtDel), "clicked",
              G_CALLBACK(on_tbtDel_clicked), ui);
              //为 tbtDel 按钮连接回调函数
```

（2）创建回调函数 on_tbtDel_clicked()。该函数将判断树视图是否选择了数据，如果是，则发送指令到核心控制模块处理。代码如下：

```
01  void on_tbtDel_clicked(GtkWidget *tbtDel, InterFace *ui)
02  {
03    GtkListStore *liststore;              //列表数据结构
04    GtkTreeSelection *selection;          //树视图选区对象
05    GtkWidget *dialog;                    //用于保存对话框地址
06    liststore=(GtkListStore*)gtk_tree_view_get_model(GTK_TREE_VIEW(ui->
      treePlaylist));                       //获得树视图中的列表数据结构地址
07    selection = gtk_tree_view_get_selection(GTK_TREE_VIEW(ui->
08    treePlaylist));                       //获得树视图中被选择的对象
09    if (gtk_tree_selection_count_selected_rows (selection)) {
10                                          //判断选择的行数是否不为 0
11    strcpy(filename, g_value_get_string(&value));
12                                          //将被选择的数据传递到文件路径字符串
13      main_core(PLAYLIST_DEL, filename);//传送删除文件指令到核心控制模块
14      main_core(PLAYLIST_BRUSH, ui);      //传送刷新树视图指令到核心控制模块
15    }
16    else {                               //当选择的行数为 0 时执行判断体
17      dialog = gtk_message_dialog_new (GTK_WINDOW(ui->diaPlaylist),
18                              GTK_DIALOG_MODAL,
19                              GTK_MESSAGE_ERROR,
20                              GTK_BUTTONS_CLOSE,
21                              "未选择媒体文件");
22                                          //创建对话框
```

```
23   gtk_dialog_run (GTK_DIALOG (dialog));
24                                       //以模式方式运行对话框
25       gtk_widget_destroy (dialog);    //销毁对话框
26   }
27 }
```

该函数从树视图中获得了列表数据结构，然后创建了一个选区对象。如果树视图没有被选择，选区对象将显示被选择的行为 0。依据这个条件，可判断播放列表树视图上有没有文件被选择。如果有，则发送指令到核心控制模块进行操作。

（3）修改核心控制模块，处理 PLAYLIST_DEL 指令。代码如下：

```
case PLAYLIST_DEL:
  playlist_del(plink, data);          //从播放列表链表中删除一个文件信息
  break;
```

（4）创建 playlist_del()函数。该函数的作用是从播放列表链表中删除指定文件信息。删除链表节点要用到节点在链表中的位置编号，这里实现的方法是读取被选择文件在树视图中的行号来实现。代码如下：

```
01   void playlist_del(link_t *plink, InterFace *ui)
02   {
03     int id;                              //用于保存被选择的行号
04     GtkListStore *liststore;             //列表数据结构
05     GtkTreeSelection *selection;         //树视图选区对象
06     liststore = (GtkListStore
07   *)gtk_tree_view_get_model(GTK_TREE_VIEW(ui->
08     treePlaylist));                      //获得树视图中的列表数据结构地址
09     selection = gtk_tree_view_get_selection(GTK_TREE_VIEW(ui->
10     treePlaylist));                      //获得树视图中被选择的对象
11     id = gtk_tree_selection_ selected_row (selection)
12                                          //获得树视图中被选择的行号
13     link_del(plink, id);                 //删除链表指定位置上的节点
14   }
```

27.12.8　删除全部

删除全部操作指的是清空播放列表，实现方法为删除播放列表链表上的所有节点。下面结构该操作实现步骤。

（1）修改 create_diaMedialib()函数，为删除全部按钮连接回调函数。代码如下：

```
g_signal_connect(G_OBJECT(tbtDelall), "clicked",
          G_CALLBACK(on_tbtDelall_clicked), ui);
          //为tlbDelall 按钮连接回调函数
```

（2）创建回调函数 on_tbtDelall_clicked()，该函数将传递删除媒体库中所有信息和刷新树视图指令到核心控制模块进行处理。代码如下：

```
01   void on_tbtDelall_clicked(GtkWidget *tbtDelall, InterFace *ui)
02   {
03     GtkWidget *dialog;                   //用于保存对话框地址
04     dialog = gtk_message_dialog_new (GTK_WINDOW(ui->diaPlaylist),
05                             GTK_DIALOG_MODAL,
06                             GTK_MESSAGE_QUESTION,
```

```
07                                      GTK_BUTTONS_YES_NO,
08                            "是否删除播放列表中所有文件信息？");
09                                                   //创建消息对话框
10    if(gtk_dialog_run(GTK_DIALOG(dialog)) == GTK_RESPONSE_YES) {
11                                       //模式方式运行对话框
12        main_core(PLAYLIST_DEL_ALL, ui);   //传递播放列表中所有信息指令
13        main_core(PLAYLIST_BRUSH, ui);     //传递刷新播放列表对话框数据指令
14    }
15    gtk_widget_destroy (dialog);          //销毁对话框
16 }
```

（3）修改核心控制模块，处理 PLAYLIST_DEL_ALL 指令。代码如下：

```
case MEDIALIB_DEL_ALL:
  playlist_del_all(plink, data);              //从播放列表删除所以文件信息
  break;
```

（4）创建 playlist_del_all()函数。代码如下：

```
void playlist_del_all(link_t *plink, InterFace *ui)
{
  link_del_all(plink);                        //删除播放列表中所有媒体文件信息
}
```

27.12.9　排序

排序的方法有很多种，其中最容易实现的是比较法排序。对播放列表排序的函数在前面已实现，下面介绍与播放列表对话框集成的方法。

（1）修改 create_diaMedialib()函数，为排序按钮连接回调函数。代码如下：

```
g_signal_connect(G_OBJECT(tbtComp), "clicked",
          G_CALLBACK(on_tbtComp_clicked), ui);
          //为 tbtComp 按钮连接回调函数
```

（2）创建回调函数 on_tbtComp_clicked ()，该函数将传递排序指令到核心控制模块进行处理。代码如下：

```
void on_tbtComp_clicked (GtkWidget *tbtComp, InterFace *ui)
{
  main_core(PLAYLIST_COMP, ui);          //传递播放列表排序指令
  main_core(PLAYLIST_BRUSH, ui);         //传递刷新播放列表对话框数据指令
}
```

（3）修改核心控制模块，处理 PLAYLIST_COMP 指令。代码如下：

```
case PLAYLIST_COMP:
  playlist_comp(plink, data);                     //对播放列表排序
  break;
```

（4）创建 playlist_del_all()函数。代码如下：

```
void playlist_comp (link_t *plink, InterFace *ui)
{
  link_comp (plink);                          //对播放列表链表排序
}
```

该排序的操作只实现了一种方法，就是按名称排序。使用同样的原理还能进行按分类排序、按文件路径排序等。

27.13　播放控制模块的集成

播放控制模块的集成与其他模块密切相关，各种操作由媒体播放器主界面发出，然后播放的信息又被反映到媒体播放器的主界面中。播放模式有 3 种，分别是顺序模式、循环模式和随机模式。播放模式通过主界面上的模式选择组合框设置。播放控制指令有 5 种，分别是开始播放、暂停播放、停止播放、上一首和下一首，各种指令都对应着媒体播放器主界面上的按钮。

27.13.1　播放模式设置

播放模式设置的数值被保存在核心控制模块中，是一个静态类型的整型变量，名称为 state。下面介绍模板模式设置操作实现的步骤。

（1）修改 create_winMain()函数。为播放模式组合框的 active 信号连接回调函数，选择组合框中的选项时回调函数将被执行。代码如下：

```
g_signal_connect(G_OBJECT(cbbMode), "active",
            G_CALLBACK(on_cbbMode_active), ui);
            //为 cbbMode 组合框连接回调函数
```

（2）创建回调函数 on_cbbMode_active()，该函数将传递排序指令到核心控制模块进行处理。代码如下：

```
void on_cbbMode_active(GtkWidget *cbbMode, InterFace *ui)
{
    static int mode;                              //用于保存播放模式数值
    mode = gtk_combo_box_get_active(GTK_COMBO_BOX(cbbMode));
                                                 //取得播放模式
    main_core(GENERAL_PLAY_MODE, &mode);         //传递播放模式设置指令
}
```

（3）修改核心控制模块，处理 GENERAL_PLAY_MODE 指令。代码如下：

```
case GENERAL_PLAY_MODE:
    state = *((int*)data);                       //设置播放模式
    break;
```

核心控制模块的形式参数 data 类型为 void *，回调函数 on_cbbMode_active()传递的实际参数的类型为 int *。表达式*((int*)data)的意义为，先将 data 转换为 int *型，然后读取其中的数值。只有这种方式能为整型变量赋值。

27.13.2　开始播放

当用户按下播放按钮后，核心控制模块将根据播放模式的设定来选择要播放的文件。

下面介绍实现播放操作的步骤。

（1）修改 create_winMain()函数，为播放按钮的 clicked 信号连接回调函数。代码如下：

```
g_signal_connect(G_OBJECT(btPlay), "clicked",
            G_CALLBACK(on_btPlay_clicked), ui);
            //为 btPlay 按钮连接回调函数
```

（2）创建回调函数 on_btPlay_clicked()，该函数负责向核心控制模块发送播放信号。代码如下：

```
void on_btPlay_clicked (GtkWidget *btPlay, InterFace *ui)
{
   main_core(PLAY_START, ui);                        //传递播放指令
}
```

（3）修改核心控制模块，处理 PLAY_START 指令。代码如下：

```
case PLAY_START:
   play_start(plink, ui, state, PLAY_START);          //执行播放操作
   break;
```

（4）创建 play_start()函数，该函数将保存上一个播放的文件。如果不存在上一个播放文件的记录，说明播放的是首个文件，播放操作将从媒体库链表的首端开始。代码如下：

```
01  void play_start(link_t *plink, InterFace *ui, int mode, int cmd)
02                                           //执行播放操作
03  {
04     static node_t *last = NULL;          //用于保存上一次播放的媒体文件地址
05     if (!last)                           //判断 last 是否指向 NULL
06        last = plink->np;                 //将 last 指向链表首端
07     else
08        last = last->p;                   //last 向前进一位
09     play(cmd, last->item.filepath);      //开始播放文件
10  }
```

27.13.3　暂停播放

当用户按下暂停按钮后，核心控制模块将向播放控制模块传送暂停播放指令。下面介绍实现暂停播放操作的步骤。

（1）修改 create_winMain()函数，为暂停按钮的 clicked 信号连接回调函数。代码如下：

```
g_signal_connect(G_OBJECT(btPause), "clicked",
            G_CALLBACK(on_btPause_clicked), ui);
            //为 btPause 按钮连接回调函数
```

（2）创建回调函数 on_btPause_clicked()，该函数负责向核心控制模块发送播放信号。代码如下：

```
void on_btPause_clicked (GtkWidget * btPause, InterFace *ui)
{
   main_core(PLAY_PAUSE, ui);                        //传递暂停播放指令
}
```

（3）修改核心控制模块，处理 PLAY_PAUSE 指令。代码如下：

```
case PLAY_PAUSE:
  play_start(plink, ui, state, PLAY_PAUSE);          //执行暂停操作
  break;
```

27.13.4　停止播放

当用户按下停止按钮后，核心控制模块将向播放控制模块传送停止播放指令。下面介绍停止播放操作的步骤。

（1）修改 create_winMain()函数，为停止按钮的 clicked 信号连接回调函数。代码如下：

```
g_signal_connect(G_OBJECT(btStop), "clicked",
                 G_CALLBACK(on_btStop_clicked), ui);
                 //为 btStop 按钮连接回调函数
```

（2）创建回调函数 on_btStop_clicked()，该函数负责向核心控制模块发送停止播放信号。代码如下：

```
void on_btStop_clicked (GtkWidget * btStop, InterFace *ui)
{
  main_core(PLAY_STOP, ui);                          //传递停止播放指令
}
```

（3）修改核心控制模块，处理 PLAY_STOP 指令。代码如下：

```
case PLAY_STOP:
  play(PLAY_STOP, NULL);                             //执行停止操作
  break;
```

27.13.5　播放上一首

当用户按下"播放上一首"按钮后，核心控制模块将向播放控制模块传送播放上一首指令。下面介绍播放上一首操作的步骤。

（1）修改 create_winMain()函数，为"播放上一首"按钮的 clicked 信号连接回调函数。代码如下：

```
g_signal_connect(G_OBJECT(btPre), "clicked",
                 G_CALLBACK(on_btPre_clicked), ui);//为 btPre 按钮连接回调函数
```

（2）创建回调函数 on_btPre_clicked()，该函数负责向核心控制模块发送停止播放信号。代码如下：

```
void on_btPre_clicked (GtkWidget * btPre, InterFace *ui)
{
  main_core(PLAY_PRE, ui);                           //传递播放上一首指令
}
```

（3）修改核心控制模块，处理 PLAY_PRE 指令。代码如下：

```
case PLAY_PRE:
  play(PLAY_PRE, NULL);                              //执行停止操作
  break;
```

27.13.6　播放下一首

当用户按下"播放下一首"按钮后,核心控制模块将遍历播放列表链表,找到要播放的下一个文件。下面介绍实现播放操作的步骤。

(1) 修改 create_winMain()函数,为"播放下一首"按钮的 clicked 信号连接回调函数。代码如下:

```
g_signal_connect(G_OBJECT(btNext), "clicked",
                G_CALLBACK(on_btNext_clicked), ui);
                //为 btNext 按钮连接回调函数
```

(2) 创建回调函数 on_btNext_clicked()。该函数负责向核心控制模块发送播放信号。代码如下:

```
void on_btNext_clicked (GtkWidget *btNext, InterFace *ui)
{
    main_core(PLAY_NEXT, ui);                       //传递播放指令
}
```

(3) 修改核心控制模块,处理 PLAY_NEXT 指令。代码如下:

```
case PLAY_NEXT:
    play_start(plink, ui, state, PLAY_NEXT);        //执行播放下一首操作
    break;
```

到此为止,媒体播放器项目的主要代码均已编写完成。媒体播放器主界面上的菜单项均可找到对应的按钮。如果要实现菜单功能,可将菜单项的 activate 信号连接到相关按钮的回调函数上。整个媒体播放器项目的代码量超过一万行,对于学习者来说属于较大的项目。能够将此项目实现,就具备了较高的实践水平。读者可在此项目的基础上继续完善和改进,制作成一个更完美的软件。

27.14　小　　结

本章综合讲解了软件工程在项目开发中的实际应用,并且结合软件工程思想对媒体播放器项目的开发进行了科学规划。另外,本章还引进了版本控制概念,使读者了解大型软件分工协作的实现方式,以及版本控制软件 CVS 的使用方法。最后介绍了媒体播放器项目的播放功能的实现及系统集成的概率。相信读者在理解这些内容后,能够具备实际的 Linux 软件项目的编程技能。